21 世纪高等院校教材

地球物理测井与井中物探

潘和平　马火林　蔡柏林　牛一雄 等 编

中国地质大学(武汉)精品课程建设项目资助

科学出版社
北京

内 容 简 介

本书是地球物理专业地球物理测井课程教材，在编写过程中，还适当考虑了其他专业的地球物理测井课程需要。本书主要包括常规测井、成像测井以及井中物探等方面的基本原理和地质应用。光盘包括测井地质分析、生产测井、煤田测井、其他测井方法、井中瞬变电磁法的一次场、石油测井综合解释实验、煤田测井综合解释实验和习题与思考题等内容。

本书适合于地球物理、石油工程、石油地质和煤田地质等专业的大专院校学生使用，也可供相近专业的教师、研究生、工程技术及研究人员参考。

图书在版编目(CIP)数据

地球物理测井与井中物探 / 潘和平等编. —北京：科学出版社，2009

21 世纪高等院校教材

ISBN 978-7-03-023599-2

Ⅰ. 地… Ⅱ. 潘… Ⅲ. 测井-高等学校-教材 Ⅳ. P631.8

中国版本图书馆 CIP 数据核字（2008）第 194141 号

责任编辑：杨 红 孙 航 赵 冰 / 责任校对：鲁 素

责任印制：张 伟 / 封面设计：陈 敬

科 学 出 版 社 出版

北京东黄城根北街 16 号

邮政编码：100717

http://www.sciencep.com

北京虎彩文化传播有限公司 印刷

科学出版社发行 各地新华书店经销

*

2009 年 4 月第 一 版 开本：B5(720×1000)

2023 年 7 月第八次印刷 印张：24 1/4 插页：3

字数：476 000

定价：69.00 元

（如有印装质量问题，我社负责调换）

前　言

地球物理测井(简称测井)是20世纪20年代发展起来的新兴学科,测井作为勘探与开发的一种重要手段已有八十年的历史。八十年来,随着电子、计算机等技术的发展,地球物理测井学科飞速发展,并是一门仍在迅速发展的学科,随着油气等矿产资源开发难度的加大和科学技术的快速发展,测井新理论及新方法技术也在不断出现和发展。测井已成为十大石油学科之一,是地球物理学科的重要分支。地球物理测井被广泛应用于油气田的勘探与开发的全过程,为石油地质和工程技术人员寻找和评价油气层提供了重要的资料和数据,解决了一系列的地质难题。同时,测井技术还是进行金属、煤炭等矿产资源勘探的重要手段,并被扩展到水文及工程等其他领域。

20世纪60年代中期,我国地矿系统逐步发展了一套用来探查井周与井间地质目标体的井中物探方法,如井中磁测、井中激发极化法、跨孔电磁波法和井中声波透视等。经过近五十年的努力,测井与井中物探已初具规模,应用范围有了扩大。井中物探应用领域广泛,包括金属等固体矿产勘查(特别是在当前危机矿山的找矿中,井中物探是寻找深部、隐伏矿的重要手段)、煤田勘探、石油勘探、水文及工程等领域。

地球物理测井是应用地球物理专业的主干课程之一。学习本课程的主要目的为:使学生掌握各种测井方法的基本原理、基本理论、概念、影响因素及初步应用;培养学生以测井学、地质学、岩石物理学的基本理论为指导,综合运用各种测井信息来解决储层划分、储层参数计算、油气层识别、地层对比和裂缝识别等地质问题;使学生初步了解(层序)地层、沉积、构造、油气藏特征描述与评价等地质目标解释与评价;使学生了解井中磁法、井中激发极化法、井中瞬变电磁法、井中大功率充电法、井中电磁波法、井中声波透视等方法原理和解释方法。同时,作者在编写过程中还适当考虑了其他专业的地球物理测井课程的需要。

本教材是作者根据历年该课程的讲授大纲,在尽可能吸取国内外生产成果的基础上而编写的。全书共13章,第一至第六章为常规测井方法,第七章为成像测井方法,第八章为油、气、水层综合解释方法,第九至第十三章为井中物探方法。

参加本教材的编写人员有潘和平、马火林、蔡柏林和牛一雄等,黄智辉教授在井中激发极化法方面提供了很多研究成果。在此一并表示衷心的感谢!

限于我们的学识和经验,书中不足之处在所难免,敬请广大读者批评指正。

编者

2008年12月

目　录

绪　论

一、测井和井中物探

地球物理勘探分为航空地球物理勘探、海洋地球物理勘探、地面地球物理勘探和地下地球物理勘探。地下地球物理勘探又分为井中地球物理勘探和地球物理测井。由此可见，地球物理测井是地球物理勘探的一个分支。

地球物理测井是应用地球物理的方法来研究油气田、煤田和水文工程等方面的钻井地质剖面，解决某些地下地质问题和钻井技术问题的一门技术(图 1)。它是以不同岩石的物性差异为基础，如电性差异、电化学差异、核物理差异和声差异等，通过相应的地球物理方法连续地测量反映岩石某种物性参数随井的变化规律，从而研究油气田、煤田和水文工程等方面的钻井地质剖面，并用来划分油气层、煤层，确定油气的储集特征、煤质含量等。

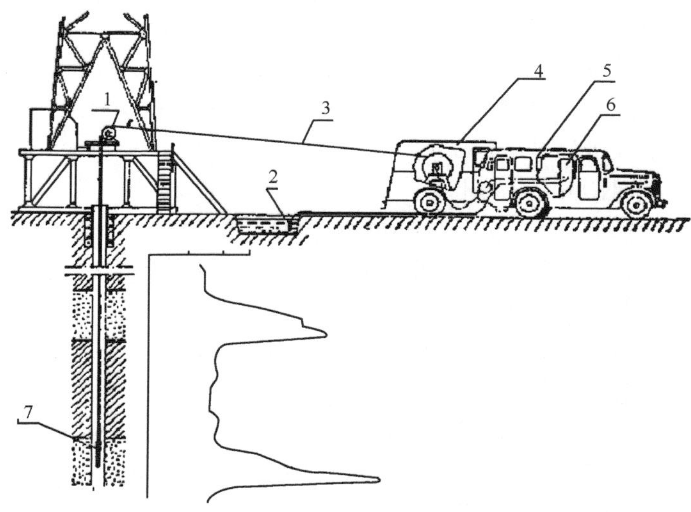

1. 井口滑轮；2. 地面电极；3. 电缆；4. 绞车；5. 仪器车；6. 地面仪器；7. 下井仪器

图 1　地球物理测井示意图

要注意：井中物探与地球物理测井是有区别的。前者用来解决井周、井间的地质问题，其探测范围为几十米到几百米；后者用来解决井壁的地质问题，其探测范围为十几厘米到几米。

二、测井发展史

斯仑贝谢(Schlumber)测井公司是世界上最大、最著名的测井公司,其发展历史可代表测井的发展史,下面以该测井公司为例介绍测井的发展史。

1921 年　Schlumbeger 公司的 Marcel 和 Conracl 在某煤盆地井深为 2500ft① 的井中已测到 1500ft,并且发现电阻率测量确实反映岩石的电性变化。

1927 年　Marcel 和 Conracl 为石油井测量,并且在 1927 年 4 月 28 日发表《钻井电信号研究》,概要地说明了电阻率测井的基本原则。
在法国 Pechelbronn 测量第 1 条电阻率测井曲线(electrical resistivity well log)

1931 年　自然电位测井 SP(spontaneous potential log)

1934 年　成立 Schlumberger 测井公司(也是现在的 Schlumberger 测井公司)

1935 年　为测井设计自动记录单道检流计(single-galvanometer automatic recorder)

1940 年　公司总部迁到休斯敦

1941 年　SP 地层倾角测井(SP dipmeter tool)

1947 年　开始感应测井(induction log)研究
电阻率地层倾角测井(the resistivity dipmeter tool)

1949 年　微电极测井(microlog tool)

1950 年　侧向测井(laterolog)

1951 年　微侧向测井(microlaterolog tool)
开始研究微中子设备实验(microneutron device),目的是通过含氢量测量孔隙度
开始研究自然伽马测井(natural gamma rays)

1952 年　采集为计算机处理的数据
连续式电阻率地层倾角测井(continuous resistivity dipmeter tool)

1954 年　微井径测井(microlog-caliper)

1955 年　通过中子能量衰减时间测量地层含氢浓度(formation hydrogen concentration)

1956 年　感应测井(induction-electrical log)

1957 年　密度测井(density log)
开始研究贴壁中子孔隙度测井(the sidewall neutron porosity tool)

---

① 1ft=0.3048m,后同。

热中子衰减时间(thermal decay time tool,TDT)测量地层含水饱和度

1961 年 第 1 条数字化地层倾角测井(first digitized dipmeter log)曲线

贴壁中子孔隙度测井(the sidewall neutron porosity tocl)

1965 年 车装数字测井带

开始研究补偿中子测井(compensated neutron log tool,CNL)

1966 年 声波测井(sonic logging)

1969 年 岩性密度测井(litho-density tool)实验

1970 年 SARABAND 服务,第一套储层分析程序

1971 年 第一套测井系统,包括:GR、SP、感应、球型聚焦(spherically focused resistivity)、声波、井径等

1972 年 双侧向测井(dual laterolog tool,DLL)

1977 年 CSU 测井系统(cyber service unit,CSU)

商业化的电磁波测井(electromagnetic propagation tool,EPT)

四探测器的中子孔隙度测井(CNTG-four-detector neutron porosity tool)

1978 年 数字声波测井(digital sonic tool,DST)

1980 年 开始研究随钻测井(measurement-while-drilling,MWD)

开始研究极低频介电常数测井(low-frequency dielectric constants)

1981 年 实现用 Email 传送数据

1984 年 水泥胶结质量评价测井(cement evaluation tool,CET)

开始研究核磁共振测井(nuclear magnetic resonance,NMR)

1985 年 地层微扫描(formation microscanner tool)

1986 年 核磁共振测井(combinable magnetic resonance tool,CMR)

1987 年 随钻测井(logging-while-drilling tool,LWD)

1989 年 MAXIS 500 测井系统(MAXIS 500 logging unit)

1991 年 地层动态测试测井(modular formation dynamics tester,MDT)

地层微电阻率扫描测井(formation microimager tool,FMI)

1992 年 随钻测井(声波测井)

1995 年 ARC5 LWD

MAXIS Express 测井系统

商业化的核磁共振测井

1996 年 完成商业化的超声成像测井(sonic imaging)工作

1998 年 第 15 代生产测井仪(fifth-generation production logging tool)

高分辨率阵列侧向测井(high resolution laterolog array,HRLA)

2000 年 Geco-Prakla 公司与西方阿特拉斯联合，组成 WesternGeco 公司（70％ Schlumberger 公司，30％ Baker Hughes 公司）

2003 年 随钻地震测井系统（seismicVISION LWD system）

2005 年 三分量感应测井（multiarray triaxial induction）
新一代核磁共振测井

2007 年 测井数据采集系统（服务于陆地和海洋电磁波和地震成像）

从 1930 年电阻率测井普遍使用开始，测井作为勘探与开发的一种重要手段已有近八十年的历史。近八十年来，随着电子技术、计算机技术的发展，地球物理测井飞速发展，大致分为以下几个阶段：

第一阶段：1930～1945 年。此阶段为发展的阶段。该阶段的特点有：①方法少；②仪器落后；③影响因素多；④仅能定性解释；⑤探测深度小并且单一等。

第二阶段：1945～1964 年。该阶段发展较快，其原因是人们迫切需要能源，如油、气和煤等。其特点有：①有核、声和热等多种测井方法；②全自动连续记录仪；③聚焦测量；④仪器贴壁（减小井孔影响）；⑤半定量、定量解释；⑥多个探测深度测井（提高横向探测能力）。

第三阶段：1964～1990 年。该阶段是飞速发展的阶段，也是较成熟的阶段。其特点有：①方法系列化，一整套测井方法；②仪器综合化，一次下井完成多参数的测量；③记录数字化，测量结果采用磁带、磁盘等记录；④操作程控化，在计算机上用程序控制测量；⑤解释自动化，采用计算机程序进行自动解释。

第四阶段：1990 年至今。该阶段是成像测井阶段。其特点有：①高速采集、传输、处理；②二维、三维测井图像直观、清晰；③图像包括丰富地质信息、工程信息；④具有完整、成熟的解释软件包。

三、测井的分类

到目前为止，地球物理测井方法有几十种，以物理性质为基础可以划分如下：

(1) 电磁性：视电阻率、感应、微电极、侧向、微侧向、微球聚焦、电流、接地电阻、磁化率和电磁波等；

(2) 电化学性：自然电位、人工电位（激发极化）和电极电位等；

(3) 弹性：声速、声幅、声波全波列、声波电视和地震测井等；

(4) 核性：自然伽马、伽马-伽马、密度（DEN）、中子、中子-伽马、中子-寿命、中子活化和碳氧比等；

(5) 成像：超声波成像、阵列感应、微电阻率扫描和核磁共振成像等；

(6) 其他：井径、井温、井斜、地层倾角、气测、重力测井和地球化学等。

四、测井地质应用领域

测井目前已发展成为十大石油学科之一，是地球物理学科的重要分支。地球物理测井被广泛应用于油气田的勘探与开发的全过程，为石油地质和工程技术人员寻找和评价油气层提供了重要的资料和数据，提供了解决一系列地质难题的途径。在油气田勘探与开发中的主要应用领域包括：①岩性划分及矿层识别；②储层参数计算及油气储层评价；③低电阻率油气层测井评价；④天然气测井评价；⑤水淹层测井评价；⑥碳酸盐岩储层测井评价；⑦火成岩储层测井评价；⑧变质岩测井解释；⑨水平井测井资料解释；⑩声波全波测井资料地质应用；⑪声、电成像测井资料解释；⑫核磁共振测井资料解释及应用；⑬生产测井资料解释；⑭地质、测井等综合解释沉积环境；⑮超压预测；⑯测井、地震联合解释；⑰地层对比；⑱地质、测井和地震等综合进行油藏描述。

同时，测井技术还是进行煤炭、金属等矿产资源勘探的重要手段，并被扩展到水文及工程等其他领域。

五、井中物探及应用领域

井中物探方法包括：井中磁测（包括磁化率测井和井中三分量）、井中激发极化法、井中大功率充电法、井中瞬变电磁法、井中声波、井中电磁波、井中雷达和井中重力，还有井中地震、井中低频电磁法和井中自然电位等方法。

20 世纪 60 年代中期，我国地矿系统逐步地发展了一套用来探查井周与井间地质目标体的井中物探方法，其中如井中磁测、井中激发极化法和跨孔电磁波法等。经过近五十年的努力，测井与井中物探已初具规模，应用范围有所扩大。井中物探应用领域广泛，包括金属等固体矿产勘查（特别是在当前危机矿山的找矿中，井中物探是寻找深部、隐伏矿床的重要手段）、煤田勘探、石油勘探、水文及工程等领域。

第一章 电阻率测井

电阻率测井是以岩石、矿石电性为基础的一组测井方法，包括视电阻率测井、微电极测井、侧向测井（深浅三侧向、七电极侧向、双侧向、微侧向等）等测井方法。

第一节 基 本 知 识

一、岩石的导电性

（一）概述

岩石由岩石骨架（矿物颗粒）、胶结物、孔隙（流体）组成（表 1-1 和表 1-2），岩石的导电性归纳如下：

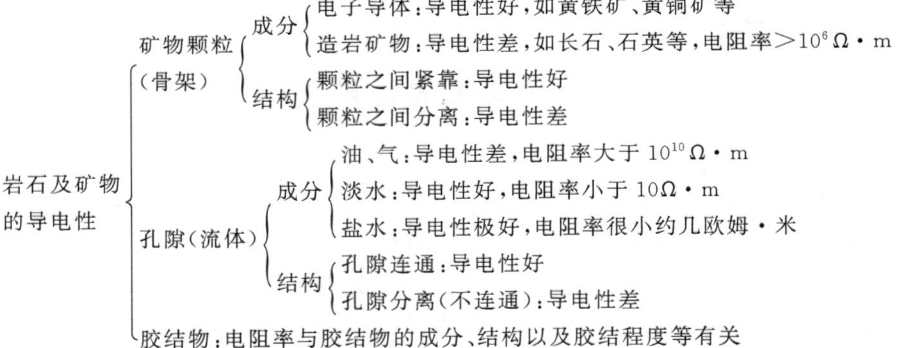

表 1-1 典型物质的电阻率表

物质		电阻率/（Ω·m）	典型地层	电阻率/（Ω·m）
大理石		$5\times(10^7\sim10^9)$	黏土或泥岩	2～10
石英		$10^{12}\sim3\times10^{14}$	含盐水砂岩	0.5～10
石油		2×10^{14}	含油砂岩	$5\sim10^3$
蒸馏水		5×10^3	“致密”石灰岩	10^3
盐水（15℃）	2kppm①	3.40		
	10kppm	0.72		
	20kppm	0.38		
	100kppm	0.09		
	200kppm	0.06		

① $1ppm=10^{-6}$，后同。

表 1-2　常见物质电阻率数值表

物质名称	电阻率/(Ω·m)	物质名称	电阻率/(Ω·m)
黏土	2～10	白云岩	6×10^2～6×10^3
泥岩	1～3×10^2	硬石膏	10～10^3
页岩	10～10^3	岩盐	10～10^3
粉砂岩	10～5×10^2	玄武盐	6×10^2～6×10^3
疏松砂岩	2～5×10	辉绿岩	6×10^2～6×10^3
致密砂岩	2×10～2×10^3	花岗岩	6×10^2～6×10^3
砾岩	2×10～2×10^3	无烟煤	10^{-3}～10^3
泥灰岩	5～5×10^2	褐煤	10～2×10^3
石灰岩	6×10^2～6×10^3		

(二)几个公式

1. 地层因素 F

当岩石含100%饱和流体时，若孔隙流体的电阻率为 R_f，岩石的电阻率为 R_t，虽然 R_f 的变化引起 R_t 的变化，但它们的比值 R_t/R_f 却总保持不变(保持常数 F)，该比值称为地层因素 F，即

$$F=\frac{R_t}{R_f} \tag{1-1}$$

该比值与孔隙流体的电阻率无关，与岩性、孔隙度以及孔隙结构、胶结物等因素有关。有如下关系式

$$F=\frac{R_t}{R_f}=\frac{a}{\phi^m} \tag{1-2}$$

式中，a 为比例系数，与岩性有关；m 为胶结系数，与岩石结构及胶结程度有关；ϕ 为孔隙度。

注意：当岩石含100%饱和地层水时，若地层水的电阻率为 R_w，岩石的电阻率为 R_0，则公式变为

$$F=\frac{R_0}{R_w}=\frac{a}{\phi^m} \tag{1-3}$$

2. 含油气岩石的电阻率

纯地层的电阻率可以用下式表示，即阿尔奇公式(Archies formula)

$$R_t=\frac{a}{\phi^m}\frac{b}{S_w{}^n}R_w=FIR_w \tag{1-4}$$

式中，a、b 为比例系数，与岩性有关；R_w 为地层水的电阻率；S_w 为含水饱和度；n 为饱和度指数；F 为地层因素；I 为电阻率增大系数。

$$I=\frac{b}{S_{\mathrm{w}}^{n}} \tag{1-5}$$

由公式(1-4)可以看出：

$\phi\nearrow, R_{\mathrm{t}}\searrow; S_{\mathrm{w}}\nearrow, R_{\mathrm{t}}\searrow; R_{\mathrm{w}}\nearrow, R_{\mathrm{t}}\nearrow$。

二、均匀无限介质的点电流源的 J、E、V

这里所说的“均匀无限”是指整个地下空间岩石的电阻率处处相等。“各向同性”是指岩石的电阻率不具有方向性。这显然是一种理想的、实际并不可能存在的情况。然而，许多复杂问题也常常是从一些简单的问题入手研究并逐步加以深化的。

假定在电阻率为 R 的均匀无限介质中放入一个点电源 A，给 A 供以强度为 I 的恒定电流。显然，在这种介质中，电流将以 A 为中心呈辐射状流出(图 1-1)。

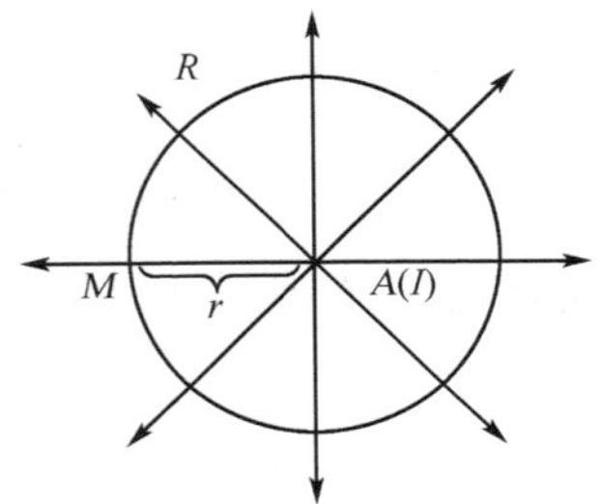

图 1-1　均匀无限介质中点电源的电场

由电流密度的定义可知，距离点电源 A 为 r 的任意点 M 处的电流密度 J 为

$$J=\frac{I}{4\pi r^{2}}\boldsymbol{r}_{0} \tag{1-6}$$

式中，$4\pi r^2$ 为以 A 为中心、半径为 r 的球面面积；I 为自 A 流出的总电流强度；电流强度 J 是一个向量；$\boldsymbol{r}_0$ 是单位矢量，数值为 1，其方向沿 r 的方向。

写成标量

$$J=\frac{I}{4\pi r^{2}} \tag{1-7}$$

根据欧姆定律的微分形式得

$$J=\sigma E, E=RJ=\frac{IR}{4\pi r^{2}} \tag{1-8}$$

V 与 E 的关系为

$$V=\int_{r}^{\infty}E\,\mathrm{d}r=\frac{IR}{4\pi r} \tag{1-9}$$

三、单一界面介质的点电流源的 *J*、*E*、*V*

问题：如图 1-2 所示，假设上半无限空间为均匀介质 R_2，下半无限空间为均匀介质 R_1，求 P_1、P_2 点的 V、E、J。

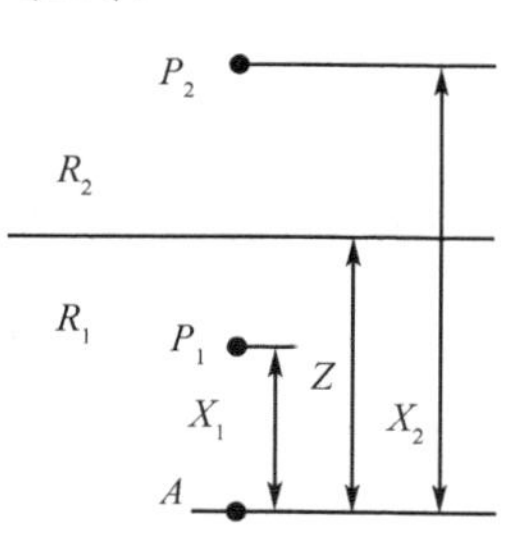

图 1-2　单一界面介质示意图

（一）镜像法

假设存在一个虚电源，以它来代替两种不同电阻率介质分界面对电场分布的影响。如图 1-3，电源 A 在 R_1 介质中，离界面距离为 Z，A 点流出电流强度为 I。当测点和电源在同一介质中如 P_1，虚电源 A_1 在 A 对界面的镜像位置，电流强度为 I_1。当测点和电源在不同介质中如 P_2，虚电源 A_2 与 A 重合，电流强度为 I_2。引入虚电源来代替分界面的影响，如同把整个空间都用测点所处的介质来代替。由此可求出 P_1 点电位为

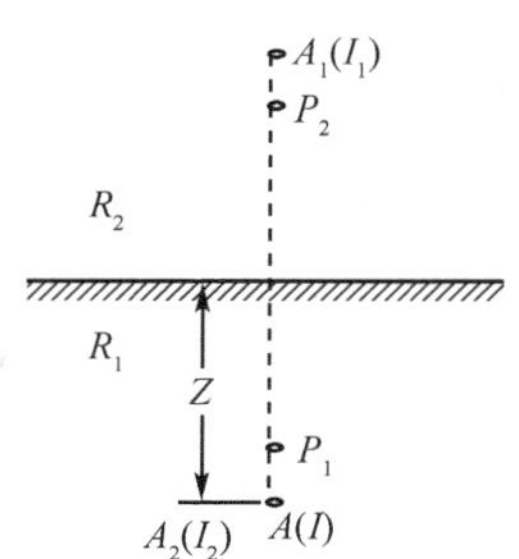

图 1-3　虚电源位置示意图

$$V_{P_1}=\frac{R_1}{4\pi}\left(\frac{I}{AP_1}+\frac{I_1}{A_1P_1}\right) \tag{1-10}$$

式中，AP_1 为 A 至 P_1 的距离；A_1P_1 为 A_1 至 P_1 的距离。P_2 点电位为

$$V_{P_2}=\frac{R_2}{4\pi}\left(\frac{I_2}{A_2P_2}\right) \tag{1-11}$$

式中，A_2P_2 为 A_2 至 P_2 的距离。以上两式中 I_1 和 I_2 未知，可根据边界条件来确定。稳定直流电场的两个边界条件：第一，不包括电源的不同电阻率界面上电位连续，即界面两侧无限靠近的两点上电位相等，$V_1=V_2$；第二，不包括电源的不同电阻率界面上电流密度矢量的法分量连续，即界面两侧无限靠近的两点上电流密度矢量的法分量相等，$J_{1n}=J_{2n}$。

由 $V_1=V_2$ 得

$$\frac{R_1}{4\pi}\left(\frac{I}{AP_1}+\frac{I_1}{A_1P_1}\right)=\frac{R_2}{4\pi}\left(\frac{I_2}{A_2P_2}\right) \tag{1-12}$$

在分界面上 $AP_1=A_1P_1=A_2P_2$，则有 $R_1(I+I_1)=R_2I_2$。

由 $J_{1n}=J_{2n}$，则有 $-\frac{1}{R_1}\frac{\partial V_{P_1}}{\partial Z}=-\frac{1}{R_2}\frac{\partial V_{P_2}}{\partial Z}$，即

$$\frac{1}{R_1}\left(\frac{IR_1}{4\pi}\frac{\partial}{\partial Z}\frac{1}{AP_1}+\frac{I_1R_1}{4\pi}\frac{\partial}{\partial Z}\frac{1}{A_1P_1}\right)=\frac{1}{R_2}\left(\frac{I_2R_2}{4\pi}\frac{\partial}{\partial Z}\frac{1}{A_2P_2}\right) \tag{1-13}$$

则在分界面上 $I-I_1=I_2$，因此

$$(I+I_1)R_1=(I-I_1)R_2$$

$$(R_1+R_2)I_1=(R_2-R_1)I \tag{1-14}$$

即

$$I_1 = \frac{R_2 - R_1}{R_2 + R_1} = K_{12} I$$

$$I_2 = (1 - K_{12}) I \tag{1-15}$$

式中，K_{12} 为反射系数，$(1 - K_{12})$ 为透射系数。它们反映两种不同电阻率介质分界面的反射能力或透过电流的能力。

（二）P_1 点的 V、E、J

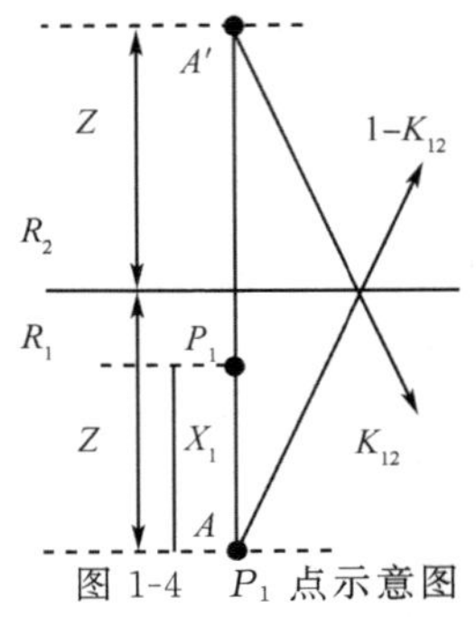

图 1-4 P_1 点示意图

见图 1-4，P_1 点的 V、E、J 为

$$V_{P_1} = \frac{IR_1}{4\pi X_1} + \frac{IR_1 K_{12}}{4\pi(2Z - X_1)} \tag{1-16}$$

$$E_{P_1} = \frac{IR_1}{4\pi}\left(\frac{1}{X_1^2} - \frac{K_{12}}{(2Z - X_1)^2}\right) \tag{1-17}$$

$$J_{P_1} = \frac{E_{P_1}}{R_1}$$

$$K_{12} = \frac{R_2 - R_1}{R_2 + R_1}$$

（三）P_2 点的 V、E、J

见图 1-5，P_2 点的 V、E、J 为

$$V_{P_2} = \frac{IR_2(1 - K_{12})}{4\pi X_2} \tag{1-18}$$

$$E_{P_2} = \frac{IR_2(1 - K_{12})}{4\pi X_2^2} \tag{1-19}$$

$$J_{P_2} = \frac{E_{P_2}}{R_2} \tag{1-20}$$

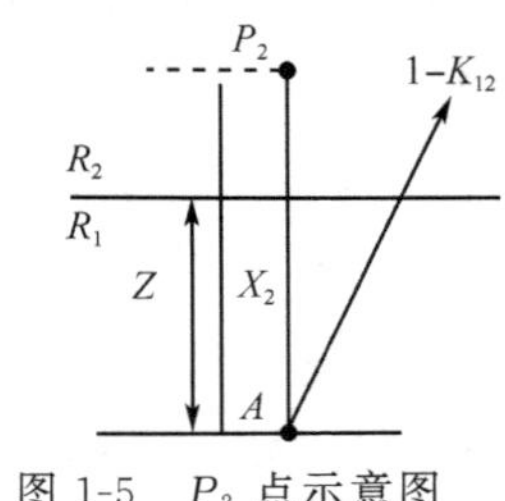

图 1-5 P_2 点示意图

（四）注意事项

1. 能量守恒

入射能量＝反射能量＋透射能量

即

$$I = K_{12} I + (1 - K_{12}) I$$

2. 注意反射系数的下脚标

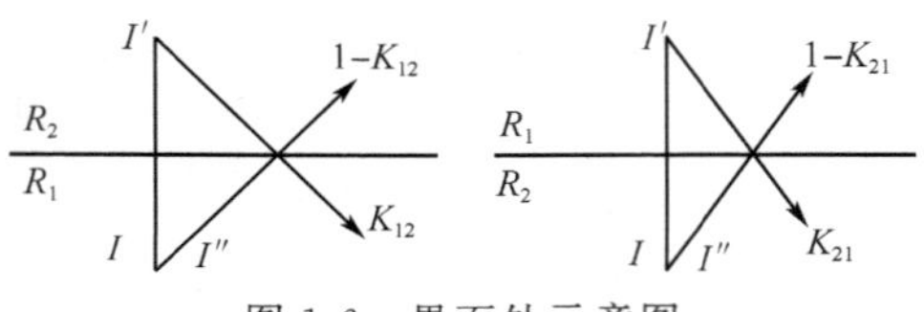

图 1-6 界面处示意图

如图 1-6 所示，

$$K_{12} = \frac{R_2 - R_1}{R_2 + R_1} \tag{1-21}$$

$$K_{21} = \frac{R_1 - R_2}{R_2 + R_1} \tag{1-22}$$

$$K_{12} = -K_{21} \tag{1-23}$$

$$1 - K_{12} = 1 + K_{21} = \frac{2R_1}{R_1 + R_2} \tag{1-24}$$

3. 在界面满足的边界条件

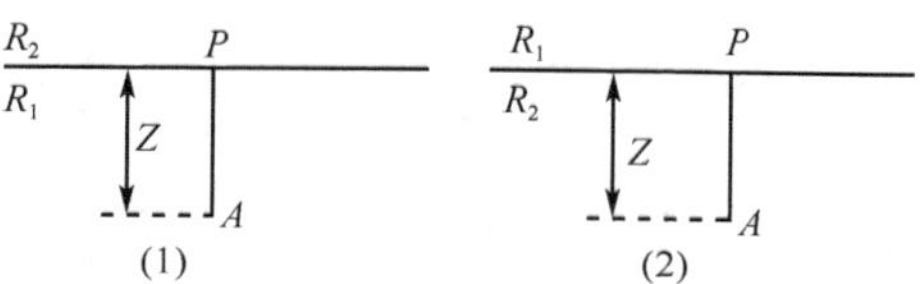

图 1-7　界面处边界条件

如图 1-7(1)所示，当 $X_1 = X_2 = Z$ 时有

电位连续：

$$V_{P_1} = V_{P_2} = \frac{I}{4\pi Z}\frac{2R_1R_2}{R_1 + R_2} \tag{1-25}$$

电流密度的法向分量连续：

$$J_{P_1} = J_{P_2} = \frac{I}{4\pi Z^2}\frac{2R_1}{R_1 + R_2} \tag{1-26}$$

电场强度的法向分量不连续：

$$\frac{E_{P_2}}{E_{P_1}} = \frac{R_2}{R_1} \tag{1-27}$$

如图 1-7(2)所示，当 $X_1 = X_2 = Z$ 时有

电位连续：

$$V_{P_1} = V_{P_2} = \frac{I}{4\pi Z}\frac{2R_1R_2}{R_1 + R_2}$$

电流密度的法向分量连续：

$$J_{P_1} = J_{P_2} = \frac{I}{4\pi Z^2}\frac{2R_2}{R_1 + R_2}$$

电场强度的法向分量不连续：

$$\frac{E_{P_2}}{E_{P_1}} = \frac{R_2}{R_1}$$

四、均匀无限介质电阻率的测定及视电阻率

见图 1-8，假设：①钻孔条件忽略；②地下均匀无限，电阻率为 R；③地面空气分

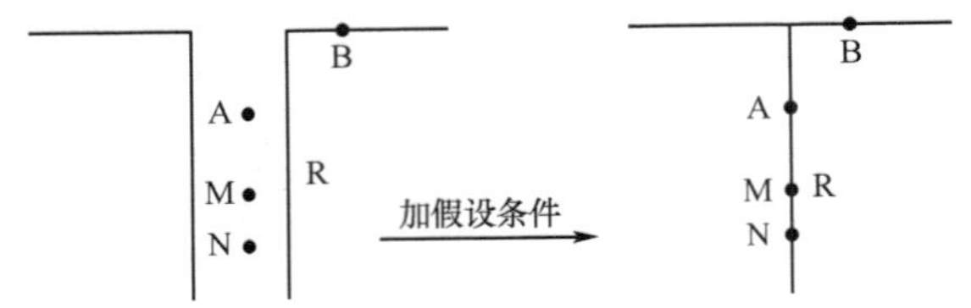

图 1-8　装置示意图

界面影响忽略;④B 极在无限远,则有

$$V_M = \frac{IR}{4\pi}\frac{1}{AM},V_N = \frac{IR}{4\pi}\frac{1}{AN} \tag{1-28}$$

$$\Delta V_{MN} = V_M - V_N = \frac{IR}{4\pi}\left(\frac{1}{AM} - \frac{1}{AN}\right) = \frac{IR}{4\pi}\frac{MN}{AM \cdot AN} \tag{1-29}$$

$$R = 4\pi\frac{AM \cdot AN}{MN}\frac{\Delta V_{MN}}{I} = K\frac{\Delta V_{MN}}{I} \tag{1-30}$$

式中,K 为装置系数。当 AM、AN、MN 一定时,R 与 $\Delta V_{MN}/I$ 的比值成正比。

引入视电阻率的概念。当地下为非均匀介质,并且钻孔条件不能忽略时,电极周围的介质是极其复杂的不均匀体。因此不能用以上公式计算钻孔剖面上岩石的电阻率。但是利用以上公式可以计算一个电阻率,为了将该电阻率与岩石的真电阻率加以区别,称该电阻率为视电阻率(apparent resistivity),记为 R_a。

$$R_a = 4\pi\frac{AM \cdot AN}{MN}\frac{\Delta V_{MN}}{I} = K\frac{\Delta V_{MN}}{I} \tag{1-31}$$

式中,$K = 4\pi\frac{AM \cdot AN}{MN}$为装置系数。

第二节　测井电极系

普通电阻率测井一般井下三个电极(如 A、M、N),地面一个电极(如 B)。这种测量装置称为测井电极系。测井电极系可分为梯度电极系和电位电极系。回路分为供电电极回路和测量电极回路。通常定义 A、B 电极为供电电极,M、N 电极为测量电极。

一、梯度电极系

(一)有关术语(图 1-9)

成对电极:处于同一回路的两个电极。例如,A、B 电极或 M、N 电极。

不成对电极:在井下除成对电极之外的另一个电极。例如,井下电极为 A、M、N,则 A 为不成对电极。

梯度电极系：成对电极的距离远小于不成对电极到中间电极的距离。以 AMN 电极为例，MN≪AM。

顶部梯度电极系：成对电极位于不成对电极的上方，例如，MNA，则 MN 位于 A 的上方。

底部梯度电极系：成对电极位于不成对电极的下方，例如，AMN，则 MN 位于 A 的下方。

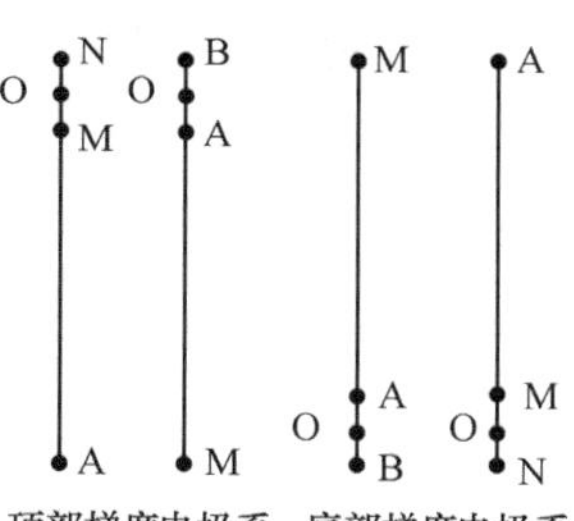

图 1-9　梯度电极系

记录点：记录在成对电极的中点 O 处。如 MN 的中点 O。

电极距：成对电极中点 O 到不成对电极之间的距离 L。(如 NMA 中电极距L＝AO)。

理想梯度电极系：成对电极之间的距离为零的梯度电极系。

（二）计算公式

以 NMA 梯度电极系为例进行分析。

1. 非理想梯度电极系的计算公式

$$R_a = 4\pi \frac{AM \cdot AN}{MN} \frac{\Delta V_{MN}}{I} = K \frac{\Delta V_{MN}}{I} \tag{1-32}$$

2. 理想梯度电极系的计算公式

$$R_a = 4\pi \frac{AM \cdot AN}{MN} \frac{\Delta V_{MN}}{I} = 4\pi AM \cdot AN \frac{\Delta V_{MN}/MN}{I} \tag{1-33}$$

由于理想状态时 MN→0，则 AM＝AN＝L，有 $E = \lim \frac{\Delta V_{MN}}{MN}$，所以有

$$R_a = 4\pi L^2 \frac{E}{I} \tag{1-34}$$

式(1-34)中 $4\pi L^2$、I 一定后，视电阻率与记录点 O 的电场强度 E(即电位梯度)成正比，因此该种电极系称为梯度电极系。

值得注意的是，在实际测量中 MN 之间的距离不可能为 0，但如果 MN≤0.44AO 时，这样的梯度电极系与理想的梯度电极系之间的误差小于 5%，仍可近似看作理想梯度电极系。一般取 MN/L＝0.2～0.4。

证明过程如下：

因为

$$R_a = 4\pi \frac{AM \cdot AN}{MN} \frac{\Delta V_{MN}}{I} = 4\pi AM \cdot AN \frac{\Delta V_{MN}/MN}{I} \quad (\text{梯度电极系}) \tag{1-35}$$

$$AM = L - \frac{MN}{2}, \quad AN = L + \frac{MN}{2}$$

所以

$$\frac{\Delta V_{\mathrm{MN}}}{\mathrm{MN}}=\frac{IR_{\mathrm{a}}}{4\pi}\frac{1}{\mathrm{AM}\cdot\mathrm{AN}}=\frac{IR_{\mathrm{a}}}{4\pi}\frac{1}{L^2-\left(\frac{\mathrm{MN}}{2}\right)^2}=\frac{IR_{\mathrm{a}}}{4\pi L^2}\frac{1}{1-\left(\frac{\mathrm{MN}}{2L}\right)^2}\tag{1-36}$$

又因为

$$R_{\mathrm{a}}=4\pi L^2\frac{E}{I}\quad(\text{理想梯度电极系})\tag{1-37}$$

所以

$$E=\frac{IR_{\mathrm{a}}}{4\pi L^2}\tag{1-38}$$

要使非理想梯度电极系与理想梯度电极系的误差小于5%，且$\frac{\Delta V_{\mathrm{MN}}}{\mathrm{MN}}>E$，则要求

$$\frac{\Delta V_{\mathrm{MN}}/\mathrm{MN}}{E}>1.05$$

便有方程

$$1.05\left[1-\left(\frac{\mathrm{MN}}{2L}\right)^2\right]=1\tag{1-39}$$

解得

$$\frac{\mathrm{MN}}{L}\approx 0.44$$

所以，如果 MN≤0.44AO 时，这样的梯度电极系与理想的梯度电极系之间的误差小于5%，仍可近似看作理想梯度电极系。

(三)分析公式

$$R_{\mathrm{a}}=4\pi L^2\frac{E}{I}=\frac{E}{\left(\frac{I}{4\pi L^2}\right)}\quad(\text{理想梯度电极系})\tag{1-40}$$

因为

$$E=J_{\mathrm{MN}}R_{\mathrm{MN}}\text{，并令 }J_{\mathrm{o}}=(I/4\pi L^2)$$

所以有

$$R_{\mathrm{a}}=\frac{J_{\mathrm{MN}}R_{\mathrm{MN}}}{J_{\mathrm{o}}}\tag{1-41}$$

式中，$J_{\mathrm{o}}=(I/4\pi L^2)$为一个常数，表示在均匀情况下 O 点的正常电流密度；J_{MN}是 O 点的实际电流密度，R_{MN}是 O 点的实际电阻率。

二、电位电极系

(一)有关术语(图 1-10)

电位电极系：成对电极的距离远大于不成对电极到中间电极的距离。以 AMN 电极为例，MN≫AM。

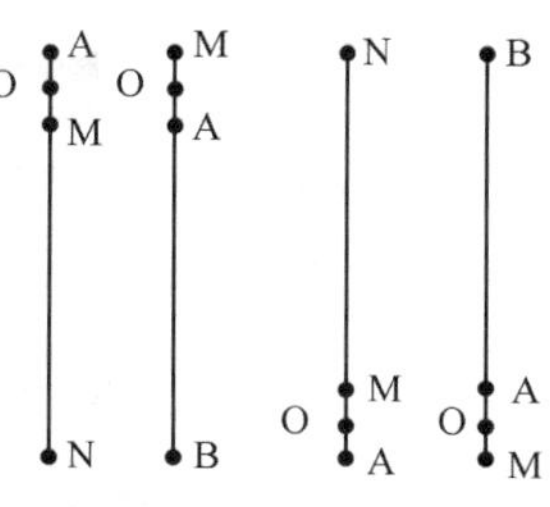

图 1-10　电位电极系

正装电位电极系：成对电极位于不成对电极的下方。例如，AMN、MN 位于 A 的下方。

倒装电位电极系：成对电极位于不成对电极的上方。例如，MNA、MN 位于 A 的上方。

记录点：记录点在不成对电极到中间电极的中点 O 处。例如，AMN 为 AM 的中点。

电极距：不成对电极到中间电极的距离。例如，AMN 中 $L=\text{AM}$。

理想电位电极系：成对电极之间的距离为无穷大的电位电极系。

（二）计算公式

以 NMA 电位电极系为例进行分析。

1. 非理想电位电极系的计算公式

$$R_a = 4\pi \frac{\text{AM} \cdot \text{AN}}{\text{MN}} \frac{\Delta V_{\text{MN}}}{I} = K \frac{\Delta V_{\text{MN}}}{I} \tag{1-42}$$

2. 理想电位电极系的计算公式

因为 MN→∞，AN→∞，则可看作 AN＝MN，且 $V_N=0$，$\Delta V_{\text{MN}}=V_M-V_N=V_M$，所以

$$R_a = 4\pi \text{AM} \frac{V_M}{I} \tag{1-43}$$

AM、I 一定后，R_a 与 M 的电位 V_M 成正比，因此称该电极系为电位电极系。

值得注意的是：在实际测量中 M 至 N 的距离不可能为无穷大，但如果 MN/AM≥19时，这样的电极系与理想电位电极系之间的误差小于 5%，仍可近似看作理想电位电极系。所以理想的电位电极系的条件为 MN/AM≥19。

证明过程如下：

非理想

$$\Delta V_{\text{MN}} = \frac{IR_a}{4\pi} \frac{\text{MN}}{\text{AM} \cdot \text{AN}} = \frac{IR_a}{4\pi} \frac{\text{MN}}{\text{AM}(\text{AM}+\text{MN})} \tag{1-44}$$

理想

$$\Delta V_{\text{MN}} = V_M = \frac{IR_a}{4\pi} \frac{1}{\text{AM}} \tag{1-45}$$

所以

$$\frac{\Delta V_{\text{MN}}}{V_M} = \frac{\text{MN}/[\text{AM}(\text{AM}+\text{MN})]}{1/\text{AM}} = \frac{\text{MN}}{\text{AM}+\text{MN}} \tag{1-46}$$

要使非理想与理想电位电极系的误差小于 5%，且 ΔV_{MN} 总是小于 V_M，则要求

$$\frac{\Delta V_{\text{MN}}}{V_M} = 0.95$$

解得 MN/AM≈19。

所以，MN/AM≥19 时，这样的电极系与理想电位电极系之间的误差小于5%，仍可近似看作理想电位电极系。

3. 分析公式

$$R_a = 4\pi AM \frac{V_M}{I} = \frac{4\pi AM}{I}\int_{AM}^{\infty} E_M dz = \frac{J_{MN}R_{MN}}{J_o} \tag{1-47}$$

式中，J_o 为正常情况下的电流密度；J_{MN} 为从 M 极到无穷远 N 极的电流密度平均值；R_{MN} 为从 M 极到无穷远 N 极的电阻率的平均值。

三、电极系的书写及探测深度

（一）电极系的书写

通常是按电极系从上到下的排列顺序写出各电极的代表字母，并在字母间写出电极间的距离（单位：m）来表示电极系。例如：

N0.1M0.95A　　表示为 L=1m 的顶部梯度电极系；

A0.95M0.1N　　表示为 L=1m 的底部梯度电极系；

A0.1M0.95N　　表示为 L=0.1m 的电位电极系；

A1.0O　　表示为 L=1m 的理想底部梯度电极系；

A0.1M　　表示为 L=0.1m 的理想电位电极系。

（二）电极系的探测范围及探测半径

电极系的探测范围及探测半径见表 1-3。

表 1-3　梯度电极系和电位电极系的探测范围

	梯度电极系	电位电极系
探测范围	以 A 为球心，以 1.5～2L 为半径的球体	以 A 为球心，以 3～5L 为半径的球体
探测半径	1.5～2L	3～5L

第三节　视电阻率测井理论曲线分析

一、梯度电极系理论曲线分析

（一）高阻厚层理想梯度电极系理论曲线分析

假设条件：

(1) 岩层水平；

(2) 钻孔条件忽略；

(3) 理想顶部梯度（NMA，AO≫MN）；

(4) 岩层为高阻厚层 $R_1=1\Omega\cdot m$,$R_2=5\Omega\cdot m$。

分析公式

$$R_a=\frac{J_{MN}R_{MN}}{J_o} \tag{1-48}$$

式中,$J_o=\frac{I}{4\pi L^2}$为一个常数,表示在均匀介质情况下记录点 O 点的正常电流密度;J_{MN}是 O 点的实际电流密度;R_{MN}是 O 点的实际电阻率。

分析如下(图 1-11):

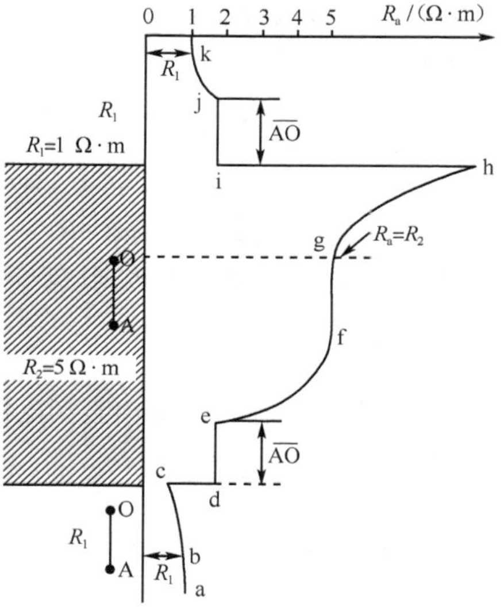

ab 段:此时电极系位于界面以下足够远(2～3AO),此时底界面对电极系的影响忽略不计(其原因是电极系到界面的距离超过了电极系的探测范围),就好像电极系置于电阻率为 R_1 的无限介质一样,因此上述关系式中

$$J_{MN}=J_o=\frac{I}{4\pi L^2},\ R_{MN}=R_1$$

则 $R_a=\frac{J_{MN}R_{MN}}{J_o}=R_1$

bc 段:此时电极系上移,直到 O 点到底界面为止。随着电极系上移,$J_o=\frac{I}{4\pi L^2}$和 $R_{MN}=R_1$ 不变,而 J_{MN}随电极系上移而减小(随电极系上移,高阻对 A 极的供电电流的排斥作用增大,使 J_{MN}减小)。J_{MN}减小,并且 $J_{MN}<J_o$,$R_{MN}=R_1$,则 R_a 降低,所以 $R_a=\frac{J_{MN}R_{MN}}{J_o}<R_1$ 。

图 1-11　顶部梯度电极系视电阻率理论曲线

当 O 点到达界面时,J_{MM}达极小值,因此 R_a 达极小值。

由于

$$J_{MN}=\frac{I}{4\pi L^2}\frac{2R_1}{R_1+R_2}=J_o\frac{2R_1}{R_1+R_2} \tag{1-49}$$

所以

$$R_a=\frac{J_{MN}R_{MN}}{J_o}=\frac{2R_1^2}{R_1+R_2} \tag{1-50}$$

cd 段:电极系上移很小一点距离,即 O 点过界面很小一点距离。即 O 点由介质 R_1 进入介质 R_2 中,在这无限小的距离内:

因为电流密度的法向分量相等:$J_{MN}^c=J_{MN}^d$;又 $R_a^d=J_{MN}^dR_{MN}^d/J_o$;$R_a^c=J_{MN}^cR_{MN}^c/J_o$;将两个式子相除,其中 $J_{MN}^c=J_{MN}^d$,便有

$$\frac{R_a^d}{R_a^c}=\frac{R_{MN}^d}{R_{MN}^c}=\frac{R_2}{R_1} \tag{1-51}$$

这就是说，O 点由介质 R_1 进入介质 R_2 时，R_{MN} 从 $R_{MN}^c=R_1$ 跳跃到 $R_{MN}^d=R_2$，造成 R_a 发生跳跃，即 R_a 从 R_a^c 跳跃到 R_a^d，也就是 R_{MN} 突变多少倍，R_a 突变多少倍。所以 D 点的 R_a 值为

$$R_a^d=\frac{R_2}{R_1}R_a^c=\frac{R_2}{R_1}\frac{2R_1^2}{R_1+R_2}=\frac{2R_1R_2}{R_1+R_2} \tag{1-52}$$

de 段：从 O 点过底界面直到 A 极到底界面为此，此时 AO 横跨界面两侧，可以计算得到

$$V=\frac{IR_2(1-K_{12})}{4\pi L},\ E=\frac{IR_2(1-K_{12})}{4\pi L^2},$$

$$J_{MN}=\frac{E}{R_2}=\frac{I}{4\pi L^2}\frac{2R_1}{R_1+R_2},\ R_a=\frac{J_{MN}R_{MN}}{J_o}=\frac{2R_1R_2}{R_1+R_2} \tag{1-53}$$

即从 O 点过底界面直到 A 极到底界面为止，为 R_a 常数段，常数段的长度为 1 倍的 AO，数值为 $R_a=\frac{2R_1R_2}{R_1+R_2}$。

ef 段：当 A 极越过底界面直到电极系接近岩层中部时，随着电极系上移，$J_o=\frac{I}{4\pi L^2}$和 $R_{MN}=R_2$ 不变，而 J_{MN}随电极系上移而增大（随电极系上移，低阻对 A 极供电电流的吸引作用减小，使 J_{MN}增大），由于 J_{MN}增大，$R_{MN}=R_2$，所以 R_a 增大，当 A 极接近岩层中部时，$R_a\approx R_2$。

fg 段：电极系处在岩层中部时，此时顶、底界面对电极系的影响忽略不计（其原因是电极系到界面的距离超过了电极系的探测范围），就好像电极系置于电阻率为 R_2 的无限介质一样，因此

$$J_{MN}=J_o=\frac{I}{4\pi L^2},\quad R_{MN}=R_2$$

所以

$$R_a=\frac{J_{MN}R_{MN}}{J_o}\approx R_2 \tag{1-54}$$

gh 段：当电极系上移，直到 O 点到顶界面为止。随着电极系上移，$J_o=\frac{I}{4\pi L^2}$和 $R_{MN}=R_2$ 不变，而 J_{MN}随电极系上移而增大（随电极系上移，低阻对 A 极的供电电流的吸引作用增大，使 J_{MN}增大）。因为 J_{MN}增大，且 $J_{MN}>J_o$，$R_{MN}=R_2$，所以 R_a增大，有

$$R_a=\frac{J_{MN}R_{MN}}{J_o}>R_2 \tag{1-55}$$

当 O 点到达界面时，J_{MN}达到极大值，因此 R_a 达到极大值。前面已讲过

$$J_{MN}=\frac{I}{4\pi L^2}\frac{2R_2}{R_1+R_2} \tag{1-56}$$

$$R_a = \frac{J_{MN} R_{MN}}{J_o} = \frac{2R_2^2}{R_1 + R_2} \tag{1-57}$$

hi 段：电极系上移很小一点距离，即 O 点过界面很小一点距离。

O 点由介质 R_2 进入介质 R_1 时，R_{MN}从 $R_{MN}^h = R_2$ 跳跃到 $R_{MN}^i = R_1$，造成 R_a 发生跳跃，即 R_a 从 R_a^h 跳跃到 R_a^i，即 R_{MN}突变多少倍，R_a 突变多少倍。满足

$$\frac{R_a^h}{R_a^i} = \frac{R_{MN}^h}{R_{MN}^i} = \frac{R_2}{R_1} \tag{1-58}$$

i 点的 R_a 值为

$$R_a^i = \frac{R_1}{R_2} R_a^h = \frac{R_1}{R_2} \frac{2R_2^2}{R_1 + R_2} = \frac{2R_1 R_2}{R_1 + R_2} \tag{1-59}$$

ij 段：从 O 点越过顶界面直到 A 极越到顶界面为止。此时 AO 横跨界面两侧，R_a 为常数段，常数段的长度为 1 倍的 AO，数值为 $R_a = 2R_1R_2/(R_1 + R_2)$。

jk 段：当 A 极越过顶界面，电极系继续上移。随着电极系上移，$J_o = \frac{I}{4\pi L^2}$ 和 $R_{MN} = R_1$ 不变，而 J_{MN}随电极系上移而减小(随电极系上移，高阻对 A 极供电电流的排斥作用减小，使 J_{MN}减小)。即 J_{MN}减小，$R_{MN} = R_1$，有 R_a 减小，当电极系离界面大于 2～3AO 时，$J_{MN} \approx J_o$，$R_{MN} = R_1$，所以 $R_a \approx R_1$。

kl 段：当电极系离界面大于 2～3AO 时，有 $J_{MN} \approx J_o$，$R_{MN} = R_1$，所以 $R_a \approx R_1$。

（二）高阻薄层理想梯度电极系理论曲线分析

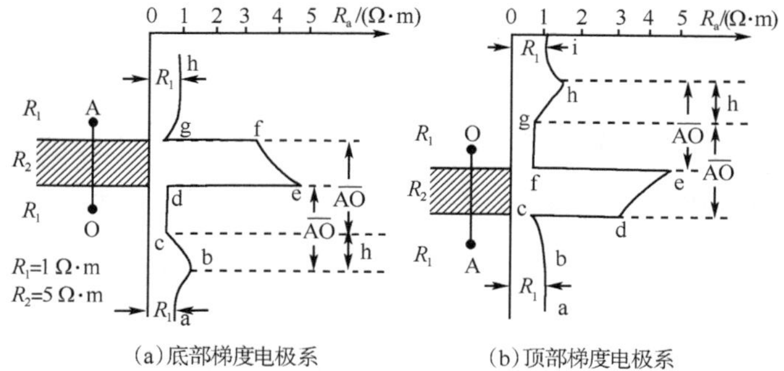

(a)底部梯度电极系　(b)顶部梯度电极系

图 1-12　不考虑井孔影响时，高电阻率薄岩层(h<L)理想梯度电极系的视电阻率理论曲线

对于顶部梯度电极系曲线[图 1-12(b)]分析如下：

ab 段：电极系位于界面以下足够远(2～3AO)(分析方法同厚层)。

此时界面对电极系的影响忽略不计(其原因是电极系到界面的距离超过了电极系的探测范围)，就好像电极系置于电阻率为 R_1 的无限介质一样，因此上述关系式中

$$J_{MN} = J_o = \frac{I}{4\pi L^2}, R_{MN} = R_1$$

所以
$$R_a = \frac{J_{MN}R_{MN}}{J_o} = R_1 \tag{1-60}$$

bc 段：电极系上移，直到 O 点到底界面为止。

一方面随电极系上移，R_2 介质对 A 极的供电电流的排斥作用增大，使 J_{MN}减小；另一方面随电极系上移，由于高阻地层为薄层，R_2 介质上面的 R_1 介质对 A 极供电电流的吸引作用增大，使 J_{MN}增大；由于 R_2 介质离电极系近，为主导作用，使 J_{MN}减小，且 $R_{MN}=R_1$，所以 R_a 减小，直到 O 点界面为止，R_a 达到极小值，但此时的极小值要比厚层的极小值要大，其原因是上层 R_1 介质对 A 极供电电流的吸引作用使 J_{MN}有所增大。

cd 段：电极系上移很小一点距离，即 O 点过界面很小一点距离。

即 O 点由介质 R_1 进入介质 R_2，在这无限小的距离内，电流密度的法向分量相等
$$J_{MN}^{c} = J_{MN}^{d}\ ,\ \frac{R_a^d}{R_a^c} = \frac{R_{MN}^d}{R_{MN}^c} = \frac{R_2}{R_1} \tag{1-61}$$

D 点的 R_a 值为
$$R_a^d = \frac{R_2}{R_1}R_a^c \qquad \left(R_a^c \neq \frac{2R_1^2}{R_1+R_2}\right) \tag{1-62}$$

de 段：从 O 点过底界面直到 O 点到顶界面为此。此时如果无顶界面的影响，de 段应该是常数段，但是上层 R_1 介质对 A 极的供电电流的吸引作用使 J_{MN}有所增大，使 R_a 在常数段的基础上上升。

ef 段：电极系上移一很小距离，即 O 点过界面一很小距离。即 O 点由介质 R_2 进入介质 R_1，在这无限小的距离内，电流密度的法向分量相等，即
$$J_{MN}^{e} = J_{MN}^{f}\ ,\ \frac{R_a^e}{R_a^f} = \frac{R_{MN}^e}{R_{MN}^f} = \frac{R_2}{R_1} \tag{1-63}$$

f 点的 R_a 值为
$$R_a^f = \frac{R_1}{R_2}R_a^e \qquad \left(R_a^e \neq \frac{2R_2^2}{R_1+R_2}\right) \tag{1-64}$$

fg 段：O 点过顶界面，直到 A 极到底界面为止。用于高阻层的屏蔽作用，使 J_{MN}很小，且基本不变，所以 $J_{MN}=$常数，且很小，$R_{MN}=R_1$；

所以
$$R_a = \frac{J_{MN}R_{MN}}{J_o} = 常数 < R_1 \tag{1-65}$$

常数段的长度为 L－H，常数段的数值小于 R_1。

gh 段：A 极过底界面直到 A 极到顶界面为止。

一方面，如果无底界面，这段曲线应为常数段；另一方面，随电极系上移，底界面以下的 R_1 介质对 A 极供电电流的吸引作用减小，使 J_{MN}增大，且 $R_{MN}=R_1$，所以 R_a 增加。直到 A 极到顶界面为止，R_a 达极大值，但此时的极大值称为次极大值，假异常。

hi 段：A 极过顶界面，直到电极系离顶界面 2～3 倍，AO 随电极系上移，R_2 介质对 A 极供电电流的排斥作用减小，使 J_{MN}减小，且 $R_{MN}=R_1$。所以 R_a 减小。

ij 段：电极系离顶界面(分析同 ab 段)。

(三)理想梯度电极系理论曲线特征

(1) 无论厚层、中厚层,还是薄层,正对高阻岩层,曲线凸起;正对低阻岩层,曲线凹下。因此可以用梯度电极系 R_a 曲线来判断岩层电阻率的高低。

(2) 对高阻层来说,使用理想顶部梯度,R_a 在岩层顶界面出现极大,底界面出现极小;使用理想底部梯度,R_a 在岩层顶界面出现极小,底界面出现极大。对低阻层来说,使用理想顶部梯度,R_a 在岩层顶界面出现极小,底界面出现极大;使用理想底部梯度,R_a 在岩层顶界面出现极大,底界面出现极小。

(3) 对于厚层,在岩层中部 $R_a=R_2$;另外,极大、极小和常数段的数值如下:

$$R_2>R_1 \text{ 时},R_a^{max}=2R_2^2/(R_2+R_1)$$

$$R_a^{min}=2R_1^2/(R_2+R_1),R_a^{constant}=2R_1R_2/(R_2+R_1)$$

$$R_2<R_1 \text{ 时},R_a^{max}=2R_1^2/(R_2+R_1)$$

$$R_a^{min}=2R_2^2/(R_2+R_1),R_a^{constant}=2R_1R_2/(R_2+R_1)$$

(4) 薄层、中厚层与厚层比较来说:①常数段变斜;②极小值变大;③极大值变小;④出现次极大(假异常);⑤岩层中部 $R_a\neq$岩层的电阻率。

(5) 无论厚层、中厚层还是薄层,电极系的记录点 O 通过界面时,R_a 都要发生突变。满足如下关系

$$\frac{R_a^i}{R_a^j}=\frac{R_i}{R_j}$$

二、电位电极系理论曲线分析

(一)高阻厚层理想电位电极系理论曲线分析

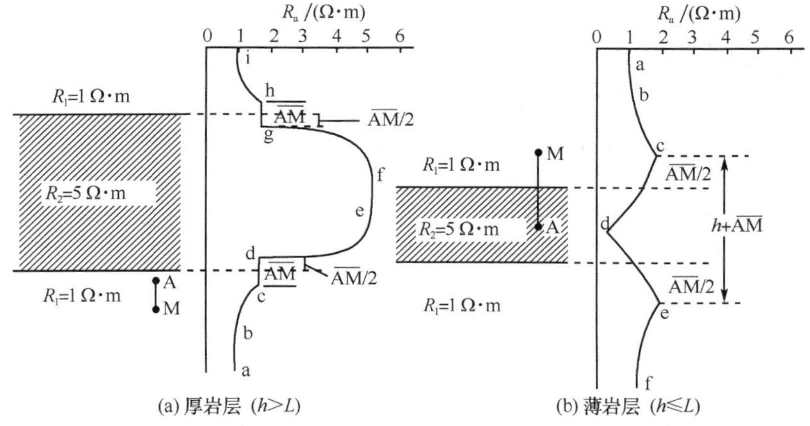

图 1-13　不考虑井孔影响时,理想电位电极系的视电阻率理论曲线

如图 1-13 所示,假设条件:①岩层水平;②钻孔条件忽略;③理想电位(NMA,

MN≫AM)；④岩层为高阻厚层，$R_1=1\Omega\cdot m$，$R_2=5\Omega\cdot m$。

分析公式
$$R_a = 4\pi AM\frac{V_M}{I} \tag{1-66}$$

ab段：电极系远离界面3～5倍AM时，此时界面对电极系的影响忽略不计(其原因是电极系到界面的距离超过了电极系的探测范围)，就好像电极系置于电阻率为R_1的无限介质一样，因此，$V_M=\frac{IR_1}{4\pi AM}$，所以$R_a=R_1$。

bc段：电极系上移，直到M极到底界面为止。$V_M=V_实+V_虚$($V_实$，$V_虚$分别为实源和虚源产生的电位)，随电极系上移，$V_实$不变，$V_实=\frac{IR_1}{4\pi AM}$；随电极系上移，$V_虚$满足：$V_虚=\frac{K_{12}IR_1}{4\pi A'M}$，注意：①$K_{12}=(R_2-R_1)/(R_1+R_1)>0$；②随电极系上移，A′M的距离减小，使$V_虚$增大。所以$V_M=V_实+V_虚$增大，$R_a$增大，直到M极到底界面为止，AM的中点(记录点)正对曲线C点。

cd段：M极过底界面，直到A极到底界面为止。在这一段V_M是不变化的，且$V_M=\frac{IR_2(1-K_{12})}{4\pi AM}$，所以$R_a=4\pi AM\frac{V_M}{I}=R_2(1-K_{12})=\frac{2R_1R_2}{(R_1+R_2)}$。

de段：A极过界面，电极系向上移动，直到电极系近岩层中部。$V_M=V_实+V_虚$，随电极系上移，$V_实$不变，$V_实=\frac{IR_2}{4\pi AM}$；随电极系上移，$V_虚$满足：$V_虚=\frac{K_{21}IR_2}{4\pi A'M}$，注意：①$K_{21}=-K_{12}=\frac{(R_1-R_2)}{(R_1+R_1)}<0$；②随电极系上移，A′M的距离增大，使$V_虚$增大；所以$V_M=V_实+V_虚$增大；则$R_a$增大；直到电极系近岩层中部为止。

ef段：电极系位于岩层中部。此时顶底界面对电极系的影响忽略，电极系近似位于均匀无限介质R_2中，$V_M=\frac{IR_2}{4\pi AM}$，所以$R_a=R_2$。

fg～ij段：①电位电极系满足供电电极与测量电极互换原理，其测量结果不变。②根据互换原理，采用AM电位电极系，从上往下分析曲线。

ji段：分析同ab段。

ih段：分析同bc段。

hg段：分析同cd段。

gf段：分析同de段。

(二)高阻薄层理想电位电极系理论曲线分析

假设条件：①岩层水平；②钻孔条件忽略；③理想电位(NMA，MN≫AM)；④岩层为高阻薄层，$R_1=1\Omega\cdot m$，$R_2=5\Omega\cdot m$。

分析公式

$$R_a = \frac{J_{MN} R_{MN}}{J_o} \tag{1-67}$$

式中，J_o 为正常情况下的电流密度；J_{MN} 为从 M 极到无穷远 N 极的电流密度平均值；R_{MN} 为从 M 极到无穷远 N 极的电阻率平均值。

分析曲线：

ab 段：电极系远离顶界面 3～5 倍 AM。此时 $J_{MN}=J_o$，$R_{MN}=R_1$，所以 $R_a=R_1$。

bc 段：电极系向下移动，直到 A 极到顶界面为止。随电极系向下移动，$R_{MN}=R_1$，J_o 不变，J_{MN} 增大，所以 R_a 增大，直到 A 极到顶界面为止，AM 的中点（记录点）正对曲线的 C 点。

cd 段：A 极过顶界面，直到 A 极到底界面为止。随电极系向下移动，$R_{MN}=R_1$，J_o 不变，J_{MN} 减小（随电极系向下移动，底界面以下的 R_1 介质对 A 汲电流的吸引作用增大，使透过顶界面的电流减小，使 J_{MN} 减小）所以 R_a 减小，直到 A 极到底界面为止，AM 的中点（记录点）正对曲线的 D 点。

de～gh 段：①电位电极系满足供电电极与测量电极互换原理，其测量结果不变。②根据互换原理，采用 AM 电位电极系，从下往上分析曲线。

（三）理想电位电极系理论曲线特征

(1) 在厚层、中厚层上，正对高阻岩层，曲线凸起；正对低阻岩层，曲线凹下。因此可以用电位电极系 R_a 曲线来判断岩层电阻率的高低。

(2) 在薄层上，正对高阻岩层，曲线凹起；正对低阻岩层，曲线凸下。因此利用电位电极 R_a 曲线来判断岩层电阻率的高低是不利的，所以要求：AM≤H（最小目的层的厚度）。

(3) 电位电极系 R_a 曲线以岩层中部对称。

(4) 在厚层中部 R_a≈地层的电阻率；在中厚层，薄层中部 R_a≠地层的电阻率。

(5) 在厚层中，岩层的顶底界面在常数段[$R_a^{constant}=2R_1R_2/(R_2+R_1)$]中心；在中厚层中，常数段变斜；在薄层中，常数段消失。

(6) 电位电极系满足供电电极与测量电极互换原理，其测量结果不变。

三、 R_a 曲线的影响因素

（一）渗透性地层径向电阻率的变化

泥浆（mud）：由泥和水混合而成，泥浆由泥浆滤液和固体颗粒组成。

泥饼（mud cake）：在钻井过程中为了防止井喷，通常泥浆柱的静压力大于地层压力，此压力差驱使泥浆滤液向渗透性地层渗透。在渗透过程中，泥浆中的固体颗粒逐渐在井壁沉积下来形成泥饼。

冲洗带(flushed zone):在泥浆向渗透性地层渗透过程中，井壁受到泥浆的强烈冲洗，原来孔隙中的自由流体几乎都被排挤走了，只剩下一部分束缚水。充满孔隙中的是泥浆滤液和残余地层水的混合物(水层)，或者夹有少量的残余油气(油层)，井壁附近受到泥浆强烈冲洗的地带，称为冲洗带。

过渡带(mixed zone):冲洗带以后，随径向距离增大，泥浆滤液逐渐减小，而地层的流体逐渐增大，直到没有泥浆侵入的原状地层，此带称为过渡带。

侵入带(invaded zone):由冲洗带和过渡带组成。通常侵入带的深度从几十厘米到几米。

原状地层(uninvaded zone):无泥浆侵入的地层。

泥浆侵入渗透性地层，形成泥饼、冲洗带、过渡带和原状地层，见图 1-14。

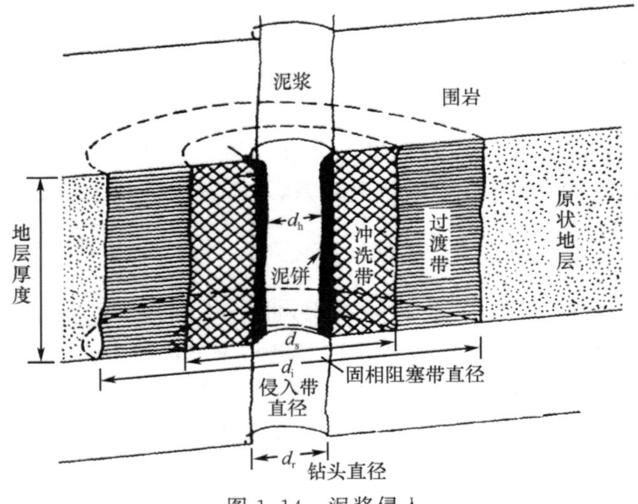

图 1-14　泥浆侵入

高侵剖面(high invaded):当地层的流体电阻率较低时(水层)，泥浆侵入后，侵入带电阻率将升高。

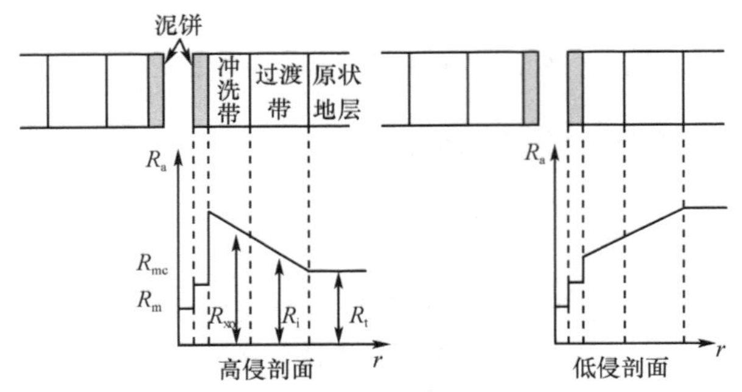

图 1-15　渗透层处电阻率径向变化示意图

低侵剖面(low invaded):当地层的流体电阻率较高时(油层)，泥浆侵入后，侵入带电阻率将降低(图 1-15)。

注意：侵入带的存在对计算 R_t 来说是不利因素，但利用该特点有如下应用：

(1) 判断油水层。

$R_t-R_i>0$ 时，储层为油气

层，R_t、R_i 分别用深、浅探测深度的测井方法获得；$R_t - R_i < 0$ 时，储层为水层。

（2）判断渗透层。

$R_{xo} - R_{mc} > 0$ 时，地层为渗透层，R_{xo}、R_{mc} 分别用微电位、微梯度测井方法获得；$R_{xo} - R_{mc} = 0$ 时，地层为非渗透层。

（3）判断油的比重。

油的比重大时，残余油饱和度大（油的比重大时，泥浆滤液不能完全替代冲洗带部分的油）；油的比重小时，残余油饱和度小。水层时冲洗带中的水几乎被泥浆滤液全部替代。

（二）井液的影响

井液的影响有几个特点（图 1-16）：

（1）R_a 曲线变圆滑；

（2）R_a 曲线的突变段和常数段不存在了；

（3）极大值变小，极小值变大；

（4）最重要的特点是 R_a 曲线基本特征保留下来。

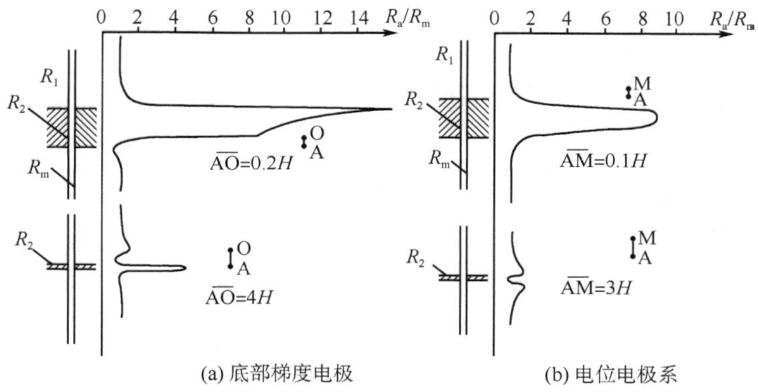

图 1-16　有井液影响时，高电阻率厚岩层、薄岩层理想电极系的视电阻率曲线

（三）相邻地层的影响

图 1-17 为邻层影响视电阻率测井曲线示意图，由图可知：

图 1-17(a)减阻屏蔽：当 AO 大于两高阻层间距时，由于高阻层对 A 电流的强烈排斥作用，电流不易流于下层介质，使 O 点的电流密度减小，下层的 R_a 减小（注：实线为 AO 电极系的 R_a 实测曲线）；图 1-17(b)增阻屏蔽：当 AO 小于两高阻层间距时，由于高阻层对电流的强烈排斥作用，电流从下流不易转为上流，使 O 点的电流密度增大，下层的 R_a 增大（注：实线为 AO 电极系的 R_a 实测曲线）。

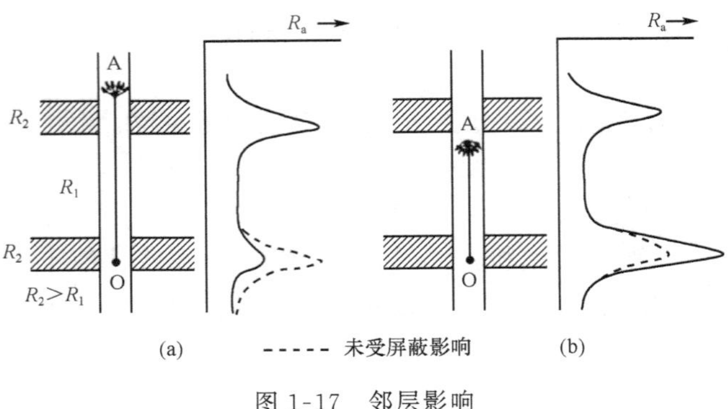

图 1-17　邻层影响

(四)MN 极距的影响

1. 梯度电极系(图 1-18)

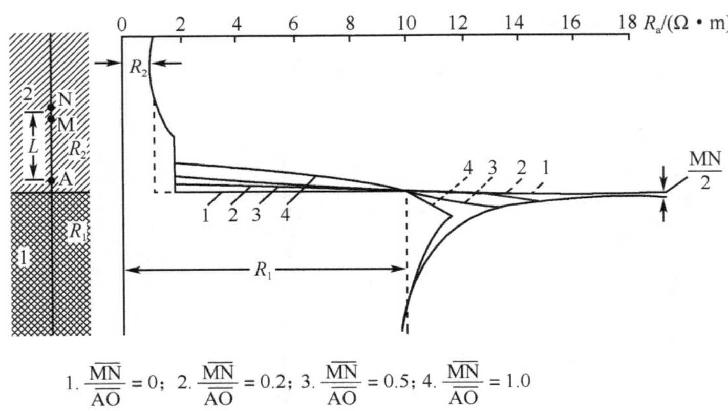

1. $\frac{\overline{MN}}{\overline{AO}}=0$; 2. $\frac{\overline{MN}}{\overline{AO}}=0.2$; 3. $\frac{\overline{MN}}{\overline{AO}}=0.5$; 4. $\frac{\overline{MN}}{\overline{AO}}=1.0$

图 1-18　梯度电极系 MN 的影响

(1) 随 MN 增大,对顶部梯度来说,曲线的极值位置向下移动 MN/2;对底部梯度来说,曲线的极值位置向上移动 MN/2。

(2) 随 MN 增大,对顶部梯度来说,曲线常数段的起始位置向上移动 MN/2;对底部梯度来说,曲线常数段的起始位置向下移动 MN/2。

(3) 随 MN 增大,极大值逐渐减小,极小值逐渐增大。

(4) 随 MN 增大,梯度电极系曲线向电位电极系曲线变化。

2. 电位电极系(图 1-19)

(1) 随 MN 减小,曲线出现不对称。

(2) 随 MN 减小,曲线极大值开始变化(数值变大,位置改变)。

(3) 随 MN 减小,电位电极系曲线向梯度电极系曲线变化。

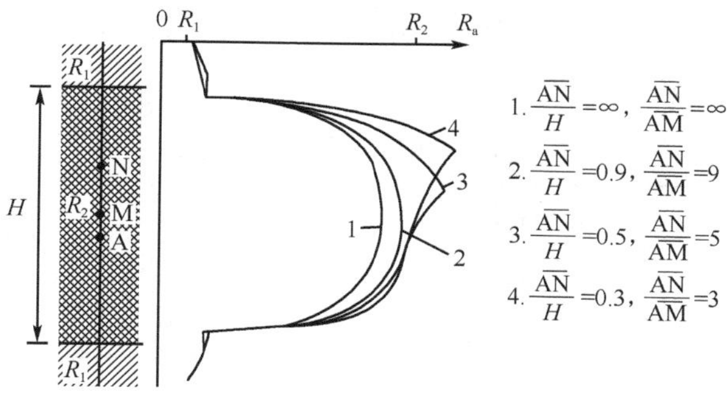

图 1-19　电位电极系 MN 的影响

第四节　微电极测井

一、引入微电极测井的目的

(1) 区分致密层和渗透层。虽然普通电极系的视电阻率测井曲线能够确定高阻层,但不能区分致密层和渗透层。

(2) 划分薄夹层。划分薄夹层,以便计算油层的有效厚度,使储量计算精确。

(3) 确定冲洗带的电阻率。

为了解决以上问题,设计一种电极距小、贴壁测量的特殊装置称为微电极。

二、微电极测井原理

微电极测井的电极 A、M_1、M_2 安装在绝缘极板上,采用贴壁装置[图 1-20

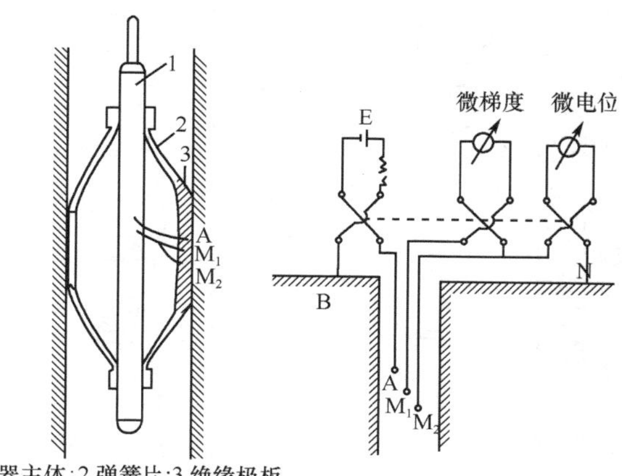

1.仪器主体;2.弹簧片;3.绝缘极板

(a) 微电极系结构图　(b) 微电极系测量原理线路

图 1-20　微电极系原理图

(a)],微电极和微电位同时进行测量[图 1-20(b)]。微电极系测量原理与普通电极系测量原理类似,但微电极测井电极距小(表 1-4)。

表 1-4 微电极系参数特征

内容 \ 电极系	微梯度	微电位
电极系	A0.025 M_1 0.025 M_2	A 0.05 M_2
电极距	$L=0.0375$	$L=0.05$
记录点	M_1M_2 的中点	AM_2 的中点
R_a 计算公式	$R_a = K_1 \dfrac{\Delta U_{M_1M_2}}{I}$	$R_a = K_2 \dfrac{U_{M_2}}{I}$
探测深度	5 cm 左右	8 cm 左右
R_a 反映	在渗透层处反映泥饼的电阻率 在非渗透层处反映岩层的电阻率	在渗透层处反映冲洗带的电阻率 在非渗透层处反映岩层的电阻率

注:K_1、K_2 分别称为微梯度和微电位装置系数,它们通过试验确定。

三、微电极测井曲线的应用

微电极测井可用来划分地层界面、划分渗透性地层,以及划分薄夹层(图 1-21)。

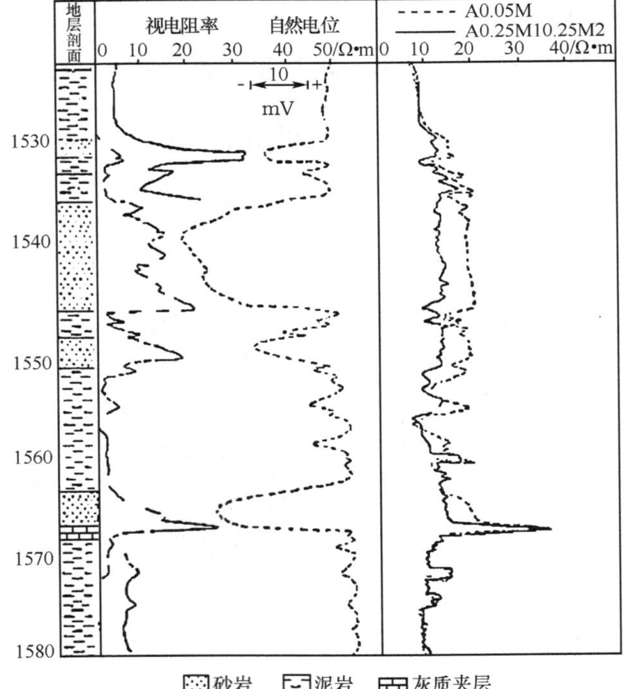

图 1-21 砂泥岩剖面微电极测井曲线

（一）确定岩层界面

微电极测井曲线划分互层组（砂泥岩互层）的精度高，可根据曲线的半幅值分层，一般 0.2m 厚的薄层均可划分出来，条件好的可划分到 0.1m 厚的薄层。

（二）划分渗透层

（1）幅度差：微梯度和微电位两条曲线一般重叠在一起，可看到二种幅度差。

正幅度差：$R_a^{微电位}-R_a^{微梯度}>0$

无幅度差：$R_a^{微电位}-R_a^{微梯度}=0$ 或很小

（2）划分渗透性地层。

在渗透层处，$R_a^{微电位}$ 反映冲洗带的电阻率；$R_a^{微梯度}$ 反映泥饼的电阻率

正幅度差：$R_a^{微电位}-R_a^{微梯度}>0$

在非渗透层处，$R_a^{微电位}$ 反映岩层的电阻率；$R_a^{微梯度}$ 反映岩层的电阻率

无幅度差：$R_a^{微电位}-R_a^{微梯度}=0$ 或很小

（3）划分致密夹层和泥质夹层。

第五节　侧向测井

引入问题如图 1-22 所示：

$R_t=\infty$，$R_m=1.5\Omega\cdot m$，$AO=1.0m$，井径 $d=30cm$，计算 R_a。

$$J_{MN}\approx\frac{I}{S}=\frac{I}{S_1+S_2}$$

$$S_1=S_2=\pi\left(\frac{d}{2}\right)^2$$

$$R_{MN}=R_m$$

$$E=J_{MN}R_{MN}$$

$$R_a=4\pi AO^2\frac{E}{I}\approx133(\Omega\cdot m) \tag{1-68}$$

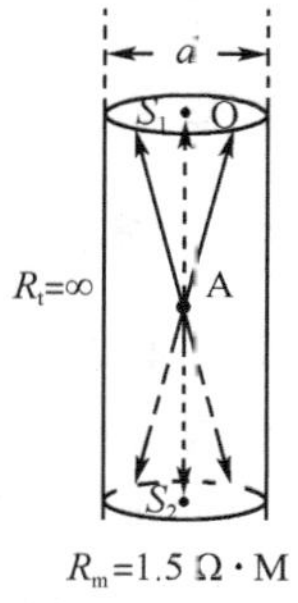

图 1-22　井液对电阻率测量的影响

以上例子说明 A 极供电电流基本上往井中流，很少流入地层。这说明井有很大的影响，为此设法使电流流入地层，在 A 极两侧增加两个屏蔽电极，屏蔽作用使电流流入地层，这就是三侧向测井的基本原理。

一、三侧向测井的基本原理

(一)三侧向测井电极系

(1) 该电极系由三个直径相同的金属圆筒组成(图 1-23)。A_0 为主电极,A_1、A_2 为屏蔽电极,三个电极之间用绝缘层隔开,电极系的记录点在主电极的中点。

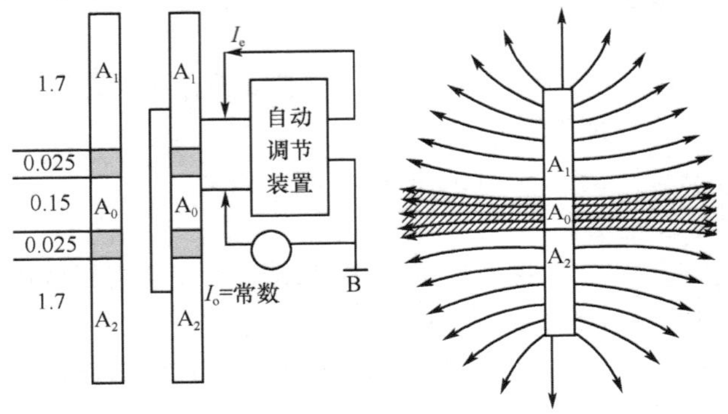

图 1-23　三侧向测井原理

(2) 在测量过程中:①主电极与屏蔽电极的电流极性相同;②主电极与屏蔽电极的电位相等;③主电极的电流强度 I_0 恒定。

(3) A_1、A_2 之间短路,并使 A_0、A_1、A_2 之间电位相等(如果 A_0 与 A_1、A_2 之间电位不相等,则 A_0 与 A_1、A_2 之间的电位差立即送到自动调节装置中,该装置自动调节屏蔽电流 I_e,直到 A_0 与 A_1、A_2 之间电位相等为止)。

(二)测量原理

由于主电极与屏蔽电极的电流极性相同,主电极与屏蔽电极的电位相等,使主电极的电流几乎垂直井轴进入地层,因此:①大大的减小了井液及上下围岩的影响;②由于主电极长度 $l_0=0.15$,具有很大的分层能力;③三侧向测井的探测深度大。探测深度取决于主电片的厚度 $t=L(1+4r^2/L^2)^{1/2}$;探测深度≈$1.5L$,t 随 L 的增大而减小。

经理论计算得到视电阻率的计算公式

$$R_a = K\frac{U_0}{I_0} \tag{1-69}$$

$$K=\frac{2.72875l_0}{\lg\left(\frac{2L}{d_s}\right)}$$

主电极长度 $L_0=2l_0$;电极系长度 $L=2l$;电极系直径 $d_s=2r_s$。

由欧姆定律得知：$r=U/I$。

故将上式改写为 $R_a=K\cdot r_o$，即三侧向测井的电阻率与主电极接地电阻成正比，$r_o=U_o/I_o$，称为主电极接地电阻（含义为主电极 A_0 的电流从主电极表面流向无限远时整个圆盘状路程中所遇到的电阻）。

在岩层厚度超过主电极长度的情况下，主电极 A_0 的接地电阻 r_o，可以近视看作是主电极电流流过的各部分介质电阻的串联[图 1-24(a)]；在岩层厚度小于主电极长度的情况下，主电极 A_0 的接地电阻 r_o 可以近似看作是地层部分介质电阻 r_t 和围岩部分电阻 r_w 的并联电阻与井液部分电阻 r_m 串联[图 1-24(b)]。

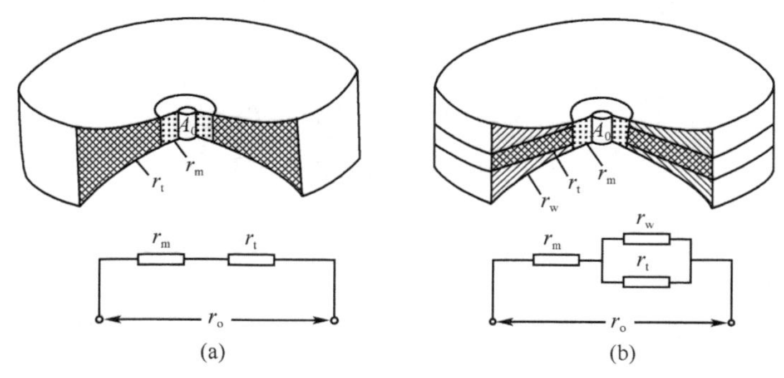

图 1-24　主电极接地电阻及等效电路

二、三侧向测井曲线

1. 单层侧向测井曲线

单层高阻侧向测井曲线如图 1-25所示，由图可知：①当岩层厚度小于电极系长度时，在岩层中部出现极大值；②当岩层厚度大于电极系长度时，在岩层上整体为高值，而在岩层中部出现次极小值。这是由于低阻围岩吸引屏蔽电极的电流，减小了屏蔽电极屏蔽作用的原因；③侧向测井利用曲线的异常根部确定岩层界面。

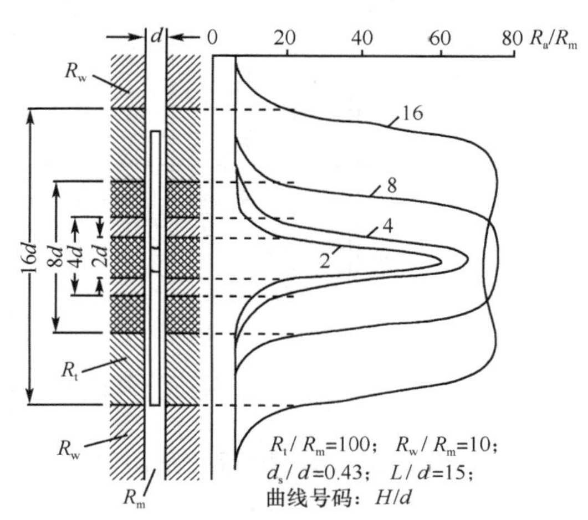

图 1-25　单层高阻侧向测井曲线

2. 互层侧向测井曲线

图 1-26 互层侧向测井曲线中，岩层Ⅰ的电阻率 $R_t=40R_m$，岩层Ⅱ的电阻率分别取为 $10R_m$，$20R_m$，$40R_m$ 和 $100R_m$。

由图可知，当高电阻率岩层Ⅱ的电阻率由 $10R_m$ 经 $20R_m$、$40R_m$，一直

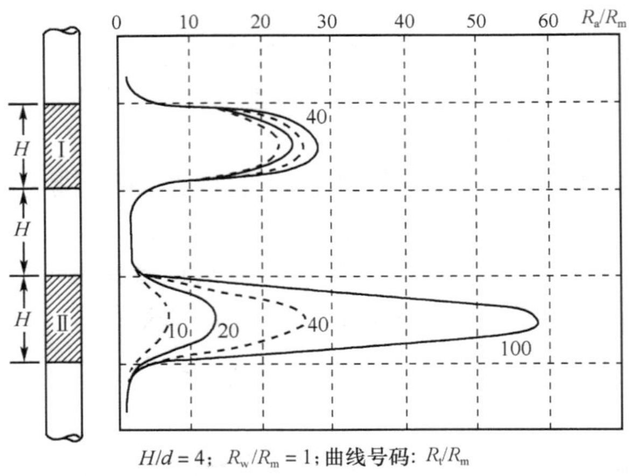

图 1-26　互层侧向测井曲线

变化到 $100R_m$ 时，都使Ⅰ层的电阻率发生变化，但这种变化不超过10%，这说明侧向测井的邻层影响不大。

图 1-27 是在不同电阻率、不同厚度的岩层组上测得的三侧向 R_a 曲线。由图可知，①普通电极系视电阻率曲线（梯度电极系、电位电极系）虽然有变化，但它们都不能较好地划分岩层；②三侧向 R_a 曲线能较好地划分岩层，这说明侧向测井的邻层影响远远小于普通电极系视电阻率曲线的邻层影响。

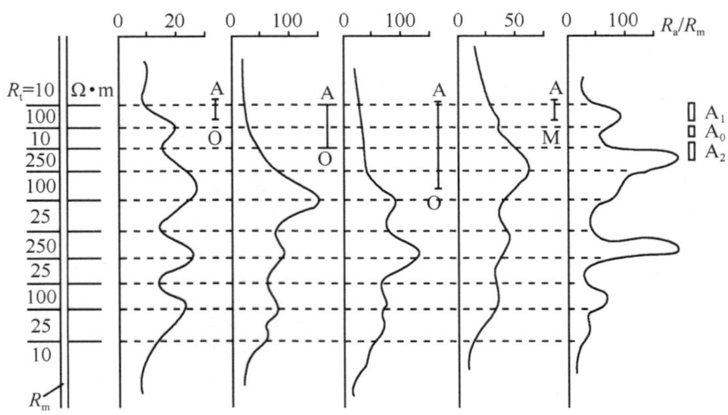

图 1-27　岩层组侧向测井曲线

三、深浅三侧向测井曲线判断油水层

深浅三侧向测井，即深三侧向测井和浅三侧向测井，以下为了便于说明问题，深三侧向测井用“深”表示，浅三侧向测井用“浅”表示。

1. 深浅三侧向测井的区别

相同之处：①测量原理一样；②l_0 一样；③记录点都在 A_0 中点；④N 都在无限远。

不同之处：①深的 A_1、A_2 比较长，屏蔽作用大于浅；②深的 B 极在无限远，浅的 B 极在附近(图 1-28)。由于以上两点不同导致：

深：电流流入岩层集中；浅：电流流入岩层分散；

深：电流片厚度变大慢；浅：电流片厚度变大快；

深：探测深度大；浅：探测深度小。

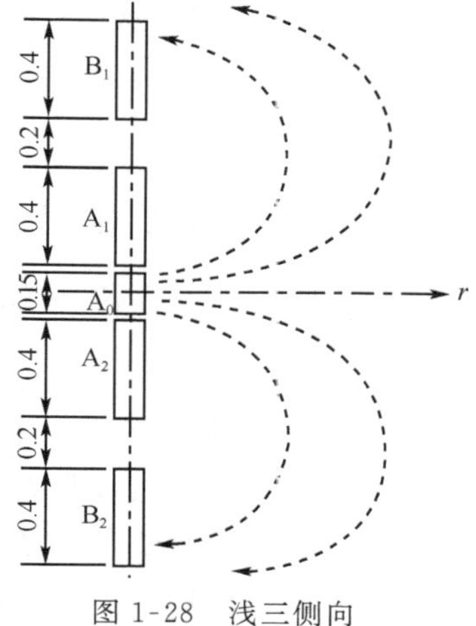

图 1-28　浅三侧向

2. 判断油水层

深：探测深度大，测值反映原状地层的电阻率。

浅：探测深度小，测值反映冲洗带的电阻率。

正幅度差：$R_a^{深}-R_a^{浅}>0$，为油层；

负幅度差：$R_a^{深}-R_a^{浅}<0$，为水层。

四、七电极侧向测井

七电极侧向测井(图 1-29)在原理上与三侧向测井是类似的，只是电极系结构上有些不同。七电极侧向测井的电极系是由七个金属电极组成，其中 A_0 为主电极，A_1、A_2 为屏蔽电极(又称为聚焦电极)，M_1、M'_1 和 M_2、M'_2 称为测量电极。

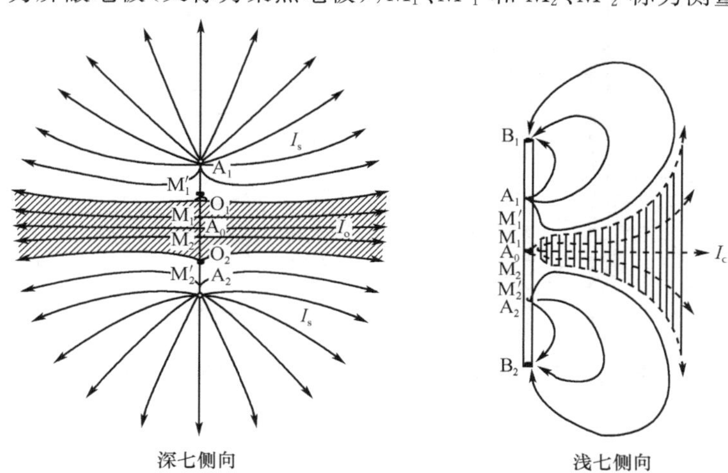

图 1-29　七侧向测井电极系

测量时，主电极供以恒定的电流 I_o，A_1、A_2 的电流极性与主电极电流极性相同。同时，自动调节装置通过屏蔽电流 I_s 的调节，使测量电极 M_1 和 M'_1 之间及 M_2 和 M'_2 之间的电位差等于零。由于 M_1 和 M_1' 及 M_2 和 M'_2 的电位相等，则主

电极电流 I_o 不能经过 M_1、M'_1 中点，不能经过 M_2、M'_2 中点。屏蔽电极 A_1 和 A_2 的电流也不能经过，从而使主电极电流 I_o 呈层状并垂直井轴流入岩层。通过下式便可计算出视电阻率

$$R_a = K\frac{V}{I_o} \tag{1-70}$$

式中，K 为七电极侧向测井的电极系系数，它由电极间的距离确定。

$$K = 4\pi\frac{\overline{A_0M_1}\ \overline{A_0M'_1}(\overline{A_0M_1}+\overline{A_0M'_1})}{\overline{A_0A_2^2}+\overline{A_0M_1}\cdot\overline{A_0M'_1}} \tag{1-71}$$

K 值也可以通过实验的方法测定。

上述七电极侧向测井电极系又称为深七侧向电极系，它的 B 极在无限远。如果将 B 电极分别安置在靠近 A_1 和 A_2 的地方，A_1 和 A_2 的屏蔽电流会很快地返回 B 电极。因此主电极流出的电流进入地层后也会很快地发散，使电极系的探测深度减小，这种电极系称为浅七侧向电极系。

五、其他聚焦测井

（一）双侧向测井

双侧向测井的原理与七侧向的原理相同，在图 1-30(a)中，左半部分是深七侧向，右半部分是浅七侧向，图 1-30(b)为双侧向(深七侧向)的测井曲线。

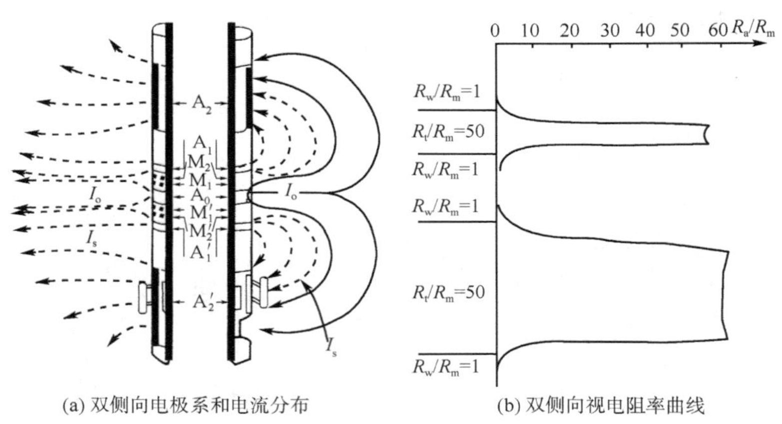

(a) 双侧向电极系和电流分布　　(b) 双侧向视电阻率曲线

图 1-30　双侧向测井

（二）微侧向测井

微侧向测井电极系由一个点状的主电极 A_0 和以主电极为圆心的三个同心环状电极组成。最外面的一个圆环电极称为屏蔽电极 A_1，位于 A_0 和 A_1 之间的是测量电极 M_1、M_2。微侧向测井的电极系镶在一块绝缘极板上，见图 1-31。

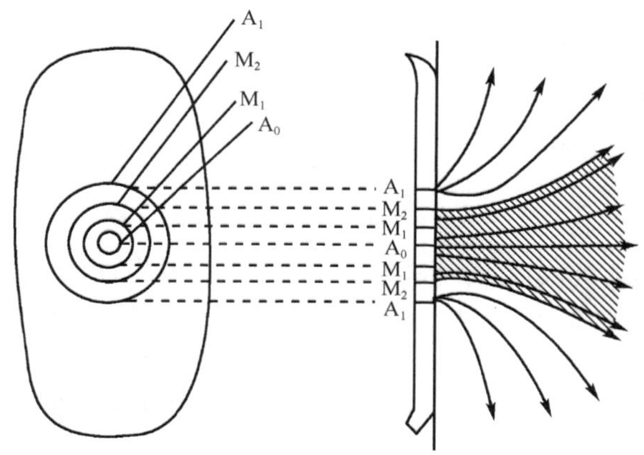

图 1-31　微侧向测井极板(电极分布和电流线图)

测量时,主电极供以恒定的电流 I_o,A_1、A_0 的电流极性相同,通过屏蔽电流 I_e 的调节,使测量电极 M_1、M_2 之间的电位差等于零。使主电极电流 I_o 呈层状并垂直井轴流入岩层。测量 M_1(M_2)与地面 N 电极之间的电位差,计算视电阻率公式为

$$R_{mll} = K\frac{\Delta U}{I_o} \tag{1-72}$$

式中,K 称为微侧向电极系系数,实验得到。微侧向测井的探测深度大于微电极系的探测深度,在渗透性地层处受泥饼的影响则小于微电极系,因此微侧向测井值能较好地反映冲洗带电阻率(R_{xo})的数值。但是当泥饼的厚度较大时,微侧向测井值就不能较好地反映冲洗带电阻率的数值,此时一般采用邻近侧向测井或微球形聚焦测井来解决。

（三）微球形聚焦测井

微球形聚焦测井是冲洗带测井系列中较好的方法。它的探测深度近于微侧向测井,但受泥饼的影响小于微侧向测井。图 1-32 所示为微球形聚焦测井电极系。

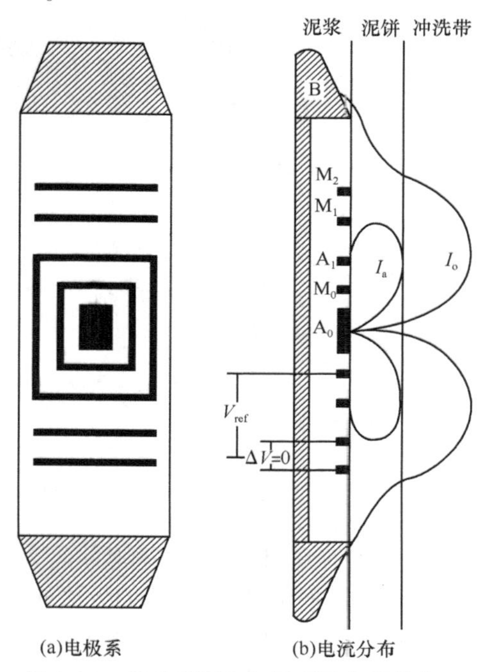

图 1-32　微球形聚焦电极系及电流分布

A_0 呈矩形,其他电极是矩形环状,

这些电极全部都镶在一块绝缘极板上。A_0 电极同时发出主电流 I_o 和屏蔽电流 I_a，I_a 返回到极板上的 A_1 极，而 I_o 返回到较远的 B 极。通过调节电流 I_o 和 I_a 的大小，使测量电极 M_1M_2 的电位相等，测量 M_0 与 M_1M_2 中点 O 之间的电位差 U_{m_0}，见图 1-32。视电阻率的计算公式为

$$R_{msfl} = K\frac{U_{m_0}}{I_o} \tag{1-73}$$

式中，K 为电极系系数，通过实验确定。在此种电极系中，由于 I_o 的回路电极 B 相距较远，主电流 I_o 在穿过泥饼后才向四周均匀散开，使与主电流线相垂直的等位面近似呈球形(图 1-33)，所以称此种电极系为微球形聚焦测井。在选择合适电极尺寸使测量结果受泥饼影响较小的情况下，微球形聚焦测井能够较好地测出冲洗带电阻率 R_{xo}。

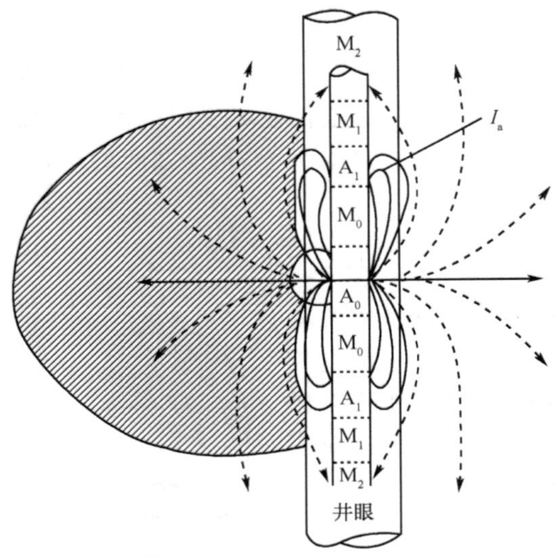

图 1-33　球形聚焦测井电极系

第六节　电阻率测井的应用

一、确定岩层界面

(1) 对梯度电极系来说，顶部梯度：曲线的极值的位置向上移动 MN/2 便是地层界面位置；底部梯度：曲线的极值的位置向下移动 MN/2 便是地层界面位置。

(2) 对电位电极系来说，利用异常根部划分岩层(图 1-34，图 1-35)。

(3) 侧向测井分层点在异常根部。

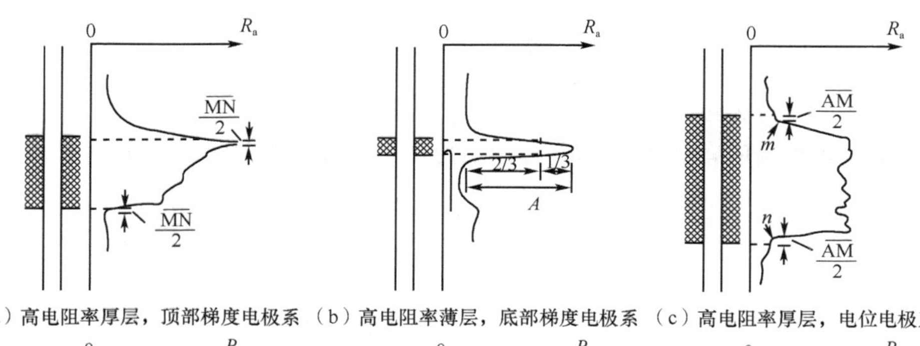

（a）高电阻率厚层，顶部梯度电极系（b）高电阻率薄层，底部梯度电极系（c）高电阻率厚层，电位电极系

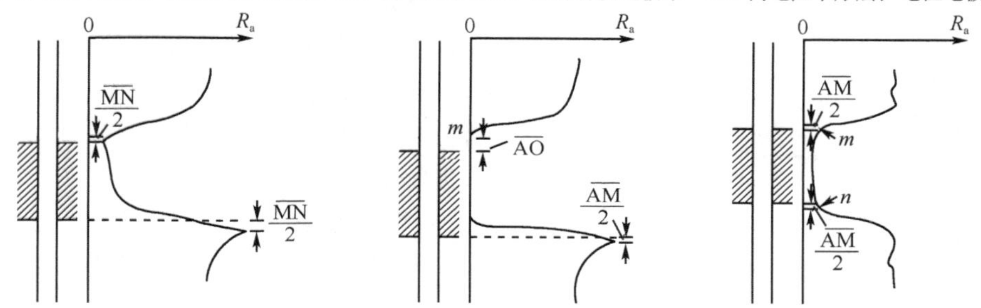

（d）低电阻率厚层，顶部梯度电极系（e）良导电性厚层，顶部梯度电极系（f）低电阻率厚层，电位电极系

图 1-34　确定岩层界面曲线图

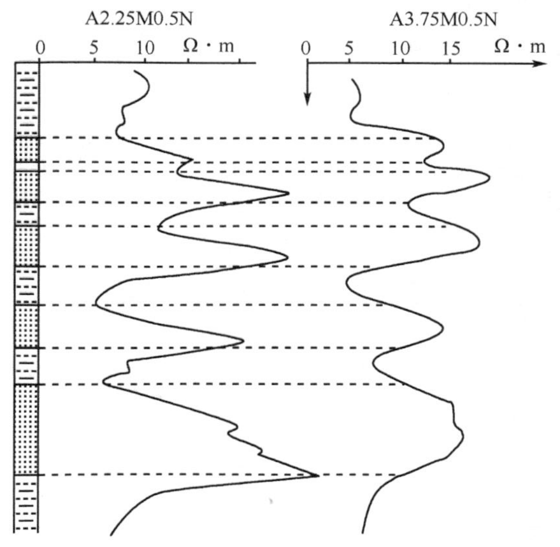

图 1-35　确定岩层界面曲线图

二、确定岩层电阻率

对于泥浆侵入较浅的地层来说，可直接利用普通电阻率、深侧向电阻率测井曲线在岩层中部读取岩层电阻率，需要说明的是，为了较准确地确定岩层电阻率需作井眼校正、围岩校正和侵入校正。

三、划 分 岩 性

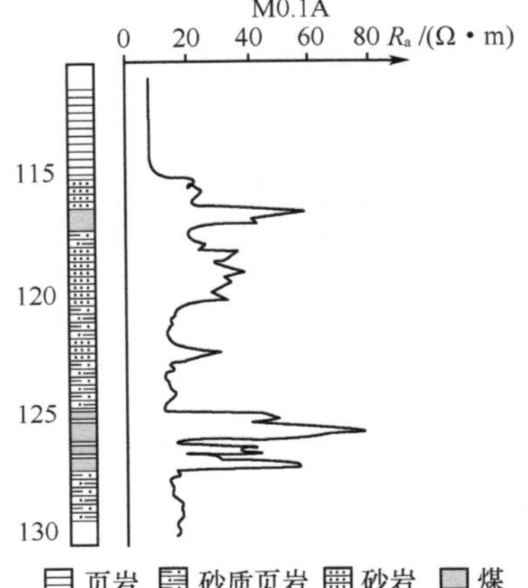

图 1-36　划分煤及岩性实例

1. 划分岩性和煤层

主要岩性包括烟煤或褐煤、砾岩、粗砂岩、中砂岩、细砂岩、泥岩和无烟煤。

它们的电阻率由大依次变小(图 1-36)。

2. 划分岩性和油水层

主要岩性包括含油气砂岩、砾岩、粗砂岩、中砂岩、细砂岩和泥岩，它们的电阻率依次由大变小。

图 1-37 是利用微电极测井划分渗透性地层，利用深、浅侧向测井划分油、水层的实例。

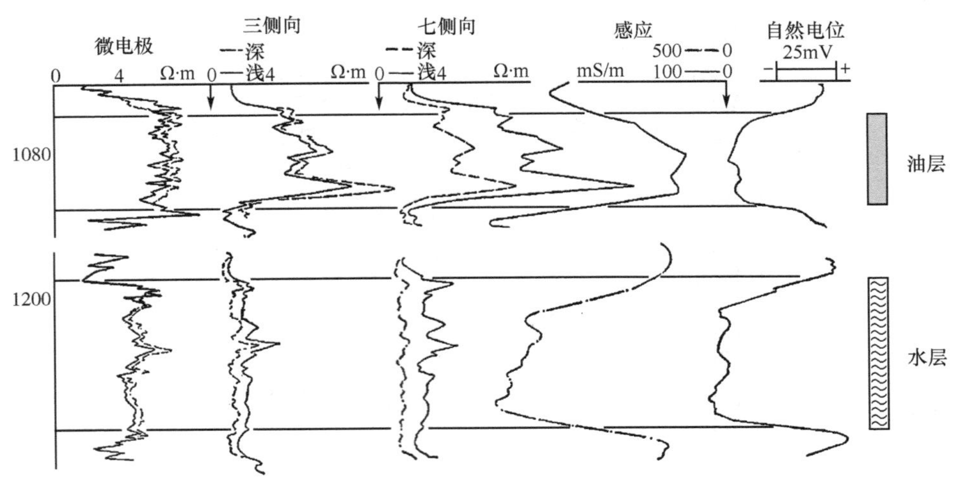

图 1-37　三侧向曲线在油、水层的曲线

第二章　自然电位测井

自然电位测井也是最早兴起的测井方法之一。自然电位测井是测量沿井身移动的 M 电极与固定在地面的 N 极之间的自然电位差，其测量线路如图 2-1 所示。

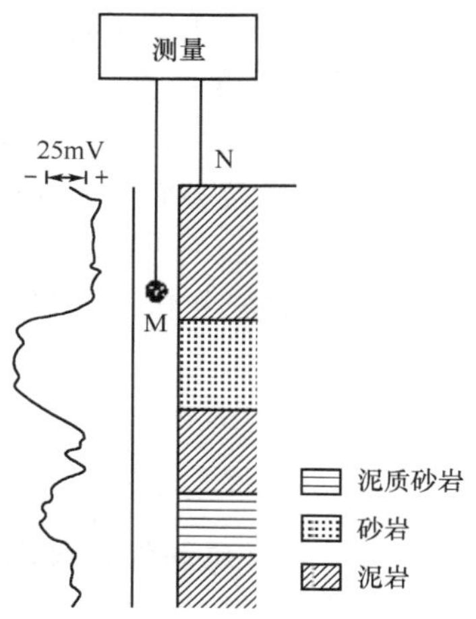

图 2-1　自然电位测井原理

自然电位测井曲线的变化与岩性有密切关系，特别是能用明显的异常显示出渗透层，另外，自然电位测井曲线还可以应用于确定泥质含量、地层水电阻率 R_w 以分析沉积环境等方面，这是非常有意义的。

需要注意的是，在实测曲线上，泥岩井段的自然电位曲线比较平直，测井解释时常常就以泥岩井段的自然电位曲线值作为基线，来计算渗透层的自然电位异常幅度值（单位：mV），大于基线的异常为正异常，小于基线的异常为负异常。

第一节　井内自然电位形成的原因

一、扩散作用以及扩散电动势

如图 2-2 所示，用一个渗透性的半透膜把容器分为两部分，两边分别为浓度 C_t 和 C_m（$C_t > C_m$）的 NaCl 溶液。当我们用如图所示的装置进行测量时，发现 $\Delta V_{MN} \neq 0$，即回路中有电流流过，这种现象如何产生？

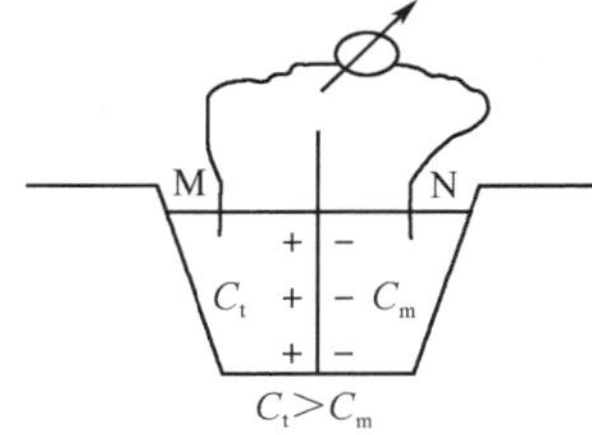

图 2-2　扩散作用

1. 扩散现象

由于 $C_t > C_m$，溶液浓度大的压力大，反之压力小，即在 C_t 与 C_m 之间存在浓度差或压力差，从而迫使浓度大的溶液中的离子要往浓度小的溶液中扩散，这种现象为扩散现象。

2. 扩散电动势

浓度大的溶液中的离子往浓度小的溶液扩散的过程中，对于 NaCl 溶液，由于 Cl^- 的迁移速度大于 Na^+ 的迁移速度，使 Cl^- 先通过半透膜进入浓度小的溶液中，

而 Na^+ 仍然留在浓度大的溶液中，其结果是在 C_t 溶液中有多余的正离子，在 C_m 溶液中有多余的负离子，即在接触面两侧聚集了异性电荷，这种差别一旦建立，Cl^-、Na^+ 的扩散速度会发生变化。

(1) 浓度小的一侧富集的负离子的排斥作用阻止负离子的继续扩散，使 Cl^- 的扩散速度减小。

(2) 浓度大的一侧富集的正离子受浓度小的一侧负离子的吸引，使正离子继续扩散，这样 Na^+ 的扩散速度增大。

当两种离子的扩散速度相等时，便达到动态平衡，扩散结束。在动态平衡的情况下，电荷聚集停止，形成了一种稳定的电动势，显然，只要两种溶液的浓度差保持不变，在它们的接触面形成的电动势就保持下去。由离子扩散作用产生的电动势称为扩散电动势。

经理论计算，扩散电动势如下

$$E_d = K_d \lg\left(\frac{C_t}{C_m}\right) \tag{2-1}$$

$$K_d = 2.3\frac{RT}{F}\cdot\frac{U-V}{U+V}$$

式中，K_d 为扩散电动势系数；U，V 分别为正、负离子迁移速度；T 为绝对温度，$T=273+t$；R 为理想气体常数，$R=8.3144\text{J}/(\text{K}\cdot\text{mol})$；$F$ 为法拉第常数，$F=96486\text{C/mol}$。例如，在 25℃条件下，$C_t/C_m=10$ 的 NaCl 溶液，扩散电动势为

$$E_d=K_d\lg(C_t/C_m)=K_d=-11.6(\text{mV})$$

值得注意的是：E_d 取决于 K_d 和 C_t/C_m，两个条件缺一不可。例如，KCl，由于 K^+ 和 Cl^- 的迁移速度几乎相等(表 2-1)，即使 C_t/C_m 再大，K_d 也很小，反过来如果 $U\neq V$，但 $C_t/C_m=1$，则 K_d 也为 0。

表 2-1　18℃时几种常见离子的迁移速度

正离子	迁移速度/[$cm^2/(V\cdot s)$]	负离子	迁移速度/[$cm^2/(V\cdot s)$]
N_a	43.5	Cl	65.5
K	64.6	$\frac{1}{2}SO_4$	67.9
$\frac{1}{2}C_a$	51.6	$\frac{1}{2}SO_3$	60
$\frac{1}{2}Mg$	45	OH	174
H	31.5		

二、吸附作用和吸附电动势

1、吸附作用

泥质颗粒选择性地吸附溶液中的负离子，不让它通过泥质薄膜，只让正离子通过泥质薄膜，这种作用称为吸附作用。

2. 吸附电动势

吸附作用的结果是浓度大的一侧富集负离子，浓度小的一侧富集正离子，最终产生稳定的电动势，该电动势称为吸附电动势（图 2-3）。经理论计算得

$$\begin{cases} E_a = \lim\limits_{v=0}(E_d) = \lim\limits_{v=0} 2.3\dfrac{RT}{F}\cdot\dfrac{U-V}{U+V}\lg\left(\dfrac{C_t}{C_m}\right) \\ \quad = 2.3\dfrac{RT}{F}\lg\left(\dfrac{C_t}{C_m}\right) = K_a\lg\left(\dfrac{C_t}{C_m}\right) \\ K_a = 2.3\dfrac{RT}{F} \end{cases} \tag{2-2}$$

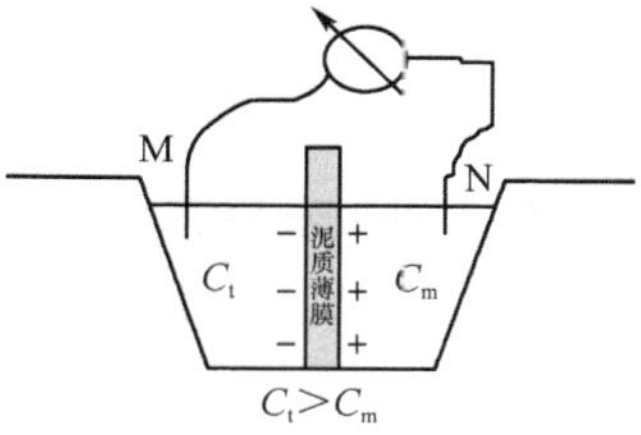

图 2-3　吸附作用

式中，K_a 为吸附电动势系数；R、T、F、C_t、C_m 的含义同前。

例如，在 25℃条件下，$C_t/C_m=10$ 的 NaCl 溶液，吸附电动势为

$$E_a = K_a\lg\left(\frac{C_t}{C_m}\right) = K_a = 59.1(\text{mV})$$

三、井内扩散吸附电动势

扩散作用：浓度大的地层水向浓度小的井液扩散，扩散的结果为：靠井液一侧聚集负离子，靠岩层一侧聚集正离子，形成扩散电动势（图 2-4）。

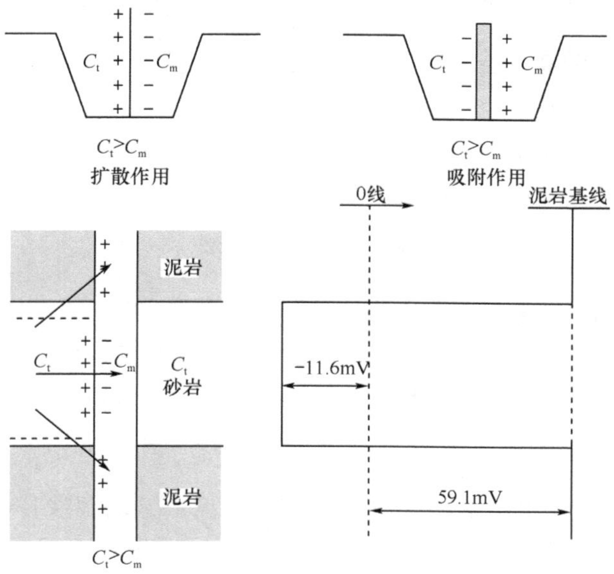

图 2-4　井内扩散吸附作用

吸附作用：浓度大的地层水向浓度小的井液通过泥岩层扩散（吸附作用），吸附作用的结果为：靠井液一侧聚集正离子，靠泥岩层一侧聚集负离子，形成吸附电动

势(图 2-4)。

扩散吸附电动势

$$\begin{cases} E_{da} = -(-E_d + E_a) = -K_{da}\lg\left(\dfrac{C_t}{C_m}\right) \\ K_{da} = 2.3\dfrac{RT}{F}\left[\dfrac{U-V}{U+V}+1\right] \end{cases} \tag{2-3}$$

式中,K_{da}为扩散吸附电动势系数。

例如,在 25℃条件下,$C_t/C_m=10$ 的 NaCl 溶液,则扩散吸附电动势为

$$K_{da}=70.7(\text{mV}),E_{da}=-70.7(\text{mV})$$

四、氧化还原作用

存在于地下的煤层,周围存在溶液(围岩地层水、井液等),煤与它们发生氧化-还原作用。当煤处于氧化状态时,在煤与围岩接触面上,煤带正电荷,围岩带负电荷,形成自然电位为正异常[图 2-5(a)];当煤处于还原状态时,在煤与围岩接触面上,煤带负电荷,围岩带正电荷,形成自然电位为负异常[图 2-5(b)]。

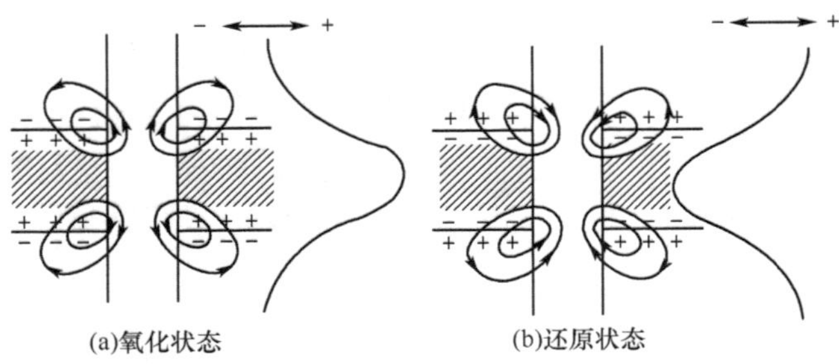

图 2-5 煤层上自然电位曲线

五、过滤电动势

在钻孔过程中,一般泥浆柱压力大于地层压力,泥浆滤液向地层渗透,岩石孔隙中滤液带有的正离子向压力低的地层一方移动并聚集,使在压力大的一端聚集较多的负离子,产生电位差,这就是过滤电动势,应用 Helmolz 理论得到

$$E_\phi = A_\phi \frac{R_{ml}}{\mu}\Delta P \tag{2-4}$$

式中,E_ϕ 为泥浆滤液电阻率;μ 为泥浆滤液的黏度;ΔP 为泥浆柱与地层之间的压力差;A_ϕ 是过滤电动势系数。

$$A_\phi = \frac{\varepsilon\zeta}{4\pi} \tag{2-5}$$

式中,ε 为渗透液体(泥浆滤液)的介电常数;ζ 为与岩石物理化学性质有关的参数,渗透性岩石的 A_ϕ 平均值均等于 0.77mV。

第二节　自然电位与静自然电位

如图 2-6 所示，扩散吸附电动势要通过泥浆、地层、泥岩放电产生电流，该电流称为自然电流，设 r_s、r_t、r_m 分别为围岩、地层、泥浆的等效电阻，则有如下关系

$$SSP = E_{da} = I(r_s + r_t + r_m) \tag{2-6}$$

$$I = \frac{E_{da}}{r_s + r_t + r_m}$$

式中，SSP 称为静自然电位，相当于自然电流回路中没有电流时，扩散吸附电动势之和。

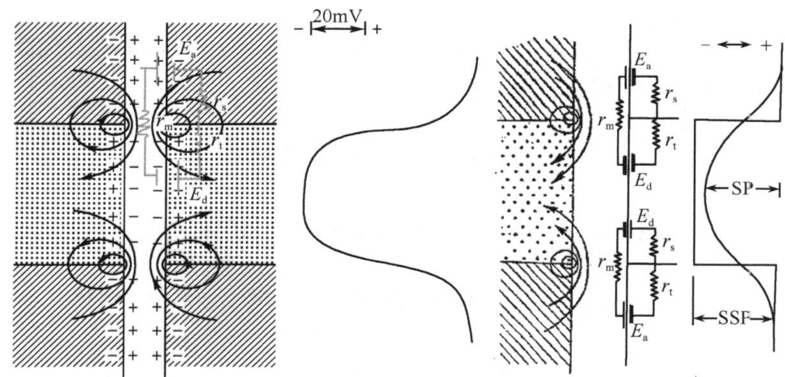

图 2-6　井内产生自然电位示意图

自然电位的含义是：自然电流 I 在泥浆柱上产生的电位差，即 Ir_m，用 SP 表示。

自然电位以及与静自然电位的关系可表示为

$$SP = Ir_m = SSP - I(r_s + r_t) \tag{2-7}$$

由此可见：

(1) SP 的幅度一般小于 SSP 的幅度；

(2) 当地层电阻率 r_t 增大时，SP 减小。

因此，由于油层的电阻率大于水层，一般油层的 SP 幅度小于水层。

第三节　自然电位测井的影响因素

一、SP 与 C_t/C_m 的关系

$$SSP = E_{da} = -K_{da}\lg\left(\frac{C_t}{C_m}\right)\begin{cases}C_t/C_m>1, SSP<0, \text{负异常}\\ C_t/C_m=1, SSP=0, \text{无异常}\\ C_t/C_m<1, SSP>0, \text{正异常}\end{cases} \tag{2-8}$$

二、SP 与温度的关系

18℃时扩散吸附电动势系数

$$K_{da}^{18}=2.3\frac{R(273+18)}{F}\left[\frac{V-U}{V+U}+1\right] \tag{2-9}$$

任意温度时的 K_{da}

$$K_{da}^{t}=2.3\frac{R(273+t)}{F}\left[\frac{V-U}{V+U}+1\right] \tag{2-10}$$

两式相除得

$$K_{da}^{t}=\frac{273+t}{291}K_{da}^{18} \tag{2-11}$$

注意：①K_{da}^{18}是已知的，$K_{da}^{18}=69.6\text{mV}$，所以任意 K_{da}^{t}可以通过上式换算出来。②上式可以写为 $K_{da}^{t}=64.25+0.24t$。

三、SP 与岩性的关系

无论砂岩中含泥质，还是泥岩中含砂粒，都会使 SP 异常幅度值减小。

四、SP 与层厚的关系

由图 2-7 可知：①当 $h/d>3.5$ 时，随 h 增大，自然电位的幅值不再增大，用半幅值点分层；②当 $h/d<3.5$ 时，随 h 减小，自然电位的幅值减小，分层点向异常顶部移动，此时不能用半幅值分层，经验是用 2/3 幅值点分层。

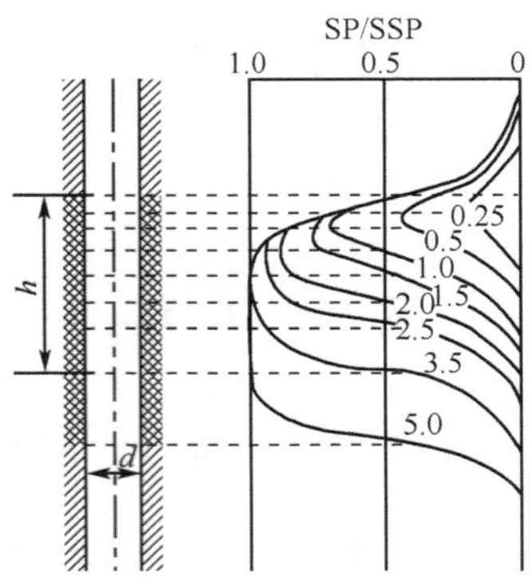

图 2-7　不同厚度地层的自然电位曲线（曲线号码为 h/d）

五、SP与其他因素的关系

(1)地层电阻率增大,SP幅度值减小(图2-8);
(2)岩层倾斜越大,SP幅度值减小越厉害(图2-9);
(3)邻层影响(图2-9)。

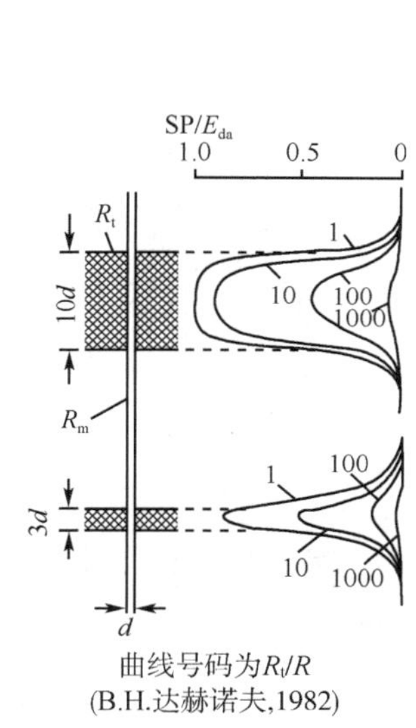

曲线号码为R_t/R
(B.H.达赫诺夫,1982)

图2-8　岩层厚度和电阻率对自然电位曲线的影响

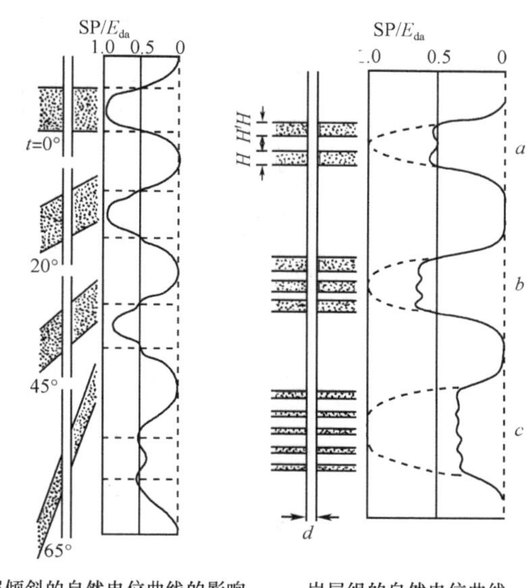

岩层倾斜的自然电位曲线的影响
(Г.A.车列明斯基,1959)

岩层组的自然电位曲线
(B.H达赫诺夫,1982)

图2-9　SP与其他因素的关系

第四节　自然电位测井的应用

一、划分岩性和渗透层

划分岩性和渗透层实例(图2-10,图2-11),对砂泥岩剖面来说有如下规律(表2-2)。

表2-2　自然电位幅值与岩性、渗透性的关系

	粗砂岩	中砂岩	细砂岩	泥岩
电阻率	大	——→		小
渗透性	好	——→		差
自然电位幅度值	大	——→		小

在油田一般的情况下,砂岩自然电位测井曲线为负异常($C_t > C_m$),但是在

$C_t < C_m$时却产生负异常(图 2-12)。

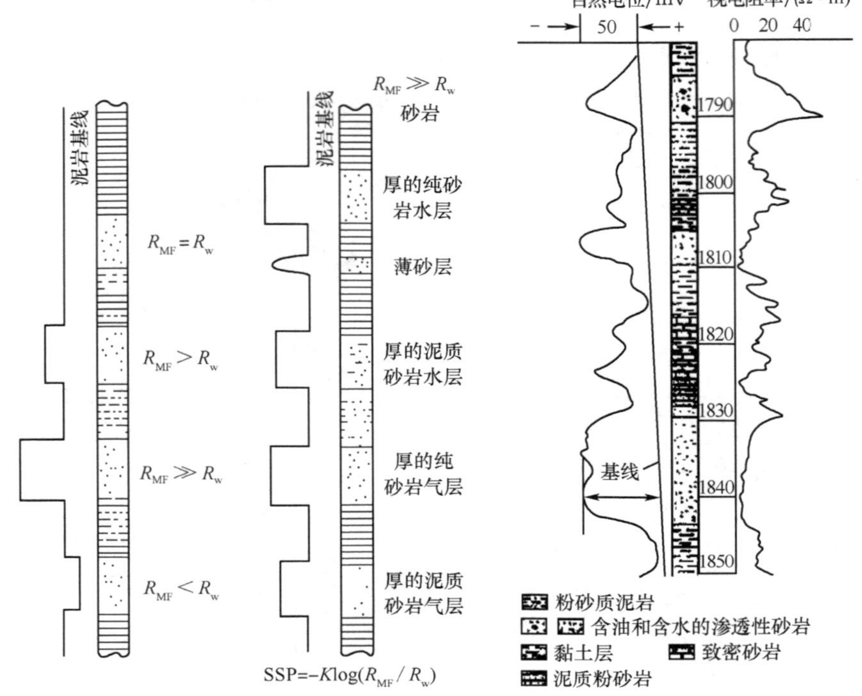

图 2-10　划分岩性和渗透层　　图 2-11　划分岩性和渗透层

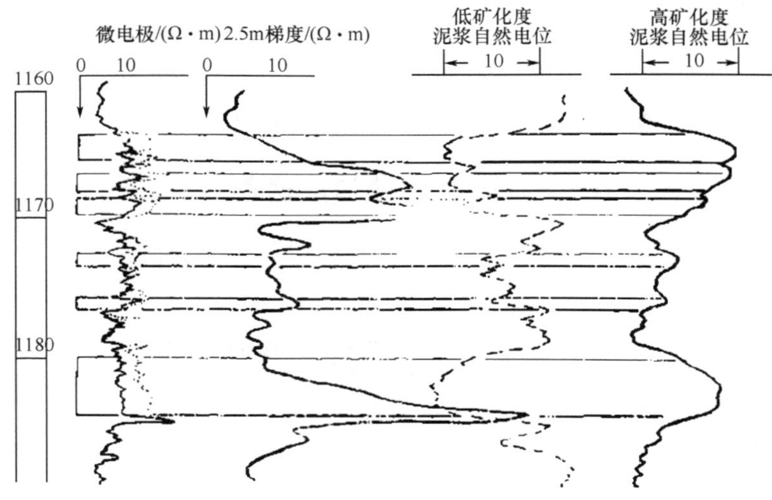

图 2-12　高、低矿化度泥浆的自然电位曲线实例

二、确定泥质含量 V_{sh}

泥质含量 V_{sh} 与自然电位 SP 之间可近似地看成线性关系，即

$$SP = a + bV_{sh} \tag{2-12}$$

在纯泥岩上，$V_{sh} = 100\% = 1$，所以 $SP_{sh} = a + b$；

在纯砂岩上，$V_{sh} = 0$，所以 $SP_{sd} = a$；

因此，$a = SP_{sd}$，$b = SP_{sh} - SP_{sd}$，代入(2-12)式，得

$$SP = SP_{sd} + V_{sh}(SP_{sh} - SP_{sd}) \tag{2-13}$$

$$V_{sh} = \frac{SP - SP_{sd}}{SP_{sh} - SP_{sd}} \tag{2-14}$$

式中，SP_{sd}、SP_{sh} 分别为纯砂岩、纯泥岩的自然电位；SP 为待研究地层上实测的自然电位；V_{sh} 为泥质含量。确定 V_{sh} 的示意图如图 2-13 所示。

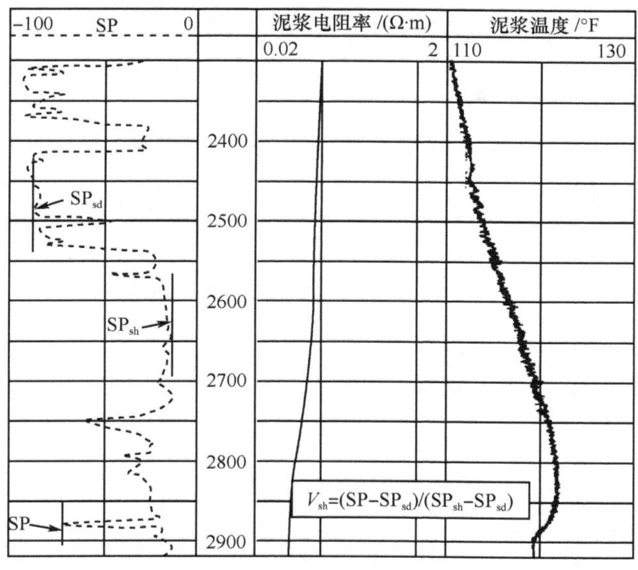

图 2-13　确定泥质含量 V_{sh}

但在实际中，并非此种线性关系，要进行非线性校正

$$V'_{sh} = \frac{2^{V_{sh} \cdot C} - 1}{2^{C} - 1} \tag{2-15}$$

$C = 3.7$，古近、新近系地层；$C = 2.0$，老地层。

注：确定泥质含量的经验公式

$$V_{sh} = 1 - \alpha, \alpha = \frac{SP}{SP_{sd}} \tag{2-16}$$

式中，SP 为解释地层上的自然电位幅值；SP_{sd} 为纯砂岩的自然电位幅值。

三、确定地层水电阻率

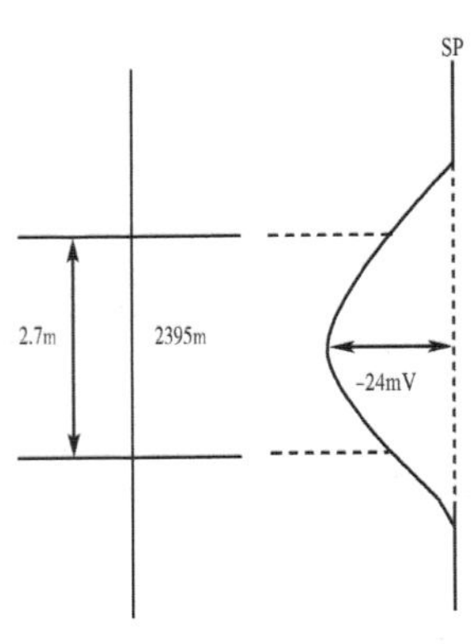

图 2-14　SP 曲线

理论依据：$SSP = E_{da} = -K_{da}\lg\left(\dfrac{C_t}{C_m}\right)$　　(2-17)

由于地层水等效电阻率：$R_{we} \approx \dfrac{1}{C_t}$

泥浆滤液等效电阻率：$R_{mfe} \approx \dfrac{1}{C_m}$

所以：$SSP = E_{da} = -K_{da}\lg\left(\dfrac{R_{we}}{R_{mfe}}\right)$　　(2-18)

经整理：$R_{we} = R_{mfe}10^{-\frac{SSP}{K_{da}}}$　　(2-19)

例如，我国大港油田某井深度 2395m 处为含水砂岩，其地面所测 18℃时的泥浆电阻率为 $R_m^{18}=1.28\Omega \cdot m$，井温梯度为 $t=14+0.034 \cdot h$(井深)，自然电位曲线如图 2-14所示，求该砂岩层的地层水电阻率 R_w：

(1) 求SSP＝X · SP；X 为自然电位校正系数(查表得$X=1.1$)；

$SSP=1.1 \cdot 24 \approx 26(mV)$

(2) 求 K_{da}；

$$K_{da}=\frac{(273+t)K_{da}^{18}}{291}=87.153(mV)$$

式中，$K_{da}^{18}=69.6mV$，$t=14+0.034 \cdot h=95.43$。

(3) 求 R_{mfe}(泥浆滤液等效电阻率)；

(a) 泥浆电阻率；

$$R_m=\frac{R_m^{18}}{1+0.021(t-18)}=\frac{1.28}{1+0.021(95.43-18)}=0.49(\Omega \cdot m)$$

(b) 泥浆滤液电阻率；

$$R_{mf}=0.75R_m=0.75 \cdot 0.49=0.37(\Omega \cdot m)$$

(注：如果 $R_m<0.1\Omega \cdot m$ 时，则需查表求 R_{mf})

(c) 泥浆滤液等效电阻率；

$$R_{mfe}=0.85 \cdot R_{mf}=0.85 \cdot 0.37=0.31(\Omega \cdot m)$$

(注：如果 $R_{mf}<0.1\Omega \cdot m$ 时，则需查表求 R_{mfe})

(4) 求 R_{we}，地层水等效电阻率；

$$R_{we}=R_{mfe}\times 10^{-\frac{SSP}{K_{da}}}=0.31 \cdot 0.503=0.16(\Omega \cdot m)$$

(5) 求 R_w，地层水电阻率(查表求)；

$$R_w=0.2(\Omega \cdot m)$$

图 2-15 为地层厚度与自然电位校正系数之间的关系，根据地层厚度 h 和 $\frac{R_i}{R_m}$（R_i 是侵入带电阻率，R_m 是泥浆电阻率）可以确定自然电位校正系数，右上角附图的作用是根据 SP 和校正系数确定 SSP。

图 2-16 为 R_m 与 R_{mf}（R_{mc}）的关系，根据 R_m 和泥浆比重可以确定 R_{mf}。图 2-17 为 R_{we} 与 R_w 之间的关系，根据 R_{we} 和温度可以确定 R_w。

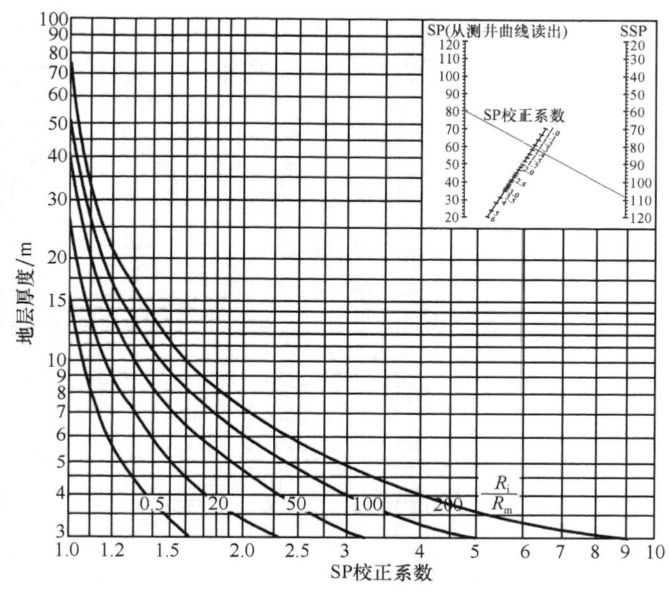

图 2-15　自然电位校正系数

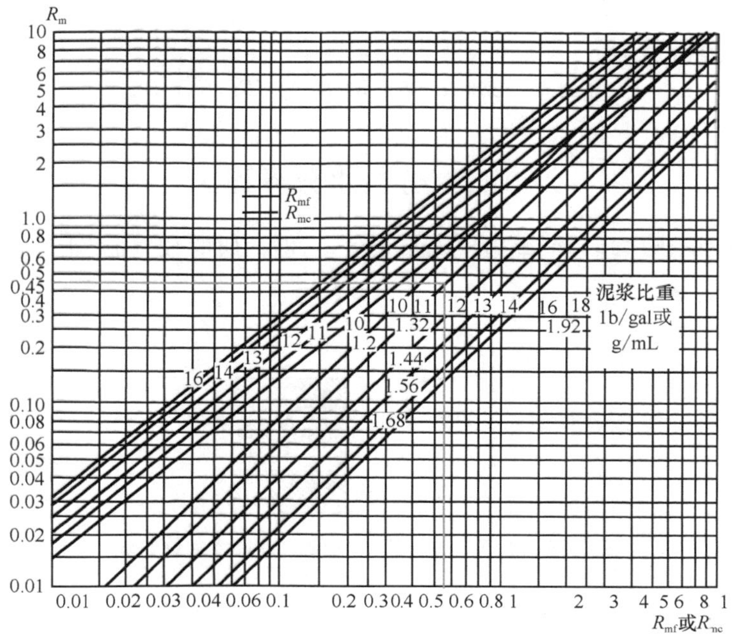

图 2-16　估计 R_{mf} 与 R_{mc} 图版

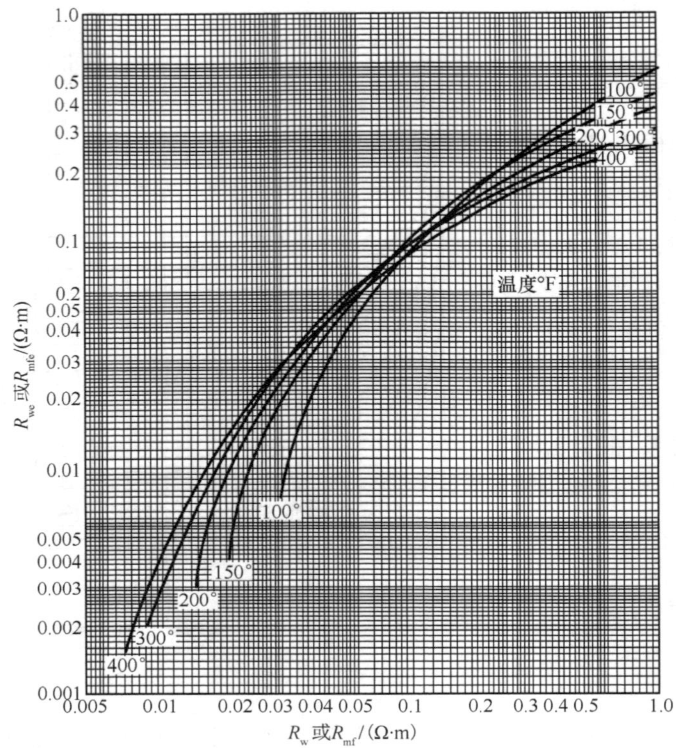

图 2-17　已知 R_{we} 确定 R_w 或已知 R_{mfe} 确定 R_{mf}

四、划分油水分界面

如图 2-18，由于油层的电阻率大于水层，一般油层的 SP 幅度小于水层，图中上部含油下部含水。

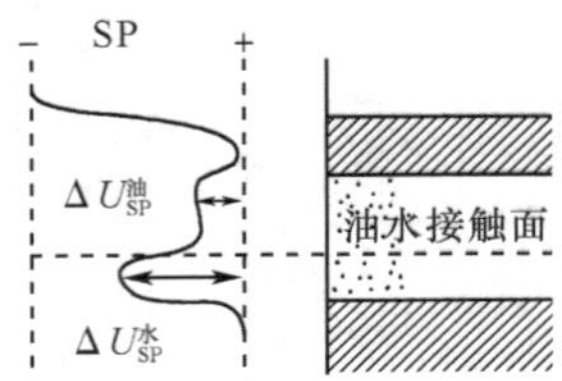

图 2-18　上部含油下部含水的砂岩自然电位曲线

第三章 感应测井

前面所讲的电阻率方法、侧向测井方法都需要井内有导电的液体，即只能用于导电性较好的泥浆井中。然而在油田勘探过程中有时使用油基泥浆(油和泥混合而成)，所以前面的方法就不能使用了。

为了解决在油基泥浆井中测量取得地层电阻率，而提出感应测井。实际上感应测井不仅能用于油基泥浆井中，也可用于水基泥浆以及无泥浆的干井中。

第一节 双线圈感应测井原理

双线圈系(一个发射线圈、一个接收线圈)的感应测井原理如图 3-1 和图 3-2 所示。

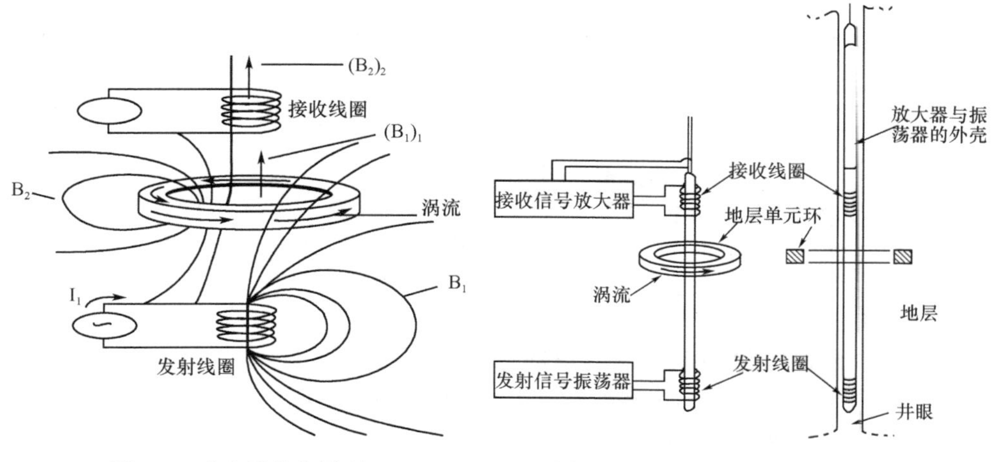

图 3-1 感应测井仪原理　　图 3-2 基本双线圈系感应测井系统

1. 一次场

发射线圈 T 通过 20kHz 的交变电流，根据电磁场定律得知，电流会产生磁场，而交变电流将产生交变磁场。

由于一次场是交变的，故产生感应电动势。

(1) 设在介质中一次场的变化产生磁通量的变化为 $\Delta\phi_1$，则介质产生的感应电动势为

$$\varepsilon_{介}=-\frac{\mathrm{d}\phi_1}{\mathrm{d}t} \tag{3-1}$$

(2) 接收线圈 R 中的一次场变化产生磁通量的变化为 $\Delta\phi_1'$，则产生的直接耦合电动势为

$$\varepsilon_{直} = -\frac{\mathrm{d}\phi_1'}{\mathrm{d}t} \tag{3-2}$$

注意：一次场变化直通到接收线圈 R，产生直通电动势(或者称直接耦合电动势)，与导磁率有关。

$$\varepsilon_{直} = -\frac{\mathrm{d}\phi_1'}{\mathrm{d}t} = -\frac{\mathrm{d}}{\mathrm{d}t}\iint B\mathrm{d}s = -\frac{\mathrm{d}}{\mathrm{d}t}\iint uH\,\mathrm{d}s$$

一次场变化产生感应电动势 $\varepsilon_{介}$，感应电动势在导电介质中产生电流，在均匀介质中此电流是围绕井轴流动，该环形电流的中心与井轴一致，故称此电流为涡流，涡流与介质的导电性有关。涡流可写为

$$i = \frac{\varepsilon_{介}}{R}$$

式中，R 为电阻(与介质的导电率有关)。

2. 二次场

由于一次场是变化的，所以涡流也是变化的，变化的涡流产生磁场，即二次场。

设二次场在接收线圈中的磁通量的变化为 $\Delta\phi_2$，则二次场产生感应电动势为

$$\varepsilon_{R} = -\frac{\mathrm{d}\phi_2}{\mathrm{d}t} \tag{3-3}$$

总之，交变电流一次场 $\begin{cases} \varepsilon_{直} = -\dfrac{\mathrm{d}\phi_1{}'}{\mathrm{d}t} \\ \varepsilon_{介} = -\dfrac{\mathrm{d}\phi_1}{\mathrm{d}t} \end{cases}$，涡流 $i = \dfrac{\varepsilon_{介}}{R}$，二次场 $\varepsilon_{R} = -\dfrac{\mathrm{d}\phi_2}{\mathrm{d}t}$。

3. 注意

(1) 在接收线圈产生两种感应电动势：

$\varepsilon_{直}$：由一次场产生，与磁化率 K 有关，石油测井不测 K，$\varepsilon_{直}$ 为无用信号；

ε_{R}：由二次场产生，与导电率 σ 有关，正是要测的，ε_{R} 为有用信号。

注：一次场与二次场之间相差 $\pi/2$，利用相敏检波可以把它们分开。

(2) 线圈距：$L = \mathrm{TR}$。

(3) 记录点：在发射线圈 T 与接收线圈 R 的中点。

第二节 感应测井的基本理论

一、有用信号产生的感应电动势

假设条件：导电率为 σ，半径为 r 的单圆环，计算该单圆环(图 3-3)产生涡流及磁场而产生的感应电动势 $d\varepsilon_R$。经理论计算得

$$d\varepsilon_R = -\frac{d\phi_2}{dt} = Kg\sigma dS \tag{3-4}$$

$$K = -\frac{\omega^2 u^2 S_T S_R i}{4\pi L} \tag{3-5}$$

$$g = \frac{L}{2}\frac{r^3}{R_1^3 R_2^3} \tag{3-6}$$

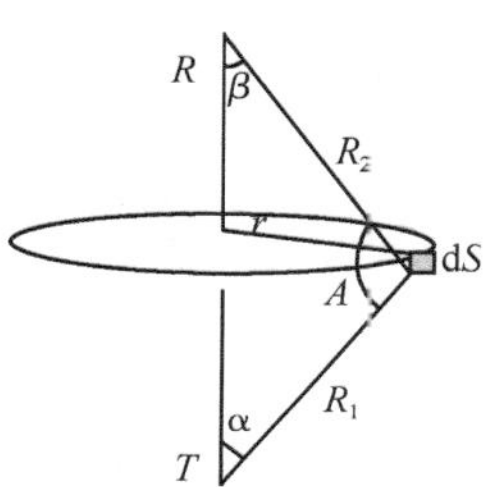

图 3-3 单圆环

式中，K 为线圈系系数；g 为单圆环几何因子；σ、u 分别为导电率和导磁率；$\omega=2\pi f$ 称为圆频率；f 为频率；S_T、S_R 分别为发射、接收线圈的总面积，$S_T=n_T S$，n_T 为发射线圈的匝数；$S_R=n_R S$，n_R 为接收线圈的匝数，S 为单个线圈环的面积；i 为供电电流，$i=I_o \sin\omega t$；$L=TR$ 为线圈距；R_1 为 T 到单圆环截面的距离；R_2 为 R 到单圆环截面的距离。

(一)单圆环几何因子 g

单圆环几何因子取决于单圆环与线圈的相对位置和距离。它的物理意义是截面为 dS 的单圆环对总信号的贡献。

$$g = \frac{L}{2}\frac{r^3}{R_1^3 R_2^3} \tag{3-7}$$

根据正弦定理

$$\frac{\sin A}{L} = \frac{\sin a}{R_2} = \frac{r/R_1}{R_2} \tag{3-8}$$

式中，A 是 R_1 与 R_2 的夹角，$\sin A=\frac{Lr}{R_1 R_2}$，$\sin a=\frac{r}{R_1}$，即

$$g = \frac{1}{2L^2}\left(\frac{r}{R_1 R_2}\right)^3 = \frac{1}{2L^2}\sin^3 A \tag{3-9}$$

根据公式(3-9)可分析 g 值的大小(图 3-4)、g 值的分布(图 3-6)，并可分析双线圈系围岩的影响程度(图 3-5)。由式(3-9)可知：

(1) 在以 L 为直径的圆周上 $A=\pi/2$，g 达到极大值；

(2) 在线圈系轴线上 $A=0$，$A=\pi$，g 达到极小值。

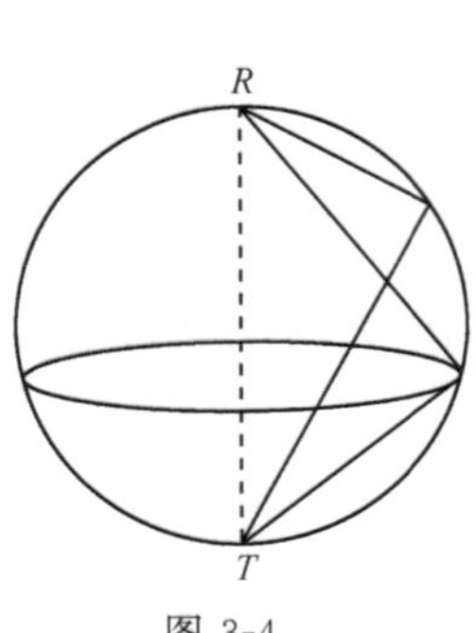

图 3-4

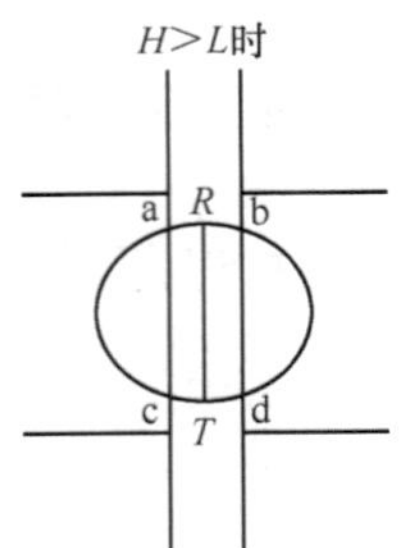

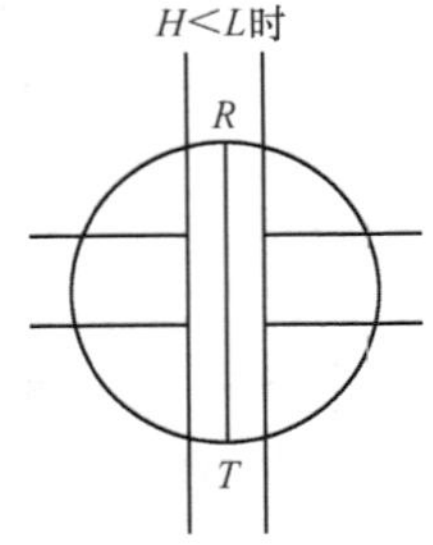

图 3-5 影响因素分析

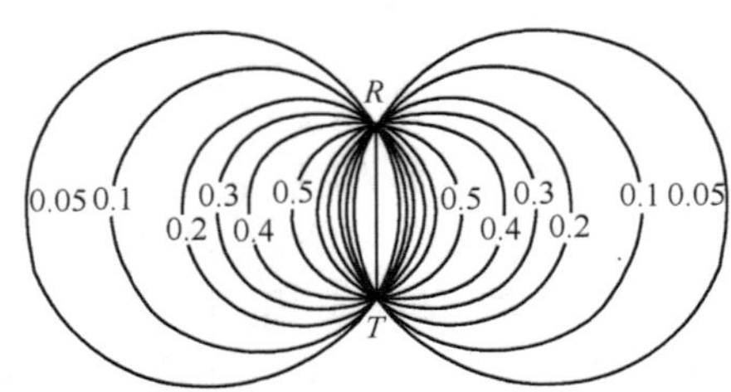

图 3-6 $L=1\text{m}$ 的双线圈系单元环等几何因子图

（二）全空间的几何因子

可以证明：

$$\iint_{-\infty}^{\infty} g\mathrm{d}S = \int_{0}^{\infty}\int_{-\infty}^{\infty} \frac{L}{2}\frac{r^3}{\left(r^2+\left(\frac{L}{2}+Z\right)^2\right)^{3/2}\left(r^2+\left(\frac{L}{2}-Z\right)^2\right)^{3/2}}\mathrm{d}z\mathrm{d}r = 1 \tag{3-10}$$

即全空间的几何因子为 1。

（三）计算岩石的电阻率

(1)在均匀无限介质中：

$$\varepsilon_{\text{R}} = \iint_{-\infty}^{\infty} Kg\sigma\mathrm{d}S = K\sigma\iint_{-\infty}^{\infty} g\mathrm{d}S = K\sigma \tag{3-11}$$

所以 $$\sigma = \varepsilon_{\text{R}}/K$$

(2)在非均匀无限介质中：

$$\begin{aligned}\varepsilon_{\text{R}} &= \iint_{-\infty}^{\infty} Kg\sigma\mathrm{d}S = K\left[\sigma_{\text{s}}\iint_{S_{\text{S}}} g\mathrm{d}S + \sigma_{\text{i}}\iint_{S_{\text{i}}} g\mathrm{d}S + \sigma_{\text{m}}\iint_{S_{\text{m}}} g\mathrm{d}S + \sigma_{\text{t}}\iint_{S_{\text{t}}} g\mathrm{d}S\right] \\ &= K(\sigma_{\text{s}}G_{\text{s}} + \sigma_{\text{i}}G_{\text{i}} + \sigma_{\text{m}}G_{\text{m}} + \sigma_{\text{t}}G_{\text{t}})\end{aligned} \tag{3-12}$$

非均匀介质如图 3-7 所示，即 G_{s}、G_{i}、G_{m}、G_{t} 分别为围岩、侵入带、泥浆和地层

的几何因子；σ_s、σ_m、σ_i、σ_t 分别为围岩、泥浆、侵入带和地层的电导率。

几何因子满足：$G_s+G_i+G_m+G_t=1$。在非均匀无限介质中测到的导电率定义为视导电率 σ_a。

$$\sigma_a=\frac{\varepsilon_R}{K}=\sigma_s G_s+\sigma_i G_i+\sigma_m G_m+\sigma_t G_t \qquad (3\text{-}13)$$

岩层的真导电率

$$\sigma_t=\frac{\sigma_a-(\sigma_s G_s+\sigma_i G_i+\sigma_m G_m)}{G_t}$$

岩层的真电阻率

$$R_t=1/\sigma_t$$

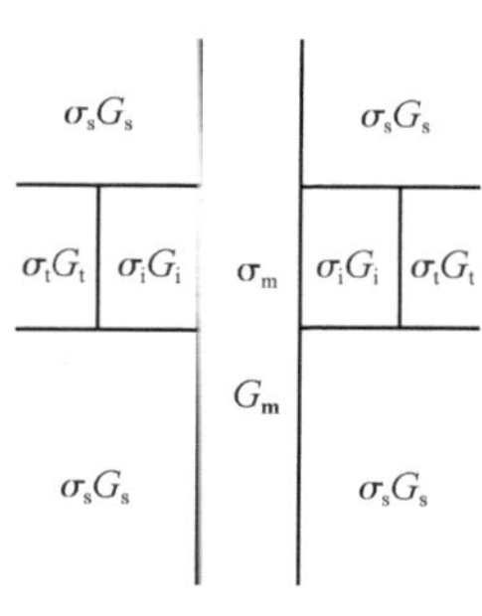

图 3-7 非均匀介质分布示意图

二、无用信号产生的感应电动势

$\varepsilon_{直}$ 由一次场产生，与磁化率 K 有关，石油测井不测 K，$\varepsilon_{直}$ 为无用信号，经理论计算得

$$\varepsilon_{直}=-\frac{j\omega u n_T n_s S^2}{2\pi L^3}i \text{ , } j=(-1)^{1/2} \qquad (3\text{-}14)$$

注意：由上式可以看出，$\varepsilon_{直}$ 仅与 u 有关，而与 σ 无关；ε_R 与 $\varepsilon_{直}$ 的相位相差 $\pi/2$。

ε_R 与 $\varepsilon_{直}$ 的比值：

$$\left.\begin{aligned}&\text{有用信号：}\varepsilon_R=\iint_{-\infty}^{\infty}Kg\sigma\,\mathrm{d}s\\&\text{无用信号：}\varepsilon_{直}=-\frac{j\omega u n_T n_s S^2}{2\pi L^3}i\end{aligned}\right\}\left|\frac{\varepsilon_R}{\varepsilon_{直}}\right|=0.079\sim0.00079$$

设 $L=1\text{m}$，$f=20\text{kHz}$，$u=4\pi\times10^{-7}$，得到它们的比值为 0.079～0.00079，这说明无用信号比有用信号大数十倍甚至数千倍，所以无用信号一定要设法排除。

三、感应测井的传播理论

1. 传播效应

前面得到的感应电动势是把一个单圆环的涡流产生的感应电动势对全空间进行积分，得到感应电动势，这种计算方法是一种近似理论。它的近似在于没有考虑涡流之间的相互作用(互感)，以及涡流的自身影响(自感)。而是把无数个单圆环涡流，考虑其单独存在于自由空间中，然后将这些单圆环涡流产生的感应电动势进行叠加。

涡流之间的相互作用(互感)，以及涡流的自身影响(自感)的结果使电磁波在导电介质中传播时发生波的幅度减小以及相位改变，此种作用称为传播效应。

2. 感应电动势

考虑传播效应时的感应电动势为

有用信号：$\varepsilon_R = -j\varepsilon_m(P^2 - 2P^3/3 + 2P^5/15 - \cdots)$ (3-15)

无用信号：$\varepsilon_直 = \varepsilon_m(1 - 2P^3/3 + P^4/2 + 2P^5/15 + \cdots)$ (3-16)

式中，$P = \left(\omega u\sigma \dfrac{L}{2}\right)^{1/2}$； $\varepsilon_m = -j\dfrac{\omega u S_R S_T i}{2\pi L^3}$， $i = I_o \sin\omega t, j = (-1)^{1/2}$ 。

(1) 当 ω 不太高，介质的 σ 不太大，L 不太大时（即 f、L、σ 不太大时）；即 $P \ll 1$ 时

$$\varepsilon_R = -j\varepsilon_m P^2 = -\frac{\omega^2 u^2 S_R S_r \sigma_i}{4\pi L^3} = K\sigma \tag{3-17}$$

$$\varepsilon_直 = -j\varepsilon_m = -\frac{j\omega u S_R S_T i}{2\pi L^3} \tag{3-18}$$

这与前面利用几何因子得到的结果是一样的，即 f、L、σ 不太大时，传播效应的影响可以忽略不计。

(2) 当 P 较大时，按定义

$$\sigma_a = \frac{\varepsilon_R}{K} = \frac{-j\varepsilon_m(P^2 - 2P^3/3 + 2P^5/15 - \cdots)}{K} = \sigma(1 - 2P/3 + 2P^3/15 + \cdots) \tag{3-19}$$

根据以上公式作 $\dfrac{\sigma_a}{\sigma}$-P 关系曲线（图 3-8）和 σ_a-σ 关系曲线（图 3-9）

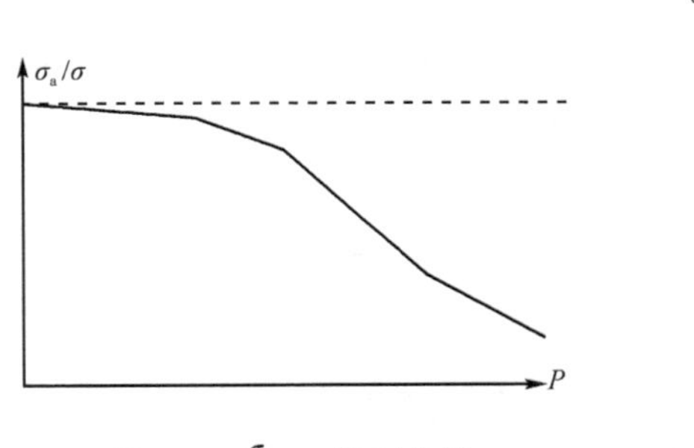

图 3-8　$\dfrac{\sigma_a}{\sigma}$-P 关系曲线

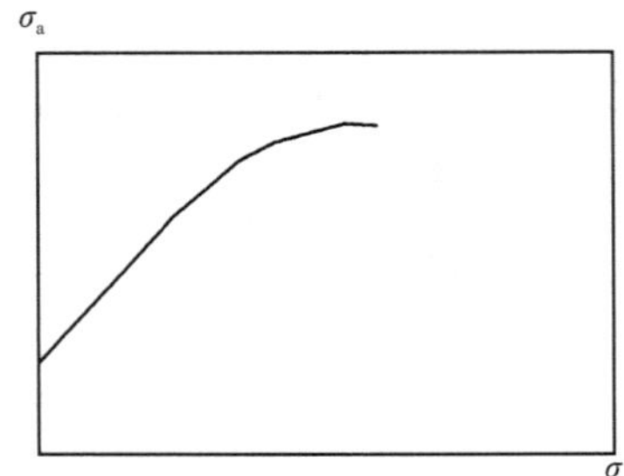

图 3-9　σ_a-σ 关系曲线

第三节　线圈系的探测特性

一、双线圈系纵向探测特性

1. 单圆环几何因子 g

单圆环几何因子［图 3-10(a)］取决于单圆环与线圈的相对位置和距离。它的物理意义是截面为 ds 的单圆环对总信号的贡献。

2. 纵向微分几何因子

纵向微分几何因子［图 3-10(b)］的含义为深度为 Z，厚度为 dz 水平无限薄层的几何因子；其物理意义为深度为 Z，厚度为 dz 水平无限薄层对总信号的相对

贡献。

$$g_z=\int_0^{\infty}\frac{L}{2}\frac{r^3}{R_1^3R_2^3}\mathrm{d}r=\begin{cases}\dfrac{l}{2L} & |z|\leqslant L/2\\[2mm] \dfrac{L}{8Z^2} & |z|>L/2\end{cases}\tag{3-20}$$

3. 纵向积分几何因子

纵向积分几何因子[图 3-10(c)]的含义为厚度为 Z 的岩层的几何因子;其物理意义为厚度为 Z 的岩层的对总信号的相对贡献。

$$G_z=\int_{-\frac{h}{2}}^{\frac{h}{2}}g_z\mathrm{d}z=\begin{cases}\dfrac{h}{2L} & h\leqslant L\\[2mm] 1-\dfrac{L}{2h} & h>L\end{cases}\tag{3-21}$$

纵向微分几何因子曲线和纵向积分几何因子曲线见图 3-11。

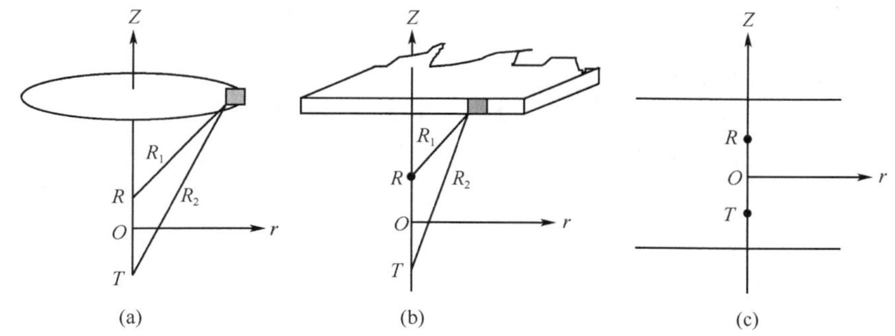

图 3-10　纵向探测特性

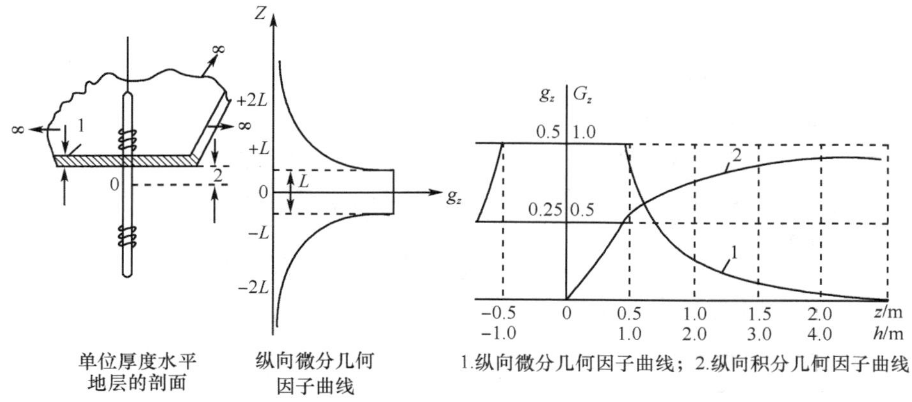

图 3-11　纵向微分几何因子特性

4. 注意

(1) 当岩层厚度 $h=L=1\text{m}$ 时,$G_z=h/2L=0.5=50\%$。

这说明，正对厚度为线圈距 L 的地层来说，提供总信号的一半，另外一半来自地层以外的介质（围岩存在的影响）。

(2) 当 $h>L$ 时，$G_z=1-L/2h>0.5$。

随 h 增大，G_z 增大，即围岩的影响减小，地层的贡献增大。

$h>5L$ 时，$G_z\geqslant 0.9$，即围岩的影响小于 10%，地层的贡献大于 90%。

h 很大时，$G_z=1$，即围岩的影响为 0%，地层的贡献为 100%，这也证明了整个空间的几何因子为 1。

(3) G_z 与 g_z 的关系为

$$G_z=\int_{-\frac{h}{2}}^{\frac{h}{2}} g_z \mathrm{d}z = S$$

式中，S 为 g_z 曲线与横坐标轴围成的面积。

二、双线圈系横向探测特性

1. 径向微分几何因子

含义[图 3-12(a)]：半径为 r，厚度为 1 的无限圆筒的几何因子。

物理意义：半径为 r，厚度为 1 的无限圆筒对总信号的相对贡献。

$$\begin{cases} g_r=\int_{-\infty}^{\infty} g\mathrm{d}z=\int_{-\infty}^{\infty}\frac{L}{2}\frac{r^3}{R_1^3R_2^3}\mathrm{d}z=\frac{2\eta k}{L}[(1-K^2)A(K)+(2K^2-1)B(K)] \\ A(K)=\int_0^{\pi/2}\frac{\mathrm{d}\theta}{(1-K^2\sin\theta)^{\frac{1}{2}}} \qquad K=\frac{1}{(4\eta^2+1)^{\frac{1}{2}}} \qquad (\eta=\frac{r}{L}) \\ B(K)=\int_0^{\frac{\pi}{2}}(1-K^2\sin\theta)^{\frac{1}{2}}\mathrm{d}\theta \end{cases} \tag{3-22}$$

式中，$A(K)$、$B(K)$分别为第一类和第二类椭圆积分。

2. 径向积分几何因子

含义[图 3-12(b)]：半径为 r 的无限圆柱体的几何因子。

物理意义：半径为 r 的无限圆柱体对总信号的相对贡献。

$$G_r=\int_0^r g_r d_r = 1-\frac{K^2+1}{2K}B(K)+\frac{1-K^2}{2k}A(K) \tag{3-23}$$

$A(K)$、$B(K)$的含义同前，经理论计算得到：

r	0.1	0.2	0.3	0.45	0.5	1.0	1.5	2.0	2.5
g_r	0.2	0.4	0.55	0.7	0.65	0.4	0.22	0.13	0.08
G_r	0.1	0.15	0.18	0.20	0.225	0.49	0.63	0.73	0.77

径向微分几何因子曲线和径向积分几何因子曲线见图 3-13。

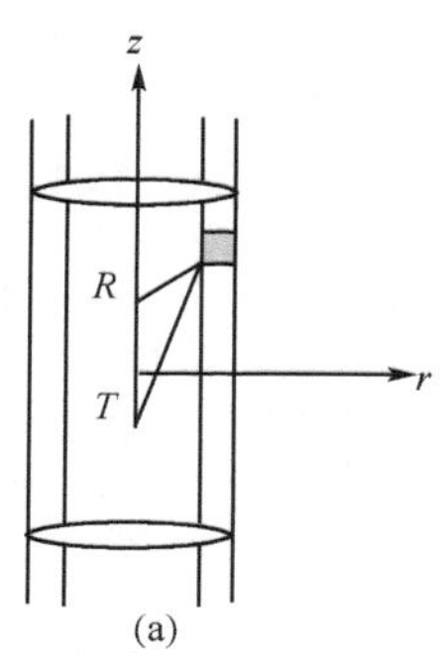

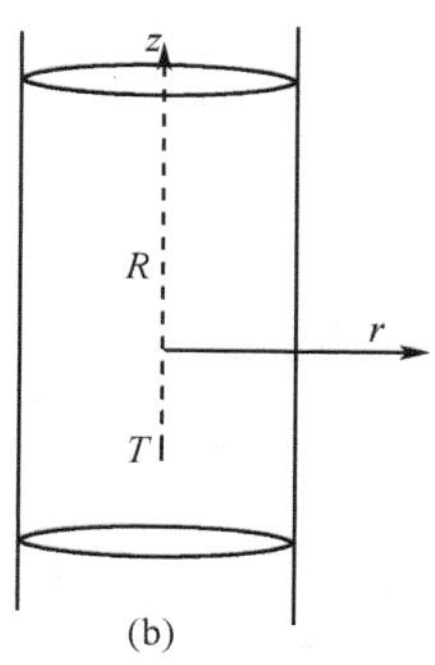

图 3-12 径向探测特性

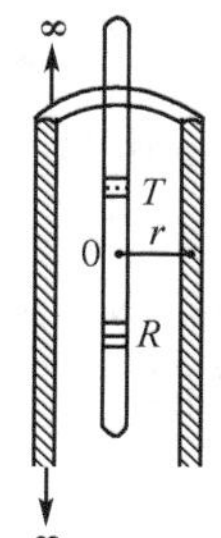

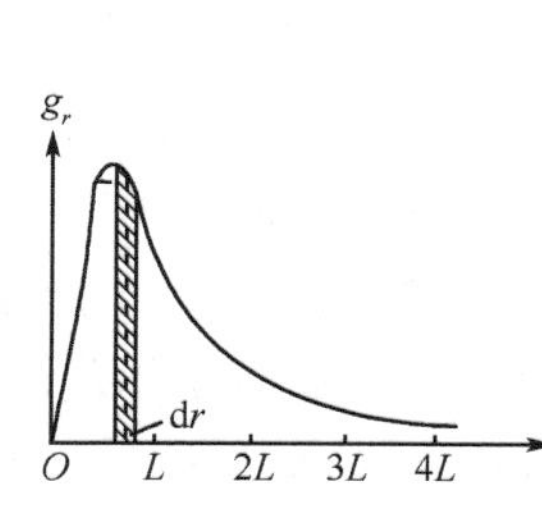

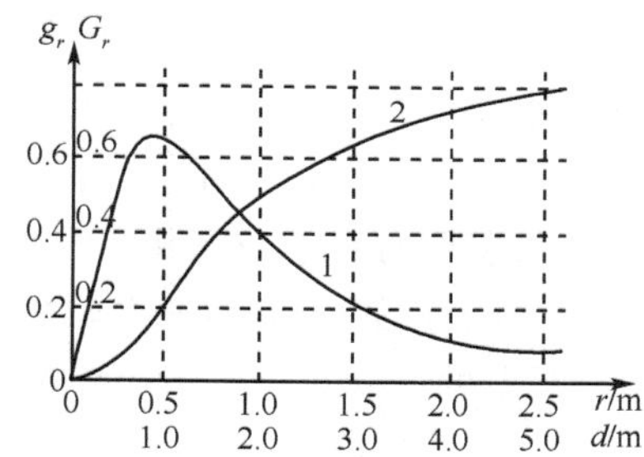

图 3-13 径向微分、积分几何因子曲线

3. 注意

设 $L=1\text{m}$，

(1) $r=0.45L$ 时，g_r 达极大值。

即距井轴 0.45L 处的无限长圆筒对感应测井读数影响最大，它说明增大线圈距 L 可以增大探测深度。

(2) $r<0.5L$ 范围内，g_r、G_r 仍然较大。

$G_r=0.225$ 说明 $r=0.5\text{m}$ 以内的介质对测量结果贡献为 22.5%。即说明井孔、侵入带的影响较大，这是双线圈系的一大不足。

(3) 当 $r>2L$ 后，g_r 较小，G_r 较大。

这说明远离井孔的介质对测量结果影响小。

第四节 感应测井理论曲线

假设地层无侵入，地层水平无限，钻孔影响忽略，此时，单一层感应测井曲线如图 3-14，不同厚度的感应测井曲线如图 3-15。

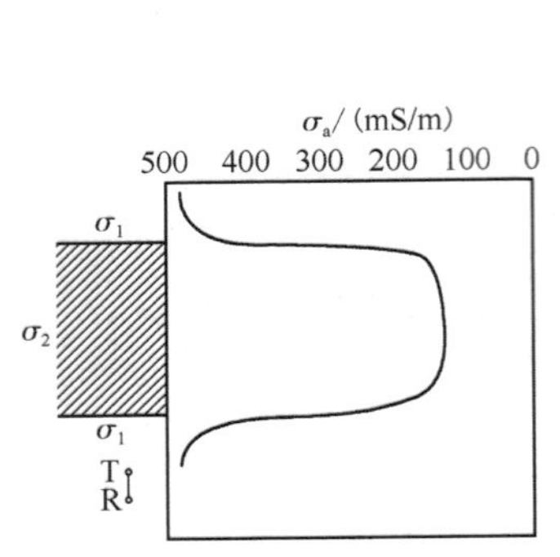

图 3-14 感应测井曲线分析示意图

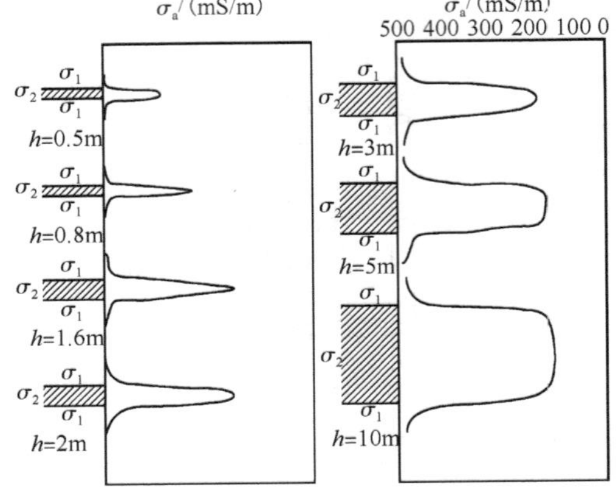

图 3-15 不同厚度的感应测井曲线

假设线圈距为 1m，岩层水平无限，$\sigma_2<\sigma_1$，记录点在 TR 的中点。便有

$$\sigma_a=\sigma_1 G_1+\sigma_2 G_2=\sigma_1(1-G_2)+\sigma_2 G_2 \tag{3-24}$$

以上公式说明，分析感应测井曲线的关键在于计算 G_2。在计算时，为了方便，坐标原点始终选在 TR 的中点，垂直井轴方向为 r，垂直地层方向为 Z，Z 向上为正。

(1) 线圈系的记录点位于岩层中部时，设 $L=1$，则

$$G_2=\int_{-\frac{h}{2}}^{\frac{-L}{2}} g_z\mathrm{d}z+\int_{\frac{-L}{2}}^{\frac{L}{2}} g_z\mathrm{d}z+\int_{\frac{L}{2}}^{\frac{h}{2}} g_z\mathrm{d}z=\int_{-\frac{h}{2}}^{-\frac{L}{2}}\frac{L}{8Z^2}\mathrm{d}z+\int_{\frac{-L}{2}}^{\frac{L}{2}}\frac{1}{2L}\mathrm{d}z+\int_{\frac{L}{2}}^{\frac{h}{2}}\frac{L}{8Z^2}\mathrm{d}z$$

$$=1-\frac{L}{2h}=1-\frac{1}{2h} \tag{3-25}$$

当 h 很大时，$G_2\approx 1$ 。

所以 $\sigma_a=\sigma_1 G_1+\sigma_2 G_2=\sigma_1(1-G_2)+\sigma_1 G_2=\sigma_1(1-1)+\sigma_2=\sigma_2$ 。

(2) 线圈系的记录点位于岩层界面时，设 $L=1$，则

$$G_2=\int_0^{\frac{L}{2}} g_z\mathrm{d}z+\int_{\frac{L}{2}}^{\frac{h}{2}} g_z\mathrm{d}z=\int_0^{\frac{L}{2}}\frac{1}{2L}\mathrm{d}z+\int_{\frac{L}{2}}^{\frac{h}{2}}\frac{L}{8Z^2}\mathrm{d}z$$

$$=\frac{1}{4}-\frac{L}{8h}+\frac{L}{4}=\frac{1}{2}-\frac{1}{8h} \tag{3-26}$$

当 h 很大时，$G_2\approx 1/2$，有

$$\sigma_a=\sigma_1(1-G_2)+\sigma_1 G_2=\sigma_1\left(1-\frac{1}{2}\right)+\sigma 2\cdot\frac{1}{2}=\frac{\sigma_1+\sigma_2}{2}$$

所以用半幅值点分层。

(3) 线圈系的记录点位于岩层以下(或以上)时，设 TR 中点到界面距离为 d，则

$$G_2=\int_d^{d+h} g_z\mathrm{d}z=\int_d^{d+h}\frac{L}{8Z^2}\mathrm{d}z=\frac{1}{8d}-\frac{1}{8(d+h)} \tag{3-27}$$

当 h 很大，d 较大时，$G_2\approx 0$，所以 $\sigma_a=\sigma_1$ 。

注意：对薄层来说，① 岩层中部：$G_2=1-\frac{1}{2h}<1$，因此 $\sigma_a>\sigma_2$；② 岩层界面：$G_2=\frac{1}{2}-\frac{1}{8h}<\frac{1}{2}$，所以不能用半幅值点分层。

因此，对薄层来说，一般用$\frac{2}{3}$幅值点分层。

第五节　多线圈系

一、双线圈系存在的问题

(1) 地层的上下围岩的影响较大。

从纵向探测特性曲线可知：当 $h=L=1\text{m}$ 时，$G_2=0.5$。

(2) 钻孔和侵入带的影响较大。

从径向探测特性曲线可以看出：当 $r<0.5\text{m}$ 时，g_r 和 G_r 都较大，即钻孔和侵入带的影响仍然较大。

(3) 信噪比较小。

$$\frac{\text{有用信号的电动势}}{\text{无用信号的电动势}}=0.079\sim0.00079$$

即无用信号占总信号的比例远高于有用信号；因此实际中一般不用双线圈系，多采用 0.8m 六线圈系。

二、0.8m 六线圈系

1. 0.8m 六线圈系的组成(图 3-16)

T_0、R_0 称为主发射和主接收线圈，$T_0R_0=0.8\text{m}$，所以称为 0.8m 六线圈系。

T_1、R_1 称为辅助发射和辅助接收线圈，$T_1R_1=0.4\text{m}$。

T_2、R_2 称为聚焦发射和聚焦接收线圈，$T_2R_2=2.0\text{m}$。

注意：线圈上的数字代表线圈匝数，负号表示反绕(或称反接)。

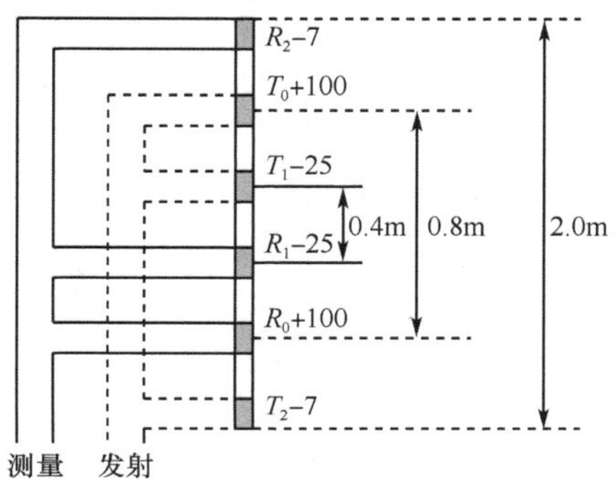

图 3-16　0.8m 六线圈系

2. 各线圈系的作用

T_0、R_0 主发射和主接收线圈的作用同前。

T_1、R_1 辅助发射和辅助接收线圈主要起径向聚焦作用。

(1) T_0 与 T_1 两线圈的绕向相反，两发射线圈的电流反向，产生类似于两块磁铁,使 T_0 与 T_1 两线圈产生的磁场的磁力线相互排斥,即使磁力线径向流入地层(即径向聚焦),磁场产生的涡流主要发生在地层,这说明辅助线圈的存在抵消了(减小了)泥浆和侵入带的影响,增大了地层的相对贡献。

(2) R_0 与 R_1 两线圈的绕向相反。

主要接收来自地层的信号,减小泥浆影响。

T_2、R_2 聚焦发射和聚焦接收线圈主要消除围岩的影响,提高分辨能力。

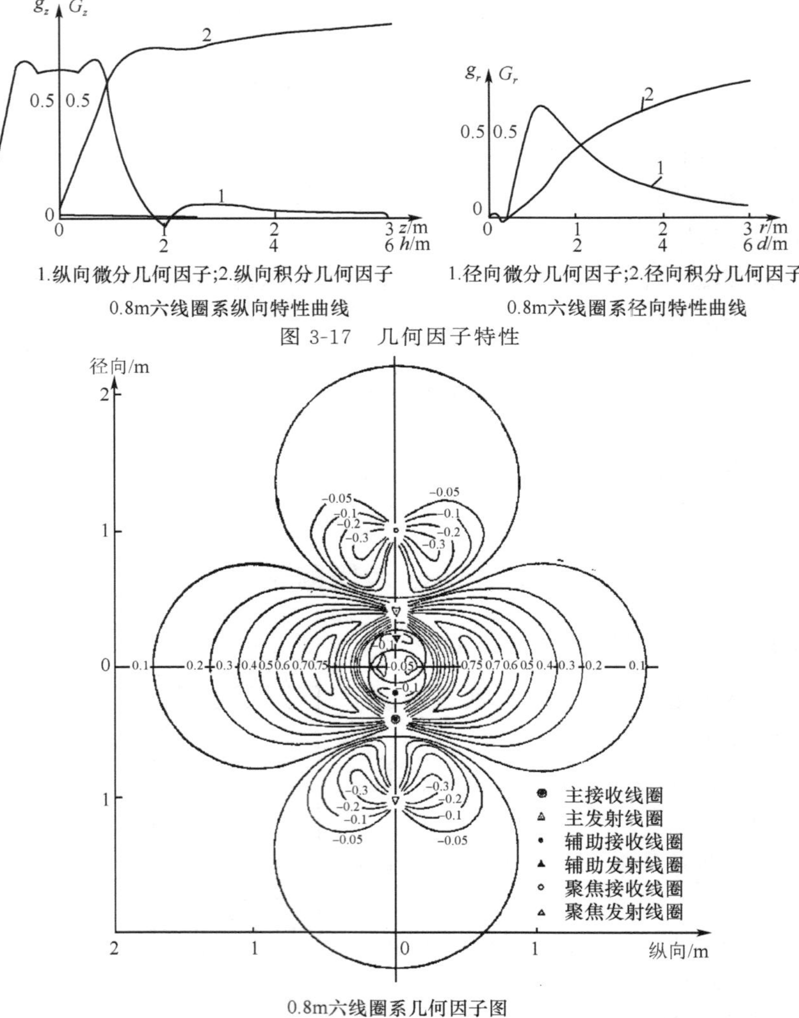

图 3-17　几何因子特性

图 3-18　单元环几何因子

3. 0. 8m 六线圈系的特点

0. 8m 六线圈系的几何因子曲线如图 3-17,单元环几何因子等值图如图 3-18,该线圈系的特点如下:

(1) 线圈系的总直接藕和电动势为 0，即消除无用信号；

(2) 要求线圈系对其中点对称（中点即 T_1R_1，T_0R_0，T_2R_2 的相应中点）；

(a) 发射线圈与接收线圈个数相等；

(b) 发射线圈与接收线圈的匝数成正比，即

$$\frac{n_{T_i}}{n_{R_i}}=\text{常数（通常为 1）},i=0,1,2$$

(c) 线圈的深度分布对称，如果以线圈系中点为坐标原点，则有

$$Z_{T_i}=-Z_{R_i},i=0,1,2$$

(3) 消除井孔的影响，径向积分几何因子 $G_r(d/2)=0$；

(4) 消除上下围岩的影响，纵向微分几何因子 g_z 曲线的幅值高而窄，主要反映岩石部分，消除上下围岩影响。

第六节　应用实例

一、实测曲线

感应测井曲线实例如图 3-19，图 3-20，往往深、中、浅三条电阻率曲线同时显示在一张图上，图中 RILD 为深感应，反映原状地层电阻率；RILM 为中感应，反映过渡带电阻率。LL_8 为八侧向，反映冲洗带电阻率。

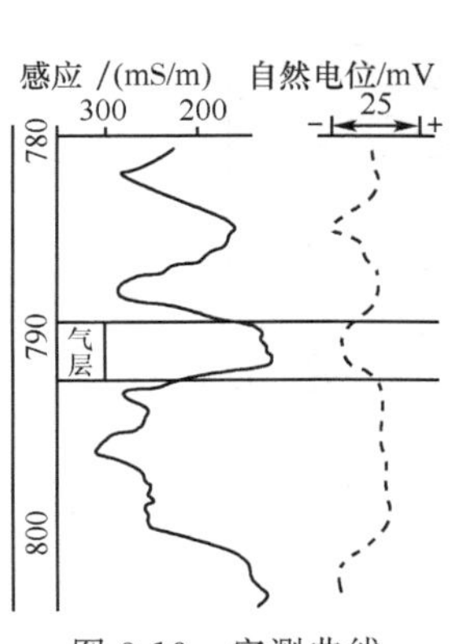

图 3-19　实测曲线

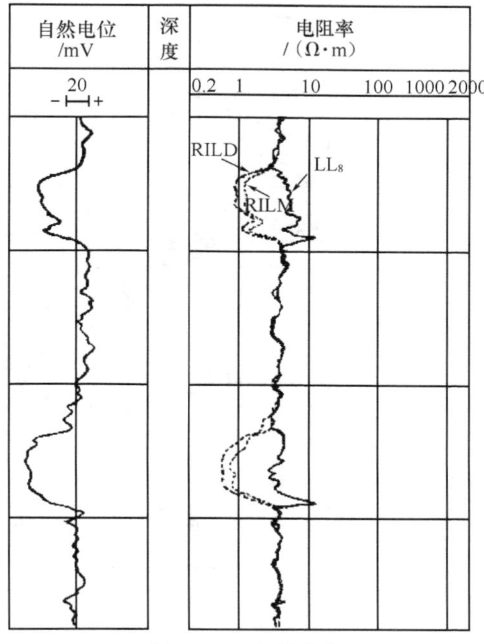

图 3-20　实测曲线

二、确定岩石电阻率 σ

设地层为渗透性地层，有如下关系

$$\sigma_a = \sigma_m G_m + \sigma_s G_s + \sigma_i G_i + \sigma_t G_t \tag{3-28}$$

利用该式计算地层的电导率 σ_t，首先必须求 G_m、G_s、G_i、G_t；即需作传播效应校正（图 3-21）、井眼校正、围岩校正（图 3-22）和侵入校正（图 3-23）。

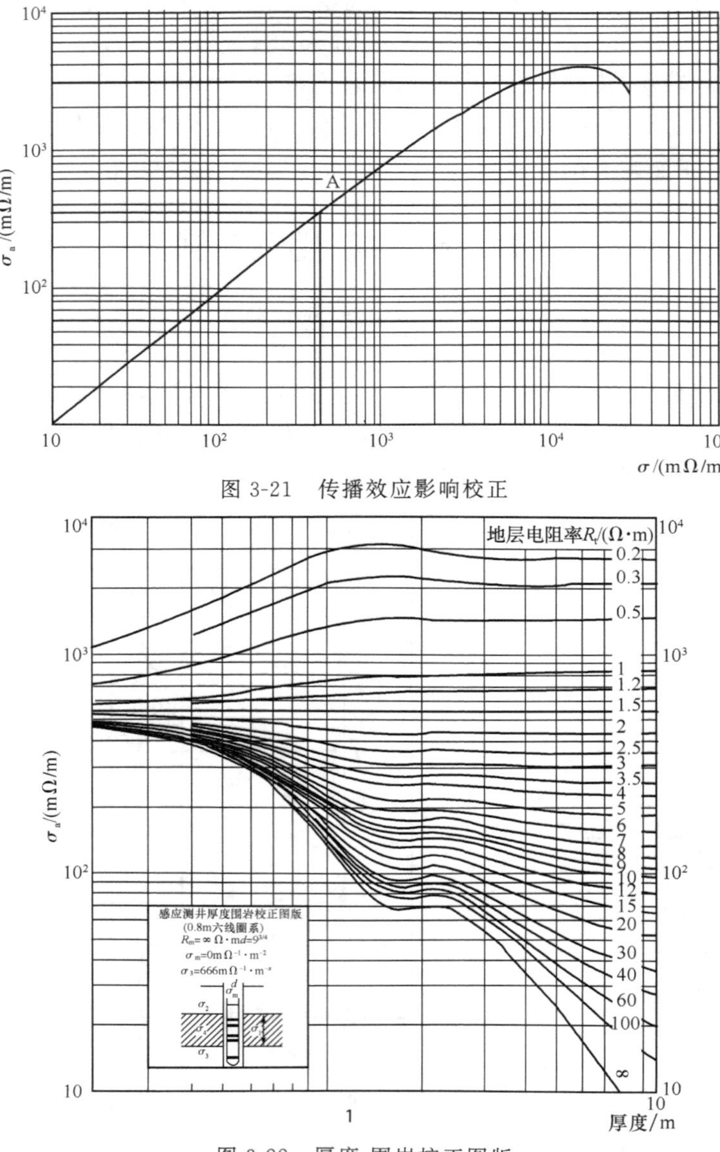

图 3-21 传播效应影响校正

图 3-22 厚度-围岩校正图版

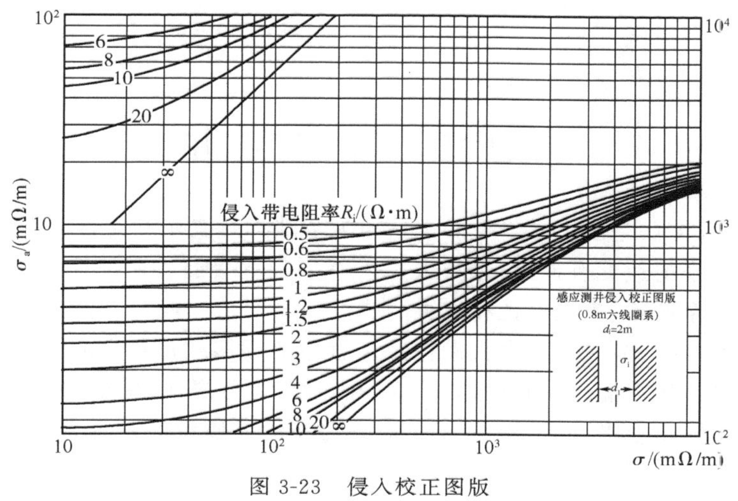

图 3-23 侵入校正图版

围岩校正图版有多张，要根据围岩电阻率和井径等选用。使用方法：①根据 σ_a 和 h 交会于 A 点；②确定校正后的 R_t。

在进行侵入校正时，首先要根据其他测井资料，求出侵入带电导率 σ_i（或电阻率 R_i）、侵入带直径 D_i，根据 D_i 值选相应的图版，然后从感应测井曲线上读出解释地层的 σ_s 和厚度 h。从图版纵坐标上找出 σ_a 的点，由纵坐标向右引水平线与相应的 R_i 曲线相交，交点的横坐标就是 σ_t 的值。

例：已知 $h=6\text{m}$，$\sigma_s=500\text{m}\Omega/\text{m}$，$\sigma_a=137\text{m}\Omega/\text{m}$，$D_i=2.0\text{m}$，$\sigma_i=50\text{m}\Omega/\text{m}$，求地层的电导率 σ_t。

$R_i=1000/50=20\Omega\cdot\text{m}$，得到：$\sigma_t=220\text{m}\Omega/\text{m}$。

图 3-24 是双感应-聚焦测井确定 R_t 和侵入带直径的图版。注意使用图版时，根据聚焦测井读数与深感应测井读数之比（R_{FL}/R_{ILD}）找出相应的纵坐标，并由该点作一水平线；再根据中感应测井读数与深感应测井读数之比（R_{ILM}/R_{ILD}）找出相应的横坐标，并向上作一垂直线与水平线相交；根据交点的位置读出比值 R_{xo}/R_t 和 R_t/R_{ILD}，读出侵入带直径。如果交点不在曲线上，则用内插方法读值，用深感应测井读数乘以比值 R_t/R_{ILD} 即可得出地层真电阻率。

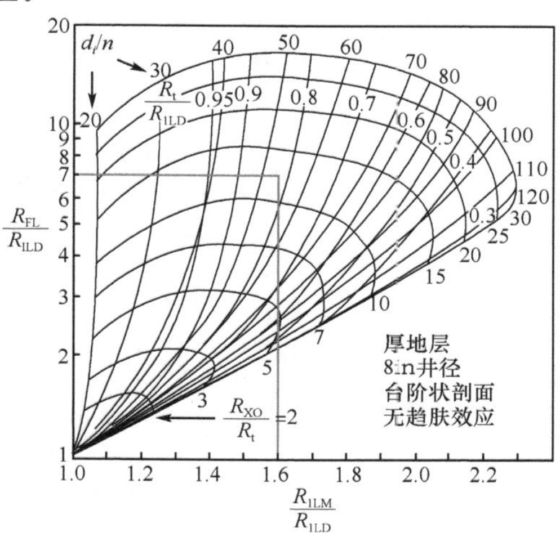

已知：$\frac{R_{FL}}{R_{ILD}}=7$，$\frac{R_{ILM}}{R_{ILD}}=1.7$

求到：$\frac{R_t}{R_{ILD}}=0.83$，$\frac{R_{xo}}{R_t}=12.5$，$d_i=53$ in(1in=2.54cm，后同)

图 3-24 由双感应-聚焦测井确定 R_t 和 d_i 的图版（适用于 $R_t<R_{xo}$）

第四章　声波测井

声波测井方法是以不同岩石的声差异为基础。声波在不同岩石中传播的差异有:①声波传播的速度有差异;②声波幅度有差异。目前有声波速度测井、声波幅度测井、声波全波列、声波电视和地震测井等。

声波测井在石油、煤田、水文勘探及工程中有很多的应用,是一种非常重要的测井方法,在应用方面,如确定岩石声速、孔隙度、划分岩性、煤层和含气地层等,以及划分裂隙带、疏松带、确定岩石弹性参数、分析固井质量等方面都有广泛应用。

第一节　声学基础

一、声波在介质分界面上的传播

1. 反射波和透射波

如图 4-1 所示,水平无限界面,上半空间的声波速度为 V_1、密度为 ρ_1;下半空间的声波速度为 V_2、密度为 ρ_2;α_1、α_2、β 分别为入射角、反射角和透射角。

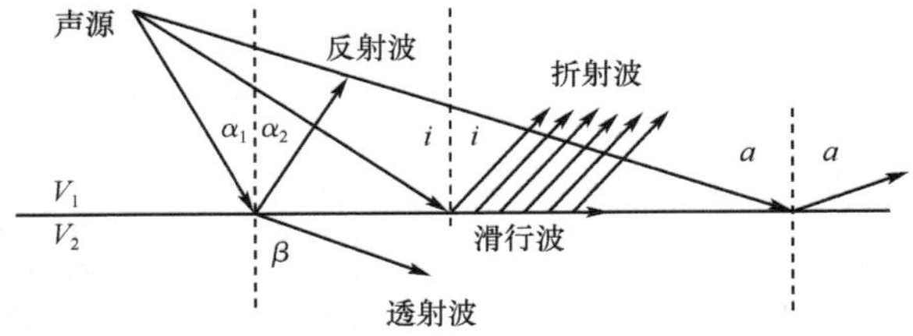

图 4-1　声波在介质分界面上的传播

当入射角小于临界角时,产生反射波和透射波,并有:

(1) 满足:

$$\text{反射定律}\ \alpha_1=\alpha_2=\alpha \tag{4-1}$$

$$\text{透射定律}\ \sin\alpha/\sin\beta=V_1/V_2 \tag{4-2}$$

(2) 反射系数和透射系数。

假设 P、P_1、P_2 分别为入射声压、反射声压和透射声压,则反射系数和透射系数为

反射系数:

$$R=\frac{P_1}{P}=\frac{Z_2\cos\alpha-Z_1\cos\beta}{Z_2\cos\alpha+Z_1\cos\beta} \tag{4-3}$$

透射系数：

$$m = \frac{P_2}{P} = 1 - R = 2Z_1\cos\beta/(Z_2\cos\alpha + Z_1\cos\beta) \tag{4-4}$$

式中，Z 为波阻抗，$Z_1=\rho_1 V_1$，$Z_2=\rho_2 V_2$。

当 $\alpha=\beta=0$ 时，有

$$R = (Z_2 - Z_1)/(Z_2 + Z_1) \tag{4-5}$$

$$m = 1 - R = 2Z_1/(Z_2 + Z_1) \tag{4-6}$$

2. 滑行波和折射波

1）滑行波

产生滑行波的条件为：①$\beta=90°$；②$V_2>V_1$。

满足以上两条件时，透射波将在下层介质中以速度 V_2 在界面滑行，这种情况下的透射波称为滑行波。

$\beta=90°$时的入射角为临界角 i，即 $\sin i=V_1/V_2$，$i=\arcsin(V_1/V_2)$。

2）折射波

声波的传播实质上是质点的振动，因此滑行波在界面滑行时，所经过的任何一点都可以看作是从该时刻开始振动的一个新的点振源。由于上下层介质是紧密接触的，所以滑行波所经过的任何一点的振动必然要引起上层的振动，即在上层介质中形成了一种新的波，此波称为折射波。

折射波有如下特点：

(1) 折射角等于临界角，折射波是一簇平行的直线。

(2) 入射角小于临界角时，不产生折射波，入射角小于临界角的区域称为折射波的盲区。

3. 全反射波(当入射角大于临界角)

当入射角 a 大于临界角 i 时，产生全反射波。

总之，当入射角小于临界角时，产生反射波和透谢波；当入射角等于临界角时，产生滑行波和折射波；当入射角大于临界角时，产生全反射波。

二、声波测井中的声波

1. 测井中的声波

T 发射、R 接收(图 4-2)，到达接收器的声波有直达波、反射波和滑行波。各种波的基本特性如表 4-1。

2. 测井中有用声波

测量声波速度的目的是要测量岩层的声速，滑行波在地层中滑行的时间与地层的速度密切相关。因此，测量初至波(滑行波)从发射器发出至到达接收器的时间。初至波：最先到达接收器的波；续至波：随初至波后到达接收器的波。

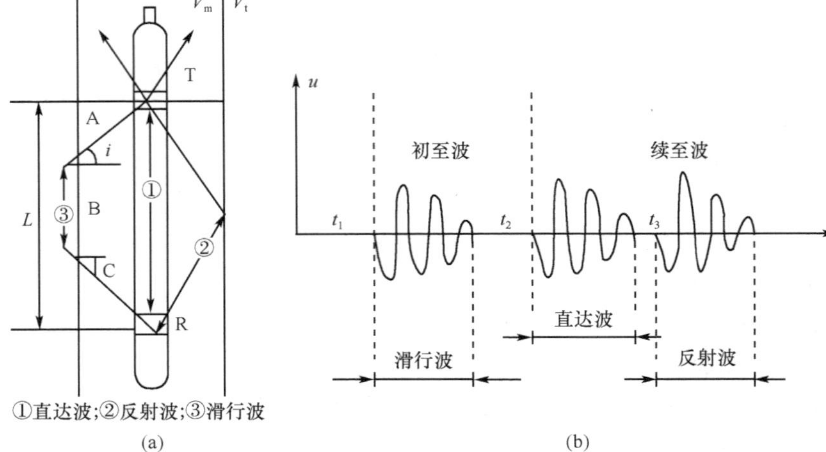

图 4-2　单发单收声系及到达接收器的声波

表 4-1　井中波的特征

波的名称		波速	传播环境	说明
滑行波	纵波	$V_P=\left[\frac{E(1-\sigma)}{\rho(1+\sigma)(1-2\sigma)}\right]^{\frac{1}{2}}$	固,液,气态	$\frac{V_P}{V_S}=\left[\frac{2(1-\sigma)}{1-2\sigma}\right]=1.5\sim2.4$ 注:一般岩石的泊松比为 $\sigma=0.1\sim0.4$
	横波	$V_S=\left[\frac{E}{\rho}\frac{1}{2(1+\sigma)}\right]^{\frac{1}{2}}$	固态	
直达波		$V_直\begin{cases}\leqslant V_{泥浆}\\=V_{外壳}\end{cases}$	泥浆,外壳	
全反射波		$V_全=0.9V_s$	泥浆	

3. 源距的选择(挑选滑行波为初至波,直达波、反射波为续至波)

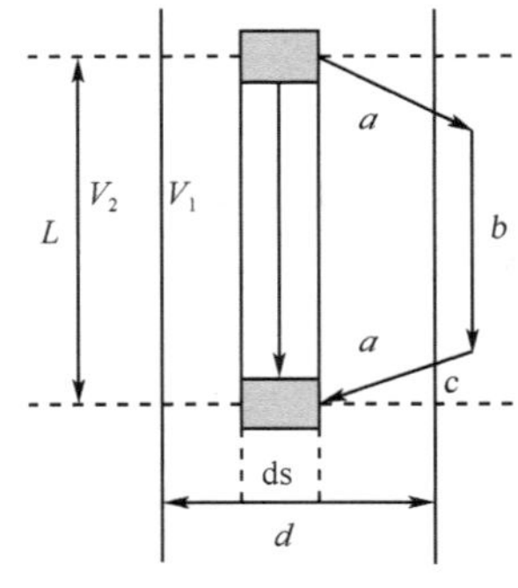

图 4-3　源距选择计算示意图

测量初至波(滑行波)从发射器发出到达接收器的时间。因此要求:滑行波先于直达波到接收器,即 t(滑行)<t(直达),源距(发射器到接收器的距离)选择计算中的有关参数如图 4-3所示,基于该要求有

t(直达)$=L/V_1$;t(滑行)$=2a/V_1+b/V_2$

所以 $L/V_1\geqslant 2a/V_1+b/V_2$。　(4-7)

基于上式推导并整理可得

$$L\geqslant\left[2S\frac{1+\beta}{1-\beta}\right]^{\frac{1}{2}},\quad S=\frac{d-\mathrm{ds}}{2}\quad \beta=\frac{V_1}{V_2} \tag{4-8}$$

式中,d,ds 分别为井径和仪器直径。

如果取 $V_1=1600$m/s(泥浆),ds$=0.051$m,$d=0.254$m。

$V_2=7900$m/s(白云岩)~1800m/s(泥岩),则 $L>0.25$m~0.825m。

第二节　声波速度测井

一、单发双收声速测井原理

T 发射器是一种电-声能转换器，常由压电陶瓷、压电石英组成，即发射器把电能转换成声能，并以声波的形式发射出去。发射器每秒间歇地发射 10～20 次，每次发射的频率为 20kHz 的声波。R 接收器是一种声-电能转换器，常由压电陶瓷、压电石英组成，即把接收到的声能转换成电脉冲信号。

设计要求：最先到达接收器的是滑行纵波的折射波（简称滑行纵波）。

如图 4-4 所示，单发双收声速测井测量的是：T 发射后，同一初至波（滑行纵波）触发两个接收器 R_1、R_2 的时间之差，定义为声波时差 Δt。

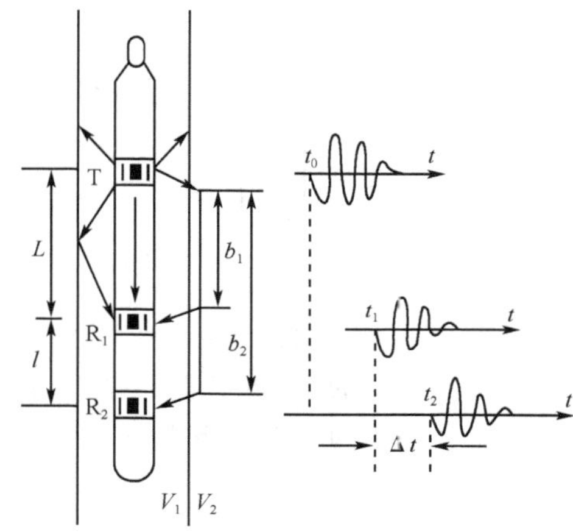

图 4-4　单发双收声速测井原理

$$\Delta t = t_2 - t_1 \tag{4-9}$$

式中，t_1 为首波到达第一个接收器的时间，t_2 为首波到达第二个接收器的时间。

$$\left.\begin{aligned} t_1 &= \frac{2a}{V_1} + \frac{b_1}{V_2} \\ t_2 &= \frac{2a}{V_1} + \frac{b_2}{V_2} \end{aligned}\right\} \Delta t = t_2 - t_1 = \frac{b_2 - b_1}{V_2} = \frac{l}{V_2} \tag{4-10}$$

所以有：$\Delta t = l/V(\mu s/m)$；$V = l/\Delta t(m/\mu s) = l \times 10^6/\Delta t(m/s)$。

注意：

（1）习惯作法 $\Delta t = 1/V$；$V = 10^6/\Delta t$；

（2）记录点在 R_1R_2 的中点；

（3）声速测井的探测深度 $h \approx 3\lambda$，$\lambda = V/f \approx 8 \sim 38$cm。岩石的声速 $V = 1520 \sim 7620$m/s，频率 $f = 20$kHz；所以，$h \approx 0.23$（软地层）至 1.13m（硬地层）。

二、声波速度测井曲线定性分析

如图 4-5 所示的单发双收声系，并且发射器 T 在接收器 R_1R_2 之下。以分析声波时差曲线为例，为了便于曲线分析，设 $l=1$，记录点在 R_1R_2 的中点。

曲线分析如下：

ab 段：当声系自下向上移动测量，直到 R_2 界面为止，在测量过程中，R_1 与 R_2 之间

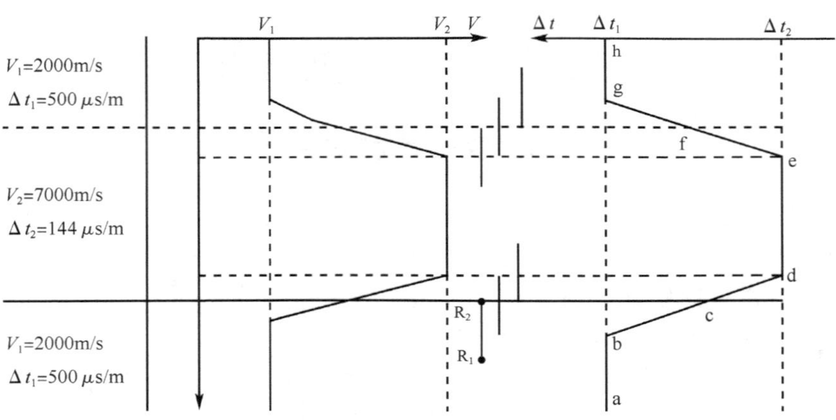

图 4-5　声波测井曲线定性分析

的介质为 V_1，声波时差为 Δt_1，所以 $\Delta t=10^6/V_1=\Delta t_1=500\mu s/m$，$R_1R_2$ 的中点正对 b 点。

bcd 段：从 R_2 过界面直到 R_1 界面为止。

设 R_2、R_1 到界面的距离分别为 b、a（图 4-6），且设 $a+b=l=1$，

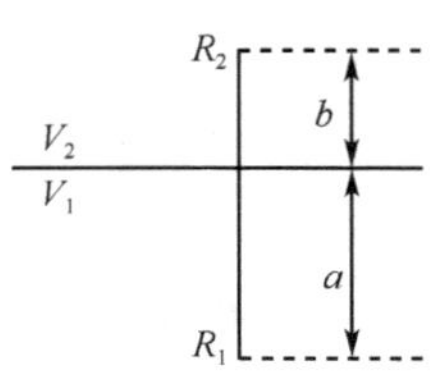

图 4-6　R_2、R_1 到界面的距离

$$\Delta t=\Delta t_a+\Delta t_b=a/V_1+b/V_2=(1-b)/V_1+b/V_2$$

记录点在曲线 b 点时：$b=0$，即 $\Delta t=\dfrac{10^6}{V_1}=500(\mu s/m)$。

记录点在曲线 c 点时：$a=b=0.5$，即

$$\Delta t=\frac{0.5\times10^6}{V_1}+\frac{0.5\times10^6}{V_2}=\frac{(\Delta t_1+\Delta t_2)}{2}$$

记录点在曲线 d 点时：$b=1$，即 $\Delta t=\dfrac{10^6}{V_2}=144(\mu s/m)$。

de 段：当声系自下向上移动测量，直到 R_2 到顶界面为止。在测量过程中，R_1 与 R_2 之间的介质为 V_2、Δt_2，所以 $\Delta t=10^6/V_2=\Delta t_2=144\mu s/m$。

efg 段：从 R_2 过顶界面直到 R_1 到顶界面为止。

设 R_2、R_1 到界面的距离分别为 b、a（图 4-7），且设 $a+b=l=1$，则

$$\Delta t=\Delta t_a+\Delta t_b=\frac{a}{V_2}+\frac{b}{V_1}=\frac{1-b}{V_2}+\frac{b}{V_1}$$

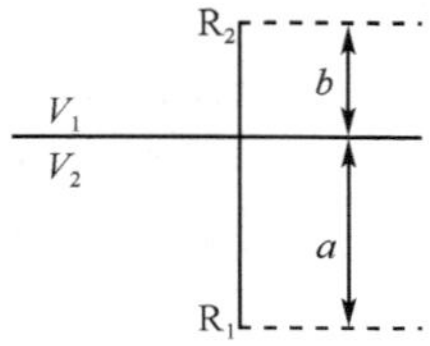

记录点在曲线 e 点时：$b=0$，即 $\Delta t=\dfrac{10^6}{V_2}=144(\mu s/m)$

图 4-7　R_2、R_1 到界面的距离

记录点在曲线 f 点时：$a=b=0.5$，即

$$\Delta t=\frac{0.5\times10^6}{V_1}+\frac{0.5\times10^6}{V_2}=\frac{(\Delta t_1+\Delta t_2)}{2}$$

记录点在曲线 g 点时：$b=1$，即 $\Delta t=10^6/V_1=500(\mu s/m)$。

gh 段：分析方法同 ab 段。

基于以上分析，声波（时差、速度）测井曲线的特征如表 4-2。

表 4-2　声波测井曲线特征

记录点的位置	声波时差	声波速度	应用
ab、gh 段	$\Delta t=\Delta t_1$	$V=V_1$	确定围岩的 Δt、V
c、f 点	$\Delta t=(\Delta t_1+\Delta t_2)/2$	$V=1/\Delta t=2V_1V_2/(V_1+V_2)$	确定界面位置
de 段	$\Delta t=\Delta t_2$	$V=V_2$	确定地层的 Δt、V

注：Δt 用半幅值点分层，V 用异常根部分层。

三、声波速度测井的影响因素

（一）间距 l 的影响

1. $l \leqslant h$（地层厚度）

如图 4-8 所示，当 $l \leqslant h$（地层厚度）时，随着 l 加大，极值的宽度减小，极值不变时 $\Delta t=\Delta t_2$，半幅值点分层得到的是岩层的真厚度。

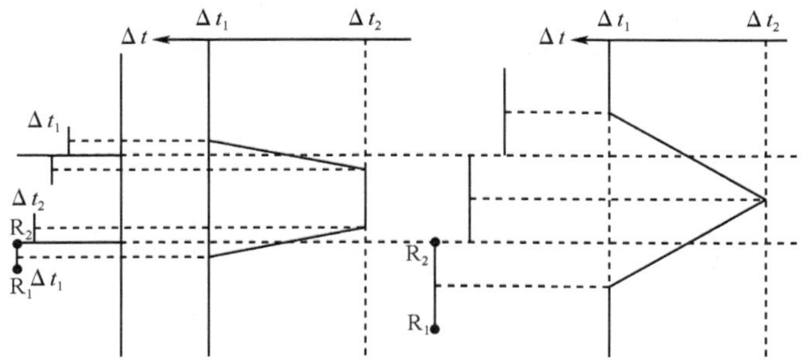

图 4-8　间距 $l \leqslant h$ 的影响示意图

2. 间距 $l>h$

如图 4-9 所示，当间距 $l>h$ 时，随 l 加大，极值的宽度加大，极值变大，用半幅值点分层得到的不是岩层的真厚度。为了得到真厚度、真幅值，提高分层能力，一般要求 $l<h$（目的层的厚度）。石油测井中，$l=0.4\sim0.5$；煤田测井中，$l=0.2\sim0.3$。

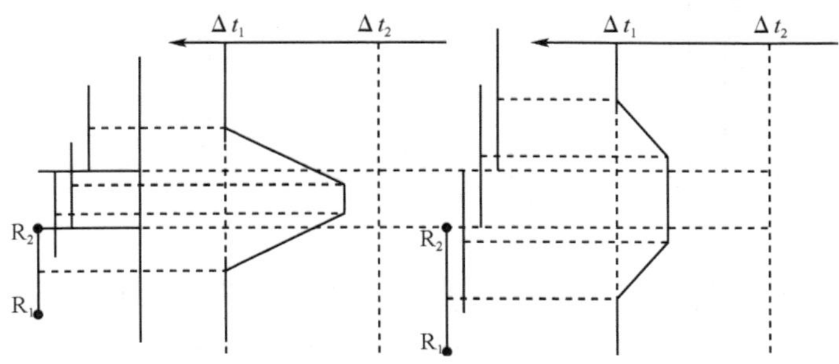

图 4-9　间距 $l>h$ 的影响示意图

(二)周波跳跃

在正常的情况下，R_1 和 R_2 应该被同一初至波触发，但是由于能量的衰减，常常会造成初至波触发路程较近的第一个接收器 R_1，而对第二个接收器 R_2 来说，由于能量的衰减，以至于不能被同一初至波触发，R_2 只能被续至波触发，即 t_2 增大，使 $\Delta t=t_2-t_1$ 增大。这种使两个接收器不是被同一初至波触发所造成曲线的波动称为跳跃，这种现象周期性地出现，故称为周波跳跃。

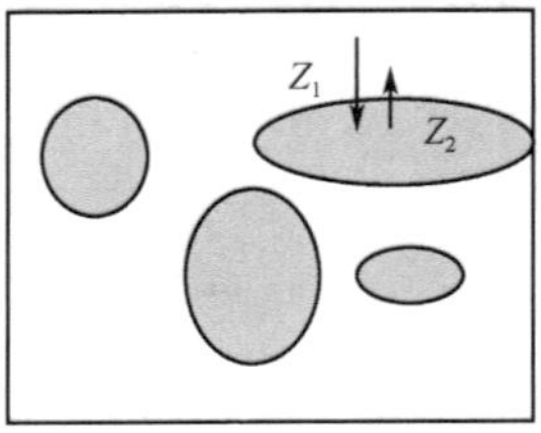

Z_1
Z_2

图 4-10　纯含气砂岩声波的入射与反射

以下几种情况可能出现周波跳跃：

(1) 含气地层(图 4-10)；

(2) 声速非常高的致密地层；

(3) 裂隙地层(破碎带)；

(4) 泥浆中含气。

如图 4-10 所示，假设纯含气砂岩($Z_2\sim Z_1$)相差较大时，R 较大，反射系数

$$R=(Z_2-Z_1)/(Z_2+Z_1)\approx 1$$

即当声波通过含气砂岩时能量发生较大的衰减。

(三)扩孔的影响

设地层为均匀无限介质，当无扩孔时[图 4-11(a)]，采用单发双收声速测仪进行

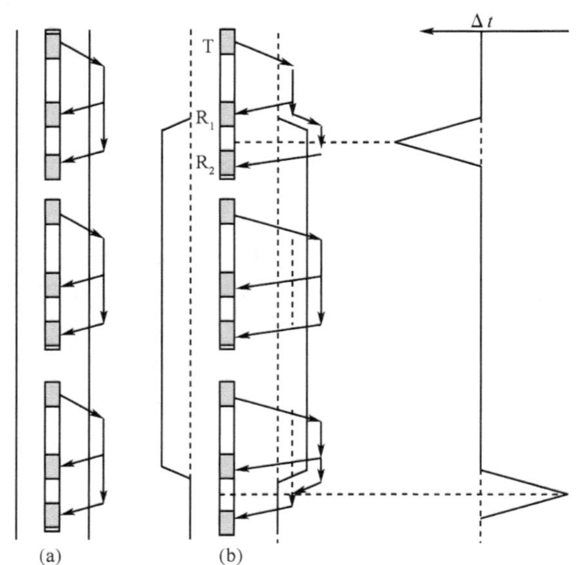

(1) 扩孔上部：扩孔前后 t_1 不变，扩孔后 t_2 增大使 Δt 出现假正异常；
(2) 扩孔中部：扩孔前后 t_1，t_2 同步增大，使 Δt 不变；
(3) 扩孔下部：扩孔前后相比，t_1 增大比 t_2 增大明显，因此 Δt 出现假负异常。

图 4-11　扩孔影响分析示意图

测量，此时为一条平直的 Δt 曲线；当有扩孔时，产生假正、负异常[图 4-11(b)]。图 4-12为单发双收声波速度测井曲线的实例，图中明显地显示了声波速度测井曲线扩孔的影响。

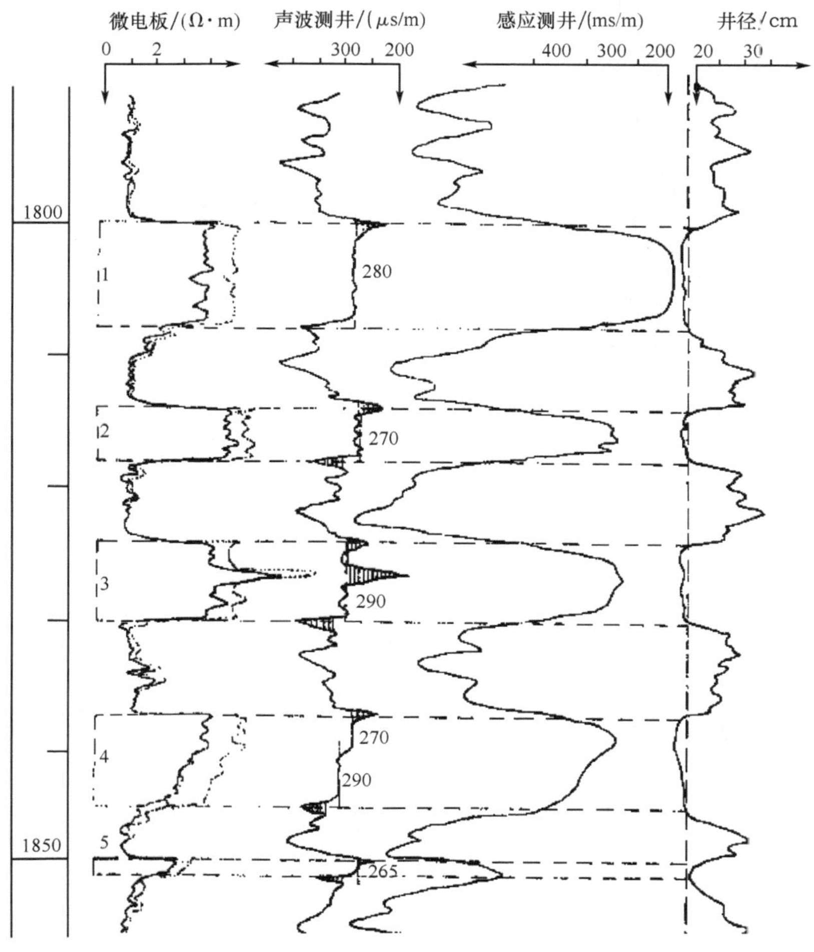

图 4-12　声波速度测井曲线及取值法示例

四、双发双收声波速度测井原理

(一)补偿扩孔的影响

如图 4-13 所示，$\Delta t_{上}$ 为 TR_1R_2 测量声系，即发射器 T 在接收器 R_1R_2 之上；$\Delta t_{下}$ 是 R_2R_1T 测量声系，即发射器 T 在接收器 R_1R_2 之下。如果在一个扩孔井段分别采用以上两种声系测量，然后求平均，即

$$\Delta t_{上下} = \frac{\Delta t_{上} + \Delta t_{下}}{2} \tag{4-11}$$

则扩孔与 $\Delta t_{上下}$ 无关，所以引入双发双收声波速度测井仪（图 4-13，图 4-14）。

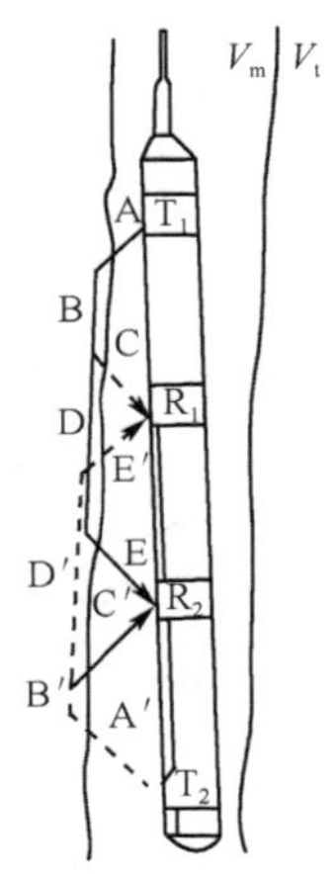

图 4-13 声波速度测井原理

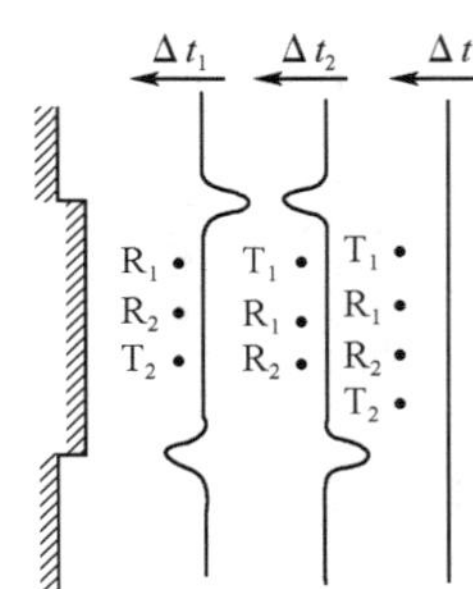

图 4-14 双发双收声波速度测井原理

（二）双发双收声波速度测井原理

如图 4-15 所示，$T_{上}$ 发射时

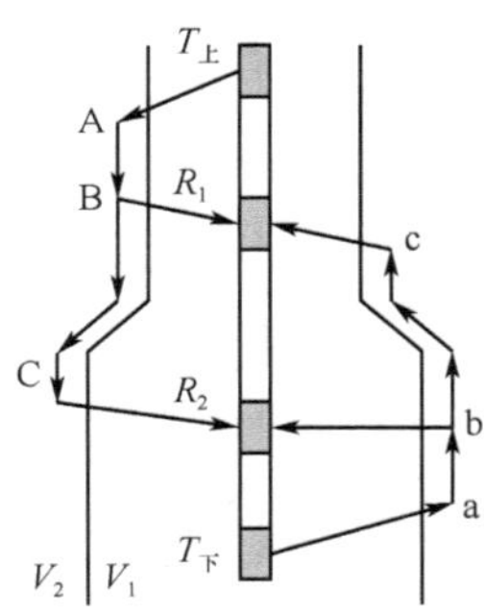

图4-15 双发双收声波速度测井计算示意图

$$t_1 = \frac{T_{上}\mathrm{A}}{V_1} + \frac{\mathrm{AB}}{V_2} + \frac{\mathrm{B}R_1}{V_1}$$

$$t_2 = \frac{T_{上}\mathrm{A}}{V_1} + \frac{\mathrm{AB}}{V_2} + \frac{\mathrm{BC}}{V_2} + \frac{\mathrm{C}R_2}{V_1}$$

所以

$$\Delta t_{上} = t_2 - t_1 = \frac{\mathrm{BC}}{V_2} + \frac{\mathrm{C}R_2}{V_1} - \frac{\mathrm{B}R_1}{V_1}$$

$T_{下}$ 发射时

$$t_3 = \frac{T_{下}\mathrm{a}}{V_1} + \frac{\mathrm{ab}}{V_2} + \frac{\mathrm{b}R_2}{V_1}$$

$$t_4 = \frac{T_{下}\mathrm{a}}{V_1} + \frac{\mathrm{ab}}{V_2} + \frac{\mathrm{bc}}{V_2} + \frac{\mathrm{c}R_1}{V_1}$$

所以

$$\Delta t_{下} = t_4 - t_3 = \frac{\mathrm{bc}}{V_2} + \frac{\mathrm{c}R_1}{V_1} - \frac{\mathrm{b}R_2}{V_1}$$

$$\Delta t = \frac{\Delta t_{上} + \Delta t_{下}}{2} = \frac{\frac{\mathrm{BC}}{V_2} + \frac{\mathrm{bc}}{V_2}}{2} = \frac{\mathrm{BC}}{V_2} = \frac{\mathrm{bc}}{V_2} \tag{4-12}$$

在无扩孔的情况下，$\mathrm{bc} = \mathrm{BC} = l$（间距），$\Delta t = l/V_2$；在有扩孔的情况下，虽然

BC 和 bc 都大于 l，但是这段路程都是在地层中滑行，所以扩孔影响不大，$\Delta t=BC/V_2=bc/V_2$。

第三节 声波速度测井曲线的应用

一、划分岩性，判断含水、含油和含气层

1. 划分岩性

不同岩性的声波传播速度有差异，因此可以利用声波时差(或速度)来划分岩性，表 4-3 列出了常见岩性以及流体的声波速度和声波时差。

表 4-3 常见介质的纵波传播速度

介质	速度/(m/s)	时差/(μs/m)
黏土	1830～2440	548～410
泥岩	1830～3962	548～252
渗透性砂岩	2500～4500	400～220
致密砂岩	5500	182
致密石灰岩	6400～7000	156～143
致密白云岩	7900	125
岩盐	4600～5200	217～193
无水石膏	6100～6250	164～193
泥灰岩	3050～6400	330～155
石油(0℃,1 个大气压)	1070～1320	985～757
天然气(0℃,1 个大气压)	442	3000
水、一般泥浆	1530～1620	655～620

2. 判断含水、含油和含气层

由于在含气地层上往往产生周波跳跃(或声波时差大)，利用这一特点可以划分气层(图 4-16，表 4-4)。

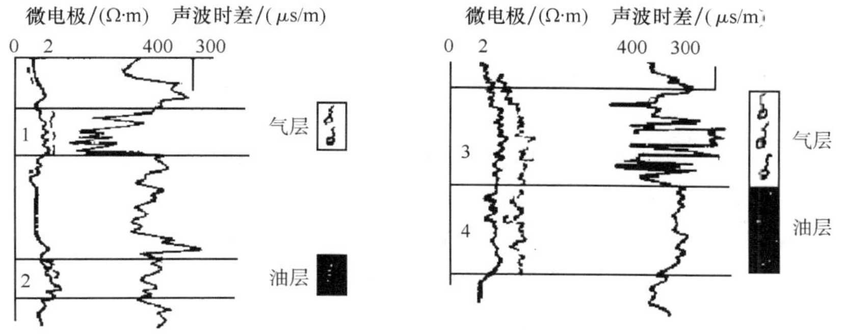

图 4-16 声波测井的周波跳跃(气层)

表 4-4　含油、气、水层的测井特征

地层	SP	R_a	Δt
含水层	异常幅值大	小	无周波跳跃
含油层	异常幅值大	大	无周波跳跃
含气层	异常幅值大	大	可能出现周波跳跃或 Δt 大

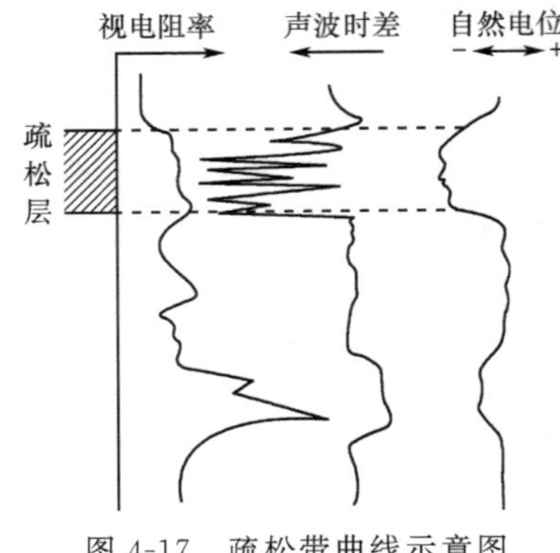

图 4-17　疏松带曲线示意图

3. 划分煤层

烟煤 $\Delta t=393\mu s/m$；无烟煤 $\Delta t=345\mu s/m$；褐煤 $\Delta t=525\mu s/m$。由此可见，煤比一般岩石的 Δt 要大，所以测井曲线在煤层上出现较大的声波时差异常。

4. 确定破碎带或疏松带

在疏松层(或破碎带)上，声波时差往往产生周波跳跃(或声波时差大)，利用这一特点可以划分疏松带或破碎带(图 4-17)。

二、确定孔隙度

如图 4-18 所示(黑色的是泥质，白色的颗粒是骨架，其余白色是孔隙)，图中 L、V、U、S 分别为长度、相对体积、速度、面积，相应角下标 ϕ、sh、ma 分别代表孔隙、泥质和骨架。声波通过岩样的总时间 T 等于通过岩样骨架时间 T_{ma}、泥质时间 T_{sh} 和液体时间 T_{ϕ} 之和，即

$$T = T_{ma} + T_{sh} + T_{\phi} \tag{4-13}$$

则有

$$\frac{L}{U} = \frac{L_{ma}}{U_{ma}} + \frac{L_{sh}}{U_{sh}} + \frac{L_{\phi}}{U_{\phi}} \tag{4-14}$$

$$\frac{LS}{U} = \frac{L_{ma}S}{U_{ma}} + \frac{L_{sh}S}{U_{sh}} + \frac{L_{\phi}S}{U_{\phi}} \tag{4-15}$$

$$\frac{V}{U} = \frac{V_{ma}}{U_{ma}} + \frac{V_{sh}}{U_{sh}} + \frac{V_{\phi}}{U_{\phi}} \tag{4-16}$$

所以

$$V\Delta t \approx V_{ma}\Delta t_{ma} + V_{sh}\Delta t_{sh} + V_{\phi}\Delta t_{\phi} \tag{4-17}$$

$$\Delta t \approx V_{ma}\Delta t_{ma}/V + V_{sh}\Delta t_{sh}/V + V_{\phi}\Delta t_{\phi}/V$$

设 $V = V_{ma} + V_{sh} + V_{\phi} = 1, \phi = V_{\phi}/V, V_{sh} = V_{sh}/V$，即

$$\Delta t = (1 - V_{sh} - \phi)\Delta t_{ma} + V_{sh}\Delta t_{sh} + \phi\Delta t_{\phi} \tag{4-18}$$

对纯砂岩来说：$\phi = \dfrac{\Delta t - \Delta t_{ma}}{\Delta t_{\phi} - \Delta t_{ma}} (V_{sh} = 0), \Delta t = (1 - \phi)\Delta t_{ma} + \phi\Delta t_{\phi}$　　(4-19)

对砂泥岩来说：$\phi = \frac{\Delta t - \Delta t_{ma}}{\Delta t_{\phi} - \Delta t_{ma}} - V_{sh} \frac{\Delta t_{sh} - \Delta t_{ma}}{\Delta t_{\phi} - \Delta t_{ma}}$ (4-20)

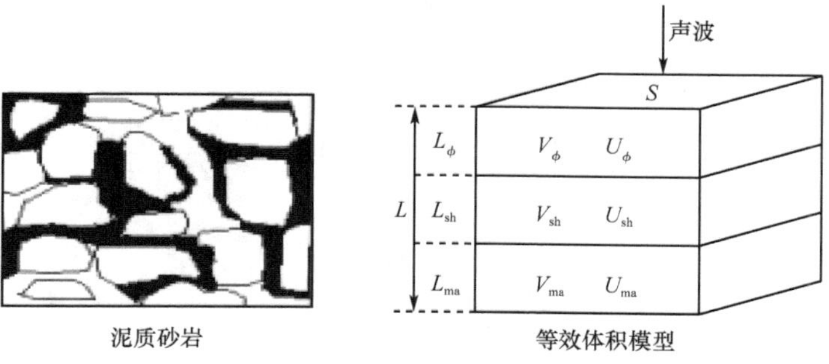

图 4-18　计算声波孔隙度示意图

具体求解孔隙度的步骤：

(1) 求总孔隙度。

$$\phi_1 = \frac{\Delta t - \Delta t_{ma}}{\Delta t_{\phi} - \Delta t_{ma}} \quad \begin{cases} \Delta t \text{ 为实测的声波时差} \\ \Delta t_{ma} = 182\mu s/m\text{（砂岩骨架的时差）} \\ \Delta t_{\phi} = 620\mu s/m\text{（水的声波时差）} \end{cases} \tag{4-21}$$

(2) 压实校正。当岩石固结不好或未胶结时（如疏松砂岩），声波经过这种地层传播的时差比固结好岩层中的传播时差要大，用上式计算得到的孔隙度偏高，因此要进行压实校正。

压实校正后的孔隙度为

$$\phi_2 = \frac{\Delta t - \Delta_{ma}}{\Delta t_{\phi} - \Delta t_{ma}} \frac{1}{C_p} = \phi_1 \cdot \frac{1}{C_p} \tag{4-22}$$

C_p 为压实校正系数；压实的岩石 $C_p = 1$，未压实的岩石 $C_p > 1$。

C_p 的求法：

(a) $C_p = 1.68 - 0.0002 \cdot H$ (4-23)

式中，H 为地层所处的深度。要求 $C_p \geq 1$。

(b) $C_p = \frac{\phi_S}{\phi_d}$ 或 $\frac{\phi_S}{\phi_n}$ (4-24)

ϕ_S、ϕ_d、ϕ_n 分别为声波、密度、中子测井计算得到的孔隙度，根据是 ϕ_d、ϕ_n 与地层的压实程度无关。

(c) $C_p = \Delta t_{sh}/300$；根据是压实好的泥岩的声波时差一般可取 300μs/m。

(3) 泥质校正。

方法 1：$$\phi = \phi_2 - V_{sh}\phi_{sh}, \quad \phi_{sh} = \frac{\Delta t_{sh} - \Delta t_{ma}}{\Delta t_{\phi} - \Delta t_{ma}} \tag{4-25}$$

方法 2：$$\phi = \phi_2/(2-a), \quad a = \frac{|SP|}{|SP_{sd}|} \tag{4-26}$$

经过泥质校正后的孔隙度称为有效孔隙度。

三、计算岩石的弹性参数

地层的声速与它的弹性模量之间的关系为

$$V_c = \sqrt{\frac{E \cdot (1-\sigma)}{\rho(1+\sigma)(1-2\sigma)}}, \quad V_s = \sqrt{\frac{E}{2\rho(1+\sigma)}} \tag{4-27}$$

可以导出

$$\sigma = \frac{0.5 \cdot \left(\frac{\Delta t_s}{\Delta t_c}\right)^2 - 1}{\left(\frac{\Delta t_s}{\Delta t_c}\right)^2 - 1} \tag{4-28}$$

$$\mu = \frac{\rho}{\Delta t_s^2} \tag{4-29}$$

$$E = \frac{2\rho(1+\sigma)}{\Delta t_s^2} \tag{4-30}$$

$$k = \frac{\rho}{\Delta t_c^2} - \frac{4 \cdot \rho}{3 \cdot \Delta t_s^2} \tag{4-31}$$

式中，σ 为泊松比；Δt_c 为纵波时差，单位为 $\mu s/m$；Δt_s 为横波时差，单位为 $\mu s/m$；μ 为切变弹性模量，单位为 kg/cm^2；E 为杨氏莫量，单位为 kg/cm^2；k 为体积弹性模量，单位为 kg/cm^2；ρ 为地层密度，单位为 g/cm^3。各种岩石的声波特性及弹性模量如表 4-5 所示。

表 4-5　岩石声波特征

岩石	密度 ρ/(g/cm^3)	纵波速度 V_p/(m/s)	横波速度 V_S/(m/s)	杨氏模量 E/(kg/cm^2)	切变模量 G/(kg/cm^2)	泊松比 σ	波阻抗 $Z=\rho v$, $z\times10^4 g/(cm^2 \cdot s)$
玄武岩	2.70	5930	3140	6990	2680	0.304	161
石膏	2.26	4790	2370	3600	1270	0.338	108
云母	2.81	7760	2160	3820	1310	0.458	219
片麻岩	2.66	7870	3010	6810	2410	0.414	209
石灰岩	2.70	6130	3200	7240	2760	0.313	166
大理石	2.66	6150	3260	7360	2820	0.305	164
板岩∥	2.74	6500	3610	9110	3570	0.277	178
板岩⊥	2.74	5870	2800	5780	2140	0.352	161
煤	1.40	3700	2000	1450	550	0.294	54
砂岩	2.62	3720		3690			
砂岩	2.61	4900		6370			
辉绿岩	2.79	4970		7010			

四、确定泥质含量

由于泥质声速与砂粒声速的差别大，在声波测井中能明显地反映出来，声波计算得到的孔隙度 ϕ_s 是包含泥质的总孔隙度，而泥质的密度与砂粒的密度差别不大，因此，密度孔隙度 ϕ_d 是岩石的有效孔隙度。所以泥质含量 V_{sh} 为

$$V_{sh} = \frac{\phi_s - \phi_d}{\phi_s} \tag{4-32}$$

第四节　声波幅度测井

一、固井声波幅度测井

（一）固井声波幅度测井原理

1. 固井过程与固井的作用

对油气井来说，不管采用什么方式完井，都需要下入钢制的圆筒套管，筒壁厚6～13mm。套管下入井中后套管和地层之间有空隙，不能达到封固地层的目的，还必须在套管和地层之间注入水泥，水泥凝固了以后便封固了地层，这一过程称为固井，俗称“打水泥”（图 4-19）。

固井的目的是封固地层，防止油气流出和油气层与水层互相串通，为油气层的开采创造条件，延长油井的使用期限，因此固井的质量非常重要。

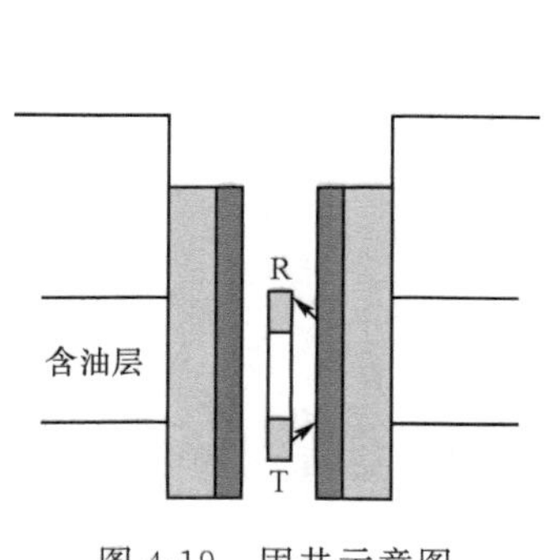

图 4-19　固井示意图

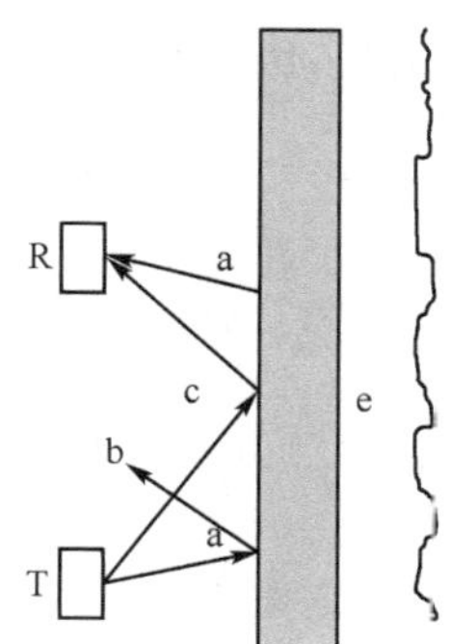

图4-20　固井声波幅度测井原理示意图

2. 固井测井原理

固井测井使用单发单收测井装置（图 4-20）。发射器 T 发射声波的幅度固定为 A_o，接收器 R 接收到的声波幅度为 A，即

$$A = A_o - A_a - A_b - A_c - A_d - A_e \tag{4-33}$$

式中，A_o 为发射声波幅度；A_a、A_b、A_c、A_d、A_e 分别为泥浆、反射、全反射、套管、套管

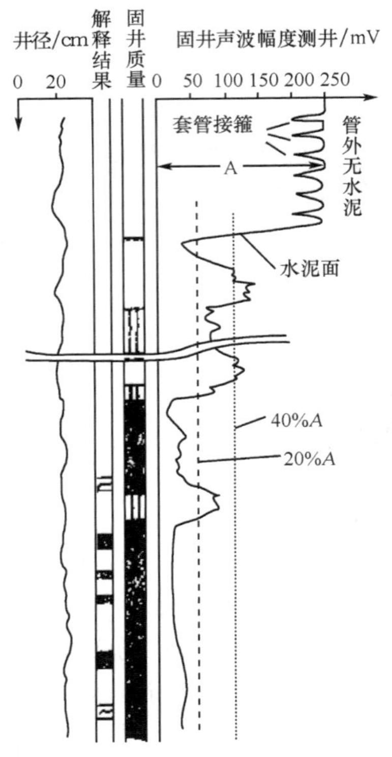

图 4-21　固井声波幅度测井曲线

旁声波幅度的衰减。其中 A_a、A_b、A_c、A_d 为常数，所以

$$A=A_o-(A_{ch}+A_e) \tag{4-34}$$

式中，A_e 为声波在套管与水泥界面滑行传播时声波幅度的衰减。

$$A_e=e^{bL} \tag{4-35}$$

式中，L 为声波在套管中传播的长度（固定值），b 为转移系数，它与套管旁物质的性质及分布有关。

$$b\begin{cases}小 & 自由套管，套管外无水泥（固井质量差）\\ 中 & 部分水泥胶结，固井质量中等\\ 大 & 水泥胶结好，固井质量好\end{cases} \tag{4-36}$$

（二）固井声波幅度测井的应用（图 4-21）

1. 检查固井质量

$$相对幅度=\frac{目的井段的声幅曲线幅度}{无水泥井段的幅度}\times 100$$

$$\begin{cases}<20\% & 固井质量好\\ =20\%\sim 40\% & 固井质量中等\\ >40\% & 固井质量差\end{cases} \tag{4-37}$$

2. 测定套管断裂

在套管断裂处，由于套管波的衰减厉害，所以有一个明显的低值异常。

二、其他声波幅度测井

（一）裸眼声波幅度测井

裸眼声波幅度测井示意见图 4-22，此时有

$$A=A_o-A_{泥浆}-A_{泥地}-A_{滑行}$$

式中，$A_{泥地}$ 为声波幅度在反射和全反射时发生的衰减。$A_{滑行}$ 为声波幅度在地层中滑行时发生的衰减。A 取决于 $A_{泥地}$ 和 $A_{滑行}$。

$A_{泥地}$：取决于 Z_2-Z_1，二者差别大时，$A_{泥地}$ 就大。对致密地层来说，$A_{泥地}$ 的值较大。

$A_{滑行}$：取决于 V_2，对煤层、含气地层、裂隙带等声波幅度衰减值较大。

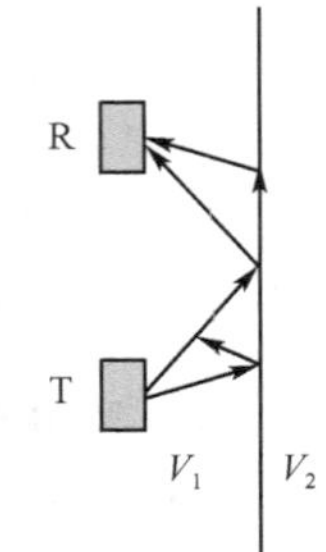

图 4-22　裸眼声波幅度测井原理

（二）反射声波幅度测井

反射声波幅度测井示意见图4-23，T既是反射器又是接收器，接收来自地层的反射信号。

$$A = A_{反射}\begin{cases}煤层的反射声波幅度小\\裂隙带反射声波幅度小\\含气地层的反射声波幅度小\end{cases}$$

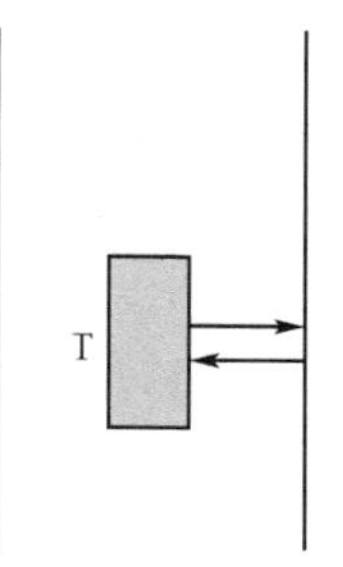

图4-23　反射声波幅度测井原理

第五节　声波全波列测井

一、测量原理

通常的声波速度、声波幅度测井只记录滑行纵波（首波）的速度或幅度信息。长源距声波全波列测井是声波测井技术发展中的一大突破，这至少表明以下三点。

（1）从常规的滑行纵波记录发展到包括滑行纵波、滑行横波、井内管波等整个波列的记录；

（2）从仅记录速度、幅度信息发展到记录速度、幅度、频率、波形等信息；

（3）实现了对波列的离散数字记录，为用计算机处理声波全波列测井资料奠定了基础。

以斯仑贝谢公司的长源距声波全波列测井仪为例（图4-24）介绍其原理。长源距声系由两个发射探头 T_1、T_2 及两个接收探头 R_1、R_2 组成。探头测量的传播时间为：

（1）$TT_1^i - T_1R_1$ 间10ft距离的传播时间；

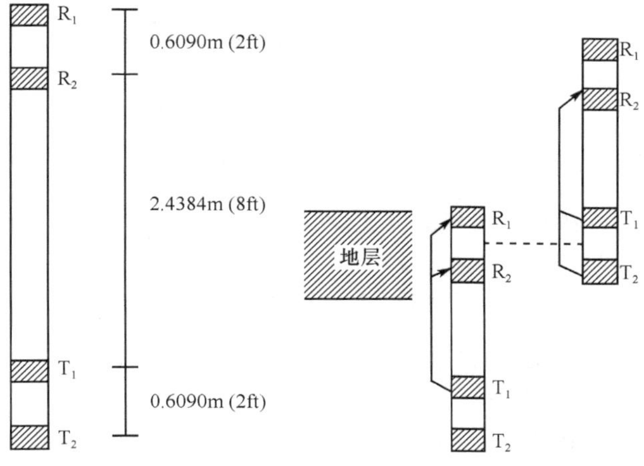

图4-24　长源距声波测井示意图

(2)$TT_2^i - T_1R_2$ 间 8ft 距离的传播时间；

(3)$TT_3^i - T_2R_1$ 间 12ft 距离的传播时间；

(4)$TT_4^i - T_2R_2$ 间 10ft 距离的传播时间；

(5)以上 i=P、S，P、S 分别代表纵波和横波。

计算声波时差的公式为

$$\Delta t = \frac{\text{探管上升前的 } \Delta t \text{ 读数} + \text{探管上升后的 } \Delta t \text{ 读数}}{2l}, l = \overline{R_1R_2} = \overline{T_1T_2} \tag{4-38}$$

具体计算时差的方法如下：

1. 源距 L=8ft 的时差

见图 4-24，采用井眼补偿方式进行测量。提升前 T_1 发射，测量 R_1、R_2 之间的时差 $TT_1^i - TT_2^i$；提升后 T_1、T_2 发射，测量 T_1T_2 之间的时差 $TT_4^i - TT_2^i$，则有

$$\Delta t_i = \frac{(TT_1^i - TT_2^i) + (TT_4^i - TT_2^i)}{2l} \tag{4-39}$$

2. 源距 L=10ft 的时差

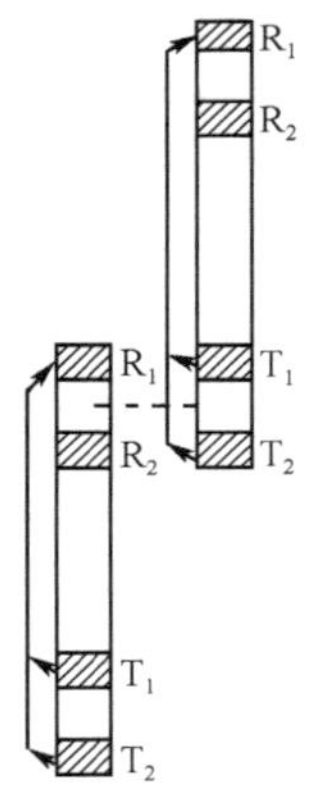

图 4-25 10ft 的时差

同样采用井眼补偿方式进行测量(图 4-25)。提升之前 T_2 发射，测量 R_1、R_2 之间的时差 $TT_3^i - TT_4^i$；提升之后 T_1、T_2 发射，测量 T_1T_2 之间的时差，$TT_3^i - TT_1^i$，则有

$$\Delta t_i = \frac{(TT_3^i - TT_4^i) + (TT_3^i - TT_1^i)}{2l} \tag{4-40}$$

在实际测井时，是选用 10ft 还是 8ft 的时差，可由操作者选择。

二、长源距声波区分纵横波的原理

长源距声波全波列测井记录中的一个关键问题是在全波列中区分纵波、横波及其他类型的波，而最主要的是区分纵波和横波。区分纵波和横波有如下几个标志：

(1) 纵波速度比横波速度快，即横波比纵波滞后。

对沉积岩来说，岩石纵波和横波速度比值 $\frac{V_P}{V_S} = \frac{\Delta t_S}{\Delta t_P}$ 为1.5～2.1；对砂泥质碎屑岩来说 $\frac{\Delta t_S}{\Delta t_P}$ 为 1.7～2.05；对碳酸盐岩来说 $\frac{\Delta t_S}{\Delta t_P}$ 为 1.8～1.9。因此可选择在纵波到达接收器后追踪横波首波的采样门的开启时间及门宽。

(2) 横波幅度大于纵波。

(3) 在声波全列图上，纵波和横波首波的相位是相反的，其相位相差 180°。

(4) 长源距有利于区分纵横波。

见图 4-26，除了以上几个区分纵横波的标志外，从源距为 1m 的波形图可知，横波首波仅比纵波首波滞后不到三个周期，因而很难将横波首波与幅度仍较大的纵波分开。而从源距为 3m 的波形可知，纵波首波的到达时间为 600μs，而横波首波的到达时间延迟到 1038μs，在时间轴上已避开纵波续至波幅度较大的位置，因此对区分横波及其他速度更快的波是有利的。

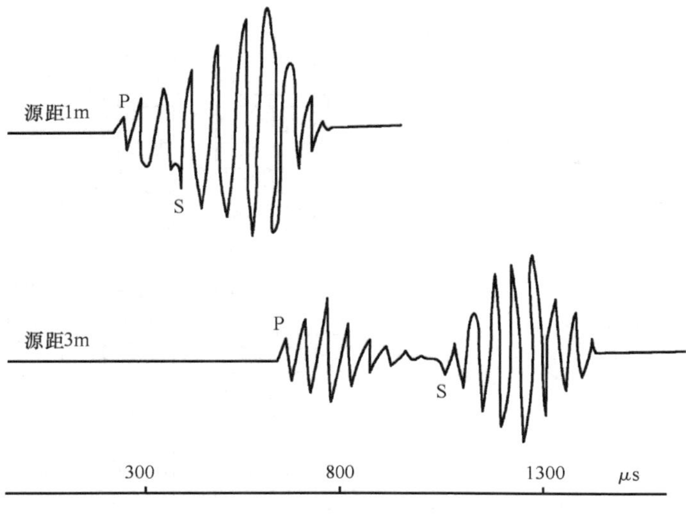

图 4-26 增大源距区分 P 波和 S 波

三、长源距声波测井所记录的信息

长源距声波测井全波列可用全波波形(图 4-27)和变密度(图 4-28)以及数字等方法记录，所能记录的信息有：

(1) 纵波时差 Δt_{P}(DTC)；

(2) 横波时差 Δt_{S}(DTS)；

(3) 速度比 $\dfrac{V_{P}}{V_{S}}=\dfrac{\Delta t_{S}}{\Delta t_{P}}$(DTR)；

(4) 纵波幅度，一般以 T_1 发射时 R_2 接收到的纵波幅度为标准值，记为 AP_1；

(5) 横波幅度，一般以 T_1 发射时 R_2 接收到的横波幅度为标准值，记为 AP_2；

(6) 声波比，两接收探头接收到的同一发射探头发射的声波信号前波幅度比，记为 SRAT($\mathrm{SRAT}=A=\dfrac{AP_2}{AP_1}$)；

(7) 幅度比，即横波的声波比与纵波的声波比之比 $\dfrac{B}{A}$，其中 $B=\dfrac{A_{S_2}}{A_{S_1}}$。

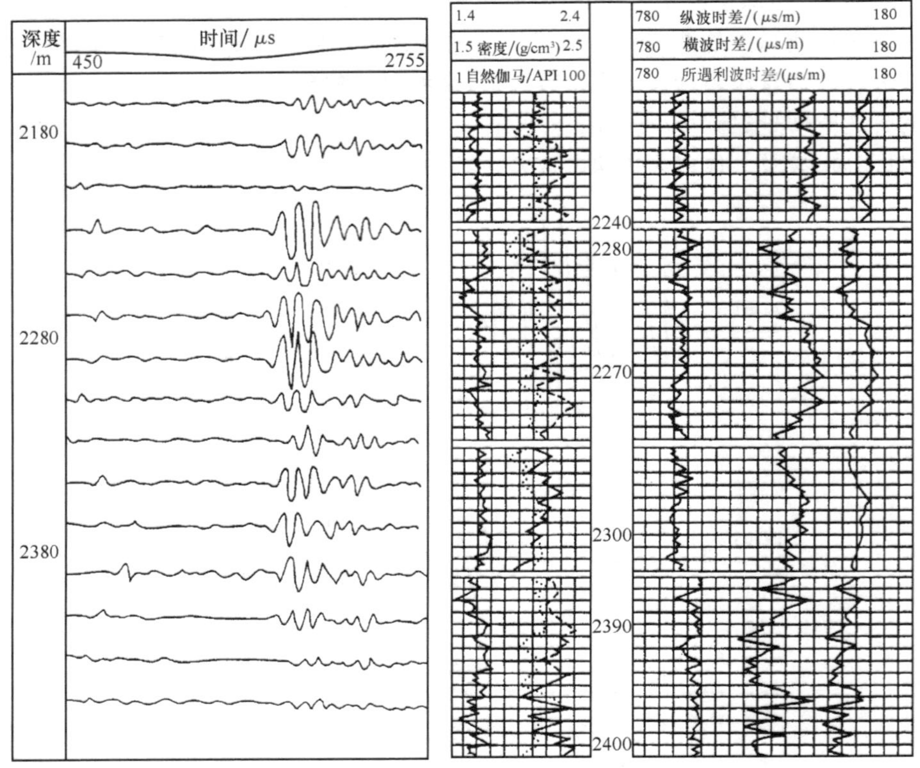

图 4-27　全波波形及其波形分析成果图

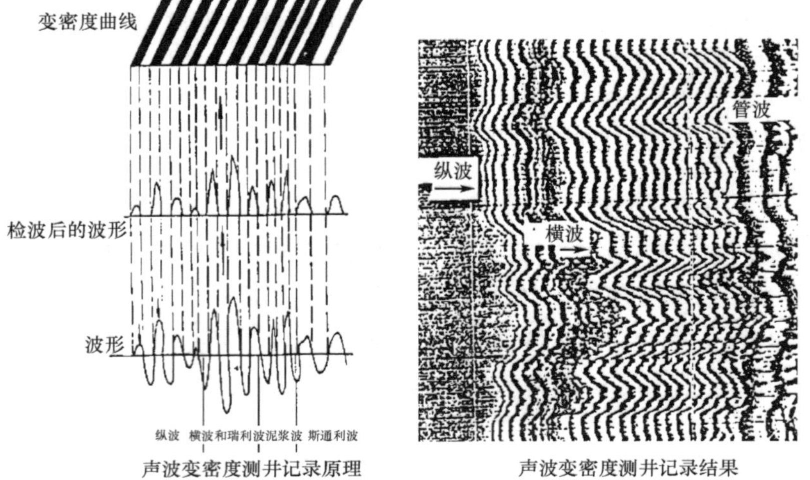

图 4-28　变密度测井记录原理及结果

第五章　放射性测井

放射性测井是原子核物理成果在测井中的应用。放射性测井方法较之其他测井方法的优点是适用的范围广，它可以在套管井中进行测量，也可以在空井和油基泥浆井中进行测量。

放射性测井方法有自然伽马、伽马-伽马（密度）、中子-伽马、中子寿命和碳氧比等方法，在石油、煤田、水文工程探勘等方面起着重要的作用。

第一节　自然伽马测井

一、有关基础知识

1. 衰变

一种不稳定的元素经放射而变成另一种元素的过程称为核衰变或蜕变。

例如：

$$_{88}\mathrm{Ra}^{226} \longrightarrow {_{86}\mathrm{Rn}^{222}} + \alpha(\text{粒子}) \qquad \alpha\text{衰变}$$

镭　　　　　氡（也是一种放射性元素）

（注：原子核的表示方法为$_{Z}\mathrm{X}^{A}$，X 为元素符号，Z 为质子数，A 为质量数，$A=N+Z$）

2. 衰变规律

对含有一大堆原子的放射性物质来说，其中某一个原子何时进行放射衰变完全是偶然的，但是对许多原子的整体来说，某一时刻平均有多少原子发生衰变是符合统计规律的。这一规律是：

某一时刻的衰变率 $\mathrm{d}N/\mathrm{d}t$（单位时间衰变的原子核数）与当时存在的原子核数 N 成正比，即

$$\mathrm{d}N/\mathrm{d}t=-\lambda N$$

式中，λ 为衰变系数（比例系数），负号表示原子核数随时间的增长而减小。

积分得到

$$N=N_0\mathrm{e}^{-\lambda t}$$

式中，N_0 为最先参与衰变的原子核数（$t=0$ 时，$N=N_0$）；N 为衰变中在 t 时刻存在的原子核数。

3. 半衰期

以最先参与衰变的原子核数 N_0 为基数，衰变到 $N_0/2$ 时的时间 T 定义为半衰期，即当 $N=N_0/2$ 时所需的时间。

由 $N_0/2=N_0e^{-\lambda T}$，两边取对数得到 $T=\ln 2/\lambda=0.693/\lambda$。

各种物质的衰变系数不同，所以半衰期不同。地质上可利用半衰期很长的元素来确定地层的地质年代，如表 5-1 所示。

表 5-1　几种元素的半衰期

元素名称	$_{92}U^{238}$铀	K^{40}钾	Co^{60}钴	Cs^{137}铯
半衰期/年	4.47×10^9	1.28×10^9	5.27	30

二、天然放射性的衰变性质

(一)天然放射性的来历

1. 成系的

(重元素：原子序数大于 81)

铀系　$_{92}U^{238}\rightarrow{}_{82}P_b{}^{206}$(铅)

钍系　$_{90}Th^{232}\rightarrow{}_{82}P_b{}^{208}$(铅)

锕系　$_{89}Ac^{227}\rightarrow{}_{82}P_b{}^{207}$(铅)

(1) 此三系通过 α、β 衰变，最后达到稳定的铅同位素；

(2) 在 α、β 衰变的过程中，放出 α、β 粒子，伴随放出 γ 射线。

2. 不成系的

(中等元素：原子序数 $30\leqslant Z\leqslant81$)

主要是钾，$_{19}K^{39}$，$_{19}K^{40}$，$_{19}K^{41}$。

其中，$_{19}K^{40}$是不稳定的元素，它随时都会可能放出 γ 射线。

(二)天然放射性的衰变性质

1) 天然放射性衰变分为 α 衰变、β 衰变和 γ 衰变

(1)α 衰变：放出 α 射线的衰变。通式为：$_ZX^A\rightarrow{}_{Z-2}Y^{A-4}+\alpha$(两个正电荷)。

例如，α 衰变　$_{92}U^{238}\rightarrow{}_{90}Th^{234}+\alpha$。

(2)β 衰变：放出 β 射线的衰变。通式为：$_ZX^A\rightarrow{}_{Z+1}Y^A+\beta$(一个负电荷)。

例如，β 衰变　$_{90}Th^{234}\rightarrow{}_{91}Pa^{234}$(镤)$+\beta$。

(3)γ 衰变：放出 γ 射线的衰变。γ 射线通常是在 α、β 衰变的过程中伴随放出 γ 射线。

2) α、β 和 γ 射线比较

γ 射线与 X 射线的区别：γ 射线能量大，波长较短，产生的原因是核内反应；X 射线能量小，波长较长，产生的原因是核外反应。另外，X 射线的形成是电子内层到外层能量逐渐加大，当电子从较外层跃迁到内层时，多余能量就形成 X 射线，所

以属于核外反应(表 5-2)。

表 5-2　α、β和γ射线比较

射线种类	α射线	β射线	γ射线
产生原因	α衰变放出	β衰变放出	α、β衰变伴随放出
实物	氦$_2He^4$原子核流	高速运动的电子流	频率很高的电磁波 波长$3\times10^{-11}\sim10^{-9}$cm 波速近似于光速
带电性	$_2He^4$带有两个质子，两个正电荷	每个β粒子带有一个负电荷	不带电
能量/MeV	4～10	1	0.05～5
穿透能力	空气中 2.6～11.5cm 岩石中10^{-3}cm	空气中几十厘米 岩石中几厘米	空气中几百厘米 岩石中几十厘米
测井能否利用	不能	不能	能

三、放射性测井中的常用单位

1. 放射性强度单位

放射性强度的定义为单位时间内衰变的原子核数，即$-dN/dt$。

$$N=N_0e^{-\lambda t} \tag{5-1}$$

强度

$$I=-dN/dt=\lambda N_0e^{-\lambda t}=I_0e^{-\lambda t} \tag{5-2}$$

强度的单位为 Ci(1Ci=3.7×10^{10}Bq，后同)。每秒钟内有3.7×10^{10}个原子核发生衰变时放射性强度为 1Ci。

$$1\text{Ci}=3.7\times10^{10}\text{次衰变/s}=3.7\times10^{10}\text{Bq}=10^3\text{mCi}=10^6(\mu\text{Ci})$$

2. 能量单位

能量单位 eV 为一个电子在 1 伏电位差的作用下获得的能量称为 1 电子伏特(eV)。

$$1\text{eV}=1.6\times10^{-19}\text{J}$$

$$1\text{MeV}=10^6\text{eV}$$

3. 浓度单位

浓度单位为单位体积物质内含有放射性物质的数量，单位为 Ci/cm^3、Bq/m^3。

4. 吸收剂量与剂量率单位

吸收剂量为单位质量的被照射物质(图 5-1)所吸收的辐射能量称为吸收剂量，单位为戈瑞(Gy)，其定义为辐射在 1kg 介质中形成 1J 的能量，即

$$1\text{ 戈瑞(Gy)}=1\text{ 焦/千克(J/kg)}$$

剂量率为单位时间内所吸收的剂量单位为 Gy/h。

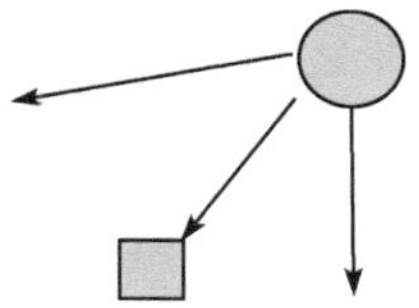

γ源

图 5-1　γ源照射物质

四、天然放射性

1. 火成岩的放射性

几点规律：

（1）火成岩所含放射性零散而不均匀。

（2）由表5-3可以看出，随SiO_2含量增大，放射性元素含量增大，岩性从超基性变为基性、中性和酸性。

表5-3　放射性强度与SiO_2含量的关系

	酸性	中性	基性	超基性
S_iO_2的含量	大	──────→		小
颜色	浅	──────→		深
放射性元素含量	大	──────→		小

（3）火成岩放射性元素主要是：铀（U）、镭（Ra）、钍（Th）、钾（K）（表5-4）。

表5-4　火成岩放射性

岩石类型	S_iO_2/%	Ra×10^{-12}/(g/g)	U×10^{-6}/(g/g)	Th×10^{-6}/(g/g)	Th/U	K/(g/g)
酸性	75～65	1.34	4.0	13.0	3.3	0.026
中性	65～52	0.51	1.4	4.4	3.2	0.020
基性	52～40	0.38	1.1	4.0	3.6	0.014
超基性	小于40	0.20	0.6	2.0	3.3	0.004

2. 沉积岩的放射性

（1）沉积岩本身不含有放射性元素，其放射性元素来自火成岩。我们知道机械和化学力的综合侵蚀作用以及搬运作用产生了沉积岩，由于搬运和沉积的环境不同，使各种沉积岩的放射性元素的含量产生了差异。

（2）沉积岩的放射性强度取决于泥质含量（黏土含量）。

原因：①黏土颗粒细，具有较大的比面（在沉积的过程中具有吸附放射性元素的能力大），比面的含义是每个颗粒的表面积之和。②黏土颗粒细，沉积的时间长（有充分的时间与放射性元素接触）。③黏土沉积物中含有钾矿物（如水云母、正长石等）。

（3）沉积物的颜色由浅到深，其放射性强度由小变大。

（4）随钾含量的增大，放射性强度增大。

（5）孔隙度ϕ和渗透率K减小，放射性强度增大。

五、自然伽马测井原理

自然伽马测井原理图见图5-2，其测量过程如下：

（1）γ射线探测器探测到地层的γ射线，并将γ射线变换成电脉冲信号（每一道γ射线变换成一个负脉冲信号）。

（2）此脉冲信号送入井下的放大器进行放大。

（3）井下放大器放大的脉冲信号送入地面的放大器再进行放大（原因是脉冲信号通过电缆之后会有些衰减）。

（4）由于脉冲信号中混合一些干扰信号，需经过鉴别器进行鉴别，排除干扰。

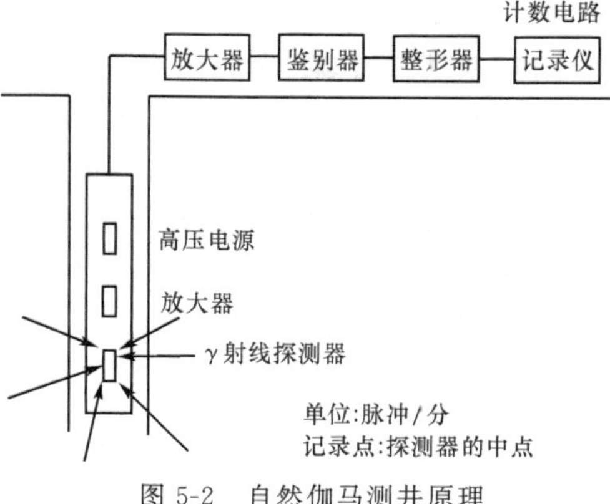

图 5-2　自然伽马测井原理

（5）将一些畸变的脉冲信号送入整形器进行整形。

（6）归一后的波形送入计数电路记录单位时间内脉冲个数，最后得到自然伽马测井曲线（单位：脉冲/分钟）。

注意：γ射线探测器的原理是将每道入射的γ射线转换成负脉冲信号。

六、自然伽马测井曲线分析

对于煤和金属钻孔，$d \leqslant 20\text{cm}$，探测半径 $R=25\sim45\text{cm}$。对于油田钻孔，$d \leqslant 30\text{cm}$；探测半径 $R=30\sim50\text{cm}$。基于探测半径，曲线分段分析如下（图 5-3）。

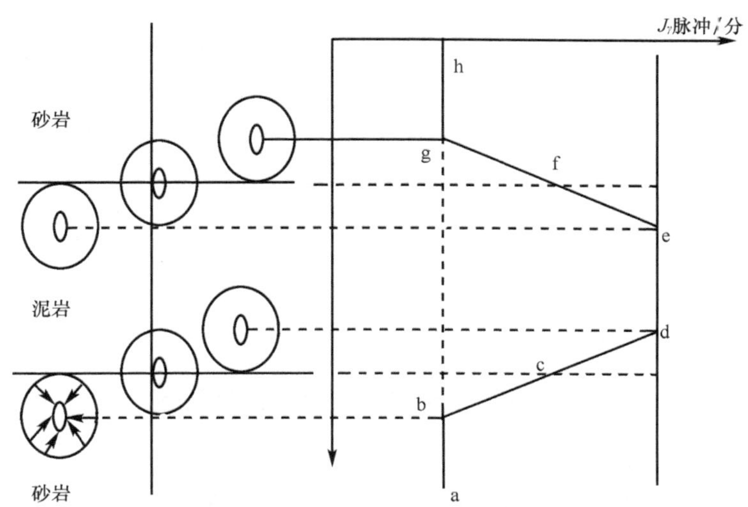

图 5-3　自然伽马测井理论曲线示意图

ab 段：探测器远离界面上移，直到探测器中点离界面的距离为 R，探测器的探测范围内是低放射性物质。

bcd 段：探测器上移过底界面，直到探测器中点离底界面的距离为 R。随探测器上移，探测器探测范围内的高放射性物质逐渐增大，曲线上升，直到探测器中点离底界面的距离为 R 时为止。当探测器中点位于界面时，探测范围内的高低放射性物质各占一半，所以此点为曲线的半幅值点。

de 段：探测器中点离底界面的距离为 R 时开始，直到探测器中点离顶界面的距离为 R 时为止，探测器的探测范围内是高放射性物质。

efg 段：分析方法同 bcd 段。

gh 段：分析方法同 ab 段。注：薄层用 2/3 幅值分层。

七、自然伽马测井仪的刻度

1. 刻度的意义和分级

为了使不同仪器或者同一仪器在不同的时间和同一地层测定结果能够作定量分析，必须进行仪器刻度(如同用不同的秤，或者同一秤在不同的时间对某一东西秤的结果应该一样，否则就应该对秤进行统一刻度)。

刻度分级为：

(1)一级刻度：国家统一的标准称为一级刻度(标准刻度井)；

(2)二级刻度：各制造厂和大的油田建立的标准称为二级刻度(刻度装置或刻度井)；

(3)三级刻度：一般现场使用的标准称为三级刻度(刻度器，刻度块)。

(4)要求：低级的刻度装置必须用高一级刻度装置进行检查。

图 5-4 美国休斯敦大学刻度井

2. 刻度井

图 5-4 是美国休斯敦大学刻度井(一级刻度)，测井仪器在该井测量得到的读数 $N_{高}$ 为高放射性混凝土中的读数；$N_{低}$ 为低放射性混凝土中的读数；则有

$$\mathrm{API} = \frac{N_{高} - N_{低}}{200} \tag{5-3}$$

式中，API 是美国石油学会的缩写。目前自然 γ 测井使用的单位是 API。

八、自然伽马测井曲线的影响因素

1. 统计起伏(也称统计涨落)

(1) 泥岩的放射性含量是均匀的，但在同一岩层的各点读数不一样，泥岩的读数在平均计数率 $\bar{n}$上下波动(图 5-5)。

$$\bar{n} = \frac{n_1 + n_2 + \cdots + n_m}{M} \tag{5-4}$$

经理论计算得到

绝对误差　　$\sigma=\pm\left[\frac{\bar{n}}{2\tau}\right]^{\frac{1}{2}}$　　(5-5)

(2) 产生的原因：衰变规律。

(3) 统计涨落的定义：在放射性源强度不变、测量条件不变的情况下，在相等的时间间隔内，重复观测放射性强度，每次记录的数值不同，总是在某一数值(平均值)上下波动，这种现象称为放射性涨落，也称统计涨落。

(4) 统计涨落的范围：2σ。

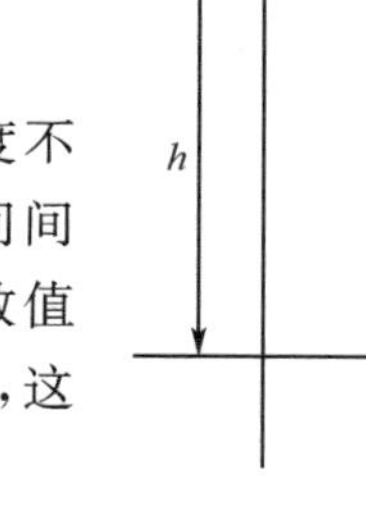

图 5-5　统计起伏示意图

一般认为：①曲线的幅度 $A>3\times(2\sigma)$ 才是地层变化，否则不分层(认为是统计涨落)。②要求地层中 68.3%以上的采样点数落在 $\bar{n}+\sigma$ 到 $\bar{n}-\sigma$ 的范围内，否则曲线不合格。

2. 井参数的影响

自然伽马射线强度的吸收方程为

$$J_\gamma=J_{\gamma0}e^{-uL} \tag{5-6}$$

式中，u 为吸收系数(表 5-5)；L 为物质的厚度；$J_{\gamma0}$ 与 J_γ 为伽马射线吸收前后的放射性强度。

表 5-5　与井参数有关的几种吸收系数

物质	钢	水泥环	泥浆	清水	空气
u	$0.5cm^{-1}$	二者之间	$0.1\sim0.2cm^{-1}$	二者之间	$<0.1cm^{-1}$

九、自然伽马测井的应用

(一)划分岩性

1. 砂泥岩剖面

对砂泥岩剖面来说，岩性由粗变细，自然 γ 从小变大，自然电位异常幅度由大变小，视电阻率由大变小，泥质含量由小变大，如表 5-6。

表 5-6　砂泥岩自然 γ 特征

	粗砂岩	中砂岩	细砂岩	泥岩
自然伽马 J_γ	小	⟶		大
自然电位 SP 幅度	大	⟶		小
视电阻率 R_a	大	⟶		小
泥质含量 V_{sh}	小	⟶		大

2. 膏盐剖面

对于膏盐剖面,钾盐自然 γ 最大,泥岩较大,岩盐,石膏最低,如表 5-7 所示。

表 5-7　钾盐等自然 γ 特征

岩石	钾盐	泥岩	砂岩及其他岩石	岩盐,石膏
自然 γ	特高	高	中等	最低

3. 碳酸盐岩剖面

对于碳酸盐岩剖面,泥岩自然 γ 最大,纯石灰岩、白云岩自然 γ 最低,如表 5-8 所示。

表 5-8　灰岩等自然 γ 特征

岩石	泥岩	泥质灰岩、泥质白云岩	纯石灰岩、白云岩
自然 γ	最高	中等	最低

图 5-6 为实测的自然 γ 测井曲线(单孔:API),图 5-8 为利用 GR(自然 γ)曲线作地层对比实例,图 5-7 展示了主要沉积岩的天然放射性。

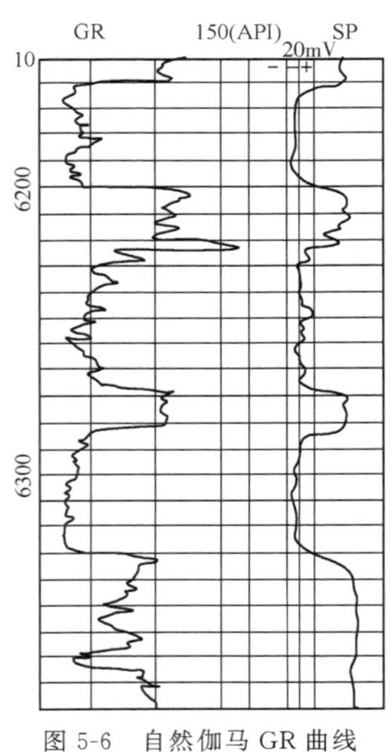

图 5-6　自然伽马 GR 曲线

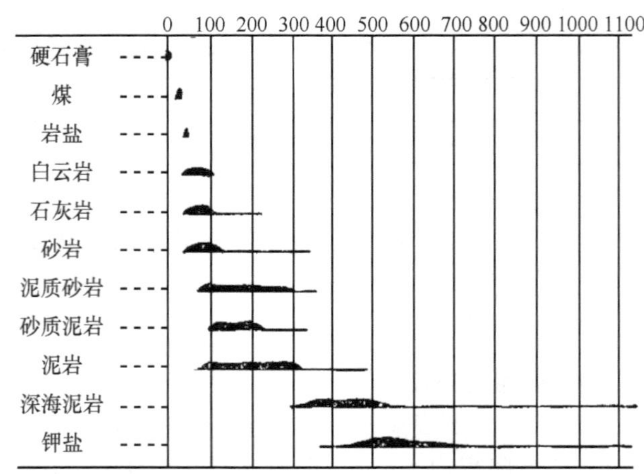

图 5-7　主要沉积岩的天然放射性

(二)确定泥质含量

泥质含量与自然伽马射线强度成正比,推导计算泥质含量的方法同自然电位,得到的计算泥质含量公式为

$$V_{sh} = \frac{J_{\gamma} - J_{\gamma}^{\min}}{J_{\gamma}^{\max} - J_{\gamma}^{\min}} \tag{5-7}$$

式中，J_γ，J_γ^{max}，J_γ^{min} 分别为研究地层、纯泥岩、纯砂岩的自然伽马测井值，同样要进行非线性校正

$$V_{sh}=\frac{2^{V_{sh}\cdot C}-1}{2^C-1}$$

$C=3.7$ 为新地层；$C=2.0$ 为老地层。

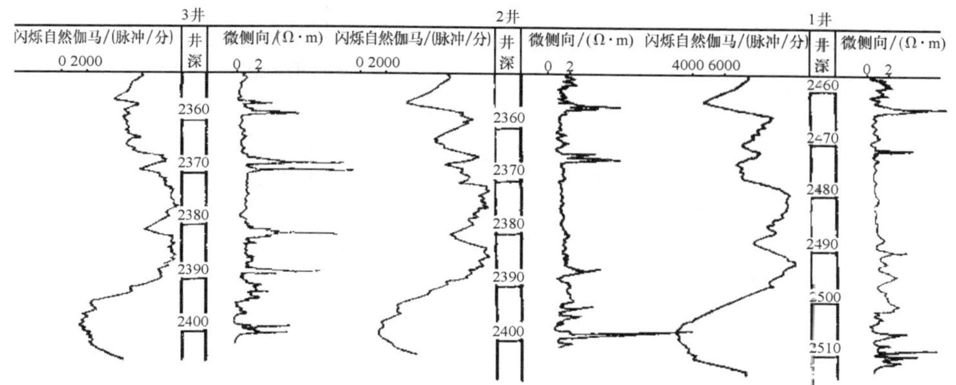

图 5-8　利用 GR 曲线作地层对比实例

(三)划分煤层

(1) 煤中的有机质与无机质都不含放射性物质，所以 J_γ 低。

(2) 煤的 J_γ 与煤的灰分含量 Ag 有关：$Ag=a+bJ_\gamma$。

(四)其他

1. 地层对比(图 5-8)

J_γ 与岩石孔隙中的流体(油或水)的性质无关；J_γ 与地层水、泥浆的矿化度无关；J_γ 曲线的标准层容易获得。

2. 沉积环境分析

J_γ、SP、R_a 与岩层的粒度、分选性、泥质含量密切相关，而这几个量与沉积环境也密切相关，所以可以利用 J_γ、SP、R_a 进行沉积环境分析。

十、自然伽马能谱测井

(一)测量原理

地球上的伽马辐射大多数来源于三种放射性同位素的衰变，即半衰期为 1.3×10^9 年的 ^{40}K；半衰期为 4.4×10^9 年的 ^{238}U；半衰期为 1.4×10^{10} 年的 ^{232}Th。

测量谱段(能窗)的选择：对 K^{40} 选用 1.46MeV 的光电峰；对 ^{238}U 选用 Bi^{214} 的能量为 1.764MeV 的光电峰；对 ^{232}Th 选用 Tl^{208} 能量为 2.614MeV 的光电峰

(图 5-9、图 5-10、图 5-11)。

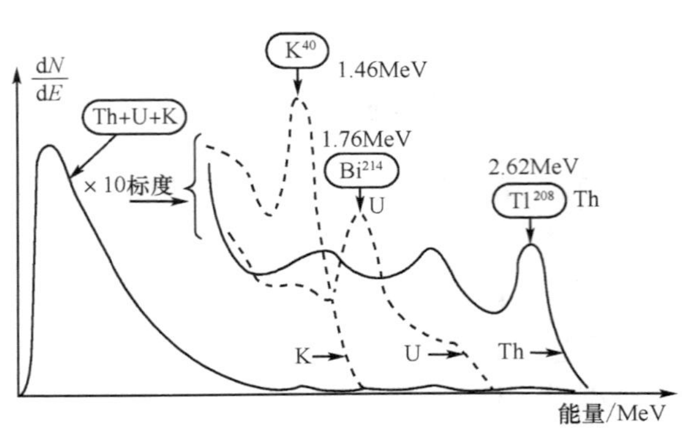

图 5-9　由 NaI 探测器记录的天然放射性能谱

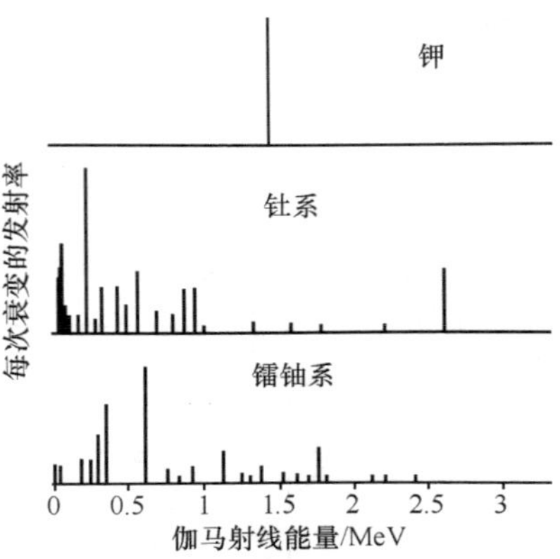

图 5-10　放射性矿物伽马射线能谱（钾、钍、铀的特征能谱）

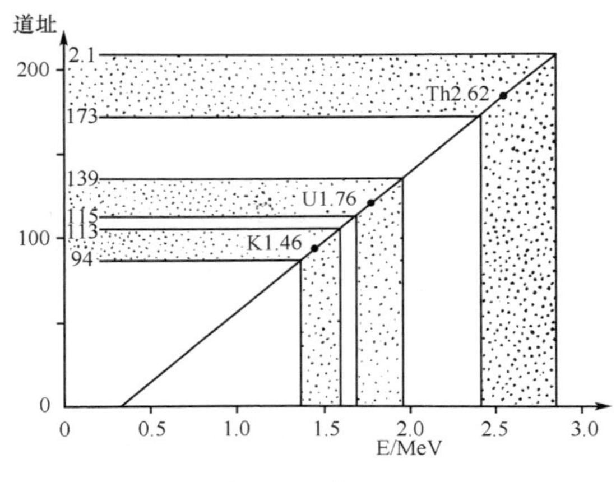

图 5-11　谱段选择

其测量结果可列出三元一次联立方程组求解

$$
\begin{aligned}
N_1 &= a_1 \mathrm{U} + b_1 \mathrm{Th} + c_1 \mathrm{K} \\
N_2 &= a_2 \mathrm{U} + b_2 \mathrm{Th} + c_2 \mathrm{K} \\
N_3 &= a_3 \mathrm{U} + b_3 \mathrm{Th} + c_3 \mathrm{K}
\end{aligned} \tag{5-8}
$$

式中，N_1、N_2、N_3 分别为三个能谱段的计数率(扣除本底计数)；U、Th、K 表示地层中铀、钍、钾的含量；a_i、b_i、c_i 为换算系数，表示地层中单位含量的铀、钍、钾在相应能谱段的计数率。

通过伽马能谱测井可以获得五条参数曲线：以百分比表示的钾含量曲线(K/%)；以浓度表示的铀含量曲线(U/ppm)及钍含量曲线(Th/ppm)；合成的自然伽马曲线(总计数率曲线 GRSL/API)；无铀自然伽马曲线(KTh/API)。

(二)应用

1. 划分岩性

表 5-9 为主要火成岩沉积岩的 Th、U、K,由表可知①不同岩性的放射性元素含量存在差异,以及 Th/U 存在差异,可用于划分岩性;②火成岩的放射性元素含量大于沉积岩。

表 5-9 主要火成岩和沉积岩的 Th、U、K

矿物名称	U/ppm	Th/ppm	K/%	Th/U
花岗岩	4～7	15～40	3.4～4.0	3.5～5.6
花岗闪长岩	2.10	8.30	2.30	4.00
闪长岩	1.80	6.00	1.80	3.30
辉长岩	0.60	1.80	0.70	3.00
辉岩	0.03	0.08	0.15	2.70
纯橄榄岩	0.01	0.01	0.02	1.00
橄榄岩	0.02	0.05	0.20	2.50
流纹岩	2～7	9～25	5.70	4.5～12.5
玄武岩	0.53	1.96	0.61	3.70
黏土	2.10	11.00	2.50	5.24
泥岩	3.70	12.00	2.70	5.24
硅质黏土岩	4.00	11.50	2.70	2.88
油质泥岩	<500	1～30	<4.00	
粉砂	1.2～4.3	1.4～9.3	1.3～2.1	2.17～7
砂岩	0.50	1.70	1.10	3.40
石灰岩	2.00	1.50	<0.40	0.750

图 5-12 说明一个富含铀的地层如何可能被错误地解释为泥岩(采用简单伽马射线分析)。铀含量的突然增加不像在附近深度处那样的单一泥岩的预兆。岩心分析表明,该层富含有机质,这和铀经常为有机合成物所吸收相符合。

如图 5-13 所示,自然伽马测井将单独地指明,在低于泥岩层下边界的 12 836ft 处有一个较纯的砂岩。然而,从 K 的记录道可以看到,页岩层高浓度的钾在 12 836ft 下面继续保持了几英尺。后来的岩心分析发现,这些过量的钾是由于长石存在的结果。这是一条重要的经验,因为长石影响密度测井解释中所用颗粒密度的选择。

如图 5-14 所示,自然伽马能谱测井指明 Th、U、K 的浓度。标明含有云母的层段表示出异常高的钾含量。在这个层段上,GR 测井曲线错误地暗示有不可忽略的黏土存在(引自 SPE Petroleum Production Handbook)。

2. 确定泥质含量

$$V_{sh}=\frac{Th-Th_{min}}{Th_{max}-Th_{min}}\quad V_{sh}=\frac{GRSL-GRSL_{min}}{GRSL_{max}-GRSL_{min}}$$

$$V_{sh}=\frac{K-K_{min}}{K_{max}-K_{min}}\quad V_{sh}=\frac{KTh-KTh_{min}}{KTh_{max}-KTh_{min}}\tag{5-9}$$

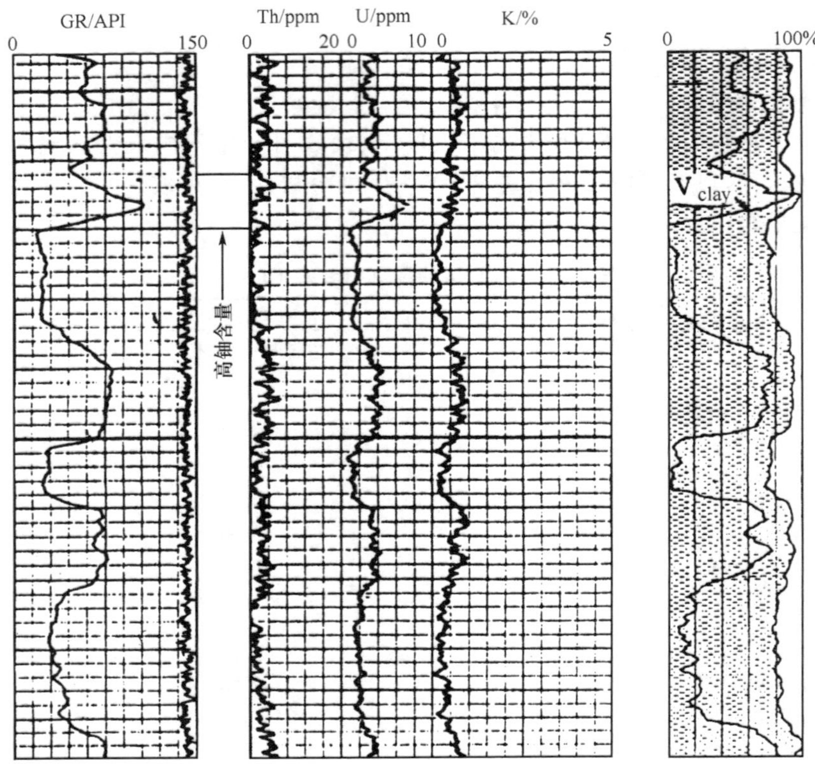

图 5-12　测井曲线表明 U 异常所造成的结果

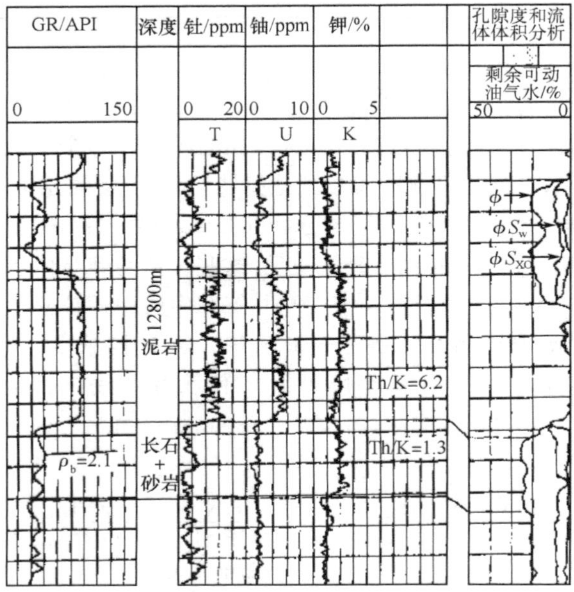

图 5-13　GR 能谱解释实例

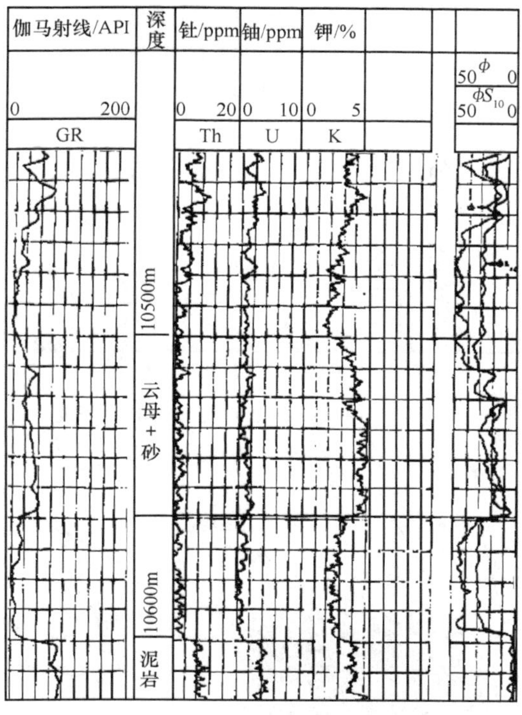

图 5-14 GR 能谱解释实例

3. 确定黏土类型

黏土类型不同时，它们的 Th、U、K 含量及 Th/K 的比值不同（表 5-10，图 5-15）。根据 Th/K 比值的理论值（图 5-16 中的 Th/K＝28，12，…），将实测的 Th、K 值点到Th-U交会图上可分析储层所含黏土的类型。

表 5-10 黏土矿物中 U、Th 和 K 的含量表

矿物名称	K/%	U/ppm	Th/ppm	Th/K
铝土矿		3～30	10～130	
海绿石	5.08～5.30		<4.64	0.8～1.5
膨润土	<0.50	1～20	6～50	
蒙脱石	0～1.50	4.3～7.7	14～24	3.5～12.0
高岭石	0～0.50	1.6～3	6～19	>12
伊利石	3.51～8.30	8.7～12.4	0～20	2.0～3.5
黑云母	6.70～8.30		<0.01	
白云母	7.90～9.80		<0.01	
绿泥石	0～0.30	17.40～36.20	0～8	>12

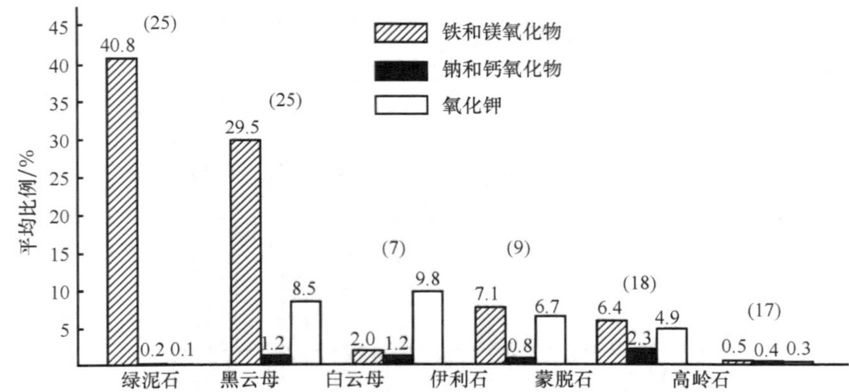

图 5-15　与几种黏土矿物有关的钾浓度

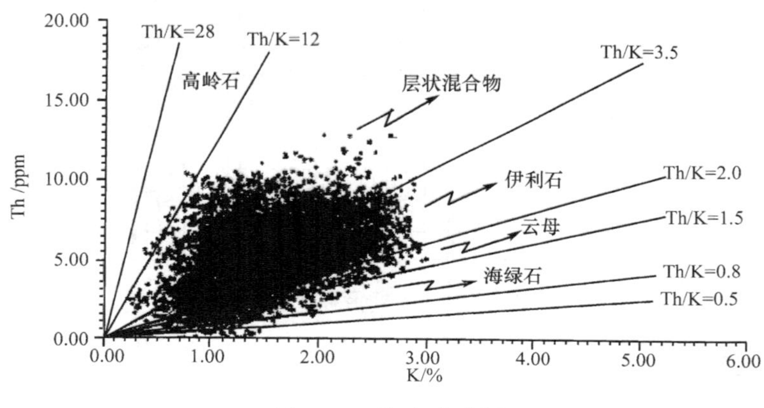

图 5-16　钍、钾交会图

第二节　密度测井

一、伽马射线与物质的作用

(一)光电效应

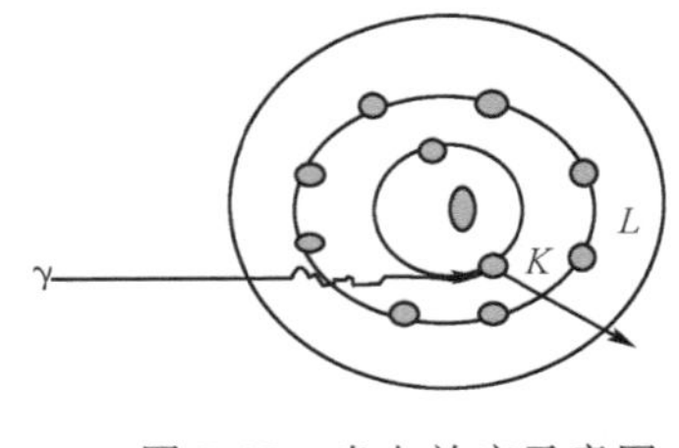

图 5-17　光电效应示意图

光电效应或称光电吸收，它在伽马射线的能量 $E_\gamma<0.51\mathrm{MeV}$(低能)时产生(图 5-17)，过程如下：γ 量子与原子核发生作用时，它将所有的能量交给原子；原子又将能量几乎全部交给一个壳层电子；电子克服电离能脱离电子轨道，成为自由电子，称为光电子；而 γ 量子被吸收，这种作用称为光电效应。

注意：①光电效应在 K、L 层等靠近核的内层产

生光电子的几率(可能性)最大;②光电吸收系数 τ 为伽马量子穿过单位厚度物质时产生光电效应的几率,即

$$\tau = KZ^{4.6} \tag{5-10}$$

式中,K 为与入射伽马量子有关的系数,K 近似与入射伽马量子能量 E_γ 的三次方成反比;Z 为原子序数。

(二)康普顿-吴有顺散射

在伽马射线的能量为 $0.51 < E_\gamma < 1.02\text{MeV}$ 时产生康普顿-吴有顺散射(图 5-18),过程如下:入射 γ 量子与原子中的一个电子发生一次碰撞;γ 量子将部分能量传给电子;γ 量子本身成为散射 γ 量子,即与原来运动方向成 θ 角射出;而电子获得能量脱离电子轨道,成为反冲电子;反冲电子与 γ 量子原入射方向成 ϕ 角。

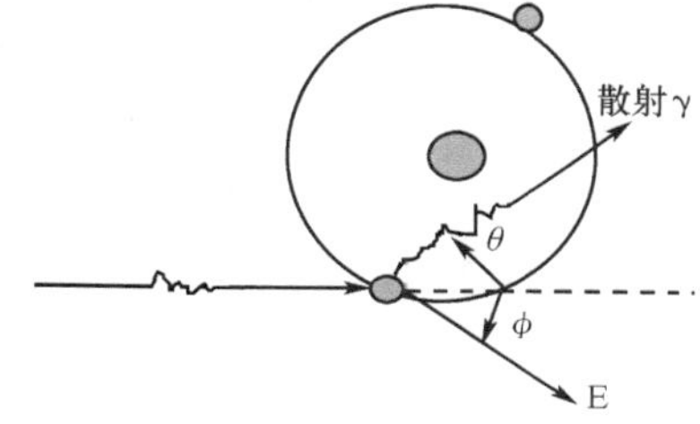

图 5-18　康普照顿-吴有顺散射

注意:

(1)$\theta=0°$时,γ 量子无能量损失,反冲电子没有获得能量,即 γ 量子与物质没有发生作用;

(2)$\theta=180°$时,γ 量子能量损失最大,反冲电子获得能量最大;

(3)$\theta=0\sim180°$时,θ 越大,γ 量子能量损失越大,反冲电子获得能量越大。

康吴散射的吸收:γ 量子与物质作用时产生康吴散射的几率为

$$\sigma = \sigma_e \frac{N_a Z \rho}{A} = \sigma_e \rho_e \tag{5-11}$$

式中,σ_e 为每个 γ 量子与原子产生康吴散射的几率;$\rho_e = \frac{N_a Z \rho}{A}$,单位体积中电子数称为电子密度。$\rho$ 为体积密度;Z 为原子序数;A 为质量数;N_a 为阿弗加德罗常数 6.02×10^{23} 分子/g。

(三)形成电子对

在伽马射线的能量 $E_\gamma > 1.02\text{MeV}$ 时产生电子对(图 5-19),过程如下。

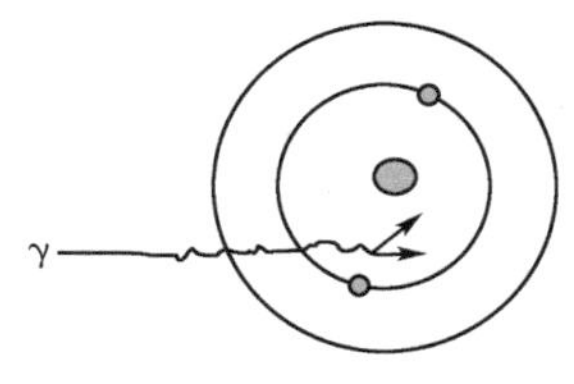

图 5-19　形成电子对

γ 量子与原子核(主要是重元素的原子核)的力场相互作用,此时 γ 量子的能量转化为产生一个正电子和一个负电子,每个电子的能量为 0.51MeV。

吸收系数表示形成电子对的几率,即

$$K = C_1 Z^2 (E_{ro} - 1.02) \tag{5-12}$$

式中,C_1 为比例系数;Z 为原子序数;E_{ro} 为入射 γ 量子的能量。

(四)吸收方程

γ射线通过物质时(图5-20),以上三种效应都有可能产生。

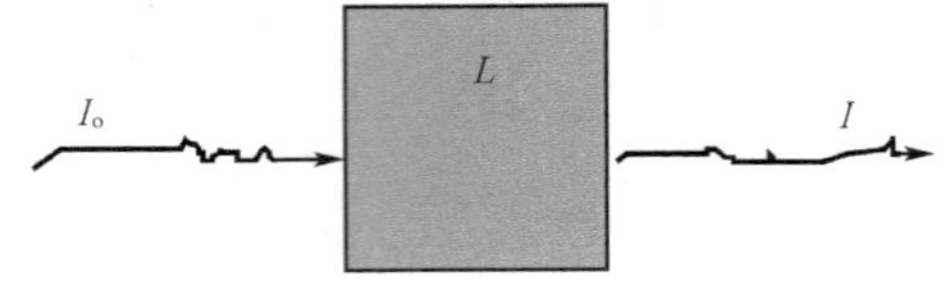

图 5-20　γ射线的吸收

此时吸收方程为

$$I = I_0 e^{-uL} \tag{5-13}$$

式中,$u=\tau+\sigma+K$。当γ量子的能量 $E_\gamma<0.51\text{MeV}$ 时,$u\approx\tau$,以光电效应为主;当γ量子的能量 $0.51<E_\gamma<1.02\text{MeV}$ 时,$u\approx\sigma$,以康吴效应为主;当γ量子的能量 $E_\gamma>1.02\text{MeV}$ 时,$u\approx K$,以形成电子对为主。

二、γ-γ测井原理

(一)γ-γ测井原理概述

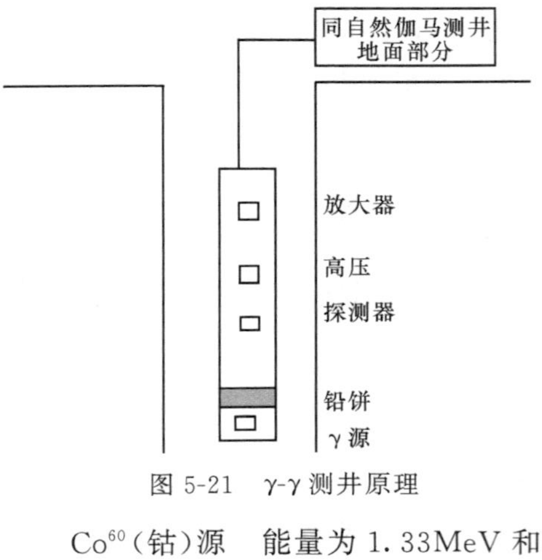

1. γ-γ测井与自然γ测井的区别

(1)自然γ测井:测量天然γ射线强度。

(2)γ-γ测井(图5-21):测量人工γ射线强度(散射γ),因此根本区别在于γ-γ测井仪中的下部有γ源。铅饼作用为防止γ源直接照射探测器影响计数率计,也可以延长探测器的寿命。

同自然伽马测井地面部分
放大器
高压
探测器
铅饼
γ源

图 5-21　γ-γ测井原理

2. 测量原理

(1)目前γ-γ测井使用的γ源为(入射的是中等能量的γ量子):

Cs^{137}(铯)源　能量为0.66MeV;

Co^{60}(钴)源　能量为1.33MeV和1.17MeV。

(2)中等能量的γ量子入射物质产生康吴散射,探测器接收散射γ射线的强度。

3. 注意事项

(1)探测器主要记录一次散射γ射线或二次散射的γ射线的强度,原因是到达探测器的散射γ射线的散射角θ较大,所以散射γ射线的能量较小(与入射的γ射线的能量相比,能量损失很多),故γ-γ测井主要记录到一次散射γ射线或二次

散射的 γ 射线，而多次散射 γ 射线能量很低，容易产生光电效应，被岩层吸收。

(2) 随 r 距离加大，θ 增大(图 5-22)；随散射角的增大，散射 γ 射线的能量很快减小。所以 γ-γ 测井的探测深度不大，探测范围不大。探测范围为半径为 $L/2$ 左右，高度为 L 的圆柱体，一般 $L=50\sim60$cm，所以 $r\leqslant30$cm(图 5-23)。

(3) 记录为探测器与 γ 源的中点。

(4) $J_{\gamma\gamma}$(γ-γ 测井)的单位为：脉冲/分。

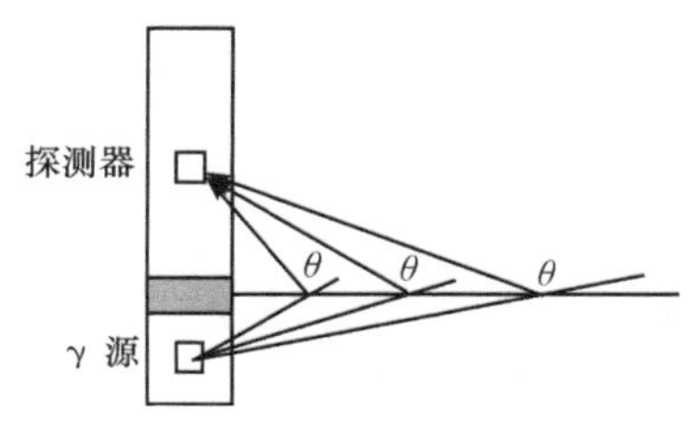

图 5-22　随径向距离增大，散射角 θ 增大

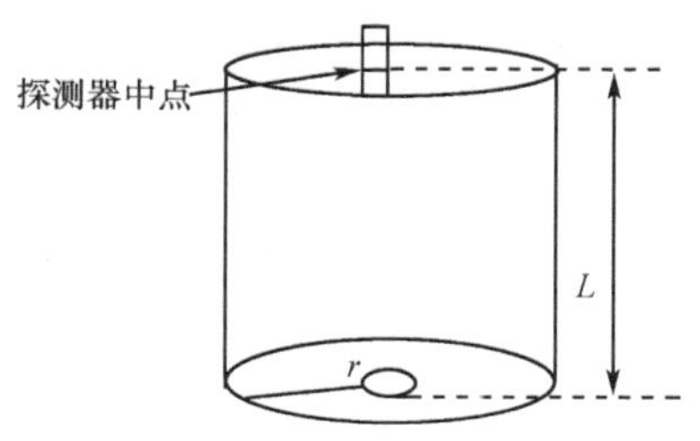

图 5-23　γ-γ 测井探测范围示意图

(二) $J_{\gamma\gamma}$ 与密度 ρ，源距 L 的关系

如图 5-24 所示，均匀岩层的密度为 ρ，γ 源单位时间发出的 γ 量子数为 a，γ 源的源强为 Q，则 S 源发射 γ 量子，经过 dv 以 θ 角散射到探测器的 d$J_{\gamma\gamma}$ 为

$$\mathrm{d}J_{\gamma\gamma}=Pa\mathrm{d}v \tag{5-14}$$

式中，P 为 γ 量子由 γ 源发出并经过一次散射到探测器的几率；a 为 γ 源单位时间发出的 γ 量子数。

$$P=\frac{\text{到达探测器的 }\gamma\text{ 量子数}}{\gamma\text{ 源发出的 }\gamma\text{ 量子数}}=f(R_1,R_2,u,Q,L,\rho) \tag{5-15}$$

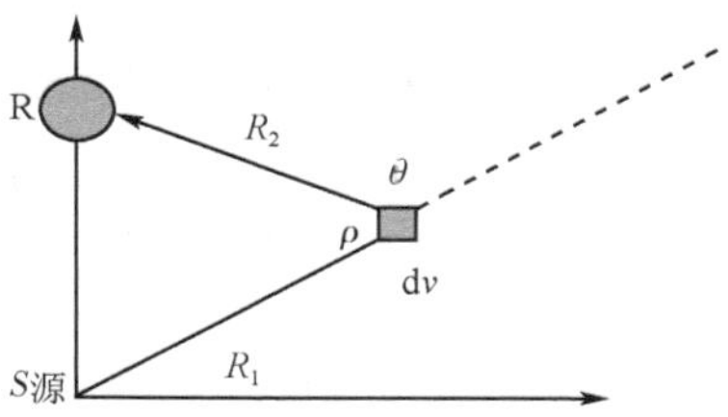

式中，P 为 R_1、R_2、u、Q、L、ρ 的函数。

图 5-24　散射 γ 射线强度计算示意图

整个介质在探测器产生的散射 γ 射线强度为

$$J_{\gamma\gamma}=\iiint \mathrm{d}J_{\gamma\gamma}=KQ\frac{\rho}{L}\mathrm{e}^{-CL\rho} \tag{5-16}$$

式中，K 为常数；Q 为源强；ρ 为密度；L 为源距。

对 Cs^{137}(铯)源来说，$C=0.06$；对 Co^{60}(钴)源来说，$C=0.07$。即能量越低，C 值越大。

利用上式可以绘制 $J_{\gamma\gamma}$、ρ、L 的关系图，如图 5-25 所示，图中 $J_{1.5}$ 表示 $\rho=1.5$ 时产生的 $J_{\gamma\gamma}$，$J_{2.7}$ 表示 $\rho=2.7$ 时产生的 $J_{\gamma\gamma}$。

(1) 当 $L<L_{\mathrm{o}}$ 时(小源距的情况下)，$J_{1.5}<J_{2.7}$，说明：密度小的 $J_{\gamma\gamma}$ 小，密度大的 $J_{\gamma\gamma}$ 大，这说明 $J_{\gamma\gamma}$ 与密度成正比；

(2) 当 $L=L_o$ 时(零源距的情况下),$J_{1.5}=J_{2.7}$,说明:$J_{\gamma\gamma}$与密度无关;

(3) 当 $L>L_o$ 时(大源距的情况下),$J_{1.5}>J_{2.7}$,说明:密度大的 $J_{\gamma\gamma}$小,密度小的 $J_{\gamma\gamma}$大,这说明 $J_{\gamma\gamma}$与密度成反比。

测井使用大源距,所以,$J_{\gamma\gamma}$与密度成反比(图 5-26)。

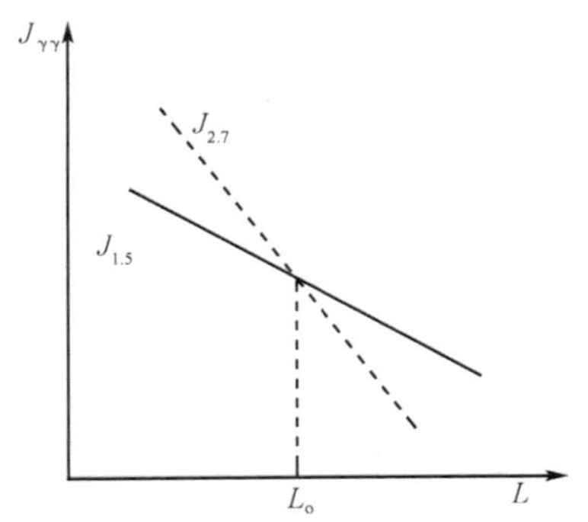

图 5-25　$J_{\gamma\gamma}$与密度 ρ,源距 L 的关系

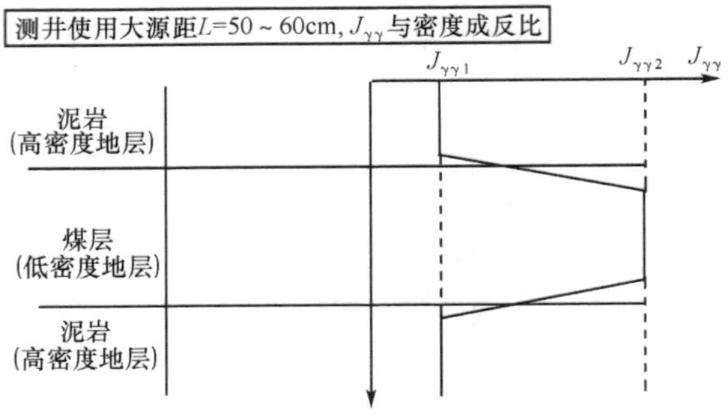

图 5-26　γ-γ 测井曲线示意

三、贴壁式密度测井

各种密度测井方法比较见表 5-11,对此表说明几点:

1. 扩孔对 γ-γ 密度测井的影响

泥浆的密度比地层低得多,所以扩孔后,当记录点位于岩层中部时,探测范围内平均密度降低,而 $J_{\gamma\gamma}$与 ρ 成反比,因此 $J_{\gamma\gamma}$产生假异常,见图 5-27。

表 5-11　密度测井方法比较

测井方法	γ-γ 密度测井	单源距贴壁式密度测井	双源距井眼补偿密度测井
源距	$L=SR=50\sim60$cm	$L=SR=50\sim60$cm	$L_{长}=35\sim45$cm $L_{短}=15\sim25$cm
所记录参数	$J_{\gamma\gamma}$	$J_{\gamma\gamma}$; ρ_a;	N_l、N_s 长短源距计数率; $(\rho_a)_l$、$(\rho_a)_s$ 长短源距视密度
与 ρ 的关系	成反比	$J_{\gamma\gamma}$与 ρ 成反比; ρ_a 与 ρ 成正比	N_l 与 ρ 成反比,N_s 与 ρ 成正比; $(\rho_a)_l$、$(\rho_a)_s$ 与 ρ 成正比
影响因素	扩孔; 泥饼	泥饼 消除扩孔的影响	双源距贴壁的目的是消除扩孔、泥饼的影响

2. 视密度的定义

在渗透层处,井壁存在泥饼,因为泥饼的密度一般低于岩层的密度,所以密度测井仪在此井段测量时,所测的密度值要小于实际的地层密度值 ρ_b,为了将所测的密度与实际地层的密度相区别,把所测的密度定义为视密度,用 ρ_a 表示(图 5-28)。

$$\rho_a = K\rho_{mc} + (1-K)\rho_b \tag{5-17}$$

式中，ρ_{mc}为泥饼密度；ρ_b 为地层密度；K 为与泥饼厚度、源距等有关的参数。

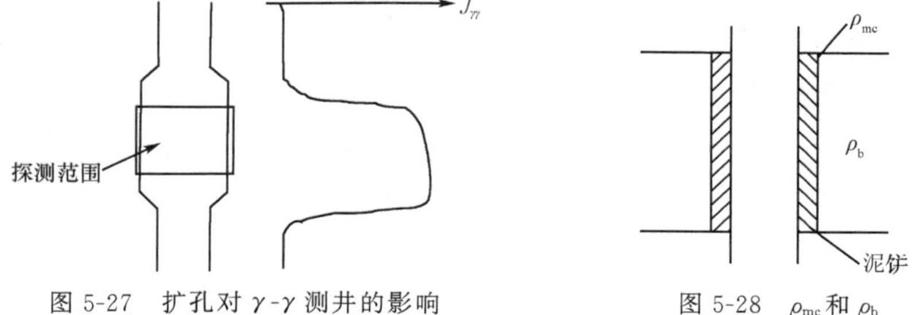

图 5-27　扩孔对 γ-γ 测井的影响　　图 5-28　ρ_{mc}和 ρ_b

3. 双源距井眼补偿密度测井原理

以上讲到

$$\rho_a = K\rho_{mc} + (1-K)\rho_b \tag{5-18}$$

所以有

长源距：

$$(\rho_a)_l = K_l\rho_{mc} + (1-K_l)\rho_b \tag{5-19}$$

短源距：

$$(\rho_a)_s = K_s\rho_{mc} + (1-K_s)\rho_b \tag{5-20}$$

由式(5-19)、(5-20)得到

$$\rho_b = (\rho_a)_l + \Delta\rho \tag{5-21}$$

$$\Delta\rho = \frac{[(\rho_a)_l - (\rho_a)_s]}{K'}$$

$$K' = \frac{K_s}{K_l}$$

利用上式，当泥饼不存在时，$(\rho_a)_l = (\rho_a)_s$，$\Delta\rho = 0$，所以 $\rho_b = (\rho_a)_l$；当泥饼存在时，$(\rho_a)_l \neq (\rho_a)_s \Delta\rho \neq 0$ 所以 $\rho_b = (\rho_a)_l + \Delta\rho$。

第三节　中子测井

一、中子与物质的作用

中子的分类可根据中子的能量和速度，见表 5-12。

表 5-12　中子的类型

中子类型	能量	速度
快中子	0.5～10MeV	快
中能中子	1～500MeV	中等
慢中子	0～1000eV	慢
超热中子	0.1eV～1eV	
热中子	0.025eV	

(一)非弹性散射

高能快中子与原子核碰撞属非弹性碰撞(或称为非弹性散射)(图 5-29)。

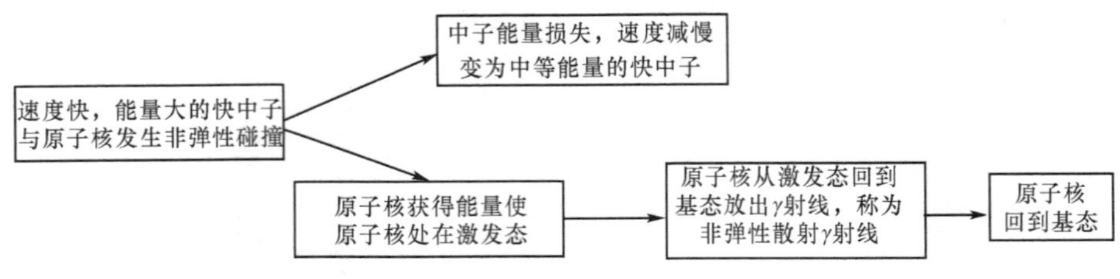

图 5-29　非弹性散射

非弹性散射截面：快中子与原子核发生非弹性碰撞的几率称为非弹性散射截面 σ。

(1) σ 的大小取决于：①中子能量；②原子核的种类；

(2) σ 的不同会使散射 γ 射线的强度不同。

(二)弹性散射

中等能量快中子与原子核碰撞属弹性碰撞(或称为弹性散射，图 5-30)。

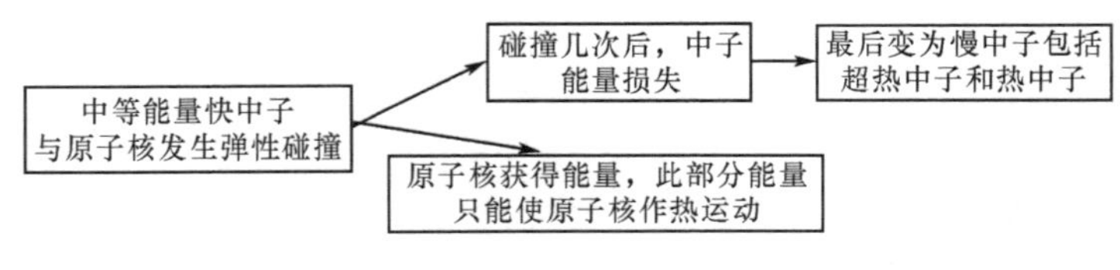

图 5-30　弹性散射

注意：

1) 弹性散射截面

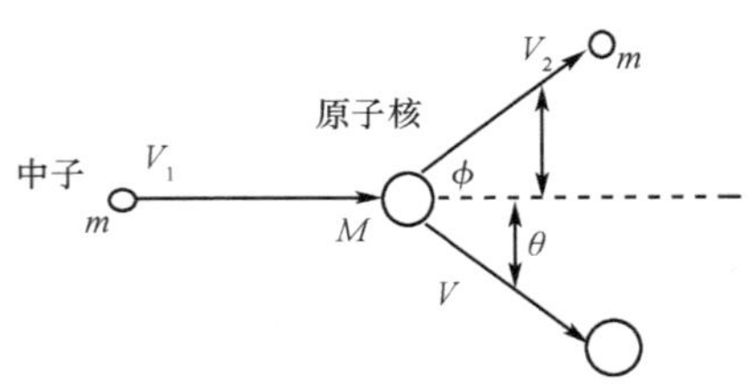

图 5-31　弹性散射

微观散射截面：一个中子与原子核发生弹性碰撞的几率称为微观散射截面，用 σ_s 表示。

宏观散射截面：单位体积内全部的原子核微观散射截面之和称为宏观散射截面，用 Σ_s 表示。$\Sigma_s = N\sigma_s$，N 为单位体积中的原子核数，其中氢 H 的散射截面最大。

2) 碰撞前后的能量变化(图 5-31)

$$E_2 = E_1\left\{\frac{1}{(1+M/m)}\left[\cos\phi + \left(\left(\frac{M}{m}\right)^2 - \sin^2\phi\right)^{\frac{1}{2}}\right]\right\}^2 \tag{5-22}$$

$E_2 = \dfrac{mV_2^2}{2}$　中子碰撞后的能量

$E_1 = \dfrac{mV_1^2}{2}$　中子碰撞前的能量

(1) 能量损失与 ϕ 角的关系。

$\phi=0°$时，$E_2=E_1$，能量无损失；

$\phi=180°$时，$E_2=E_1\left[\frac{A-1}{A+1}\right]^2$，$A=\frac{M}{m}$，此时能量损失最大。

（2）能量损失与原子核质量的关系。

当 $A=1$ 时，即 $M=m$，$\phi=180°$时，$E_2=0$，这说明弹性碰撞后，中子的能量全部损失。

这种情况仅在原子核为 H(氢)时，因为 m(中子)$=M$(氢)。由此可见，氢原子对中子的减速能力最大，即它是一种减速剂。

（三）热中子俘获

1. 概述

热中子速度小，能量低，只能作热运动，即热中子从密度大的地方向密度小的地方扩散，扩散时容易被原子核俘获，原子核俘获热中子获得能量，使原子核处在激发态，激发态回到基态时放出 γ 射线，称为俘获 γ 射线。

2. 注意

1）俘获截面

微观俘获截面：一个原子核俘获热中子的几率称为微观俘获截面，用 σ_a 表示。

宏观俘获截面：单位体积中微观俘获截面之和称为宏观俘获截面，用 Σ_a 表示。

$$\Sigma_a=N\sigma_a, N\text{ 为单位体积中的原子核数}$$

其中 Cl 原子的俘获截面最大。

2）热中子寿命

从热中子产生到热中子被俘获所需要的时间称为热中子寿命 τ。

$$\tau=\frac{1}{V\sum_a}=\frac{4.55}{\sum_a}\mu s,\quad \text{热中子速度 } V=2.2\times10^5\,cm \tag{5-23}$$

综上所述，可用图 5-31 说明中子与物质的作用过程。

高能快中子{原子核获得能量，放出非弹性散射 γ 射线。
快中子→超热中子→热中子→热中子俘获→放出俘获 γ 射线

减速过程与H有关　　扩散过程与Cl有关

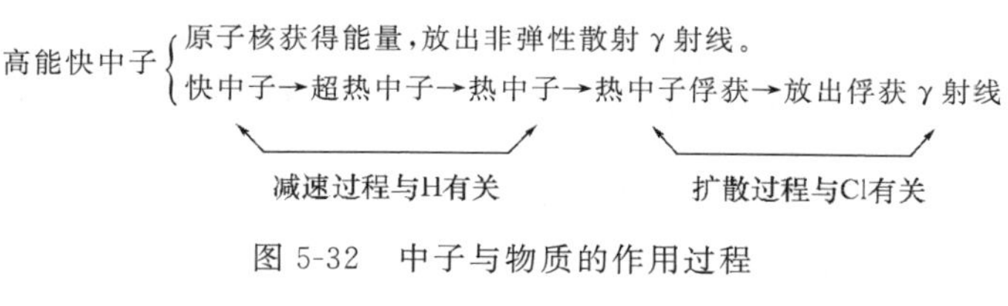

图 5-32　中子与物质的作用过程

二、中子-γ 测井

（一）中子-γ 测井与 γ-γ 测井比较

中子-γ 测井测量俘获 γ 射线的强度，中子-γ 测井原理与曲线如图 5-33 所示，中子-γ 测井的记录点，以及 $J_{n\gamma}$ 与岩性的关系如表 5-13 所示。

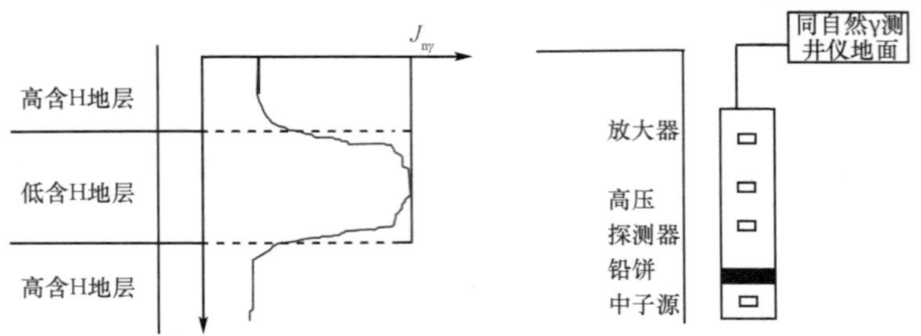

图 5-33　中子-γ 测井原理及曲线示意图

表 5-13　γ-γ 测井与中子-γ 测井的比较

方法	γ-γ 测井	中子-γ 测井
测量	散射 γ 射线强度	俘获 γ 射线强度
单位	脉冲/分	脉冲/分
源距	L=50～60cm	L=50～60cm
记录点	SR 中点	SR 中点
与岩性的关系	$J_{\gamma\gamma}$与密度成反比	$J_{n\gamma}$与含 H 量成反比 $J_{n\gamma}$与含 Cl 量成正比
分层点	1/3 幅值点	1/2 幅值点

（二）引入含氢指数 H_f

$$H_f = \frac{\text{单位体积物质中的氢原子数}}{\text{单位体积纯水中的氢原子数}} = 9\,\frac{\rho X}{M} \tag{5-24}$$

式中，ρ 为密度；X 为氢原子个数；M 为总原子量。例如，水的含氢指数 H_2O（两个氢原子，一个氧原子），$\rho=1$，$M=2\times1+1\times16=18$，$H=2$。

所以 $H_f = 9\,\frac{1\times2}{18} = 1$ 。又例如，H_f(气)=2.25，$\rho_{气}$=0.18，H_f(油)=1.28，$\rho_{油}$=1.09，H_f(煤)=[0.38(无烟煤)，0.52(褐煤)，0.60(烟煤)]。

三、中子-中子测井

（一）中子-热中子测井

中子-热中子测井有两种测量方式，即中子-热中子计数率 J_{nn} 和补偿中子测井 CNL。

(1) J_{nn} 即为中子-热中子计数率；采用大源距 L=50～60cm，J_{nn} 与含 H 量成反比，与含 Cl 量成反比（原因是 Cl 的俘获截面大，俘获的热中子多，使留下来的热中子数减小)；

(2) 补偿中子测井 CNL 得到中子孔隙度(单位：%)，如图 5-34 所示。

长源距探测器 $\lg N_l = -a_1\phi + b + c$；短源距探测器 $\lg N_s = -a_2\phi + b + c$；$N_l$，$N_s$ 分别为长短源距计数率；a_1，a_2 分别为长短源距等有关参数；b 为仪器常数；c 为 Cl 对测量结果的影响。

长、短源距关系式相减得

$$\lg \frac{N_l}{N_s} = -(a_1 - a_2)\phi \tag{5-25}$$

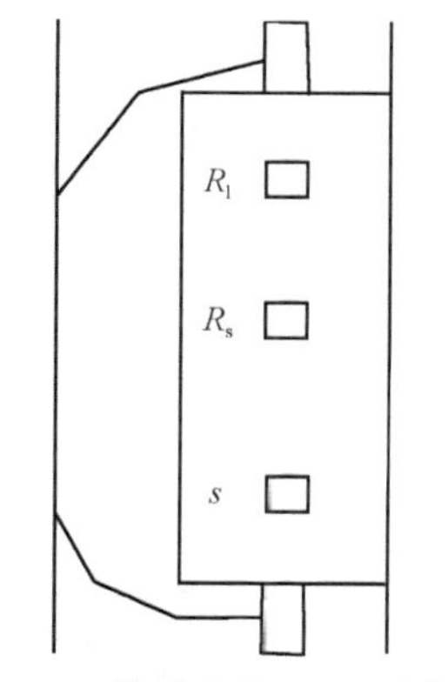

图 5-34 补偿中子 CNL 示意图

消除 Cl 的影响

岩石孔隙度
$$\phi = -\frac{\lg\left(\frac{N_l}{N_s}\right)}{a_1 - a_2} \tag{5-26}$$

实际中，补偿中子测井 CNL 测量 N_l、N_s，并将其换算成中子孔隙度单位%，但此孔隙度称为视石灰岩孔隙度。视石灰岩孔隙度的含义是：补偿中子测井仪通常都在已知孔隙度的纯石灰岩孔中进行刻度的，此种刻度仪器如果在纯石灰岩中进行测量便是真孔隙度，但在非石灰岩上进行测量，测到的孔隙度与地层的真孔隙度不同，称为视石灰岩孔隙度。

(二)中子-超热中子测井

中子-超热中子测井有两种测量方式，即中子-超热中子计数率 J_{nn} 和贴壁中子 SNP。

(1) J_{nn} 为中子-超热中子计数率。采用大源距 $L = 50 \sim 60\text{cm}$；J_{nn} 与 H 含量成反比，与 Cl 含量无关(原因是 Cl 俘获热中子，不能俘获比热中子能量大的超热中子)。

(2) 贴壁中子 SNP 得到中子孔隙度(视石灰岩孔隙度)(单位：%)。

为了减小井孔的影响采用贴壁方式，SNP 与岩石的孔隙度成正比。

四、应 用

(一)确定孔隙度

对于纯地层来说：$\phi = \dfrac{\text{CNL-}\Phi_{\text{Nma}}}{1\text{-}\Phi_{\text{Nma}}}$ (5-27)

对泥质砂岩来说有：$\text{CNL} = \phi\Phi_{\text{Nf}} + V_{\text{sh}}\Phi_{\text{Nsh}} + V_{\text{ma}}\Phi_{\text{Nma}}$ (5-28)

$$\phi = \frac{\text{CNL} - \Phi_{\text{Nma}}}{\Phi_{\text{Nf}} - \Phi_{\text{Nma}}} - V_{\text{sh}}\frac{\Phi_{\text{Nsh}} - \Phi_{\text{Nma}}}{\Phi_{\text{Nf}} - \Phi_{\text{Nma}}} \tag{5-29}$$

式中，Φ_{Nf}，Φ_{Nsh}，Φ_{Nma} 分别为流体、泥质、骨架的含氢指数。

（二）识别气层

中子-γ 测井一般采用大源距，中子-γ 测井值与含氢量成反比，含气地层中由于气的含氢指数小，所以中子-γ 测井值大，利用这一特点可识别含气地层，如图 5-35所示。

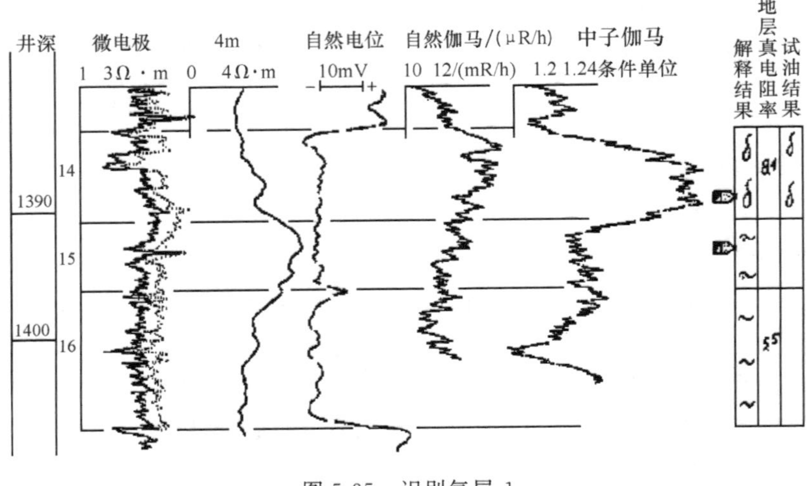

图 5-35 识别气层-1

气层上声波时差大、或周波跳跃，$\phi_s = \dfrac{\Delta t - \Delta t_{Nma}}{\Delta t_f - \Delta t_{ma}}$ 偏大；气层上密度测井值偏小，$\phi_d = \dfrac{DEN - \rho_{ma}}{\rho_f - \rho_{ma}}$ 偏大；气层上 CNL 偏小，$J_{n\gamma}$大，$\phi_{中子} = \phi_n = \dfrac{\Phi_{CNL} - \Phi_{Nma}}{\Phi_{Nf} - \Phi_{Nma}}$ 偏小；所以有：$\phi_d - \phi_n > 0$；$\phi_s - \phi_n > 0$，该种识别气层的方法称为双孔隙差异法。

另外，由于泥浆侵入，泥浆驱赶了冲洗带中的气，使得中子-γ 测井有时不能反映气层的响应特征，如图 5-36，固井后三天所测的中子-γ 测井值在气层上较低，但是，过了一段时间后，气从未侵入带慢慢又回到冲洗带，使中子-γ 测井值又能反映气层，如一年半后所测的中子-伽马测井值在气层上显示为高值。

（三）划分岩性

图 5-37 显示利用自然 γ（虚线）和中子-γ（实线）划分岩性的实例，该图中涉及的岩性有泥岩、灰岩、砂岩和含泥质灰岩，泥岩具有高自然 γ 和低中子-γ 特征；灰岩具有高中子-γ 和低自然 γ 特征；砂岩具有中等中子-γ 和中等自然 γ 的特征；泥质砂岩的曲线特征介于砂岩与泥岩之间。

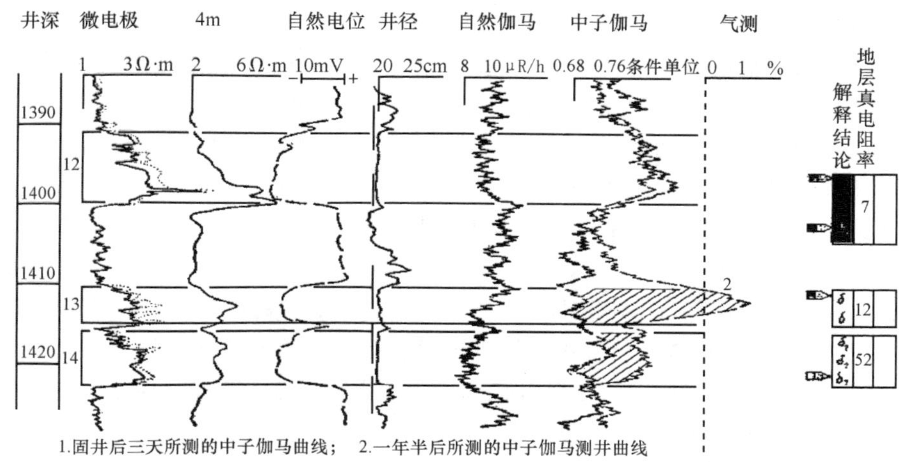

图 5-36　识别气层-2

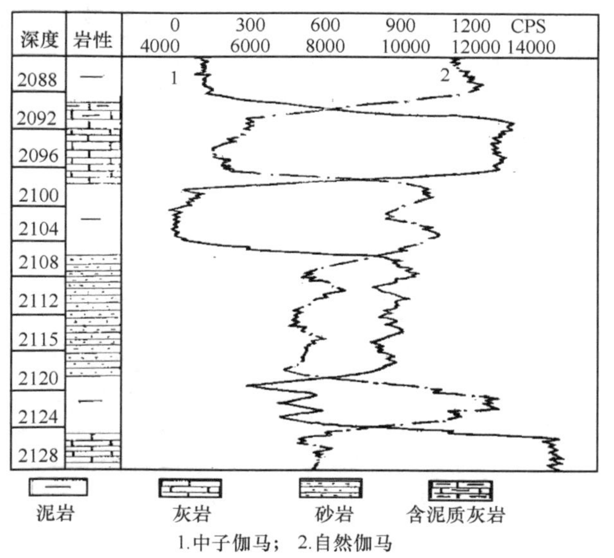

图 5-37　划分岩性

第四节　其他放射性测井

一、碳氧比(C/O)能谱测井

(一)C/O 能谱测井原理

C/O 能谱测井是一种脉冲中子测井方法，是目前唯一受地层水矿化度影响小、可在套管井中测定含油饱和度的测井方法。

C/O 能谱测井利用 14MeV 的特快脉冲中子轰击地层中各元素的原子核，发生非弹性散射，使其处于激发态后散射出伽马射线（γ 射线），对这些 γ 射线进行时间和能谱分析，可以得到地层中碳、氧、硅、钙等元素的含量，从而计算出产层的含油饱和度，监视油田开发过程中产层含油饱和度的变化情况。

处于激发态的地层各种元素的原子核将同样释放出具有不同核辐射特征能量的非弹性散射 γ 射线。例如，碳（C^{12}）的非弹性散射 γ 射线的特征能量为 4.43MeV；氧（^{16}O）为 6.13MeV；硅（^{28}Si）为 1.78MeV；钙（^{40}Ca）为 3.75MeV 等。

由于各种核反应诱发分布在不同的时间里，中子源又是可控的脉冲式的单色源，所以只要适当地采用与中子脉冲同步的测量技术，就可以有效地把非弹性散射 γ 射线与其他反应所产生的 γ 射线区分开来。

在实际测井中是采用碳的三个峰（即 4.43MeV、3.92MeV、3.41MeV）和氧的三个峰（即 6.13MeV、5.62MeV、5.11MeV）范围内即 C 窗与 O 窗（图 5-38）所包含的 γ 射线总计数之比来评价产层的油水含量和有关地质参数，这就是为什么称之为 C/O 能谱测井的理由所在。由于采用比值法，也减少了非弹性散射之外的 γ 射线的影响，同时克服了可控脉冲中子源产额不稳对测井所带来的影响，提高了区分产层油水关系的灵敏度。

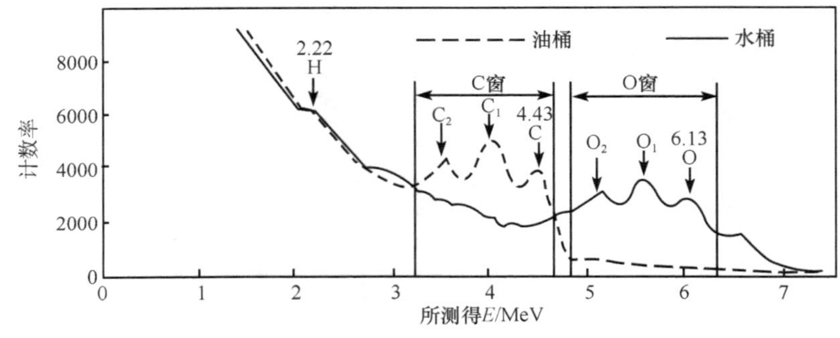

图 5-38　C/O 能谱测井原理

（二）实际测量的参数

在 C/O 能谱测井仪器中已将多道脉冲幅度分析器置于井下仪器中，在井下对脉冲信号进行数字化处理，使数字信号通过电缆传输到地面仪器，克服了因电缆传输脉冲信号所造成的失真与数据丢失，提高了计数率和信噪比，从而提高了能谱测井的质量。我国引进西方阿特拉斯公司的 C/O 能谱测井仪已作了上述的改进。

斯仑贝谢公司使用次生伽马能谱测井仪(GST)可进行多参数分析，可直接输出 C/O、Si/(Si+Ca)、H/(Si+Ca)、Cl/H、Fe/(Si+Ca)、S/(Si+Ca)等多种能谱计数比，能评价碳、氧、硅、钙、氢、铁、氯、硫等 8 种元素含量，这是 C/O 能谱测井仪的扩展。该公司又将 GST 发展为过油管测井仪器(RST 剩余油饱和度测井仪)。

(三)C/O 能谱测井资料解释

C/O 能谱测井资料解释主要是求含油饱和度 S_o，其解释模型是建立在单位体积地层中油和岩石骨架中的碳原子数目与水和岩石骨架中的总的氧原子数目之比，即碳、氧原子密度之比。这个比值与 S_o、ϕ 有一定的关系。但在实际解释中是用模型井得出的公式。

$$S_o=\frac{\left(\frac{C}{O}\right)_{log}-\left(\frac{C}{O}\right)_w}{\left(\frac{C}{O}\right)_o-\left(\frac{C}{O}\right)_w} \tag{5-30}$$

式中，$(C/O)_w$ 为水层中 C/O；$(C/O)_o$ 为油层中 C/O；$(C/O)_{log}$ 为目的层测得的 C/O。

二、中子寿命测井

中子寿命测井(NLL)又称热中子衰减时间测井(TDT)。它也是一种脉冲中子测井方法，可适应高地层水矿化度地质条件。中子寿命测井能在裸眼或套管井中进行测井，从而求得剩余油饱和度和残余油饱和度，估计孔隙度。

(一)中子寿命测井原理

中子寿命测井是靠 14MeV 的特快脉冲中子向地层发射中子流，在地层中进行非弹性散射和弹性散射，经过一段时间变成能量仅为 0.025eV 热中子，热中子由密度大的地方向密度小的地方扩散，再经过一段时间(约几十至几百微秒)大部分(约 63.7%)被岩石所吸收(俘获)。测井中把热中子从产生到被俘获这一时间称之为热中子寿命，用符号 τ 表示。τ 值的大小与地层中岩石及流体的元素成分有关，因而根据中子寿命可以了解地层的性质，定量求有关参数。

在实际测井中，并不是直接测量与 τ 有关的热中子密度，而是测量与热中子密度成正比的俘获伽马射线计数率 N。使用电子技术形成门Ⅰ、门Ⅱ、门Ⅲ，可测量门Ⅰ、门Ⅱ时间内的俘获伽马计数率 N_1、N_2。它们与 τ、Σ 关系为

$$\tau=\frac{0.4343\Delta T}{\lg\left(\frac{N_1}{N_2}\right)} \quad 或 \quad \Sigma=\frac{10466\lg\left(\frac{N_1}{N_2}\right)}{\Delta T} \tag{5-31}$$

式中，$\Delta T = t_2 - t_1$，其中 t_1、t_2 分别为门Ⅰ、门Ⅱ开始的时刻。

(二)中子寿命测井解释

1. 中子寿命测井资料的定性解释

(1) 划分岩性和渗透层(图 5-39)。泥岩段：Ⅰ、Ⅱ道门计数率为低值，两者基本重合或幅度差较小，本底计数为高值。

渗透性好的砂岩段：Ⅰ、Ⅱ道门计数率较高，曲线幅度差较大，GR 为低值。

(2) 定性判断油水层。仍参考图 5-39，当地层水矿化度较高时，由于水层氯含量比油、气层高得多，故一般油层、气层比岩性和孔隙度相同的邻近水层的计数率更高，幅度差更大。

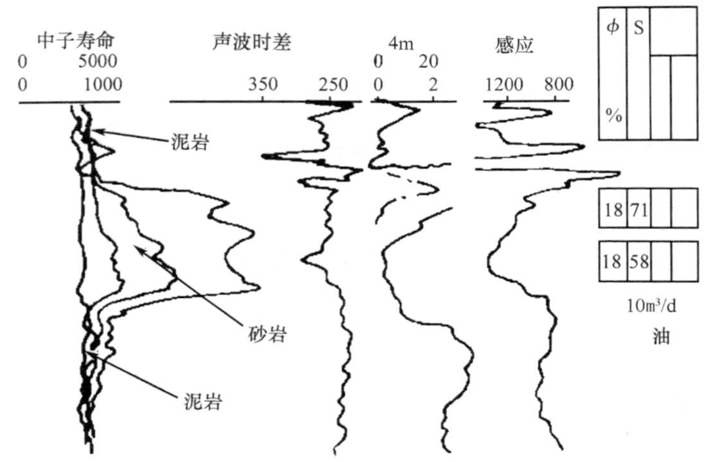

图 5-39 中子寿命测井资料的定性解释

2. 中子寿命测井资料的定量解释

地层的宏观俘获截面是由组成地层的岩石骨架、胶结物、岩石孔隙中流体和泥质等组分的宏观俘获截面及其相对体积来决定的。由此建立解释模型，列出以下方程式

$$\Sigma = \Sigma_{ma}(1-\phi-V_{sh}) + \Sigma_w S_w \phi + \Sigma_H(1-S_w)\phi + \Sigma_{sh} V_{sh} \tag{5-32}$$

式中，Σ 为地层总的宏观俘获截面；Σ_{ma} 为岩石骨架的热中子宏观俘获截面；Σ_H 为烃的热中子宏观俘获截面；Σ_w 为地层水的热中子宏观俘获截面；Σ_{sh} 为泥质的热中子宏观俘获截面。

从式解出 S_w，即

$$S_w = \frac{(\Sigma - \Sigma_{ma}) - \phi(\Sigma_H - \Sigma_{ma})}{\phi(\Sigma_W - \Sigma_H)} - \frac{V_{sh}(\Sigma_{sh} - \Sigma_{ma})}{\phi(\Sigma_W - \Sigma_H)} \tag{5-33}$$

式中，V_{sh} 可由泥质指示测井(如 GR 等)求得，孔隙度 ϕ 由密度、补偿中子、声波及其组合测井等方法求得。

3. 中子寿命的时间推移测井解释

当油田进入开发时期，及时了解油层的动用情况、出油程度、油水分布情况更是人们最为关心的内容。中子寿命的时间推移测井结果能在这一方面提供重要的信息。因为利用不同时间内的资料对比可以将目的层内的变化情况观察出来，从而为油层动态分析提供依据。第一次和第二次测井时的方程分别为

$$\Sigma_1=\Sigma_{ma}(1-\phi-V_{sh})+\Sigma_w S_{w1}\phi+\Sigma_H(1-S_{w1})\phi+\Sigma_{sh}V_{sh} \tag{5-34}$$

$$\Sigma_2=\Sigma_{ma}(1-\phi-V_{sh})+\Sigma_w S_{w2}\phi+\Sigma_H(1-S_{w2})\phi+\Sigma_{sh}V_{sh} \tag{5-35}$$

将 $S_o=1-S_w$ 代替上式中的 S_w，得

$$\Delta S_o=S_{o2}-S_{o1}=\frac{\Sigma_2-\Sigma_1}{\phi(\Sigma_w-\Sigma_h)} \tag{5-36}$$

式中，ΔS_o 代表了前后两次测量时的含油饱和度的变化值。

三、岩性密度测井

岩性密度测井除测量地层的体积密度 ρ_b 外，还测量地层的光电吸收截面指数 P_e，即岩性密度测井记录 ρ_b、$\Delta\rho$ 和 P_e 共 3 条曲线。

（一）岩性密度测井原理

岩性密度测井（LDT）利用 γ 射线与介质作用的康普顿效应测量地层体积密度 ρ_b；利用 γ 射线与介质作用的光电效应测量地层的光电吸收截面指数 P_e。

1. 岩石的光电吸收截面指数

1）光电吸收系数 τ

光电吸收系数 τ 为伽马量子穿过单位物质时产生光电效应的几率，即

$$\tau=KZ^{4.6}\quad(\text{巴/原子}) \tag{5-37}$$

式中，Z 为元素的原子序数，K 为系数。

岩性密度测井的 γ 射线测量是在某一能量范围（能窗）内进行的，所以仪器的响应也遵循同样关系，即

$$\tau=\overline{K}Z^{4.6}$$

式中，$\overline{K}$ 是平均常数，它与测量 γ 射线的能窗位置及宽度有关，可通过调节仪器来选取 $\overline{K}$，一般取 $\overline{K}=1/10^{3.6}$。

2）光电吸收截面指数和光电吸收体积截面指数 U

U 是每立方厘米物质中光电吸收截面的度量，其定义为

$$U=P_e\cdot\rho_e \tag{5-38}$$

式中，ρ_e 为电子密度；P_e 为光电吸收截面指数，定义为

$$P_e=\frac{1}{K}\frac{\tau}{Z}=\left(\frac{Z}{10}\right)^{3.6}$$

U、P_e、ρ_e 有如下关系

$$P_e = \frac{U}{\rho_e} \text{ 或 } U = P_e\rho_e \text{ ，} U \approx P_e\rho_h$$

从表 5-14 可见：

（1）常见岩石骨架的 P_e 值有显著差异，这表明 P_e 可用于识别岩性。

（2）孔隙流体的 P_e 远小于岩石骨架的 P_e，这说明流体性质对 P_e 的影响小，往往可忽略。

（3）重矿物具有很高的 P_e 值，特别是重晶石的 P_e 值比一般岩石骨架高 2 个数量级，这表明 P_e 测量可用于寻找重矿物。同时也说明，除特殊测井目的外，在含有重晶石泥浆的井内不利于使用岩性密度测井。

表 5-14　岩石中常见矿物和流体的 P_e 和 U

名称	分子式	M	P_e	Z_e	ρ_b	ρ_e	ρ_z	C	U
石英	SiO_2	60.09	1.806	11.78	2.654	2.650	2.648	0.998 5	4.785 9
方解石	$CaCO_3$	100.09	5.084	15.71	2.710	2.708	2.710	0.999 1	13.767 5
白云石	$CaCO_3.MgCO_3$	100.09	5.084	13.74	2.870	2.864	2.877	0.997 7	8.998 6
硬石膏	$CaSO_4$	184.42	3.142	15.69	2.960	2.957	2.977	0.998 9	14.947 6
石膏	$CaSO_4.2H_2O$	172.18	5.056	14.07	2.320	2.372	2.350	1.022 2	8.112 2
岩盐	$NaCl$	58.15	4.169	15.30	2.165	2.074	2.031	0.958 0	8.646 5
刚玉	Al_2O_3	101.96	1.552	11.30	3.970	3.894	3.980	0.980 8	6.043 5
白云母	$KAl_2(Si_3AlO_{10})(OH)_2$	398.32	2.400	12.76	2.830		2.820		
平均泥质			3.420	12.76	2.650	2.645	2.643	0.9981	9.0459
磁铁矿	Fe_3O_4	231.55	22.080	14.07	5.180	4.922	5.080	0.950 1	108.677 8
赤铁矿	Fe_2O_3	159.70	23.180	23.45	5.240	4.987	5.15	0.951 8	105.624 7
菱铁矿	$FeCO_3$	115.84	14.690	21.09	3.94	3.810	3.89	0.966 7	55.968 9
皓石	$ZrSiO_4$	183.31	69.100	32.45	4.560	4.279	4.392	0.938 3	295.878 9
重晶石	$BaSO_4$	233.37	266.800	47.20	4.500	4.011	4.105	0.891 3	1070.134 8
无烟煤	C∶H∶O=93∶3∶4		0.161	6.02	1.700	1.749	1.683	1.028 7	0.281 6
烟煤	C∶H∶O=82∶5∶13		0.180	6.21	1.400	1.468	1.383	1.048 5	0.264 2
流体									
水	H_2O	18.02	0.358	7.52	1.000	1.110	1.000	1.110 1	0.397 4
盐水	120000ppm		0.807	9.42	1.086	1.185	1.080	1.091 8	0.956 3
石油	$CH_{1\text{-}6}$		0.119	5.53	0.850	0.948	0.826	1.115 7	0.112 8
	CH_2		0.125	5.61	0.850	0.970	0.849	1.140 7	0.121 3

注：元素物质的 $P_e = \left(\frac{Z}{10}\right)^{3.6}$，$C = 2\frac{Z}{A}$。

2. P_e 的测量

源是[137]Cs,源距(长源距)选定后:

(1) 高能段计数率(用 H 表示)与 U 无关,它以发生康普顿效应为主,称康普顿散射区。它只提供电子密度指数(ρ_e)的信息,即 $H=f(P_e)$。

(2) 低能段的计数率(用 S 表示)与 U 有关($U=P_e\rho_e$),它以发生光电效应为主,称光电效应区。它提供岩性(U)的信息,即

$$S=f(P_e,\rho_e) \tag{5-39}$$

其他实验资料也表明,对于组成岩石的大多数矿物,γ 射线的光电效应都发生在低能量(小于 100keV)的范围内,对于能量高于 150keV 的 γ 射线,以发生康普顿效应为主,而光电效应可以忽略。因此,高于 150keV 的能窗所测计数率,能够用来确定地层的电子密度,即密度测井(ρ_b);而能量低于 100keV 的能窗(40～80keV)所测的计数率,被用来确定地层的光电吸收截面指数 P_e,即岩性测井(P_e)。

斯仑贝谢公司的 LDT 仪器可同时记录 ρ_b、$\Delta\rho$ 和 P_e 曲线,且一般与其他测井仪器组合。1.5 居里的[137]Cs 源发射能量为 0.661MeV,为恒定的 γ 射线流。LDT 仪器也采用极板式的双探测器,长源距为 0.368m,其探测器的计数率主要受地层影响,探测器采用铍窗,它允许低能 γ 射线进入探测器并被探测;短源距为 0.114m,其计数率主要受泥饼影响。

长、短源距探测器中能窗计数率的组合,类似于 FDC,可得到岩石密度 ρ_b 和校正量 $\Delta\rho$ 曲线。

(二)岩性密度测井的应用

1. 区分岩性

用体积光电吸收系数进行地层定量解释时,基本关系是

$$U=\sum U_iV_i \tag{5-40}$$

对孔隙为 ϕ 的地层,式(5-40)为

$$U=U_{ma}(1-\phi)+U_\phi\phi \tag{5-41}$$

式中,U_{ma} 是岩石骨架平均体积光电吸收截面,而 U_ϕ 为仪器探测范围内孔隙流体的平均体积光电吸收截面。

考虑到 U_{ma} 比 U_ϕ 大得多(如方解石 U 为 13.68,而淡水的 U 值为 0.39),而地层的孔隙度并不很大,很多情况下可近似表达为

$$U_{ma}\approx\frac{P_e\rho_e}{1-\phi} \tag{5-42}$$

式中,ρ_e 用 ρ_b 代替,而总孔隙度 ϕ 由密度-中子交会图求出。这里总孔隙度包含了孔隙水和泥质束缚水。此时视 U 值可表示为

$$U_{ma}\approx\frac{P_e\rho_b}{1-\phi_{DN}} \tag{5-43}$$

式中，ϕ_{DN}是由密度-中子交会图求出的视孔隙度。这一参数可用在岩性密度-补偿中子孔隙度组合(LDT-CNL)技术中。

下面再考虑光电吸收截面指数，即

$$P_e = \frac{U}{\rho_e} \approx \frac{U}{\rho_b} \tag{5-44}$$

由于U_ϕ和ρ_ϕ总是小于U_{ma}和ρ_{ma}，所以当孔隙度上升时，地层的U和ρ_b都下降。而P_e是两者的比值，它几乎不受孔隙度和孔隙流体成分变化的影响(图5-40)。

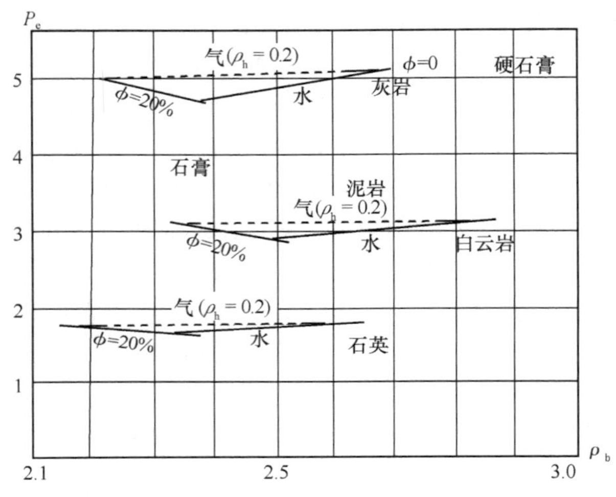

图5-40 P_e-ρ_b交会图

利用P_e-ρ_b图能对大多数储集层的岩性给出快速定性评价。

2. 求泥质含量

岩石骨架、泥质和孔隙流体的U参数分别为U_{ma}、U_{sh}和U_ϕ，那么岩石的体积光电吸收截面则为

$$U = U_{ma}(1-\phi-V_{sh}) + U_{sh}V_{sh} + U_\phi \phi \tag{5-45}$$

由此得到泥质含量为

$$V_{sh} = \frac{U - U_{ma}(1-\phi) - U_\phi \phi}{U_{sh} - U_{ma}} \tag{5-46}$$

考虑到U_ϕ与U_{ma}相比数值很小，孔隙度ϕ又不会很大，所以$U_\phi \phi$可以略去。取泥质含量为

$$V_{sh} \leqslant \frac{U - U_{ma}(1-\phi)}{U_{sh} - U_{ma}} \tag{5-47}$$

若利用关系式$U_{sh} = P_{esh} \times \rho_{sh}$和$U_{ma} = P_{ema} \times \rho_{ma}$；也可用下列近似公式计算地层的泥质含量，即

$$V_{sh} \leqslant \frac{P_e - P_{e纯}}{P_{esh} + P_{e纯}} \tag{5-48}$$

式中，$P_{e纯}$为地层的光电吸收系数。用这一方法计算泥质含量，对灰岩效果较好。

四、地球化学测井

地球化学测井(又称元素俘获测井)可提供地层丰富的矿物学信息。化学测井仪能够直接提供铝、钾元素的百分含量和钍、铀元素的浓度，并可通过地球化学闭合模型求出硅、钙、铁、硫、钆和钛元素的百分含量。即使能谱仪无法确定的唯一重要的镁元素，也可以利用光电系数对比的方法推算出来，利用地球化学测井资料，通过一定的方法，可以估算地层矿物的类型和矿物的重量百分含量以及其他岩石物性参数，为测井提供了新的丰富的内容。

(一)元素俘获测井原理简介

1. 测井仪器演化

元素俘获测井(elemental capture spectroscopy，ECS)，是斯仑贝谢公司新一代俘获伽马能谱测井仪。伽马测井的演化经历了早期的测量地层天然放射性的自然伽马测井(GR)，测量放射性能谱并求取铀、钍和钾含量的自然伽马能谱测井(NGS)，和目前测量地层元素热中子俘获能谱的元素俘获测井三个阶段。早期的伽马测井及伽马能谱仪能定性地反映地层的泥质含量，且大量的岩心分析资料表明，自然伽马和自然伽马能谱并不总是与泥质含量有较好的对应关系。当地层矿物复杂时，只用自然伽马或自然伽马能谱，以及三孔隙度曲线难以求准地层矿物含量；而元素俘获测井通过计算可以得到硅、钙、铁、硫、钛、钆等元素的含量以及地层中主要的矿物含量，其定量的岩性分析结果准确稳定，为单井和多井地层评价提供了可靠的保证，该测井方法在世界范围内的使用正呈现强劲增长的趋势。

2. 元素俘获测井仪结构

元素俘获测井仪器(图5-41)应用标准的16居里的AmBe中子源和一个大的BGO晶体探测器。由于大的BGO晶体探头的灵敏度好于NAI晶体探头，使我们可以使用AmBe而不是米尼管中子源，使用了AmBe中子源大大简化了探头的复杂性。另一方面使用BGO晶体探头要求测量必须在一定的温度之下进行(小于50℃)，这可以通过使用杜瓦瓶来满足探头对温度的需要。ECS测井纵向分辨率可达到1.5ft，而且其适用性特别广，可在复杂条件下进行准确测量。

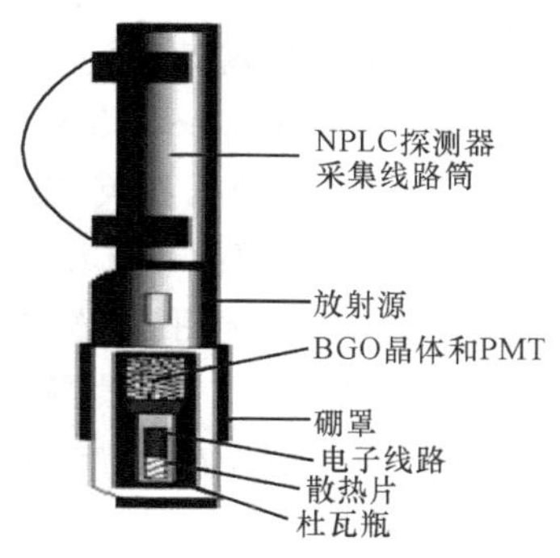

图5-41 元素俘获测井仪结构示意图

(二)ECS处理流程及方法

1. 剥谱

ECS处理的第一步(ECS spectral processing)是利用“剥谱法”对热中子俘获谱解谱,得到元素的相对产额。“剥谱法”解谱的回归模型认为,测量到的能谱信号是地层中各种元素标准谱的线性加权。在实验室条件下可测定各种元素的标准谱。通过最小二乘回归法,可得到每种标准谱对总的测量信号的贡献,即元素的相对产额。ECS俘获谱能计算得到20种元素的产额。

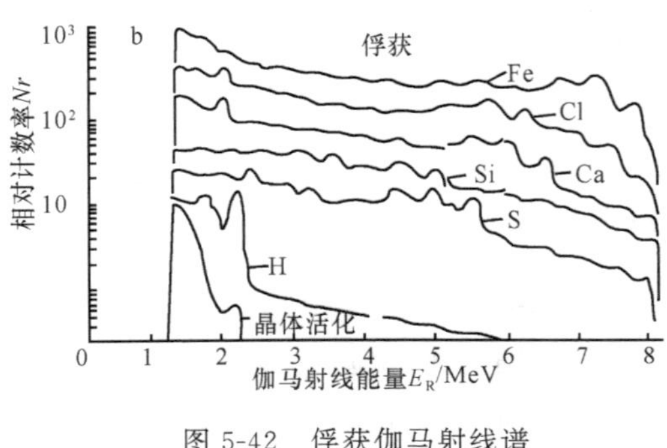

图5-42 俘获伽马射线谱

图5-42是8种主要元素的俘获伽马谱,可以在256个能量窗口中进行测量,就像是为了解8个未知数进行256个测量,但实际上需要设置所有可得到的能量窗。通过设不同的能量窗口,经过处理,将测量的数据去拟合一系列的标准谱,拟合的结果就是地层中硅、钙、铁、硫、钛、钆等元素的相对含量。

在获得元素相对产额后,根据“氧闭合模型”将其转化为元素浓度。“氧闭合模型”认为各种元素在地层中均以氧化物的形式存在,由元素的相对产额及元素与其氧化物的重量关系得到各种元素氧化物的相对比例,且各种氧化物的总和为100%,据此则可以得到各种元素在地层中的重量比例。氧闭合技术所用的模型通过了岩心分析和测井数据检验,由准确的元素含量得到矿物的体积是利用经验关系式,该关系式是建立在大量的岩芯分析数据基础之上得到的,该关系式是为沉积岩开发的,其中包括碎屑岩、碳酸盐岩和蒸发岩。

2. 矿物含量计算

最后利用SpectroLith模型,根据地层中的元素含量计算矿物含量。斯仑贝谢道尔研究中心根据石英-长石砂岩和碳酸盐岩地层建立了庞大的岩心数据库,在此基础上建立了石英-长石砂岩和碳酸岩地层的主要矿物的元素-矿物转换模型SpectroLith,并利用岩芯数据对现有模型不断修正。统计表明地层中铝的含量与硅、钙、铁的含量之间具有良好的相关性,而铝的含量与黏土含量密切相关,因此,SpectroLith模型根据硅、钙、铁的含量估算铝的含量及黏土含量;根据钙的含量估算碳酸盐的含量;根据硫和钙的含量估算蒸发岩的含量;QFM(石英+长石+云母的含量)=100-黏土含量-碳酸盐的含量-蒸发岩的含量。从而将元素的重量比例转化为矿物的重量比例。

石英-长石砂岩和碳酸岩地层主要含有硅、钙、铁、硫、钛、钆等6种元素,现有的 ECS 处理模型以石英-长石砂岩和碳酸盐岩岩芯实验为基础，只计算硅、钙、铁、硫、钛、钆等 6 种元素的重量比例，并进而计算常见矿物的重量比例。ECS 直接计算的结果在石英-长石砂岩和碳酸盐岩地层中是准确的。但如果地层矿物成分复杂，例如，有火成岩、变质岩等岩块时，地层的主要元素与上述的 6 种元素有差异，则 ECS 直接计算的结果与实际地层可能不符，主要表现为泥质含量比实际值高，处理 ECS 时需要根据其他资料来刻度。

五、X 荧光测井

美国学者 J. R. Rhodes 等(1968)首次报道了放射性同位素 X 射线荧光测井仪的研究成果。

随后，原苏联、英国、加拿大、瑞典、芬兰和德国等相继开展了放射性同位素 X 射线荧光测井仪器的研制与方法技术研究。

1977 年到 1979 年，章晔、谢庭周等人研制成功我国第一台放射性同位素 X 射线荧光测井仪，使用闪烁计数器作为探测器，井下探管直径为 60mm，一次下井测量一种元素品位。

目前，该技术已在一些发达国家广泛应用于地质勘探和矿山开采，取得了显著的经济效益和社会效益。

1. X 荧光仪的探测系统

X 射线荧光仪的探测系统可分为三种类型。

(1) 以闪烁计数器为探测器的探测系统，在井中能原位定量测定原子序数(Z)大于 40 的元素。

(2) 以充气正比计数器为探测器的探测系统，通过替换不同充气类型的正比计数管，在湿孔中测定原子序数大于 40 的元素含量，在干孔中测定中等原子序数(如铜、锌等)元素的含量。

(3) 以 Si(Li)半导体探测器为探测器的探测系统，由于该探测系统需要在低温下工作与保存，故配有低温冷却装置。

2. 新型 X 荧光测井仪的结构

探测器(图 5-43)采用两种充气类型的圆柱形正比计数管，直径均为 25mm，一种为充氙气正比计数管，另一种为充氪气正比计数管。根据 X 射线荧光测井矿种的种类，选用不同充气类型的正比计数管。前者用于测量较低原子序数元素的 K 系特征 X 射线和高原子序数元素的 L 系特征 X 射线，如铜、锌、铅等；后者用于测量中等原子序数元素的 K 系特征 X 射线，如锶、锡、锑等。正比计数管和井下探管的探测窗均为铍窗。

3. 测量过程

由正比计数管输出的脉冲信号经电荷灵敏放大器之后，再经过主放大器的线

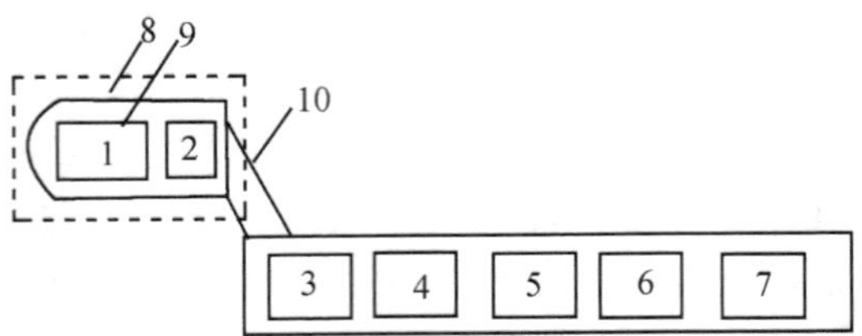

图 5-43 探测器

性放大，产生具有一定脉冲幅度的脉冲信号。脉冲幅度分析由 8098 单片机管理的 256 道脉冲幅度分析系统完成。A/D 转换采用逐次比较法，并运用了“滑尺均衡补偿”技术。脉冲幅度分析的结果从串行口以数字传输方式经长电缆传输到地面微型计算机进行实时谱处理和品位计算与显示。

4. 应用实例

图 5-44 是 ZK2895 孔 X 射线荧光测井锶品位解释成果图。为了对比，图中也列出了岩芯化学分析品位直方图。从图中可看出，在 42.2～43.5m，X 射线荧光测井确定的锶品位的直方图的宽度和幅度与岩心化学分析结果几乎是一致的。由于

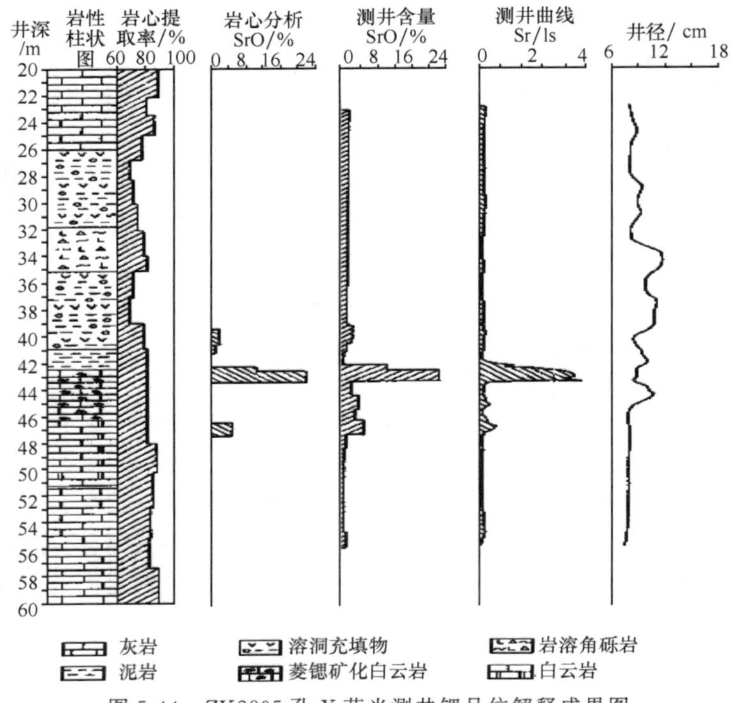

图 5-44 ZK2895 孔 X 荧光测井锶品位解释成果图

X 射线荧光测井是全孔测量，在没有岩心取样部位也能给出锶、钡品位。由图可见，X 射线荧光测井提供的锶矿层位置、厚度等结果与岩心分析的锶品位结果相符。

实际 X 荧光测井实验表明，对 300m 深的钻孔，若矿层厚度共计 20m，则包括重复测量仅需 7～9 小时即可完成全孔的品位测定和分层解释。而传统的岩心化学分析方法需经过劈心取样、样品运输、碎样、化学分析等生产流程，按正常的生产程序为 1～2 月，甚至更长。因此，使用 X 射线荧光测井技术，对提高钻探效率，降低勘探成本，具有显著的经济效益。

第六章　地层倾角测井及其地质应用

地层倾角测井是在井中测量地层层面的倾角和方位角的一种测井方法。根据地层倾角测井数据可确定有无构造变化；对计算的数据进行综合的分析研究，可提供鉴别断层、不整合、交错层、沙坝、岩礁、河床沉积、盐丘周围的构造变形、地层的裂缝和破碎带方面的资料；可利用地层倾角测井资料研究沉积环境和岩相古地理。

第一节　地层倾角测井原理

一、测量地层倾角的原理

地层倾角测井是根据三点可以成一平面的道理，用井下仪器在井中测出同一层面的三个或三个以上的点，根据这些点就可绘出地层的层面。图 6-1 是地层倾角测井原理图。从图上可以看出，如果有一地层面，当带有四个电极系的仪器通过该层面时，则四个电极系将测出四条带拐点的电阻率曲线。这四个拐点的深度分别为 Z_1、Z_2、Z_3、Z_4，它们代表地层面上四个点的深度。如果地层是水平的，则 Z_1、Z_2、Z_3、Z_4 相等；如果地层是倾斜的，则 Z_1、Z_2、Z_3、Z_4 不相等，即 Z_1、Z_2、Z_3、Z_4 之间有高度差，也叫高程差，根据这些高度差就可绘出一个倾斜的平面来。

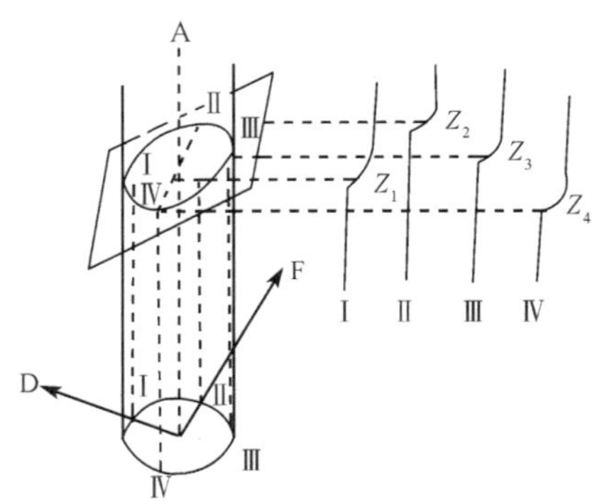

图 6-1　地层倾角的测井原理

如果井孔是垂直的，高程差确定出的层面倾角就是地层的真倾角。但是，实际上井孔常常并不垂直，因而必须配合井孔倾斜的资料，才能算出地层的真倾角来。再配合井下仪器的方位，或四个电极系中的一组的方位，就可确定地层的方位。

因此，要确定地层倾角和方位角，必须具有三条或四条地层电阻率曲线、井孔的倾角和方位角资料及一组电极系的方位角资料。地层倾角测井仪就是为取得上述资料而设计的。

二、地层倾角仪

现在使用的仪器能测出层面上三个点数据，叫三臂式地层倾角仪；能同时测出层面上四个点数据，叫四臂式地层倾角仪。三臂式地层倾角仪有三个互成120°的推靠臂，每个臂上都安装同样的一组电极系。当仪器在井中移动时，每个推靠臂都使电极系紧贴井壁，并连续测量出一条反映井壁地层电阻率变化的曲线。

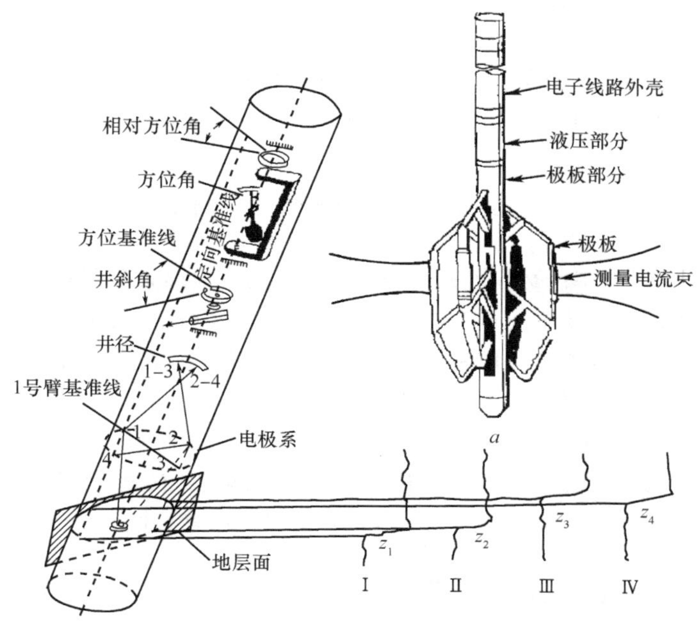

图 6-2　地层倾角测井仪

图6-2是四臂式地层倾角仪，它包括以下几个主要部分：

(1) 在同一水平面上互成90°的推靠臂，每个臂上装有一个可塑性橡胶板，板上装几个小电极用来测量电阻率曲线。

四个臂采用油压装置系统，根据不同情况的需要，可随意改变压力的大小。同时利用四个臂的横向位移来改变电位计的电阻，指示井径的变化，起到井径仪的作用，可以测得两条井径曲线。

(2) 仪器上部是定方位装置，用磁罗盘连续测量Ⅰ号极板的方位角和Ⅰ号极板与井斜方向的相对方位角。

(3) 利用井斜重锤测量井斜角。

(4) 顶部为电子仪器部分，装有一个旋转头和弹簧扶正器，旋转头使仪器在测井时的自转减到最小，以保证能获得精确的结果。弹簧扶正器能使仪器轴线与井眼轴线一致，确保测得准确的井眼偏离的位移。

这种仪器正常的测井速度为每分钟 7～9m，测得的各种数据同时记录在盘上。一次下井同时记录 9～10 条曲线，它们是：

(1) 四条浅聚焦电导率曲线；

(2) 二条微井径曲线；

(3) 一条Ⅰ号极板的方位角曲线；

(4) 一条Ⅰ号极板与井斜方向的相对方位角曲线；

(5) 一条Ⅰ井斜角曲线；

(6) 一条电缆张力曲线，显示测井过程中对四个臂的加压情况。

利用上述曲线就可计算出地层层面的倾角和倾斜方位角。下面我们就依据四臂式仪器测量结果来介绍资料的处理问题。

第二节　地层倾角测井资料数字处理

地层倾角测井资料的数字处理是用计算机对四条地层倾角测井的电阻率曲线进行相关对比，然后把曲线Ⅰ的异常值的深度取为零，求出曲线Ⅱ、Ⅲ、Ⅳ相对曲线Ⅰ沿井轴方向的位移(计高度差)，利用高度差可计算出这段地层的法向矢量 $\boldsymbol{n}$ 在仪器坐标系中的坐标，再利用 δ(井斜角)、β(仪器平面上Ⅰ号极板与井斜方位的夹角)、μ(Ⅰ号极板相对于磁北方向的方位角)把仪器坐标系换算成大地坐标系，从而计算出地层的倾向 Φ 和倾角 θ 以及井眼方位角 γ。最后，计算机打印出数据表和显示出矢量图和方位频率图，并根据用户的需要，还可绘出杆状、圆柱面极坐标图和线性极坐标图。

一、根据地层的法向矢量 $\boldsymbol{n}$ 计算地层的倾角和倾斜方位角

地层倾角和倾斜方位角是根据上述九条曲线来计算的。从图 6-3 可以看出，对于倾斜地层，可用单位矢量 $\boldsymbol{n}$ 来反映地层的倾斜角和方位角。如果把矢量 $\boldsymbol{n}$ 放在由垂线、磁北、正东方向线组成的大地坐标系中，就可写出 $\boldsymbol{n}$ 在大地坐标系中的各个分量。

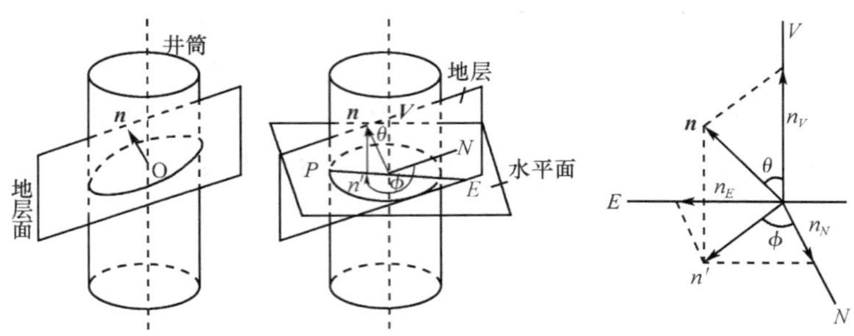

图 6-3　根据地层的法向矢量 $\boldsymbol{n}$ 计算地层的倾角和倾斜方位角

图 6-3 中，V 是垂直水平面的坐标轴，N 是水平面上指向磁北方向的坐标轴，E 是水平面上正东方向轴。$\boldsymbol{n}$ 与 V 轴的夹角就是地层倾角 θ，$\boldsymbol{n}$ 在水平面上投影 $\boldsymbol{n}$ 与 N 轴的夹角，就是地层倾斜方位角 ϕ。因而矢量 $\boldsymbol{n}$ 在大地坐标系中的分量可表示为。

$$\left.\begin{aligned} n_V &= \cos\theta \\ n_N &= \sin\theta\cos\phi \\ n_E &= \sin\theta\sin\phi \end{aligned}\right\} \qquad (6\text{-}1)$$

$$n_E^2 + n_N^2 = \sin^2\theta \qquad n_V^2 = \cos^2\theta$$

$$\left.\begin{aligned} \theta &= \arctan\sqrt{\frac{n_E^2 + n_V^2}{n_V}} \\ \frac{n_E}{n_N} &= \tan\phi \\ \phi &= \arctan\sqrt{\frac{n_E}{n_N}} \end{aligned}\right\} \qquad (6\text{-}2)$$

上述的 θ 和 ϕ 角就是我们所要求的角度，仪器不能直接测出。要得到上述角度，必须采用计算方法来求。

二、用相关对比法确定高程差

要利用地层倾角测井资料确定地层倾角和方位角，首先是对四条电阻率曲线进行对比，根据电阻率异常值找出同一层面的四个点，然后把Ⅰ号电极的异常值的深度作为零，就可求出其他曲线上同一层面的高度，即找出高位差（图 6-4）。

在计算机中，对地层进行对比是用数理统计的方法，即找出两条曲线的异常值的相关系数。如果相关系数最大，则说明这两条曲线上的异常是反映同一层面，然后求出它们深度的相对差值，即高度差。其相关系数表达式为

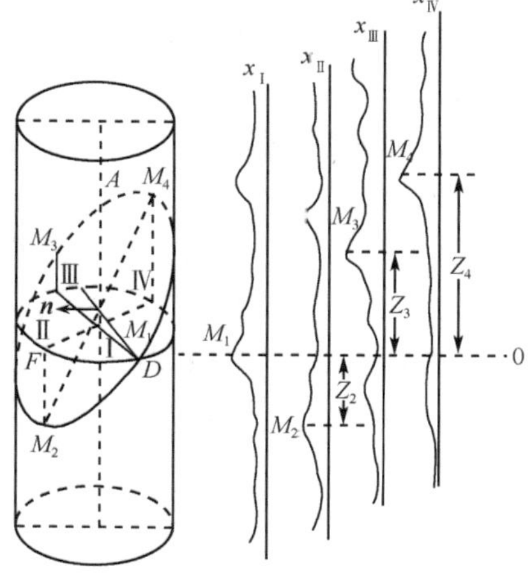

图 6-4　确定高度差

$$d = \frac{\sum_{i=1}^{N}(a_i - a)(b_i - b)}{\sqrt{\left[\sum_{i=1}^{N}(a_i - a)^2\right]\left[\sum_{i=1}^{N}(b_i - b)^2\right]}} \qquad (6\text{-}3)$$

式中，a_i 为第一条曲线上对比区间中第 i 个采样点读数；b_i 为第二条曲线上对比区间中第 i 个采样点读数；N 为对比区间的采样点数，a 和 b 分别为第一和第二

条曲线对比区间各采样点读数的平均值。d 等于或近于 1 时，相关系数最大，说明该采样点与第一条曲线在同一层位，两条曲线的深度差就是它们之间的高程差。

在相关对比中，选择窗长（相关对比段的曲线长度）、探索长度（两条曲线对比时上下移动的范围）、步长（两个相邻的计算点之间的距离）是很重要的，它们的选取与所要解决的问题的性质有密切关系。当用地层倾角测井资料解决构造问题时，包括研究地层构造形态、断层位置和产状、不整合等时，采用长度较长的窗长。因为研究构造问题时，所涉及的地层的几何形状比较大，只有在比较长的窗长内才能更有效地看出它们的变化特点。

用地层倾角资料研究地层的沉积特点时，包括分析古水流方向、地层层理、分析沉积环境等时，可采用短窗长。因为在研究沉积现象时，细小层理的变化往往在相当小的范围内就有很大变化。

三、处理成果显示

地层倾角测井资料计算机处理有两种显示方法：一是打印成数据表，二是图形显示。

（一）数据表

数据表分原始数据表和最终成果表，其中第一种表是必列的，第二种表是可选择的。

1. 原始数据表

原始数据表包括：深度、井斜角 δ、井斜相对方位角 β、Ⅰ号极板的方位角 μ、Ⅰ-Ⅲ臂井径 $D_{1,3}$、Ⅱ-Ⅳ臂井径 $D_{2,4}$ 和四个高程 Z_1、Z_2、Z_3、Z_4。

2. 解释成果表

解释成果表包括：深度、窗长、地层倾角、地层倾斜方位、地层倾斜象限方位、置信度、井斜角、井斜方位和井斜象限方位。

（二）成果图

1. 矢量图

矢量图也叫蝌蚪图，可以由人工绘制，也可由计算机输出。

图 6-5(a)是矢量图表示的内容。图中纵坐标为深度，横坐标为倾角，横坐标的比例尺是非线性的。黑点上的短线表示地层的方位角度，以极坐标表示。图6-5(a)上的黑点表示地层在 840m 深，向北东倾斜 30°，倾角为 20°。图 6-5(b)是实际地层倾角测井表示方法。

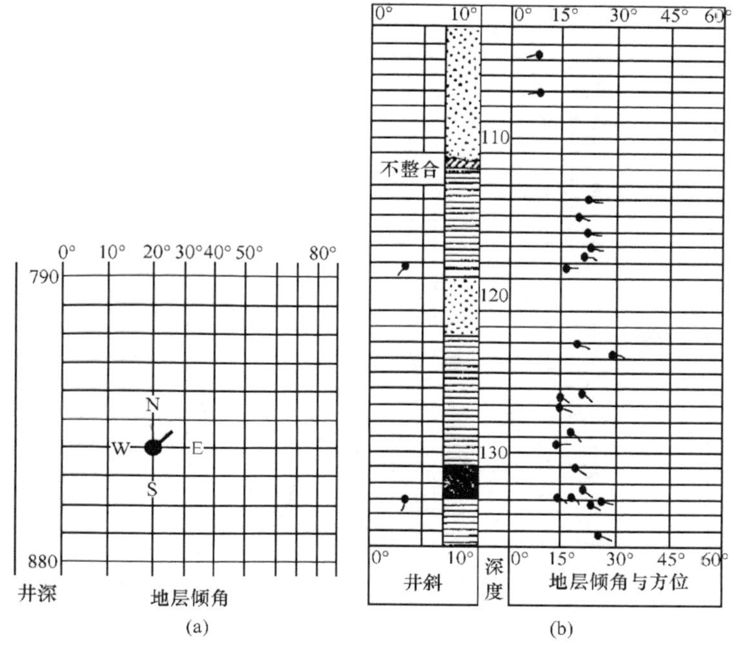

图 6-5　矢量图

2. 棒状图

棒状图是一个可在任意所需剖面上做出的倾角显示图(图 6-6)。它能反映地层倾角(视倾角或真倾角)随深度的变化情况。

图 6-6 中纵坐标表示深度,短线表示在某一选定的横剖面上的视倾角。这种图常用来做地层对比和绘制横剖面图。

3. 施密特图

施密特图是一种极坐标图,当地层倾角矢量比较复杂,分布范围较大,不易鉴别出构造倾角时,就可以将某一井段的倾角资料标到图上来进行分析,从倾角的主要集中方向来判断该井段的构造倾角值(图 6-7)。

从极坐标的顶部开始,规定地层倾斜方位角为上北、下南、右东、左西共为 360°,倾角的标度由同心圆组成,以中心为零度,每 10°画一个同心圆,最外面一个圆为 90°。将给定井段内各对比点的倾角大小和倾向标在图上,就会发现它们往往形成一个集中区。从圆心到集中区的中心画一个箭头指向圆外,此箭头的方向就表示该井段的构造倾角的方位,而集中区的中心位置(即半径大小)即指出构造倾角的大小。

上述施密特图对倾角小的井段,倾向往往显示不清楚。因此,出现了以极坐标的外圈为 0°,中心是较大倾角的刻度方法(图 6-8),这就是改进的施密特图,它所显示的倾斜方位角比较细致和准确。

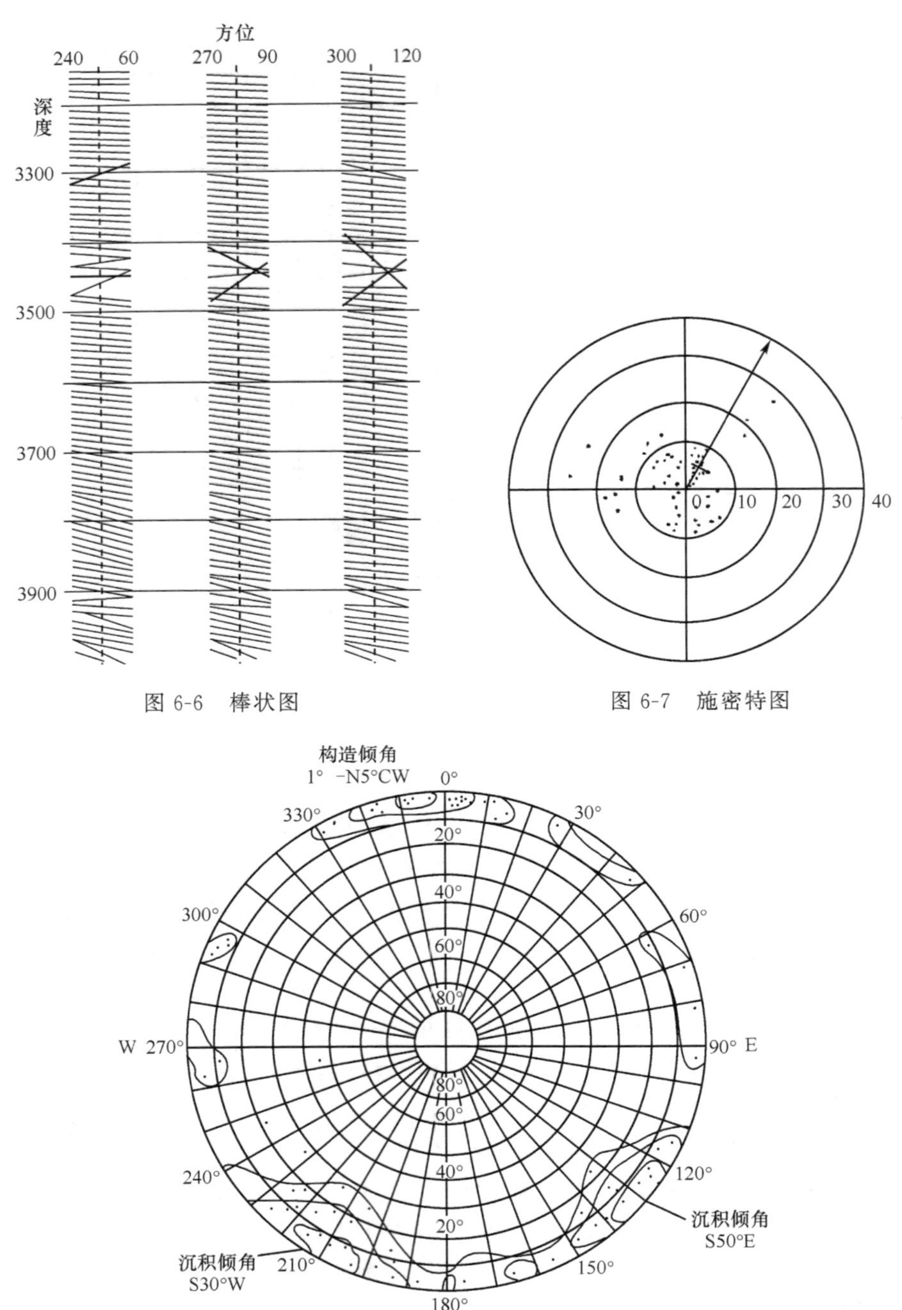

图 6-6　棒状图

图 6-7　施密特图

图 6-8　改进的施密特图

改进的施密特图对于所研究的井段经常有多个倾角集中区出现，可借以把构造倾角和沉积倾角区分开来。例如，图 6-8，根据各计算点落在图中的位置，把出现在增值扇形格内的地层产状密度相等的地方(即扇形格内倾角出现的次数相等)用等值线圈出,就可发现,构造倾角的点子集中在极坐标图的外圈一带,即低倾角区,所勾出的等值线是倾角变形很小的扁长形;沉积倾角的点子,倾角变化大,所勾画出的等值线通常是三角形,三角形的底边接近于极坐标图的外圈,顶点指向中心。

4. 方位频率图

方位频率图是在一定的研究井段中,用统计法确定优选倾斜方向的极坐标图。图的顶部代表正北方向,每 10°分成一格,共 360°。极坐标的半径代表频率数,即该方位范围内倾角出现的次数(如每两个圆圈之间代表 5 次)。将研究井段内所计算的全部地层倾角的倾斜方位在某一个 10°范围内出现的次数标在对应的坐标位置上,把该圆圈与两条径向 10°线之间的面积图上黑色[图 6-9(a)],或根据地层倾角的图形,分别涂上红、蓝黑色(也可用不同的线条图案表示颜色),如图 6-9(b)所示。从黑色面积的指向可以看出该井段地层的主要倾斜方位。红色面积的指向表示河岸方向;蓝色面积的指向表示水流方向。可见,方位频率图用来确定砂坝、河道充填等三角洲沉积环境是十分有效的。

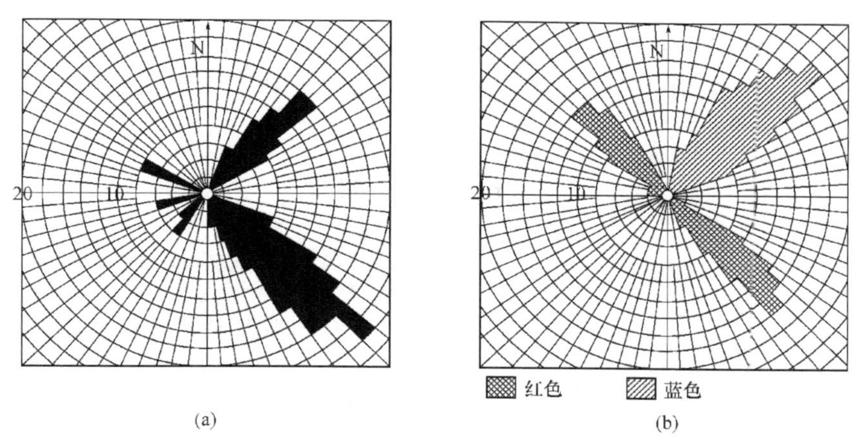

图 6-9　方位频率图

第三节　地层倾角测井资料的地质应用

地层倾角测井资料已广泛用来研究地质构造、沉积环境以及判断裂缝带等。但是,为了获得正确的地质结论,地层倾角测井资料必须配合地质、地面地球物理和其他测井资料进行综合分析。

一、利用地层倾角测井资料确定岩层真厚度

绘制构造图和进行地层对比及计算储量等,都需要知道地层(或储集层)的真

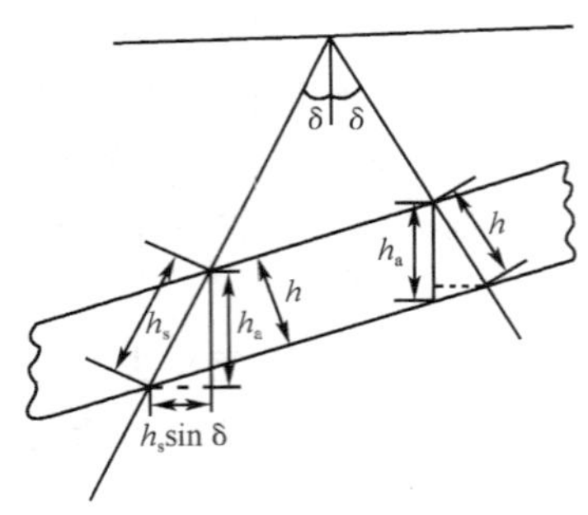

图 6-10　根据测量的厚度求地层真厚度

厚度。如图 6-10 所示当井倾斜，地层也是倾斜的情况下，计算地层真厚度的公式为

$$h_a = h_s\cos\delta \pm h_s\sin\delta \cdot \tan D = h_s[(\cos\delta \pm \sin\delta \cdot \tan\theta)\tan(\gamma - \Phi)] \tag{6-4}$$

若 $90° < (\gamma - \Phi) < 270°$，取正号；若 $90° > (\gamma - \Phi) > 270°$，取负号。

$$h_s = h_a\cos\theta \tag{6-5}$$

式中，h_s 为斜井中地层的测量厚度；h_a 为垂直井中地层视厚度；h 为地层的真厚度；δ 为井斜角；θ 为地层倾角；γ 为井斜方位角；Φ 为地层倾斜方位角；D 为地层在井斜方向上的视倾角。

二、地质构造研究

（一）地层倾角矢量图像的分类

在用地层倾角资料研究地质构造时，为了分析上的方便，通常将长对比（窗长较长）矢量图上的矢量大体分成四类。

（1）把矢量图上倾向大体一致、随深度增大而倾角不变的一组矢量用绿线连接，叫绿色模式，如图 6-11 中的 A 组。它一般反映地层倾角。

（2）把矢量图上倾向大体一致，随深度增大而倾角逐渐增大的一组矢量用红线连接，叫红色模式，如图 6-11 中 B 组。它们与断层、砂坝、河道、岩礁和不整合等地质构造有关。

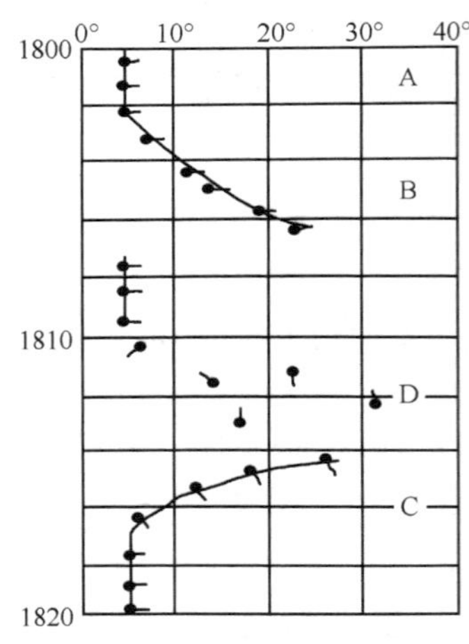

A. 绿色模式；B. 红色模式；C. 蓝色模式；D. 杂乱倾角

图 6-11　常见的四类地层倾角矢量图像模式

（3）把矢量图上倾向大体一致、随

深度增大而倾角逐渐减小的一组矢量用蓝线连接，叫蓝色模式，如图 6-11 所示的 C 组。它们与断层、不整合等地质构造或大型水流交错层理有关。

（4）还有一类矢量，其倾向和倾角呈杂乱变化，称为杂乱倾角，如图 6-11 所示的 D 组，它们与岩性粗、地层成层性不好以及测井质量不好等原因有关，有时也与断点或不整合面有关。

（二）研究褶皱构造

1. 不对称背斜（有斜轴面的背斜）

在地层倾角测井图上[图 6-12(a)]可分成四段来研究。A 为上部倾向段，这一段的地层倾角与倾向大致相同；B 为井孔逐渐接近背斜顶部的情况，倾角随深度的增加而减小，倾向和 A 段相同；C 为井孔穿过轴面进入另一翼的情况，这时，倾角随深度的增加而增加，倾向与 A 段相反；D 为下部倾向段，井孔离开轴面较远，进入背斜的另一翼倾角比较稳定的部分，其倾向与上部倾向段 A 的倾向相反，倾角也较陡。

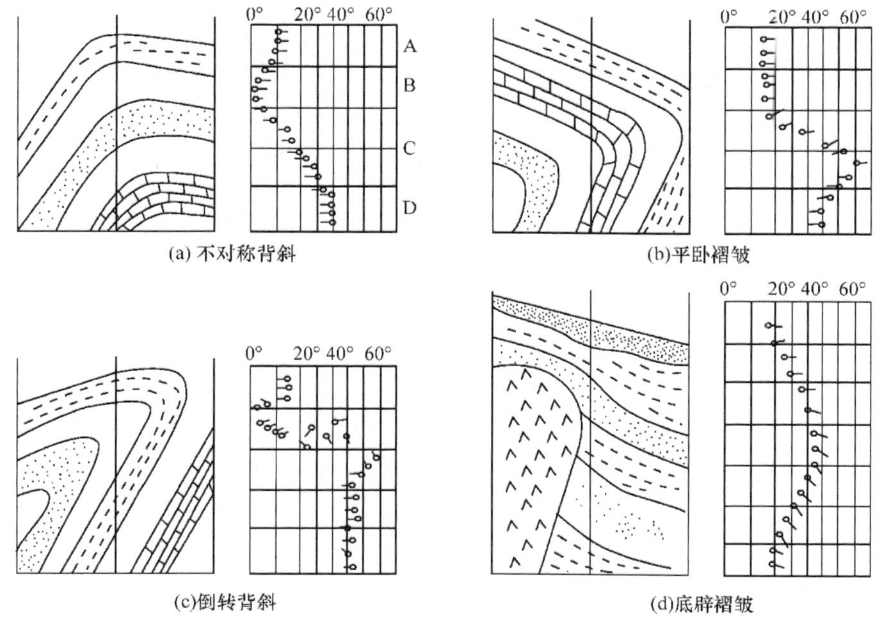

图 6-12　褶皱构造在地层倾角测井图上的反映

2. 平卧褶皱

图 6-12(b)是一平卧褶皱，轴面接近水平，两翼都已经倒转，故在地层倾角测井图上表现出上下两翼的倾斜方向相反。

3. 倒转背斜

图 6-12(c)表示倒转背斜。由于两翼向一个方向倾斜，故在地层倾角测井图上

表现为上下部的倾斜方向相同。同时,下部的倾角比上部的倾角大。

4. 底辟褶皱

图 6-12(d)表示一个底辟褶皱,为一盐丘构造。它具有塑性内核,由于岩盐或石膏刺穿上覆岩层而发生褶皱,使地层的倾角发生连续变化。在地层倾角测井图上一般具有恒定的倾向,倾角较大。

(三)确定断层

1. 正断层

图 6-13(a)为正断层在地层倾角测井图上的显示,它通常表现为突变。从下降翼接近断层,地层倾角逐渐增大;在井与断层面相交之前,地层倾角继续增大;在断层面上或在断层面附近,地层倾角为最大;井穿过断层面并进入上升翼之后,地层倾角急剧降低。

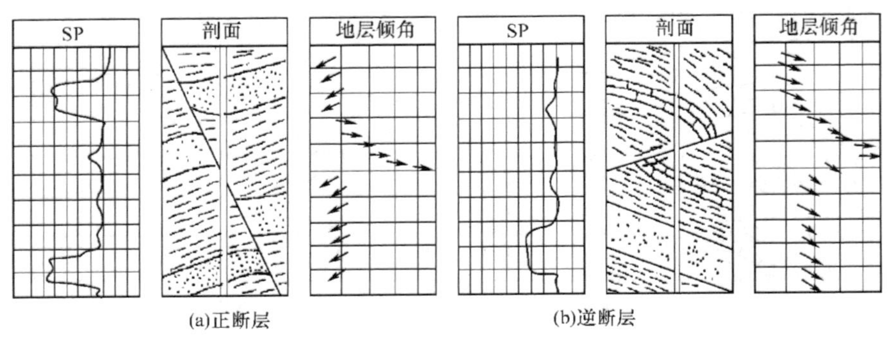

图 6-13　地层倾角测井显示断层

2. 逆断层

图 6-13(b)为逆断层在地层倾角测井图上的显示。它与正断层的地层倾角图大致相同,只是在断层面正翼,正常的倾角图常常发生一些变化或者有一些失真。

(四)确定不整合

1. 角度不整合

角度不整合在地层倾角矢量图上表现为地层产状明显变化,而且一般在不整合面以下,地层倾角较大。图 6-14(a)所示为角度不整合,在测井图上,倾斜角及其方向在一个短的井段内有突变。

2. 平行不整合

由于假整合面的上、下地层产状无明显变化,所以地层倾角矢量图难以确定假整合。图 6-14(b)是平行不整合或假整合。在倾角测井图上角度和方向均没有变化,因而表现倾角散乱,可以确定出假整合面来。

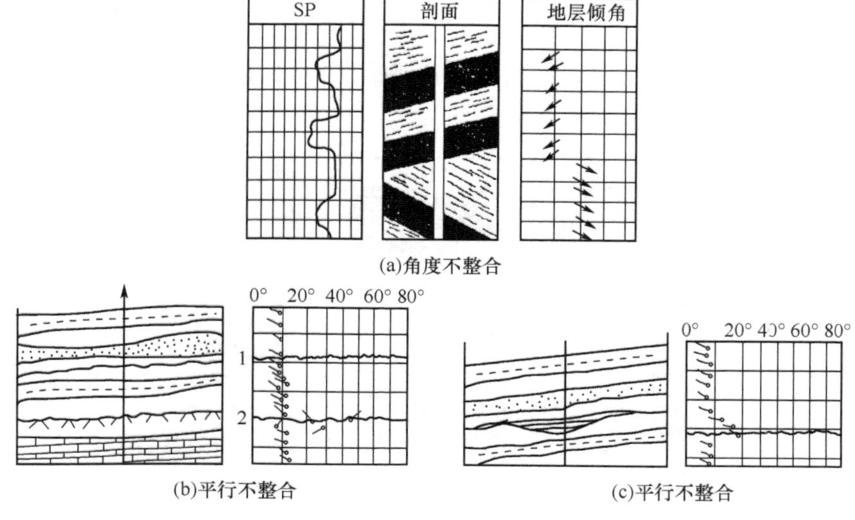

图 6-14　地层倾角测井显示不整合

(五)确定砂坝、河道充填沉积、三角洲和交错层及碳酸盐岩礁

1. 砂坝

砂坝是滨海区的机械沉积,具有线性分布特征,是一种与古海岸线大致平行的一种砂砾堆积。砂坝形成之后,如发生海侵,就会在其上沉积泥质的岩层,形成砂坝的地层封闭。在泥岩盖层中,地层倾角随深度增加而增大(图 6-15)。当进入砂岩体后,倾角即变小。通过砂体后,倾角趋于构造倾角。

2. 河道充填沉积

在河道沉积中,曲折的河流把一组交错砂岩充填在河道中。靠近河床底部的冲蚀面处,交错层的沉积最厚,倾角也陡;往上交错层厚度变小,倾角也相应变缓。

在地层倾角测井图上,河道充填沉积与砂坝沉积的特点很不相同。能够表现河道沉积特点的是充填于河道中的砂岩交错层,而不是上面的盖层。在地层倾角测井图上(图 6-16),随着深度的增加,倾角也相应增大,并在河床底部出现最大的倾角。通常,河道中心的倾角要比河床边缘的倾角小一些。

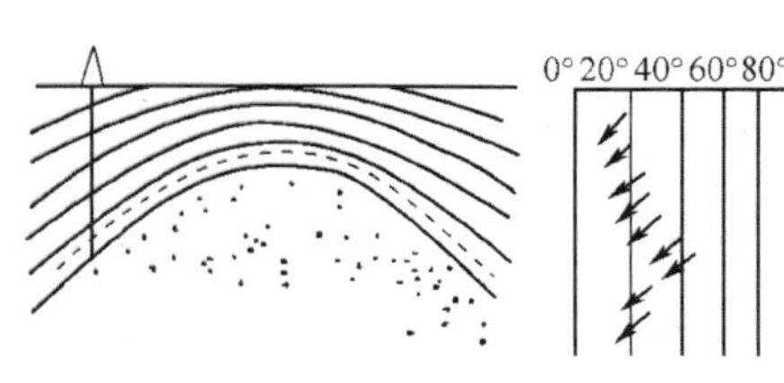

图 6-15　砂坝

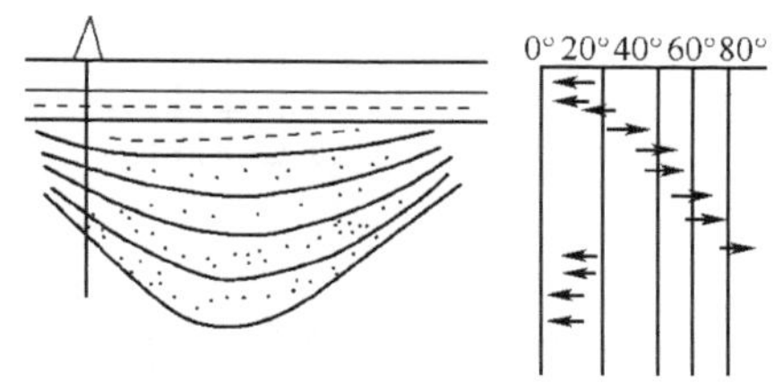

图 6-16　河道充填沉积

3. 三角洲和交错层

三角洲是在河流的入海口处堆积而形成的，常常是作为前积层反映在地层倾角测井图上(图 6-17)。其显示是当穿过这种砂岩时，地层的倾斜角总的来说随深度增加而降低。它们的倾向指示水流方向。

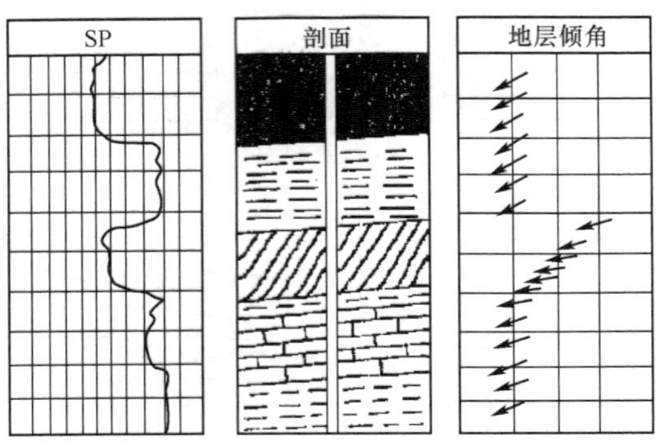

图 6-17 前积层

4. 碳酸盐岩礁

碳酸盐岩礁是由浅海区生物死亡后软体部分分解，坚硬的石灰质硬壳和贝壳遗留下来，经过造岩作用形成的。

图 6-18 是碳酸盐岩礁的地层倾角测井图，在岩礁附近，倾角随深度的增加而增大，一旦钻穿岩礁的顶部，倾角图的图像无规律。测得的倾角常常是显示溶洞、裂隙、节理。但沉积于礁体上面的泥岩则往往可以观察到随深度而增加的倾角变化。在这种情况下，还可根据倾角资料分析岩礁的加厚方向和走向。

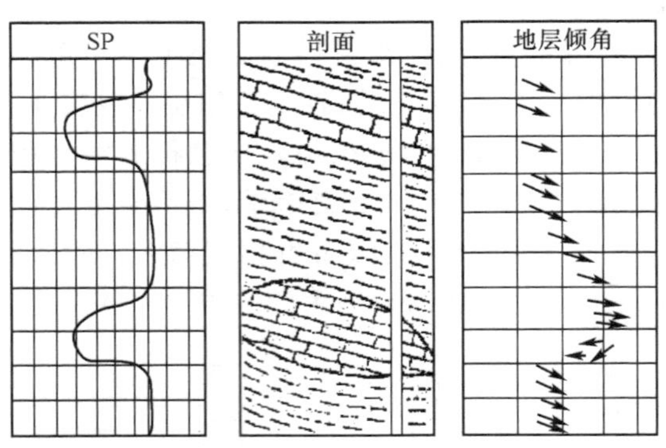

图 6-18 碳酸盐岩礁

三、利用地层倾角测井资料判别古水流方向与识别沉积环境

任何一种沉积砂岩体都是在一定的条件下形成的，包括当时(砂岩体产生时)

的自然地理条件、气候条件、水动力条件、构造条件、沉积物来源及介质的物理化学条件，等等，统称为沉积环境。在沉积环境中，河流的自然地理条件和水动力条件起着相当大的作用。人们按古地理条件和岩性特征，把与河流有关的砂岩体分成许多相：冲积扇(洪积扇)、泛滥平原、三角洲、三角洲前缘、前三角洲。每一相中又分若干亚相，例如，泛滥平原相中有牛轭湖、决口扇亚相(图 6-19)。每种相都有自己的特征，包括砂岩体的几何形态、粒度大小、分选性、层理结构、层面特征、岩性成分和泥岩颜色，等等。

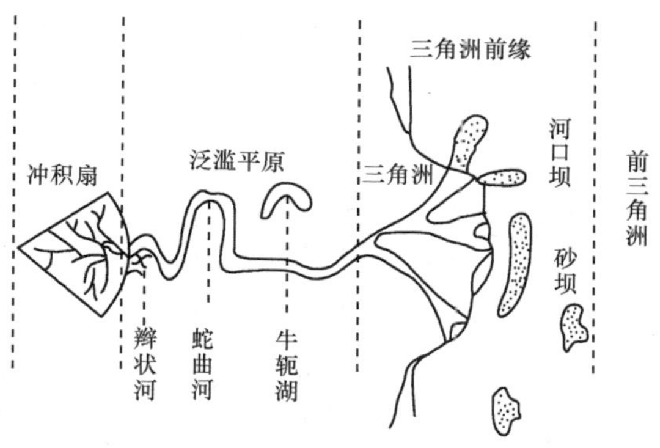

图 6-19　与河流有关的砂岩体相带划分

尽管砂岩体的原始沉积特征很多，但是从水流方向上分析，可以把砂岩体分成两类。

第一类，砂岩体主要是在河床流水动力条件下沉积成的，其沉积层理呈单向水流特征。如河流相砂岩体(包括冲积扇、泛滥平原、三角洲相带的砂体)和河口坝砂体。对于单向水流的砂岩体来讲，其水流方向就是砂岩体的延伸方向。

第二类，砂岩体主要是在海水或者湖水(海浪、潮汐)的水动力条件下形成的，其沉积层理主要呈双向水流特征，主要有三角洲前缘地带的砂坝。其砂岩体的延伸方向和古水流方向是垂直的。但对于潮汐河道砂体，沉积层理呈双向水流特征，但砂体的延伸方向和古水流方向一致。

应用地层倾角测井研究沉积相，主要使用短对比矢量图(短窗长)。在短对比矢量图上，一般不考虑泥岩层，主要是分析砂岩层的情况。对于砂岩层，应用地层倾角可以判断砂体的古水流方向，从而了解砂体的延伸方向。有时还能判断砂体的加厚方向，帮助人们认识和分析沉积环境。

(一)砂岩沉积层理的基本类型

层理是沉积岩的最主要构造现象，在沉积物堆积的漫长时间里，由于成分、颜色或构造的变化，使沉积岩层在垂直方向(时间)上显示出一种成层的构造，这种特征叫层理。由于沉积环境复杂，所以层理类型也很复杂。为了将问题简化，现只根据细层的形状来分类。细层是层理的最基本的组成单位，它是在一定的沉积条件下的同一时间的产物。细层一般都是厚度很小，由几厘米到几毫米甚至小于 1mm 的许多层细层组成一个层系。

砂岩层理可分成四类。

1. 水平层理

水平层理形成于介质平静的环境中，它主要存在于页岩当中。在河流沉积的砂岩层中，所夹的水平层系多为粉砂和泥及其他碎屑物质。由于河流速度时常变化，当介质流速减小至一定程度时，沉积颗粒变细形成水平层理，一般厚度很小。在矢量图上其倾角在0°左右，倾向有些乱[图 6-20(a)]。

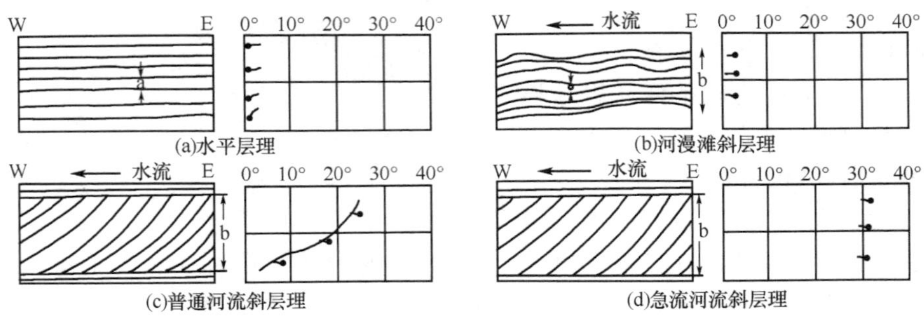

图 6-20 砂岩层理分类

2. 河漫滩斜层理

河漫滩斜层理是在沉积能量很小的情况下沉积的。层系厚度很薄，组成物质也很细，以粉砂和黏土为主。斜层的倾角很小，远看似水平，近看呈微细波状层理和细斜波状层理。其矢量显示[图 6-20(b)]基本上和[图 6-20(a)]相同。

3. 普通河流斜层理

普通河流斜层理[图 6-20(c)]是在水流较缓、沉积能量中等的情况下沉积的。其斜层的物质一般较细，以砂和细砂为主，细层呈上陡下缓的形状，倾角较小，一般在10°～20°。其矢量呈蓝模式。

4. 急流斜层理

急流斜层理是在水流较急、沉积能量较高的情况下沉积的。细层的物质较粗，为粗砂和砂砾，而且常常夹有泥砾。细层也较厚，细层形状几乎呈直线形。倾角较大，一般在20°～30°，倾角大者可达40°，其矢量图呈绿模式[图 6-20(d)]。

(二)判别古水流方向

判别古水流方向的方法有全矢量方位图法和红、蓝模式法。

1. 全矢量方位图法

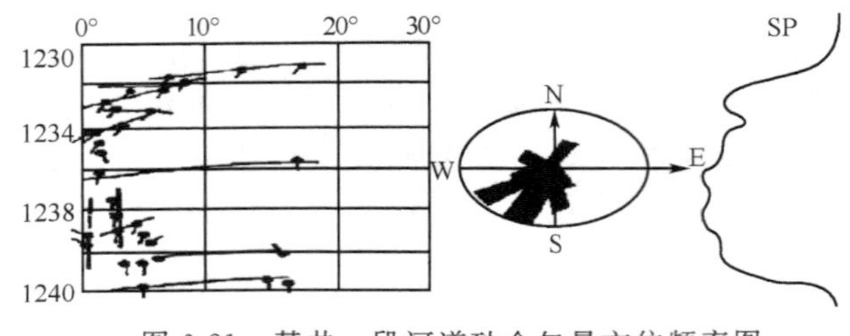

图 6-21 某井一段河道砂全矢量方位频率图

全矢量方位频率图法就是将一段砂层中所有矢量进行方位统计，做成小方位频率图，哪一个方位点子最多，就表明主要的水流方向。图 6-21为某井的一段河道砂的全矢量方位频率，图中清楚地表明水流方向为南西方向。该方法是一种效果既好又十分简便的方法。

2. 红、蓝模式法

在短对比矢量图上，一段砂岩层看起来点子似乎很乱，但是只要按照红、蓝模式法将砂岩层中的矢量进行分类，显然就清楚了。对于砂岩层中的矢量大致可分为四种情况：红模式、蓝模式、绿模式和随机矢量，如图 6-22 所示。需要注意的是，在短对比矢量图上，红、蓝模式的划分原则比在长对比图上严格，其原则是：①把深度接近的箭头相连；②连接时不要通过一个有异议的倾角；③将方位大致相同的箭头连上，倾角值越大时，方位角必须越接近才能相连；反之，当倾角很小时，方位角的变化可达 90°；④蓝色图像的终端可以是红色图像的始端，反过来也是一样。

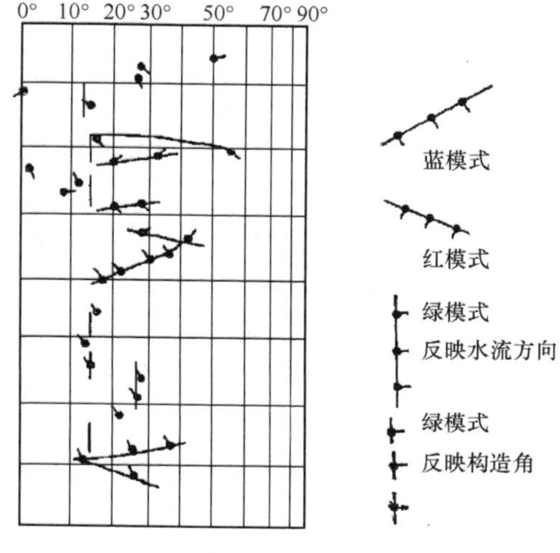

图 6-22 砂岩层短对比矢量模式

1) 蓝模式

如图 6-23 所示，由前面介绍过的砂岩层理基本类型知道，一个单一的(3)类层系(普通河流斜层理)，当其厚度较大，例如，在 40cm 以上时，可以产生两个或两个以上的点子(因短对比时，步长为 0.2m)，这些点子构成了蓝模式，如图 6-23 所示。

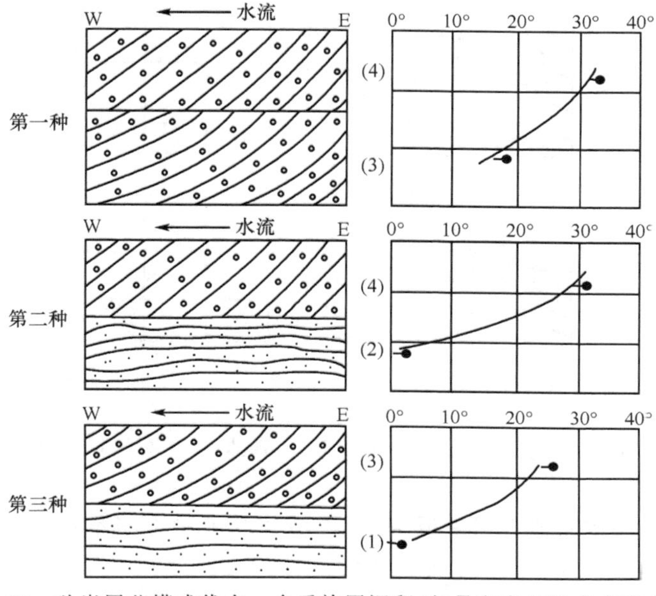

图 6-23 砂岩层蓝模式代表一个反旋回沉积(矢量方向反映古水流方向)

另外，层系和层系的组合，其矢量也构成蓝模式，例如，上面层系为(4)类，下面层系为(3)类(图 6-23 的第一种情况)；或者上面层系为(4)类，下面层系为(2)类(图 6-23 的第二种情况)；或者上面层系为(3)类，下面层系为(1)类(图 6-23 的第三种情况)，等等。其沉积环境是水流方向基本上没有变化，而水流速度和其他沉积环境发生变化，沉积能量下面小、上面大，沉积旋回为一个小的反旋回沉积。

由此可见，在短对比矢量图上一个蓝模式其矢量方向反映了水流方向，它可能是一个单一的层系，但更多的情况是反映一个小的反旋回沉积。

2) 红模式

一个单一的层系不管厚度大小如何，其矢量是不会构成一个红模式的，但是层系和层系的组合，其矢量往往能构成红模式。例如，上面层系为(3)类，下面层系为(3)类，如图 6-24 所示的第一种情况；或者上面层系为(2)类，下面层系为(3)类。如图 6-24所示的第二种情况；还有图 6-24 的第三种情况，等等；这些就是同一类型的层系，其矢量也能构成红模式。其沉积环境是水流方向基本上没有变化，而水流速度和其他沉积条件发生变化，沉积能量由下到上逐渐减小，沉积旋回为小的正旋回沉积。

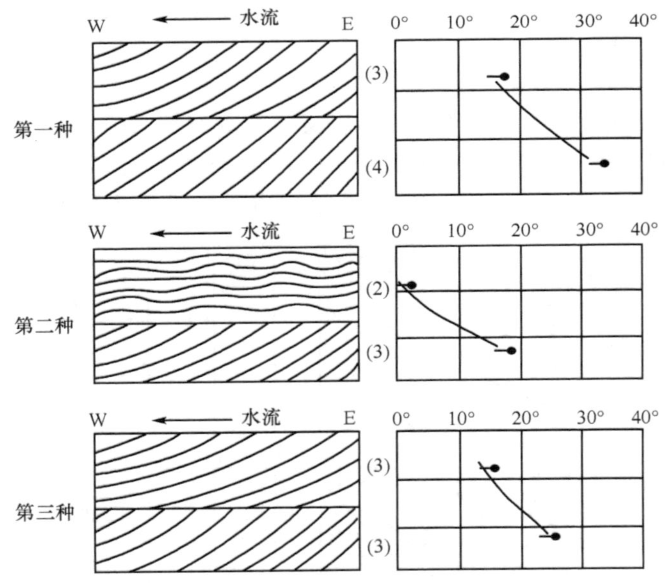

图 6-24　砂岩层的红模式反映一个正旋回沉积(矢量方向反映古水流方向)

由此可见，在短对比矢量图上一个红模式其矢量方向反映了古水流方向，是一个小的正旋回沉积。

但是，对于河道充填沉积来说，有时红模式的矢量方向不反映古水流方向(即砂体延伸方向)，而反映砂体的加厚方向，如图 6-25 所示。设井打在河床的西岸，古水流方向向南。在矢量图上点子基本上有两类。一类点子反映了薄的泥岩夹层的产状，而且一般表现为红模式，其矢量方向指向东，指向河床中心，反映砂层的加厚方向；另一类点子反映了水流层理的产状，其矢量方向指向南，反映了古水流方向。二者做成方位频率图之后，方位角相差 90°，分别涂以红色和蓝色。

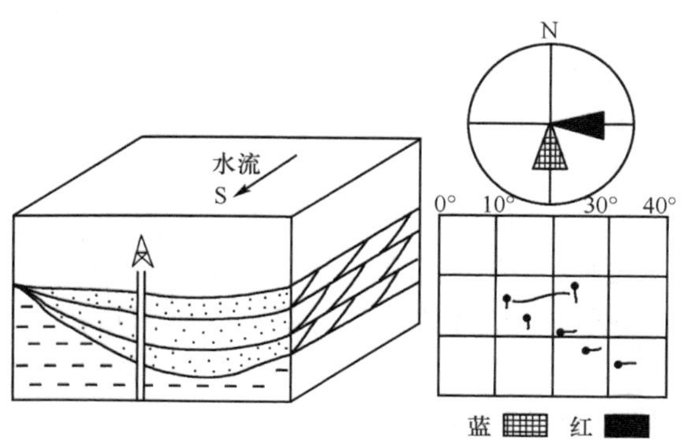

红模式-泥岩夹层产状，蓝模式-水流层理产状

图 6-25　河道充填沉积用方位频率图判断古水流方向

图 6-26 是尼日利亚几口井的实例。图中 B 井的地层倾角测量反映出砂层向北西西加厚的河道充填，其走向北北东—南南西。实际上，随深度而增大的倾角图形，仅在砂层底部清晰。因此，在缺乏其他方向性证据的情况下，底部被看作是起

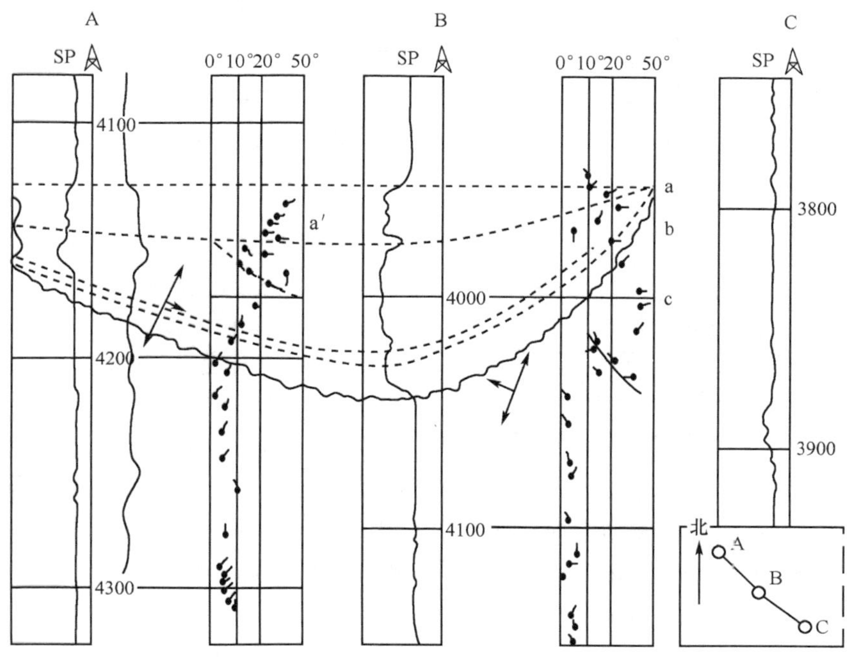

图 6-26　尼日利亚河道充填沉积地层的倾角测井实例

控制性的特征。B井北面的A井，相应层位中含有薄泥质砂岩。A井的地层倾角矢量图显示出这个砂层是向南东东加厚的河道充填，其走向为北北东—南南西。综合解释认为A井在河道的西侧，B井在同一河道的东侧但靠近中心。这样解释似乎是合理的。因为在C井，这个砂层完全缺失。如图中虚线所示，砂岩体的推想剖面是一个潮成河道或是一个分流河道。上部剖面中的明显的古河床倾角表明水流方向来自西南。

3）绿模式

在短对比矢量图上，砂岩层中的矢量一般反映了原始沉积时的层理情况。因为在实际处理资料的过程中，当构造角比较大时要消去构造倾角的影响。所以，对于砂岩层中的绿模式，那些低角度的矢量一般反映了构造倾角或原始沉积区域倾角，如图6-27所示的B_2、B_3。那些高角度的矢量一般反映了古水流方向，其沉积层理多属于急流斜层理，如图6-27中的A_1、A_2、A_3。

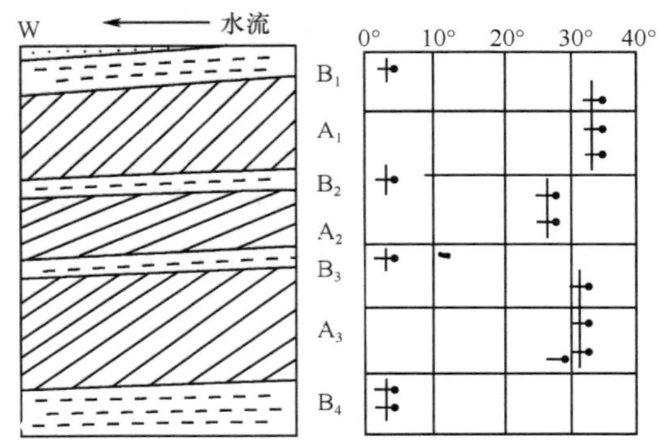

图6-27　砂岩层中的绿模式(低角度反映了构造倾角，高角度反映了古水流方向)

4）随机矢量

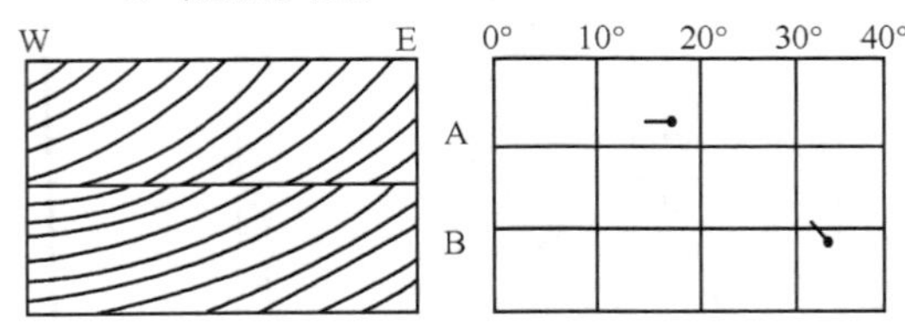

图6-28　砂岩层中随机矢量反映了交错层理

在砂岩层中，一组方向和角度都较乱的矢量叫做随机矢量。对于随机矢量，其中一部分反映了一种交错层理，属于水流方向不断发生变化的沉积环境。在水流方向发生改变的同时，如果沉积能量变化不大，则其矢量除方向变化外，角度却趋于稳定。图6-28中层系A的水流方向为正西，层系B水流方向为北西，在东西方向剖面上层系B所显示出的细层角度是视倾角。

对于随机矢量还有相当一部分并不反映交错层理，而是由于砂岩本身层理不发育，呈块状结构的缘故。

第七章 成像测井

地球物理测井是地下地质体的复制品。在20世纪60年代以前，仅是间接复制，即通过测量地下地质体的物理参数曲线，地质及测井分析家通过这些曲线反演有关地下地质体的分布及性质特征等，例如，石油测井资料解释得到储层的埋深、厚度、流体性质（油、气、水）、判断储层的裂缝发育情况等。因此，地质学家、测井分析家早就梦想将照相机放到井孔中直接复制。直到20世纪60年代中期，井下声波电视和照相技术的问世，实现了他们长久以来的梦想。随着电子及计算机技术、电磁场正反演技术、测井技术、照相技术等的发展，80年代中期斯仑贝谢公司研制推出FMS(formation micro scanner)成像测井，其他成像也先后问世。目前已有微电阻率扫描成像（formation micro image，FMI）、超声成像（ultro sonic image，USI）、阵列感应成像（array induction image，AIT）、方位电阻率成像（azimuthal resistivity image）、偶极横波成像（dipole shear sonic image，DSI）和核磁共振测井（nuclear magnetic resonance，NMR）等现代成像测井仪。国内外不少油田已利用这些成像测井仪去审视地下地层结构（裂缝、溶洞、地层界面等）、流体分布等，并已取得可喜的进展。

第一节 微电阻率扫描成像、超声成像测井基本原理

一、微电阻率扫描成像测井基本原理

微电阻率扫描成像是在斯仑贝谢公司20世纪80年代中期推出FMS-A型成像仪的基础上，经过多次重大改进，尤其在提高井眼覆盖率和分辨率方面做了重大改进，于1991年推出的一种新成像测井仪。哈里伯顿、西方阿特拉斯等公司也先后成功地研制了微电阻率扫描成像测井仪，并在不少油田得到一定的应用。

微电阻率扫描成像测井仪的井下仪由推靠器、上电极（包括电子线路）、下电极（极板阵列电扣）组成（图7-1，图7-2，图7-3）。极板阵列电扣是两排钮扣电极，相距0.2in，钮扣电极间的横向相距0.1in。推靠器与极板间用金属导线连接起来，即两者是等位体。它们使处于极板中部的极板阵列电扣的电流极性相同，电流垂直极板流入地层，起到聚焦的作用。

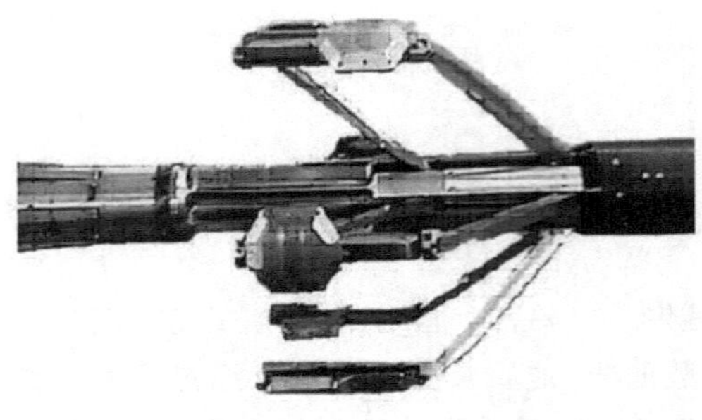

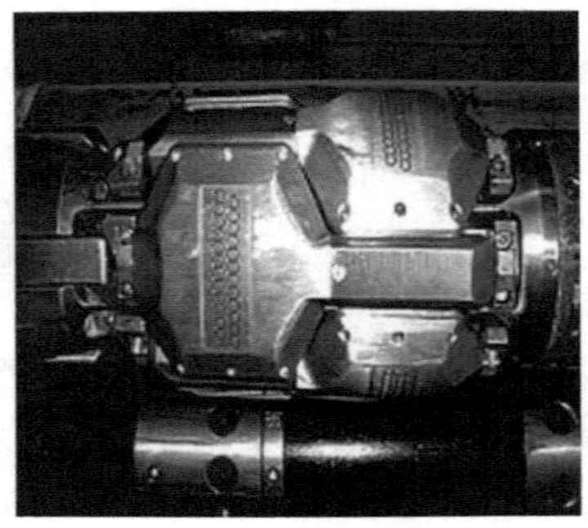

图 7-1　STARⅡ仪器结构(西方阿特拉斯公司)

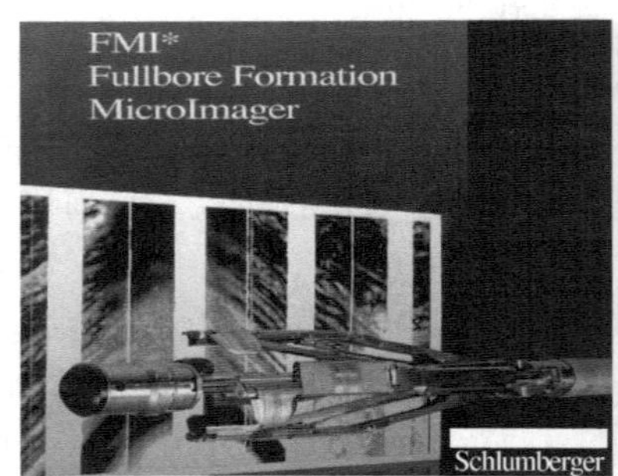

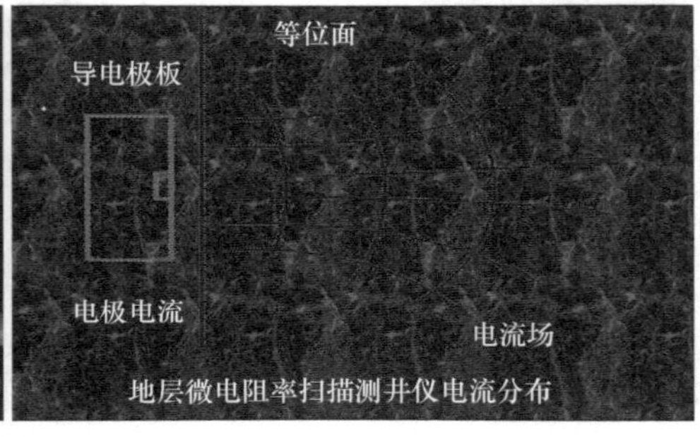

图 7-2　FMI 仪器结构

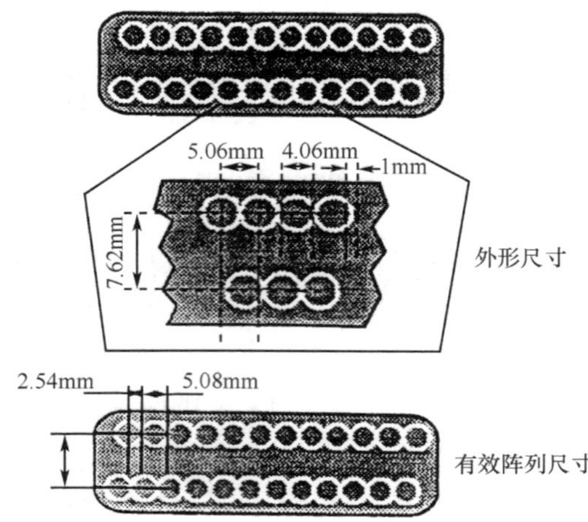

图 7-3　FMI 极板阵列电扣结构示意图

阿特拉斯:STAR-Ⅱ测井仪技术指标		斯仑贝谢:FMI 测井仪技术指标	
极板数	六极板	电极数量	192 个
电极数	150 电极,每个极板 24 个电极	极板数量	8 个
仪器直径	5.5in(139.7mm)	最小井眼	6.25in(158mm)

额定温度	350°F(177℃)	最大井眼	21in(533mm)
额定压力	20000psi(137.9MPa)	全井眼模式覆盖率	80%(8in 井眼)
最大井眼尺寸	21in(533mm)	泥浆最大电阻率	50Ω·m
最大井眼尺寸	6.7in(170mm)	额定温度	175℃(350°F)
井斜角	0°～90°	额定压力	20000psi
动态范围	1～3000Ω·m	纵向分辨率	0.2in(5mm)
采样间隔	0.1in(2.54mm)	采样间隔	0.1in(2.5mm)

微电阻率扫描图像的生成和合成原理是按照每个钮扣电极的深度进行采样，将采样数据组成一个矩阵。通常水平与垂直的采样间隔均为 0.1in，每个矩阵元素表示图像上的一个灰点。图像的方位由测斜仪提供。成像图用多级色度表示地层电阻率的相对变化，一般图像颜色越浅电阻率越大，反之越暗。

微电阻率扫描成像测井仪的纵分辨率和井眼覆盖率高，FMI 极板结构的设计在 8in 井眼中，其纵分辨率和井眼覆盖率分别为 0.2in 和 80%。

一般微电阻率扫描成像可清晰地显示缝洞，可以识别斜交裂缝、高角度裂缝、网状裂缝等，同时还可区分天然裂缝与诱导裂缝。但实际情况复杂，通常须与常规测井或其他成像测井综合识别解释，效果会更好。

二、超声成像测井基本原理

超声成像仪主要由压电换能器、马达、磁通门罗盘组成(图 7-4)。压电换能器既是发射器，也是接收器，通常用频率为1500 次/s 电脉冲激发换能器，换能器的工作频率为 1.3MHz。仪器由井下上提时，马达驱动换能器在井下作 360°旋转，换能器向井壁发射声波，并接收来自井壁的反射波信号，其信号传输到地面，显示屏显示的辉度、亮度与信号的幅度有一定的关系。声阻抗越小，反射波幅度越小，图像的辉度暗；反之声阻抗越大，反射波幅度越大，图像的辉度明亮。

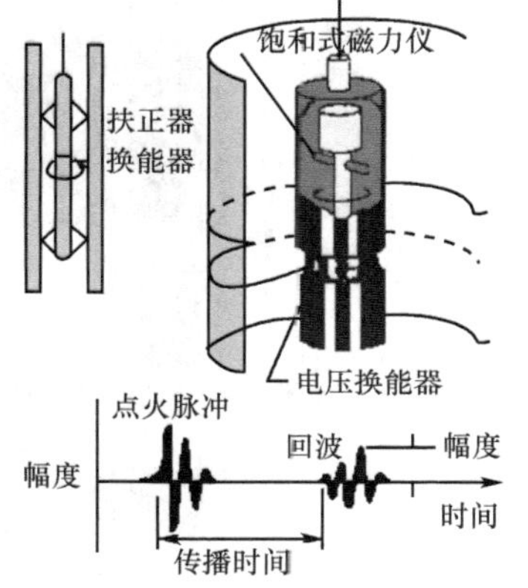

图 7-4 超声(电视)成像测井原理

阿特拉斯 CBIL 超声成像测井仪技术指标：仪器直径为 3.63in(92.1mm)；额定温度为 204℃(400°F)；额定压力为 20 000psi(138MPa)；最高测速为 600ft/h(182m/h)；采样扫描为 250 个样/转；扫描速率为 6rps；换能器工作频率为两个 250kHz 的球面聚焦换能器；换能器尺寸为直径为 1.5in(38.1mm)和 2.0in(50.8mm)；高分辨率为声成像 30 周扫描/ft，测速 6.10m/min；超高分辨率为声成像 60 周扫描/ft，测速 3.05m/min。

第二节　超声波、微电阻率扫描成像测井资料处理

微电阻率扫描成像测井原始数据：①144 条微电导率原始曲线；②参考极板方位曲线；③井眼方位连续曲线；④井眼井斜连续曲线；⑤双井径或三井径曲线；⑥加速度、张力及有关质量控制曲线。超声波扫描成像测井原始数据：①回波时间和幅度；②井眼方位和井斜。

在成像测井资料数据处理过程中，首先对成像测井原始数据进行加速度校正和深度匹配等一系列预处理，然后，用一种渐变的色板对成像测井数据进行刻度，把每个数据点变成一个色元进行成像显示，形成彩色成像图。

成像图一般分为静态平衡图像和动态加强图像两种（图 7-5）。静态平衡图像采用全井段统一配色，目的是反映全井段的相对电阻率的变化，可以宏观了解测量井段内的岩性变化。动态加强图像是为解决有限的颜色刻度与全井段大范围的电阻率变化之间的矛盾。通过均衡滤波处理，其所形成的动态图像的分辨能力很强，突出局部图像特征，用于详细分析细微构造的变化情况。

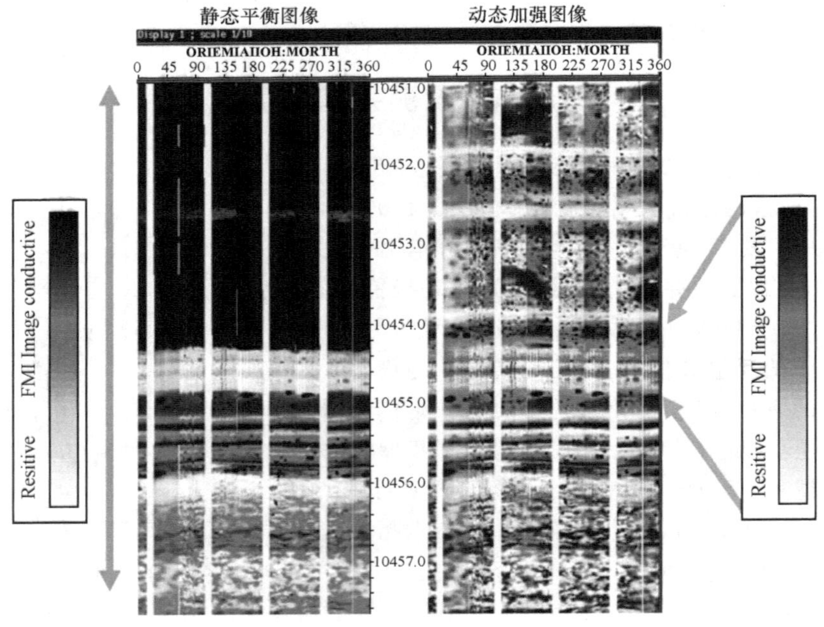

图 7-5　静态平衡图像和动态加强图像

在形成彩色成像图时，通常按“黑—棕—黄—白”顺序对成像测井数据进行颜色级别划分。由黑到白，电成像代表电阻率变化由低到高，声波幅度成像代表回波幅度由低到高，声时间成像代表回波时间由长到短。

第三节　超声、微电阻率扫描成像测井资料解释方法

微电阻率扫描成像测井确定裂缝(分界面)产状的方法与超声成像测井方法相同,以超声成像测井确定裂缝(分界面)产状的方法为例,测井图象井眼特征平面展布如图 7-6 所示。

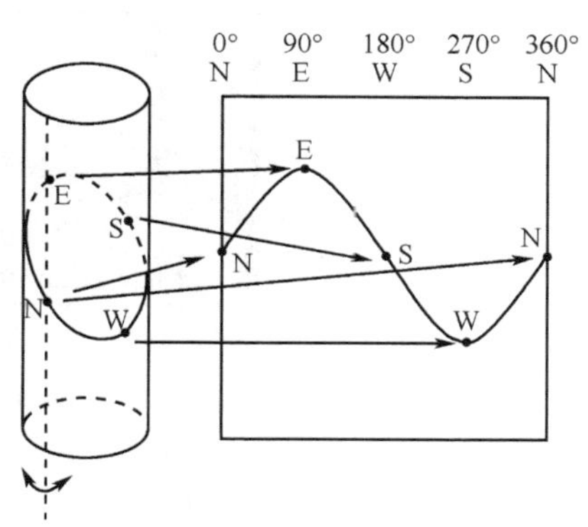

图 7-6　测井图像井眼特征平面展布

如图 7-7 所示,从超声成像可以确定各个深度处地层的产状,因为在倾斜岩层的分界面处,当换能器对孔壁作用圆周扫描时,同一圆周会遇到两种不同的岩性。由于反射波的能量不同(取决于两种岩层的声阻抗),在剖面图上将出现一个与界面倾角有关的类似正弦形状的弯曲界面。

在图像上计算岩层倾角时,只要量出正弦曲线的高度差 H[极大值与极小值之间的高度差(图 7-8)]与该深度点的井径值 d。就可以按下式计算视倾角,即

$$\alpha = \arctan \frac{H}{d} \tag{7-1}$$

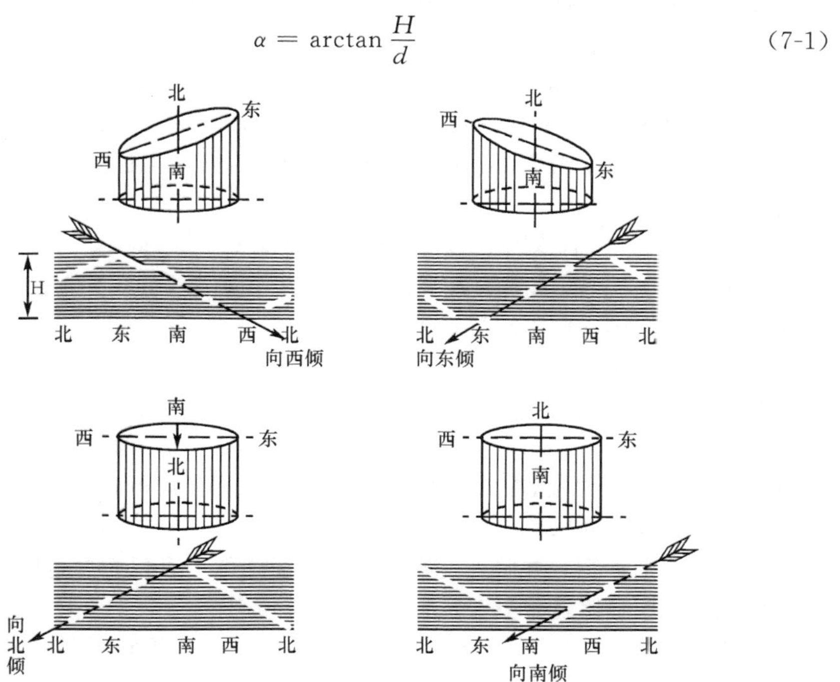

图 7-7　确定岩层或裂缝产状原理

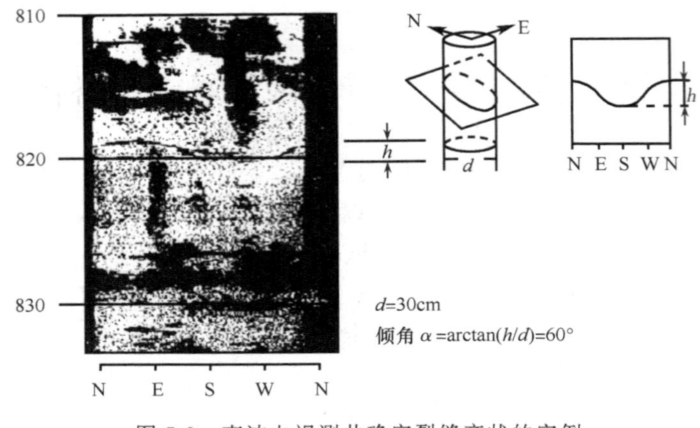

图 7-8　声波电视测井确定裂缝产状的实例

第四节　声电成像测井的应用

图 7-9 为地质特征识别结果。

图 7-9(a)为南倾的断层图像，在成像图上表现为正弦曲线形态，类似于裂缝，但其宽度比裂缝大且往往孤立出现，而裂缝一般成组出现。

图 7-9(b)为岩性条带，表明在电性上该条带与其周围的电性存在差异，在声阻抗 Z 上该条带与其周围的声阻抗存在差异。如果在电阻率成像上是黑色条带，表明该条带电阻率小；在声成像上是黑色条带，表明该条带波阻抗小。

图 7-9(c)为对称沟槽，两条对称(方位相差 180°)的黑色条纹，它们正好对应井壁崩落的方向。

图 7-9(d)为溶孔，该图上表明溶孔部位电阻率小、阻抗小。

图 7-9(e)为团块，该团块表面在电性上与其周围的电性存在差异，在声阻抗 Z 上该团块与其周围的声阻抗存在差异。

图 7-9(f)为高角度裂缝。

图 7-9(g)为不对称沟槽，出现不对称的黑色条纹，它们正好对应单边井壁崩落的方向。

图 7-9(h)为大井眼，在断裂破碎带处，由于地层破碎严重，容易形成大井眼，造成电成像测井仪贴井壁不好，声成像测井仪无法居中。如果井眼过大，甚至会超过仪器的探测范围。在大井眼处，受泥浆影响，在图像上表现为黑色特征并造成电成像图覆盖面积明显降低，不能反映地层的真实情况。

图 7-9(i)为面理识别结果，面理包括劈理、片理、片麻条带和密集裂隙组等(G. R. 帕克，1998)。在电成像测井图上显示为密集、平行或近似平行的组合线状模式，声成像图上几乎无显示。

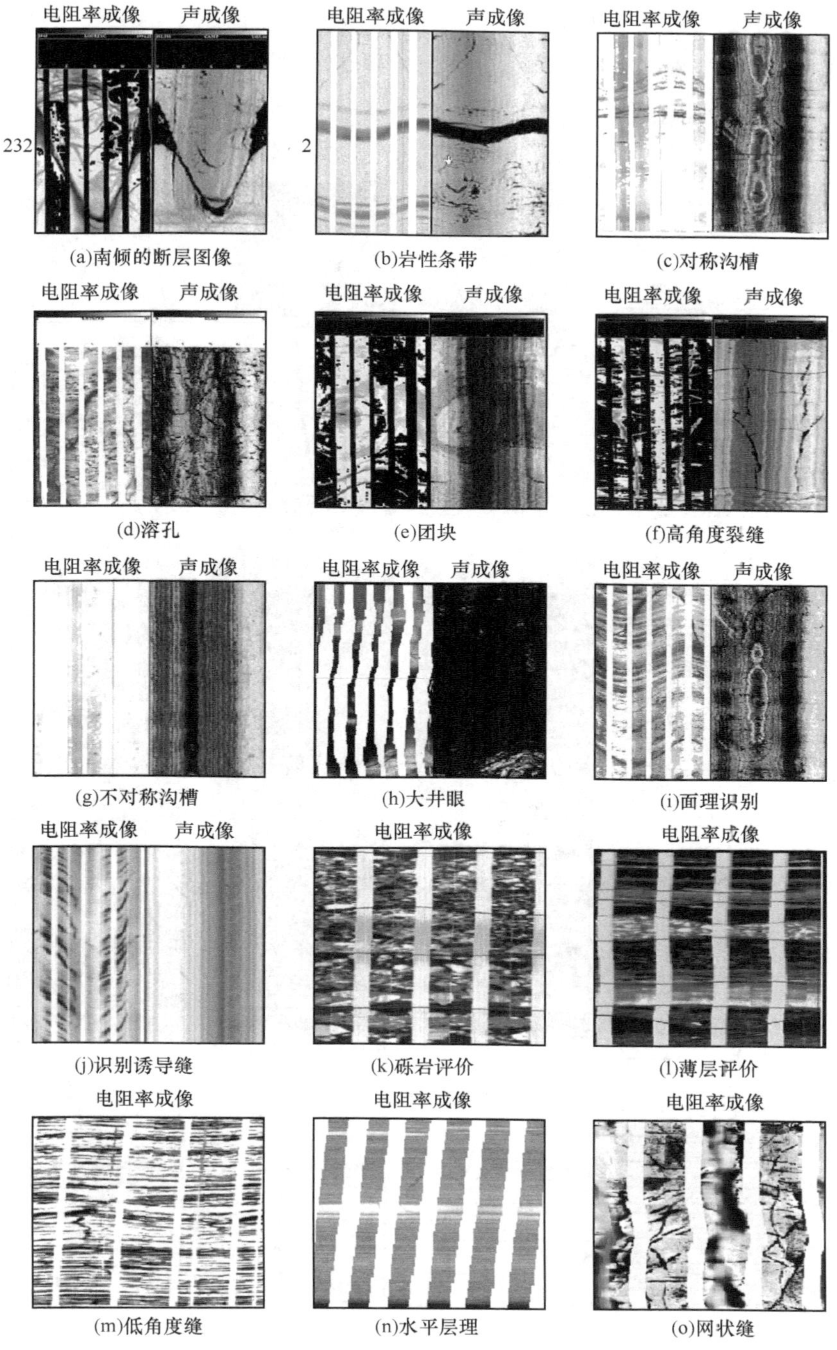

(a)南倾的断层图像　(b)岩性条带　(c)对称沟槽

(d)溶孔　(e)团块　(f)高角度裂缝

(g)不对称沟槽　(h)大井眼　(i)面理识别

(j)识别诱导缝　(k)砾岩评价　(l)薄层评价

(m)低角度缝　(n)水平层理　(o)网状缝

图 7-9　地质特征识别

图 7-9(j)为识别诱导缝，钻井诱导缝是钻井过程中产生的裂缝，由于钻开地层

后，原始地层应力释放，挤压井眼周围的地层，在井壁上产生了诱生裂缝，诱导缝往往成规律的羽状。

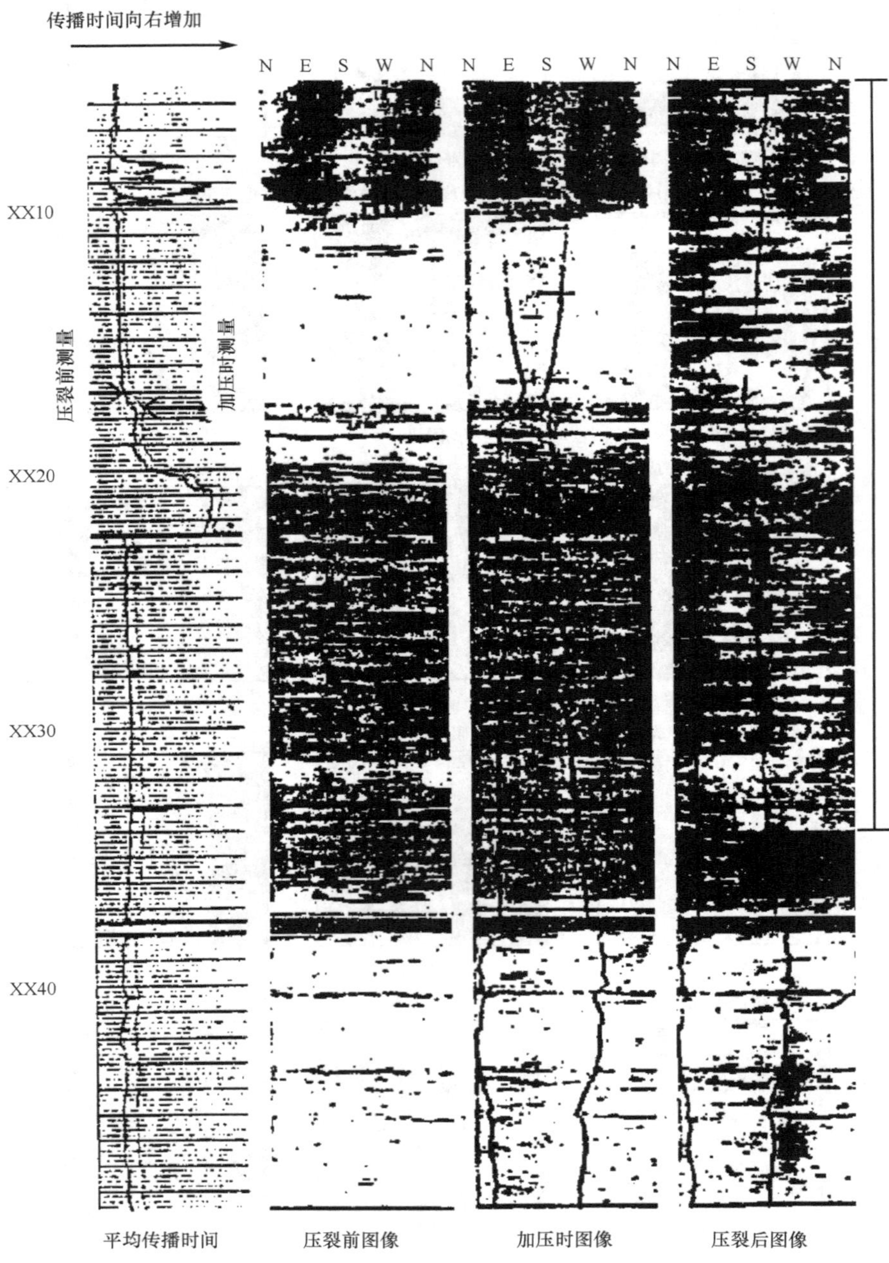

图 7-10 压裂前后的声波幅度图像

图 7-9(k)为砾岩评价结果,图的黑白图像分明,说明砾岩与其他岩石相比电阻率差异明显;砾岩与其他岩石相比波阻抗差异明显。

图 7-9(l)为薄层评价结果,表明薄互层的电阻率差异明显;薄互层的波阻抗差异明显。

图 7-9(m)为低角度缝。图(n)为水平层理。图(o)为网状缝。

图 7-10 为声压裂前后声波幅度图像。

图 7-11 为声成像识别套管裂缝。

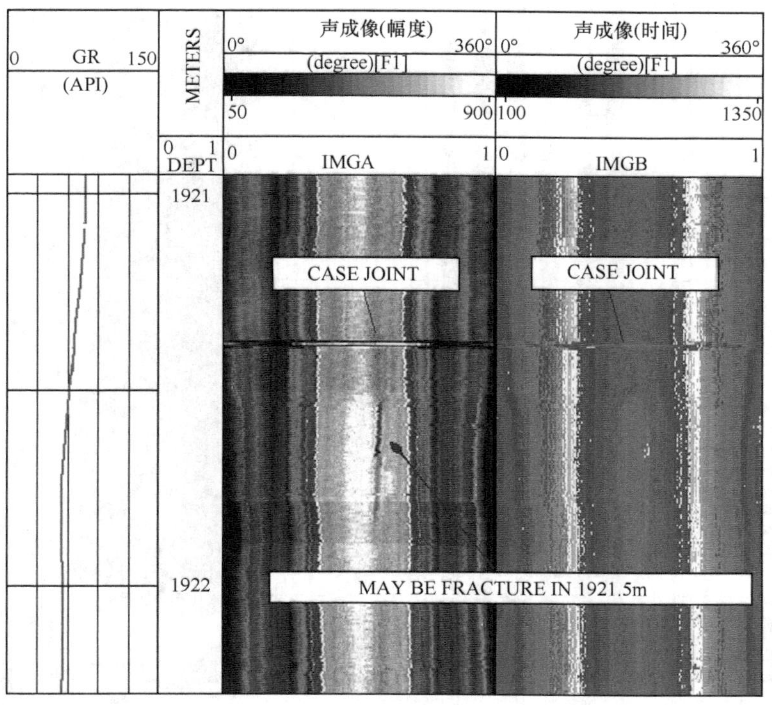

图 7-11　声成像识别套管裂缝

图 7-12 为利用六扇区声成像(SBT)检查水泥胶结质量。图中 S1～S6 分别为六扇区衰减率;ATMN、ATAV 分别为最小和平均衰减率;VDL 为声波变密度测井。水泥胶结质量(固结质量)好的标志是:①六扇区衰减率数值大且稳定;②扇区水泥胶结图显示为均匀的黑色;③平均、最小衰减率曲线间差异小,而且数值大;④VDL 缺失套管波。图中:2213～2316m 为固结质量好,2316～2321m 为固结质量中等,2321～2345m 为固结质量好,2345～2352m 为固结质量差,2352～2366m 为固结质量中等。

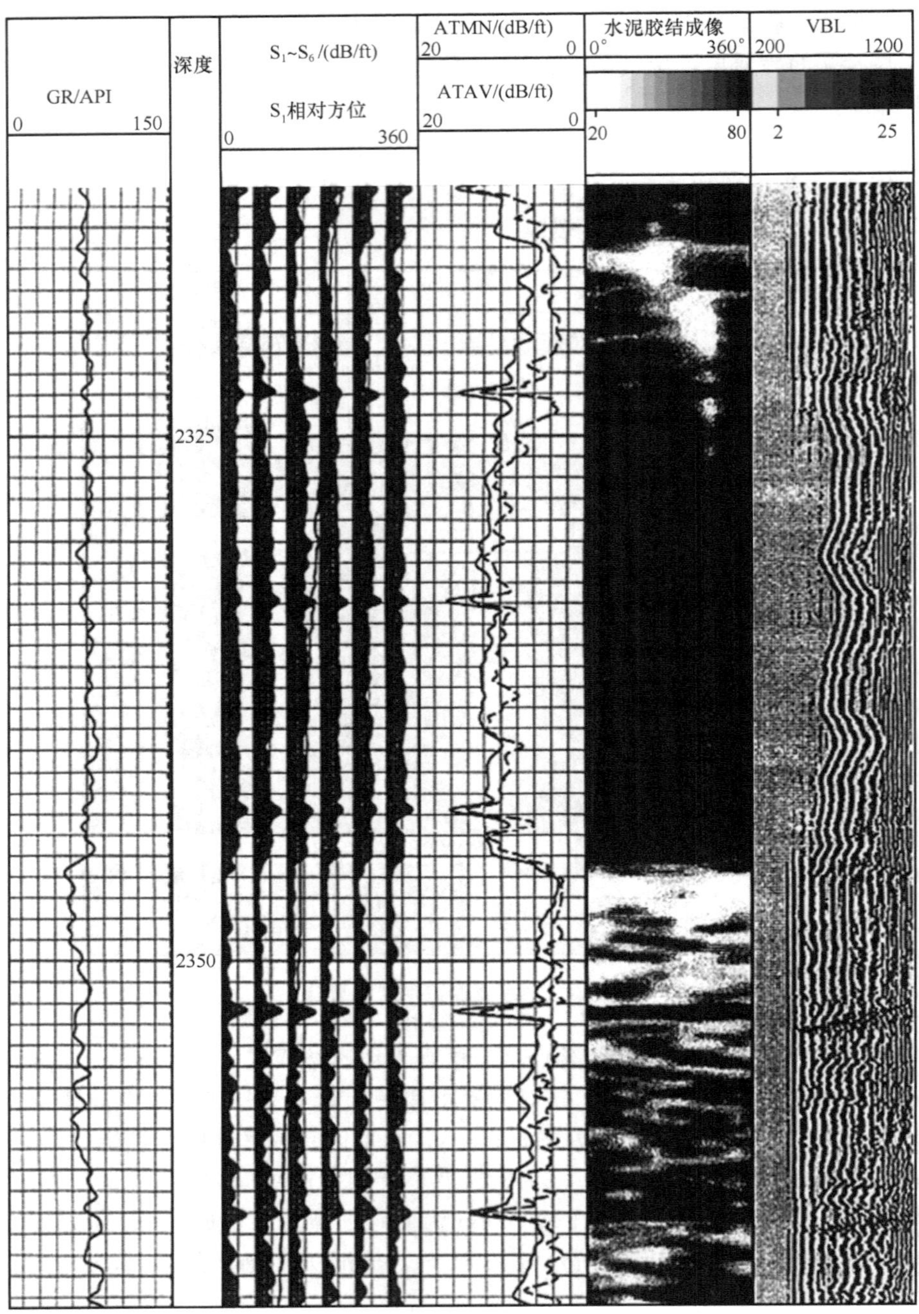

图 7-12　利用六扇区声成像检查水泥胶结质量

第五节　多极子阵列声波成像测井

普通声波测井只记录首波到仪器时的时间幅度，后来发展记录纵波、横波等波形的长源距声波测井。在硬地层情况下，声波使井壁周围产生轻微膨胀，在地层中产生纵波和横波；但是在软地层的情况下，由于地层横波首波与井中泥浆波一起传播，因此单极声波测井无法获取横波首波。为了解决此问题，发展多极子阵列声波成像测井，即定向激发和测量的多极子，它采用了偶极声波源，因此多极子阵列声波成像测井又称为偶极横波成像测井。目前代表性的仪器主要有：斯仑贝谢公司的偶极横波成像测井仪 DSI，哈里伯顿低频偶极横波成像测井仪 LFD，西方阿特拉斯的多极子阵列声波成像测井 MAC。

偶极横波成像测井仪分为发射器、接收器和电子线路。发射器由上偶极发射器、下偶极发射器和一个单极全方位发射器组成，二个偶极发射器的方向相差 90°。接收器部分为 8 个接收器，相邻 2 个接收器的间距为 6in(15.2cm)。最低接收器与单极的距离为 9ft(2.7m)，与上偶极发射器的距离为 11ft(3.4m)，与下偶极发射器的距离为 11.5ft(3.5m)。

偶极子声源可看作两个距离很近、强度相同、相位相反的点声源的组合。当偶极子声源在井内振动时，在井壁附近产生挠曲波。挠曲波是一种频散界面波，其传播速度随声波频率变化，在低频(1.0kHz)时趋近横波速度，在高频时低于横波速度。偶极横波成像测井实际上是通过对挠曲波的测量来计算地层横波速度，因此，应尽量降低偶极子声源的发射频率，以保证横波速度的测量精度，以下简要介绍软地层单极技术的局限性以及该测井原理。

一、软地层单极技术的局限性

地层模型如图 7-13，当单极声源发出的声波从井眼液体倾斜射入井壁地层时，有一部分能量继续以纵波模式传播，另有一部分能量由纵波模式转换为横波模式传播，并且它们的传播方向都服从斯涅耳折射定律，即

$$\frac{\sin\alpha}{\sin\beta}=\frac{C_o}{C_p},\ \frac{\sin\alpha}{\sin\gamma}=\frac{C_o}{C_s} \tag{7-2}$$

式中，α 为入射角；β 为纵波折射角；γ 为横波折射角；C_o 为井眼液体声速；C_p 为地层纵波速度；C_s 为地层横波速度。

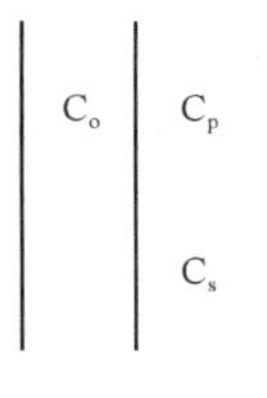

C_o　C_p

C_s

图 7-13　地层模型

在硬地层中，$C_p>C_s>C_o$，$\beta>\gamma>\alpha$，因此当入射角 α 加大时，纵波折射角 β 和横波折射角 γ 都会变成 90°，即地层纵波和横波都将会平行于井眼传播并有部分能量重新返回井眼液体中被传感器所探测。所以，在硬地层中可同时获得地层纵波和横波的信息。

在软地层中，特别是在地层横波速度小于井眼液体声速时，$C_p > C_o$ 而 $C_s < C_o$，$\beta > \alpha$ 而 $\gamma < \alpha$，因此当入射角 α 加大时，纵波折射角 β 会变成 90°而横波折射角 γ 将永远小于 90°，即地层纵波将会平行于井眼传播并有部分能量重新返回井眼液体中被传感器所探测，而地层横波却不会这样，它将离开井筒向地层深处传播而根本不可能被单极仪器所探测。这就是单极技术固有的局限性(图 7-14)。

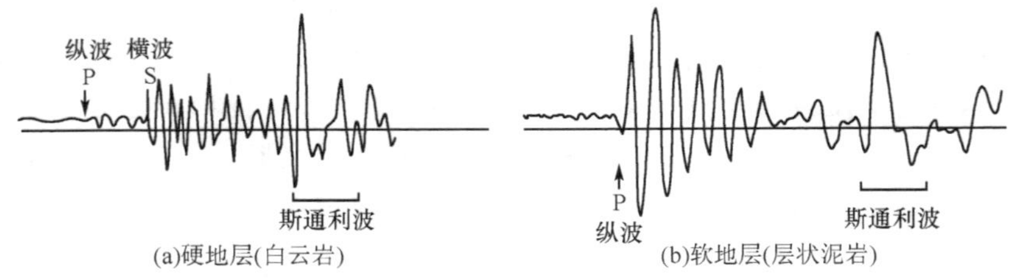

图 7-14　长源距全波列测井信号

二、偶极声源及挠曲波

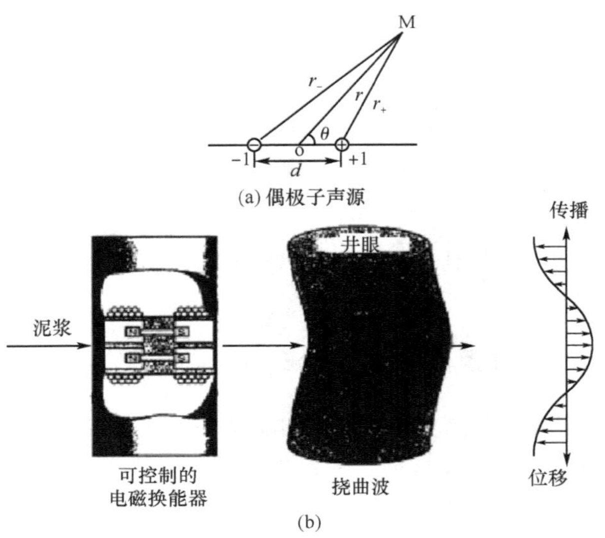

图 7-15　偶极声源及挠曲波示意图

参看图 7-15(a)，偶极声源是指两个相距很近(相对于波长而言)、振源强度相等、振动相位相反的点声源的组合。

挠曲波[垂直于声偶极子轴的方向上，声压恒等于零。因此，当把偶极声源置于井眼中央并让偶极子轴和井壁垂直时，如果偶极生源振动，那么井壁的一侧压力增大而另一侧压力减小，于是在井壁附近有挠曲波产生，并沿井壁传播，如图 7-15(b)所示。]是一种频散界面波，所谓频散即波的传播速度随频率而变化。在低频时，挠曲波以横波的速度传播；在高频时，挠曲波以低于横波的速度传播。图 7-16 表示在 12in(305mm)井眼中，挠曲波传播速度随偶极声源发射频率变化的情况。可以看到，当频率低于 1.2kHz 时，挠曲波以地层横波的速度传播；当频率为 3kHz 时，挠曲波以低于地层横波的速度传播，在这种情况下需对原始测量值加 8%的校正量才能得到真正的地层横波速度。

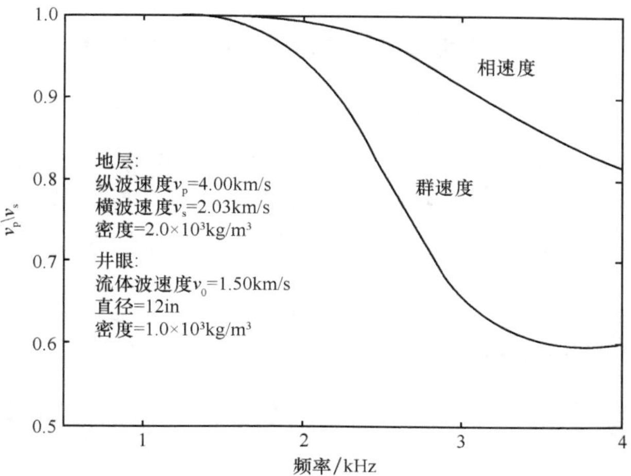

图 7-16 井眼中挠曲波与横波速度之比随频率的变化

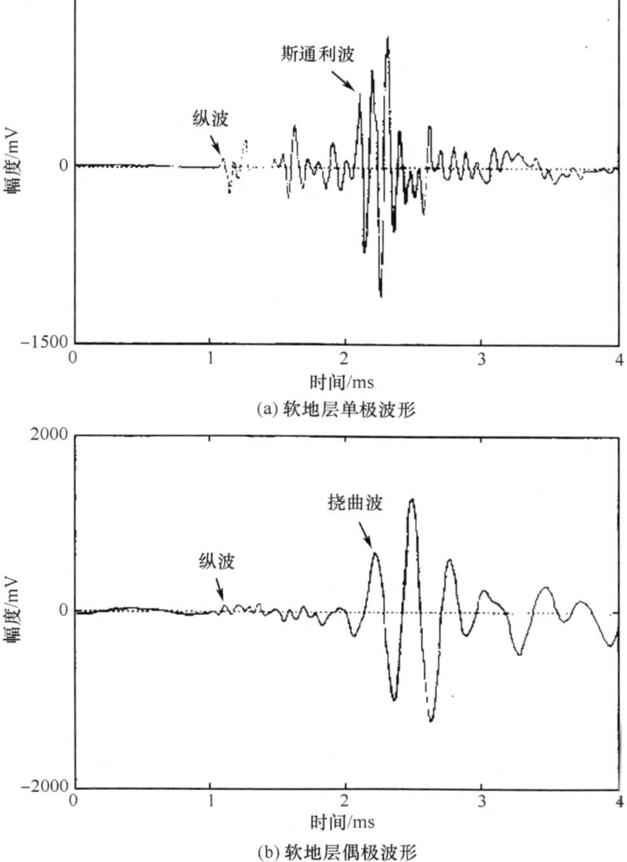

图 7-17 软地层中的单极波形和偶极波形

三、偶极横波成像测井基本原理

图 7-17 表示软地层中的单极波形和软地层中的偶极波形。可以看到，在软地层单极波形中没有出现横波，纵波之后跟随着幅度很大的斯通利波；在软地层偶极波形中也没有出现横波，纵波受到抑制，在纵波之后跟随着幅度很大的挠曲波。图 7-18 是偶极横波成像仪结构示意图和挠曲波测量横波示意图。

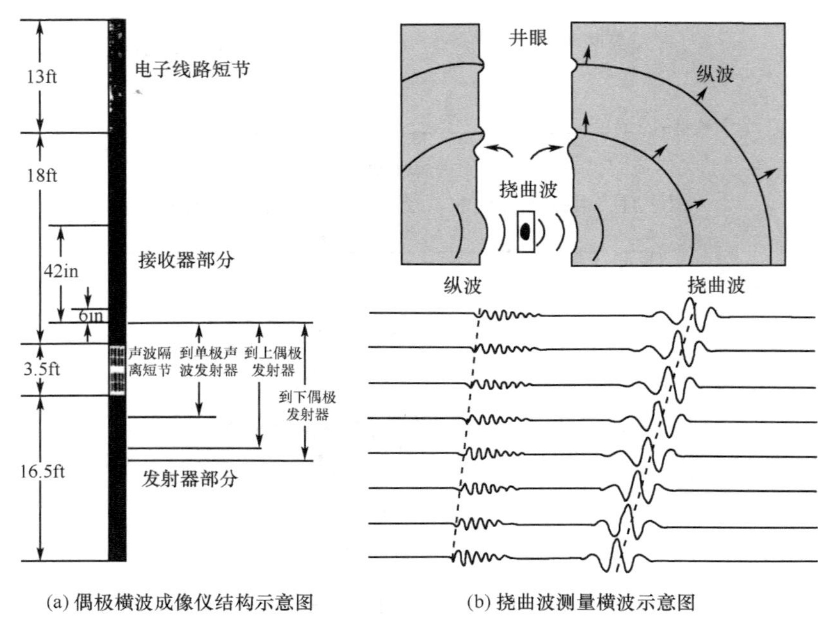

(a) 偶极横波成像仪结构示意图　　(b) 挠曲波测量横波示意图

图 7-18　偶极横波成像测井原理

综上所述，我们可以把偶极横波成像测井的基本原理归纳为如下四点。

(1) 偶极发射器能产生沿井壁传播的挠曲波。

(2) 挠曲波是一种频散界面波。在低频下它以地层横波的速度传播；在高频下它以低于地层的横波速度传播。

(3) 偶极横波成像测井实际上是通过挠曲波的测量来计算地层的横波速度。

(4) 为了减小频率的影响，偶极发射器应尽量降低发射频率以确保横波速度的测量精度。

四、交叉多极子阵列声波测井

如图 7-19 所示，进行交叉偶极方式测量时，共记录 4 套偶极波形：XX、XY、YX、YY。X、Y 表示不同方位的发射器或接收器的方向，XY 表示 X 方向发射器发射，Y方向接收器接收；YY表示Y方向发射器发射Y方向接收器接收。

当各向同性时，快、慢横波的波速一样；当各向异性时，快、慢横波的波速不一样。由此，可以分析地层的各向异性。

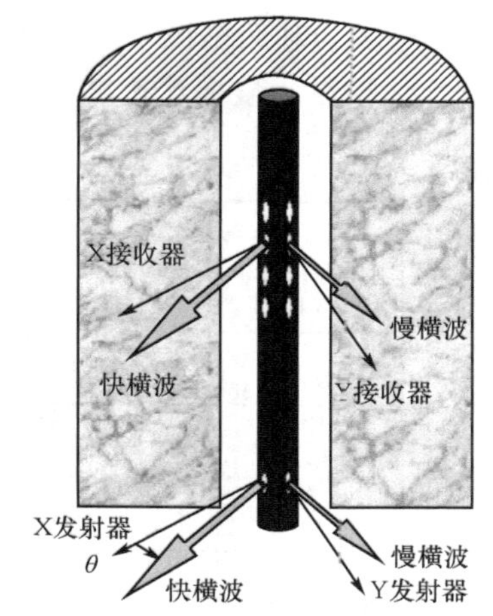

图7-19　交叉多极子阵列声波测井

五、多极子阵列声波测井的应用

图7-20是在破碎带测量得到的多极子阵列声波测井。由图可见，在破碎带上，声波时差增大，波形缺失。同时，还应该有井径增大、密度减小、中子孔隙度增大等特征。图中GR为自然γ，BIT为钻头直径，DTC为纵波时差，DTST为横波时差，DTST为斯通利波时差，V_p/V_s为纵波与横波速度比，waveforms为波形。

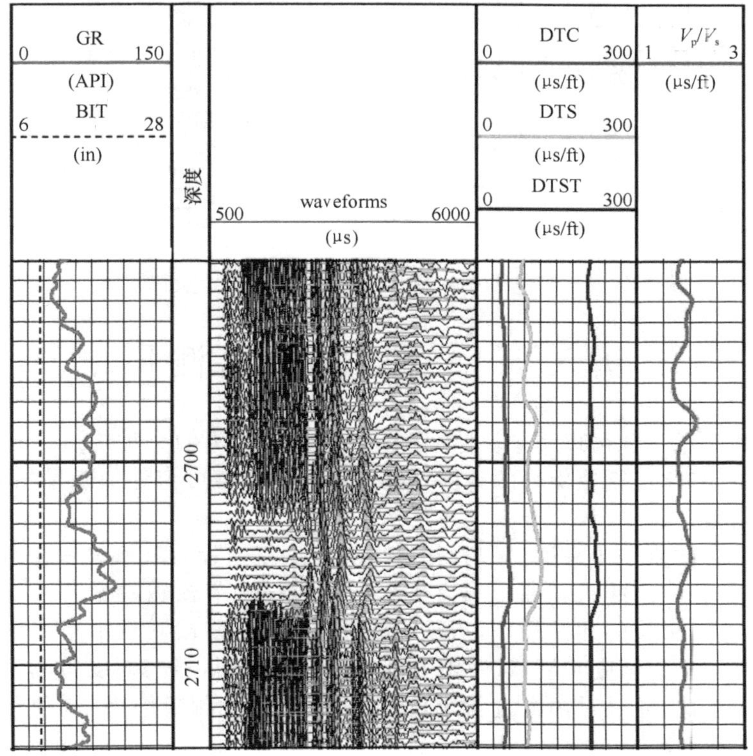

图7-20　多极子阵列声波成像测井图

图 7-21 为利用多极子阵列声波测井分析地层的各向异性。当地层存在各向异性时，快横波与慢横波速度不一样(曲线发生分离)，各向异性系数和平均各向异性系数大，如深度在 480m 左右。

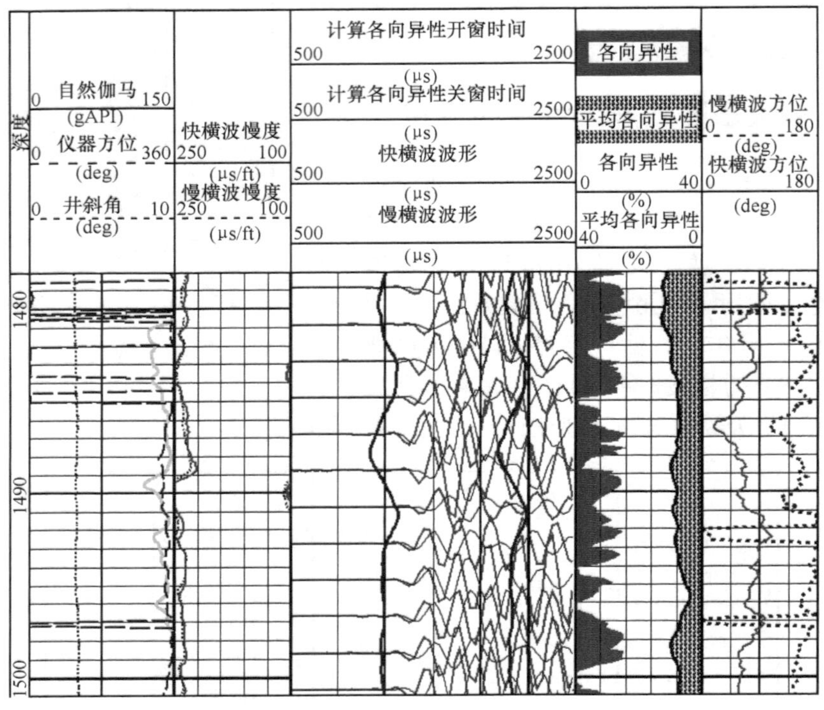

图 7-21　分析地层各向异性

第六节　核磁共振成像测井

核磁共振是一种物理现象，即原子核对磁场所做出的一种响应。很多原子核都具有磁矩，其特征就像旋转的磁棒一样。这些原子核可与外加磁场相互作用，产生可测量信号。

对于大多数原子核来说，探测到的信号都很弱。然而，氢核具有相对较大的磁矩，并且岩石孔隙内的水和油中都富含氢核。通过调节核磁共振测井仪器的发射频率，使其达到氢核的共振频率，可使测量信号最强，并被测量出来。核磁共振测井测量的是信号的幅度和衰减(弛豫时间)。核磁共振信号的幅度与测量范围内氢核的数量成正比，通过对幅度进行刻度，可提供孔隙度测量结果，这种孔隙度测量结果不受岩性影响。

弛豫时间取决于孔隙大小。小孔隙使弛豫时间缩短，短的弛豫时间对应于黏土束缚水和毛细管束缚水；大孔隙(含可动流体)使弛豫时间变长。因此，弛豫时间分布是孔隙大小分布的一种度量。对弛豫时间及其分布进行解释，可以提供渗透率、可动流体孔隙度以及束缚水饱和度等岩石物理参数。

一、NMR 测井技术的发展概况

1946 年哈佛大学的 Purcell 和斯坦福大学的 Bloch 各自独立发现了 NMR(nuclear magnetic resonance)现象，现已成为物理学、化学、生物学和医学中的重要工具。

20 世纪 50 年代，将 NMR 技术用于岩心实验室测量。

20 世纪 60～70 年代，Schlumberger、Chevron 等测井公司发展了利用地磁场的 NML 仪进行商业服务，但不久都放弃了，原因：①信号弱，信噪比太低；②井眼泥浆产生压制性信号，而在当时却无法解决。

20 世纪 70 年代末 80 年代初，美国 Los Alamos 国家实验室的 J. Jackson 博士提出 Inside-Out 技术：在井眼中(inside)放一组磁铁，在井眼外(outside)的地层中建立一定范围内均匀的强磁场，从而实现了对地层有效信号的测量。

这一思想具有里程碑意义，可有效地消除井眼泥浆信号，为现代化商业化 NMR 测井仪的发展奠定了坚实的技术基础。

Miller 领导的 NUMAR 公司，根据 Inside Out 技术和 NMR 成像的基本思想，1990 年率先推出使用梯度场、居中方式测量的 MRIL(magnetic resonance image logging tool)测井仪。

斯仑贝谢公司基于 Inside-Out 思想，1994 年推出使用均匀场及贴井壁测量的 CMR(combinable magnetic resonance tool)测井仪。20 世纪 90 年代出现的 NMR 测井技术的发展和投用被认为是继成像测井技术之后，测井技术的最重大进步。

二、核磁共振测井基本原理

1. 氢核(proton)的磁性

氢核具有自旋性质。由于氢核带电，自旋会产生磁场，磁场强度用核磁矩矢量表示，即

$$\mu = \gamma p \tag{7-3}$$

式中，μ 为磁矩(magnetic moment)；γ 为旋磁比(gyromagnetic ratio)，是磁性核的一个重要性质，不同的原子核，其 γ 值也不一样；p 为自旋角动量。$p = \eta I$ ，其中，η 为普朗克常数(plancks constant)；I 为核自旋(nuclear spins)，氢的 $I=1/2$。

2. 原子核的磁性

NMR 技术的基础是利用原子核自身的磁性及其与外加磁场的相互作用，具有自旋磁矩，即具有磁性，如 ${}^1_1H$、${}^2_1H$、${}^3_1H$、${}^{13}_6C$、${}^{17}_8O$、${}^{19}_9F$、${}^{23}_{12}Na$ 等这样的核不

图 7-22　原子核的磁性

停旋转，像一根磁棒(图 7-22)。要注意：

(1) ^1_1H 具有最大的自旋角动量和测量灵敏性，是测量对象；

(2) 没有外场时，单个核自旋或核磁矩随机取向，系统宏观上没有磁性。

3. 单自旋核在外磁场中的表现

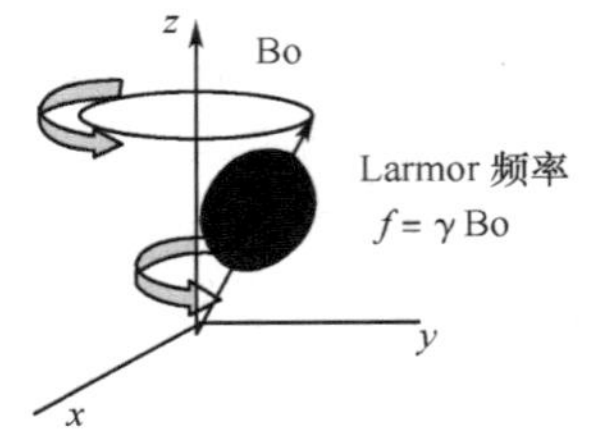

图 7-23 单自旋核在外磁场中的表现

核磁矩在外磁场(由永久磁铁产生)中，受到力矩的作用，像倾倒的陀螺绕重力场进动一样绕外场方向进动(图 7-23)。对氢核：$\gamma=4258\text{Hz/Gs}$①，在 500Gs 的外加磁场中，共振频率 $f=2.13\text{MHz}$。不同的核具有不同的 γ 值，在同一磁场中具有不同的进动频率，因此能够将不同的磁性核区分开。

4. 大量核磁矩由无序变有序排列

在没有外磁场的情况下，原子核自身的磁性在整体上是杂乱无章的(不显示磁性)，但在外磁场的作用下，每个原子核的小磁棒将定向排列，在整体上显磁性(图 7-24)。

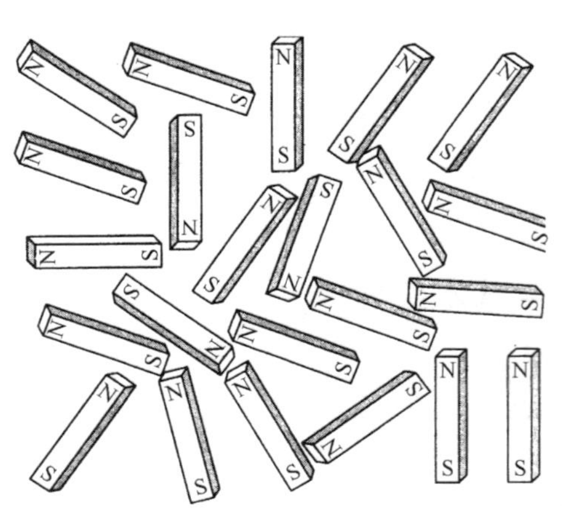

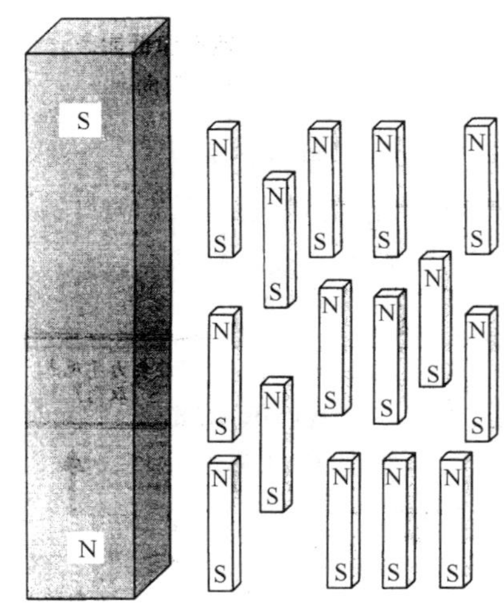

图 7-24 大量核磁矩由无序变有序排列

5. 核磁共振

对于被磁化后的核自旋系统，如果在垂直于静磁场的方向再加一个交变电磁场 $B_1(\omega)$，而且让频率 $\omega=\omega_0$，那么，根据量子力学原理，核自旋系统将发生共

① $1\text{Gs}=10^{-4}\text{T}$。

振吸收现象，即处于低能态的核磁矩吸收交变电磁场提供的能量，跃迁到高能态。

宏观磁化矢量 $\boldsymbol{M}$ 从平行于 B_0 方向发生偏转，偏转角度 θ 取决于 B 的大小和作用时间。

6. 弛豫

当 $B_1(\omega)$ 撤销后，$\boldsymbol{M}$ 将通过自由进动朝 B_0 方向恢复；高能态的氢核通过释放能量回到低能态。这个过程($\theta \to 0$)称为弛豫(relaxation)。

弛豫包含两种机制，M_{xy} 分量(M 在 xy 平面投影)向数值为零的初始方向恢复，称为横向弛豫，所需要的时间称为横向弛豫时间(T_2)[图 7-25(a)]。

M_z 分量(M 在 Z 轴上的投影)向 M_z 为最大的初始数值恢复，称为纵向弛豫，时间为纵向弛豫时间(T_1)[图 7-25(b)]。

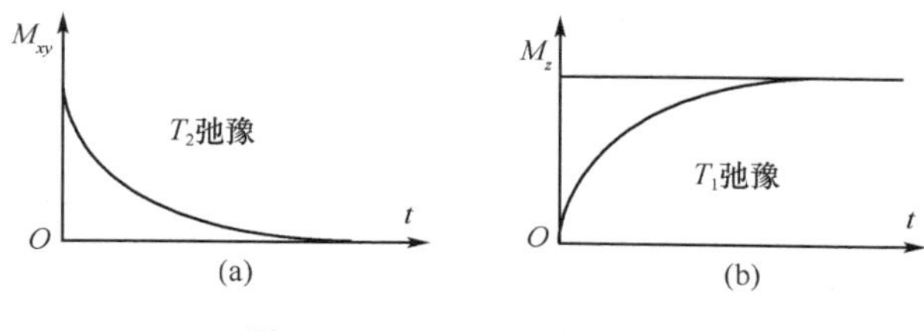

图 7-25 T_1、T_2 弛豫示意图

横向弛豫信号的强度和测量介质中的氢核数目成正比，可进行孔隙度测量。

T_2 时间及其分布特征与流体性质有关，如孔喉大小、流体扩散性质等，可以提取束缚水流体含量、自由流体含量等信息。并能估算渗透率、判断流体性质等。

对于横向弛豫

$$\frac{1}{T_2} = \frac{1}{T_{2B}} + \frac{1}{T_{2S}} + \frac{1}{T_{2D}} \tag{7-4}$$

式中，$\frac{1}{T_{2B}}$ 为体积贡献；$\frac{1}{T_{2S}}$ 为表面贡献；$\frac{1}{T_{2D}}$ 为梯度场扩散贡献。

对于纵向弛豫，相应的等式为

$$\frac{1}{T_1} = \frac{1}{T_{1B}} + \frac{1}{T_{1S}} \tag{7-5}$$

注意扩散对 T_1 无影响，因为该过程仅是一个失相机制。

三、T_2 分布及意义

1. 对现场采集的回波串信号采用多指数拟合求 T_2

$$S(t) = \sum_{i=1}^{N} A_i \exp(-t/T_{2i}) \tag{7-6}$$

式中，A_i 是与第 i 个 T_2 时间相对应的组分信号幅度，已刻度成孔隙度单位；T_{2i} 的选取可任意，但一般为有规律地选取，按 $T_{2i}=2^{i+1}$ 的形式取值。即 $T_{2i}=4$ms，8ms，16ms，32ms，64ms，通过反演，求出各个 A_i 的值。以 T_{2i} 为横坐标，以 A_i 为纵坐标，将各个 T_{2i} 下的 A_i 连成折线，即得到所谓的 T_2 分布谱(图 7-26)。

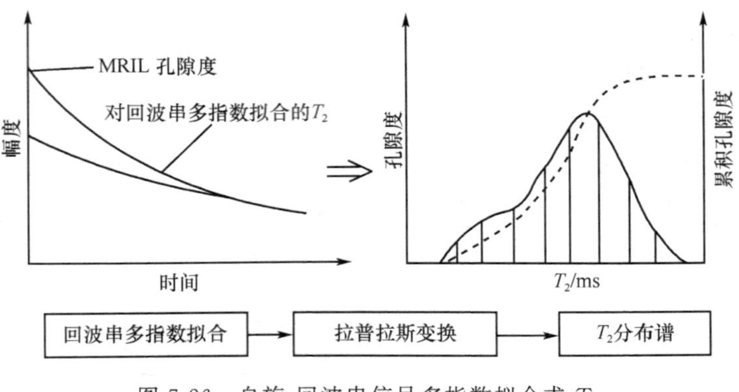

图 7-26　自旋-回波串信号多指数拟合求 T_2

2. 典型 T_2 分布及意义

如图 7-27、图 7-28 所示，T_2 一般呈双峰分布，短 T_2 对应的峰是毛细管微孔隙中的束缚流体(不可动流体)，长 T_2 对应的峰是渗流大孔隙中的自由流体(可动流体)。

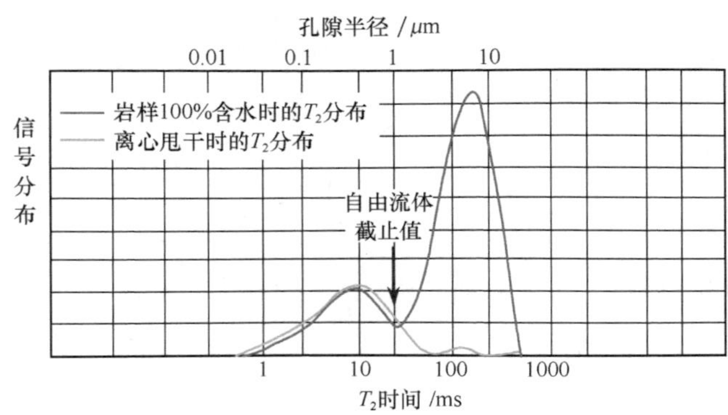

图 7-27　典型 T_2 分布

区分自由流体和束缚流体的界限称之为 T_2 截止值。砂岩 T_2 截止值为 33ms，灰岩为 92ms。如图 7-28，T_2 分布与压汞资料对比，可得到与之相对应的孔隙大小(孔径)分布。

如图 7-29 所示，当孔隙中只有单相流体存在时，T_2 分布的形态反映岩石的孔隙大小(孔径)分布，从而能反映储集层的岩石物理特性。

当孔隙中有多相流体存在时，T_2 分布的形态不仅反映岩石的孔隙大小(孔径)

分布，而且反映流体的类型和特性。当油、气、水的弛豫性质差别较大时，根据 T_2 分布的形态和展布情况，可定性地识别油、气、水的存在。

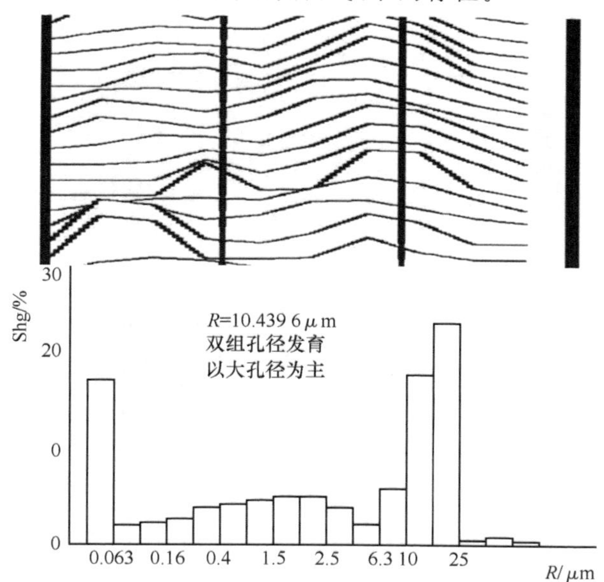

图 7-28　T_2 分布与压汞资料对比

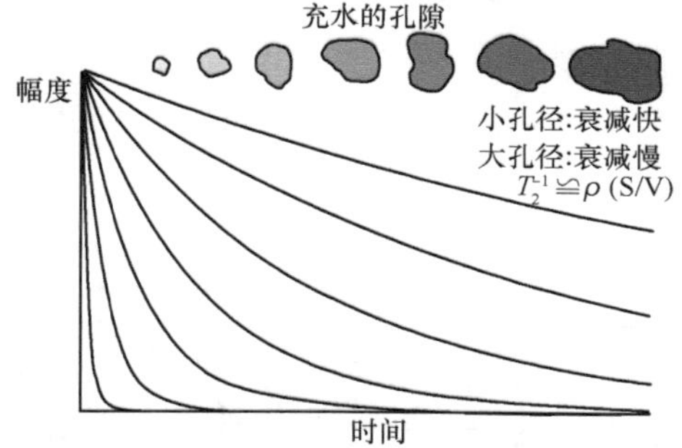

图 7-29　孔径大小与 T_2 弛豫时间关系

不同流体的 T_1，T_2 以及 T_1/T_2 存在差异见表 7-1。

表 7-1　弛豫机制

		T_1	T_2	T_1/T_2
矿物氢		10～100s	10～100μs	约 10^6
水	碎屑	表面弛豫为主	表面弛豫为主	$T_1/T_2=\xi$（ξ 约为 1.5）
	孔洞	体积的弛豫	体积/扩散弛豫	$T_1 \geqslant T_2$
油	中至重油	体积弛豫	体积弛豫	$T_1=T_2$
	轻油	体积弛豫	体积/扩散弛豫	$T_1 \geqslant T_2$
气		体积弛豫	扩散弛豫	$T_1 \gg T_2$

T_2 分布形态与 K 的关系如图 7-30，图上部分为渗透率 $K=7.5$md，在 T_2 分布上主要是微孔隙；图下部分为渗透率 $K=279$md，在 T_2 分布上主要是有效孔隙。

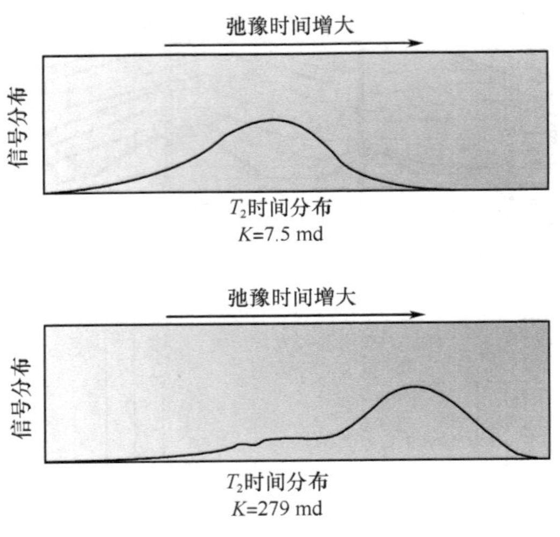

图 7-30　T_2 分布形态与 K 的关系

四、核磁共振测井的应用基础

1. NMR 孔隙度解释模型

NMR 孔隙度解释模型采用的是三水模型，即自由流体、毛管束缚水和黏土束缚水，如图 7-31 所示。

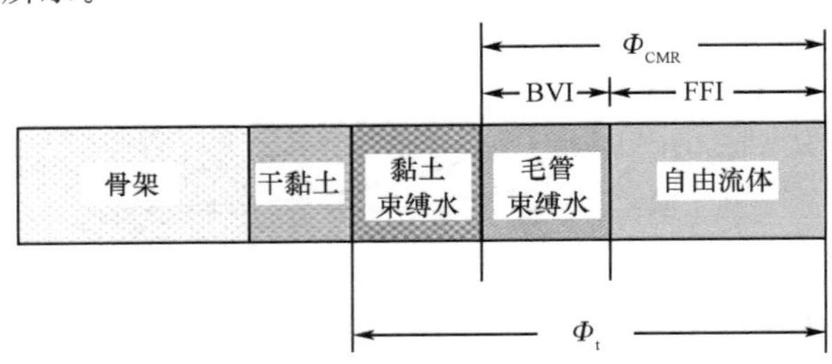

图 7-31　NMR 孔隙度解释模型

2. NMR 测井资料处理方法

NMR 测井资料处理方法分两步。

(1)NMR 测井分析 MRILPOST。此程序将现场采集的回波串进行反演得到 T_2 分布，然后求出核磁共振孔隙度 MPHI、束缚流体孔隙度 MBVI、可动流体孔隙度 MBVM 及核磁共振渗透率 MPERM。

(2)综合流体分析 MRAX2。该程序是在第一步处理的基础上，结合常规方法测得的资料(Rt、DEN、CNL 等)做进一步的油水定量分析。

3. NMR 的三种测量方式

(1) 标准 T_2 测井-提供储层岩石物理学参数；

(2) TR 测井方式(图 7-32)：差谱分析-直接找油和气。

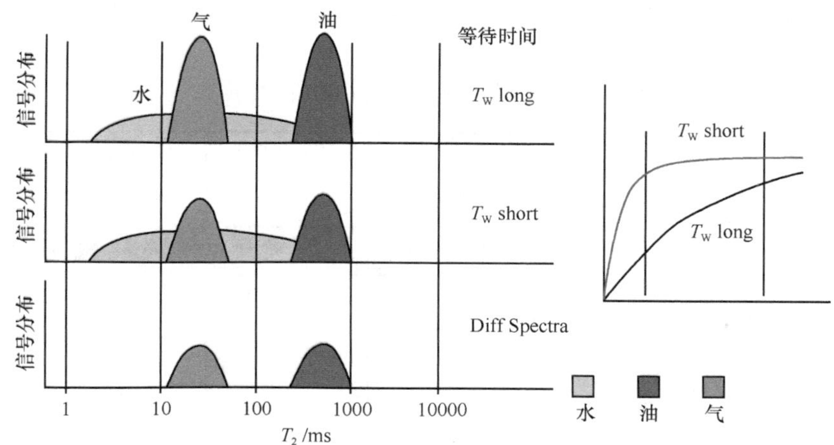

图 7-32　差谱分析

根据油、气、水具有不同的弛豫响应特征，采用不同的等待时间 T_W(两个脉冲序列之间的时间)进行测量，可反映出流体性质在核磁共振响应上的差异，以便加以识别和区分。

短等待时间 T_{Ws}：水信号可完全恢复，烃不能完全恢复。

长等待时间 T_{Wl}：水信号可完全恢复，烃也能完全恢复。将两种 T_W 测得的 T_2 谱相减(差谱)，可基本消除水信号，突出烃信号，从而达到识别油、气、水层的目的。

(3) TE 测井方式(图 7-33)：移谱分析-直接找油气。

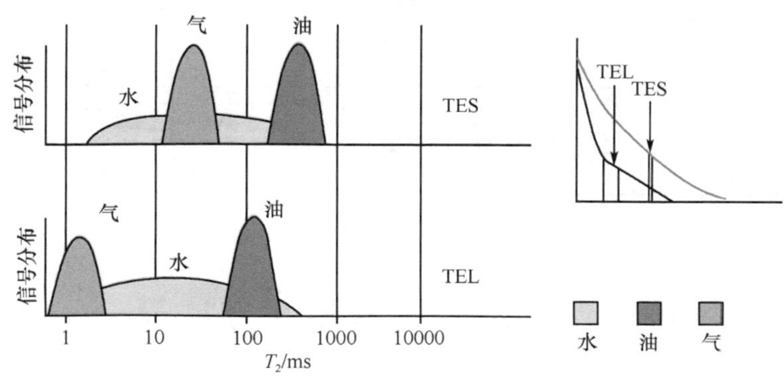

图 7-33　移谱分析——直接找油气

油气水具有不同的扩散系数，在梯度磁场中对 T_2 时间及其分布有不同程度的影响，增加回波间隔 TE，将导致 T_2 减小，T_2 分布将向减小的方向移动。

气有最大的扩散系数 D，T_2 减小最厉害；轻质油有较大的 D 值，T_2 减小明显。水的 D 值比气和轻质油都小，T_2 减小程度小；重油有最小的扩散系数，T_2 减小最小。若采用长、短两种 TE 测井，对比其 T_2 分布减小的程度，即进行所谓的移谱分析，将能够区分油气水。

利用核磁共振测井等资料解释实例如图 7-34 所示。

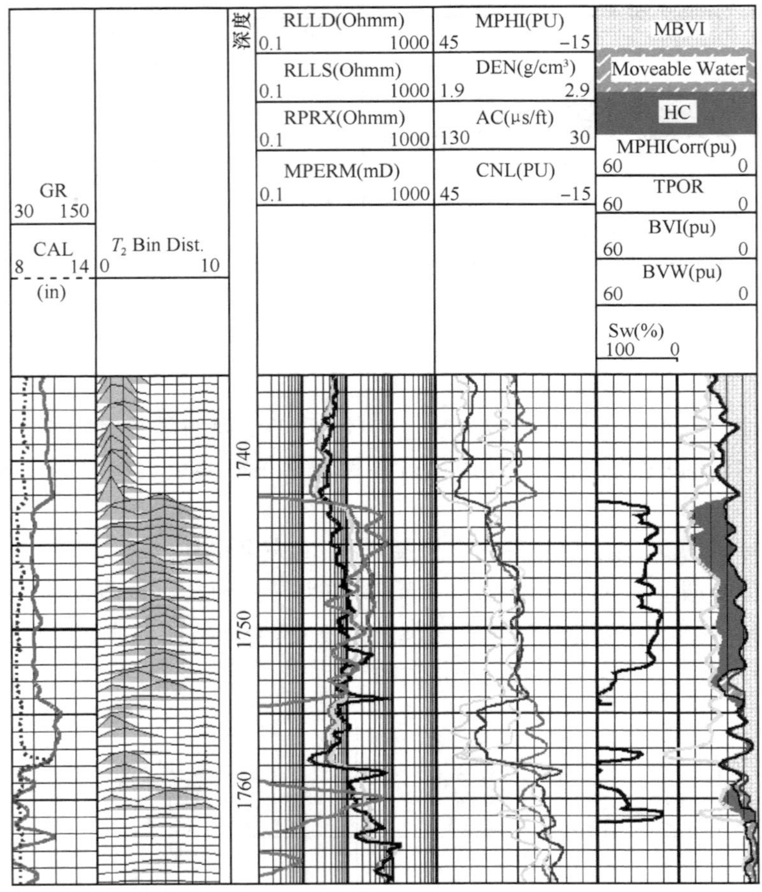

图 7-34　解释油气实例

第七节　其他成像测井方法简介

一、阵列感应成像测井

阵列感应成像测井是在常规感应测井的基础上发展起来的一种成像测井方

法。阵列感应成像测井采用一个发射线圈和多个发射线圈。图 7-35(a)所示的是斯仑贝谢公司研制的阵列感应成像仪。它运用了双线圈系的电磁场叠加原理，实现消除直耦信号影响的目的。线圈系由八组基本接收单元(R_1，R_2，…，R_8)组成，共用一个发射线圈，使用三种频率(26.325kHz，52.65kHz，105.3kHz)同时工作，井下仪测量多达 28 个原始实分量和虚分量[图 7-35b(1)]，传输到地面经计算机处理，实现数字聚焦，得到三种纵向分辨率、五种探测深度的测井曲线[图7-35b(2)]。

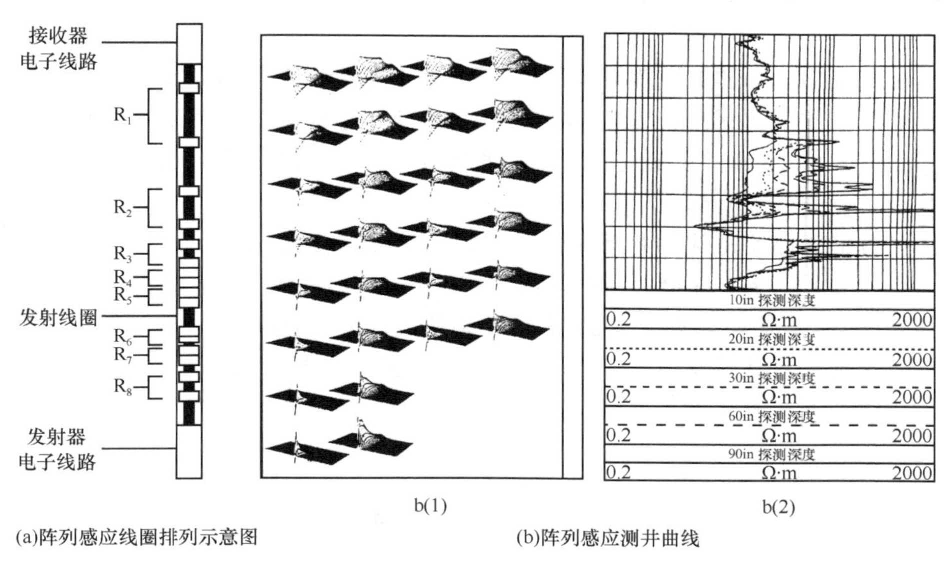

(a)阵列感应线圈排列示意图 (b)阵列感应测井曲线

图 7-35 阵列感应成像测井

二、方位电阻率成像测井

方位电阻率成像测井是在双侧向测井的基础上发展起来的，它共有 12 个电极，装在双侧向测井屏蔽电极 A_2 的中部，每个电极向外的张开度为 30°，12 个电极覆盖了井周 360°方位范围的地层，所以称为方位电极，电极为长方形。方位电极的上下装有环状监督电极 M_3、M_4(两个电极短路)，每个方位电极供以电流 I_{AZ}，通过自动调节 I_{AZ}，使得监督电极的电位相等。方位电极电流受到 A_2 以及相隔极性的其他方位电极的屏蔽作用，从而使电流 I_{AZ}，沿着电极张开角的方向流入地层。测量每个方位电极的电流 I_{AZ}和 M_3(M_4)电极相对于铠装电缆外皮的电位 U_m，可计算 12 个方位的电阻率。12 个方位的电阻率可以反映井周介质的情况。当井周介质不均匀或存在裂缝时，12 个方位的电阻率存在差异和变化，据此可以研究井周的情况。

第八章　油、气、水层综合解释方法

第一节　储　集　层

自然界的岩石种类虽然很多，但并不是所有的岩石都能储集油、气、水。只有具有一定孔隙空间（孔隙、裂缝和溶洞等）和具有一定的渗透性（即孔隙空间相互连通，形成油、气、水流动的通道）的岩石才能储集油、气、水。我们称这类岩层为储集层。

划分储集层就是从钻井地质剖面中把这种能够储集油、气、水的地层划分出来。这是油、气、水层综合解释的基础工作。划分储集层的前提：①储集层与非储集层之间，在孔隙度、渗透率、泥质含量等地质参数上有明显差别，对于一定的地区存在有一定的数量界限；②钻井时一般是采用超过地层压力的方式钻进，因此，储集层一般都存在泥浆的侵入，形成一定的侵入带。这就是利用测井资料划分储集层的前提。

一、碎屑岩剖面

（一）岩性分类

碎屑岩主要由各种岩石碎屑、矿物碎屑、胶结物（如泥质、灰质、硅质和铁质）及孔隙空间组成；按其颗粒大小（即粒径），可把碎屑岩分为砾岩、砂岩、粉砂岩和泥岩等（表 8-1）。

表 8-1　碎屑岩粒径

岩石名称		粒径/mm
砾岩		＞1
砂岩	粗砂岩	1～0.5
	中砂岩	0.5～0.25
	细砂岩	0.25～0.1
粉砂岩	粗粉砂岩	0.1～0.05
	细粉砂岩	0.05～0.01
泥岩		＜0.01

在这些碎屑岩中除泥质岩类(泥岩、页岩、黏土等),其余都具有一定的储集性。目前世界上大约有40%的油、气储集在这一类储集层中。这类储集层在我国中、新生代的含油、气地层中有广泛分布。

(二)明显的特征标志

碎屑岩剖面中的储集层,测井资料上具有相当明显的特征标志:①在井壁上存在一定厚度的泥饼,这是碎屑岩储集层最重要的标志。在测井曲线上表现为井径缩小,即实测井径小于或接近钻头直径;在微电极曲线上表现为中等视电阻率,曲线变化平缓,具有明显的正幅度差。②泥浆侵入储集层,形成侵入带,因而用不同探测深度的电阻率测井(长、短梯度电极系;深、浅侧向测井;深、浅感应测井)测得的地层电阻率,出现明显的差异,即存在径向电阻率梯度变化。③碎屑岩剖面上的储集层中泥质含量都较低,在自然电位曲线上表现为明显的负异常,或自然伽马曲线上显示为明显的低值。

以上是碎屑岩储集层在一般正常情况下所具有的特征标志。在非正常情况下,特别是在泥浆性能变坏、泥浆不均匀或测井曲线质量较差时应特别注意。这时应综合分析孔隙度测井曲线,如中子、声速和密度等测井曲线来划分储集层。

(三)地质任务

对于砂泥岩剖面,测井解释在油田勘探阶段的地质任务(标准测井除外)包括:①详细划分岩层,准确确定岩层界面和深度;②划分岩性和渗透层;③探测不同径向深度的电阻率,了解电阻率的径向变化特征;④划分油、气、水层;⑤计算油(气)层的孔隙度、含油饱和度、渗透率和有效厚度、计算岩性成分、油气密度等。

(四)测井系列

1. 水基泥浆

(1) 用自然电位(或自然γ或微电极)曲线详细划分岩层和渗透层。

(2) 用微侧向(或八侧向或微球型聚焦)探测冲洗带,浅侧向(或中感应)探测侵入带,深侧向(或深感应)探测原状地层,并通过微、浅、深电阻率的对比,分析电阻率的径向特征。

(3) 分析深、浅探测电阻率和声波时差、自然电位,可在一般情况下定性区分油(气)、水层。

(4) 用声波时差计算孔隙度,用声波感应组合计算含油(气)饱和度、估计渗透率等。

2. 油基泥浆

为了某种地质目的，例如，为了准确地测定岩心的含油饱和度，往往用油基泥浆钻井。利用油基泥浆钻井的岩心分析资料可以更好地研究岩性、物性、含油性和电性（测井特性）的关系。因此，油基泥浆的测井工作更要搞好，要采用尽可能多的测井方法。

在油基泥浆中，一般的电法测井，如自然电位、普通视电阻率测井、微电极和侧向测井等无法使用。因此，对油基泥浆井一般采用的测井系列是：划分岩性和地层对比——感应测井、自然伽马和井径；求储集层孔隙度——声波时差或中子测井；判断油（气）、水层——感应、时差和中子测井。

（五）定性判断油水层

1. 典型水层

典型水层也称标准水层，它应该是该井段内岩性较纯、无油气显示、厚度较大、电阻率最低和 SP 异常幅度最大的渗透层。它是综合判断油（气）、水层的对比标准，如果选择不当，容易造成整个解释结论偏低（特殊情况下也可能偏高）。典型水层在测井曲线上的特征是：①SP 异常最大。这是岩性较纯、渗透性较好和厚度较大的标志。典型水层 SP 幅度略大于油层。②深探测电阻率最低。这是指同一解释层段内对所有储集层进行比较，它的电阻率最低。③$S_w \approx 100\%$。④明显的增阻侵入。虽然当 $R_{mf} \gg R_w$ 时油层也能发生增阻侵入，但总没有典型水层的增阻侵入明显，而且深探测电阻率曲线在油层有较高的读数，在水层则具有低阻特征。⑤录井无油气显示，邻井试油证实为水层。

2. 典型油层

在同一解释井段内，将解释层的测井曲线与岩性、物性相似的典型水层进行比较，很容易找出典型油层或比较有把握的油层。然后，将其他解释层与典型水层、典型油层进行对比，以便逐层作出解释，解释实例如图 8-1。可以从以下几方面比较典型的油（气）层：①深探测电阻率较高。它大于最小油层电阻率；与岩性相同、物性相似的典型水层相比，其深探测电阻率大于典型水层三倍以上。物性是否相似，主要参考时差和微电极曲线。②减阻侵入。一般情况下油气层发生减阻侵入，当 $R_{mf} \gg R_w$ 时也可能发生增阻侵入，但不如水层增阻侵入明显，且深探测电阻率较高。③$S_w \leqslant 50\%$。油（气）层的含油饱和度一般大于 50%，好油层的 S_o 最大可达 80%或更大些。④有可动油显示。⑤没有自由水，$S_w \approx S_{wi}$。⑥SP 幅度略小于水层。这时要注意岩层含泥量的可能变化，因为泥质的增加更容易造成 SP 异常幅度的减小。⑦录井有油气显示（包括岩屑录井、气测和井壁取心）或与邻井试油资料证实的油层相似。

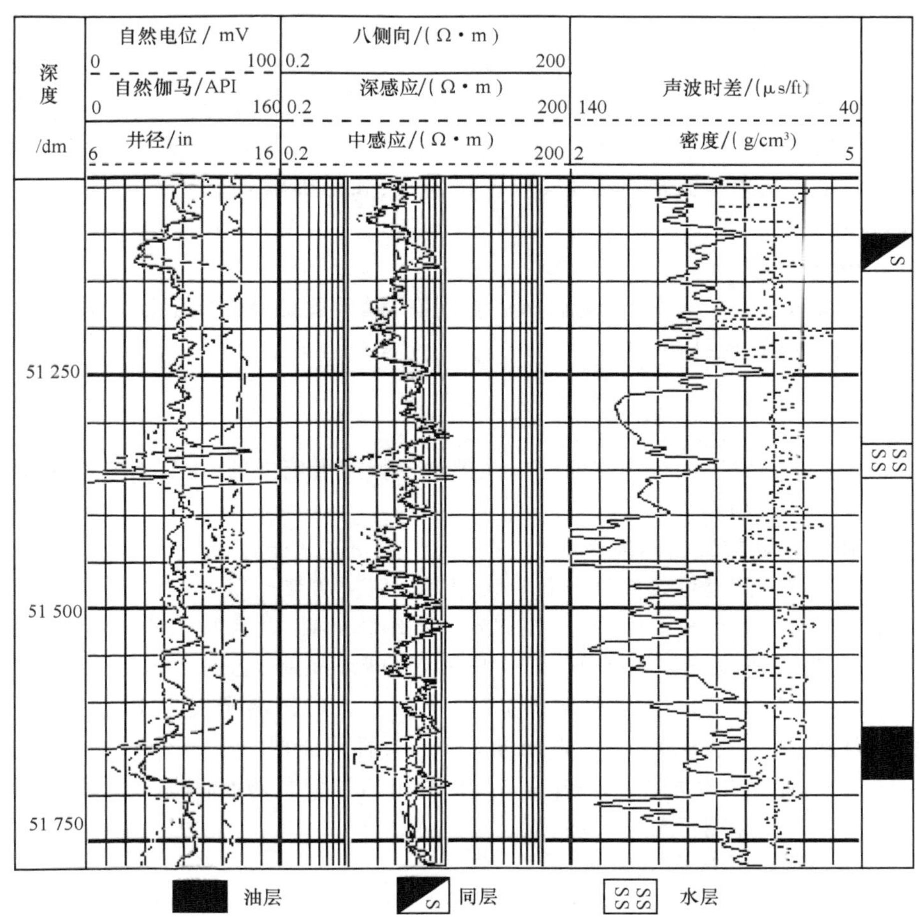

图 8-1　综合解释实例

二、碳酸盐岩剖面

(一)碳酸盐岩地质特点

1. 重要性

碳酸盐岩是另一类重要的岩类，世界油、气田中，大约 50%的储量和 60%的产量来自这类储集层。

2. 岩石成分

碳酸盐岩属于生物化学沉积(包括灰屑岩)，主要由碳酸盐矿物组成。主要岩石类型是石灰岩和白云岩，过渡类型的泥灰岩也往往归入到碳酸盐岩类中。石灰岩的矿物成分主要是方解石，其化学成分是碳酸钙。白云岩的矿物成分主要是白云石，化学成分是碳酸镁。

3. 岩石类型

碳酸盐岩的分类很复杂，常见的碳酸盐岩有石灰岩、白云岩和生物碎屑灰岩等。但一般的说，常见的石灰岩根据成因和结构特点可以分为：生物灰岩（如礁灰岩、贝壳灰岩、贝壳碎屑灰岩和生物碎屑灰岩等）；化学灰岩（如致密结晶灰岩、鲕状灰岩和假鲕状灰岩等）；碎屑灰岩（如砾状、砂状和粉砂状碎屑灰岩等）；凝块石灰岩；团块石灰岩。

4. 储集空间

在石灰岩和白云岩中，常见的储集空间有：晶间孔隙、鲕状孔隙、粒间孔隙、溶洞、裂缝和生物体腔孔隙等。

（二）碳酸盐岩储集层的分类

碳酸盐岩储集层的分类一般是以孔隙结构特点为依据的，主要有三种类型：孔隙型、裂缝型和溶洞型。

1. 孔隙型碳酸盐岩储集层

它与碎屑岩储集层的储集空间极为相似。包括两类孔隙，一类是粒间孔隙、晶间孔隙和生物体腔形成的孔隙，典型的岩性是鲕状灰岩、针孔状生物灰岩和螺灰岩等；另一类是所谓白云岩化及重结晶作用形成的粒间孔隙，这是岩石形成后产生的次生孔隙。由于地层水中的镁离子与灰岩方解石中的钙离子发生交代作用，方解石变成白云石。一般认为，白云岩化可能使岩石骨架体积缩小（12%～13%），使孔隙空间扩大；伴随产生的重结晶作用（颗粒变粗），也使孔隙空间扩大。所谓“砂糖状”白云岩，其孔隙度可与砂岩相比。

2. 裂缝型碳酸盐岩储集层

这类储集层的孔隙空间主要由构造裂缝和层间缝组成。构造裂缝的发育程度与构造部位和岩性有关，一般在轴部和断裂带附近最发育。含泥量越少，岩性越脆，裂缝也越发育，且按白云岩、石灰岩、泥灰岩的次序依次有所降低。

这类储集层由于裂缝的数量、形状和分布可能极不均匀，孔隙度和渗透率也有很大的变化，油、气分布也很不规律。裂缝发育的储集层，还具有渗透率高和泥浆侵入深的特点。

从测井解释的角度来说，裂缝性储集层大致可分为两种。一种裂缝相当发育，岩石相当破碎，以致在通常的测井范围内可以认为裂缝是均匀分布的，而且裂缝孔隙度与粒间孔隙度相当或占数量上的优势。在这种情况下，目前的测井和解释方法使用效果比较好。另一种情况是裂缝不太发育且分布不均匀，裂缝孔隙度不及粒间孔隙度大。这种情况下，采用目前那些适用于孔隙性储集层的解释方法，常常不足以区分油（气）、水层。

3. 洞穴型碳酸盐岩储集层

这类储集层的孔隙空间，主要是由溶蚀作用产生的洞穴。洞穴形状不一，但一般明显地大于粒间孔隙，小的几立方毫米，大的可达几千立方米，常沿裂缝及地层倾斜方向分布。洞穴之间，或直接连通，或通过微细裂缝连通。这是富集油气的一种重要的孔隙类型。世界上碳酸盐岩地区的高产油田，往往是具有喀斯特洞穴的储集层。钻井遇到较大的洞穴，会出现放空和泥浆漏失的现象，一般洞穴愈大，漏失愈严重。

对于通常的测井探测范围来说，大洞穴的出现也许带有局部的性质，钻遇洞穴并不能说明处处有洞穴，这给测井解释带来相当大的困难。目前，测井解释只能考虑较小洞穴，而且假设它们的分布是均匀的。用中子或密度测井孔隙度作为总孔隙度 ϕ，并计算含油饱和度；把 ϕ 与声波孔隙度 ϕ_s 之差，作为洞、缝次生孔隙度。

（三）测井系列

测井工作的主要任务和要求是：①应能较好的划分裂隙发育段，指出主要和次要生产层；②对裂隙段的含油性进行评价并确定油水界面的位置；③为满足储量计算的要求，用测井方法求准孔隙度。

根据测井工作的任务采用的组合测井系列是：深浅三侧向、自然伽马、中子伽马、声波时差、2.5m 梯度、自然电位和井径、声电成像、核磁共振等。

（四）判断油气层

碳酸盐岩剖面裂隙性储集层含油性的判断是一个比较困难的问题，目前还远未达到圆满解决的程度。其困难大致在于：

(1) 标准水层对比法基本不能用。这是因为即使能找出标准水层，也可能由于解释层裂隙发育程度与之有很大差别，而无法通过电性对比给出含油性的明确概念。

(2) 由于泥浆侵入深度大，使径向电阻率对比效果差。目前使用的深、浅三侧向，据估计，只能反映侵入带和冲洗带，也就是说，深、浅三侧向曲线的幅度差异主要反映所含残余油气程度的不同。同时，由于深探测电阻率不能准确反映原始地层，也使含油饱和度的定量计算可靠性降低。

(3) 孔隙度指数 m 不易通过实验室确定，影响了定量解释的可靠性。裂隙发育带所取岩心破碎，不能反映原始地层情况，从而无法进行 F-ϕ 关系的实验室分析。因此，对于目前采用的测井系列，油、水层的解释主要是定性的，最多也可能只具有半定量的意义。

图 8-2 是碳酸盐岩剖面测井解释实例，由图可知裂缝储集层上往往侧向测井电阻率值低，电极距为 2.5m 的普通电阻率曲线值低。

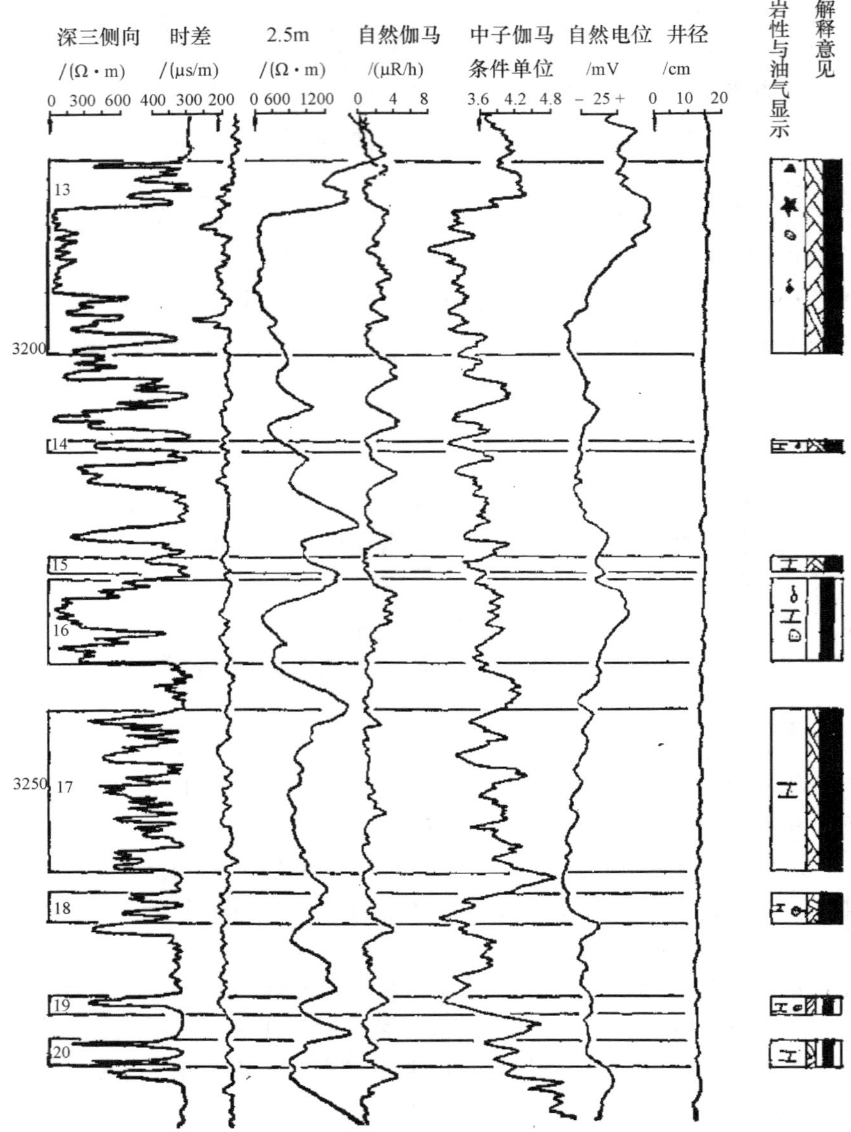

图 8-2 碳酸盐岩剖面测井解释实例

三、膏盐剖面

(一)地质特点

岩盐经常与石膏、硬石膏共生。因此,把包括有岩盐和石膏、硬石膏的地层剖面简称膏盐剖面。

一般膏盐剖面中除膏盐之外，还可能含有碳酸盐岩、泥岩和砂岩等。其中泥岩和碳酸盐岩可能是生油层，而砂岩和碳酸盐岩可能为储集层，膏盐层、泥岩和致密碳酸盐岩为盖层或隔层。

盐岩是一种纯化学成因的岩石，由于水的蒸发作用而发生沉淀，故亦称蒸发岩。蒸发岩主要有石膏、硬石膏、芒硝、岩盐和钾镁质岩盐等。

盐岩的沉淀需要一定的条件：

(1) 有高的含盐浓度，有炎热干燥的气候条件。只有这样，由于水的大量蒸发，才能使水溶液的含盐浓度不断提高，促使盐类矿物沉淀成岩。

(2) 有急剧下降的沉积条件。这样才能使沉淀下来的盐岩迅速被埋藏起来，不致被冲刷掉。

(3) 盐岩的沉淀有一定的次序，首先沉淀下来的是碳酸盐、石膏和硬石膏，其次是岩盐，最后是钾镁质岩盐。

生成岩盐的地理环境是滨海、潟湖或内陆盐湖环境。从成盐的地质时代看，我国主要的成盐时期是二叠纪和第三纪，其次是奥陶纪。

对于膏盐剖面，测井解释的任务是从剖面中找出砂岩或碳酸盐岩储集层，并评价其含油性。膏盐剖面由于大量岩盐的存在，使泥浆矿化度很高，往往使泥浆电阻率 $R_m<0.1\Omega\cdot m$(18℃，矿化度大于 80000ppm)，属于盐水泥浆条件；由于储集层是在盐水环境沉积的，所以地层水矿化度很高，往往使砂岩油、气层呈现低电阻率特征，而碳酸盐岩储集层则 R_t 与 R_m 差别悬殊；砂岩的胶结物除泥质和灰质外，在靠近膏盐发育段有可能出现局部石膏胶结。

(二)测井系列

划分岩性——自然 γ，盐岩的 GR 值最低，泥岩的 GR 值最高，泥膏岩和砂岩的 GR 显示相似；微电极——分层；深侧向(深感应)——地层电阻率；声波时差——孔隙度；侧向(感应、4m 梯度)——含油性。

(三)定性判断油水层

膏盐剖面定性判断油、水层的基本方法与砂泥岩剖面相似。不同的只是膏盐剖面砂岩储集层的电阻率一般都比较低。因此，在利用微电极或 GR 曲线划分出储集层后，应首先用感应测井曲线划分典型水层(高电导率)，然后利用 4m 和感应曲线与典型水层作纵向对比以便判断油层。干层在微电极曲线上有较高的视电阻率值，4m 和感应的 R_a 也较高，时差值较低。

膏盐剖面解释实例如图 8-3 所示，各种剖面岩石测井特征如表 8-2 所示。

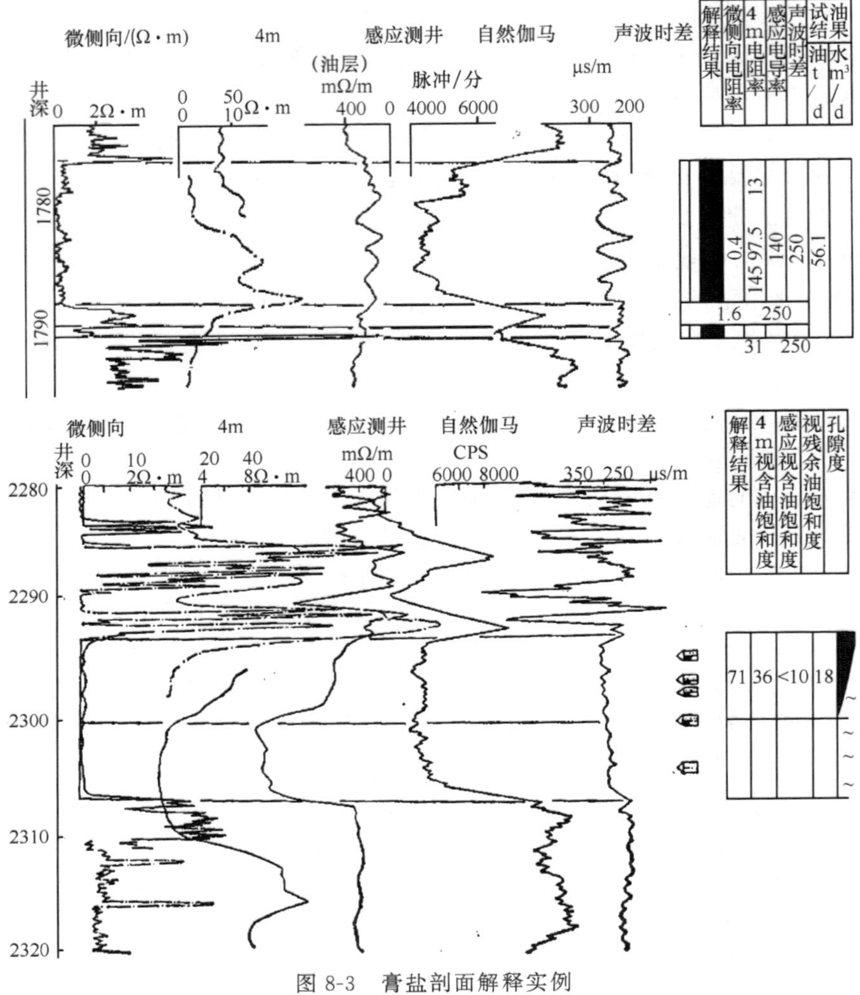

图 8-3　膏盐剖面解释实例

表 8-2　各种剖面岩石测井特征

测井方法 / 曲线特征 / 岩性	声波时差/(μs/m)	体积密度/(g/cm³)	中子孔隙度/%	中子-伽马/条件单位	自然伽马/API	自然电位/mV	微电极/(Ω·m)	电阻率/(Ω·m)	井径/cm
泥岩	大于300	2.2～2.65	高值	低值	高值	基值	低,平值	低值	大于钻头
煤	350～450	1.3～1.5	$\phi_{snp}>40$ $\phi_{cnl}>70$	低值	低值	异常不明显或很大正异常(无烟煤)		高值,无烟煤最低	接近钻头
砂岩	250～380	2.1～2.5	中等	中等	低值	明显异常	中等,明显正差异	低到中等	略小于钻头

续表

测井方法 / 曲线特征 / 岩性	声波时差 /(μs/m)	体积密度 /(g/cm³)	中子孔隙度/%	中子-伽马/条件单位	自然伽马 /API	自然电位 /mV	微电极 /(Ω·m)	电阻率 /(Ω·m)	井径 /cm
生物灰岩	200～300	比砂岩略高	较低	较高	比砂岩还低	明显异常	较高，明显正差异	较高	略小于钻头
石灰岩	165～250	2.4～2.7	低值	高值	比砂岩还低	大片异常	高值锯齿状正负差异	高值	小于或等于钻头
白云岩	155～250	2.5～2.85	低值	高值	比砂岩还低	大片异常	高值锯齿状正负差异	高值	小于或等于钻头
硬石膏	约 164	约 3.0	≈0	高值	最低	基值		高值	接近钻头
石膏	约 171	约 2.3	约 50	低值	最低	基值		高值	接近钻头
岩盐	约 220	约 2.1	接近于零	高值	最低，钾盐最高	基值	极低	高值	大于钻头

第二节　测井交会图技术

一、交会三角形

如图 8-4 所示，纯白云岩骨架点：$\rho_{ma}=2.82\text{g/cm}^3$，$\Phi_{Nma}=0$；纯泥岩点：$\rho_{sh}=2.45\text{g/cm}^3$，$\Phi_{Nsh}=50$；水点：$\rho_1=1\text{g/cm}^3$，$\Phi_{Nf}=100$。图中的 A 点（$\Phi_N=40\%$，$\rho_b=2.2\text{g/cm}^3$）。然后利用线性插值的方法，可求得其孔隙度为 $\phi=30\%$，泥质含量 $V_{sh}=20\%$。

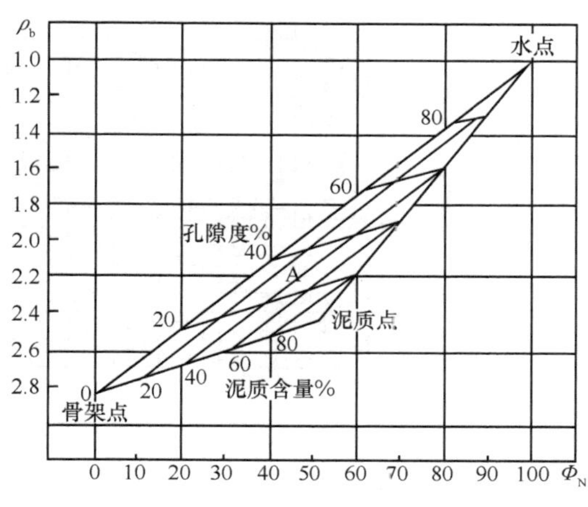

图 8-4　中子-密度测井交会图

（一）交会图版

对于纯岩石来说，岩石成分由岩石骨架和流体组成，利用密度和中子测井建立响应方程为

$$\rho_b=\phi\rho_f+\rho_{ma}(1-\phi) \tag{8-1}$$

$$\text{CNL}=\phi\Phi_{Nf}+(1-\phi)\Phi_{Nma} \tag{8-2}$$

式中，ρ_f、ρ_{ma} 分别为流体和骨架的密度；Φ_{Nf}、Φ_{Nma} 分别为流体和骨架的含氢指数。

1. 制图方法

(1) 对于石灰岩取：POR＝0，5，10，15，20，25，30，分别代入式(8-1)，将计算的交会点点到交会图，然后画线。

(2) 以同样的方法绘制砂岩线、白云线和硬石膏线。

2. 应用

若解释层由两种矿物组成，则交会点将落在相应两条岩性线之间的某个位置，如图8-5所示的P点，它可能代表石灰岩-白云岩之间的过渡岩性，即由方解石、白云石这两种矿物按一定比例组成的混合岩；也可能是砂岩-白云岩按一定比例组成的另一种混合岩。在已知组成岩石的两种矿物的可能成分后，根据交会点在对应岩性线之间的具体位置，便可求得这两种矿物成分的含量和岩石的孔隙度值。其具体的求解步骤是：

(1) 根据解释井段的岩性特征和地质上的可能性，判断解释层的岩性。例如，判别其为石灰岩-白云岩之间的过渡岩性。

(2) 通过P点引一条直线AB，使它与P点附近对应两条岩性线上相同孔隙度点的连线(如图8-5中EF线)相平行。

(3) 根据AB线与岩性线的交点A或B点，可读出该解释层的孔隙度ϕ＝17.6％。

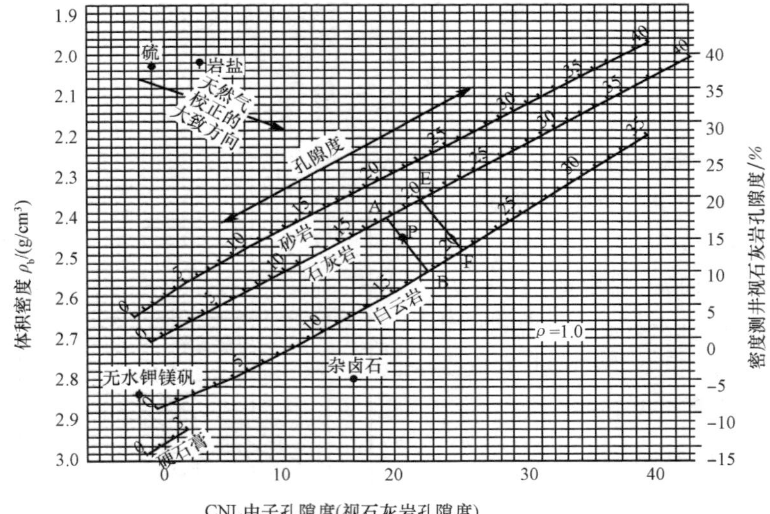

图8-5　补偿中子-密度测井交会图

根据P点在AB线上的位置，可计算矿物的百分含量。即

方解石的百分含量为$\frac{\overline{PB}}{\overline{AB}}$＝66.7％；

白云石的百分含量为$\frac{\overline{PA}}{\overline{AB}}=\frac{\overline{AB}-\overline{PB}}{\overline{AB}}$＝1－0.667＝33.3％。

如果组成岩石的矿物对是石英和白云石，也可利用同样的方法求得孔隙度和矿物含量。

(4) 根据矿物的百分含量可计算出过渡岩性的视骨架密度，用$(\rho_{ma})_a$表示。

$$(\rho_{ma})_a = 2.71 \times 0.667 + 2.87 \times 0.333 = 2.76 g/cm^3$$

也可利用该交会图，求得混合矿物组成的岩石骨架密度，它是过P点的内插岩性线与孔隙度为零的骨架点连线相交的交点所对应的纵坐标读数。如图8-5中P点的$(\rho_{ma})_a = 2.76 g/cm^3$。

需要指出，利用这种交会图进行解释时，如果事先不知道组成岩石骨架的矿物时，则矿物成分的解释是多解的。如P点即可解释为石灰岩-白云岩组合，也可解释为砂岩-白云岩组合，还可解释为石灰岩-硬石膏组合等。因此，要求得正确的解答，需事先根据地质情况确定出解释层的骨架矿物组成之后再进行解释。但是，即使矿物选择错误，求得的孔隙度值仍然相差不大，并认为是可靠的。

图8-6为中子孔隙度-声波时差交会图。

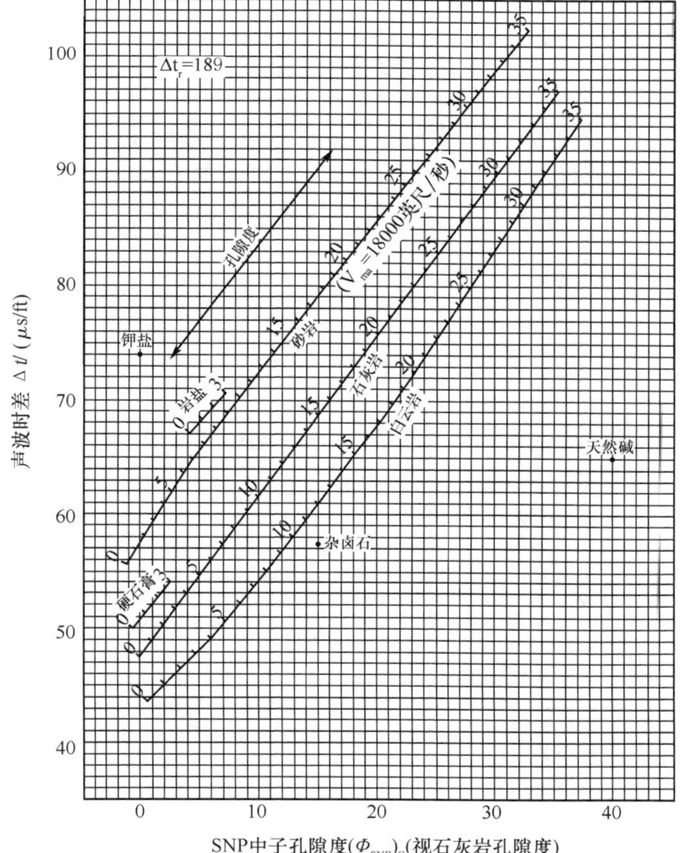

图8-6 中子孔隙度-声波时差交会图

(二)交会三角形法

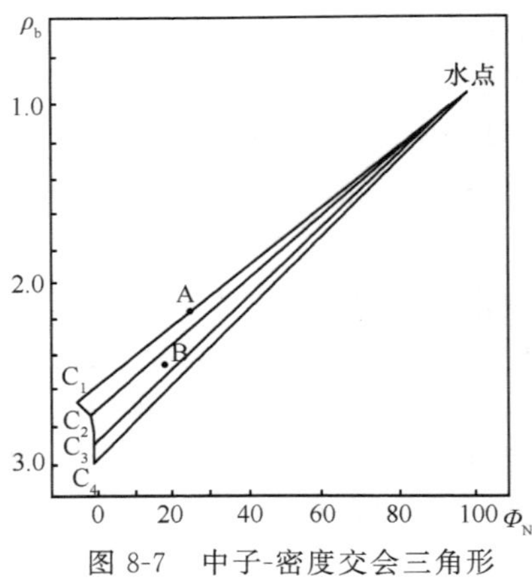

图 8-7　中子-密度交会三角形

在图 8-5 的两种孔隙度测井读数的交会图中,如果将水点也绘出,并将图缩小,则水点与两种矿物的骨架点之间便依次构成多个交会三角形。如图 8-7 为中子-密度交会图上所作的交会三角形的实例。

利用这些交会三角形,由计算机求解两种矿物成分和孔隙度是很方便的。计算机可以在事先并不知道解释点的岩性矿物对的情况下,通过求解测井响应方程组的办法,依次对每个交会三角形进行求解,并判断解释结果的正确性,最后挑选出合理的解释结果。

二、*M*-*N* 交会图

M-*N* 交会图解释图板是利用与岩石孔隙度无关的两个参数 *M* 和 *N* 来制作的用以识别岩石骨架成分的一种图版。图中某一种矿物的 *M* 和 *N* 值,是声波-密度交会图图版和中子 - 密度交会图图版上该种矿物的骨架点与水点连线的斜率(图 8-8)。即

$$M = \frac{\Delta t_f - \Delta t_{ma}}{\rho_{ma} - \rho_f} \times 0.01 \tag{8-3}$$

$$N = \frac{(\Phi_N)_f - (\Phi_N)_{ma}}{\rho_{ma} - \rho_f} \tag{8-4}$$

M 值之所以乘 0.01,是为了使它与 *N* 值大小相当,便于作图。

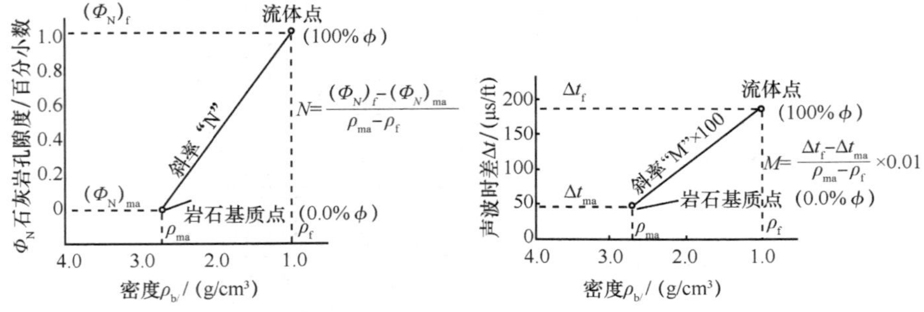

图 8-8　*M*-*N* 的定义

为了进一步了解参数 M 和 N 的含义，根据式(8-3)和(8-4)的定义，可做出如图8-9所示的图形。由图 8-9 可以看出，不同孔隙度的某种单矿物岩石，其交会点必然落在该种岩性的骨架点与水点的连线上，并且该直线的斜率始终为某一固定值。只有当骨架参数改变时，其值才发生变化。因此，表现这一斜率的参数 M 和 N 的数值，就只与岩石的骨架成分有关，而与其孔隙度无关。它说明 M 和 N 值是一种反映骨架岩性的参数。

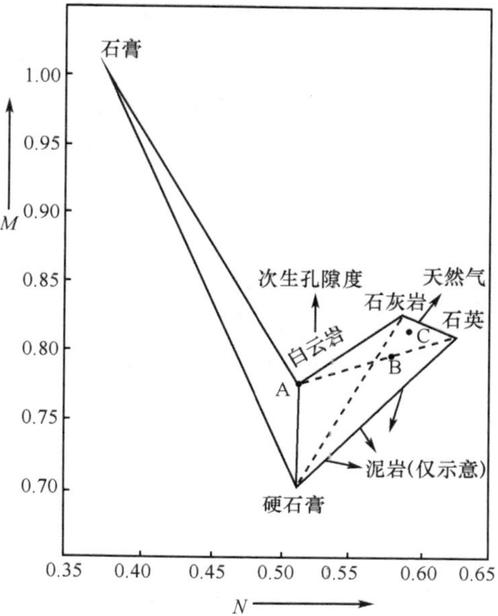

图 8-9　M-N 交会图解释图版

既然图 8-9 中骨架点和水点的连线上任意一点都能与该岩石相应孔隙度时的测井值相对应，那么，斜率 M 和 N 也可用解释层处的测井值 Δt、ρ_b 和 Φ_N 的大小来表示，即

$$M = \frac{\Delta t_f - \Delta t}{\rho_b - \rho_f} \times 0.01 \qquad (8\text{-}5)$$

$$N = \frac{(\Phi_N)_f - \Phi_N}{\rho_b - \rho_f} \qquad (8\text{-}6)$$

上式表明，如果岩石为一种矿物，则不论其孔隙度大小，由此算得的 M 和 N 值也能反映该岩性线的斜率，并可代表这种岩性。不同矿物，其 M、N 值不同(表 8-3)。利用 M-N 交会图图版(图 8-9)进行岩性解释的方法如下：

(1) 根据声波、密度和中子测井曲线，读出解释层的 Δt、ρ_b、Φ_N 值，分别计算出 M 和 N 值。

(2) 根据解释层的 M 和 N 值，在 M 和 N 交会图上定出一个交会点。

(3) 如果岩石只是由一种矿物组成，则交会点将同相应的矿物点相重合。例如，图 8-9 中 A 点，其岩性可解释为白云岩。

表 8-3　几种常见岩石的 M 和 N 值

泥浆特性 / 岩石	盐水泥浆(ρ_f=1.1)		淡水泥浆(ρ_f=1)	
	M	N	M	N
砂岩(U_{ma}=19500ft/s)	0.862	0.669	0.835	0.028
石灰岩	0.854	0.621	0.827	0.585
白云岩 ϕ=1.5%～5.5%	0.800	0.544	0.778	0.524
硬石膏 ρ_{ma}=2.98	0.718	0.532	0.702	0.505
石膏	1.064	0.408	1.015	0.378
岩盐	1.269	1.032	1.160	0.914

如果岩石由两种矿物组成，交会点则将落在图中对应两种矿物点的连线上。例如，图中B点，其岩性可解释为砂岩和白云岩两种岩石组成的过渡岩性。

如果岩石是由三种矿物组成，则交会点将落在图上相应三种矿物所构成的三角形之内。例如，图中C点，可解释为砂岩、白云岩及石灰岩三种岩石组成的过渡岩性。

但是，对C点的岩性解释并不是唯一的。从图上可以看出，除了所述的这种解释之外，还可解释为砂岩、石灰岩和硬石膏之间的过渡岩性，也可解释为砂岩、白云岩和石膏之间的过渡岩性，等等。最终作何解释，应根据地质上的可能性和解释剖面的岩性特点来进行判断。当作出这种判断之后，根据交会点在三角形中所处的具体位置，用图解的办法可求得每一种矿物成分的百分含量。

三、岩性骨架识别图

岩性骨架识别图是根据岩石的视骨架值识别岩性的一种交会图。根据前述，由中子-密度交会图的解释看出，对于每一单一岩性或任一种过渡岩性，不论其孔隙度数值如何，也不论矿物对怎样选择，总可以求得该岩性的骨架密度。但岩性为非单一矿物时，这一骨架密度称为视骨架密度，用$(\rho_{ma})_a$表示。同理，在中子-声波交会图上，可以求得视骨架时差，用$(\Delta t_{ma})_a$表示。它们均不依赖于岩石的孔隙度，而只是与岩石骨架特性有关的参数。

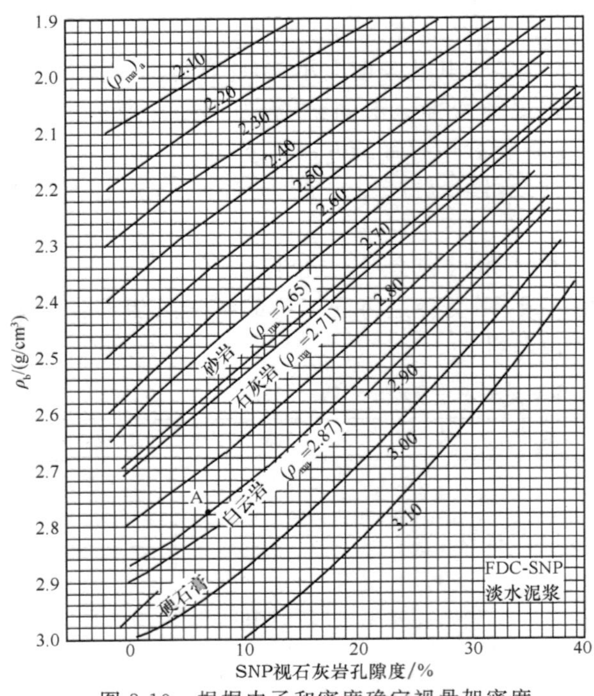

图 8-10 根据中子和密度确定视骨架密度

1. 岩性骨架识别图的制作方法

利用各种岩石的声波时差理论骨架值和密度骨架值绘制岩性骨架识别图。

2. 岩性骨架识别图的解释方法

(1) 确定$(\rho_{ma})_a$(图 8-10)。

(2) 确定$(\Delta t_{ma})_a$(图 8-11)。

(3) 利用岩性骨架识别图解释(图8-12)。

通常，当解释点落在某矿物点附近时，该地层可能为单

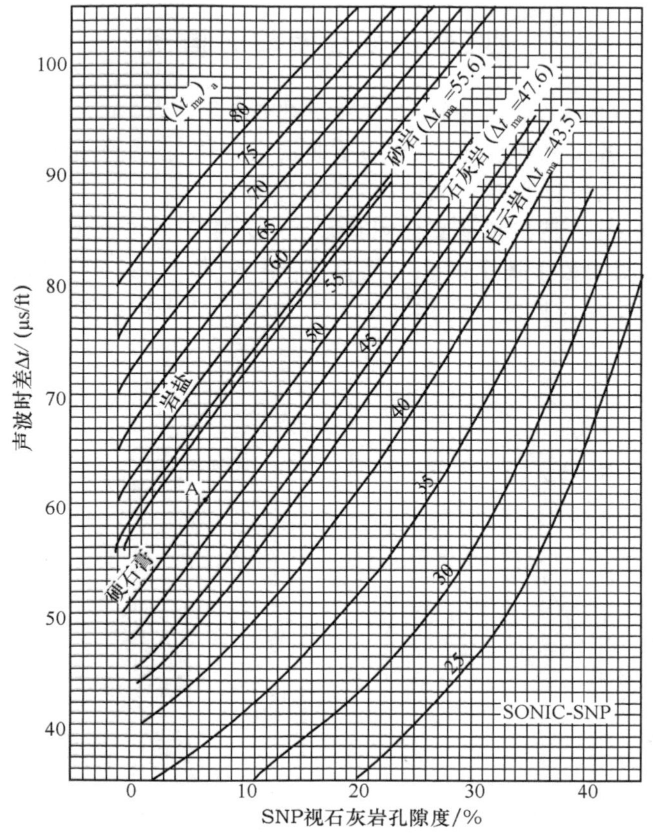

图 8-11　根据中子和声波确定视骨架时差

矿物岩性，而落在几个单矿物点之间时，则可能为混合岩性。例如，图中的A点，最可能的岩性组合是石灰岩和硬石膏的过渡岩性，因为该点基本上在石灰岩点和硬石膏点的连线上。但A点也在砂岩、白云岩及硬石膏三个岩性点构成的交会三角形之内，因此，也可解释为这三种岩性组成的过渡岩性。这就需要进一步判断了。但一般情况下，后一种结论的可能性较小。

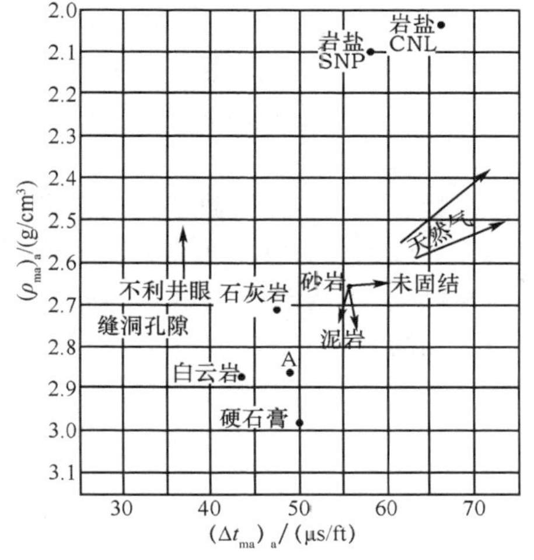

图 8-12　骨架岩性识别图

四、频率交会图与 Z 值图

频率交会图(图 8-13)就是在 X、Y 平面坐标(可分为 100×50 个单位网格)上，统计给定井段上各个采样点的 A、B 两条曲线的数值，落在每个单位网格中的采样点数目(即频率)的一种直观的数字图形，简称为频率图。

Z 值图(图 8-14)是在频率交会图基础上引入第三条曲线 C(称 Z 曲线)作成的数字图形，Z 值图的数字表示第三个坐标(Z 坐标)值。该 Z 值是对应于同一井段的频率图上，每个单位网格中采样点的第三条线 C 的平均级别。

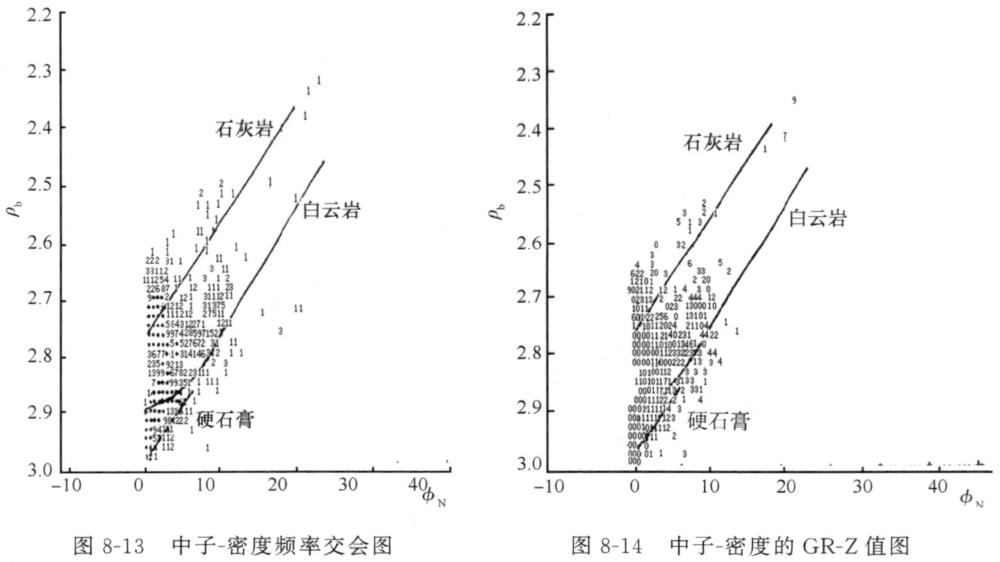

图 8-13　中子-密度频率交会图　　图 8-14　中子-密度的 GR-Z 值图

如图 8-13 所示，数字代表采样点在该处出现的次数(频率)，例如，在坐标点(11.0,2.7)上显示的数字 7，就表示在该解释井段上，满足条件 11.0(X 轴)，ρ_b = 2.7(Y 轴)的采样点共有 7 个。

如图 8-14 所示，数字代表满足该条件的第三条(Z)曲线(如自然伽马、井径等)的平均级别。采样点如图中的坐标点(11.0,2.7)上显示的数字 3，就表示在该解释井段上，满足条件 11.0(X 轴)，ρ_b = 2.7(Y 轴)的 7 个采样点处的自然伽马的平均级别为 3。

第三节　确定储层参数

一、测井曲线质量检查

在利用测井曲线作定量计算时，应首先看测井曲线的质量，以保证参数计算精度。测井曲线幅值是否正确，可以通过如下方法检查。

1. 与已知的特定标准(套管、泥岩等)对比检查

(1) 视电阻率曲线在套管中应为零值。

(2) 井径曲线在套管中应为套管内径值。

(3) 声速曲线在套管处，Δt 应等于 187μs/m 左右。

(4) 各种电阻率曲线在大段泥岩处的电阻率值应相互近似。

(5) 微电极曲线在泥岩处应基本重合，其幅度差一般应不大于 2mm。

(6) 微电极或微侧向测井，在井径扩大($d>40$cm)处，测井值应等于泥浆电阻率 R_m。

2. 按曲线本身特点检查

(1) 岩层电阻率最小不小于或等于零，最大不大于无限大。因此，各电阻率曲线在地层处不得出现零值、负值；感应曲线不得出现负值(套管内和盐水泥浆井径扩大处例外)。

(2) 声波时差最小不小于岩石骨架时差(182～143μs/m)，最大不大于泥浆直达波时差(620～655μs/m)。

(3) 中子伽马测井值最小不能小于 1 个条件单位(相当于 $\phi=100\%$，即全部是水的情况)。

(4) 自然电位电线上不能有突变或跳动。

(5) 放射性测井曲线上的统计起伏应符合统计学特点。在放射性统计起伏曲线上，若 $|\Delta N|>c$ 的几率 $W(\Delta N)=29\%\sim34\%$(理论值为 31.7%)，证明仪器性能正常，所测曲线是可信的。

3. 重复测量检查

对同一地层重复测量一段曲线，其重复性的好坏可反映仪器性能的稳定性和可靠性，一般不允许即时重复。例如，将仪器下至目的层段上部先测一段曲线，然后下放到井底再往上测，以达到重复一段的目的。各种曲线的重复误差不得大于规定值(《测井原始资料质量标准》)。

二、泥质含量(表 8-4)

表 8-4　泥质含量方程

测井方法	计算泥质含量方程	说　明
自然伽马测井(GR)	1) $V_{sh}=\dfrac{GR-GR_{min}}{GR_{max}-GR_{min}}$　$V_{sh}=\dfrac{2^{C\cdot V_{sh}}-1}{2^C-1}$ 2) $V_{sh}=\dfrac{GR-A}{B}$	C-Hilchie 指数，老地层取 2，第三系地层取 3.7

续表

测井方法	计算泥质含量方程	说　明
自然伽马能谱测井	能谱测井总计数率(CTS)： 3) $V_{sh}=\frac{CTS-CTS_{min}}{CTS_{max}-CTS_{min}}$　$V_{sh}=\frac{2^{C\cdot V_{sh}}-1}{2^C-1}$ 钾 40 含量曲线： 4) $V_{sh}=\frac{K-K_{min}}{K_{max}-K_{min}}$　$V_{sh}=\frac{2^{C\cdot V_{sh}}-1}{2^C-1}$ 钍含量曲线： 5) $V_{sh}=\frac{Th-Th_{min}}{Th_{max}-Th_{min}}$　$V_{sh}=\frac{2^{C\cdot V_{sh}}-1}{2^C-1}$	
自然电位测井	6) $V_{sh}=\frac{SP-SP_{min}}{SP_{max}-SP_{min}}$　$V_{sh}=\frac{2^{C\cdot V_{sh}}-1}{2^C-1}$	
中子测井	7) $V_{sh}=\frac{\Phi_N}{\Phi_N}$ 8) $V_{sh}=\frac{\Phi_N-\Phi_{N\,min}}{\Phi_{N\,max}-\Phi_{N\,min}}$	
电阻率测井	9) $V_{sh}=\left(\frac{R_{sh}}{R_{log}}\right)^{\frac{1}{b}}$ 10) $V_{sh}=\frac{Rt-Rt_{min}}{Rt_{max}-Rt_{min}}$	$b=1.0\sim2.0$
密度-中子交会	11) $V_{sh}=\frac{A}{B}$ $A=\rho_b(\Phi_{Nma}-1.0)-\Phi_N(\rho_{ma}-\rho_f)-\rho_f\Phi_{Nma}+\rho_{ma}$ $B=(\rho_{sh}-\rho_f)(\Phi_{Nma}-1.0)-(\Phi_{Nsh}-1.0)(\rho_{ma}-\rho_f)$	1. V_{sh}的偏高或偏低取决于选用的骨架值 2. 含气层所求 V_{sh}偏小
中子-声波交会	12) $V_{sh}=\frac{A}{B}$ $A=\Phi_N(\Delta t_{ma}-\Delta t_f)-\Delta t(\Phi_{Nma}-1.0)-\Delta t_{ma}+\Phi_{Nma}\Delta t_f$ $B=(\Delta t_{ma}-\Delta t_f)(\Phi_{Nsh}-1.0)-(\Phi_{Nma}-1.0)\times(\Delta t_{sh}-\Delta t_f)$	1. V_{sh}的偏高或偏低取决于选用的骨架值 2. 次声孔隙对声波测井的影响 3. 天然气对中子测井的影响
密度-声波交会	13) $V_{sh}=\frac{A}{B}$ $A=\rho_b(\Delta t_{ma}-\Delta t_f)-\Delta t(\rho_{ma}-\rho_f)-\rho_f\Delta t_{ma}+\rho_{ma}\Delta t_f$ $B=(\Delta t_{ma}-\Delta t_f)(\rho_{sh}-\rho_f)-(\rho_{ma}-\rho_f)(\Delta t_{sh}-\Delta t_f)$	1. V_{sh}的偏高或偏低取决于选用的骨架值 2. 次声孔隙对声波测井的影响

三、孔隙度

粒间孔隙度就是通常所说的有效孔隙度，通常利用孔隙度测井方法(DEN，AC，CNL)确定。包括一种孔隙度测井方法，两种孔隙度测井交会方法等方法。

1. 一种孔隙度测井方法确定孔隙度

对泥质砂岩来说，密度测井响应方程为

$$\mathrm{DEN}\phi = \rho_{\phi}\phi + \rho_{sh}V_{sh} + \rho_{ma}V_{ma} \tag{8-7}$$

式中，DEN 为密度测井值；ρ_{ϕ}、ρ_{sh}、ρ_{ma}分别为孔隙流体、泥质和石英的体积密度；ϕ、V_{sh}、V_{ma}分别孔隙度、泥质和石英的相对体积。由上式可得孔隙度 ϕ。

$$\phi_{den} = \frac{\mathrm{DEN} - \rho_{ma}}{\rho_{\phi} - \rho_{ma}} - V_{sh}\frac{\rho_{sh} - \rho_{ma}}{\rho_{\phi} - \rho_{ma}} \tag{8-8}$$

对声波测井来说，有

$$\Delta t = \Delta t_{\phi}\phi + \Delta t_{sh}V_{sh} + \Delta t_{ma}V_{ma} \tag{8-9}$$

式中，Δt 为声波时差测井值；Δt_{ϕ}、Δt_{sh}、Δt_{ma} 分别为孔隙流体、泥质和石英的声波时差。由上式可得孔隙度 ϕ

$$\phi_{ac} = \frac{\Delta t - \Delta t_{ma}}{\Delta t_{\phi} - \Delta t_{ma}} - V_{sh}\frac{\Delta t_{sh} - \Delta t_{ma}}{\Delta t_{\phi} - \Delta t_{ma}} \tag{8-10}$$

值得注意是，利用声波时差确定孔隙度时，对非压实或疏松地层需进行压实校正。

对中子测井来说，有

$$\mathrm{CNL} = \mathrm{CNL}_{\phi}\phi + \mathrm{CNL}_{sh}V_{sh} + \mathrm{CNL}_{ma}V_{ma} \tag{8-11}$$

式中，CNL 为中子测井值；CNL_{ϕ}、CNL_{sh}、CNL_{ma}分别为孔隙流体、泥质和石英的中子孔隙度值。由于 CNL_{ma}近似为 0，CNL_{ϕ} 近似为 1，所以孔隙度 ϕ

$$\phi_{\mathrm{CNL}} \approx \frac{\mathrm{CNL} - \mathrm{CNL}_{sh} \cdot V_{sh}}{100} \tag{8-12}$$

2. 多种孔隙度测井方法确定孔隙度

两种孔隙度测井交会等方法可以确定孔隙度。对砂泥岩来说，利用 DEN、CNL、Δt 建立测井响应方程组和平衡方程为

$$\begin{aligned} \mathrm{DEN} &= \rho_{\phi}\phi + \rho_{sh}V_{sh} + \rho_{ma}V_{ma} \\ \mathrm{CNL} &= \mathrm{CNL}_{\phi}\phi + \mathrm{CNL}_{sh}V_{sh} + \mathrm{CNL}_{ma}V_{ma} \\ \Delta t &= \Delta t_{\phi}\phi + \Delta t_{sh}V_{sh} + \Delta t_{ma}V_{ma} \\ V &= \phi + V_{sh} + V_{ma} = 1 \end{aligned} \tag{8-13}$$

以上方程组中，DEN、CNL、Δt 为实测值；ρ_{ϕ}、ρ_{sh}、ρ_{ma}为流体、泥质、骨架的密度值；$\Delta t\phi$、Δt_{sh}、Δt_{ma}为流体、泥质、骨架的声波时差；CNLϕ、CNL_{sh}、CNL_{ma}为流体、泥质、骨架的含氢指数；ϕ、V_{sh}、V_{ma}为孔隙度，泥质含量及骨架含量，用以上方程组中的任意三个方程便可解 ϕ、V_{sh}、V_{ma}。流体及岩石骨架的测井响应值见表8-5、表 8-6。

表 8-5 常见岩石骨架的测井响应值

岩石骨架		Δt_{ma}		$\rho_{ma}/(g/cm^3)$	$(\phi NSP)_{ma}$	$(\phi CNL)_{ma}$
		μs/m	μs/ft			
砂岩		182	55.5	2.65	−0.035	−0.06
石灰岩		156	47.5	2.71	0	0
白云岩	①ϕ=5.5%～30%	142	43.5	2.87	0.035	0.085
白云岩	②ϕ=1.5%～5.5%	142	43.5	2.87	0.020	0.065
白云岩	③ϕ=0%～1.5%	142	43.5	2.87	0.005	0.040
硬石膏		164	50.0	2.98	−0.005	−0.002
石膏		171	52.0	2.35	0.490	—
岩盐		220	67.0	2.03	0.040	−0.01

表 8-6 流体的声波、密度、中子值

流体	Δt_f		ρ_f /(g/cm³)	$(\Phi_N)_f$ /pu
	μs/m	μs/ft		
淡水	620	189	1.0	1
盐水	608	185	1.1	—
石油	757～985	238	0.7	$\rho_{油}+0.3$
甲烷	3000	134.7	0.3	$2.25\rho_{气}$

四、含水饱和度

(一)纯地层(阿尔奇公式)

1. 地层因素

$$F=\frac{R_t}{R_f}=\frac{a}{\phi^m} \tag{8-14}$$

式中,a 为比例系数,与岩性有关;m 为胶结系数,与岩石结构及胶结程度有关;ϕ 为孔隙度。

当岩石 100%饱和地层水时,地层水的电阻率为 R_w,岩石的电阻率 R_0,公式变为

$$F=\frac{R_0}{R_w}=\frac{a}{\phi^m} \tag{8-15}$$

2. 电阻率增大系数

$$I=\frac{b}{S_w^n}$$

式中,b 为比例系数,与岩性有关,n 为饱和度指数。

3. 归结

$$S_w = \sqrt[n]{\frac{abR_w}{\phi^m R_t}} \tag{8-16}$$

4. 注意事项

不同地区、不同岩性的 a、b、m、n 不一样，要根据地区岩心实验室分析的岩电资料确定。

（二）泥质砂岩

1. 泥质的分布形式与孔隙度

1）泥质的分布形式

泥质分布形式分为分散泥质（dispersed shale）、层状泥质（laminated shale）、结构泥质（structural shale）（图 8-15）。

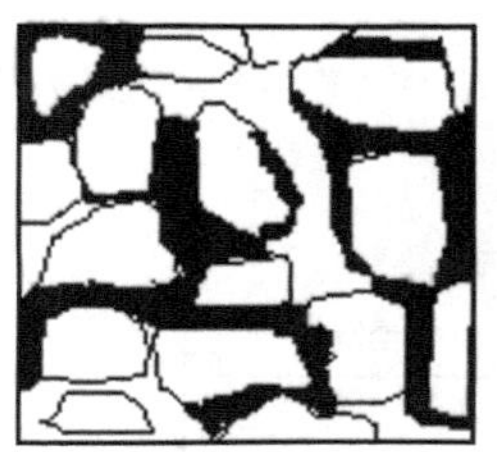
分散泥质

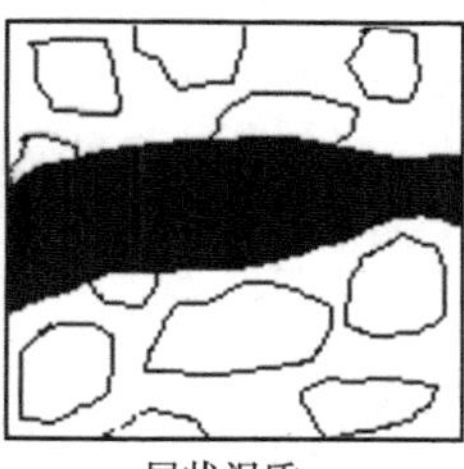
层状泥质

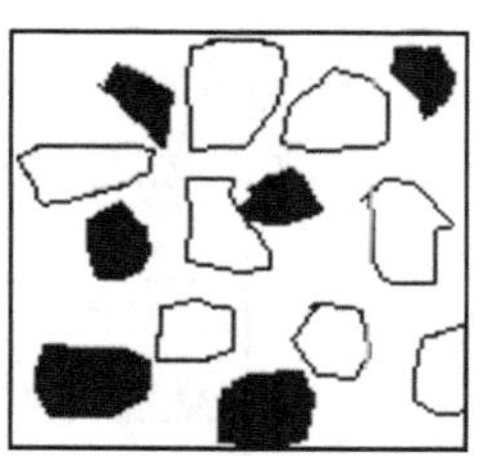
结构泥质

图 8-15　泥质分布形式

分散泥质：泥质分散地分布在砂岩颗粒表面，泥质体积占据粒间孔隙的一部分，称为分散泥质。

层状泥质：泥质呈条带状分布在砂岩中，取代了一部分砂粒和有效孔隙，称为层状泥质。

结构泥质：泥质呈颗粒或结核状分布在砂岩中，泥质取代部分砂粒而不改变粒间孔隙度，称为结构泥质。

2）孔隙度

设 V_{dis}、V_{lam}、V_{str} 分别为分散泥质、层状泥质、结构泥质的相对体积，ϕ 为有效孔隙度，ϕ_z 为含有泥质的总孔隙度，则它们之间的关系为

$$\phi = \phi_z(1 - V_{lam} - V_{dis}) \tag{8-17}$$

当泥质分布形式分为分散泥质时，泥质体积占据粒间孔隙的一部分，有效孔隙度 ϕ 为

$$\phi = \phi_z - V_{dis} \tag{8-18}$$

泥质分布形式分为层状泥质时，泥质体积取代了一部分孔隙和砂粒，有效孔隙度 ϕ 为

$$\phi = \phi_z(1 - V_{lam}) \tag{8-19}$$

泥质分布形式分为结构泥质时，泥质体积取代了一部分砂粒，但不改变有效孔隙度的大小，有效孔隙度 ϕ 为

$$\phi = \phi_z \tag{8-20}$$

当地层中同时存在分散泥质、层状泥质和结构泥质时，泥质相对体积为

$$V_{sh} = V_{dis} + V_{lam} + V_{str} \tag{8-21}$$

2. 含水饱和度方程

1）分散泥质

分散泥质砂岩模型假设：黏土矿物只分散在孔隙空间内，分散泥质砂岩中的黏土或泥质均匀充填在孔隙空间中，可视为一部分液体，其等效体积模型和等效电路如图 8-16 所示，根据电阻并联概念提出

$$\frac{V_{zr}}{R_z} = \frac{V_w}{R_w} + \frac{V_{sh}}{R_{sh}} \tag{8-22}$$

式中，R_z、R_w、R_{sh} 分别为混合导电液、地层水、黏土电阻率；V_{zr}、V_w、V_{sh} 分别为混合导电液、地层水、黏土相对体积。

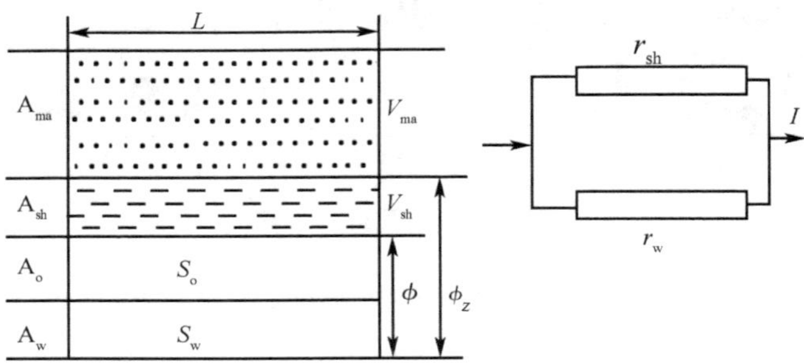

图 8-16 分散泥质砂岩等效体积模型和等效电路

推导得到

$$S_w = \sqrt{\frac{aR_w(1-q)^{m-2}}{R_t\phi^m} + \left(\frac{(R_w - R_{sh})V_{sh}}{2R_{sh}\phi}\right)^2} - \left(\frac{(R_w + R_{sh})V_{sh}}{2R_{sh}\phi}\right) \tag{8-23}$$

当 $R_w \ll R_{sh}$ 时

$$S_w = \left[\sqrt{\frac{0.81R_w}{R_t\phi^2} + \left(\frac{q}{2}\right)^2} - \frac{q}{2}\right] / (1-q) \tag{8-24}$$

$$q = \frac{V_{sh}}{\phi_z} = \frac{\phi_z - \phi}{\phi_z} = \frac{\phi_s - \phi_d}{\phi_s} \tag{8-25}$$

$$\phi_z = \phi + V_{sh}$$

2）层状泥质砂岩导电模型

层状泥质砂岩模型假设：泥岩和砂岩薄层的电导率是严格相加的，其等效体积模型和等效电路如图 8-17 所示，并根据电阻并联概念，提出

$$\frac{1}{r}=\frac{1}{r_{sh}}+\frac{1}{r_{sd}} \tag{8-26}$$

式中，r、r_{sh}、r_{sd}分别为泥质砂岩的电阻、泥质部分的电阻和纯砂岩部分的电阻。

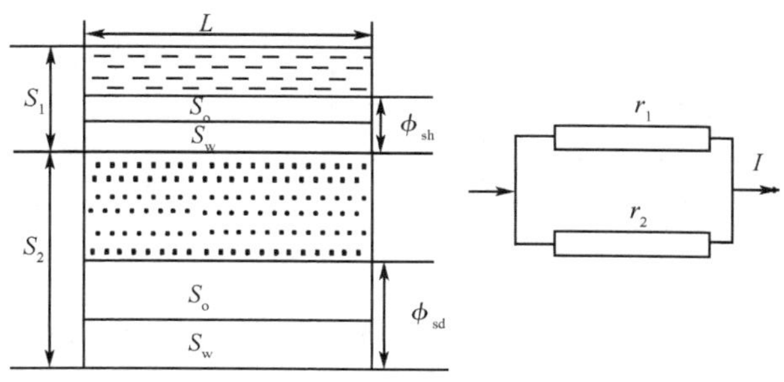

图 8-17　层状泥质砂岩等效体积模型和等效电路

设 R、R_{sh}、R_{sd}分别为泥质砂岩的电阻率、泥质部分的电阻率和纯砂岩部分的电阻率，并设 L、A、A_{sh}、A_{sd}分别为泥质砂岩岩块的边长、泥质砂岩岩块的截面积、泥质部分的截面积和纯砂岩部分的截面积，并设 V、V_{sh}、V_{sd}分别为泥质砂岩岩块的相对体积、泥质部分的相对体积和纯砂岩部分的相对体积，则：$r=RL/A$，$r_{sh}=R_{sh}L/A_{sh}$，$r_{sd}=R_{sd}L/A_{sd}$，将它们代入(8-26)式，并整理得

$$\frac{1}{R_t}=\frac{V_{sh}}{R_{sh}}-\frac{1-V_{sh}}{R_{sd}} \tag{8-27}$$

考虑到纯砂岩部分应该满足阿尔奇公式，即

$$\frac{1}{S_w^n}=\frac{R_{sd}}{F_{sd}R_w}=\frac{R_{sd}\phi_{sd}^m}{aR_w} \tag{8-28}$$

将该式代入上式，并整理得

$$S_w^n=\frac{aR_w(1-V_{sh})}{\phi^m}\left(\frac{1}{R_t}-\frac{V_{sh}}{R_{sh}}\right) \tag{8-29}$$

式中，S_w 为含水饱和度；ϕ 为有效孔隙度；m、n、a 为地区经验系数，一般取 $n=2$，$m=2$，$a=1$。

3）双水模型

（1）双水模型的有关参数及其相关关系。双水模型认为泥质砂岩中含有两种水：黏土表面附近的黏土水；离黏土表面较远的自由水（远水）。其模型中的有关参数描述如下（图 8-18）。

自由水孔隙度 ϕ_{fw}：自由水占地层体积的比例；

束缚水孔隙度 ϕ_b：束缚水占地层体积的比例；

油气孔隙度 ϕ_h：油气占地层体积的比例；

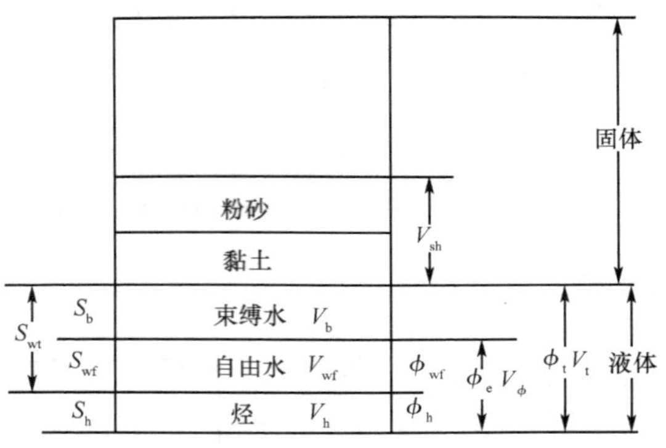

图 8-18　双水模型

总孔隙度 ϕ_t：所有流体(油气、自由水和束缚水)占地层体积的比例，即

$$\phi_t = \phi_{fw} + \phi_b + \phi_h \tag{8-30}$$

有效孔隙度 ϕ_e：自由水和油气占地层体积的比例，即

$$\phi_e = \phi_{fw} + \phi_h \tag{8-31}$$

自由水饱和度 $S_{wf} = \dfrac{\phi_{fw}}{\phi_t}$：自由水孔隙度占总孔隙度的比例；

束缚水饱和度 $S_{wb} = \dfrac{\phi_b}{\phi_t}$：束缚水孔隙度占总孔隙度的比例；

总含水饱和度 $S_{wt} = \dfrac{\phi_{fw} + \phi_b}{\phi_t}$：自由水和束缚水孔隙度占总孔隙度的比例。

$$S_{wt} = S_{wf} + S_b$$

(2) 电阻率模型。按照双水模型的概念，自由水和束缚水的混合电阻应满足并联关系，由此可以得到

$$\frac{S_{wt}}{R_{wn}} = \frac{S_{wf}}{R_w} + \frac{S_b}{R_b} \text{ 或 } \sigma_{wn} S_{wt} = \sigma_w S_{wf} + \sigma_w S_b \tag{8-32}$$

式中，R_{wn}、R_w、R_b 分别为混合液的等效电阻率、自由水的电阻率、束缚水的电阻率。

根据各含水饱和度之间的关系，便有

$$\frac{1}{R_{wn}} = \frac{S_w/S_{wt}}{R_w} + \frac{S_b/S_{wt}}{R_b} = \frac{1 - S_b/S_{wt}}{R_w} + \frac{S_b/S_{wt}}{R_b} \tag{8-33}$$

或

$$\sigma_{wn} = \sigma_w S_{wf}/S_{wt} + \sigma_b S_b/S_{wt} = \sigma_w \left(1 - \frac{S_b}{S_{wt}}\right) + \sigma_b S_b/S_{wt} \tag{8-34}$$

混合液体的电阻率满足阿尔奇公式，即

$$S_{wt}^n = \frac{R_{wn}}{\phi_t^m R_t} \text{ 或 } \sigma_{wn} S_{wt}^n = \phi_t^{-m} \sigma_t \tag{8-35}$$

将 σ_{wn} 代入上式(取 $m=2$，$n=2$)，并整理得到

$$S_{wt}^2 - S_{wt} S_b \left(1 - \frac{R_w}{R_b}\right) - \frac{R_w}{R_t \phi_t^2} = 0 \tag{8-36}$$

求解 S_{wt} 得到

$$S_{wt} = y + \left[\frac{R_w}{R_t \phi_t^2} + y^2\right]^{\frac{1}{2}} \quad y = \frac{S_b(R_b - R_w)}{2R_b} \tag{8-37}$$

按照含水饱和度的定义，真的含水饱和度 S_w 为

$$S_w = \frac{V_{wf}}{V_\phi} = \frac{V_{wt} - V_b}{V_T - V_b} = \frac{V_{wt}/V_T - V_b/V_T}{V_T/V_T - V_b/V_T} = \frac{S_{wt} - S_b}{1 - S_b} \tag{8-38}$$

3. Q_v 型导电模型

1）有关基本概念

吸附水：通常黏土颗粒表面均带负电荷，而岩石中的水分子是一种电荷不完全平衡的极性分子，对外可显正、负两个极性，使黏土颗粒表面的负电荷可直接吸附极性分子中的阳离子（如 Na^+），这些被吸附的极性水分子称吸附水。

结合水：被吸附的阳离子又可与极性水分子结合，成为水合离子，这些与阳离子结合的极性水分子又称为结合水。

黏土水化作用：黏土颗粒表面的负电荷可吸附极性分子中阳离子，又可通过这些阳离子与极性水分子结合，即在黏土颗粒表面形成一层薄水膜，以上所述在黏土颗粒表面形成水膜过程称为黏土水化作用。

阳离子交换：一般情况下黏土颗粒表面的负电荷吸附的阳离子是不能移动的，但这种吸附并不很紧密，在电场的作用下，吸附的阳离子可以与岩石中溶液的其他水合离子交换位置，引起导电现象，这种现象称为黏土矿物的阳离子交换（在泥质砂岩中，最常见的可交换阳离子是 Na^+，K^+，Mg^{2+} 和 Ca^{2+} 等离子）。

黏土矿物的附加导电性：由黏土矿物的阳离子交换产生的导电性称为黏土矿物的附加导电性。

2）WSCM 模型

Hill 和 Millbun（1956）对黏土的矿物的阳离子交换作用进行了实验研究，并用阳离子交换浓度代替泥质含量或黏土含量，研究了泥质砂岩的电导率和电化学电位。Waxman 和 Smits（1968，1974）等在 Hill 和 Millbun 研究的基础上进一步研究了泥质或黏土对泥质砂岩的电导率和电化学电位的影响，提出 Q_v 模型（或称 WSCM）

$$\frac{1}{R_t} = \frac{S_w{}^2}{FR_w} + \frac{BQ_vS_w}{F} \tag{8-39}$$

式中，S_w 为与相互连通总孔隙有关的含水饱和度；F 为相互连通总孔隙有关的地层因素；B 是黏土阳离子交换的等价电导，是地层水电导率 C_w 的函数，即 $B = 3.83(1 - 0.83\,e^{-C_w/2})$，此处 B 的经验关系式是在 25°C 对 Na^+ 得出的；Q_v（concentration of clay exchangeable cation，通常用 Q_v 表示）为岩石的阳离子交换浓度（容量），Q_v 是 CEC（cation-exchange capacity-缩写为 CEC，阳离子交换能力）的函数

$$Q_{\mathrm{v}}=\frac{\mathrm{CEC}(1-\phi_{\mathrm{t}})\rho_{\mathrm{g}}}{\phi_{\mathrm{t}}} \tag{8-40}$$

式中，ϕ_{t} 是泥质砂岩的总孔隙度。ϕ_{t} 小数；ρ_{g} 是岩石的平均颗粒密度。

3）归一化 Q_{v} 型导电模型

由于泥质砂岩的阳离子交换浓度 Q_{v} 这个参数是岩心样品在实验室测量的，不能从实际测井资料得到，限制了 WSCM 的使用。Juhasz（1979）提出归一化 Q_{v} 的模型，即归一化 Q_{v} 的参数 Q_{vn}

$$Q_{\mathrm{vn}}=\frac{Q_{\mathrm{v}}}{Q_{\mathrm{vsh}}}=\frac{V_{\mathrm{sh}}\phi_{\mathrm{tsh}}}{\phi_{\mathrm{t}}} \tag{8-41}$$

式中，ϕ_{t} 为泥质砂岩的总孔隙度；ϕ_{tsh} 为泥岩的总孔隙度。用类似于 AE 求 S_{w}

$$S_{\mathrm{w}}=\left(\frac{R_{\mathrm{we}}}{R_{\mathrm{t}}\phi_{\mathrm{t}}^{m}}\right)^{1/n},R_{\mathrm{we}}=\frac{S_{\mathrm{wt}}R_{\mathrm{wsh}}R_{\mathrm{w}}}{Q_{\mathrm{vn}}R_{\mathrm{w}}+(S_{\mathrm{wt}}-Q_{\mathrm{vn}})R_{\mathrm{wsh}}} \tag{8-42}$$

式中，R_{wsh} 为束缚水的电阻率。

五、束缚水饱和度

（一）影响确定束缚水饱和度的因素

岩石中的水包括：①可动水：可以自由流动的水以及在有条件下流动的水；②束缚水：吸附在岩石颗粒表面的水以及滞留在微小毛细管中的水。束缚水饱和度 S_{wi} 是描述地层特性的一个非常重要的参数。它对于确定储层含水饱和度 S_{w}、含水率、油水相对渗透率 K_{ro}、K_{rw} 等方面有重要意义。影响束缚水饱和度的因素很多，其主要影响因素有以下几方面：

（1）泥质含量。泥质砂岩中的束缚水包括微孔隙中不能流动的水和吸附在岩石颗粒表面上的水，即在泥质中存在大量束缚水，所以储层中随泥质增大，束缚水饱和度增大。

（2）细粉砂含量。细粉砂含量是指泥质砂岩骨架中颗粒粒径在 50～10μm 的成分占骨架重量的比例。随细粉砂含量的增大，岩石颗粒表面的总面积（比面）增大，使束缚水饱和度增大。

（3）粒度中值。粒度中值是反映岩石颗粒粒径大小的一个量，粒度中值越小，岩石颗粒粒径就越小。同时，岩石颗粒粒径小，也就反映泥质砂岩中泥质含量和细粉砂含量的增大。所以，随泥质砂岩粒度中值减小，束缚水饱和度增大。

（4）孔隙度。孔隙度的大小在较大程度上受地层压实、分选性（粒度）和泥质含量影响。孔隙度越小，分选性越差；粒度中值越小，泥质含量越大。所以，随泥质砂岩孔隙度减小，束缚水饱和度增大。

（5）渗透率。渗透率对束缚水饱和度是一个综合影响因素，因为渗透率与孔隙度、粒度中值和泥质含量等有关。

综上所述，影响束缚水饱和度的因素有泥质含量、孔隙度、粒度中值、粉砂含量和渗透率等。因为束缚水饱和度影响因素多且复杂，很难从理论上直接推导确定束缚水饱和度的测井解释方程。一般利用岩心分析束缚水饱和度、岩心分析孔隙度、岩心分析渗透率和测井计算泥质含量和测井计算粒度中值等资料统计得到的它们之间的关系式，如图 8-19，图中 S_{wi}(core)为岩心分析了束缚水饱和度，S_{wi}(log)为利用测井资料计算的束缚水饱和度，R 为相关系数，NUM 为参与相关分析的数据个数。

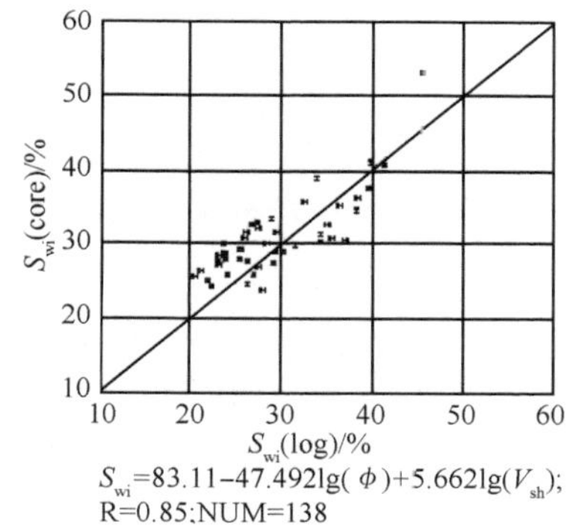

图 8-19　束缚水饱和度与地层参数的关系

（二）确定束缚水饱和度经验公式

求束缚水饱和度的经验公式有

(1)
$$S_{wi}=\frac{100}{3.28}\left[1.145-\lg\left(\frac{\phi}{V_{sh}}-0.25\right)\right] \tag{8-43}$$

如果 $\frac{\phi}{V_{sh}}<0.26$，令 $\frac{\phi}{V_{sh}}=0.26$，如果 $S_{wi}<15$，令 $S_{wi}=15$，最后 $S_{wi}=S_{wi}/100$。

(2)
$$S_{wi}=\frac{1}{\phi_t}\left(\frac{R_{wb}}{R_t}\right)^{\frac{1}{2}} \tag{8-44}$$

(3)
$$S_{wi}=\frac{S_w}{1+B}$$

其中，
$$B=\frac{7.5(10^{\frac{SP}{81}}-1)}{10^{\frac{SSP}{81}}-10^{\frac{SP}{81}}} \tag{8-45}$$

(4)$\lg(S_{wi})=0.18-\left[1.5\lg(M_d+3.6)\lg\left(\frac{\phi}{0.18}\right)\right]$，$\phi\geqslant 0.25$，疏散砂岩。 (8-46)

$\lg(S_{wi})=0.36-\left[1.5\lg(M_d+3.6)\lg\left(\frac{\phi}{0.1}\right)\right]$，$\phi\geqslant 0.25$，中等胶结砂岩。

$\lg(1-S_{wi})=(9.8\lg M_d+3.3)\lg\frac{1-\phi}{0.71}$，$\phi\geqslant 0.25$，砂岩。

以上公式中，SSP、SP 分别为静自然电位和自然电位；M_d 为粒度中值；R_{wb}、R_t 分别为束缚水电阻率、地层电阻率。

六、渗　透　率

1. 绝对渗透率

绝对渗透率是岩石中只有一种流体(油或气或水)时测量的渗透率,常用 K 表示。绝对渗透率只与岩石孔隙结构有关,而与流体性质无关。

目前国内外广泛应用孔隙度 ϕ 和束缚水饱和度 S_{wi} 统计它们与渗透率的关系,所建立的经验方程一般有如下形式

$$K=\left[C\frac{\phi^{x}}{S_{wi}}\right]^{y} \tag{8-47}$$

式中,C、x、y 为地区经验系数。

例如,中等比重的油层

$$K^{1/2}=250\frac{\phi^{3}}{S_{wi}} \tag{8-48}$$

对于气层

$$K^{1/2}=79\frac{\phi^{3}}{S_{wi}} \tag{8-49}$$

而目前常用的解释方程是

$$K^{1/2}=100\frac{\phi^{2.25}}{S_{wi}} \tag{8-50}$$

式中,ϕ 和 S_{wi} 用百分数表示。

2. 油、水相对渗透率

1) 有效渗透率和相对渗透率

有效渗透率是当两种或两种以上的流体通过岩石时对其中某一种流体测得的渗透率,称为岩石对该流体的有效渗透率或相对渗透率。

流体的有效渗透率与它在岩石中的相对含量有关。当流体的相对含量变化,有效渗透率也变化。为此引入相对渗透率的概念。相对渗透率是岩石有效渗透率与绝对渗透率之比

$$K_{rw}=\frac{K_{w}}{K}\qquad K_{ro}=\frac{K_{o}}{K}\qquad K_{rg}=\frac{K_{g}}{K} \tag{8-51}$$

式中,K_{ro}、K_{rg}、K_{rw} 分别为油、气、水的相对渗透率;K_{o}、K_{g}、K_{w} 分别为油、气、水的相对渗透率(有效渗透率);K 为绝对渗透率。

2) 相对渗透率评价油、水层

图 8-20 给出油、水相对渗透率(K_{ro}、K_{rw})与含水饱和度(S_{w})的关系。可以将图分为 A、B、C 三个区域来分析。

A 区:$S_{w}<S_{wi}$(束缚水饱含度),K_{rw} 小,K_{ro} 大,此时油层只含束缚水,而且毛细管有足够的力约束束缚水,水对油的流动影响很小,该区为纯产油的含油区。

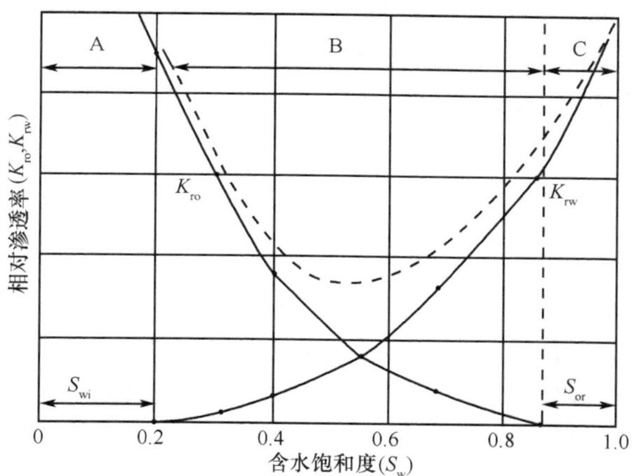

图 8-20　油、水相对渗透率曲线

B 区：随 S_w 的增大，K_{ro} 快速减小，K_{rw} 快速增大，交叉点是 $K_{rw}=K_{ro}$ 的特殊情况，在交叉点左侧 $K_{ro}>K_{rw}$，在交叉点右侧 $K_{ro}<K_{rw}$，该区是油水同时流动区。

C 区：K_{ro} 很小，接近 0，K_{rw} 很大，接近 1，该区是完全产水区。

以上分析说明，一个油层是产水还是产油气，还是油水同产，主要取决于产层油、水相对渗透率的大小。

在实际中，广泛采用的油、水相对渗透率经验关系式有如下四种形式。

(1) 彼尔逊方程，即

$$K_{rw}=\left(\frac{S_w-S_{wi}}{1.0-S_{wi}}\right)^{\frac{1}{2}}S_w^3 \tag{8-52}$$

$$K_{ro}=\left(1.0-\frac{S_w-S_{wi}}{1.0-S_{wi}}\right)^2 \tag{8-53}$$

(2) 乘方法，即

$$K_{rw}=\left(\frac{S_w-S_{wi}}{1.0-S_{wi}}\right)^4 \tag{8-54}$$

$$K_{ro}=\left(1.0-\frac{S_o}{1.0-S_{or}-S_{wi}}\right)^2\left(1.0-\left(\frac{S_o}{1.0-S_{wi}}\right)^2\right) \tag{8-55}$$

式中，S_{or}、S_o 分别为储层残余油饱含度、含油饱和度。

(3) 较普遍的形式，即

$$K_{rw}=\left(\frac{S_w-S_{wi}}{1.0-S_{wi}}\right)^m \tag{8-56}$$

$$K_{ro}=\left(1.0-\frac{S_w-S_{wi}}{1.0-S_{or}-S_{wi}}\right)^n\left(1.0-\left(\frac{S_w-S_{wi}}{1.0-S_{or}-S_{wi}}\right)^h\right) \tag{8-57}$$

式中，m、n、h 为与储层岩性和固结程度有关的经验系数，同时也与储层的润湿性和流体的黏度比有关，通常可根据油田岩心的油、水相对渗透率分析资料来确定。

(4) 以上二式中，如果设 $S_{or}=0.1$，$m=3$，$n=1$，$h=1$，则得到琼斯方程为

$$K_{rw}=\left(\frac{S_w-S_{wi}}{1.0-S_{wi}}\right)^3 \tag{8-58}$$

$$K_{ro}=\left(\frac{0.9-S_w}{0.9-S_{wi}}\right)^2 \tag{8-59}$$

从以上几个形式的方程可看出如下几点：

(1) K_{rw}是含水饱含度 S_w、束缚水饱含度的函数，即 $K_{rw}=F(S_w,S_{wi})$。

(2) K_{ro}是含水饱含度 S_w、束缚水饱含度和残余油饱含度 S_{or}和含油饱和度的函数，即 $K_{ro}=F[S_w、S_{wi},\text{and(or)}S_{or},\text{and(or)}S_o]$。

(3) 由彼尔逊方程得

$$K_{ro}=\left(1.0-\frac{S_w-S_{wi}}{1.0-S_{wi}}\right)^2=\left(1.0-\left(\frac{K_{rw}}{S_w^3}\right)^2\right)^2 \tag{8-60}$$

所以，不仅 S_w 是 K_{ro}的函数，K_{rw}也是 K_{ro}的函数。

通过以上讨论，可以得到如下评价油层、水层、油水同层的结论。

油层：当储层水相对渗透率 K_{rw}趋于 0 时，而油相对渗透率 $K_{ro}=1$ 达最大，即 $S_w=S_{wi}$，虽然此时储层含有水(以束缚水形式储存在孔隙中)，但只产油，不产水。

水层：当储层油相对渗透率 K_{ro}趋于 0 时，而水相对渗透率 $K_{rw}=1$ 达最大，即 $S_w \gg S_{wi}$，S_w 接近 1，虽然此时储层含有油(以残余油形式储存在孔隙中)，但只产水，不产油。

油水同层：当 $0<K_{rw}<1$，$0<K_{ro}<1$ 时，即 $S_w>S_{wi}$，此时油水同产。

七、含　水　率

在油水共产体系中，由达西定律可导出含水率为

$$F_w=\frac{1+\dfrac{K}{V_t}\dfrac{K_{ro}}{\mu_o}\left(\dfrac{\partial P_o}{\partial L}-g\Delta\rho\sin a\right)}{1+\dfrac{K_{rw}\mu_w}{K_{ro}\mu_o}} \tag{8-61}$$

式中，F_w 为产液的含水率；g 为重力加速度；$\Delta\rho$ 为水、油密度差；V_t 为总流速；α 为地层倾角。

在储层水平时，即水驱油在水平方向上进行，毛管压力及重力加速度的影响可以忽略不计，此时，以上方程可以简化为

$$F_w=\frac{1}{1+\dfrac{K_{ro}\mu_w}{K_{rw}\mu_o}}=\frac{1}{1+\dfrac{1}{M}},M=\frac{K_{rw}}{\mu_w}\frac{K_{ro}}{\mu_o} \tag{8-62}$$

由上式可知，含水率与 M 有关，而在油水黏度比大致一定时，M 与油、水相对渗透率有关。当 K_{ro} 很小，接近0时，K_{rw} 较大；接近1时，$F_w = 1$，即储层完全产水；当 K_{ro} 很大，接近1，K_{rw} 较小时，$F_w = 0$，即储层完全产油；当 $0 < K_{rw} < 1, 0 < K_{ro} < 1$ 时，$0 < F_w < 1$，即储层油水同产。

八、地层水电阻率

1. 视地层水法

阿尔奇公式，即

$$S_w^n = \frac{abR_w}{R_t \phi^m} \tag{8-63}$$

在完全含水地层上 $R_t = R_o$，$S_w = 1$，于是 $R_w = \dfrac{R_t \phi^m}{a}$（$b$ 设为1），在油气地层上 $R_t > R_o$，$S_w \ll 1$，由此引人视地层水电阻率 R_{wa}。

2.（径向比值法）根据 R_t 和 R_{xo} 确定 R_w

冲洗带含水饱含度 S_{xo} 为

$$S_{xo}^n = \frac{abR_{mf}}{R_{xo} \phi^m} \tag{8-64}$$

$S_w^n = \dfrac{abR_w}{R_t \phi^m}$ 与以上式相除得

$$\left(\frac{S_w}{S_{xo}}\right)^n = \frac{R_{xo} R_w}{R_t R_{mf}} \tag{8-65}$$

在完全含水地层上 $S_{xo} = S_w$，$R_t = R_o$ 因此

$$R_w = \frac{R_t}{R_{xo}} R_{mf} \tag{8-66}$$

3. 由矿化度换算 R_w

矿化度与 R_w 之间有如下关系

$$P = y^{1.05}$$

$$y = \frac{3 \times 10^5}{R_w[T(^\circ F) + 7] - 1} \tag{8-67}$$

式中，P 为地层水的矿化度，单位为 ppm。

4. 自然电位法

井中扩散吸附电动势可表示为

$$E_{da} = -K_{da} \lg\left(\frac{C_w}{C_m}\right) \tag{8-68}$$

式中，E_{da} 为扩散吸附电动势；K_{da} 为扩散吸附电动势系数，满足

$$K_{da} = 60 + 0.133T(^\circ F) \text{或} K_{da} = 70.7[273 + T(^\circ C)]/298$$

式中，C_w、C_m 分别为地层水和井液的浓度。

在储层中部，扩散吸附电动势的幅度可近似等于（校正为）静自然电位 SSP，同

时，在理论上，地层水等效电阻率 R_{we} 与 C_w 之间成反比关系，泥浆滤液电阻率 R_{mfe} 与 C_w 之间成反比关系，所以有

$$\mathrm{SSP} = -K_{da}\lg\left(\frac{R_{fme}}{R_{we}}\right)$$

上式便是自然电位测井确定地层水电阻率 R_w 的理论依据。

九、地区经验参数 *m*、*n*、*a*、*b*

阿尔奇通过具备严格实验条件(纯岩石，岩石的骨架不电导)的实验，提出地层因素 F(经验公式)，即

$$F = \frac{R_t}{R_f} \tag{8-69}$$

式中，R_t 为岩石电阻率；R_f 为流体的电阻率。

当 R_f 发生变化时，R_t 也发生变化，但是 F 的值保持不变。F 的值取决于岩石的岩性、孔隙度的大小以及孔隙结构等，即

$$F = \frac{a}{\phi^{m}} \tag{8-70}$$

式中，ϕ 为孔隙度；a 称为与岩性有关的系数；m 称为胶结系数或结构指数，它与孔隙的结构及岩石的胶结程度有关。

阿尔奇提出电阻率增大系数 I，即

$$I = \frac{b}{S_w^n} \tag{8-71}$$

式中，R_t 为地层的电阻率；S_w 为含水饱和度，$S_w = 1 - S_o$；当 S_o 增大，I 增大，所以称为电阻率增大系数；b 为与岩性有关的系数，一般 $b = 1$；n 为饱和度指数，与油，气，水在孔隙中分布状态有关，一般 $n = 1.0 \sim 4.3$，常取 $n = 2$。m、n、a、b 是油田测井资料评价储层的基础，是导电模型必需的地区经验参数，因此 m、n、a、b 参数确定非常重要，m、n、a、b 参数具有的地质意义如下。

1) m、a 的地质意义

m 和 a 是相互制约的关系，a 大，m 就小；a 小，m 就大。为了讨论方便，假设 a 为一固定值，重点说明 m。曾文冲曾得到一个关于 m 的关系式，该式较能说明 m 的地质意义，即

$$\lg(m) = 0.34 - 0.12\phi - 0.023\lg(k) \tag{8-72}$$

式中，ϕ、k 分别为孔隙度和渗透率。

对于裂缝性碳酸盐岩地层，一般具有低孔隙和高渗透的特点，m 在相当程度上受渗透率的影响，因此，m 值相对较小，一般在 1.5 左右。

对于泥质砂岩地层，一般随泥质含量增大，孔隙度和渗透率减小，m 值增大。并考虑到泥质砂岩由于孔隙过于窄小，一般具有低渗透的特点，m 的取值较高，m

值为 2 左右。

对于灰质地层，一般随灰质含量增大，孔隙度和渗透率减小，所以地层的 m 值较高。

2）n、b 的地质意义

系数 b 和饱和指数 n 主要反映油、气、水在孔隙中的分布对岩石电阻率的影响。而孔隙中的油、气、水的分布又与岩石性质、孔隙形状及岩石的润湿性（润湿性是指吸附在岩石颗粒表面流体的性质，即亲水性和亲油性。亲水性岩石中，水吸附在岩石颗粒表面，而亲油性岩石中，油吸附在岩石颗粒表面）等有关。大量试验资料表明，b 很接近 1，故通常取为 1。

利用新疆某地区的岩电分析资料，得到 $a=0.92$，$m=1.75$，$b=1.04$，$n=2.04$，如图 8-21 和图 8-22 所示。

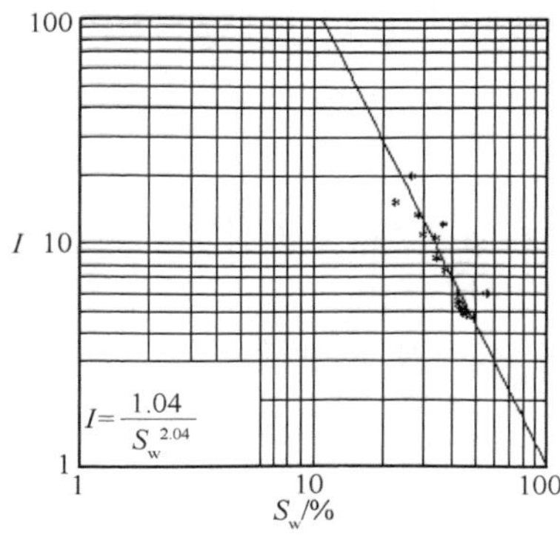

图 8-21　含水饱和度 S_w 和电阻率指数 I 之间的关系

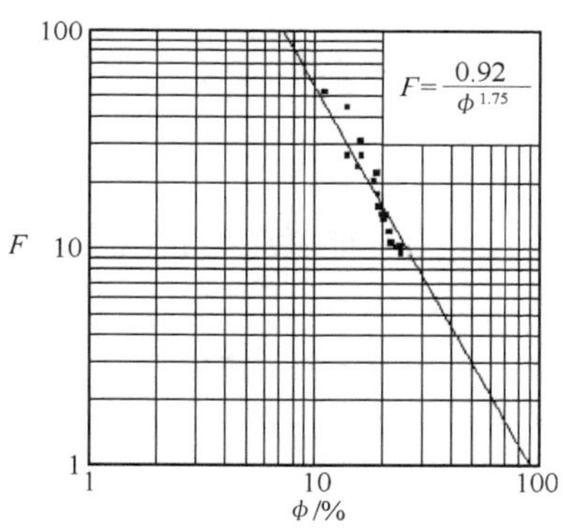

图 8-22　地层因素 F 与孔隙度 ϕ 之间的关系

第四节　评价油气层的基本方法

一、双孔隙度差异法

设 V_w 为岩石孔隙中含水部分的体积，V_ϕ 为岩石孔隙总体积，则含水饱和度 S_w 定义为

$$S_w=\frac{V_w}{V_\phi} \tag{8-73}$$

对等式右边的分子、分母同除以岩石孔隙总体积 V，则

$$S_w=\frac{V_w}{V_\phi}=\frac{\dfrac{V_w}{V}}{\dfrac{V_\phi}{V}}=\frac{\phi_w}{\phi} \tag{8-74}$$

式中，ϕ 为岩石孔隙度；ϕ_w 为岩石含水部分的孔隙度，简称为含水孔隙度。

将 $S_w=1-S_h$（S_h 为含油饱和度）代入，并整理得到

$$\phi S_h=\phi-\phi_w \tag{8-75}$$

以上 ϕ 与 ϕ_w 之差反映了地层的含油情况（ϕS_h）。

以上公式中，ϕ 的计算可用单孔隙度测井方法和多孔隙度测井交会法。其关键是如何计算含水孔隙度 ϕ_w。对于水层，地层因素 F 为

$$F=\frac{R_o}{R_w}=\frac{a}{\phi^m} \tag{8-76}$$

此时，地层孔隙度就是含水孔隙度，即

$$\phi_w=\left(\frac{aR_w}{R_o}\right)^{\frac{1}{m}} \tag{8-77}$$

式中，a、m 为岩层的胶结系数和孔隙结构系数。对于不含泥质的油层，油和岩石骨架不导电，所以参加导电的仅是水，此时，含水孔隙空间为：$V_w=V_\phi-V_h$，则含水孔隙度与地层电阻率之间的关系可以下式表示，即

$$\phi_w=\left(\frac{a'R_w}{R_t}\right)^{\frac{1}{m'}} \tag{8-78}$$

式中，a'、m'为含油岩层的胶结系数和孔隙结构系数，实际分析时可以假设 $a'=a$，$m'=m$。

以上说明，R_w 选定后，ϕ_w 直接与 R_t 密切相关，即 R_t 的变化正好反映了岩层含水孔隙度的变化。

二、径向电阻率比值法

对于纯（不含泥质）岩层，含水饱和度 S_w 和冲洗带含水饱和度 S_{xo} 可用下式表示，即

$$S_w^n=\frac{aR_w}{\phi^m R_t}\qquad S_{xo}^n=\frac{aR_{mf}}{\phi^m R_{xo}} \tag{8-79}$$

二式相比得到

$$\left(\frac{S_w}{S_{xo}}\right)^n=\frac{R_{xo}}{R_t}\frac{R_w}{R_{mf}} \tag{8-80}$$

假设饱和度指数 $n=2$，同时在中等侵入地区 $S_{xo}\approx S_w{}^{1/5}$，所以

$$S_w=\left(\frac{R_{xo}}{R_t}\frac{R_w}{R_{mf}}\right)^{\frac{5}{8}} \tag{8-81}$$

通常 $R_{mf}/R_w\approx3.0$，因此 R_{xo}/R_t 直接反映地层的含水饱和度。

上式说明，同一地层不同径向范围电阻率的差别，即冲洗带电阻率与原状地层电阻率的差别取决于 R_{xo}/R_t 和 R_{mf}/R_w。

设 $S_{xo}=S_w^{\frac{1}{5}}$，则

$$S_w^{\frac{8}{5}}=\frac{\dfrac{R_{xo}}{R_t}}{\dfrac{R_{mf}}{R_w}} \tag{8-82}$$

或
$$1.6\lg S_w = \lg \frac{R_{xo}}{R_t} - \lg \frac{R_{mf}}{R_w} \tag{8-83}$$

由于认为移动 R_{xo}，使纯水层处的 R_{xo} 与 R_t 重合，其结果相当于人为的使 $R_{mf} = R_w$，则 $\lg \frac{R_{mf}}{R_w} = 0$，故 $1.6\lg S_w = \lg R_{xo} - \lg R_t$。

这样，可根据 R_{xo} 与 R_t 曲线的幅度差，用指数为 1.6 的透明刻度尺，其模数等于 R_t 曲线模数的 1.6 倍，将刻度为 1 的点与 R_t 曲线重合。根据 R_{xo} 由线在透明对数比例尺上的位置，可直接读出含水饱和度的数值，如图 8-23 所示。如果在水层处使 R_{xo} 与 R_t 重合，得数应为 $S_{wa}=7\%$，而不是图上标明的 14%。

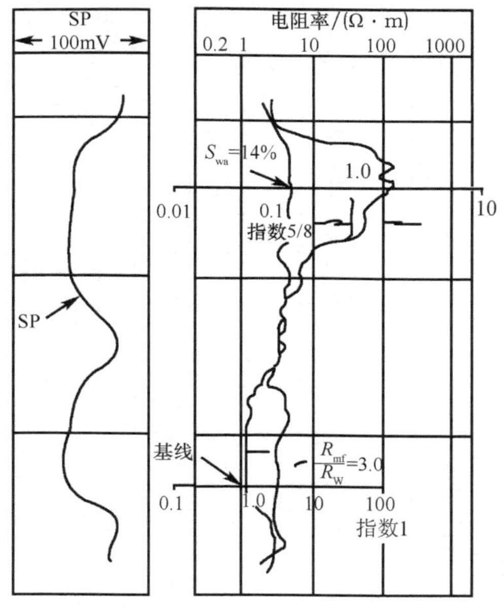

图 8-23　R_{xo}-R_t 径向电阻率重叠(水层不重合)

三、视地层水法

阿尔奇公式
$$S_w^n = \frac{abR_w}{R_t \phi^m} \tag{8-84}$$

在完全含水地层上 $R_t = R_o$，$S_w = 1$，于是 $R_w = \frac{R_t \phi^m}{a}$（$b$ 设为 1）；在油气地层上 $R_t > R_o$，$S_w \ll 1$，由此引人视地层水电阻率 R_{wa}，即
$$R_{wa} = \frac{R_t \phi^m}{a} \tag{8-85}$$

视地层水电阻率法说明，在完全含水地层上 $R_{wa} \approx R_w$，在油气地层上 $R_{wa} \gg$

R_w。因此，用比值 R_{wa}/R_w 或用差值 $R_{wa}-R_w$ 能定性地分析地层的含油性质。图8-24为视地层法的解释实例，在图中有三个储层，第一层 R_{wa} 大，其余二层小，第一层为油气层。

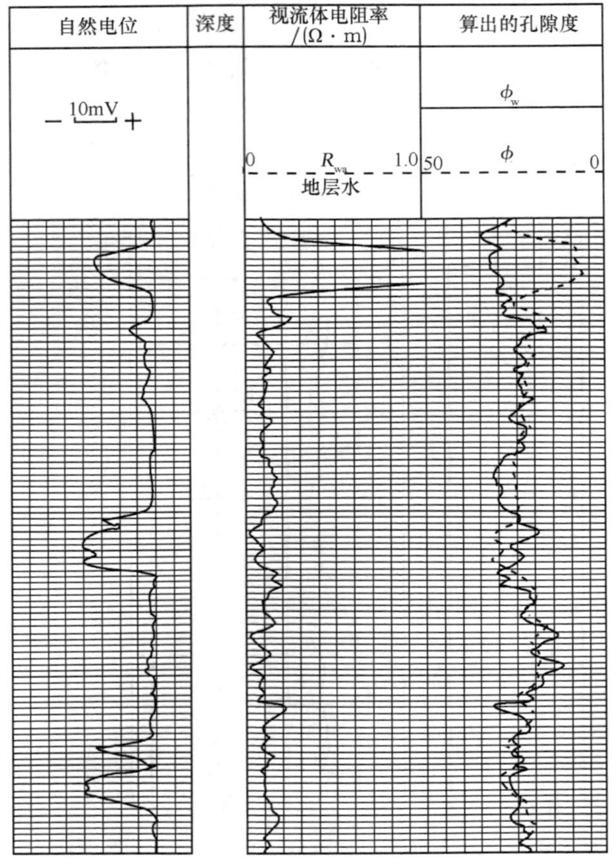

图 8-24　双孔隙度重叠图

四、邻井曲线对比法

如果邻井经试油证实为油(气)层或水层，则可根据地质规律将要解释的井与邻井对比，有助于提高解释结论的可靠性。图 8-25 是某地区三口井的测井曲线对比。A 井是最先获得工业油气流的井，以后钻 B 井时，录井和井壁取心部没有见到明确的油气显示，当时的测井解释结论也定得很低。但在 C 井完钻井获得高产油气流后，将相邻很近的三口井作了对比，发现它们属一个断块，重新对 B 井作了解释，划分出总厚达 18.8m 的油层，试油结果日产原油 70t。

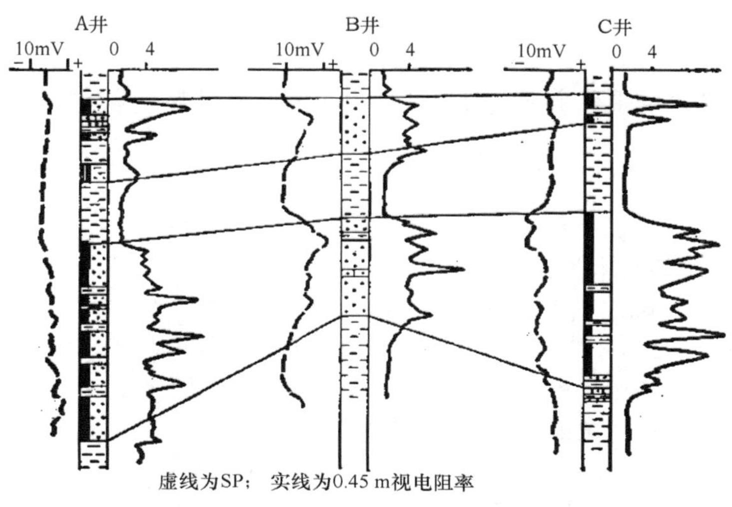

图 8-25　邻井曲线对比实例

五、可动油分析

如图 8-26 所示，可定义几种孔隙度：

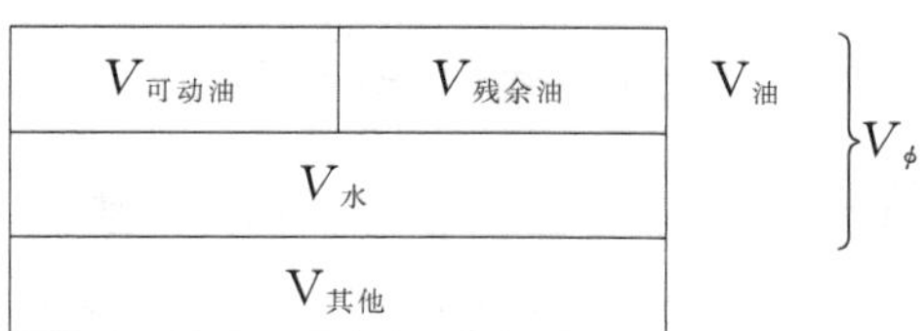

图 8-26　储层等效体积模型

总孔隙度 $\phi=\dfrac{V_\phi}{V}$；含水孔隙度 $\phi_{\mathrm{w}}=\phi S_{\mathrm{w}}$，$S_{\mathrm{w}}=\dfrac{V_{\mathrm{w}}}{V_\phi}=\dfrac{\dfrac{V_{\mathrm{w}}}{V}}{\dfrac{V_\phi}{V}}=\dfrac{\phi_{\mathrm{w}}}{\phi}$　(8-86)

可动油孔隙度 $\phi_{\mathrm{MOS}}=\phi S_{\mathrm{MOS}}$，$S_{\mathrm{MOS}}=\dfrac{V_{\mathrm{MOS}}}{V_\phi}=\dfrac{\dfrac{V_{\mathrm{MOS}}}{V}}{\dfrac{V_\phi}{V}}=\dfrac{\phi_{\mathrm{MOS}}}{\phi}$　(8-87)

残余油孔隙度 $\phi_{\mathrm{or}}=\phi S_{\mathrm{or}}$，$S_{\mathrm{or}}$是残余油饱和度（$S_{\mathrm{or}}=\dfrac{V_{\mathrm{or}}}{V_\phi}=\dfrac{\dfrac{V_{\mathrm{or}}}{V}}{\dfrac{V_\phi}{V}}=\dfrac{\phi_{\mathrm{or}}}{\phi}$）(8-88)

要求可动油孔隙度 ϕ_{MOS}，必须先求可动油饱和度 S_{MOS}；而要求残余油孔隙度

ϕ_{or}，必须先求残余油饱和度 S_{or}。S_{MOS} 与 S_{or} 之间的关系是

$$S_o = S_{MOS} + S_{or} = 1 - S_w \tag{8-89}$$

残余油是冲洗带残余下来的油，因此，残余油饱和度就是冲洗带含油饱和度 S_{oxo}，即

$$S_{or} = S_{oxo} = 1 - S_{xo}$$

得

$$S_{MOS} = 1 - S_w - S_{or} = 1 - S_w - (1 - S_{xo}) = S_{xo} - S_w$$

因此，可动油孔隙度 ϕ_{MOS} 为

$$\phi_{MOS} = \phi S_{MOS} = \phi(S_{xo} - S_w) = \phi S_{xo} - \phi S_w = \phi_{xo} - \phi_w \tag{8-90}$$

式中，$\phi_{xo} = \phi S_{xo}$ 称为冲洗带含水孔隙度。而残余油孔隙度 ϕ_{or} 为

$$\phi_{or} = \phi S_{or} = \phi(1 - S_{xo}) = \phi - \phi S_{xo} = 1 - \phi_{xo}$$

表明总孔隙度 ϕ 减去冲洗带含水孔隙度 ϕ_{xo} 便是残余油气孔隙度 ϕ_{or}；冲洗带含水孔隙度 ϕ_{xo} 减去含水孔隙度 ϕ_w 就是可动油气孔隙度 ϕ_{MOS}。

残余油气重量的计算公式是：$G_{or} = \phi_{or}\rho_o = \phi(1 - S_{xo})\rho_o$ (8-91)

残余油气的体积的计算公式是：$V_{or} = \phi S_{or} = \phi_{or} = \phi(1 - S_{xo})\rho_o$ (8-92)

可动油气分析实例如图 8-27，图中第一道为深度和累计烃；第二道是地层特征；第三道是生产特征；第四道是三孔隙度分析；第四道是地层体积分析。

六、油层最小电阻率法

对某一地区特定的地层，如果岩性和地层水矿化度基本稳定，而储集层物性变化不大的条件下，可以根据试油结果与电阻率统计对比，确定出油层最小电阻率作为划分油(气)、水层的标准。

在某地区某层段通过十口取心井岩心观察，发现岩性不同(主要是颗粒大小变化)时，油层电阻率的范围也相应有规律地变化，如表 8-8 所示。据此规律，现在也已将油层最小电阻率法用于岩性有相当变化的地区。这时用自然电位减小系数 α(作为反映岩性变化的指标，由解释层与含水纯砂岩自然电位之比值计算)。图8-28是某地区某层段的最小出油电阻率随 α 变化的关系图。由图可见，最小出油电阻率随自然电位减小系数 α 减小而降低(相当于泥质含量增加时最小出油电阻率降低)。这样，使利用电阻率对比的油层最小出油电阻率法减少了应用上的限制。

表 8-8 某区某油层电阻率范围

岩性	油层电阻率范围/(Ω·m)	岩性	油层电阻率范围/(Ω·m)
粉砂岩	3～15	中砂岩	30～40
细砂岩	16～30	粗砂岩级含砾砂岩	＞40

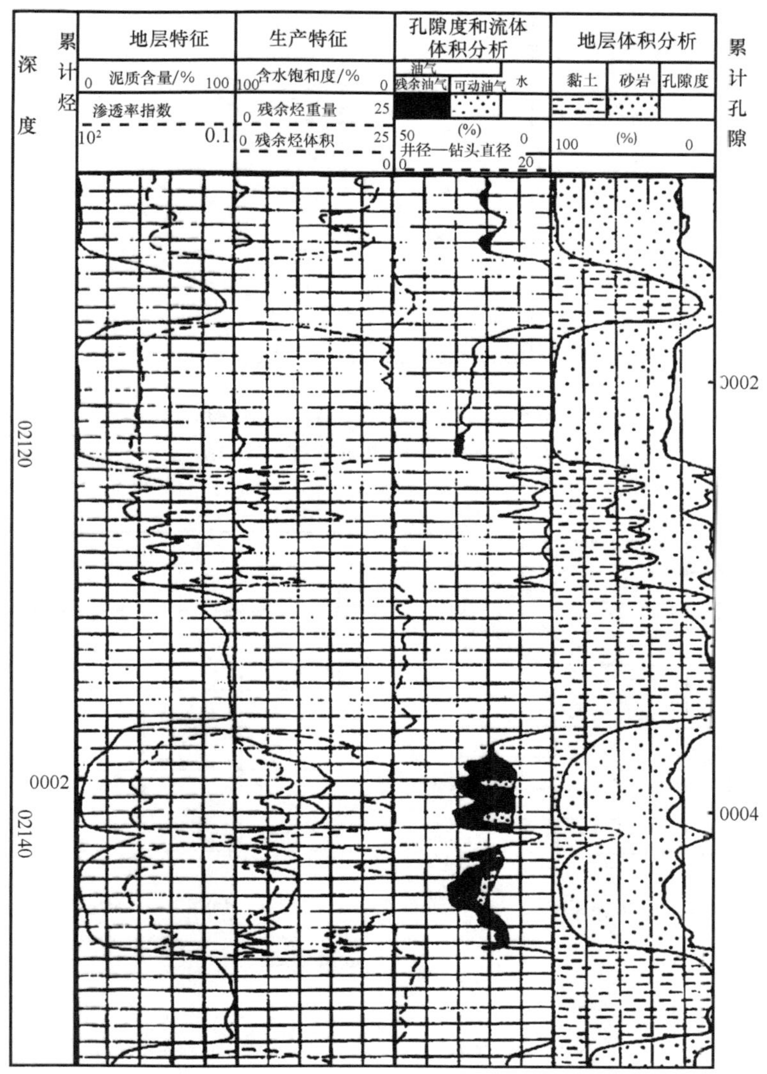

图 8-27　可动油气图(解释成果图)

七、S_w-S_{wi}交会法

当 $S_w=S_{wi}$时为油层，$S_{wi}\gg S_w$时为水层，油水同层基于二者之间，基于该原理可识别油水层，图 8-29(a)为 S_{wi}-S_w 交会图版，图 8-29(b)是识别实例。

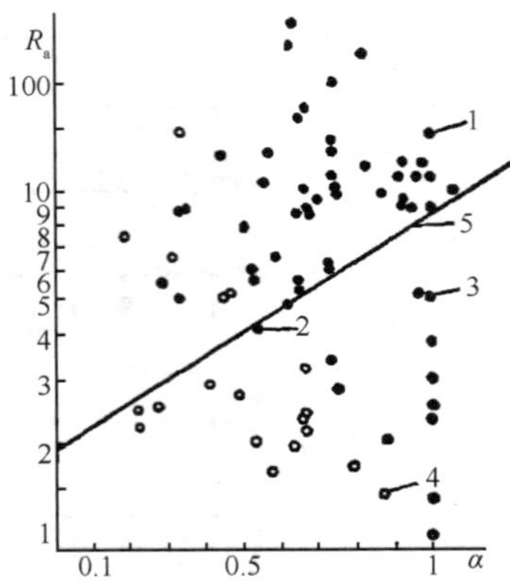

1. 油层；2. 油水同层；3. 水层；4. 干层；5. 最小出油电阻率线

图 8-28　最小出油电阻率与 α 的关系

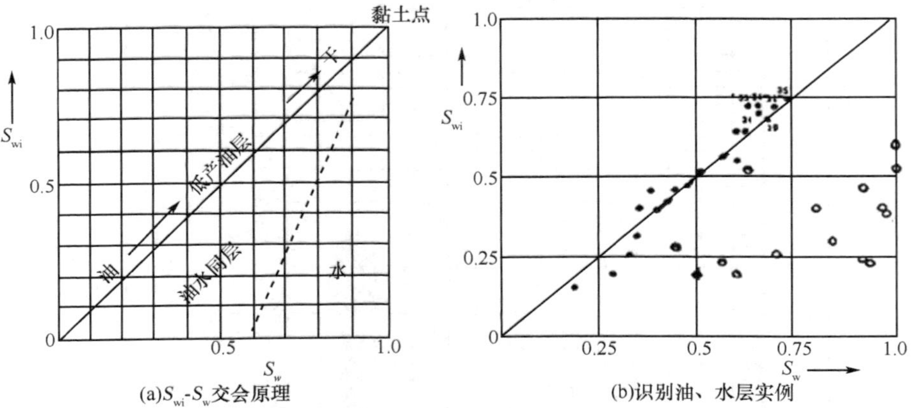

(a)S_{wi}-S_w交会原理　　(b)识别油、水层实例

图 8-29　S_w-S_{wi}交会法

第九章　井中磁测

井中三分量磁测和磁化率测井称为井中磁测，它基于研究各种岩矿石的磁性差异及由此而引起的地磁场变化。井中磁测主要用于解决井旁及井周地质问题，如划分磁性层，确定磁性层深度和厚度、提供磁性参数（磁化率、磁化强度等）、验证评价地面磁异常；发现井旁盲矿，确定其空间位置；预报井底盲矿，估算可能见矿深度；评价磁铁矿含量等（蔡柏林等，1989）。

第一节　磁化率测井

一、磁化率测井原理

磁化率测井的根据是电磁感应原理。井下仪器中采用了一个带有铁芯或空心的线圈作为灵敏元件。

以螺线管为例（图 9-1），当交变电流通过线圈时，线圈产生交变磁场，磁力线经过钻孔周围的岩矿石形成闭合磁路。根据电磁感应定律在导电介质中将同时有涡流存在。

灵敏元件的阻抗可视为电感和电阻相串联（图 9-2）。

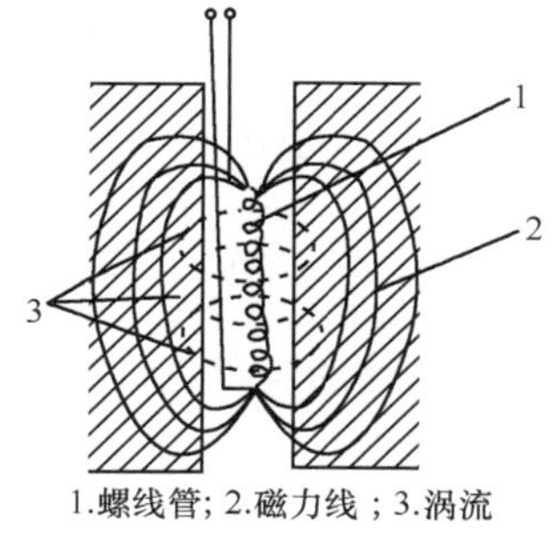

图 9-1　磁化率测井原理

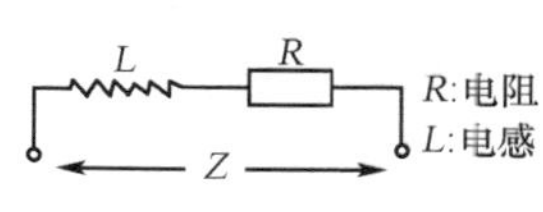

$Z=R+jwL \quad (j=\sqrt{-1})$

图 9-2　灵敏元件的阻抗

当灵敏元件从地面进入井下介质时，其阻抗会发生变化。线圈产生的磁场称为一次场，它使磁性介质中分子电流的磁矩顺着磁力线的方向排列，即介质被磁化。被磁化的介质必然产生附加的磁场，即二次场。在顺磁介质中，磁化方向和一次场相同，因此二次场的相位和一次场是相同的，结果使线圈中原有的磁通量增加，也就是增加了线圈的自感量。介质的磁化率愈高，线圈的自感增加愈多。

根据电磁感应定律，涡流在介质中形成的闭合回路与一次场的磁力线相互垂直，涡流强度与一次场的频率以及介质的电导率成正比。值得指出的是，涡流的相位比一次场差 90°。涡流也产生二次磁场，但其二次场的相位比一次场相差 90°。因此，涡流线圈阻抗的影响与介质磁化的影响不同，它不是改变线圈的自感而是改变线圈的有效电阻。介质的电导率越高，涡流越大，灵敏元件的有效电阻就越大。

不同结构的灵敏元件探测性能不同。当灵敏元件在钻孔中通过不同磁化率的地层时，其自感发生变化。通过测量自感的变化值，分析灵敏元件的阻抗与周围介质(包括矿层、围岩和泥浆)的关系，可以对测量结果进行解释并求矿层的磁化率。

(一) 自感 L 与磁化率的关系

设线圈的自感为 L，电流强度的有效值为 I，则线圈储存的磁能为

$$W_m = \frac{1}{2}LI^2 \tag{9-1}$$

磁能密度为

$$\omega_m = \frac{1}{8\pi}\mu H^2 \tag{9-2}$$

两者的关系为

$$W_m = \frac{1}{8\pi}\int_v \mu H^2 \mathrm{d}V = \frac{1}{2}LI^2 \tag{9-3}$$

由此得出

$$L = \frac{1}{4\pi I^2}\int_V \mu H^2 \mathrm{d}V$$

假设灵敏元件从介质 1(磁导率 μ_1) 进入介质 2(磁导率 μ_2)，则

$$L_1 = \frac{1}{4\pi I^2}\int_{V_1} \mu_0 H^2 \mathrm{d}V + \frac{1}{4\pi I^2}\int_{V_2} \mu_1 H^2 \mathrm{d}V \tag{9-4}$$

$$L_2 = \frac{1}{4\pi I^2}\int_{V_1} \mu_0 H^2 \mathrm{d}V + \frac{1}{4\pi I^2}\int_{V_2} \mu_2 H^2 \mathrm{d}V \tag{9-5}$$

式中，μ_0 为铁心的磁导率；V_1、V_2 分别表示铁心内与外的体积，所以有

$$\Delta L = \frac{\Delta\mu}{4\pi I^2}\int_{V_2} H^2 \mathrm{d}V = \frac{\mu_2 - \mu_1}{4\pi I^2}\int_{V_2} H^2 \mathrm{d}V$$

$$= \frac{1 + 4\pi\kappa_2 - (1 + 4\pi\kappa_1)}{4\pi I^2}\int_{V_2} H^2 \mathrm{d}V = \frac{\Delta\kappa}{I^2}\int_{V_2} H^2 \mathrm{d}V \tag{9-6}$$

该式说明：介质磁化率 K 的变化引起灵敏元件自感的变化，即测量线圈 L 的变化，就能测到介质磁化率的变化。

(二) 有效电阻 R 与导电率的关系

电流通过某物体时要发热(产生焦耳热)，焦耳热的微分形式：$EJ = \sigma E$；焦耳

热的积分形式:I^2R;微分形式的积分为:$I^2\Delta R = \int_V \sigma E^2 \mathrm{d}V$,由此得到:$\Delta R = \frac{\sigma}{I^2}\int_V E^2 \mathrm{d}V$,从介质 1 到介质 2,则有从 R_1 到 R_2,即

$$\Delta R = \frac{\Delta\sigma}{I^2}\int_{V_2} E^2 \mathrm{d}V \tag{9-7}$$

该式说明:介质电导率的变化引起灵敏元件有效电阻的变化,即测量线圈 R 的变化,就能测到介质电导率的变化。

总之,K 与 L 有关(与一次场有关);σ 与 R 有关(与二次场有关),两者相位差 90°。

测量方式:①既测磁化率,也测电导率,即两者同时分别测量;②只测磁化率(电导率作为影响因素),称为磁化率测井;③只测电导率(磁化率作为影响因素),称为感应测井。

二、岩矿石结构与灵敏元件结构的关系

(一)基本原理

磁化率测井主要探测对象为磁铁矿,而磁铁矿结构有层状、条带状磁铁矿、致密块状磁铁矿等。

对于我国,多见层状、条带状磁铁矿,为此,假设磁铁矿结构如图 9-3,k 为磁化率,$k_{/\!/}$、$k_{\perp}$ 分别为水平磁化,垂直磁化时的磁化率;h_1、h_2 分别为磁铁矿、石英的厚度。对于磁阻来说有如下关系

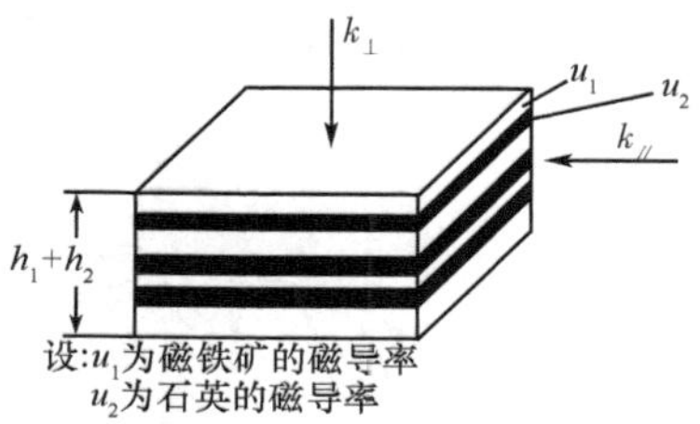

图 9-3　层状磁铁矿

$$R_{\mathrm{m}} = \frac{L}{\mu S} \tag{9-8}$$

式中,R_{m} 为磁阻;μ 为磁导率;S、L 分别为磁力线流过的截面和长度。

磁阻类似于电阻的并联、串联,得到

$$\mu_{\perp} = \frac{h_1\mu_1 + h_2\mu_2}{h_1 + h_2}\ ,\ \mu_{/\!/} = \frac{h_1 + h_2}{\dfrac{h_1}{\mu_1} + \dfrac{h_2}{\mu_2}} \tag{9-9}$$

式中,$\mu_{\perp}$,$\mu_{/\!/}$ 分别为垂直磁导率、水平磁导率。对该公式说明如下几点:

(1) $\mu_{\perp}$ 与 $k_{\perp}$ 成正比,$\mu_{/\!/}$ 与 $k_{/\!/}$ 成正比;

(2) 由于垂直层面磁化,磁阻大(相当于串联),所以导磁率 $\mu_{\perp}$ 小,磁化率 $k_{\perp}$ 小;

(3) 由于平行层面磁化,磁阻小(相当于并联),所以导磁率 $\mu_{/\!/}$ 大,磁化率 $k_{/\!/}$ 大。

(二)线圈(灵敏元件)设计的基本原则

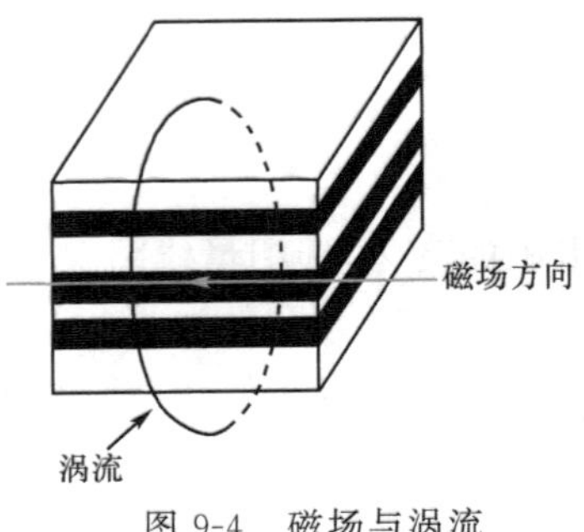

图 9-4　磁场与涡流

对于层状、条带状磁铁矿,由于平行矿体磁化,磁导率 $\mu_{/\!/}$ 大,磁化率 $k_{/\!/}$ 大,同时,平行矿体磁化,磁场产生涡流是垂直矿体层面,电阻大。

对于我国,多见层状、条带状磁铁矿,因此,我国磁化率测井的灵敏元件应该设计成平行层面磁化(图 9-4),一方面可以得到大的磁化率 $k_{/\!/}$,另一方面涡流垂直矿体层面,其电阻大,抑制了涡流的影响,这正是要达到的目的(图 9-4)。

(三)几种典型的灵敏元件

对原苏联来说,多见致密块状磁铁矿,苏制的 AMK-3 型磁化率仪器中的灵敏元件如图 9-5(a)所示,显然,该种灵敏元件既有水平磁化,又有垂直磁化。

对美国来说,多见层状、条带状磁铁矿,美制Ⅱ型磁化率测井仪器中的灵敏元件是尺寸相当大的空心扇型线圈,如图 9-5(b)所示,该灵敏元件主要是水平磁化,这是有利于美国磁铁矿的磁化率测量的。

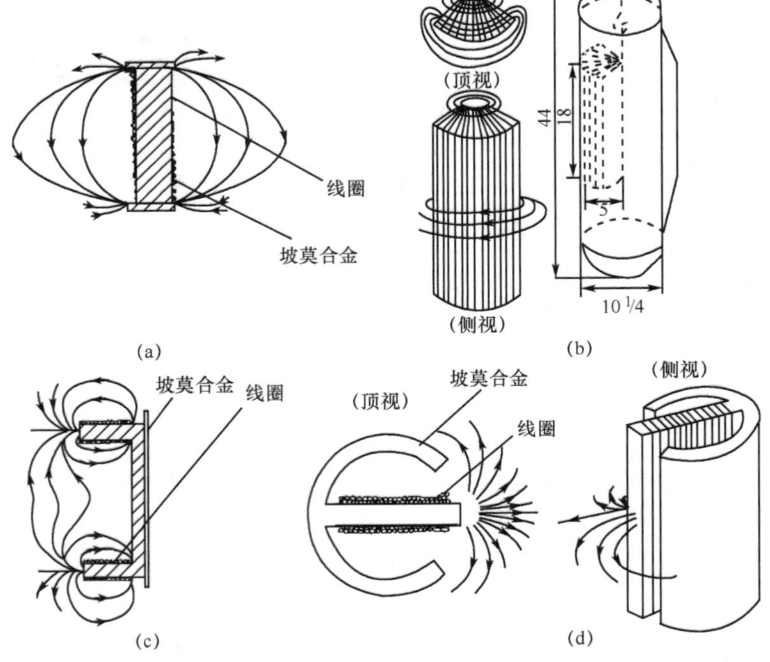

图 9-5　各种类型的灵敏元件

对于我国，多见层状、条带状磁铁矿，磁化率测井的灵敏元件应该设计成平行层面磁化，国产 71 型，四川 106 的灵敏元件如图 9-5(c)所示，国产 JCL-1 型灵敏元件如图 9-5(d)所示。

三、单一矿层磁化率曲线

单一矿层模型磁化率曲线如图 9-6 所示，图中 h 为矿层厚度，k_h 为厚度等于 h 时的磁化率，$k_h=\infty$ 为厚度等于无穷大时的磁化率，由图可看出：

(1) 随井径 d 增大，幅值下降；

(2) 厚层用半幅值点分层；薄层用 2/3 幅值点分层。

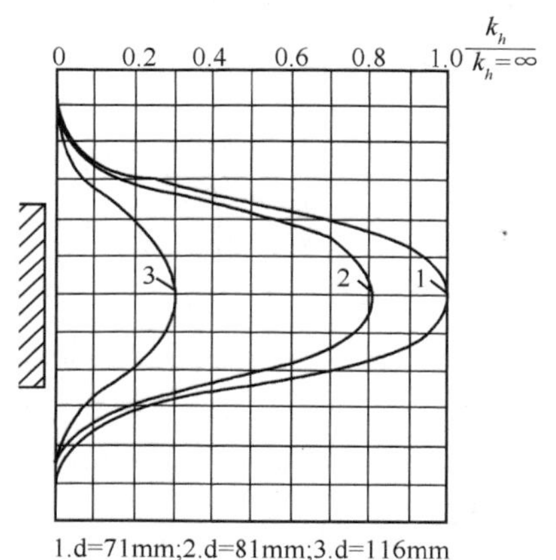

图 9-6　单一矿层模型磁化率曲线

第二节　井中三分量磁测测量系统的定向问题

井中三分量磁测是普查勘探磁铁矿每孔必测的、有效的井中物探方法。它和地面磁法一样，是以各种岩(矿)石具有不同磁性为物理基础的。方法的合理应用可发现井旁盲矿，预报井底盲矿、圈定井间矿体范围和估计产状等。

钻孔通常是弯曲的，因此，井中磁力仪坐标系统的定向问题十分复杂，目前国内外常用的定门系统主要有以下两种。

1. 轴向定向系统

井中磁力仪只有一个自由度，它始终平行于井轴，即 Z 轴。Y 轴垂直于井轴，不一定位于水平面内，X 轴垂直于井轴，垂直于 Y 轴，但 X 轴不一定位于水平面内[(图 9-7(a)]。

2. 垂直定向系统

井中磁力仪有两个自由度，其中一个轴始终沿铅垂方向，即 Z 轴。Y 轴水平始终指向井倾斜方位，X 轴水平垂直于 Y 轴。国产 Jsz 型井中三分量磁力仪就采用这种定向系统，并规定了三个磁敏元件的正负方向[图 9-7(b)]。

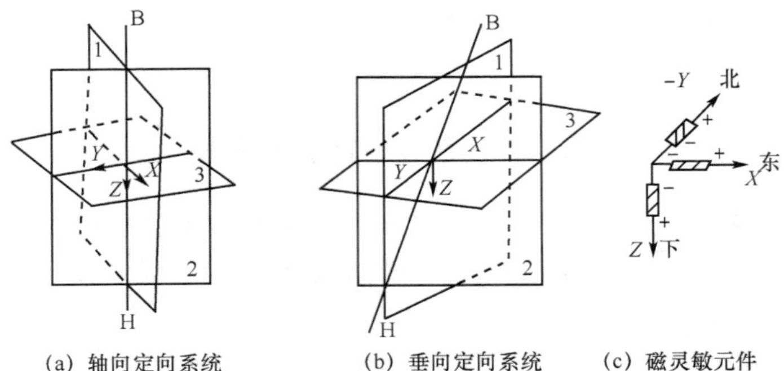

图 9-7 测量系统的定向问题

在垂直定向系统中，地磁场分量及异常分量满足

$$
\begin{aligned}
x_0 &= T_0 \cos I \sin\beta \\
y_0 &= T_0 \cos I \cos\beta \\
z_0 &= T_0 \sin I \\
\Delta x &= x - x_0 = x - T_0 \cos I \sin\beta \\
\Delta y &= y - y_0 = y - T_0 \cos I \cos\beta \\
\Delta z &= z - z_0 = z - T_0 \sin I
\end{aligned} \tag{9-10}
$$

磁异常总场和水平分量的模值为

$$
\begin{aligned}
\Delta H &= \sqrt{\Delta x^2 + \Delta y^2} \\
\Delta T &= \sqrt{\Delta H^2 + \Delta z^2}
\end{aligned} \tag{9-11}
$$

重庆地质仪器厂生产的高精度 JCX-3 型井中三分量磁力仪是在原 JCX-1、JCX-2 型有两个自由度的垂向系统基础上进行的。该仪器采用了稳定可靠的双轴倾角传感器测量倾角，高灵敏度的坡莫合金磁敏元件直接焊接到线路板上进行磁场的三分量测量，然后通过坐标变换将测量值转换到标准的大地坐标系上进行输出、显示(蔡耀泽，2006)。要注意以上图中所述的垂向系统是左手坐标系统，而 JCX-3 型仪器的垂向系统是右手坐标系统，即此时 X 轴水平始终指向井倾斜方位，Y 轴水平垂直于 X 轴，Z 轴始终沿铅垂方向。

第三节 大地坐标系统的井中磁三分量

老式的三分量磁测仪器是为找磁铁矿等强磁性矿物设计的，精度很低(约 200nt)，没有分辨中弱磁性体的能力。其采用的垂向系统因井下仪器中有活动部件，很难提高精度。而新式仪器采用轴向系统，井下仪器中没有活动部件，精度大大提高，现在所有的定向测井仪均采用此结构(如连续测斜仪、地层倾角仪和成像测井仪等)，但采用方位短节测出的磁场要做定量解释，需刻度。

高精度井中三分量磁力仪采用轴向定向系统，该系统的关键技术之一是如何将轴向定向系统的磁三分量转换到大地坐标系统的磁三分量。

一、成像测井磁三分量的转换

德国 ICDP 四臂地层倾角测井仪磁定向系统与 5700 成像测井磁定向系统基本一样，所以地层倾角测井和 5700 成像测井磁三分量转换到大地坐标系统的磁三分量的方法一样。

5700 成像测井磁定向系统中，Z 轴始终平行于井轴，当井斜角不大时，Z 分量接近垂向定向系统中的 Z 分量；而由于 X、Y 无固定的指向，X、Y 分量与垂向定向系统中的 X、Y 分量相差甚远，见图 9-10，图中 X、Y、Z 为 5700 成像测井实测资料。

如图 9-8 所示，5700 仪器坐标系为 O-FDA(XYZ)，大地坐标系为 O-ENV，将 5700 仪器的三分量转换为轴向定向系统(大地坐标系)中的三分量，即需将 5700 仪器的三分量作三次转换(三次旋转)(谭廷栋，1998；潘和平等，2004)。

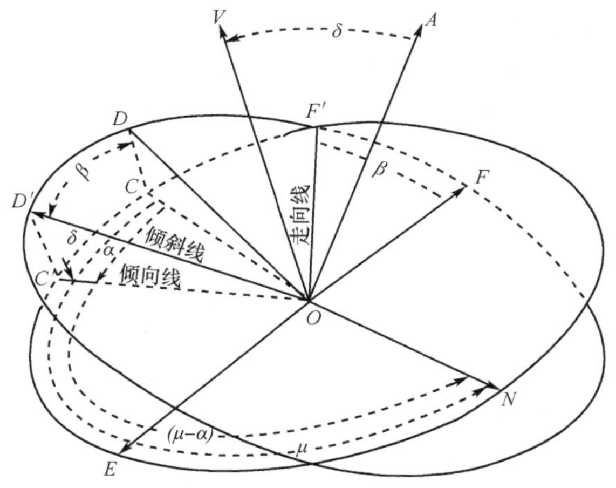

图 9-8 仪器坐标系与大地坐标系

第一次旋转：

仪器平面是 FOD，而水平面是 EON，第一次旋转是将仪器坐标系 O—FDA 绕 OA 轴逆时针旋转 β 角，使 OF 轴与 OF' 轴重合，仪器平面在空间的位置不变，计算新的三分量。其中 β 角为仪器的相对方位，即 1 号极板相对方位(图 9-9)，数学上称为进动角。

$$\begin{bmatrix} N'_F \\ N_U \\ N_A \end{bmatrix} = \begin{bmatrix} \cos\beta & \sin\beta & 0 \\ -\sin\beta & \cos\beta & 0 \\ 0 & 0 & 1 \end{bmatrix} \begin{bmatrix} N_F \\ N_D \\ N_A \end{bmatrix} = R_1 \begin{bmatrix} N_F \\ N_D \\ N_A \end{bmatrix} \tag{9-12}$$

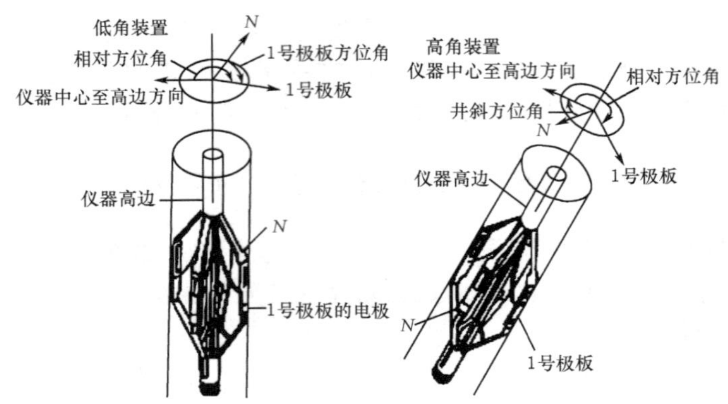

图 9-9　1 号极板相对方位(谭廷栋,1998)

图 9-9 中,5700 方向短节中的相对方位角为重力(磁) X 轴与仪器高边的夹角,若 1 号极板与 X 轴重合,也可称为 1 号极板相对方位角。

第二次旋转:

以 EOV 水平面内的井斜走向 OF' 为基础,将 A 轴旋转到与 V 轴重合(即旋转 $-\delta$ 角),井轴截面上的倾斜线 OD' 旋转到井斜的倾向线 OC',计算新的三分量,其中 δ 角为井眼的倾斜角[井轴(仪器轴)与铅垂线的夹角,变化范围 0°～90°],数学上称为章动角。

$$\begin{bmatrix} N'_F \\ N'_U \\ N_V \end{bmatrix} = \begin{bmatrix} 1 & 0 & 0 \\ 0 & \cos\delta & -\sin\delta \\ 0 & \sin\delta & \cos\delta \end{bmatrix} \begin{bmatrix} N'_F \\ N_U \\ N_A \end{bmatrix} = R_2 \begin{bmatrix} N'_F \\ N_U \\ N_A \end{bmatrix} \tag{9-13}$$

第三次旋转:

以 OV 为旋转轴,将走向线 OF' 旋转到 E 轴,倾向线 OC' 旋转到 N 轴,即旋转 Φ 角(变化范围 0°～360°),计算新的三分量,即大地坐标系情况下的磁三分量,其中 $\Phi=\mu-\alpha$,Φ 角为井眼方位或井斜方位[是井斜方向在水平面上的投影与正北方向的夹角(顺时针),变化范围 0° ～ 360°],数学上称为自动角。

$$\begin{bmatrix} N_E \\ N_N \\ N_V \end{bmatrix} = \begin{bmatrix} \cos\phi & \sin\phi & 0 \\ -\sin\phi & \cos\phi & 0 \\ 0 & 0 & 1 \end{bmatrix} \begin{bmatrix} N'_F \\ N'_U \\ N_V \end{bmatrix} = R_3 \begin{bmatrix} N'_F \\ N'_U \\ N_V \end{bmatrix} \tag{9-14}$$

综合三次旋转,得到

$$N_E = -N_A\sin\phi\sin\delta + N_D\sin\phi\cos\delta\cos\beta + N_D\cos\phi\sin\beta - N_F\sin\phi\cos\delta\sin\beta - N_F\cos\phi\cos\beta$$

$$N_N = -N_A\cos\phi\sin\delta + N_D\cos\phi\cos\delta\cos\beta - N_D\sin\phi\sin\beta - N_F\cos\phi\cos\delta\sin\beta - N_F\sin\phi\cos\beta$$

$$N_V = N_A\cos\delta + N_D\sin\delta\cos\beta - N_F\sin\delta\sin\beta \tag{9-15}$$

式中,N_E,N_N,N_V 就是对应转换后的 X',Y',Z' 井中三分量。

图 9-10 中,X、Y、Z 为 5700 成像测井系统井中磁三分量测井实测资料,X'、Y'、Z' 为经转换后的磁三分量。由图可知,经转换后的磁三分量中 Z 与 Z' 类似,而 X'、

Y' 与 X、Y 相比有很大改观，而且 X'、Y' 合乎磁分量的情况，不像 X、Y 出现周期震动现象。

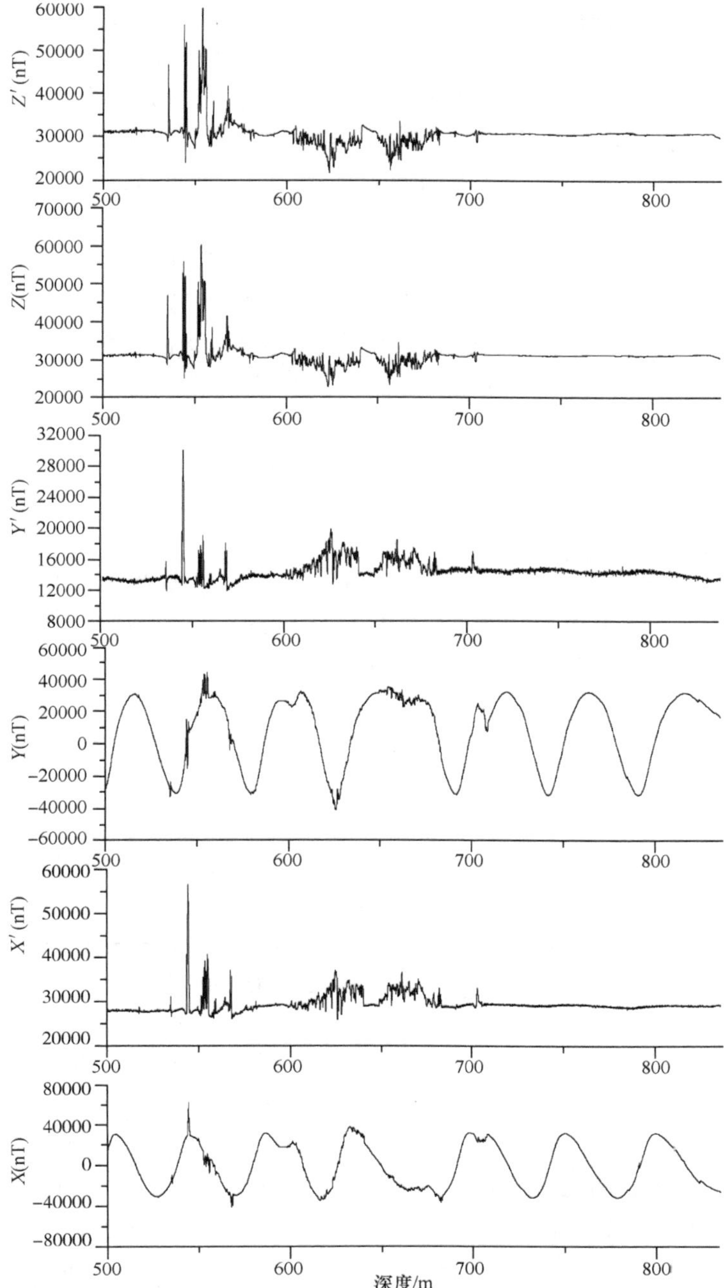

图 9-10　5700 成像测井系统井中磁三分量 X、Y、Z 以及转换后的磁三分量 X'、Y'、Z'

二、连续测斜仪磁三分量的转换

连续测斜仪的定向系统是轴向定向系统，在轴向定向系统中，Z 轴它始终平行于井轴，X 轴垂直于井轴，垂直于 Y 轴，但 X 不一定位于水平面内，Y 轴垂直于井轴，垂直于 X 轴，但 Y 不一定位于水平面内。如何将轴向定向系统转换到大地坐标系统（X'，Y'，Z'），需作两次转换。

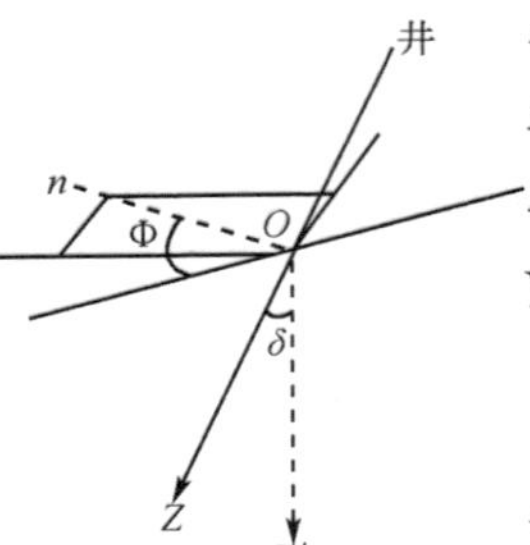

图 9-11　Φ 和 δ 角

第一次旋转：

如图 9-11 所示，以井斜走向线 OZ 为旋转轴，逆时针旋转 δ 角，使其与 Z' 轴重合。其中，δ 角为井眼的倾斜角[井轴（仪器轴）与铅垂线的夹角，变化范围 0°～90°] 此时，在新坐标系中 3 个分量为（A、B、C）。

$$
\begin{aligned}
A &= x \\
B &= y\cos\delta - z\sin\delta \\
C &= y\sin\delta + z\cos\delta
\end{aligned}
\tag{9-16}
$$

第二次旋转：

以 OZ' 为旋转轴，旋转 Φ 角，计算新的三分量，其中 Φ 角为井眼方位或井斜方位[是井斜方向在水平面上的投影与正北方向 N 的夹角（顺时针），变化范围 0°～360°]。此时，在新坐标系中 3 个分量为（X'，Y'，Z'）。

$$
\begin{aligned}
X' &= A\cos\phi + B\sin\phi \\
Y' &= -A\sin\phi + B\cos\phi \\
Z' &= C
\end{aligned}
\tag{9-17}
$$

所以有

$$
\begin{aligned}
X' &= A\cos\Phi + B\sin\Phi = x\cos\Phi + (y\cos\delta - z\sin\delta)\sin\Phi \\
&= x\cos\Phi + y\cos\delta\sin\Phi - z\sin\delta\sin\Phi \\
Y' &= -A\sin\Phi + B\cos\Phi = -x\sin\Phi + (y\cos\delta - z\sin\delta)\cos\Phi \\
&= -x\sin\Phi + y\cos\delta\cos\Phi - z\sin\delta\cos\Phi \\
Z' &= y\sin\delta + z\cos\delta
\end{aligned}
\tag{9-18}
$$

以上公式中 X'，Y'，Z' 就是大地坐标系统下的井中三分量。需要说明的是：

（1）连续测斜仪测量输出结果是井斜角和井斜方位角，因此可以用以上所述方法将连续测斜仪（轴向定向系统）磁三分量转换为大地坐标系统的磁三分量。

（2）如果测斜仪测量输出重力加速计的三个分量 g_X，g_Y，g_Z，此时可以利用 g_X，g_Y，g_Z 计算井斜角 δ 和井斜方位角 Φ，再用以上所述方法将连续测斜仪磁三分量转换为大地坐标系统下的磁三分量。井斜方位角 Φ：$\Phi=\arctan\{g(xg_Y - yg_X)/[z(g_X^2+g_Y^2)+g_Z(xg_X+yg_Y)]\}$，井斜角 δ：$\delta=\arctan\sqrt{(g_X^2+g_Y^2)/g_Z^2}$（谢子殿和朱秀，2004）。

(3) 也可以对 g_X, g_Y, g_Z 直接进行旋转(以及相应的 H_X, H_Y, H_Z 旋转),得到大地坐标系统的三个分量。

第四节　井中三分量磁测资料的整理及图示

一、正常场的确定

由于钻探的地区大多已有地面磁法资料,地面磁异常的零点即是仪器的正常场值。因此只要根据仪器在磁法总基点、分基点或在磁场平稳地段内相对磁场值为已知的任一点上的读数,即可求得正常场值,其做法是:

(1) 根据工地条件选取上述点中的任一点,并读得仪器在该点上的读数 N(mV)。N 是将井下仪探管略为倾斜(顶角 5°～20°)放置,大致指向东、南、西、北四个方位时读数的平均值,亦即

该点垂直分量读数 $Z_{平均} = \dfrac{Z_1 + Z_2 + Z_3 + Z_4}{4}(\text{mV})$

该点水平分量读数

$$H_{平均} = \frac{\sqrt{X_1^2 + Y_1^2} + \sqrt{X_2^2 + Y_2^2} + \sqrt{X_3^2 + Y_3^2} + \sqrt{X_4^2 + Y_4^2}}{4}(\text{mV})$$

式中,X_1、Y_1、Z_1;X_2、Y_2、Z_2;X_3、Y_3、Z_3;X_4、Y_4、Z_4 分别为探管指向四个方位时的三分量读数。

(2) 把上述观测点相对于测区内的磁场起算点(地面磁异常零点)间的磁场强度(伽马)的差值,用仪器常数(格值)e_v(γ/mV)换算为毫伏值。其垂直和水平分量分别用 Z_N、H_N 表示。

(3) 则正常场垂直分量 $Z_0 = Z_{平均} - Z_N$,水平分量 $H_0 = H_{平均} - H_N$,而正常场水平分量的方向一般认为是磁北方向。

二、资料的整理及图示

(1) 磁异常垂直分量 ΔZ[图 9-12(a)]:曲线以正常场为零线,左负右正(负值表示 ΔZ 指向朝上,正值表示 ΔZ 指向朝下)。

(2) 磁异常水平分量 $\Delta \boldsymbol{H}$ 矢量[图 9-12(b)]:$\Delta \boldsymbol{H}$ 为实测磁场水平分量 $\boldsymbol{H}$ 与正常场水平分量 $\boldsymbol{H}_0$ 的矢量差。此图采用平面剖面图的形式,井内每一测点的 $\Delta \boldsymbol{H}$ 表示该点的磁异常水平分量强度大小和所指方向,图纸上方为磁北方向。其作整理和图方法如下。

$\Delta \boldsymbol{H}$ 矢量图的整理和作图方法有两种,一种是计算方法,另一种为量板法。但是无论哪一种方法,都必须在钻孔顶角大于 3°,并有可靠的井斜方位角(β)及工区正常场水平分量 $\boldsymbol{H}_0$ 资料时,才能使用。

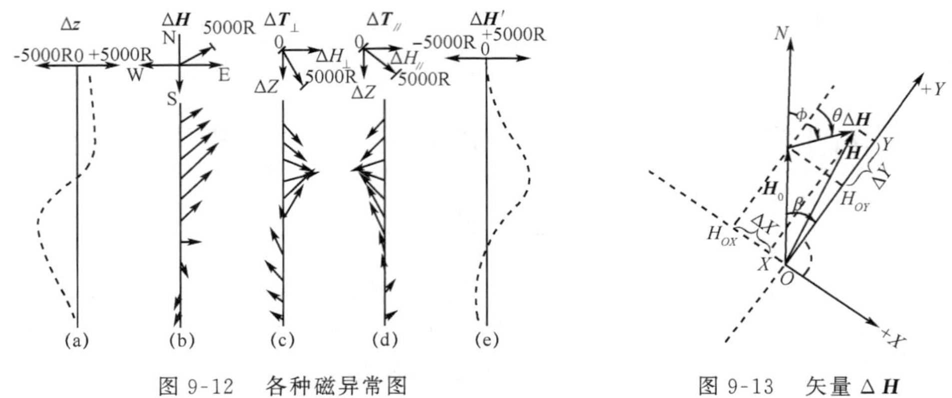

图 9-12 各种磁异常图

图 9-13 矢量 Δ**H**

因为 Δ**H** 为一矢量,所以应分别计算出它的模数和方向。具体整理步骤如下(图 9-13):

(a) 将正常场水平分量 $\boldsymbol{H}_0$ 分别投影到测点水平分量 X、Y 坐标上,得

$$\Delta H_{OX}=-H_0\sin\beta \qquad \Delta H_{OY}=H_0\sin\beta \tag{9-19}$$

(b) 求出 X、Y 坐标系上磁异常分量 ΔX,ΔY

$$\Delta X=X-H_{OX} \qquad \Delta Y=Y-H_{OY} \tag{9-20}$$

(c) 求 Δ**H** 的模数值 $\Delta H=\sqrt{\Delta X^2+\Delta Y^2}$

(d) 求 Δ**H** 的指向方位 $\phi=\theta+\beta$,其中

$$\theta=\begin{cases}\arctan\left|\dfrac{\Delta X}{\Delta Y}\right|(\Delta X\text{ 正},\Delta Y\text{ 正})\\ \pi-\arctan\left|\dfrac{\Delta X}{\Delta Y}\right|(\Delta X\text{ 正},\Delta Y\text{ 负})\\ \pi+\arctan\left|\dfrac{\Delta X}{\Delta Y}\right|(\Delta X\text{ 负},\Delta Y\text{ 负})\\ 2\pi-\arctan\left|\dfrac{\Delta X}{\Delta Y}\right|(\Delta X\text{ 负},\Delta Y\text{ 正})\end{cases}$$

(e) 根据 ΔH 和 ϕ 作出 Δ**H** 图。

如果以图纸上方为磁北方向,这时可用极坐标以 ϕ 为方位角度,ΔH 为长度作出 Δ**H** 图。

(3) 总矢量在横剖面上的投影 $\Delta \boldsymbol{T}_\perp$ 及总矢量在纵剖面上的投影 $\Delta \boldsymbol{T}_{/\!/}$[图 9-12(c)(d)]。计算方法如下:

(a) 磁异常水平分量 Δ**H** 在横剖面上的投影 $\Delta \boldsymbol{H}_\perp$(图 9-14)

$$Y_\perp=Y\cos(\beta-A)$$

$$X_\perp=X\sin(\beta-A)$$

$$\boldsymbol{H}_{0\perp}=H_0\cos A$$

$$H_{\perp}=Y\cos(\beta-A)-X\sin(\beta-A)$$

$$\Delta H_{\perp}=H_{\perp}-H_{0\perp} \tag{9-21}$$

式中，X、Y 为实测分量值。

(b) 磁异常总矢量在横剖面上的投影 $\Delta \boldsymbol{T}_{\perp}$

$$\Delta T_{\perp}=\sqrt{\Delta H_{\perp}^{2}+\Delta Z^{2}} \tag{9-22}$$

$\Delta \boldsymbol{T}_{\perp}$ 与水平方向夹角为 a。

(c) 总矢量在纵剖面上的投影 $\Delta T_{/\!/}$

根据 $\Delta \boldsymbol{H}$ 在纵剖面上的投影 $\Delta H_{/\!/}$ 和 ΔZ 两者合成为 $\Delta \boldsymbol{T}_{/\!/}$。

(d) 水平分量模差 $\Delta H'$[图 9-12(e)]：它有实测水平分量模数 H 与正常场水平分量模数 H_0 计算，即

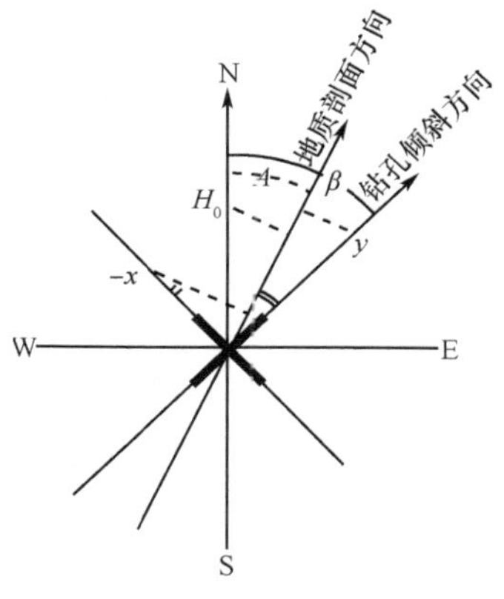

图 9-14

$$\Delta H'=H-H_0=\sqrt{X^2+Y^2}-H_0 \tag{9-23}$$

式中，X、Y 分别为 x、y 元件读数。

需要说明的是，《井中磁测》等教课书中所述的定向系统中，y 分量指向井斜方向，此时，y 指北为正时，x 指东为正；而对于重庆厂 JCX-3 型仪器，x 分量指向井斜方向，此时 x 指北为正时，则 y 指东为正，这一点在资料处理时要注意，以免对斜孔的 $\Delta\vec{\boldsymbol{H}}$，$\Delta\vec{\boldsymbol{T}}$ 矢量计算带来偏差。新老定向系统之间的转换可采用 x、y 值互换的方法解决。

第五节　井中磁异常与磁性地质体的关系

一、两种磁性介质分界面处的磁场

根据场论，在两种磁介质 1 和 2 分界处，磁场强度 T 与磁感应强度 B 应满足如下边界条件，如图 9-15 所示。

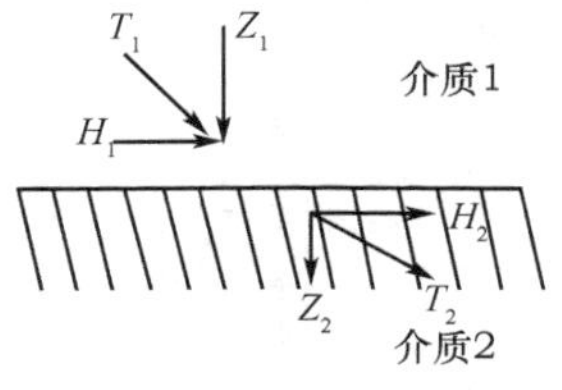

图 9-15　两种磁介质 1 和 2 分界处

$$\boldsymbol{n}\times\boldsymbol{T}_2=\boldsymbol{n}\times\boldsymbol{T}_1$$

$$\boldsymbol{n}\cdot\boldsymbol{B}_2=\boldsymbol{n}\cdot\boldsymbol{B}_1 \tag{9-24}$$

式中，$\boldsymbol{n}$ 是垂直分界面方向的单位矢量，设 $\boldsymbol{T}_1=\boldsymbol{Z}_1+\boldsymbol{H}_1$，$\boldsymbol{T}_2=\boldsymbol{Z}_2+\boldsymbol{H}_2$ 分别为 1 和 2 介质中磁场强度，其中 $\boldsymbol{Z}_1$，$\boldsymbol{Z}_2$ 为垂直分界面的磁场分量，$\boldsymbol{H}_1$，$\boldsymbol{H}_2$ 为平行分界面的磁场分量，将其代入，得

$$\boldsymbol{n}\times(\boldsymbol{Z}_2+\boldsymbol{H}_2)=\boldsymbol{n}\times(\boldsymbol{Z}_1+\boldsymbol{H}_1)\text{ 或 }\boldsymbol{n}\times\boldsymbol{Z}_2+\boldsymbol{n}\times\boldsymbol{H}_2=\boldsymbol{n}\times\boldsymbol{Z}_1+\boldsymbol{n}\times\boldsymbol{H}_1 \tag{9-25}$$

因为 $\boldsymbol{n}$ 与 $\boldsymbol{Z}$ 平行，所以矢量乘积为零，即

$$\boldsymbol{n}\times\boldsymbol{H}_2=\boldsymbol{n}\times\boldsymbol{H}_1 \tag{9-26}$$

由于 $\boldsymbol{n}$ 为单位矢量，$\boldsymbol{H}_1$，$\boldsymbol{H}_2$ 又互相平行，因此，$\boldsymbol{H}_2=\boldsymbol{H}_1$，也就是所在分界面上 $\boldsymbol{H}$ 是连续的。

设 $\boldsymbol{B}_1^n$，$\boldsymbol{B}_2^n$ 是垂直分界面上的磁感应强度，$\boldsymbol{B}_1^t$，$\boldsymbol{B}_2^t$ 是垂直分界面上的磁感应强度，将其代入 $\boldsymbol{n}\cdot\boldsymbol{B}_2=\boldsymbol{n}\cdot\boldsymbol{B}_1$，便有

$$\boldsymbol{n}\cdot(\boldsymbol{B}_2^n+\boldsymbol{B}_2^t)=\boldsymbol{n}\cdot(\boldsymbol{B}_1^n+\boldsymbol{B}_1^t) \tag{9-27}$$

由于 $\boldsymbol{n}$ 和 $\boldsymbol{B}^t$ 相互垂直，其向积为零，即 $\boldsymbol{n}\cdot\boldsymbol{B}_2^n=\boldsymbol{n}\cdot\boldsymbol{B}_1^n$，可得 $\boldsymbol{B}_2^n=\boldsymbol{B}_1^n$。又因为 $\boldsymbol{B}=\boldsymbol{H}+4\pi\boldsymbol{J}$，此处 $\boldsymbol{H}$ 是磁场强度，考虑方向 $\boldsymbol{n}$，所以

$$\boldsymbol{B}_2^n=\boldsymbol{Z}_2+4\pi\boldsymbol{J}_2^n,\quad \boldsymbol{B}_1^n=\boldsymbol{Z}_1+4\pi\boldsymbol{J}_1^n \tag{9-28}$$

因为 $\boldsymbol{Z}$ 和 $\boldsymbol{J}$ 同向，因此以上两式相减得

$$\boldsymbol{Z}_2-\boldsymbol{Z}_1=4\pi(\boldsymbol{J}_1^n-\boldsymbol{J}_2^n) \tag{9-29}$$

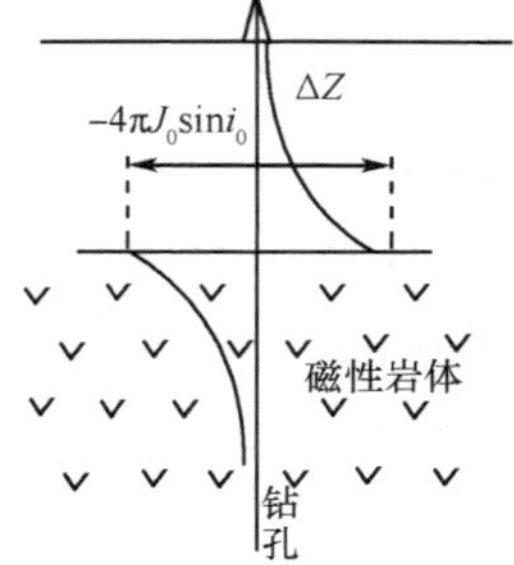

图 9-16　分界面上垂直分量

这就是说，在分界面上垂直分量是不连续的（图 9-16，图中 J_0 为磁 化强度，i_0 为磁化倾角。），它产生突变，其大小正比于两种介质内磁化强度法向分量之差。

两个边界条件表征着分界面处磁场变化特征，并说明不同磁性介质界面两个相邻点上，磁场差值 $\Delta\boldsymbol{T}$ 的方向总是垂直于分界面的，其表达式为

$$\Delta\boldsymbol{T}=-4\pi\Delta\boldsymbol{J}^n \tag{9-30}$$

假设界面水平，且介质 1 是非磁性的（$\Delta\boldsymbol{J}_1=0$），则 $\Delta\boldsymbol{T}$ 就是垂直分量，即

$$\Delta\boldsymbol{Z}=-4\pi\Delta\boldsymbol{J}_{2^n}^n \tag{9-31}$$

二、有限厚磁性层上的磁场

当钻孔穿过有限厚磁性层时，在过层前沿井轴测得的是外磁场，在层内则是内磁场。现设磁性层为一均匀磁化、半径为 d_1，厚度为 $2h$ 的直立圆柱体，其两端面 A、B 呈水平，圆柱中心被半径为 d_0 的钻孔所穿过。磁化强度为 J_0、磁化倾角为 I_0，如图 9-17 所示。

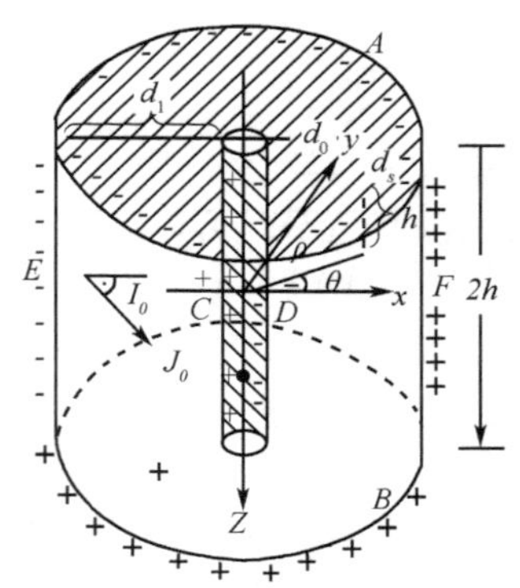

图 9-17　钻孔穿过有限厚磁性层

由于感磁的结果，在圆柱体的两端面 A、B 以及井壁侧面 C、D 和圆柱体的外侧面 E、F 都感应出磁荷。两端面 A、B 产生的磁场 ΔT_{AB} 方向是平行井轴的，而井壁侧面 C、D 以及外侧面 E、F 产生的磁场则都垂直于井轴。A、B 两端面

产生的磁场为

$$\Delta Z_{AB}=\Delta T_{AB}=\Delta Z_A+\Delta Z_B=2\pi J_{\perp}$$
$$\left[\left(\frac{z-h}{\sqrt{d_0^2+(z-h)^2}}+\frac{z+h}{\sqrt{d_1^2+(z+h)^2}}\right)-\left(\frac{z-h}{\sqrt{d_1^2+(z-h)^2}}+\frac{z+h}{\sqrt{d_0^2+(z+h)^2}}\right)\right] \tag{9-32}$$

式中，$J_{\perp}=J_0\sin I_0$，由于一般情况下 J_0、I_0、d_0 为常数，所以 ΔZ_{AB} 主要决定于 h 和 d_1 的变化。如果 d_1 也为常数，就可作出 ΔZ_{AB} 与 h 的关系曲线(图 9-18)，由图可以看出：

(1) ΔZ 曲线在磁性层两端以外为正值，但靠近层面处变负。磁性层内部均为负值。

(2) 磁性层越厚，两端面外的正值越大，但它的内磁场在中部略有降低。

(3) 如果层厚比井径 d_0 大得多，且 $d_1\gg h$，则在层面处($Z=\pm h$)：$\Delta Z_1=-2\pi J_{\perp}$。

(4) 当层厚比井径 d_0 大得多，且磁性层沿走向延伸也很大($d_1\gg h$)时，则在层中心($z=0$)：$\Delta Z_2=-4\pi J_{\perp}$。由此可见，层面处的磁场与磁性层中心处的磁场比值为 $\frac{\Delta Z_1}{\Delta Z_2}=\frac{1}{2}$，说明异常极值的半幅点处在磁性层界面的位置。当磁性层厚度减薄时，界面的位置则向异常曲线的根部移动。

$\frac{d_1}{d_0}=100$, $\frac{h_1}{d_0}=10$, $\frac{h_2}{d_0}=50$

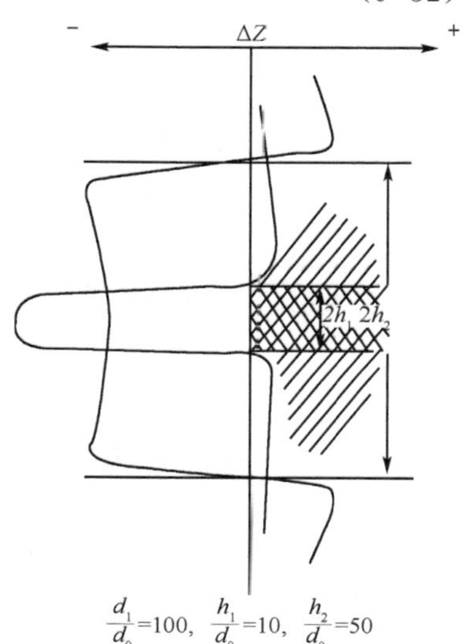

图 9-18　ΔZ_{AB} 与 h 的关系曲线

第六节　几种磁性体的空间分布特征

一、点　磁　极

图 9-19　点负磁荷空间位置

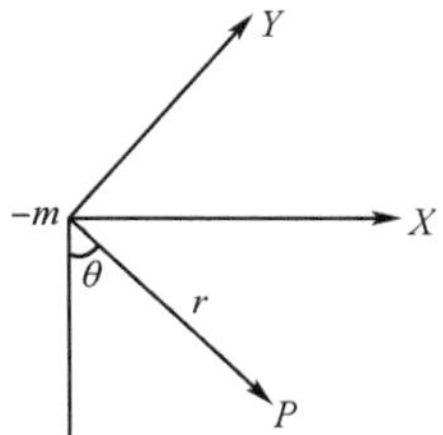

设直角坐标系原点在点负磁荷上，m 为磁荷量，r 为点荷至 P 点距离(图9-19)，磁根据库仑定律及点磁极 $-m$ 在 P 点的磁位为

$$V=-\frac{m}{r}=-\frac{m}{\sqrt{X^2+Y^2+Z^2}}$$

由点极 m 所产生的磁场强度三个分量 ΔX，ΔY，ΔZ 为

$$\Delta X=-\frac{\partial V}{\partial X}=\frac{-mx}{[X^2+Y^2+Z^2]^{3/2}}$$

$$\Delta Y=-\frac{\partial V}{\partial Y}=\frac{-my}{[X^2+Y^2+Z^2]^{3/2}}$$

$$\Delta Z = -\frac{\partial V}{\partial Z} = \frac{-mz}{[X^2 + Y^2 + Z^2]^{3/2}} \tag{9-33}$$

对于经过磁极沿 X 轴的剖面 $y=0$，上式可简化为

$$\Delta X = \Delta H = \frac{-mx}{[X^2 + Z^2]^{3/2}}$$

$$\Delta Y = 0$$

$$\Delta Z = \frac{-mz}{[X^2 + Z^2]^{3/2}} \tag{9-34}$$

对于 ΔH、ΔZ 公式有

$$\Delta H = \frac{-mx}{[X^2 + Z^2]^{3/2}} = \frac{-m}{r^2}\sin\theta$$

所以 $r = \sqrt{\frac{-m}{r^2}\sin\theta}$，这就是 ΔH 空间等值线方程。

$$\Delta Z = \frac{-mz}{[X^2 + Z^2]^{3/2}} = \frac{-m}{r^2}\cos\theta$$

所以 $r = \sqrt{\frac{-m}{r^2}\cos\theta}$，这就是 ΔZ 空间等值线方程。

而
$$\Delta T = \sqrt{\Delta Z^2 + \Delta H^2} = \frac{m}{r^2}$$

所以 $r = \sqrt{\frac{m}{\Delta T}}$，这就是 ΔT 空间等值线方程。

图 9-20 是 ΔH，ΔZ 空间等值线图，图 9-21 为 ΔH，ΔZ 曲线图以及 ΔT 矢量图。

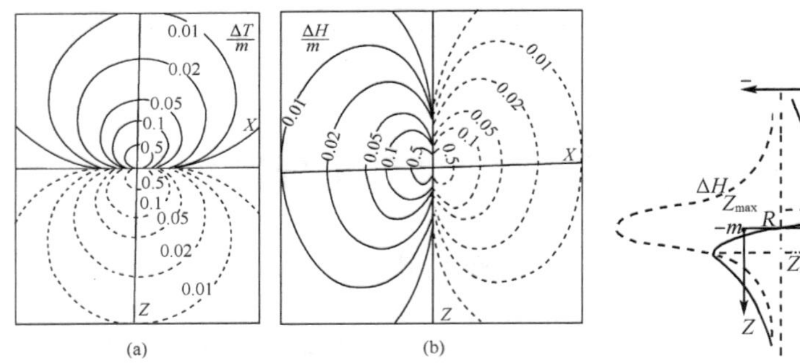

图 9-20 点负磁荷磁场空间分布　　　图 9-21 点磁极的 ΔZ、ΔH、ΔT

二、薄板状矿体

（一）顺层磁化无限延伸薄板

顺层磁化的薄板只在顶底面上有磁荷，如果下端（或上端）延伸较大，可以认为测点的磁场只有上端矿顶（或下端矿尾）磁荷引起，并可视磁荷集中于一条线，故称线极，如图 9-22 所示。当薄板沿走向（Y 轴方向）无限延伸。向下（轴方向）为 $2L$，也很大，可看

作为无限延伸时，这样的顺层磁化的薄板就是一线极。

对图 9-22 所示的线极，其位函数为

$$V = 2\lambda \ln \sqrt{X^2 + Z^2} \tag{9-35}$$

式中，$\lambda = 2bJ$；b 为薄板半宽度；J 为磁化强度。

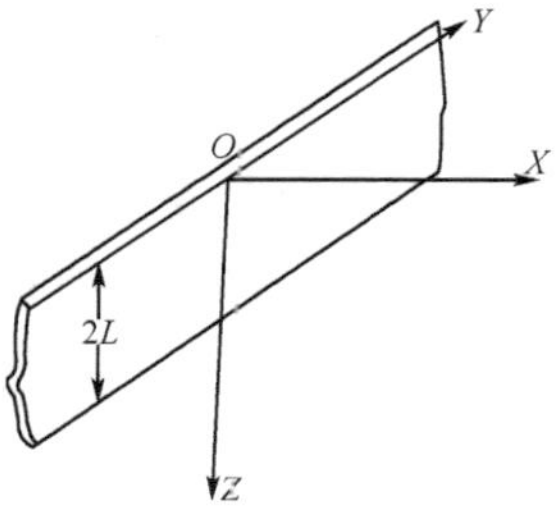

由于薄板沿走向无限延伸，在垂直走向的中心横截面内 Y 分量为零，这时有 ΔZ、$\Delta X(\Delta H)$、ΔT 为

图 9-22　顺层磁化的薄板

$$\Delta Z = -\frac{\partial V}{\partial Z} = \frac{-2\lambda Z}{X^2 + Z^2} = \frac{-2\lambda}{r}\cos\theta$$

$$\Delta X = \Delta H = -\frac{\partial V}{\partial X} = \frac{-2\lambda X}{X^2 + Z^2} = \frac{-2\lambda}{r}\sin\theta \tag{9-36}$$

$$\Delta T = \sqrt{\Delta X^2 + \Delta Y^2} = \frac{2\lambda}{r} \tag{9-37}$$

式中，θ 为 Z 轴与原点至 P 点连线 r 之夹角。

ΔH、ΔZ 空间等值线方程分别为

$$\Delta X = \Delta H = \frac{-2\lambda}{r}\sin\theta$$

所以 $r = \frac{-2\lambda}{\Delta H}\sin\theta$，这就是 ΔH 空间等值线方程。

$$\Delta Z = \frac{-2\lambda}{r}\cos\theta$$

所以 $r = \frac{-2\lambda}{\Delta Z}\cos\theta$，这就是 ΔZ 空间等值线方程。

而 $\Delta T = \frac{2\lambda}{r}$

所以 $r = \frac{2\lambda}{\Delta T}$，这就是 ΔT 空间等值线方程。

图 9-23 是 ΔH、ΔZ 空间等值线图，图 9-24 为 ΔH、ΔZ 曲线图。

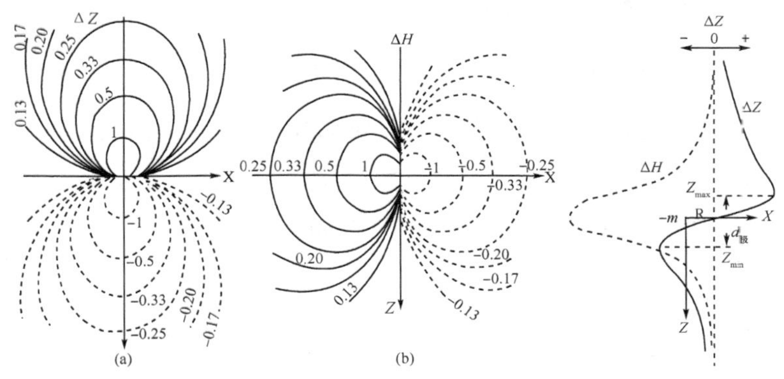

图 9-23　ΔH，ΔZ 空间等值　　图 9-24　ΔH，ΔZ 曲线图

(二)横向磁化无限延伸薄板

横向磁化是指垂直薄板板面方向磁化,这时只有两板面有磁荷,由于磁荷面相距很近,又称偶极面(图 9-25)。其位函数为

$$V = 2\lambda \arctan \frac{Z}{X} \tag{9-38}$$

ΔZ、$\Delta X(\Delta H)$、ΔT 为

$$\Delta Z = -\frac{\partial V}{\partial Z} = \frac{-2\lambda X}{x^2+z^2} = \frac{-2\lambda}{r}\sin\theta$$

$$\Delta X = \Delta H = -\frac{\partial V}{\partial X} = \frac{-2\lambda Z}{x^2+z^2} = \frac{-2\lambda}{r}\cos\theta$$

$$\Delta T = \sqrt{\Delta X^2 + \Delta H^2} = \frac{2\lambda}{r} \tag{9-39}$$

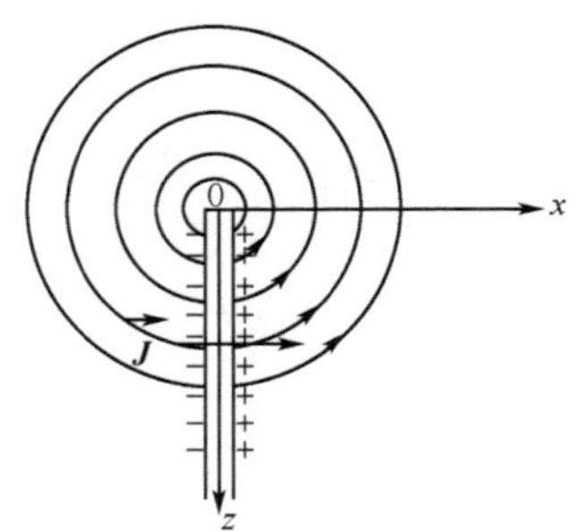

图 9-25 横向磁化无限延伸薄板

对比顺层磁化所有的公式可见,顺层磁化薄板的 $\Delta Z_{/\!/}$、$\Delta H_{/\!/}$、$\Delta T_{/\!/}$ 与横向磁化薄板的 $\Delta Z_{\perp}$、$\Delta H_{\perp}$、$\Delta T_{\perp}$ 间满足下列关系。

$$\Delta Z_{/\!/} = -\Delta H_{\perp}\ ,\ \Delta H_{/\!/} = \Delta Z_{\perp}\ ,\ \Delta T_{/\!/} = \Delta T_{\perp} \tag{9-40}$$

对二度体来说,只要两者磁化方向相互垂直,上述关系就成立,因此,横向磁化薄板的空间等值线分布就不用详细讨论了。

(三)斜磁化无限延伸薄板

斜磁化可以分解成顺层磁化和横向磁化两部分,这时的位函数也可以写成两部分之和。

$$V = 2\lambda\left[\cos\gamma \ln\sqrt{X^2+Y^2} + \sin\gamma \arctan\frac{Z}{X}\right]$$

这时有 ΔZ、$\Delta X(\Delta H)$、ΔT 为

$$\Delta Z = -\frac{\partial V}{\partial Z} = \frac{-2\lambda Z}{x^2+z^2}\cos\gamma - \frac{2\lambda X}{x^2+z^2}\sin\gamma = \Delta Z_{/\!/}\cos\gamma + \Delta H_{/\!/}\sin\gamma = -\frac{2\lambda}{r}\cos(\theta-\gamma)$$

$$\Delta X = \Delta H = -\frac{\partial V}{\partial X} = \frac{-2\lambda X}{x^2+z^2}\cos\gamma + \frac{2\lambda Z}{x^2+z^2}\sin\gamma$$

$$= \Delta H_{/\!/}\cos\gamma - \Delta Z_{/\!/}\sin\gamma = -\frac{2\lambda}{r}\sin(\theta-\gamma)$$

$$\Delta T = \sqrt{\Delta X^2 + \Delta H^2} = \frac{2\lambda}{r} \tag{9-41}$$

以上公式表明：

(1) 斜磁化 ΔZ、ΔH 空间等值线仍为两极在矿顶相切的非同心圆；

(2) ΔZ 等值线的圆心连线与 Z 轴夹角为 γ；

(3) ΔH 等值线的圆心连线与 X 轴夹角也是 γ。

所以斜磁化的 ΔZ、ΔH 空间等值线可由顺层磁化的 ΔZ、ΔH 空间等值线逆时针方向转 γ 得到，如图 9-26 所示。

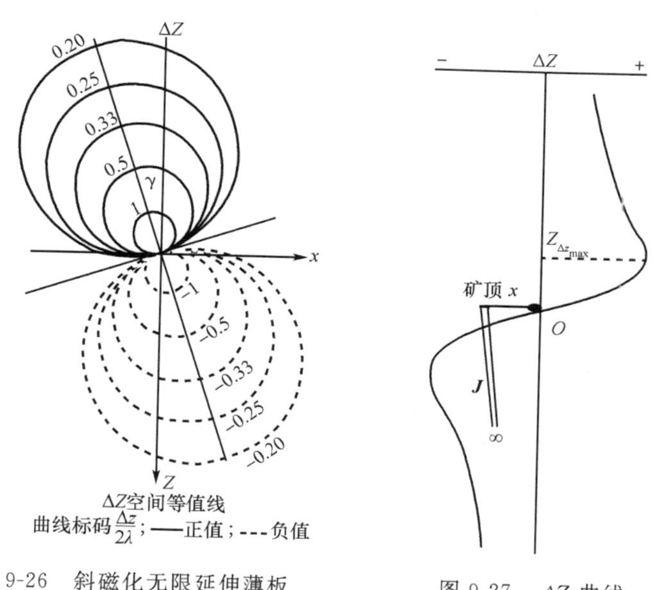

图 9-26　斜磁化无限延伸薄板　　图 9-27　ΔZ 曲线

(四) 解释

1. 确定井旁盲矿相对钻孔位置

解释的主要任务是确定井旁点磁极的位置，其中包括确定其相对于钻孔的方位，求矿顶(尾)埋深及钻孔的水平距离 x 等。通常假定钻孔是直孔，且位于 XOZ 面内。

1) 用 ΔZ 曲线

由图 9-27 可见：

(1) 无论钻孔在磁极的哪一侧，点磁极(矿顶)的 ΔZ 都是上正下负的反 S 形曲线。

(2) 矿顶深度可用 $\Delta Z=0$ 处深度坐标求得。

(3) 钻孔与矿顶的水平距离 X 可根据 ΔZ 曲线特征点求出，为此，先求 ΔZ 曲线极值点位置。

$$\frac{\mathrm{d}(\Delta z)}{\mathrm{d}z}=m\left[\frac{X^2+Z^2-3Z^2}{(X^2+Z^2)^{5/2}}\right]=0 \tag{9-42}$$

则有
$$X^2-2Z_m^2=0\ ,\ Z_m=\frac{x}{\pm\sqrt{2}}$$

即
$$x=\sqrt{2}Z_m=0.707D_1$$

式中，D_1 为正负极值点间距离；Z_m 为 ΔZ 的极大和极小值点的纵坐标。

(4) 求磁荷量 m 。

把 $Z_m=\dfrac{x}{\pm\sqrt{2}}$ 代入公式(9-42)，就可求出极值强度：$|\Delta Z|_{\max}=\dfrac{2m}{3\sqrt{3}x^3}$，求出 x 后利用该式可以求磁荷量 m。

2) 用 ΔH 曲线

取 X 轴向北为正，当钻孔位于矿体北侧时，ΔH 全为负值；在南侧时则为正值。因此可作定位解释。ΔH 在 $z=0$ 处有极值，其深度坐标就是矿顶埋深。而极值强度为

$$|\Delta H_{\max}|=\frac{m}{x^2} \tag{9-43}$$

再求出其半极值点位置

$$\frac{m}{x^2}=\frac{2mx}{\left(x^2+Z^2_{\frac{1}{2}|\Delta H\max|}\right)^{3/2}}\ ,\ Z_{\frac{1}{2}|\Delta H\max|}=0.77x \tag{9-44}$$

所以，钻孔与矿顶的水平距离 x：$x=1.3Z_{\frac{1}{2}|\Delta H\max|}=0.65D_2$

式中，D_2 为 ΔH 曲线半极值点之间的距离。

2. 预报井底盲矿，确定见矿深度

预报井底盲矿，确定钻孔是否继续钻进，这是一项经常性、且非常重要的任务，预报工作可分为两步。

1) 判断井底或井底旁是否有盲矿

如图 9-28 所示，如果钻孔打在磁性体上方，当为负磁极时，随深度增大，ΔZ 曲线增大(正张口)；当为正磁极时，随深度增大，ΔZ 曲线减小(负张口)。这些是预报井底是否存在盲矿的重要标志，因此，可以利用 ΔZ、ΔT 矢量等预报井底盲矿。

2) 切线法推断见矿深度

对于以上所述点磁极，ΔZ 公式为 $\Delta Z=-\dfrac{2\lambda}{z}$

对 Z 求导数
$$\Delta Z'=-\frac{\mathrm{d}(\Delta Z)}{\mathrm{d}z}=\frac{2\lambda}{z^2}$$

则
$$\frac{\Delta Z}{\Delta Z'}=-z \tag{9-45}$$

即 $\dfrac{\Delta Z}{\Delta Z'}$ 在数值上等于该点矿顶距离 z，由此导出切线法的具体步骤(图 9-29) 为：① 过 ΔZ 曲线上任意点 C 作切线，其延长线交于 Z 轴的 d 点，C 点在井轴对应的位置为 C'；② 以 c′d 为半径作圆，则圆弧与 Z 轴延长线的交点即是所求矿体位置。

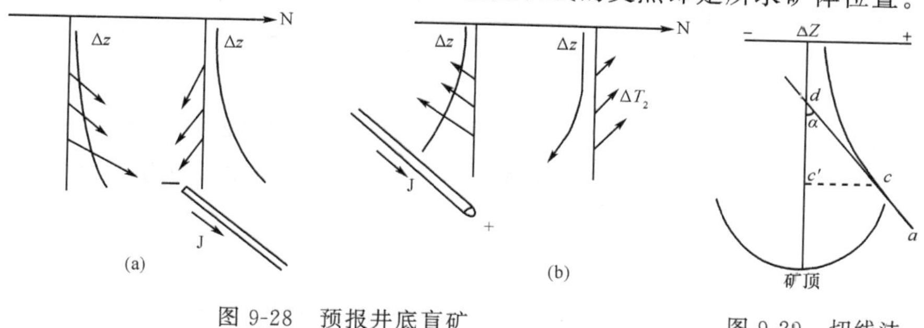

图 9-28　预报井底盲矿

图 9-29　切线法

三、厚板状矿体

(一) 顺层磁化无限延伸厚板

1. 位函数、ΔZ 和 ΔH 分量

厚板的位函数可由薄板的位函数沿上顶面求得积分，如图 9-30。

$$V = J\Big\{(X+b)\ln[(X+b)^2+Z^2]-(X-b)\ln[(X-b)^2+Z^2]$$
$$-4b+2Z\Big[\arctan\frac{X+b}{Z}-\arctan\frac{X-b}{Z}\Big]\Big\} \tag{9-46}$$

由位函数求 ΔZ、ΔH 分量

$$\Delta Z=-\frac{\partial V}{\partial Z}=-2J\Big[\arctan\frac{X+b}{Z}-\arctan\frac{X-b}{Z}\Big]$$
$$=-2J\arctan\frac{2bz}{X^2+Z^2-b^2}$$
$$\Delta H=\Delta X=-\frac{\partial V}{\partial X}=J\ln\frac{(X-b)^2+Z^2}{(X+b)^2+Z^2} \tag{9-47}$$

ΔZ、ΔH 空间等值线如图 9-31。

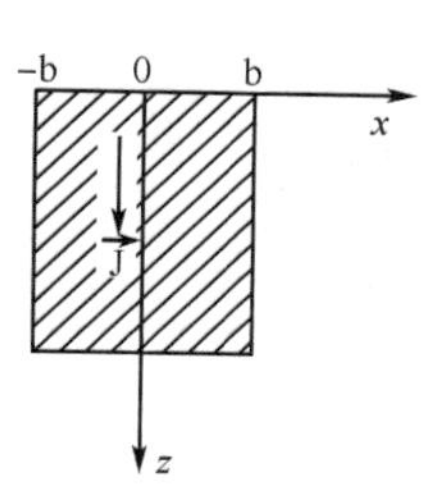

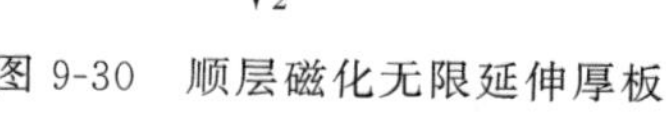
图 9-30　顺层磁化无限延伸厚板

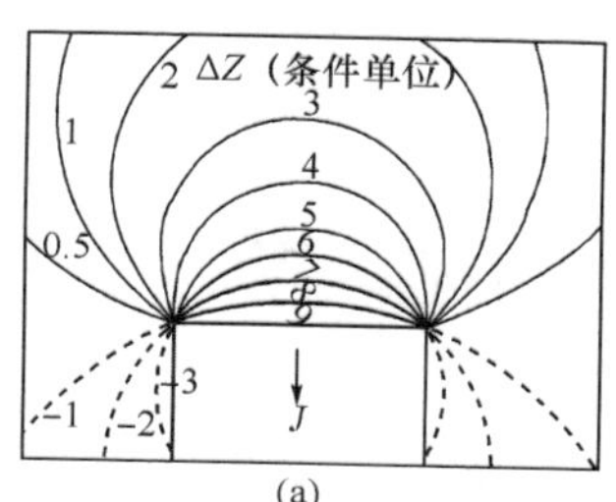

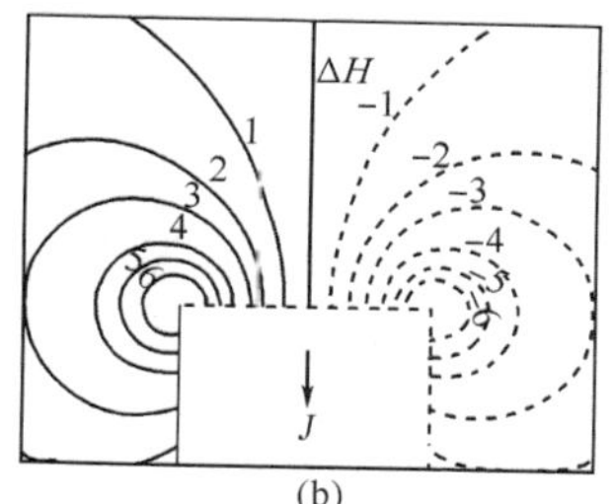

图 9-31　ΔZ、ΔH 空间等值线

2. 解释

1）用 ΔZ 曲线

（1）预报井底盲矿：对于矿体正上方的钻孔，可用作图法（图 9-32），步骤如下：①在实 ΔZ 曲线上任意找一点 a；② 再找它的半强度点 b；③ 以 a 为圆心 $\overline{ab}$ 为半径作圆，则矿顶面的两角端必在此圆的圆周上；④ 同理再找两点作圆，两圆的交点便是横剖面内两角端 m、n。

（2）预报井底旁盲矿：对于旁侧孔，由图 9-33 可见 ΔZ 为反 S 形曲线，$Z=0$ 时 $\Delta Z=0$，下面求极大值和半极值点坐标与矿体中心距钻孔水平距离 Z 之间的关系：

令 $\Delta Z'=0$，则

$$\Delta Z' = \frac{\mathrm{d}(\Delta Z)}{\mathrm{d}Z} = \frac{-(X+b)}{Z^2+(X+b)^2} + \frac{(X-b)}{Z^2+(X-b)^2} = 0 \tag{9-48}$$

解方程的极值点坐标：$Z_{|\Delta Z|_{\max}} = \pm\sqrt{X^2-B^2}$

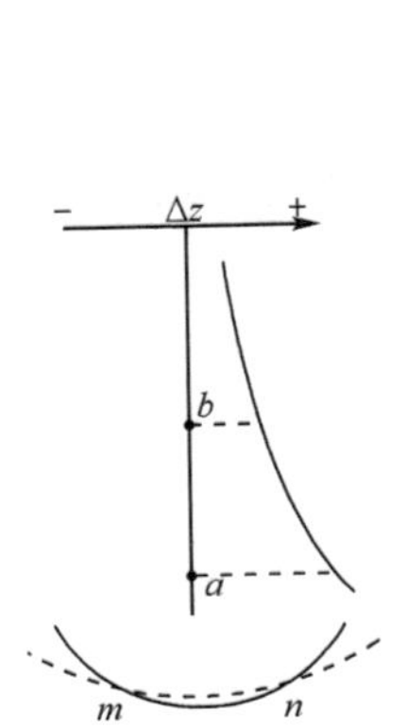

图 9-32　预报井底盲矿

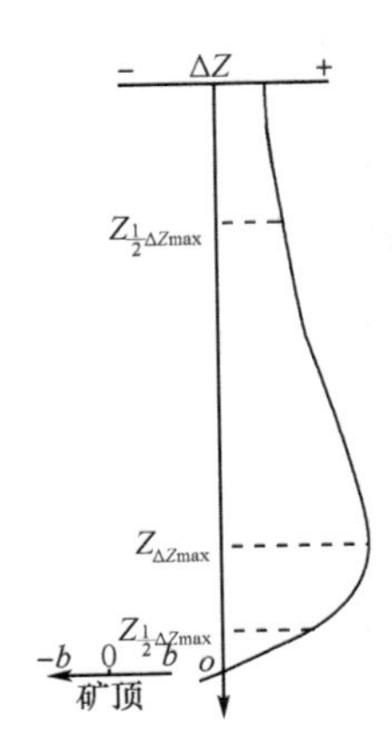

图 9-33　预报井底旁盲矿

将其代入 ΔZ 公式求出正负极值为

$$\Delta Z_{\max,\min} = \pm 2J\arctan\frac{b}{\sqrt{X^2-b^2}} \tag{9-49}$$

半极值点则有

$$J\arctan^{-1}\frac{b}{\sqrt{X^2-b^2}} = 2J\arctan^{-1}\frac{2bZ_{\frac{1}{2}\Delta Z\max}}{X^2+Z^2_{\frac{1}{2}\Delta Z\max}-b^2} \tag{9-50}$$

由此可求得

$$X = \frac{Z_{\frac{1}{2}\Delta Z\max} - Z_{\Delta Z\max}}{2Z_{\frac{1}{2}\Delta Z\max}} \tag{9-51}$$

求出 X 后代入下式可求矿顶面半矿度为

$$b = \sqrt{X^2 - Z_{\Delta Z\max}^2} \tag{9-52}$$

2）用 ΔH 曲线

对于旁侧异常，ΔH 极值点对应矿顶埋深，矿顶中心距钻孔水平距离和半矿度 b 可用下列关系求得

$$X = \frac{Z_{\frac{1}{4}\Delta H_{\max}}^2 - Z_{\frac{1}{2}\Delta H_{\max}}^2}{2Z_{\frac{1}{2}\Delta H_{\max}}^2}, b = \sqrt{X^2 - Z_{\frac{1}{2}\Delta H_{\max}}^2} \tag{9-53}$$

式中，$Z_{\frac{1}{4}\Delta H_{\max}}$、$Z_{\frac{1}{2}\Delta H_{\max}}$ 分别代表 $\frac{1}{4}$ 的极值点坐标和半极值点坐标至原点的距离，可以看出这些公式与地面磁法中 ΔZ 曲线计算矿顶埋深和半宽度 b 的公式是一样的。

（二）斜磁化无限延伸厚板

1. 位函数、ΔZ 和 ΔH 分量

$$V = J\cos\gamma\Big\{(X+b)\ln[(X+b)^2+Z^2] - (X-b)\ln[(X+b)^2+Z^2] - 4b + 2X\Big[\arctan\frac{X+b}{Z} - \arctan\frac{X-b}{Z}\Big]\Big\} + 2J\sin\gamma \times \Big[(X+b)\arctan\frac{Z}{Z+b} - (X-b)\arctan\frac{Z}{X-b} + Z\ln\frac{\sqrt{(X+b)^2+Z^2}}{\sqrt{(X-b)^2+Z^2}}\Big]$$

$$\Delta Z = -\frac{\partial V}{\partial Z} = -2J\Big\{\cos\gamma\Big[\arctan\frac{X+b}{Z} - \arctan\frac{X-b}{Z}\Big] - \sin\gamma\Big[\ln\frac{\sqrt{(X-b)^2+Z^2}}{\sqrt{(X+b)^2+Z^2}}\Big]\Big\}$$

$$\Delta H = \Delta X = -\frac{\partial V}{\partial X} = 2J\Big\{\sin\gamma\Big[\arctan\frac{X+b}{Z} - \arctan\frac{X-b}{Z}\Big] + \cos\gamma\Big[\ln\frac{\sqrt{(X-b)^2+Z^2}}{\sqrt{(X+b)^2+Z^2}}\Big]\Big\} \tag{9-54}$$

2. 确定矿体顶面埋深

当钻孔在矿体中心上方附近时（$X=0$），这时的 ΔZ 曲线与顺层磁化时相同，因此仍可用前述作图法确定矿顶埋深和半宽度。

对于旁侧异常，磁化厚板与薄板类同，仍有以下关系，即

$$\Delta Z_{(0)} = \Delta Z_{\max} + \Delta Z_{\min}, \ \Delta H_{(0)} = \Delta H_{\max} + \Delta H_{\min} \tag{9-55}$$

利用这一关系可求出厚板顶面深度。

3. 确定水平距离和半宽度

为了求斜磁化厚板中心距钻孔水平距离 X 和半宽度 b，可将其 ΔZ 和 ΔH 曲线分解成半和及半差曲线，对 ΔZ 为

半和曲线：
$$f(Z) = \frac{1}{2}[\Delta Z(Z) + \Delta Z(-Z)]$$

半差曲线：
$$\phi(Z) = \frac{1}{2}[\Delta Z(Z) - \Delta Z(-Z)] \tag{9-56}$$

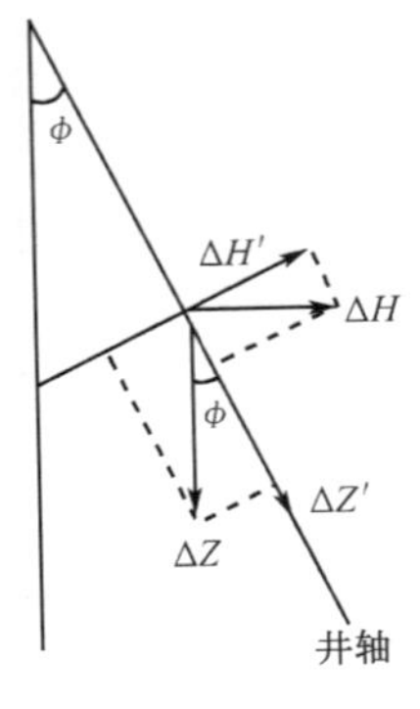

图 9-34 钻孔顶角

然后按顺层磁化曲线那样求解。

需要说明几点：

(1) 以上对点磁极、薄板和厚板的空间磁场分布规律及解释作了研究讨论，重要的是建立一些基本概念和研究问题的方法，因此对其他简单形状的磁性体（如球，水平圆柱体等）就不再一一论述了。

(2) 上述讨论中都假定钻孔是直孔，如果钻孔是斜孔则应将 ΔZ、ΔH 分量按下式换算成沿井轴分量 $\Delta Z'$ 和垂直井轴分量 $\Delta H'$，再进行解释，即

$$\begin{aligned}\Delta Z' &= \Delta Z\cos\phi + \Delta H\sin\phi \\ \Delta H' &= \Delta H\cos\phi - \Delta Z\sin\phi\end{aligned} \tag{9-57}$$

式中，ϕ 是钻孔顶角（图 9-34）。

第七节 地面与井中磁测联合反演

在地面开展的磁法勘探能够较好地反映引起磁异常的磁性体水平位置，但是，磁法勘探很难精确地确定深部磁性体的深度（或者说确定深部磁性体的深度的精度不高），井中磁测（包括磁化率、井中磁三分量）可以精确地确定磁性体的深度等信息，因此，地面磁测与井中磁测联合反演可以较好地确定矿体的空间位置。又一方面是，井中高精度质子磁力仪测量 ΔT，ΔT 精度高，但不能确定矿体的方位，需地面与井中磁测联合反演，使得有可能确定矿体富集的空间位置。

一、井地联合反演目标函数

在实际的磁法勘探中，地面磁测包括 ΔZ，ΔH，ΔT；井中磁测磁异常三分量 X、Y、Z 可以合成 ΔZ、ΔH、ΔT。在做井地联合反演的时候，可以选用地面 ΔT 异常和井中 X、Y、Z、ΔT 异常中的一个或多个量作为联合反演的量。如果选择地面 ΔT 异常，井中选择 Z_a 为参数，则井地联合反演的目标函数可表示为 f 。

$$f = W_t \sum_{i=1}^{MT} [\Delta T_i^{\text{obs}} - \Delta T_i^{\text{cal}}(\boldsymbol{m})]^2 + W_z \sum_{i=1}^{MZ} [Z_{ai}^{\text{obs}} - Z_{ai}^{\text{cal}}(\boldsymbol{m})]^2 \tag{9-58}$$

式中，W_t 和 W_z 分别为 ΔT 异常和 Z_a 异常数据的权重系数，取决于两种数据的精度和数据的重要性；$\Delta T_{\text{i}}^{\text{obs}}$，$\Delta T_{\text{i}}^{\text{cal}}(\boldsymbol{m})$ 分别为第 i 个观测点上的 ΔT 异常观测值和第 i 个观测点上的 ΔT 的理论计算值；Z_{ai}^{obs}，$Z_{ai}^{\text{cal}}(\boldsymbol{m})$ 分别为第 i 个观测点上的 Z_a 异常的观测值和第 i 个观测点上的 Z_a 异常的理论计算值；$\boldsymbol{m}$ 为模型参数矢量。

二、目标函数求解

求解目标函数(9-58)式，即使目标函数达到极小值。

$$f = W_t \sum_{i=1}^{MT} [\Delta T_i^{obs} - \Delta T_i^{cal}(\boldsymbol{m})]^2 + W_z \sum_{i=1}^{MZ} [Z_{ai}^{obs} - Z_{ai}^{cal}(\boldsymbol{m})]^2 = f_1 + f_2 = \min \tag{9-59}$$

对于地面来说有 $f_1 = W_t \sum_{i=1}^{MT} [\Delta T_i^{obs} - \Delta T_i^{cal}(\boldsymbol{m})]^2 = \min$　(9-60)

对于井中来说有 $f_2 = W_z \sum_{i=1}^{MZ} [Z_{ai}^{obs} - Z_{ai}^{cal}(\boldsymbol{m})]^2 = \min$　(9-61)

求解该目标函数的方法有很多,例如,广义逆矩阵反演方法、最优化方法等。下面介绍几种最优化方法。

(一)共轭梯度法

共轭梯度法的基本步骤如下:

设 $V=(V_1, V_2, \cdots, V_n)$为待求的参数向量矩阵,$g=\nabla f(V)$,$Q$ 为赫森矩阵,则

1) 第 1 迭代点的获得

选择任意初始点 V_0,初始搜索方向 $d_0 = -g_0 = -\nabla f(V_0)$,计算

$$a_0 = -\frac{d_0^T g_0}{d_0^T Q d_0} \tag{9-62}$$

并以 V_0 点出发沿 d_0 作直线搜索得到第 1 迭代点 V_1。

$$V_1 = V_0 + a_0 d_0 \tag{9-63}$$

2) 第 2 迭代点的获得

计算梯度:　$g_1 = -\nabla f(V_1)$　(9-64)

计算共轭系数:　β_0

获得搜索方向:　$d_1 = -g_1 + \beta_0 d_0$　(9-65)

计算最优步长因子:　$a_1 = -\dfrac{d_1^T g_1}{d_1^T Q d_1}$　(9-66)

并以 V_1 点出发沿 d_1 作直线搜索得到第 2 迭代点 V_2。

$$V_2 = V_1 + a_1 d_1 \tag{9-67}$$

3) 第 $i+1$ 迭代点的获得

计算梯度:　$g_i = -\nabla f(V_i)$　(9-68)

计算共轭系数:　β_i

获得搜索方向:　$d_i = -g_i + \beta_i d_{i-1}$　(9-69)

计算最优步长因子:　$a_i = -\dfrac{d_i^T g_i}{d_i^T Q d_i}$　(9-70)

并以 V_i 点出发沿 d_i 作直线搜索得到第 $i+1$ 迭代点 V_{i+1}:

$$V_{i+1} = V_i + a_i d_i \tag{9-71}$$

……

按照上述方法迭代下去，直到满足收验条件为止，得到最优解 V^*。注意收验条件可以定义为

$$① \nabla F(V_k) < e_1 \ ;② \left[F(V_k)\right]^{1/2} < e_2$$

式中，e_1、e_2 是很小的实数，如 10^{-5}。

值得注意的是在迭代中的共轭系数 β_k 的选取方法很多，不同的共轭系数 β_k 对应与不同的共轭梯度法，例如：

$$\beta_k = -\frac{\|g_{k+1}\|^2}{\|g_k\|^2} \quad \text{(Flecher-Reeves 共轭梯度法)} \tag{9-72}$$

$$\beta_k = -\frac{g_{k+1}^T(g_{k+1} - g_k)}{g_{k+1}^T g_k} \quad \text{(Polak-Ribiere-Polyok 共轭梯度法)} \tag{9-73}$$

$$\beta_k = -\frac{g_{k+1}^T Q d_k}{d_k^T Q d_k} \quad \text{(Danial 共轭梯度法)} \tag{9-74}$$

$$\beta_k = -\frac{g_{k+1}^T g_{k+1}}{d_k^T g_k} \quad \text{(Myers 共轭梯度法)} \tag{9-75}$$

（二）部分共轭梯度法

对于 n 元二次目标函数，用共轭梯度法求极小值，理论上最多只要 n 次迭代就可以达到极小点。但在实际计算中，由于误差的积累，往往进行 n 次迭代仍达不到极小点。对于 n 维问题，其共轭方向最多只有 n 个。因此，在进行 n 次迭代之后，往往继续迭代是没有意义的，而且舍入误差的积累也会愈来愈大，这时对收验也不利。部分共轭梯度法正是为这一问题而提出的，它是共轭梯度法的一种改进，部分共轭梯度法的基本步骤如下：

(1) 当 $k = 0$ 时，选择任意初始点 V_0，初始搜索方向 $d_0 = -g_0 = -\nabla f(V_0)$，计算

$$a_0 = -\frac{d_0^T g_0}{d_0^T Q d_0} \tag{9-76}$$

$$V_1 = V_0 + a_0 d_0 \tag{9-77}$$

(2) 从 $k = 1$ 开始用共轭梯度法求解，直到 $k \leqslant n-1$，如果未达到极小点，不再继续迭代下去。

(3) 重置 $k = 0$，以现行点为初始点，既 $V_0 = V_n$，重复(1)(2) 步进行求解。

（三）牛顿法

将目标函数：$f(V) = \frac{1}{2}V^TQV + b^TV + C$ 展开，并取二阶近似解便得到

$$f(V) = f(V_k) + b^T(V - V_k) + \frac{1}{2}(V - V_k)^T Q (V - V_k) \tag{9-78}$$

式中，b 为梯度；Q 为赫森矩阵。对上式求导

$$\nabla f(V) = Q(V - V_k) + b \tag{9-79}$$

按求极值的原理有：$Q(V - V_k) + b = 0$

所以

$$V - V_k = -Q^{-1}b \tag{9-80}$$

即牛顿法迭代公式为

$$V_{k+1} = V_k - Q^{-1}b \tag{9-81}$$

式中，b 为梯度；Q 为赫森矩阵；Q^{-1} 为赫森逆矩阵。实践证明牛顿法的收敛速度非常快，一般在赫森矩阵容易获得的情况下，建议用牛顿法。

(四)变尺度法

1. 变尺度法的基本原理

牛顿法(Newton)最突出优点是收敛速度快，但牛顿法的缺点是要计算赫森矩阵及逆矩阵，牛顿法的迭代公式为

$$V_{k+1} = V_k - Q^{-1}b = V_k - Q^{-1}\nabla F(V_k) \tag{9-82}$$

但牛顿法中赫森及逆矩阵工作量大，为了保持牛顿法收敛快这一优点，克服牛顿法计算 Q^{-1} 的缺点，变尺度法设法用 $H_k^T(V_k)$ 代替 Q^{-1}，便有

$$V_{k+1} = V_k - H_k^T \nabla F(V_k) = V_k + P_k \tag{9-83}$$

实质上，式中 $V_k = -H_k^T \nabla F(V_k)$ 无非是确定了第 k 次迭代的搜索方向，为了取得更大的灵活性，考虑更一般的迭代公式

$$V_{k+1} = V_k - a_k H_k^T \nabla F(V_k) = V_k + a_k P_k$$

$$P_k = -H_k^T \nabla F(V_k) \tag{9-84}$$

a_k 为最优步长因子，H_k 称为尺度矩阵。因为 H_k 为随逐次迭代而变化的矩阵，即变尺度。这种迭代求解问题的方法称为变尺度法。a_k 用下式确定。

$$a_k = -\frac{P_k^T g_k}{P_k^T Q P_k} \tag{9-85}$$

以上公式中如果：

(1)令 $H_k^T = I$，则 $V_{k+1} = V_k - a_k \nabla F(V_k)$，此式就是最快速下降法的迭代公式。

(2) $d_k H_k^T = Q^{-1}$，则 $V_{k+1} = V_k - Q^{-1}\nabla F(V_k)$，此式就是牛顿降法的迭代公式。

由此可见，变尺度不仅是牛顿法的改进，而且是最速下降法的推广。

2. 尺度矩阵选择的原则

给出构造 H_k 几个原则的目的是希望此法具有下降性质以及计算方便且能对称的收敛性有所保证，对于 H_k 考虑如下几点：

(1) 算法应具有下降性质，即

$$F(V_{k+1}) < F(V_k) \tag{9-86}$$

要满足此式必须满足：$\nabla F(V_k)^T H_k^T \nabla F(V_k) > 0$（对于一切 k），这表明 H_k 为对称正定矩阵即可。

（2）希望确定 $H_k(k > 0)$ 使 $P_k = - H_k^T \nabla F(V_k)$ 关于对称正定矩阵 Q 是相互共轭的。

（3）为了计算方便，希望尺度矩阵 H_k 具有递推形式，即

$$H_{k+1} = H_k + \Delta H_k = H_k + E_k \tag{9-87}$$

E_k 称为校正矩阵。

（4）要求 H_k 必须满足拟牛顿条件

$$Q^{-1}(g_{k+1} - g_k) \approx V_{k+1} - V_k \text{ , } H_{k+1}(g_{k+1} - g_k) \approx V_{k+1} - V_k \tag{9-88}$$

3. 几种变尺度方法

尺度矩阵 H_k 不同，将产生不同的变尺度方法，因此，变尺度方法种类较多，较为著名的是 SR1（对称秩 1 算法）、DFP（davidon fletcher powell）、BFGS（brogden fletcher goldfarb shanno）等。

1）SR1（对称秩 1 算法）

对称秩 1 算法完整迭代公式为

$$\begin{gathered}
V_{k+1} = V_k - a_k H_k^T \nabla F(V_k) = V_k + a_k P_k \\
P_k = - H_k^T \nabla F(V_k) \\
H_{k+1} = H_k + \frac{(S_k - H_k Y_k)(S_k - H_k Y_k)^T}{Y_k^T (S_k - H_k Y_k)} \\
S_k = V_{k+1} - V_k \\
Y_k = g_{k+1} - g_k = \nabla F(V_{k+1}) - \nabla F(V_k) \\
a_k = - \frac{P_k^T g_k}{P_k^T Q P_k}
\end{gathered} \tag{9-89}$$

2）DFP

对 DFP 算法完整迭代公式为

$$\begin{gathered}
V_{k+1} = V_k - a_k H_k^T \nabla F(V_k) = V_k + a_k P_k \\
P_k = - H_k^T \nabla F(V_k) \\
H_{k+1} = H_k + \frac{S_k S_k^T}{S_k^T Y_k} - \frac{H_k Y_k Y_k^T H_k}{Y_k^T H_k Y_k} \\
S_k = V_{k+1} - V_k \\
Y_k = g_{k+1} - g_k = \nabla F(V_{k+1}) - \nabla F(V_k) \\
a_k = - \frac{P_k^T g_k}{P_k^T Q P_k}
\end{gathered} \tag{9-90}$$

3）BFGS

对 BFGS 算法完整迭代公式为

$$V_{k+1} = V_k - a_k H_k^T \nabla F(V_k) = V_k + a_k P_k$$

$$P_k = - H_k^T \nabla F(V_k)$$

$$H_{k+1}=H_k+(\beta S_kS_k^T-H_kY_kS_k^T-S_kY_k^TH_k)/S_k^TY_k$$
$$\beta=1+\frac{Y_k^TH_kY_k}{S_kY_k}$$
$$S_k=V_{k+1}-V_k$$
$$Y_k=g_{k+1}-g_k=\nabla F(V_{k+1})-\nabla F(V_k)$$
$$a_k=-\frac{P_k^Tg_k}{P_k^TQP_k}\tag{9-91}$$

三、选取模型及模型参数

如何计算 $\Delta T_i^{cal}(m)$ 和 $Z_{ai}^{cal}(m)$，模型 m 中包括哪些参数，这是一个关键的问题。以地面磁测计算 $\Delta T_i^{cal}(m)$ 例（图 9-35），此时计算 ΔT 的公式为

$$\Delta T=2J\,\frac{\sin l}{\sin i}\sin\beta\Big[\frac{1}{2}\sin(\beta+90^\circ-2i)\ln\frac{(x-b)^2+h^2}{(x+b)^2+h^2}+\cos(\beta+90^\circ-2i)\arctan\frac{2bh}{x^2-b^2+h^2}\Big]\tag{9-92}$$

式中，x 为矿体顶部距观测点 P 的距离；h 为矿体埋深；J 为磁化强度；i 为磁化倾角；$2b$ 为矿体宽度；β 为矿体倾斜角。在此种情况下，显然模型参数为 x、h、J、i、$2b$、β 等。

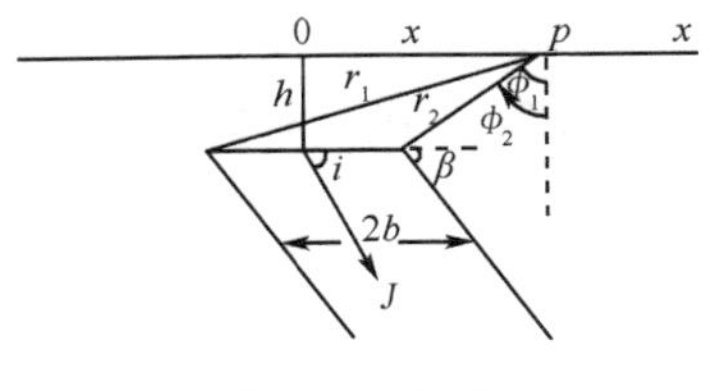

图 9-35 厚板

值得注意的是，在实际反演时，并不知道地下矿体的形状，这时，如何选择计算 $\Delta T_i^{cal}(\boldsymbol{m})$ 的公式，这是一个值得研究的问题。

四、应 用 实 例

如图 9-36 所示，针对大冶危机矿山，取 19-1 勘探线上的地面 ΔT 异常资料和 ZK19-1-16 号钻孔三分量磁测井的 Z_a 分量异常作为联合反演的观测数据。说明如下：

（1）对地面 ΔT 异常进行分离，即扣除浅部已知磁性体的异常，这样得到反映深部磁性体的 ΔT 异常，如图 9-36 中的 1 号实线所示。ZK19-1-16 号钻孔在剖面上的水平位置为 1550m。

（2）为了减小浅层的干扰，只采用 300～1000m 的数据参与联合反演，如图 9-36 中的 2 号实线所示。

(3) 根据该剖面上的闪长岩和灰岩接触带的形态，将板状体的倾角取为 120°。初始模型设为(2000m，600m，50m，80m)，如图 9-36 中的 5 号地质体所示。

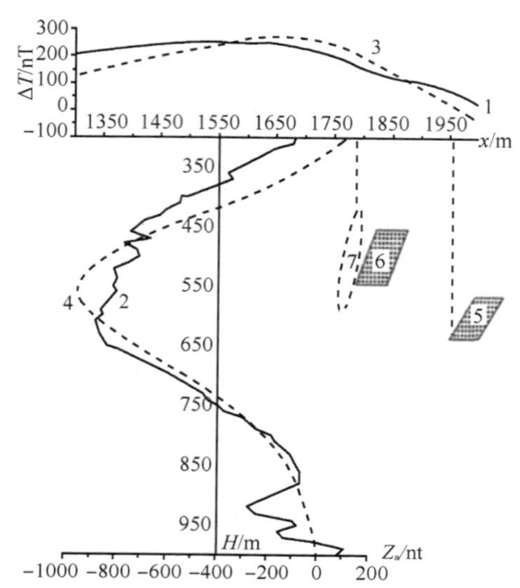

1. 地面 ΔT 异常曲线； 2. 井中的 Z_a 异常曲线； 3. 地面异常拟合曲线；
4. 井中异常拟合曲线； 5. 初始模型； 6. 井地联合反演结果； 7. 矿体位置

图 9-36 19-1 线井地磁测数据的联合反演结果(张大莲等，2008)

(4) 地面资料权重为 0.8，井中资料权重为 0.2，反演时只截断最小的一个奇异值。联合反演得到 $X_0 = 1833$ m，$Z_0 = 499.6$m，$2b$(矿体宽度)$=36.232$m，$2l$(矿体长度)$=106.15$m。

(5) 如图 9-36 所示的 6 号地质体所示，拟合误差为 59.6。3 号和 4 号虚线分别为地面和井中的拟合曲线。7 号地质体为矿体位置，它只是在形体上比联合反演的结果稍小，在水平位置和深度上均比较接近。

(6) 联合反演的效果是可以的，但在深度和水平位置上均存在一定的偏差。

第八节 井中磁测资料欧拉反演

欧拉反演方法又称欧拉反褶积，是近十多年发展起来的一种自动估算场源位置的位场反演方法。它是以欧拉齐次方程为基础，运用位场异常、空间导数以及各种地质体具有特定的“构造指数”来确定异常场源的位置。

欧拉法最大的优点是不需要假设任何特定地质模型，也不受磁化方向的影响。因此即使在地质体不能用一些棱柱体或厚板来适当表示时，也能应用欧拉法并作出推断，所以它较之于其他方法可应用面更宽，更灵活。因此该反演方法近年来成为位场反演方法研究的一个热点。

20 世纪 80 年代中后期，欧拉方法已得到了较为广泛的应用，在地面重磁、井中磁三分量资料解释方面取得了较好的应用效果（姚长利等，2004；刁宇飞等，2008）。

1. 欧拉反褶积方法原理

位场在场源之外满足 Laplace 方程，一些特殊形状场源的位场为 N 阶齐次方程，它也满足欧拉方程，其表达式为（姚长利等，2004；刁宇飞等，2008）

$$\boldsymbol{r}\nabla T = nT \tag{9-93}$$

其中

$$\boldsymbol{r} = x\boldsymbol{i} + y\boldsymbol{j} + z\boldsymbol{k}$$

$$\nabla T = \frac{\partial T}{\partial X}\boldsymbol{i} + \frac{\partial T}{\partial y}\boldsymbol{j} + \frac{\partial T}{\partial Z}\boldsymbol{k} \tag{9-94}$$

所以

$$x\frac{\partial T}{\partial X} + y\frac{\partial T}{\partial y} + x\frac{\partial T}{\partial Z} = nT \tag{9-95}$$

此偏微分方程通常称为欧拉齐次方程，或简称为欧拉方程。在实际中，上式这样的函数可写成

$$(x - x_0)\frac{\partial \Delta T}{\partial X} + (y - y_0)\frac{\partial \Delta T}{\partial y} + (z - z_0)\frac{\partial \Delta T}{\partial Z} = n(B - \Delta T)$$

式中，B 为区域场或者背景场；n 为简单模型的构造指数，极线、点极、偶磁极线、偶磁极子的构造指数分别为 1、2、2、3。

对于二度体而言，以上方程中 $\partial\Delta T/\partial y$ 为零，因此有

$$(x - x_0)\frac{\partial \Delta T}{\partial X} + (z - z_0)\frac{\partial \Delta T}{\partial Z} = n(B - \Delta T) \tag{9-96}$$

如果磁异常是二度的，当为井中数据时，可将 x 设为 0。则以上方程简化为

$$-x_0\frac{\partial \Delta T}{\partial X} + (z - z_0)\frac{\partial \Delta T}{\partial Z} = n(B - \Delta T) \tag{9-97}$$

即

$$x_0\frac{\partial \Delta T}{\partial X} + z_0\frac{\partial \Delta T}{\partial Z} = z\frac{\partial \Delta T}{\partial Z} + n(B - \Delta T) \tag{9-98}$$

以上方程中未知量只有 B，x_0，z_0 和 n。坐标（x_0，z_0）表示等效点源对于剖面的距离和深度，而 n 表示对磁异常模拟得最好的那种磁源类型。

因此只要给出 3 个不同点的 ΔT、$\partial\Delta T/\partial z$、$\partial\Delta T/\partial x$ 值以及合适的 N 值，由上式可以构造含有未知量 x_0，z_0 和 B 的 3 个线性方程，原则上就可以解这 3 个线性方程进而得出未知数 x_0，z_0 和 B。

2. 井中三分量磁测资料欧拉反褶积法反演

欧拉反褶积的步骤为（姚长利等，2004；刁宇飞等，2008）：

(1) 计算或测量出磁异常梯度值 $\partial\Delta T/\partial z$、$\partial\Delta T/\partial x$。

$$
\begin{aligned}
x_0 \frac{\partial \Delta T_1}{\partial X} + z_0 \frac{\partial \Delta T_1}{\partial Z} &= z_1 \frac{\partial \Delta T_1}{\partial Z} + n(B - \Delta T_1) \\
x_0 \frac{\partial \Delta T_2}{\partial X} + z_0 \frac{\partial \Delta T_2}{\partial Z} &= z_2 \frac{\partial \Delta T_2}{\partial Z} + n(B - \Delta T_2) \\
x_0 \frac{\partial \Delta T_3}{\partial X} + z_0 \frac{\partial \Delta T_3}{\partial Z} &= z_3 \frac{\partial \Delta T_3}{\partial Z} + n(B - \Delta T_3)
\end{aligned} \tag{9-99}
$$

(2) 根据实际情况确定合适的窗口范围和构造指数 N。选取几个大小不同的窗口和 n,因为在 Z_i 处 $\partial\Delta T_i/\partial x_i$、$\partial\Delta T_i/\partial z_i$、$\Delta T_i$ 为已知,则以上方程组变为

$$
\begin{aligned}
A_{11}X_0 + A_{12}Z_0 + A_{13}B &= d_1 \\
A_{21}X_0 + A_{22}Z_0 + A_{23}B &= d_2 \\
A_{31}X_0 + A_{32}Z_0 + A_{33}B &= d_3 \\
&\cdots
\end{aligned} \tag{9-100}
$$

其中,$A_{1i} = \partial\Delta T_i/\partial x_i$,$A_{2i} = \partial\Delta T_i/\partial z_i$,$A_{3i} = nB$,$d_i = z_i\partial\Delta T_i/\partial z_i - n\Delta T_i$。

(3) 利用以上超定方程通过多个大小不同窗口的移动,进行多次覆盖,逐点地计算出对应的(x_0,z_0,B)。

(4) 把所得的量解成图,剔除坏解,得出反演结果。

3. 井中三分量磁测资料欧拉反褶积法反演实例

利用一个有限延伸薄板为模型,板半长 5m,半宽 1m,中心埋深 20m,磁化强度 $10\ 000\times10^{-3}$ A/m,磁化倾角 90°,磁偏角 45°,板倾角 0°,板轴线和井的距离为 10m,板的相对位置及 ΔT 曲线如图 9-37。

图 9-38 长方形表示薄板实际位置,“·”表示反演异常体位置的结果,由图可见,当构造指数为 1.5 时的结果较理想,解大都集中在薄板上。

习宇飞等认为主要有以下几个重要因素:①构造指数 N 值决定了反演的场源深度和位置的准确性。N 值选择不当可能造成解的发散。②窗口的选择。

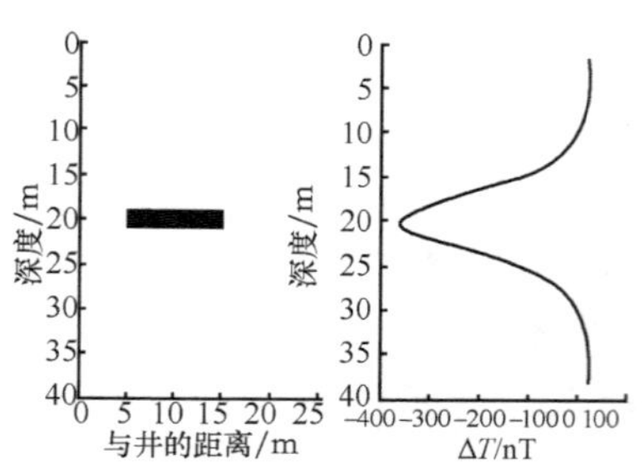

图 9-37　薄板的位置及 ΔT 曲线
(习宇飞等,2008)

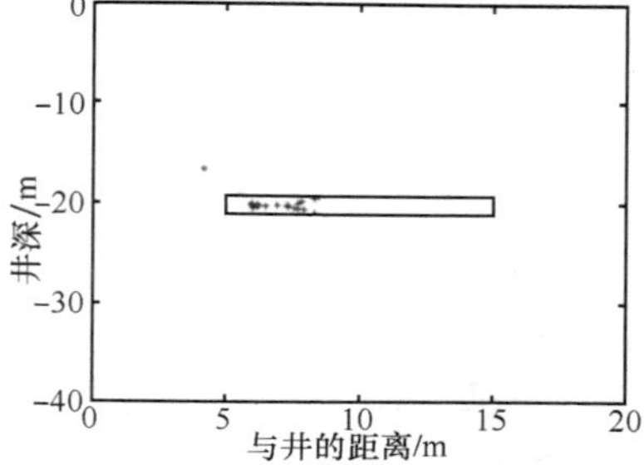

图 9-38　构造指数 1.5 时的反演结果
(习宇飞等,2008)

第九节　井中磁测解释实例

一、划分岩性及矿层

磁化率测井是用来研究钻孔井壁岩矿石的磁化率，主要用途有：为航磁、地磁和井磁资料解释时提供所需的参数——岩矿石的磁化率；依据岩矿石的磁化率差异划分钻孔剖面；依据磁铁矿含量与磁化率之间的相关关系，推算铁矿石的品位；依据煤层灰分与磁化率的相关关系，估算煤层灰分等。

图 9-39 为湖北大冶铁矿磁化率测井的一个实例。它采用 JCL 型磁化率测井仪，从矿层上求得磁铁矿磁化率为 $4\pi\times65000\times10^{-6}$ SI，真磁化率为 $4\pi\times107000\times10^{-6}$ SI。闪长岩和透辉石闪长岩从磁性反映上区别明显。闪长岩曲线平稳，测值低，说明磁性矿物含量少且分布均匀；透辉石闪长岩曲线呈锯齿状，测值极高，约 $4\pi\times10000\times10^{-6}$ SI，说明岩石受蚀变因而磁性矿物分布不均匀。岩石中磁性矿物的分布与岩石的生成条件及物质组分密切相关。因此，磁化率测井对研究岩石提供了极为有用的资料，表 9-1 为迁安铁矿区铁矿与围岩的磁化率。

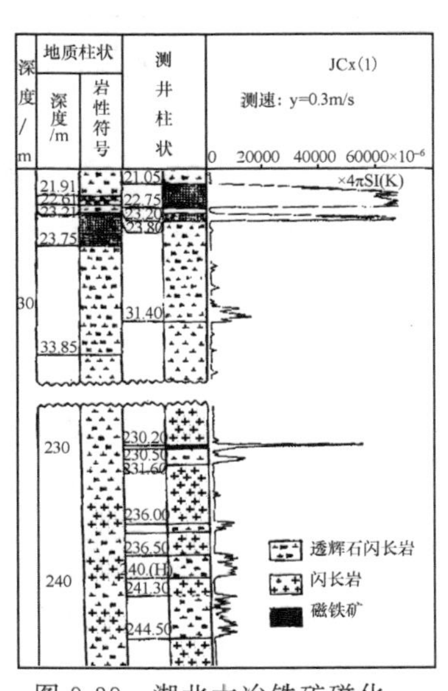

图 9-39　湖北大冶铁矿磁化率测井的一个实例

二、岩矿石磁化率的统计

图 9-40 为中国大陆科学钻探（CCSD）主孔 100～2000m 测井磁化率与岩心样本磁化率。根据 CCSD 主孔 100～2000m 的测井岩性剖面对测井磁化率按岩性进行了分类统计，如表 9-3 所示。根据测井磁化率的平均值可知 CCSD 主孔中岩石的磁化率由高至低依次为：蛇纹岩、石英榴辉岩、金红石榴辉岩、正片麻岩、退变质榴辉岩、多硅白云母榴辉岩、副片麻岩、绿泥石角闪岩和角闪岩。

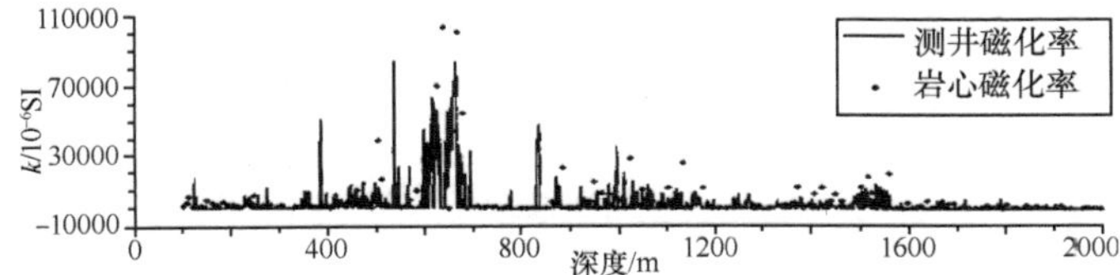

图 9-40　CCSD 主孔 100～2000m 测井磁化率与岩心样本磁化率

迁安铁矿区进行了大量岩矿石标本磁性测定及研究，统计铁矿与围岩（黑云母变粒岩等）的磁化率，如表 9-1 所示。

表 9-1 迁安铁矿区铁矿与围岩的磁化率

岩矿石名称	磁化率 k 常见值(SI)	剩余磁化强度 J_r 常见值 /(A/m)	Q 值 (J_r/kT_0)
磁铁石英岩	2.300	0.39×10^3	1.0～11.0
含铁石英岩	0.590	0.049×10^3	1.0～3.7
片麻岩类	0.042	0.90	1.4
斜长角闪岩	0.05	0.60	1.2
混合岩类	0.013	0.65	1.6
辉石岩	0.033	3.70	4.6

在山东省金岭铁矿，历年来共测定标本 3000 多块，其岩石和铁矿的磁性参数如表 9-2 所示。

表 9-2 岩石和铁矿的磁性参数

岩石名称	磁化率 k 常见值(SI)	剩余磁化强度 J_r 常见值 /(A/m)	Q 值 (J_r/kT_0)
矽卡岩	0.065	3.76	1.40
辉石闪长岩	0.045	0.92	0.40
蚀变辉石闪长岩	0.023	0.58	0.54
闪长岩	0.044	1.51	0.83
闪长玢岩	0.016	0.24	0.41
黑云母闪长岩	0.032	1.21	0.91
角岩	0.007	0.34	1.20
变质砂岩	0.022	0.68	0.95
结晶灰岩	0	0	
大理岩	0	0	

表 9-3 CCSD 主孔 100～2000m 主要岩性测井磁化率统计表

岩性	统计的层数	测井磁化率/(10^{-6}SI)			
		平均值	标准方差	最小值	最大值
蛇纹岩	14	34480.2	14154.3	15563.7	57711.0
石英榴辉岩	6	9841.6	7809.2	3743.5	22975.3
金红石榴辉岩	47	3876.8	7433.4	5.8	35993.3
正片麻岩	41	2933.2	2230.8	66.1	7927.6
退变质榴辉岩	34	2517.1	2528.8	31.2	9192.7
多硅白云母榴辉岩	15	2061.0	2635.9	172.1	9184.9
副片麻岩	28	1948.4	1821.3	41.2	7994.8
绿泥石角闪岩	10	985.7	1303.5	13.0	4226.6
角闪岩	5	388.2	183.7	112.4	566.4

三、磁化率测井推算铁矿石品位

该矿区铁矿层为条带状结构，因此采用扇形线圈，使磁力线和层理平行，即测量矿石的横向磁化率，测量结果消除了电导率的影响。

磁铁矿Fe重量比例
0 5 10 15 20 25 30
视磁化率任意单位
0 10 20 30 40 50 60
深度/f_t
0 10 20 30 40 50

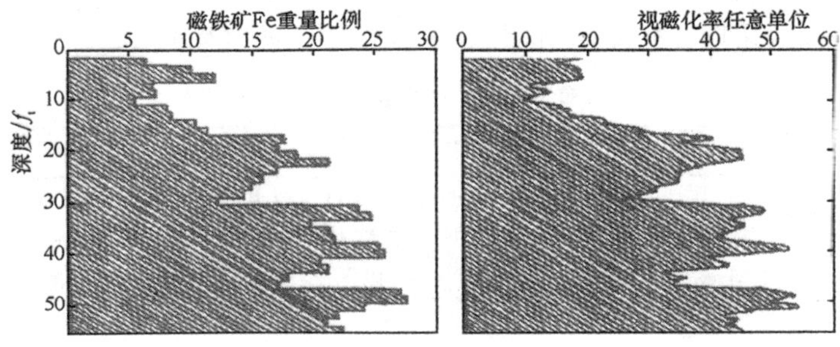

图 9-41　磁铁矿含量与磁化率之间的关系

磁化率测井读数与矿石铁品位的关系如图 9-41 和图 9-42，经作回归分析得到如下关系式(相关系数分别为 R=0.95 和 0.92)：

$$TFe = 0.1135\Delta U + 9.04 \quad (\Delta U = 0 \sim 160\mathrm{mV})$$

$$TFe = 0.1230\Delta U + 7.55 \quad (\Delta U = 160 \sim 330\mathrm{mV})$$

TFe/%
10 20 30 40 50
0 50 100 150 200 250 300
ΔU/mV

图 9-42　矿石品位与磁化率的关系

图 9-43 是利用磁化率测井预测的矿石品位，由图可见，预测的品位与岩心化验的品位相关性好，符合程度高。

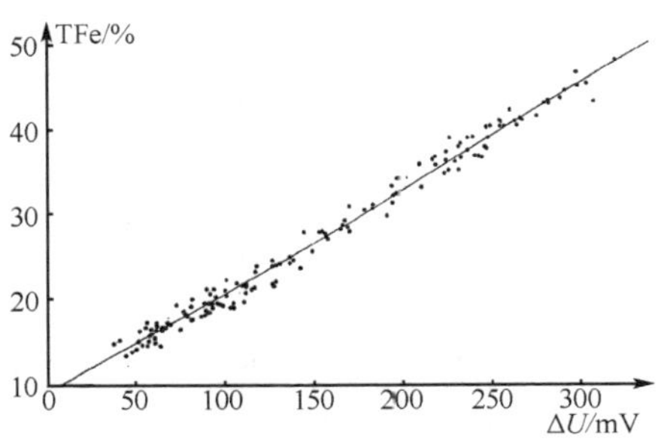

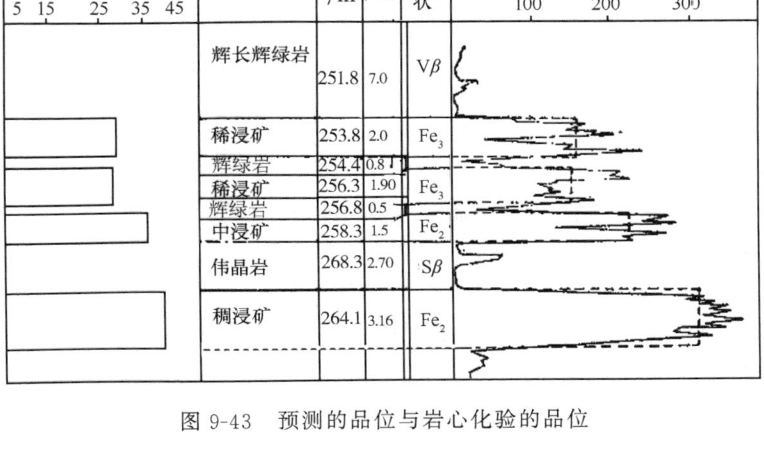

矿石化验品位
TFe/%
5 15 25 35 45
岩性描述
深度/m
厚度/m
柱状
磁化率测井视磁化率 /mV
100 200 300
辉长辉绿岩 251.8 7.0 Vβ
稀浸矿 253.8 2.0 Fe3
辉绿岩 254.4 0.8
稀浸矿 256.3 1.90 Fe3
辉绿岩 256.8 0.5
中浸矿 258.3 1.5 Fe2
伟晶岩 268.3 2.70 Sβ
稠浸矿 264.1 3.16 Fe2

图 9-43　预测的品位与岩心化验的品位

四、判断矿体方位

矿体方位的推断方法如表 9-4 所示。图 9-44(地质部第一综合物探大队,1985)是某个矿区的井中磁测实例。由图可以看出:①在 ZK34 井测量得到的 ΔZ 曲线是“上正下负”的反 S 形曲线;②在 ZK34 井测量得到的 ΔH 曲线是反 C 形曲线。查表可知,钻孔打在矿体的南侧(即矿体在钻孔的北侧)。

表 9-4 矿体方位的方法

产状 / 钻孔位置 / 异常特征 / 分量曲线	北倾				南倾			
	钻孔打在矿体南侧	钻孔打在矿体南头	钻孔打在矿体北头	钻孔打在矿体北侧	钻孔打在矿体南侧	钻孔打在矿体南头	钻孔打在矿体北头	钻孔打在矿体北侧
ΔZ	反 S 形	反 S 形	S 形	S 形	C 形	反 C 形	反 C 形	C 形
ΔH	反 C 形	C 形	C 形	反 C 形	反 S 形	反 S 形	S 形	S 形

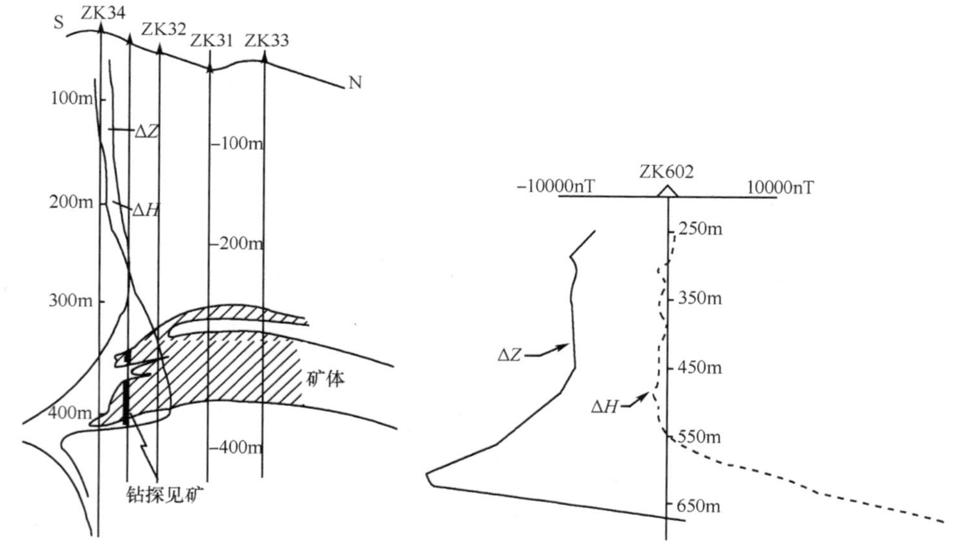

图 9-44 某个矿区的井中磁测实例

图 9-45 某个矿区的井中磁测实例

图 9-45 也是某个矿区的井中磁测实例。由图可见:

(1) 在 ZK602 井测量得到的 ΔZ 曲线变化趋势为一不完整的“上负下正”S 形曲线;

(2) 在 ZK602 井测量得到的 ΔH 曲线是正张口(C 形)。

因此查表可知,钻孔打在矿体的北侧(即矿体在钻孔的南侧)。

因此该钻孔无需钻进,终止钻孔。

五、预报井底盲矿

如图 9-46 所示，(地质部第一综合物探大队，1989)，山东某矿区 25 孔，钻进 560 余米，已过设计深度，仍未见矿。

井中磁测后发现 ΔZ 负张口异常，尤其在 510m 以下，往下钻进，仅打 10 余米，即见到 13m 厚的磁铁矿。

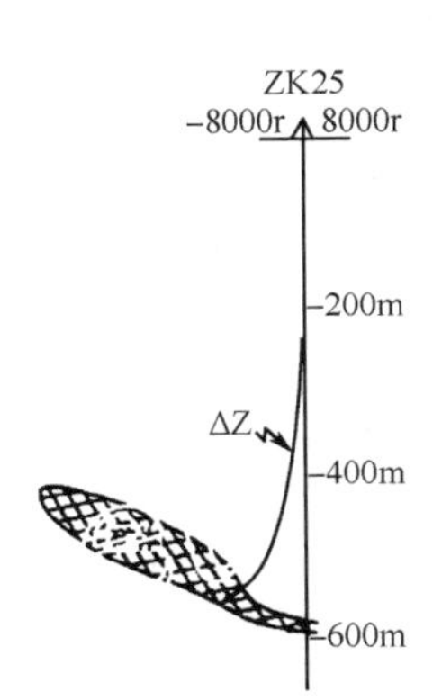

图 9-46 山东某矿区 25 孔预报结果

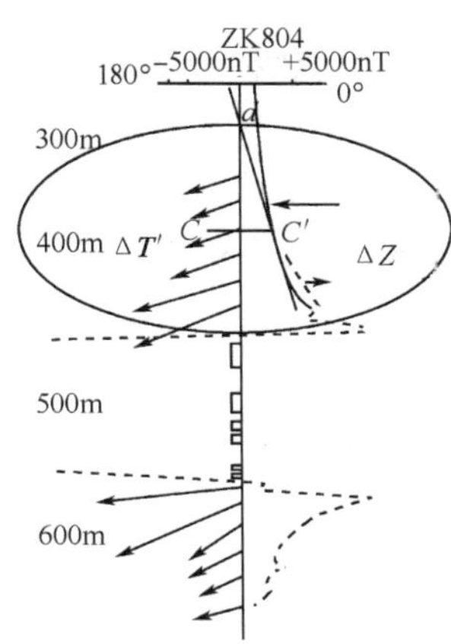

图 9-47 河北某铁矿区 ZK804 孔井中预报结果

图 9-47 是河北某铁矿区 ZK804 孔井中预报结果(地质部第一综合物探大队，1985)，该孔任务是验证地面磁异常。施工后打到 425m 都是闪长岩，经井中磁测测得一范围较大的 ΔZ 正张口曲线，ΔZ 值随深度增大而增大，Δ***T***′ 矢量并行指向下测，由此表明钻孔底部有强磁性矿体存在，用切线法作图推断见矿应在 440m，继续钻进，结果在 444～554m 范围内打到厚层磁铁矿，预报结果十分满意。

图 9-48 是安徽某矿区磁测成果图(地质部第一综合物探大队，1985)，磁异常中部 2、3、4 号钻孔中虽全已见浅部矿体，但为了查明深部矿体赋存情况，于 500 伽马等值线南缘突出处布置了 ZK13 孔。钻孔打到 252m，已过设计见矿深度，仍未见矿，并在 46.61～162.95m 井段内，见到具有一定磁性的蚀变辉长岩。

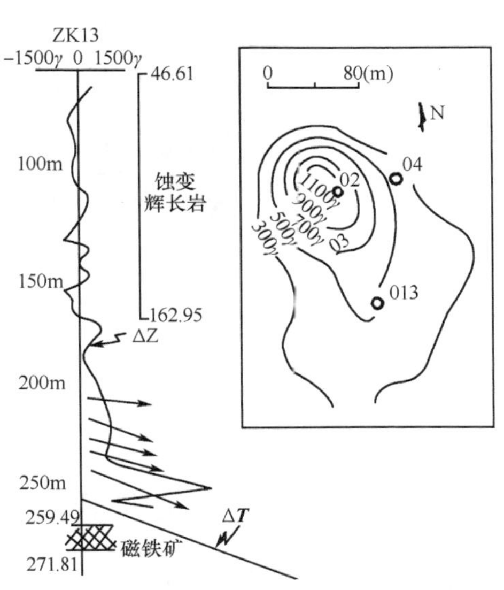

图 9-48 安徽某矿区磁测成果图

当时有人认为地磁异常已可解释，故欲终孔。但井中磁测后，除在上述蚀变闪长岩井段对应着 ΔZ 的负值跳动反应外，从深度 170m 以下又出现一个明显的正开口异常，无论 ΔZ 或 ΔT 的梯度都很大。这个异常显然不是上部蚀变辉长岩引起的，它指示了钻孔下部不远还有更强的磁性体存在。据此，钻孔继续钻进，果然于 259.49～271.81m 打到 12m 磁铁矿，从而证实了深部有矿，扩大了矿区的远景。

六、控制矿体延伸范围

图 9-49 是某矿区井中、地面磁测结果（地质部第一综合物探大队，1985）。由图可见：

（1）在 ZK10 井 ΔT 矢量图表明，矢量会聚，即指向矿端（在 ZK8 井钻到的矿），说明矿端是负磁荷（在 ZK6 井 ΔZ 出现正张口，当快到矿体时，极大值开始减小，也证实这一点）。

（2）在 ZK19 井和 ZK21 井，ΔT 矢量图表明，矢量发散，即指向矿尾（在 ZK15 井钻到的矿），说明矿尾是正磁荷（在 ZK15 和 19 井，井 ΔZ 出现负张口，也证实这一点）。

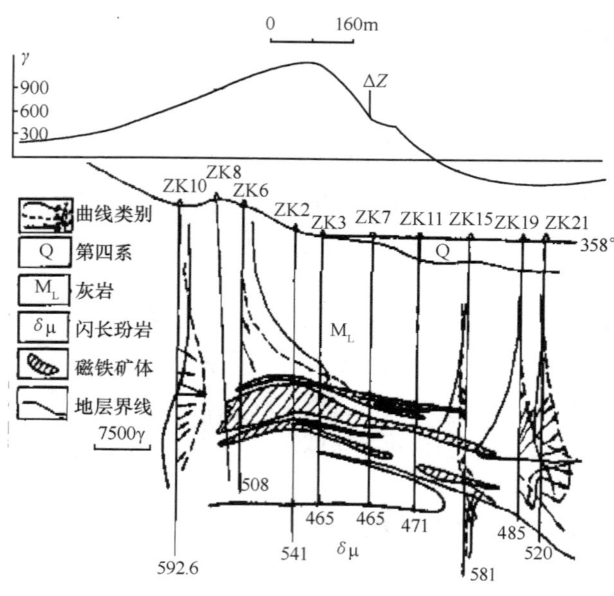

图 9-49　某矿区井中、地面磁测结果

七、验证评价地面低缓或剩余异常

如图 9-50（蔡柏林等，1986）所示，该地区地面垂直磁异常形态规则，走向东西，极大值面积大约 1km²，根据地质、地球物理条件，该异常具有良好的找矿前景，为此，在异常中心部位施工 ZK1 井图 9-51 进行验证。

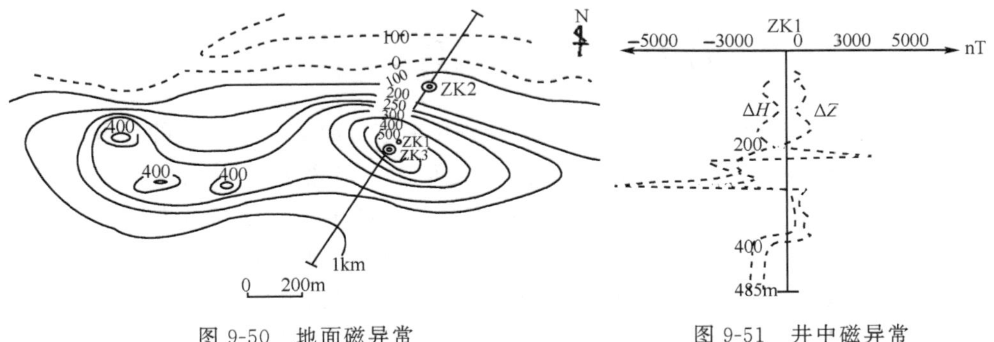

图 9-50　地面磁异常　　　　图 9-51　井中磁异常

ZK1 井中磁测表明：

(1) ΔZ 曲线是两个不规则 S 形曲线；

(2) ΔH 曲线是 C 形曲线。

这两个特征说明，在 ZK1 孔南西侧赋存着有限延伸盲矿。

因此，建议在 ZK1 孔南侧 80m 处施工 ZK3 孔，结果在孔深 264～303m 井段见到总厚度 24m 的磁铁矿。之后，又施工了 ZK5、ZK6 孔，并配合井中磁测，最终控制了推断矿体(图 9-52)。

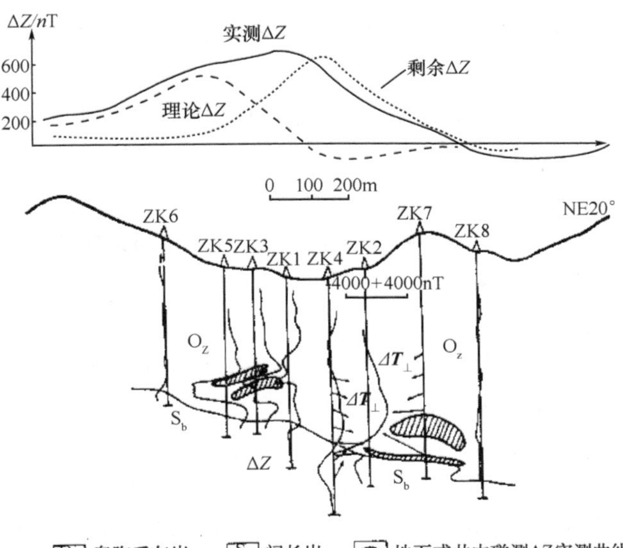

图 9-52　地面及井中磁异常

第十章　井中激发极化法

井中激发极化法(简称井中激电)是在钻孔中进行激发极化测量的各种工作方式的统称。从原理上说,井中激发极化法和地面激发极化法一样,都是研究以岩矿石的激发极化效应为基础的。可以认为,井中激发极化法是地面激发极化法借助钻孔向地下深处的探测,也是激发极化测井向四外空间的扩展。井中激发极化法和地面激发极化法所使用的电极排列、仪器设备和方法技术亦相类似。

在金属矿区,随着普查勘探深部隐伏矿体的需要,为了扩大钻孔的有效半径,按供电和测量装置所在位置的不同,逐渐形成了一整套井中激发极化法的工作方式,它可分为以下三种。

1. 地表-井中工作方式

地表-井中工作方式,简称地-井方式,即供电电极 A 置于地面,供电电极 B 离井口相当远,作为无穷远极。测量电极 M、N(常用梯度装置)则置于钻孔中并沿井进行激发极化测量。常用的有两种排列。

(1) 一种是把金属套管用作 A 电极,即所谓井口接地地-井方式($r=0$)。

(2) 另一种是供电电极 A 置于距井口某一距离,并改变其相对于钻孔的方位,称作地-井方式方位测量。它可用来查明井旁盲矿并确定其空间位置。

2. 井中-地表工作方式

井中-地表工作方式,简称井-地方式,即把供电电极 A 放入钻孔中,供电电极 B 仍为无穷远极,测量装置则置于地面。常用的有两种排列。

(1) 剖面测量:固定井中供电点源 A 的深度,在地面按一定网格(通常是方格网,也可用以井口为中心的辐射网)沿剖面测量的排列,称为井-地方位剖面测量,它主要用来圈定和追索矿体或矿化带范围。

(2) 激电测深:若在井中改变供电点源 A 的深度,在地面移动测量装置 M、N,或距井口某一距离固定测量装置进行激发极化测量的排列,称作井-地方式激电测深,它主要用来预报并查明盲矿。

3. 井中-井中工作方式

井中-井中工作方式,简称井-井方式。常用的有两种排列。

(1) 单井井-井方式:其中把供电和测量装置放入同一钻孔中进行激发极化测量,称单井井-井方式。激发极化测井、大极距三极梯度排列等均属此类。

(2) 双井井-井方式:把供电电极 A 放入一个钻孔中某一深度,电极 B 仍在地面为无穷远极(B 也可放入井中),而把测量装置(梯度或电位)放入相邻的另一钻孔中进行激电测量的排列称作双井井-井方式。它主要用来发现井间盲矿，确定已被钻孔揭露的矿层间的电性连续性（电相关性）。

在国内外铜矿、多金属矿以及某些弱磁或无磁性铁矿的普查和勘探中激发极化法（井中激电）得到了越来越广泛的应用，并取得了较好的地质效果。

第一节　激发极化测井

激发极化测井简称激电测井，是井中激发极化法中必须进行的基础性测量工作。当进行激电测井时，可以同时获得两个参数，为视电阻率和视极化率，所以激电测井包括视电阻率测井和视极化率测井。

严格地说，激电测井以及整个井中激发极化法所确定的只是极化体或极化层，并非地质上所说的岩矿体或岩矿层。考虑到实际中不少情况下极化体与岩矿体彼此吻合较好，为了叙述方便，一般不严格区分它们，统称为岩矿体或岩矿层。

激发极化测井的探测范围不大，一般仅为几十厘米到几米。因此，它的主要探测对象是井壁及井壁附近不大范围内的岩矿石。

激发极化测井资料可以校正钻孔地质剖面，确定被钻孔穿过的矿层深度和厚度，探测井旁盲矿体，以及为地面物探和井中物探的资料解释提供岩矿石的电阻率和极化率参数。

一、激发极化电场的基本知识

（一）激发极化机理

激发极化法是以在电流作用下岩矿石具有激发极化特性为物理基础的，用极化率 η_s 表示。按岩矿石传导电流的实质，可将岩矿石分为两大类。

(1) 电子导体：某些氧化物（如赤铁矿，赤铜矿等）。因为它们都依靠自由电子传导电流，故这些矿物或其集合体都具有低电阻率，属于电子导体，极化率很高。

(2) 离子导体：大多数造岩矿物如方解石、石英和云母等的电阻率都很高，大多数岩石是靠其孔隙中的溶液离子传导电流的，因而属于离子导体，其极化率很低，一般不超过1%～2%。

激发极化机理的假设较多，归结起来分电子导电金属矿石的激发极化机理和离子导体的激发极化机理，有关激发极化机理在地面激发极化法中有很多的介绍，在这里主要介绍电子导电金属矿石的激发极化机理。

1. 金属的电极电位

当金属浸在纯水中时，极性很强的水分子将与金属上的离子相吸引而发生水化作用，结果使一部分金属离子与金属晶格中其他离子间的键力减弱，甚至离开金属表面而进入水中。金属正离子进入水溶液，剩下的负离子则留在金属表面，从而使金属带负电。由于静电吸引作用，进入水中的金属正离子将大部分聚集在金属表面附近。与此同时，带正电的水相对金属离子有排斥作用，它将阻碍金属离子继续进入水相。已溶于水中的正离子受金属上负电荷的吸引也可再沉淀到金属表面。当这种溶解和沉淀的速度相等时，便达到动态平衡。因此，在固液两相界面附近便形成金属表面带负电和水相带正电的偶电层，从而产生电位跃。

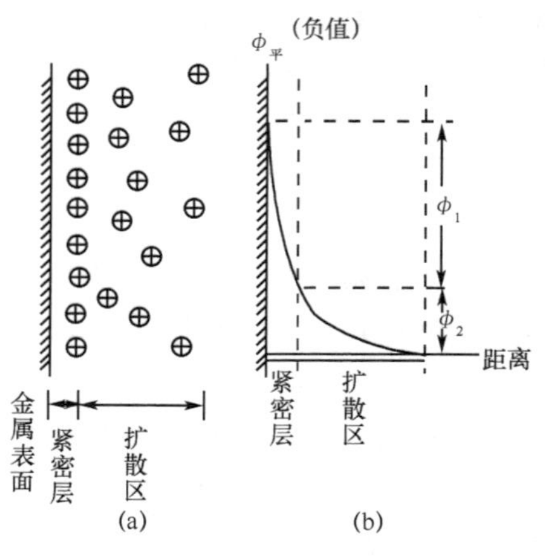

图 10-1　电位跃的分布

两相界面上电位跃的分布如图 10-1 所示。紧密层：在这一层中金属离子不能自由运动，其一般厚度约为 10^{-8} m。扩散层：金属表面较远，所受的吸引力也较弱，这就是扩散层，其厚度为 $10^{-7}\sim10^{-6}$ m。从扩散层到正常水溶液则是逐渐过渡的，由图可见，总平衡电位跃 $\phi_{平}$ 是紧密层电位跃 ϕ_1 和扩散层电位跃 ϕ_2 之和，即

$$\Delta\phi_{平}=\phi_1+\phi_2 \tag{10-1}$$

式中，$\phi_{平}$ 为平衡电位跃，它是金属与溶液间的电极电位。一般认为，金属带负电时偶电层电位跃 $\phi_{平}$ 是负值，带正电时 $\phi_{平}$ 是正值，远离金属表面的本体溶液则是零电位。

金属与溶液间的电极电位的大小和符号，取决于金属的种类和溶液的性质，以及溶液中金属离子的浓度等。当金属浸在含有该金属离子的盐溶液中时，由于溶液中存在该金属离子，使离子沉淀到金属上的过程加快，因而将在另一种电位下建立平衡。若金属离子很容易进入溶液，则该金属表面仍带负电，只是比纯水中所带的负电少；若金属离子进入溶液不易，溶液中已存在的正离子向金属沉淀的速度可能一开始就超过由金属进入溶液的速度，因而金属带正电。

2. 激发极化——超电压

图 10-2(a)：自然状态埋藏的金属矿与其周围溶液（地层水）间会在固液两相界面上产生偶电层，建立电极电位。若金属矿石的成分及其周围溶液的性质和浓度

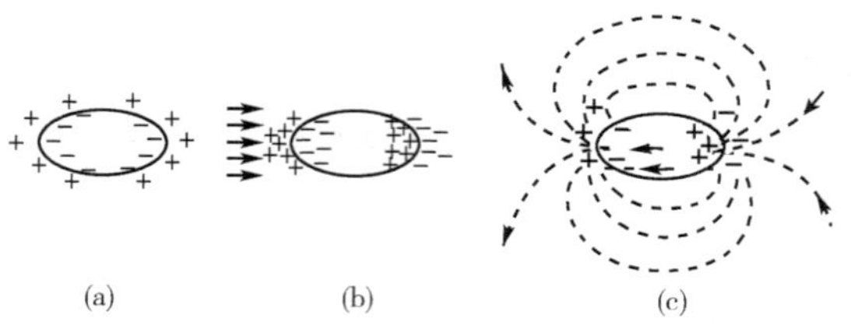

图 10-2　超电压

都均匀各向同性，则在固液两相界面上分布的将是均匀和封闭的偶电层，此时在周围介质中不会引起电流场，这种平衡状态称作正常平衡状态。

图 10-2(b)：对处在溶液中的电子导体，当施加一外电场，原来金属与溶液间所达到的平衡状态将遭到破坏。这时，电子导体内部的自由电子(负电荷)将移向电流流入端，使那里的负离子增多而形成阴极。相反，在电流流出端的正离子增多而形成阳极。围岩溶液中的情况恰恰相反，在阴极和阳极附近分别形成正负离子堆。正常偶电层发生变化，建立起一种新的平衡状态。

图 10-2(c)：在外电场的激发下，电子导体出现正负极性，并使电极电位偏离正常平衡值，这一过程称作激发极化。在一定电流密度下，新平衡状态的电位跃 ϕ 和正常平衡电位跃 $\phi_{平}$ 之间的偏离值称作超电压 $\Delta\phi$，即

$$\Delta\phi = \phi - \phi_{平} \tag{10-2}$$

(二)岩矿石的激发极化特性

在激发极化法的理论研究和实际工作中，为了使讨论问题简化，通常把岩矿石的激发极化理想地分为两大类。

(1) 面极化：如致密的金属矿或石墨，其特点是激发极化(超电压)都发生在极化体与围岩溶液的接触面上。

(2) 体极化：如浸染的金属矿和矿化(或石墨化)的岩石，以及离子导体的激发极化都属于这一类，其特点是极化单元即微小的金属矿物或石墨颗粒、岩石基质颗粒呈整体分布于整个极化体中。

其实，面极化和体极化的差别只是相对意义。因为微观地看，所有激发极化都是面极化的，然而在实际应用中所要求的往往是宏观的，要考察某个大极化体的激发极化效应，因此常见的是体极化。

1. 面极化特性

已知电子导电金属矿在外电场的激发下，电流流入端为阴极，产生阴极极化(阴极超电压)；在电流流出端为阳极，产生阳极极化(阳极超电压)。图 10-3 是石墨和黄铜矿标本在不同电流密度激发下阳极超电压 $\Delta\phi^{+}$(图中实线)和阴极超电压 $\Delta\phi^{-}$(图中虚线)的充放电曲线，坐标横轴表示充放电时间，纵轴表示用电流密度 j 归一化的超电压值。

由图可见，石墨和黄铜矿的超电压充放电曲线的总趋势是相同的。刚开始充电时，超电压随时间很快增大；随充电时间增长，超电压增大的速度逐渐减慢，最后趋近于某一饱和值。放电曲线与充电曲线相似。在断电后，最初超电压随时间很快下降，随放电时间的延长，超电压衰减速度逐渐变慢，直到最后慢慢衰减为零。

对比不同电流密度 j 的充放电曲线可见，外电流场的电流密度 j 越大，超电压充电达到饱和值的时间越短。对实际工作中一般能达到的电流密度值来说($j<1\mu A/$

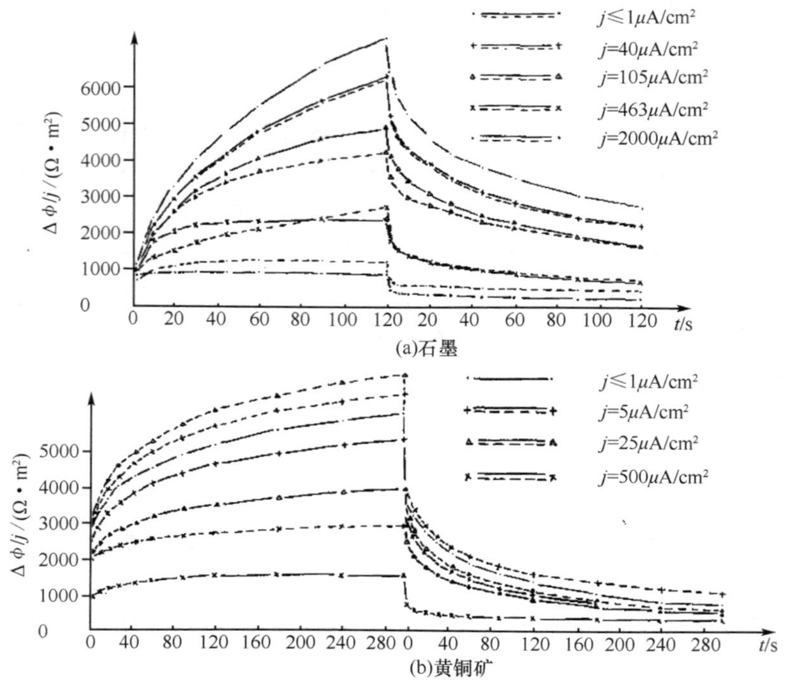

图 10-3 石墨、黄铜矿上的超电压充放电曲线

cm^2)，充电两分钟甚至五分钟也都远未达到饱和值。同样，放电两分钟甚至五分钟也远未衰减为零。这说明面极化的充电和放电都比较慢，其中石墨又比黄铜矿慢。

在小电流密度激发下，超电压 $\Delta\phi$ 与电流密度是呈线性关系的，同时对同一电流密度，阳极超电压 $\Delta\phi^+$ 和阴极超电压 $\Delta\phi^-$ 彼此相等，称为阴阳极极化均势，满足关系

$$\frac{\Delta\phi^+}{j}=\frac{\Delta\phi^-}{j}=\text{常数} \tag{10-3}$$

当外电流场电流密度很大时，超电压与电流密度不再成正比，即成非线性关系。同时在同一电流密度和充放电时间下，阴阳极超电压互不相等。

已知在小电流密度条件下，对一定充放电时间来说，电子导体与周围溶液界面上形成的超电压 $\Delta\phi$ 与垂直流过该界面的电流密度 j 成正比，即

$$\Delta\phi=-kj \tag{10-4}$$

式中，负号表示超电压增高方向与电流密度方向相反；系数 k 称面极化系数，是表征面极化特征与电流密度无关的常数，它等于单位电流密度激发下所形成的超电压。

将式(10-4)与欧姆定律相比较，k 便可等效于电流流过电子导体-溶液界面时单位面积上所遇到的电阻，故也把 k 称为面电阻率，其单位为 $\Omega \cdot m^2$。可见 k 除与充放电时间有关外，还与电子导体和周围溶液的性质有关。对不同条件下的各种

电子导电矿物的观测数据表明，k 的变化范围远小于电阻率。

表 10-1 中列出了溶液和充放电时间都相同的条件下不同金属矿物的 k 值。由表 10-1 可见，从石墨至磁黄铁矿激发极化性质由强变弱。

表 10-1　矿物在 0.1N $NaSO_4$ 溶液中的面极化系数

pH=7，$j=1\mu A/cm^2$，$T=1min$，$t=0.5s$

矿物名称	石墨	黄铜矿	磁铁矿	黄铁矿	方铅矿	磁黄铁矿
k(阴极)/($\Omega \cdot m^2$)	14.1	10.0	9.9	7.5	2.5	0.4

可见，当溶液浓度由小变大时(溶液电阻率相应由大变小)(表 10-2)，铜的面极化系数点随溶液电阻率的减小而变小。这说明随着周围溶液浓度的增加，面极化激发极化效应将减小。

表 10-2　铜的面极化系数与周围溶液浓度的关系

溶液电阻率 ρ	21.0	11.0	5.8	3.7	2.4
k/($\Omega \cdot m^2$)	18.80	10.30	6.96	4.80	2.62

2. 体极化特性

体极化是分布于极化体中许多微小极化单元的极化效应的总和，如矿化(石墨化)岩石、浸染状矿石。图 10-4 是矿化岩石标本上观测到的电位差变化曲线。

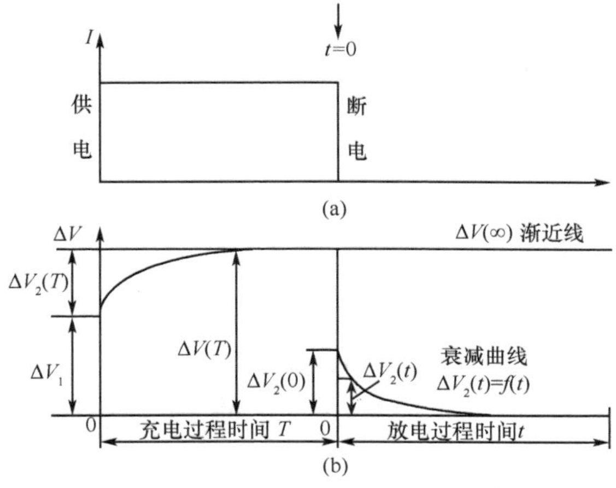

图 10-4　充放电

当通过供电时，由于建立激发极化效应有一个过程，所以在刚接通电流的瞬间可忽略激发极化效应的影响。这时在测量电极间观测到的电位差(假定已补偿了自然极化电位)仅与导电性有关，称为一次场电位差，记为 ΔV_1。当供电延续一定时间激发极化后，由于激发极化产生的二次场电位差 $\Delta V_2(T)$ 随时间逐渐增大，因而电位差曲线随时间很快增大，最后缓慢趋于某一饱和值。显然，此时观测到的电位差是 ΔV_1 和 $\Delta V_2(T)$（充电过程）之和，即

$$\Delta V(T) = \Delta V_1 + \Delta V_2(T) \tag{10-5}$$

式中，$\Delta V(T)$ 称为总场电位差（或极化场电位差）。

要注意体极化充放电的速度比面极化要大得多。通常充电 2～3 分钟便已接近饱和值，放电 2～3 分钟即衰减趋于零。对于星散浸染状矿石或矿化、石墨化岩石的激发极化效应，存在非线性和正反向极化的差异，井中激发极化法中有可能测得这些差异，因为它的供电和测量装置接近于极化体。

（三）表征岩矿石激发极化性质的参数

1. 极化率 η

在二次场与电流呈线性关系的条件下，极化率 $\eta(T,t)$ 由以下公式定义，即

$$\eta(T,t) = \frac{\Delta V_2(t)}{\Delta V(T)} \times 100\% \tag{10-6}$$

式中，$\Delta V(T)$ 是用稳定电流向体极化介质供电一段时间后，断电前测的总场电位差；$\Delta V_2(t)$ 是断电后 t 时刻测得的二次电位差。式(10-6) 还可写成

$$\eta(T,t) = \frac{\Delta V(T) - \Delta V(0)}{\Delta V(T)} \times 100\% \tag{10-7}$$

式中，极化率 $\eta(T,t)$是上述电位差瞬时值的比值，它无量纲，采用百分率表示。

2. 电阻率

利用测得的一次场电位差 ΔV_1，可用下式计算出介质的电阻率，即

$$\rho = K\frac{\Delta V_1}{I} \tag{10-8}$$

或

$$\rho(0) = K\frac{\Delta V(0)}{I}$$

3. 等效电阻率

包括介质激发极化效应在内的等效电阻率，即

$$\rho^* = \rho(T) = K\frac{\Delta V(T)}{I} \tag{10-9}$$

激发极化参数 η 和导电参数 ρ 之间的关系可表示为

$$\eta(T,0) = \frac{\rho(T) - \rho}{\rho(T)} = \frac{\rho(T) - \rho(0)}{\rho(T)} \tag{10-10}$$

或

$$\eta(T,0) = \frac{\rho^* - \rho}{\rho^*} \tag{10-11}$$

可得到

$$\rho^* = \frac{\rho}{1-\eta(T,0)} \tag{10-12}$$

4. 充电率 M

充电率 M 用以下积分公式定义

$$M = \frac{1}{\Delta V(T)}\int_{t_1}^{t_2} \Delta V_2(t)\mathrm{d}t \tag{10-13}$$

极化率 η 和充电率 M 这两个参数都可用来表征岩、矿石的激发极化性质，但充电率抑制干扰的能力比极化率要强。

5. 激电率

当直接利用二次场电位差时，可计算参数激电率，即

$$G = K\frac{\Delta V_2(t)}{I} \tag{10-14}$$

式中，K 为装置系数；I 为供电电流。

6. 二次场异常电位差 ΔV_2^a

二次场异常电位差 ΔV_2^a 可用下式计算，即

$$\Delta V_2^a = \Delta V_2 - \eta_B \Delta V \tag{10-15}$$

式中，ΔV_2 为实测二次场电位差；ΔV 为实测极化场电位差；η_B 为围岩极化率背景值。

利用二次场参数的主要缺点是不可避免地要受岩矿石电阻率的影响，其大小还与供电和测量电极距离及间距有关。

7. 二次场衰减特性

二次场衰减曲线见图 10-5，二次场电位差随时间的衰减特性可提供有价值的资料，用衰减率可描述二次场电位差随时间的衰减特性。利用两个规定时间 t_1 和 t_2 二次场电位差的比值计算衰减率，即

$$\delta = \frac{\Delta V_2(t_1)}{\Delta V_2(t_2)} \tag{10-16}$$

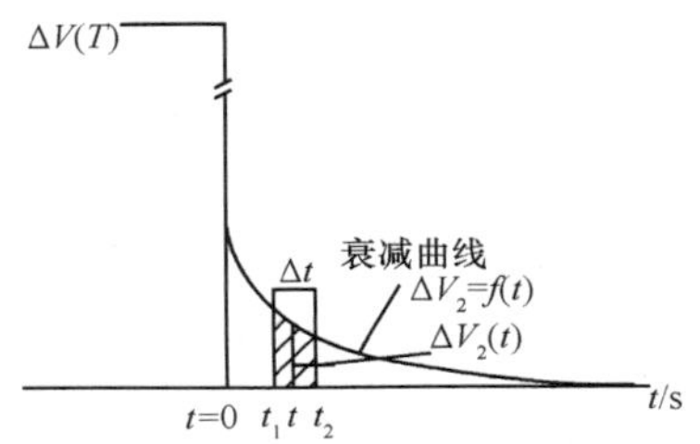

图 10-5　二次场衰减曲线

二、激发极化测井工作方法技术

1. 电极系

梯度电极系、电位电极系、金属矿激电测井中常用的电极系：

梯度电极系　AO＝1～5m

电位电极系　AM＝0.2～0.5m

注（正确选择电极系）：

（1）梯度电极系的AO大于3倍钻孔直径，以便减少井液影响。

（2）AO小于目的层厚度的2/3，以便减少围岩的影响。

（3）电位电极系的极距应大于孔径的2倍，以及AM小于最小目的层厚度。

为此，可采用长、短电极系工作。取AO为1～2m的短电极系分层；用5～10m的长电极系求取参数。

2. 探测半径

视极化率梯度电极系的探测半径为1.5～2倍AO；视极化率电位电极系的探测半径为2～3倍AM。

3. 剩余极化电位的影响

下放用底部电极系探测，提升时用顶部电极系探测。因为岩矿石被极化时二次场衰减有一过程，以此免除岩矿石剩余极化电位的影响。

4. 记录电流 *I* 的值

供电电流在几十到几百毫安间变化仍满足极化场电流密度与二次场成正比。因而供电电流变化不影响极化率值，可不必调节电流为一定值，但应记录电流 I 的值，以便求取电阻率 ρ 。

5. 注意高极化层的顶部或底部

测井时应注意高极化层的顶部（用底部电极系时）或底部（用顶部电极系时）。因为该部位 η_s 可能出现负值并产生脱节。

6. 加密测点

用点测一般取点距5m。在目的层井段和有意义的井段应加密，在较均匀的厚层围岩时可放大点距。

7. 注意记录

成果图注明测量技术条件：电极系类型、极距、充电时间，等等。

三、激发极化测井曲线特征

（一）分析视极化率测井曲线的理论依据

用测井电极系测得的视极化率 η_s，可以认为是电极系探测范围内各种介质极化率的某种加权平均值。但是,仅仅根据这一粗浅的概念还不能说明视极化率测井曲线变化的原因。只有进一步了解决定视极化率变化的主要因素,掌握分析视极化率测井曲线的理论依据,才能对视极化率测井曲线的变化特征作出正确的解释。

视极化率 ρ_S^* 与等效视电阻率和视电阻率 ρ_S 之间有如下关系,即

$$\eta_S = \frac{\rho_S^* - \rho_S}{\rho_S^*} \tag{10-17}$$

因此,可以用等效视电阻率 ρ_S^* 与视电阻率 ρ_S 之间的相对变化来解释视极化率 η_S 的变化。对于理想梯度电极系,视电阻率的基本公式为

$$\rho_S = 4\pi L^2 \frac{E}{I} \tag{10-18}$$

应用欧姆定律的微分形式可写成

$$\rho_S = \frac{j_{MN}}{j_0}\rho_{MN} \tag{10-19}$$

而等效视电阻率为

$$\rho_S^* = \frac{j_{MN}}{j_0}\rho_{MN}^* \tag{10-20}$$

式中,

$$\rho_{MN}^* = \frac{\rho_{MN}}{(1-\eta_i)} \tag{10-21}$$

对于理想电位电极系,视电阻率的基本公式为

$$\rho_S = 4\pi\,\overline{AM}\,\frac{V_{1M}}{I} \tag{10-22}$$

而等效视电阻率为

$$\rho_s^* = 4\pi\,\overline{AM}\,\frac{V_M}{I} \tag{10-23}$$

(二)高极化厚层理想梯度电极系 η_S 测井曲线

设 $\rho_2 = \rho_1, \eta_2 > \eta_1$ 则 $\rho_2^* > \rho_1^*$,即岩层为高等效电阻率介质,而围岩是低等效电阻率介质。如图 10-6 所示,采用 $\frac{\rho_S^* - \rho_S}{\rho_S^*} = \eta_S$ 公式分析理想顶部梯度电极系 η_S 线,从底往上分析,η_S 为图中虚线。曲线分段分析如下:

ab 段:当电极系在离底界面很远时,高极化层对电极系附近电场的影响可忽略,相当于在 $\rho=\rho_1, \eta=\eta_1$ 的介质中,这时 $j_{MN}=j_0$,$\rho_{MN}^*=\rho_1^*$。因此 $\rho_S^* = \frac{j_{MN}}{j_0}\rho_{MN}^* = \rho_1^* = \frac{\rho_1}{1-\eta_1}$ 而 $\rho_S = \rho_1$ 则

$$\eta_S = \frac{\rho_S^* - \rho_S}{\rho_S^*} = \frac{\rho_1^* - \rho_1}{\rho_1^*} = \eta_1 \tag{10-24}$$

即极化率等于下部岩石的极化率。

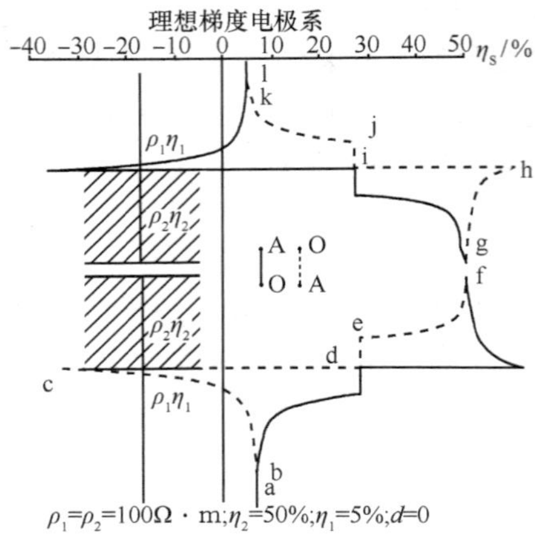

图 10-6　高极化厚层理想梯度电极系 η_S 测井曲线

bc 段：随着电极系上移，直到记录点 O 到达底界面为止。此时，$\rho_{MN}^*=\rho_1^*$ 保持不变，而高等效电阻率 ρ_2^* 介质对 A 极电流的排斥作用随着电极系上移而增大，使 j_{MN} 减小，所以 ρ_S^* 渐渐减小，则 η_S 下降，直到记录点 O 到达底界面为止。当 O 点到底界面时，由于 $\rho_S^* < \rho_1$，使得视极化率为负值。

cd 段：当 O 点越过底界面时，由 ρ_1^* 介质进入 ρ_2^* 介质，由于电流密度法线分量不变，j_{MN} 不变，而 ρ_{NM}^* 由 ρ_1^* 突然增大到 ρ_2^*，则 ρ_S^* 突变，因而使得 η_s 过底界面时由小到大突变。

de 段：当 O 点越过底界面，电极系继续上移，直到 A 极到界面为止。因为 A 与 O 分别在界面两侧，此时电极系置于等效电阻率 $\rho^*=\dfrac{2\rho_1^*\rho_2^*}{\rho_1^*+\rho_2^*}$ 的均匀无限介质中的电场相同，所以 $\rho_S^*=\rho^*=\dfrac{2\rho_1^*\rho_2^*}{\rho_1^*+\rho_2^*}$ 为一常数，而视极化率 $\eta_S=\dfrac{\rho_S^*-\rho_S}{\rho_S^*}=1-\dfrac{\mu(1-\eta_1)+(1-\eta_2)}{\mu+1}$ 也为常数，式中，$\mu=\dfrac{\rho_2}{\rho_1}$。

ef 段：电极系继续上移，直到电极系接近地层中部为止。此时，$\rho_S^*=\rho_2^*$ 保持不变，而底界面以下的低等效电阻率 ρ_1^* 介质对 A 极电流的吸引作用随电极系上移而减小，使 j_{MN} 增大，所以 ρ_S^* 渐渐增大，则 η_S 增大。

fg 段：电极系位于岩层中部，由于地层是厚层，顶底界面对电极系的影响可忽略，相当于在 $\rho=\rho_2$，$\eta=\eta_2$ 的介质中，这时 $j_{MN}=j_0$，$\rho_{NM}^*=\rho_2^*$，因此 $\rho_S^*=\rho_2^*$

所以

$$\eta_S=\frac{\rho_S^*-\rho_S}{\rho_S^*}=\frac{\rho_2^*-\rho_2}{\rho_2^*}=\eta_2 \tag{10-25}$$

即极化率等于岩石的极化率。

gh 段：电极系从岩层中部上移，直到记录点 O 到达顶界面为止。随着电极系上移接近顶界面时，$\rho_{NM}^*=\rho_2^*$ 保持不变，而顶界面以上的低等效电阻率 ρ_1^* 介质对 A 极电流的吸引作用随着电极系上移而增大，使 j_{MN} 增大，所以 ρ_S^* 渐渐增大，则 η_s 上升，直到记录点 O 到达底界面为止。当 O 点到底界面时，使得视极化率达到极大值。

hi 段：当 O 点越过顶界面时，由 ρ_2^* 介质进入 ρ_1^* 介质，由于电流密度法线分量不变，j_{MN} 不变，而 ρ_{NM}^* 由 ρ_2^* 突然减小到 ρ_1^*，则 ρ_S^* 突变，因而使得 η_S 过底界面时由大到小发生突变。

ij 段：当 O 点越过顶界面，电极系继续上移，直到 A 极到界面为止。因为 A 与 O 分别在界面两侧，此时电极系置于等效电阻率 $\rho^* = \dfrac{2\rho_1^* \rho_2^*}{\rho_1^* + \rho_2^*}$ 的均匀无限介质中的电场相同，所以 $\rho_S^* = \rho^* = \dfrac{2\rho_1^* \rho_2^*}{\rho_1^* + \rho_2^*}$ 为一常数，而视极化率 $\eta_S = \dfrac{\rho_S^* - \rho_S}{\rho_S^*} = 1 - \dfrac{\mu(1-\eta_1)+(1-\eta_2)}{\mu+1}$ 也为常数，式中 $\mu = \dfrac{\rho_2}{\rho_1}$。

jk 段：电极系继续上移，直到电极系离顶界面较远。此时，$\rho_{MN}^* = \rho_1^*$ 保持不变，而高等效电阻率 ρ_2^* 介质对 A 极电流的排斥作用随电极系上移而减小，使 j_{MN} 减小，所以 ρ_S^* 渐渐减小，则 η_S 减小。

kl 段：当电极系在下部离顶界面很远时，高极化层对电极系附近电场的影响可忽略，相当于在 $\rho = \rho_1, \eta = \eta_1$ 的介质中，这时 $j_{MN} = j_0, \rho_{MN}^* = \rho_1^*$，因此 $\rho_S^* = \dfrac{j_{MN}}{j_0}\rho_{MN}^* = \rho_1^* = \dfrac{\rho_1}{1-\eta_1}$ 而 $\rho_S = \rho_1$ 则

$$\eta_S = \frac{\rho_S^* - \rho_S}{\rho_S^*} = \frac{\rho_1^* - \rho_1}{\rho_1^*} = \eta_1 \tag{10-26}$$

即极化率等于下部岩石的极化率。

同样可由此方法对底部梯度电极系视极化率曲线进行分析。

（三）高极化厚层理想电位电极系 η_s 测井曲线

对于高极化厚层，采用理想电位电极系测量的激电测井曲线如图 10-7 所示，曲线分析如下：

（1）当电极系位于下部围岩距底界面足够远时，高等效电阻率岩层对电极系附近电场影响忽略不计，电极系相当于在 $\rho^* = \rho_1^*$ 的均匀无限介质中，则 $j_{MN} = j_0$，$\rho_{MN}^* = \rho_1^*$ 由式 $\rho_S^* = \overline{AM} \cdot \int_{\overline{AM}}^{\infty} \dfrac{j_{M_1M_2}}{j_0}\rho_{M_1M_2}^* \dfrac{dl}{l^2}$，可得 $\rho^* = \rho_1^*$，则 $\eta_S = \dfrac{\rho_S^* - \rho_S}{\rho_S^*} = \dfrac{\rho_1^* - \rho_1}{\rho_1^*} = \eta_1$。

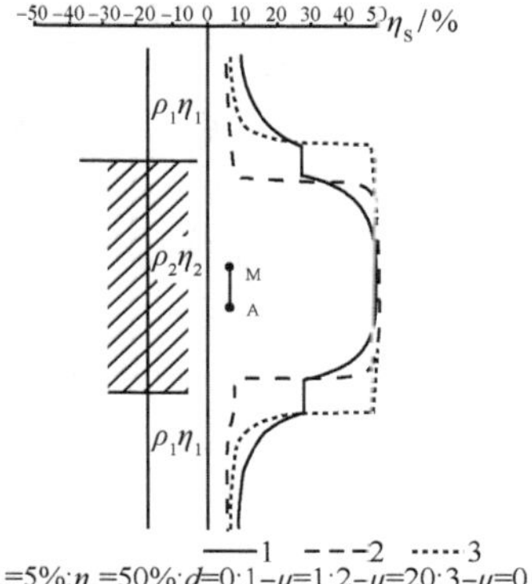

图 10-7　高极化厚层理想电位电极系 η_S 测井曲线

（2）随着电极系上移，渐渐接近底界面，高等效电阻率岩层对 A 极电场影响逐渐增大，因为岩层对 A 极电流的排斥作用增大，使 j_{MN} 减小，同时 ρ_2^* 介质对 ρ_{MN}^* 的影响使得 MN 的等效电阻率 ρ_{MN}^* 增大。因为 M 极在 A 极上部 ρ_{MN}^* 增大的因素大于 j_{MN} 减小的因素，而使等效电阻率 ρ_S^* 缓

慢上升，η_S 也增大。直到 M 极到达底界面止。

（3）从 M 过底界面至 A 到达界面，测量电极和供电电极在界面两侧，这时，测量电极在介质内的电场，与电极系置于 $\rho^* = \frac{2\rho_1^* \rho_S^*}{\rho_1^* + \rho_S^*}$ 的均匀无限介质中的电场相同。因此 $\rho_S^* = \rho^* = \frac{2\rho_1^* \rho_2^*}{\rho_1^* + \rho_2^*}$ 为常数。而 $\eta_S = 1 - \frac{\mu(1-\eta_1)+(1-\eta_2)}{\mu+1}$ 也是常数。

（4）电极系继续上移，逐渐离开底界面，下部低等效电阻率岩层对 A 极电流的吸引作用逐渐减小，使 j_{MN} 上升，ρ_S^* 增大，η_S 也增大。当电极系距底界面够远时，

$$\rho_{MN}^* = \rho_2^*, j_{MN} = j_0, \text{则 } \rho_S^* = \rho_2^*, \text{所以 } \eta_S = \frac{\rho_S^* - \rho_S}{\rho_S^*} = \frac{\rho_2^* - \rho_2}{\rho_2^*} = \eta_2$$

（5）同样，可用此方法分析上半部分曲线。

（四）高极化理想电极系的视极化率测井曲线特征

高极化厚层（不考虑钻孔影响）视极化率测井 η_S 曲线的形态特征可归纳如下：

（1）正对高极化层处曲线凸起，正对低极化层处曲线凹下。这表明，利用梯度电极系及电位电极系的测井曲线可以判断岩层极化率的相对高低。

（2）电位电极系曲线相对岩层中心是对称的，梯度电极系曲线则不对称。在电位电极系曲线上，岩层的界面与常数段中心位置相对应。在梯度电极系曲线上，岩层的顶、底界面则与曲线的极值位置相对应。对于底部梯度电极系曲线，极大值对应底界面，极小值对应顶界面；对于顶部梯度电极系曲线，极大值对应顶界面，极小值对应底界面。据此可以利用测井曲线来确定高极化岩层顶、底界面的位置。

（3）在厚层且不考虑钻孔影响的情况下，岩层中部的视极化率值将近似等于岩层的极化率值。这样，根据测井曲线就能求得岩层的极化率值。

需要指出，以上三点结论是在不考虑钻孔影响，岩层为厚层，岩层界面与井轴相垂直并且使用理想电极系等条件下得出的。当存在着钻孔、岩层厚度、岩层倾斜以及 MN 极距影响（非理想电极系）时，应对上述三点结论作适当的修正。

四、确定极化率、划分地层

（一）确定极化率

1. 平均值

在梯度电极系视极化率测井曲线上，按划分岩层界面的原则确定岩层顶界面深度 h_1，底界面深度 h_2 和厚度 H，则岩层视极化率平均值为

$$\overline{\eta_S} = \frac{\int_{h_1}^{h_2} \eta_S \mathrm{d}h}{H} \tag{10-27}$$

积分部分是深度轴、岩层顶底界面深度 h_1 和 h_2 以及顶底界面间的 η_S 曲线包围的面积。可用作图法求得视极化率平均值 $\overline{\eta_S}$ 。

如图 10-8 所示，令岩层顶底界面深度线、深度轴及平均视极化率线围成的矩形面积等于岩层顶底界面线、深度轴及顶底界面之间 η_S 曲线包围的面积，就可得出平均值 $\overline{\eta_S}$ 。

2. 最佳值

在有限岩层的 η_S 曲线中部，与无限厚岩层 η_S 值相等的视极化率值称为最佳值。

用顶部梯度电极系时，最佳值大约是厚岩层中点以上半个电极距处的 η_S 值；

用底部梯度电极系时，最佳值大约是厚岩层中点以下半个电极距处的 η_S 值，如图 10-8 所示的 P 点。

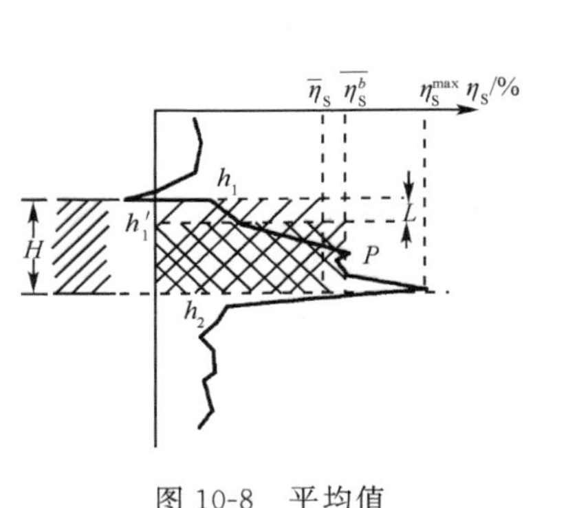

图 10-8　平均值

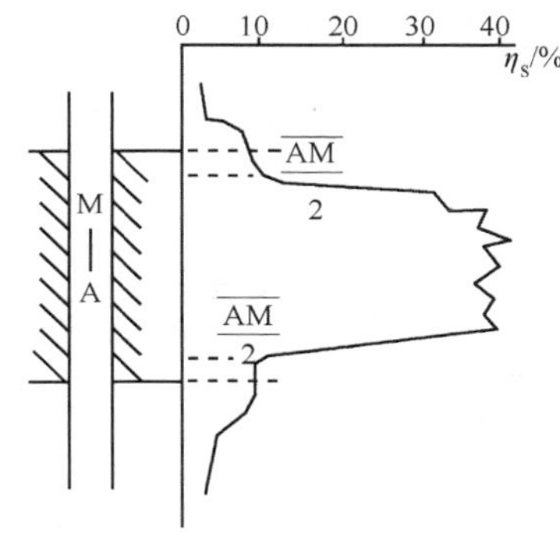

图 10-9　划分岩层界面

3. 层内平均值

在底部梯度电极系 η_S 曲线上，从岩层顶界面往下一个电极距的深度 h'_1（用顶部梯度电极系时，则从岩层底界面往上一个电极距的深度 h'_2），则层内平均值 $\overline{\eta_S^b}$ 为

$$\overline{\eta_S^b} = \frac{\int_{h'_1}^{h_2} \eta_S \mathrm{d}h}{H - L} \tag{10-28}$$

可见，视极化率的层内平均值就是整个电极系都在岩层内移动时所得的视极化率的平均值（图 10-8）。

（二）划定岩层界面

1. 梯度电极系 η_S 曲线

用顶部梯度电极系 η_S 曲线划分厚度大于电极距（$H > \mathrm{AO}$）的高极化层时，岩层顶界面均在 η_S 极大点往上移动 $\overline{\mathrm{MA}}/2$ 处；岩层底界面均在 η_S 极小点往上移动 $\overline{\mathrm{MA}}/2$ 处。

用底部梯度电极系 η_S 曲线划分厚度大于电极距($H > AO$)的高极化层时，岩层顶底界面的位置分别在 η_S 极小点、极大点往下移动$\overline{MA}/2$处。

2. 电位电极系 η_S 曲线

如果岩层为厚层，若岩层 η_S 大于围岩 η_S，如图 10-9 岩层底界面从异常根部向下AM /2，岩层顶界面从异常根部向上AM /2。

(三)划分矿(化)地层

图 10-10 为内蒙某铜矿区 ZK175 孔激电测井结果。钻探在该孔 85～115m 穿过硫化物富集地段，其中黄铜矿层位干 101～106m。由于钻探未能控制住矿层底板，因此，划分矿层是激电测井的一项任务。进行激电测井采用 1m 和 5.5m 电极距的底部梯度电极系，从图中可以看出：

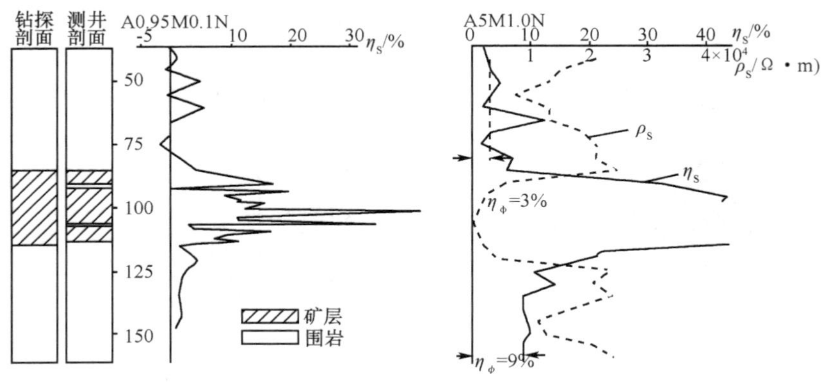

图 10-10　内蒙某铜矿区 ZK175 孔激电测井结果

(1) 两种极距的测井结果都在 85～114m，井段明显地出现一个低阻高极化厚层，其顶板与钻探地质编录吻合，而底板则与编录约上移 1m，这为正确控制底板提供了重要依据。

(2) 小极距(1m)，由于探测范围小，它能很好地反映出矿层中的局部不均匀性(夹层)，从而可用于详细分层。

(3) 大极距(5.5m)的探测范围大，曲线由于平均作用变得平滑，因而不能详细分层，但有利于了解岩矿层的电性和选取背景。

(4) 从大极距的 η_S 曲线可以看出，矿层的低阻高极化特征明显，其围岩的视极化率低而平稳，背景值变化范围在 3%～9%，围岩电阻率平均值为 $2.1\times10^4\Omega\cdot m$，这样的电性剖面对于开展井中激发极化法是有利的。

第二节 地表-井中工作方式

地表-井中工作方式，简称地-井方式，即供电电极 A 置于地面，供电电极 B 离井口相当远，作为无穷远极，测量装置 MN（常用梯度装置）则置于钻孔中并沿井进行激发极化测量（图 10-11）。常用的有两种排列。

（1）一种是把金属套管用作 A 电极，即所谓井口接地地-井方式（$r=0$）；

（2）另一种是供电电极 A 置于距井口某一距离 r，并改变其相对于钻孔的方位，在井中对每一不同 A 极方位进行逐次激发极化测量，称作地-井方式方位测量。它可用来查明井旁盲矿并确定其空间位置。

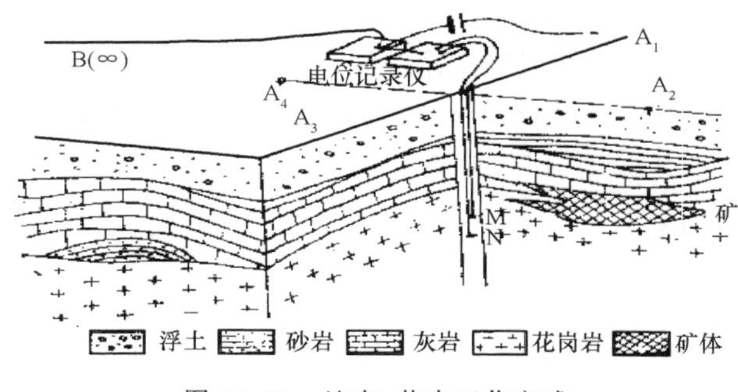

图 10-11 地表-井中工作方式

一、地-井方式的工作方法技术

在实际工作中，先进行 $r=0$m 的地-井方式测量，如发现有井旁盲矿异常，需要进一步做工作时，再用最佳 r 进行地-井方式方位测量。

为了正确地选定工作方法技术，每个钻孔施工前，首先应该明确地质任务，了解地质和钻孔情况，搜集有关的地面物化探资料。然后根据实际情况合理地选择工作方法技术，以期能用较少的工作量获得较满意的地质效果。

地-井方式的工作方法技术主要包括：①测量装置和点距的选择；②方位测量的最佳 r 及方位数的确定；③无穷远极距离的确定；④参数和背景值的选择。

（一）测量装置的选择

地-井方式的井中测量有两种装置：①电位装置——把测量电极 M 下井，M 点就是记录点，测量电极 N 在地面置于无穷远。②梯度装置——将 M、N 电极同时下井，它们相距一定的距离（例如，$\overline{MN}=10$m），深度记录点在 MN 极中点。

在实际常用的是梯度装置，其原因是电位装置与梯度装置相比较，电位装置虽具有测值较大、易于观测读数、异常形态较简单、便于推断解释等优点，但受外来电干扰影响较大，往往不能保证观测精度。

采用梯度装置时，$\overline{MN}$极距选得大一些会给观测带来方便，并能减小井壁局部不均匀性对测量结果的影响。但是$\overline{MN}$极距增大，外来电干扰的影响也会增大，同时由于平均作用，异常曲线也会变得平滑，不利于分辨弱小矿异常。综合这两个方面的因素，目前常用的距离为$\overline{MN}=5\sim10$m。只有当二次场电位差读数过小，不能保证观测精度时，才适当加大$\overline{MN}$极距。

（二）点距的选择

测点距的大小是影响成果质量的重要技术条件之一。一般应使点距等于$\overline{MN}$极距或是$\overline{MN}$极距之半，同时要注意：

(1) 在有意义的井段，特别是在异常的特征点（如极大值、极小值、拐点、零点）附近，应适当加密测点，以期能较准确地确定其位置，保证推断解释的精度要求。

(2) 在比较平稳的围岩井段，则可适当放大点距，以提高生产效率。

（三）方位测量的最佳 r 的确定

地在地-井方位测量中，如何选择供电电极 A 至井口的距离 r，对于方位测量的效果有着重要意义。一般来说，r 愈大，方位测量的探测范围愈大，但并非呈简单的正比关系。在实际工作中应根据以下两个条件试验选择最佳距离 r：

(1) 有利于获得最明显的井中激电异常。

(2) 有利于获得最显著的方位差别。

图 10-12 为 r 与球体激电异常幅值之间的关系，可以看出：

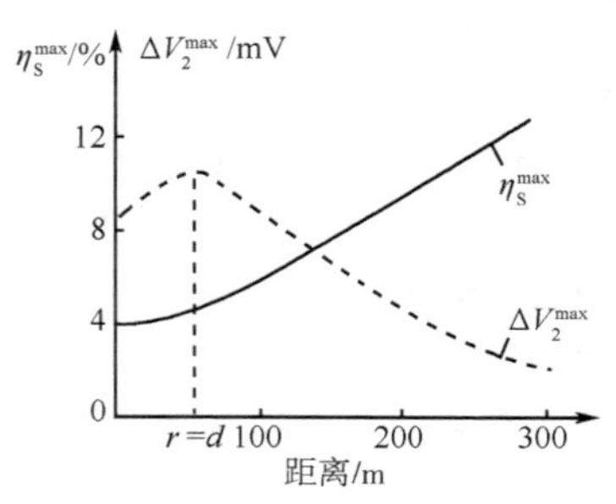

图 10-12　r 与球体激电异常幅值之间的关系

(1) 对于二次场异常电位差曲线来说，仅当 $r=d$时（d 为球心距井的距离）球体极化强度最大，二次场异常反应最明显。

(2) 而对于视极化率曲线来说，由于井轴上极化场随 r 增大而衰减的速度要比二次场随 r 增大而减小的速度大得多，故视极化率异常幅度随 r 减少而增加。因此，当选择视极化率为主要参数时，在保证读数精确的条件下，应当尽量选用较大 r 值。

A 极布置在盲矿所在的方位上时称为主方位；A 极布置在盲矿所在的相反方位时称为反方位。显然，若所选用的 r 小于盲矿离井距离 d，则主、反方位测得的激电异常的差别将不会明显，因为这时主、反方位的极化方向基本相同。为了获得主、反方位激电异常的明显差别，应该使所选用的

r 等于或大于盲矿离井的距离 d。

野外试验和模型实验都证明，最佳 r 除了与盲矿离井距离 d 的大小有关外，还与盲矿体的埋深及测量井深等因素有关。在实际工作中应该综合考虑上述情况和工区实际条件，最好用试验的方法来选定最佳 r。在目前我国激电工作使用的供电和测量装置及钻孔条件如下：

(1)测量孔深在 500m 以内，一般可选用最佳 r 为 100～300m。

(2)测量孔深在 500～1000m 时，最佳 r 可选用 300～500m。

(四)方位数的确定

r＝0m 的地-井曲线是必测的，其原因是为了取得视极化率的背景值，发现井底盲矿和进行对比解释。

最基本的方位测量组合为：在主剖面上进行主、反方位及 r＝0m 这样三条地-井方式的曲线。

必要时，还可在垂直主剖面的辅助方位上做一两条辅助方位曲线。为了便于将不同方位的测量结果进行对比，A 极各方位的 r 值应相等，测量装置及供电电流强度也应力求相同。

(五)无穷远极距离的确定

"无穷远"B 极(图 10-13)至井口的距离必须足够大，距离过小会影响勘探深度和探测范围，使异常曲线发生畸变而造成推断解释上的困难。B 极距离过大也会给工作带来麻烦，而且无此必要。

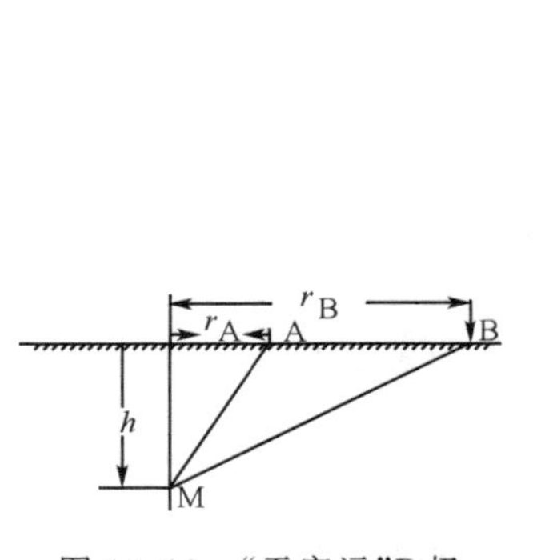

图 10-13　"无穷远"B 极

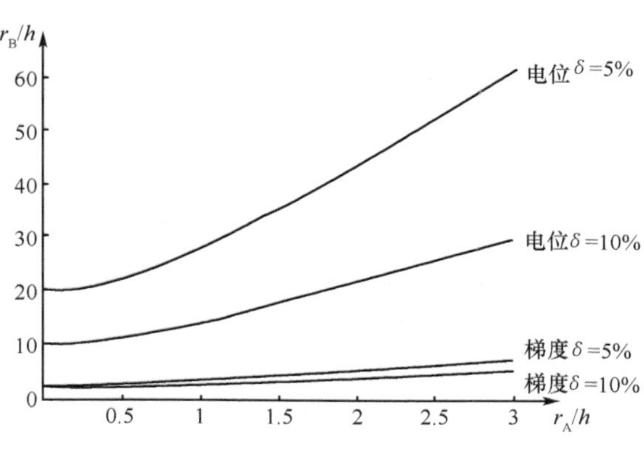

图 10-14　"无穷远"B 极极距 r_B 关系

对电位装置来说，无穷远 B 极选取的原则是：当$\delta = r_B/r_A = 5\%$或 10%时，B 极近似在无穷远，式中 r_B 为当 B 极供电时在测量点 M 产生的极化场电位；r_A 为当 A 极供电时在测量点 M 产生的极化场电位(图 10-14)。

经推导得到

$$\delta=\left|\frac{V_B}{V_A}\right|=\frac{\sqrt{(r_A/h)^2+1}}{\sqrt{\sqrt{(r_B/h)^2+1}}} \tag{10-29}$$

整理得到

$$\frac{r_B}{h}=\sqrt{\frac{1}{\delta^2}[(r_A/h)^2+1]-1} \tag{10-30}$$

对梯度装置来说，类似的处理方法，得到

$$\frac{r_B}{h}=\sqrt{\frac{1}{\delta^{2/3}}[(r_A/h)^2+1]-1} \tag{10-31}$$

若令 $\delta=10\%$或5%，代入式(10-29)和式(10-30)，可得出所示的"无穷远"B极极距 r_B 关系曲线。在实际工作中，若已知 r_A 和 h，就可根据这些关系曲线来选择"无穷远"极极距 r_B。例如，已知 $r_A=100\text{m}$，测量井深 $h=200\text{m}$，当采用电位装置时，r_B 应选为

$r_B=11.2\times200\approx2300(\text{m})$　($\delta=10\%$时)

$r_B=22.3\times200\approx4500(\text{m})$　($\delta=5\%$时)

当采用梯度装置时，r_B 应选为

$r_B=2.02\times200\approx400(\text{m})$　($\delta=10\%$时)

$r_B=2.87\times200\approx600(\text{m})$　($\delta=5\%$时)

需要说明，以上公式是在均匀介质的情况下导出的，给定的是一个 r_B 参考值，实际工作中，如果地下存在良导矿体，r_B 的值应大于该 r_B 参考值。

(六)参数和背景值的选择

地-井方式探测常用两个参数：视极化率 η_S 和二次异常电位差 ΔV_2^a。

$$\eta_S=\Delta V_2/\Delta V\times100\%; \tag{10-32}$$

$$\Delta V_2^a=\Delta V_2-\eta_B\Delta V \tag{10-33}$$

式中，η_B 为视极化率背景值；ΔV_2 为实测的二次场电位差；ΔV 为实测的总场电位差；ΔV_2^a 为矿体产生的二次异常电位差。说明如下几点：

(1) ΔV_2 与 ΔV_2^a(矿体产生的二次异常电位差)、ΔV_2^w(非矿围岩产生的二次场电位差)之间的关系为

$$\Delta V_2=\Delta V_2^a+\Delta V_2^w\quad\text{或}\quad\Delta V_2^a=\Delta V_2-\Delta V_2^w \tag{10-34}$$

式中，$\Delta V_2^w=\eta_B\cdot\Delta V$，因此 $\Delta V_2^a=\Delta V_2-\eta_B\cdot\Delta V$，这是对处于均匀围岩中的单一矿体导出的公式。实际工作中矿体和围岩并不均匀，背景值很难取得适当，上式计算的只是粗略值。

(2) 通常选用视极化率 η_S 为主要参数，ΔV_2^a 为辅助参数。绘制 η_S 曲线应同时绘出极化场电位差 ΔV 曲线，以便判断 η_S 曲线有无脱节点。当 η_S 曲线因脱节点不

能用，或需半定量解释时，则以 ΔV_2^a 作为主要参数。

（3）同时还应利用视电阻率 ρ_S 参数。

$$\rho_s = 2\pi \frac{\overline{AM} \cdot \overline{AN}}{\overline{MN}} \cdot \frac{\Delta V_1}{I} = K \frac{\Delta V_1}{I} \tag{10-35}$$

式中，ΔV_1 为测量电极 MN 间一次场电位差，$\Delta V_1 = \Delta V - \Delta V_2$（mV）；$I$ 为供电电流（mA）。方位测量一般不计算电阻率，地-井方式 $r=0$ 的 ρ_s 曲线的作用是配合 η_S 或 ΔV_2^a 找矿，以及粗略估计矿与围岩电阻率 ρ 的差别。

（4）除利用 ρ_s 参数外，还可用视激电率参数 G_S。

$$G_S = K \frac{\Delta V_2}{I} \quad (\Omega\text{m}) \tag{10-36}$$

当矿体具有高阻高极化特性时，视激电率 G_S 曲线比视极化率 η_S 能更明显反映矿异常。

（5）η_B 背景值是区分井中视极化率 η_S 异常的基准和计算 ΔV_2^a 的必要参数。η_B 背景值的选定取决于任务和地质情况。任务是找井旁深部盲矿时，应在同一孔的激电测井曲线上读取围岩地段的平均视极化率 η_S 作为背景值 η_B。

（6）进行地-井方式时，应在 $r=0$ 地-井方式 η_S 曲线上选取背景值 η_B，也可用 $r=0$ 的 η_S 曲线为背景来处理各方位测得的 η_S 曲线。未见矿体的孔这么处理的方位曲线会更明显反映出井旁深部盲矿异常。

二、地-井方式的正常场

正常场是指不存在局部高极化体时，在点电源电流场作用下，地下均匀半空间介质中产生的激发极化场。异常场是在点源电流场作用下，只由局部高极化体产生的激发极化场。异常场总是以一定的正常场为背景而出现的。

（一）均匀各向同性介质的正常场

设地下半空间为电阻率 ρ_1、极化率 η_1 的均匀各向同性介质。地面水平，点电源 A 供电，A 的深度为 Z_0，电流强度 I，B 极在无穷远处取。如图 10-15 坐标系：X、Y 轴位于地面，Z 轴（井轴）垂直向下，坐标原点与 A 极的地面投影点重合。

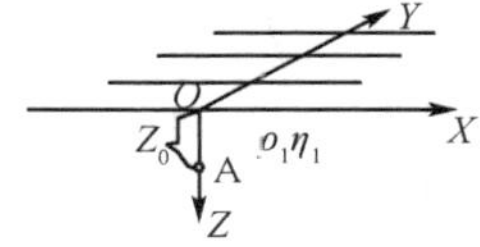

图 10-15 电源位置及坐标设置

由电镜像法解体极化场的等效电阻率法可得到地下半空间中除电源点以外任意测点 (x,y,z) 处、极化场电位和极化场沿 X、Y 及 Z 轴方向的分量为

$$V = \frac{I\rho_1}{4\pi} \frac{1}{1-\eta_1}\left(\frac{1}{R} + \frac{1}{R'}\right) \qquad E^x = \frac{I\rho_1}{4\pi} \frac{1}{1-\eta_1}\left(\frac{x}{R^3} + \frac{x}{R'^3}\right)$$

$$E^y = \frac{I\rho_1}{4\pi} \frac{1}{1-\eta_1}\left(\frac{y}{R^3} + \frac{y}{R'^3}\right) \qquad E^z = \frac{I\rho_1}{4\pi} \frac{1}{1-\eta_1}\left(\frac{z_0+z}{R^3} - \frac{z_0-z}{R'^3}\right) \tag{10-37}$$

式中，$R=\sqrt{x^2+y^2+(z_0+z)^2}$，$R'=\sqrt{x^2+y^2+(z_0-z)^2}$，二次场电位和二次场沿 X、Y 及 Z 轴方向的分量公式为

$$
\begin{aligned}
V_2 &= \frac{I\rho_1}{4\pi}\frac{\eta_1}{1-\eta_1}\left(\frac{1}{R}+\frac{1}{R'}\right) \quad & E_2^x &= \frac{I\rho_1}{4\pi}\frac{\eta_1}{1-\eta_1}\left(\frac{x}{R^3}+\frac{x}{R'^3}\right) \\
E_2^y &= \frac{I\rho_1}{4\pi}\frac{\eta_1}{1-\eta_1}\left(\frac{y}{R^3}+\frac{y}{R'^3}\right) \quad & E_2^z &= \frac{I\rho_1}{4\pi}\frac{\eta_1}{1-\eta_1}\left(\frac{z_0+z}{R^3}-\frac{z_0-z}{R'^3}\right)
\end{aligned}
\tag{10-38}
$$

对比可见，在极化率为 η_1 的均匀各向同性介质中，二次场只是极化场的 η_1 倍，它们的分布形态与特征完全相似。以上各式是均匀各向同性半空间介质井中激发极化法的正常场的基本公式。

（二）均匀各向同性介质（直井）地-井方式的正常场

地-井方式 A 极置于地面（$Z_0=0$），B 在无限远，MN 在孔中，则上述公式变为

$$
\begin{aligned}
V &= \frac{I\rho_1}{2\pi}\frac{1}{1-\eta_1}\frac{1}{\sqrt{x^2+z^2}} \\
V_2 &= \frac{I\rho_1}{2\pi}\frac{\eta_1}{1-\eta_1}\frac{1}{\sqrt{x^2+z^2}} \\
E^z &= \frac{I\rho_1}{2\pi}\frac{1}{1-\eta_1}\frac{1}{(x^2+z^2)^{3/2}} \\
E_2^z &= \frac{I\rho_1}{2\pi}\frac{\eta_1}{1-\eta_1}\frac{1}{(x^2+z^2)^{3/2}}
\end{aligned}
\tag{10-39}
$$

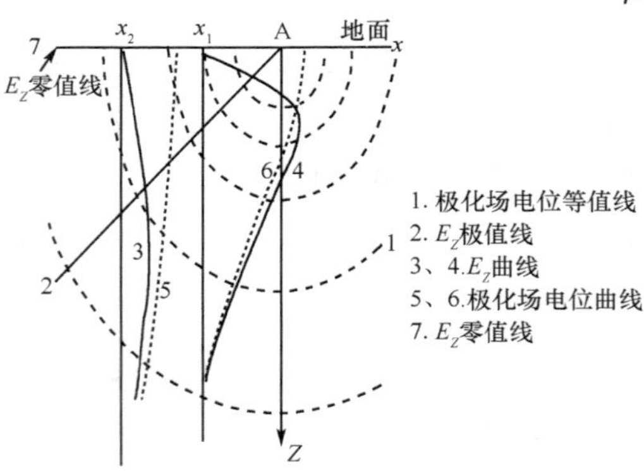

图 10-16　直井地-井方式的正常场

上述各式是地下电阻率 ρ_1、极化率 η_1 的均同性介质地-井方式的正常场公式。由图 10-16 和(10-39)式可见，地下为均匀各向同性介质地-井方式极化场（二次场）电位等值线是以 A 为圆心的一组同心半圆。

由图 10-16 可以看出：

(1) A 极至井口距离（X_i），在孔中测得的正常场将随 X 距离的增大而迅速减小；

(2) 随 X 距离的增大，E_Z 极大值深度增大；

(3) 除地面点以外，在井轴任意一点得到的视极化率将恒等于介质的极化率。

（三）均匀各向同性介质（斜井）地-井方式的正常场

井轴倾斜对地-井方式正常场沿井轴的分布有影响。如图 10-17 所示，设地面

水平井轴倾斜，井轴顶角为 δ，沿井轴(h 向)进行。根据边角的余弦定理，可得井轴上任意点的极化场和二次场的井轴方向分量为

$$
\begin{aligned}
E^{h} &= \frac{I\rho_1}{2\pi}\frac{1}{1-\eta_1}\frac{h-\sin\delta}{(x^2+h^2-2xh\sin\delta)^{3/2}} \\
E_2^{h} &= \frac{I\rho_1}{2\pi}\frac{\eta_1}{1-\eta_1}\frac{h-\sin\delta}{(x^2+h^2-2xh\sin\delta)^{3/2}}
\end{aligned}
\tag{10-40}
$$

如 $X=\pm 100$，对不同 δ 角按(10-40)式计算结果如图 10-17。由图可以看出：

(1)当地面 A_1 布置在井倾斜一侧时，E^h 曲线将出现零值点，由于井斜造成的 η_S 脱节点一般在浅部；

(2)当地面 A_2 布置不在井倾斜一侧时，E^h 曲线将不会出现零值点。

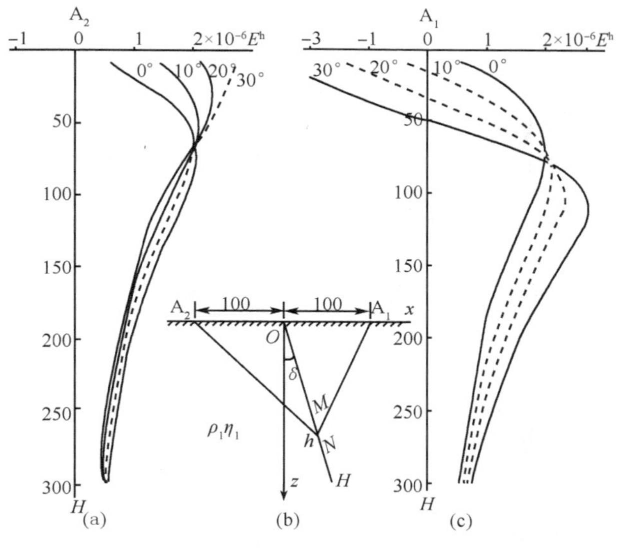

图 10-17　斜井地-井方式的正常场

三、地-井方式的激发极化场特征与解释

地-井方式主要地质任务是发现井旁盲矿，确定其相对于钻孔的方位；预报井底盲矿，估计见矿深度。

(一)均匀场中的体极化球体的激发极化场特征与解释

1. 均匀场中的体极化球体的激发极化场

探测的矿体一般埋深较大，可将深部矿体处的作用场近似地视为均匀场，并看作体极化。忽略空气界面的影响，视围岩为无限大。则可计算均匀作用场中井旁

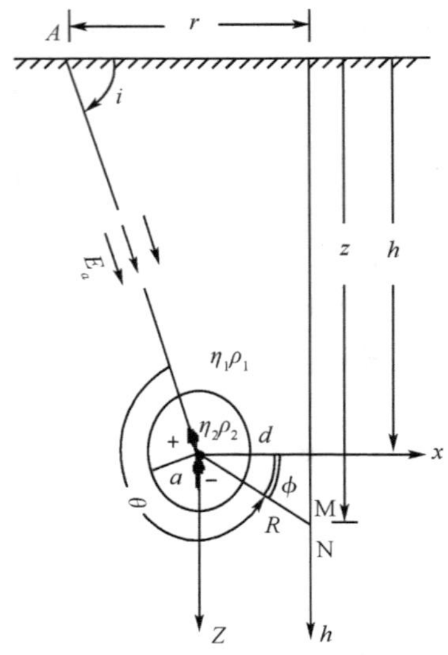

图 10-18 均匀场中的体极化球体的激发极化场

体极化球体的激发极化场。

设围岩为非极化无限大介质，其电阻率与球体电阻率相等，在均匀外场作用下的体极化球体的二次场，与置于球心、位于外场方向上的电流偶极子电流场等效（图 10-18）。这时球体的 V_2^a 为

$$V_2^a = K\frac{\cos\theta}{R^2} \tag{10-41}$$

式中，K 是与作用场场强、围岩及球体电阻率、球体半径、激发极化特性有关的系数。R 是球心至 MN 中点的距离，球体半径为 a。取图 XOZ 直角坐标系，则上式变成

$$V_2^a = K\frac{-x\cos i - z\sin i}{(x^2+z^2)^{3/2}} \tag{10-42}$$

对 Z 微分，求得二次场异常电位差表达式为

$$\Delta V_2^a = K\frac{[d^2-2(z-h)^2]\sin i - 3d(z-h)\cos i}{[d^2-(z-h)^2]^{5/2}}\overline{MN}$$

式中，h 为球心埋深；z 为测点深度坐标；i 为极化倾角；d 是球心距井距离。对上式分析如下：

（1）公式是任意斜极化（极化倾角 i）条件下的表达式。已知对斜极化球体 ΔV_2^a 可以分解成垂直极化（$i=90°$）和水平极化（$i=0°$）的 ΔV_2^a 按一定比例的叠加，即

$$(\Delta V_2^a)_{斜} = (\Delta V_2^a)_{\perp}\sin i + (\Delta V_2^a)_{/\!/}\cos i \tag{10-43}$$

式中，$(\Delta V_2^a)_{\perp} = K\dfrac{d^2-2(z-h)^2}{[d^2-(z-h)^2]^{5/2}}\overline{MN}$，$(\Delta V_2^a)_{/\!/} = K\dfrac{3d(z-h)\cos i}{[d^2-(z-h)^2]^{5/2}}\overline{MN}$ （10-44）

（2）$(\Delta V_2^a)_{\perp}$ 是对称于 X 轴（即 $z=h$ 的水平线）的偶函数，$(\Delta V_2^a)_{\perp}$ 曲线相对 X 轴上下完全对称，并在 $z=h$ 点上出现极大值。曲线的形状与球体相对于钻孔的方位无关。

（3）$(\Delta V_2^a)_{/\!/}$ 是相对于球心在井轴投影点（$z=h$ 点）呈镜像对称的奇函数。当 d 为正，$z<h$ 时，$(\Delta V_2^a)_{/\!/}$ 为负值；当 d 为正，$z>h$ 时，$(\Delta V_2^a)_{/\!/}$ 为正值。显然 $(\Delta V_2^a)_{/\!/}$ 与球体相对于钻孔的方位有关。

（4）由公式可以看出，ΔV_2^a 幅值约与 d 的三次方成反比，因此，异常将随球体离开钻孔而很快衰减。

2. 判断球体的方位

图 10-19 是主方位（$r=100$）、反方位（$r=-100$）、套管接地（$r=0$）的二次场电位差曲线，由图可知：

（1）主方位（$r=100$）时，球体以垂直极化为主，二次场电位差幅值最大，曲线

形态是反 S 形，球心位置在极大值与第二个零值点之间；

(2) 反方位 ($r=-100$) 时，球体以水平极化为主，ΔV_2^a 幅值最小，曲线形态是正 S 形，球心位置在极大值与第一个零值点之间；

(3) 当 A 极置于井口 ($r=0$) 时，球体以垂直极化为主，ΔV_2^a 曲线出现上下不对称的负异常，中间为正异常，指示井旁球体的存在。球心位置在极大值与第一个零值点之间。

可以根据以上 3 点，利用 ΔV_2^a 的符号和幅值来确定球体相对于钻孔的方位。

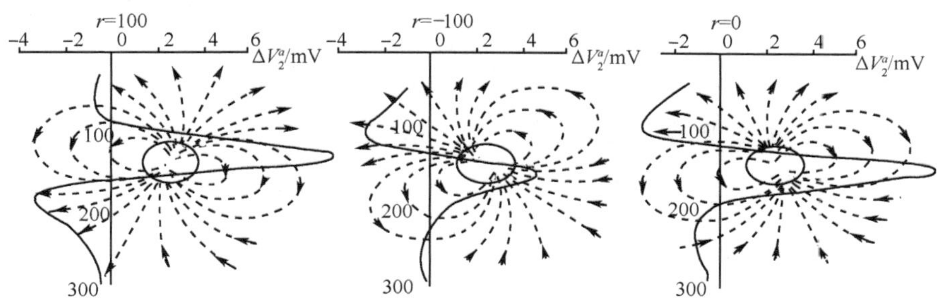

图 10-19　不同方位球体二次场电位差曲线

3. 求体极化球体的埋深和距井距离

反演的主要任务是由井中提取的二次场异常电位差 ΔV_2^a 求出球心的埋深和距井的距离。

1) 求球心距井的距离 d

二次场异常电位差的表达式

$$\Delta V_2^a = K\frac{[d^2-2(z-h)^2]\sin i-3d(z-h)\cos i}{[d^2-(z-h)^2]^{5/2}}\overline{MN} \tag{10-45}$$

球心离井的距离是反演的关键，是求出球深的前提。根据上式，可做如下分析：球体 ΔV_2^a 曲线上一般都有两个零值点 Z_{01}、Z_{02}，设这两个零值点间的距离为 L（图 10-20），显然，球体离井越远，ΔV_2^a 曲线越平缓，L 就越大，可见 L 与 d 之间存在着正比关系。利用这一关系，可以由 L 求出 d 的值，根据上式可导出 L 和 d 之间的关系式。推导过程如下：

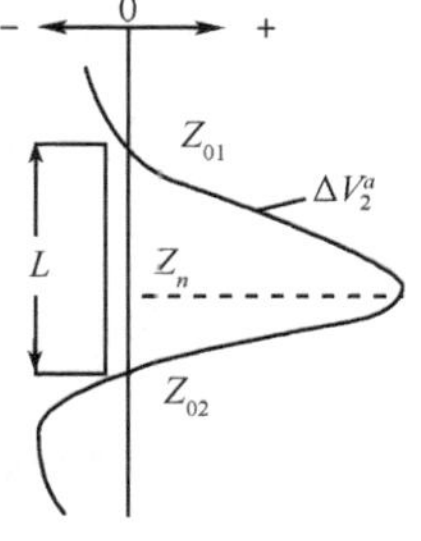

图 10-20　球体 ΔV_2^a 曲线

令 $[d^2-2(z-h)^2]\sin i-3d(z-h)\cos i=0$，可得两个零值点坐标为

$$Z_{01,02}=\frac{4h\sin i-3d\cos i\pm d\sqrt{8+\cos^2 i}}{4\sin i} \tag{10-46}$$

式中，$Z_{02}>Z_{01}$，则它们之间的距离 L 为

$$L = Z_{02} - Z_{01} = \frac{\sqrt{8+\cos^2 i}}{2\sin i}d \tag{10-47}$$

则
$$d = \frac{2\sin i}{\sqrt{8+\cos^2 i}} \cdot L$$

可见，要求得 d，必先求 i，为此引入参数 P，即

$$P = \frac{Z_m - Z_{01}}{Z_{02} - Z_m} \tag{10-48}$$

Z_m 是正异常极值点的深度坐标。对 ΔV_2^a 式求 Z 的一阶偏导数并令其等于零，即得

$$2\sin i(z-h)^3 + 4d\cos i(z-h)^2 - 3d^2\sin i(z-h) - d^3\cos i = 0$$

解此一元三次方程，得到 ΔV_2^a 最大值的深度为

$$Z_m = \frac{4h\sin i - 3d\cos i + 5\cos i(8+\cos^2 i)^{-1/2}d}{4\sin i} \tag{10-49}$$

由以上式整理化简，得

$$P = \frac{Z_m - Z_{01}}{Z_{02} - Z_m} = \frac{8\cos^2 i + 5\cos i}{8\cos^2 i - 5\cos i}$$

$$\cos i = \frac{5(p+1) - \sqrt{-7p^2 + 114p - 7}}{2(p-1)} \tag{10-50}$$

根据以上公式，得到求解球心离井口的距离的步骤为：

(1) 由测得 ΔV_2^a 得到两个零值点的深度 Z_{01} 和 Z_{02}、最大值深度 Z_m，求出 P 值，得出 i 的余弦值；

(2) 由 $L = |Z_{02} - Z_{01}|$，求出 L；

(3) 根据 i，L 求出球心距井的距离 d。

2) 球心与地面距离反演

当电流对极化球体只产生垂直极化时，ΔV_2^a 在水平方向受到的贡献最大，球心处对应的 ΔV_2^a 出现最大值。因此，只要将供电电极置于球心正上方，找到此刻 ΔV_2^a 最大值所对应的 y 值，就找到球心的埋深值。

(二) 均匀场中板状体的激发极化场特征与解释

1. 均匀场中板状体的激发极化场特征

研究体极化或面极化板状体的激发极化场的异常效应，现用的理论研究方法有以下两种：①假定作用场是均匀场，板状体为均匀体极化二度体，并忽略地球-空气分界面的影响，这时可用电磁类比法获得激发极化二次场的解析解，可获得较满意的地质解释。实际中只有当金属矿体埋深较大，沿走向和倾向其截面都较稳定。走向长度远大于矿体距井的距离，供电电极 A 与井轴所在剖面通过矿体中部，矿体与围岩电阻率差不多时，上述假设条件才满足。②上述假设条

件十分苛刻，实际条件不可能满足，为了更接近实际，通常采用物理模拟和数值模拟方法。

以下重点说明电磁类比法所获得的部分结果。

1）井旁体极化厚板（图 10-21）

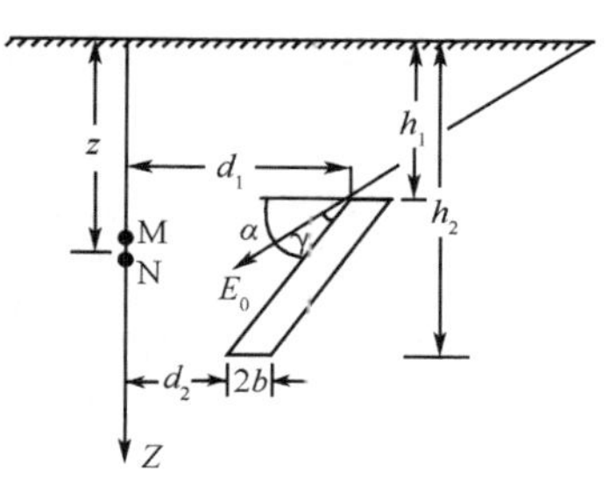

图 10-21　井旁体极化厚板

(1)斜极化倾斜向上延伸很大（$d_1 > d_2$）的厚板。

$$\Delta V_2^a = K\left[\cos\gamma\arctan\frac{2b(z-h_1)}{(z-h_1)^2+d_2{}^2+2bd_2} - \frac{1}{2}\sin\gamma\ln\frac{(z-h_2)^2+(d_2+2b)^2}{(z-h_2)^2+d_2{}^2}\right]\overline{\mathrm{MN}} \tag{10-51}$$

式中，γ 是极化方向与板倾斜方向的夹角；$2b$ 是板的宽度；d_1，d_2 分别是板上、下端的距井距离；h_1，h_2 分别是上、下端的埋深。

(2) 斜极化倾斜向下延伸很大（$d_2 > d_1$）的厚板。

$$\Delta V_2^a = K\left[\cos\gamma\arctan\frac{2b(z-h_1)}{(z-h_1)^2+d_1+2bd_1} - \frac{1}{2}\sin\gamma\ln\frac{(z-h_1)^2+(d_1+2b)^2}{(z-h_1)^2+d_1{}^2}\right]\overline{\mathrm{MN}} \tag{10-52}$$

2）井旁体极化薄板

薄板是 $2b \ll d$ 的一种特例，因此斜极化有限延伸体极化倾斜薄板的 ΔV_2^a 表达式可以由厚板的公式简化得

$$\Delta V_2^a = K\left\{\cos\gamma\left[\frac{(z-h_1)}{(z-h_1)^2+d_1^2} - \frac{(z-h_2)}{(z-h_2)^2+d_2^2}\right] + \sin\gamma\left[\frac{d_1}{(z-h_1)^2+d_1^2} - \frac{d_2}{(z-h_2)^2+d_2^2}\right]\right\}\overline{\mathrm{MN}} \tag{10-53}$$

当 $d_1 \gg d_2$ 时

$$\Delta V_2^a = -K\left\{\cos\gamma\frac{(z-h_2)}{(z-h_2)^2+d_2^2} + \sin\gamma\frac{d_2}{(z-h_2)^2+d_2^2}\right\}\overline{\mathrm{MN}} \tag{10-54}$$

当 $d_1 \ll d_2$ 时

$$\Delta V_2^a = K\left\{\cos\gamma\frac{(z-h_1)}{(z-h_1)^2+d_1^2} + \sin\gamma\frac{d_1}{(z-h_1)^2+d_1^2}\right\}\overline{\mathrm{MN}} \tag{10-55}$$

2. 判断板状体的方位

由图 10-22 可以看出：

(1) 主方位（$r=200$）时，ΔV_2^a 值大，曲线形态是反 S 形；反方位（$r=-200$）时，ΔV_2^a 幅值小，曲线形态是正 S 形。可以根据二次场电位差的符号和幅值来确定板状体相对于钻孔的方位。

(2) 对 ΔV_2^a 形态起主要作用的是板的近井端，极大值在井中对应的位置接近

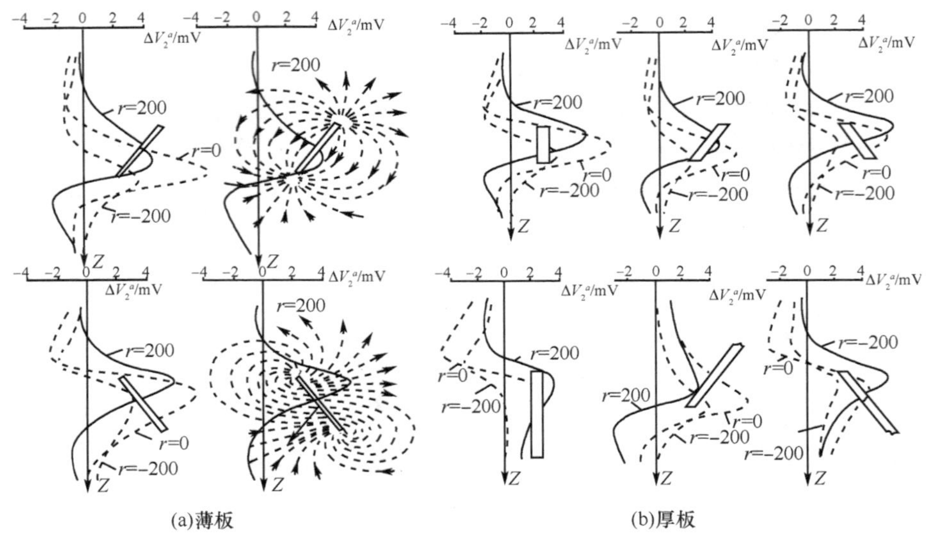

图 10-22　二次场电位差曲线

近井端在井中对应的位置。

3. 求板状体的埋深和距井距离

1）切线法

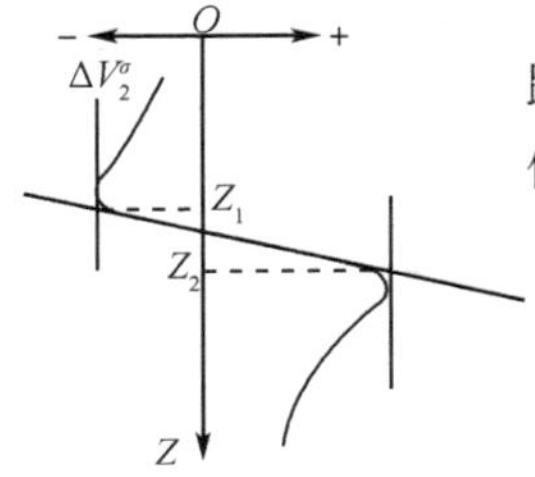

图 10-23　切线法

对于延伸很大的厚板，可用经验切线法求出板状体的距井距离 d。切线法的基本依据是 ΔV_2^a 异常的宽度与板状体距井距离 d 成正比，而与异常梯度成反比。

经验切线法（图 10-23）：

（1）在极大点和极小点上分别做平行井轴的切线；

（2）再在曲线的拐点上作切线；

（3）求出三条切线的两个交点坐标 Z_1 和 Z_2；

（4）求 d'；

$$d' = \frac{Z_2 - Z_1}{2} \tag{10-56}$$

（5）对 d' 校正：

d' 的误差较大，其误差与比值 $d/2b$ 有关，所以实际采用公式，即

$$d = \frac{(Z_2 - Z_1)^* K}{2} \tag{10-57}$$

式中，K 为校正系数，通常取值为 $1 \sim 1.3$。

2）曲线分解法

对斜极化无限延伸的厚板，如果把坐标原点取在厚板近井端在井轴上的投影点，则 ΔV_2^a 的一般表达式为

$$\Delta V_2^a = K\left[\cos\gamma \arctan\frac{2bz}{z^2+d^2+2bd}+\frac{1}{2}\sin\gamma \ln\frac{z^2+(d+2b)^2}{z^2+d^2}\right]\overline{MN} \quad (10\text{-}58)$$

基于类比法，厚板 ΔV_2^a 曲线的极大值 $(\Delta V_2^a)_{max}$，极小值 $(\Delta V_2^a)_{min}$ 与 $Z=0$ 时的 $(\Delta V_2^a)_{z=0}$ 值之间存在如下关系，即

$$(\Delta V_2^a)_{z=0} = (\Delta V_2^a)_{max} + (\Delta V_2^a)_{min} \quad (10\text{-}59)$$

由此可以确定原点坐标 $Z=0$ 的深度位置，从而确定厚板近井端的埋深 h。

将非对称曲线分为半和和半差曲线的过程称为曲线分解。由于半和和半差曲线是对称曲线，因此，可以利用它们的特点求距井距离 d。

绘制半和和半差曲线的原理和求 d 的方法如下：

(1) 用 $+Z$ 和 $-Z$ 代入 ΔV_2^a 的表达式，便有

$$(\Delta V_2^a)_z = K\left[\cos\gamma \arctan\frac{2bz}{z^2+d^2+2bd}+\frac{1}{2}\sin\gamma \ln\frac{z^2+(d+2b)^2}{z^2+d^2}\right]\overline{MN} \quad (10\text{-}60)$$

$$(\Delta V_2^a)_{-z} = K\left[-\cos\gamma \arctan\frac{2bz}{z^2+d^2+2bd}+\frac{1}{2}\sin\gamma \ln\frac{z^2+(d+2b)^2}{z^2+d^2}\right]\overline{MN} \quad (10\text{-}61)$$

(2) 将以上两式相加，便是半和曲线。

$$\phi(z) = \frac{(\Delta V_2^a)_z + (\Delta V_2^a)_{-z}}{2} = \frac{1}{2}K\sin\gamma \ln\frac{z^2+(d+2b)^2}{z^2+d^2}\cdot\overline{MN} \quad (10\text{-}62)$$

(3) 将以上两式相减，便是半差曲线。

$$f(z) = \frac{(\Delta V_2^a)_z - (\Delta V_2^a)_{-z}}{2} = K\cos\gamma \arctan\frac{2bz}{z^2+d^2+2bd}\cdot\overline{MN} \quad (10\text{-}63)$$

(4) 求 d。

利用半和曲线：　$$d = -b \pm \sqrt{b^2+Z_{1/2}^2} \quad (10\text{-}64)$$

利用半差曲线：　$$d = -b \pm \sqrt{b^2+Z_m} \quad (10\text{-}65)$$

式中，$Z_{1/2}$ 是半和曲线半极值点 Z 坐标，Z_m 是半差曲线极值点坐标，b 是厚板半宽度，通常可用钻探或测井资料求出工区矿体厚度，从而来确定 b 值。

3) 极值点法

对斜极化无限延伸的 ΔV_2^a 曲线，可以用以下关系式求出板状体埋深和距井距离为

$$(\Delta V_2^a)_{Z=0} = (\Delta V_2^a)_{max} + (\Delta V_2^a)_{min}; d = \sqrt{|Z_{min}\cdot Z_{max}|} \quad (10\text{-}66)$$

式中，Z_{max}、Z_{min} 分别为 ΔV_2^a 曲线极大值和极小值的 Z 坐标(图 10-24)。

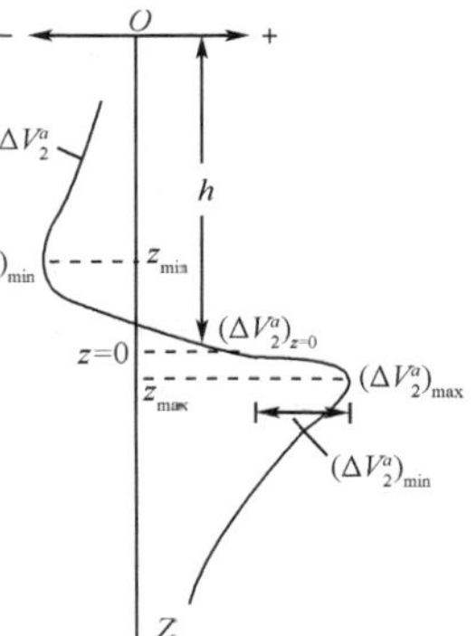

图 10-24　极值点法

（三）预报井底盲矿，确定其深度

1. 基本理论

在钻探施工过程中经常提出预报井底盲矿的问题，以决定钻探是否终孔。因此，及时查明井底有无矿体存在是一项十分有意义的工作，它既能节约钻采工作量。又可以不至于漏矿。

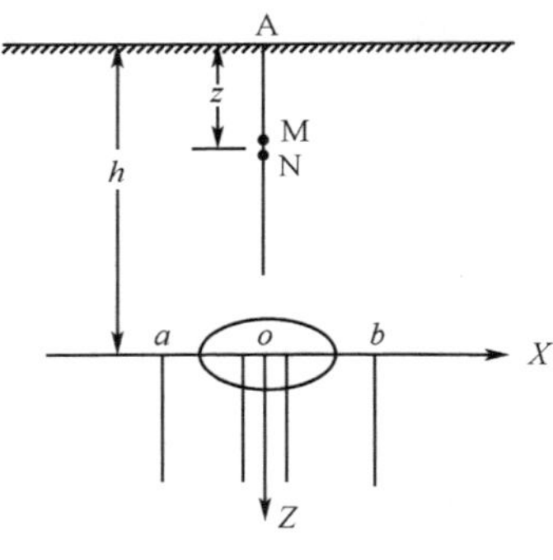

图 10-25 井底盲矿

在这有利的地电条件下，利用地-井方式（主要是A极接套管 $r=0$ 的视极化率曲线）可以查明井底以下一定深度内有无盲矿体。

假定井底盲矿为体极化体，并满足电阻类比法的计算条件，钻孔打在矿体正上方。当进行 $r=0$ 的地-井方式测探时，井底矿体可近似地视为均匀垂直极化。如果将坐标原点取在矿体顶端（对球体或水平圆柱体则取在中心），如图 10-25 所示。则对井底二度直立薄板、水平圆柱体和球状矿体的 ΔV_2^a 曲线通用表达式为

$$\Delta V_2^a = G\frac{1}{Z^m} \tag{10-67}$$

式中，$Z=(z-h)$；G 是常数，它决定于剩余极化率、作用场等因素；m 是幂次，对于薄板 $m=1$，圆柱体 $m=2$，球体 $m=3$；h 为井底盲矿埋深；z 为测点坐标。

同理可以写出井底直立厚板的 ΔV_2^a 关系式

$$\Delta V_2^a = 2G\left[\arctan\frac{b}{Z}\right] \tag{10-68}$$

式中，b 是板的半厚度。

由以上两个公式可以看出，当 $z<h$ 时，随 $Z=(z-h)$ 中 z 的增大，$|\Delta V_2^a|$ 的值将增大；而 $z>h$ 时则是测点已过矿体，$|\Delta V_2^a|$ 的值将减小。

图 10-26 是地-井方式 $r=0$ 的几种情形的 ΔV_2^a 曲线，由图可以看出：

(1) 向下无限延伸的矿体，矿体上端正在井底以下，ΔV_2^a 曲线产生负张口；

(2) 向上无限延伸的矿体，矿体下端正在井底以下，ΔV_2^a 曲线产生正张口；

(3) 有限延伸的矿体，钻井已过矿体上端，测点在矿体上端时，ΔV_2^a 曲线出现极大值；测点过矿体上端时，ΔV_2^a 曲线开始下降；

(4) 矿体下端正在井底以下，矿体水平，但是由于 $r=0$ 地-井对矿体极化的结果，使二次场在井轴产生的电流密度的方向垂直于井轴，此时测到的 ΔV_2^a 曲线是一条直线。

2. 任意切线法

对于顺层极化无限延伸直薄板（钻孔在薄板正上方 $r=0$），$|\Delta V_2^a|$ 表达式为

$$\Delta V_2^a = G\frac{1}{Z^2} \tag{10-69}$$

式中，$Z=(z-h)$；曲线上任意点 A 的斜率为

$$\frac{\Delta(\Delta V_2^a)}{\Delta Z} = \frac{\partial}{\partial Z}\Delta(\Delta V_2^a) = G\frac{1}{Z^2} \tag{10-70}$$

求得比值

$$\frac{\Delta V_2^a}{\frac{\partial}{\partial Z}[\Delta(\Delta V_2^a)]} = \frac{G\frac{1}{Z}}{G\frac{1}{Z^2}} \tag{10-71}$$

而 A 点的 ΔV_2^a 值是 AC，$\frac{\partial}{\partial Z}[\Delta(\Delta V_2^a)] = \frac{AC}{BC}$，所以 $Z=\frac{AC}{AC/BC}=BC$ 。

这就是切线法的基本原理，距离 BC 就等于 C 点至矿顶（坐标原点）的距离 Z。

任意切线法（图 10-27）的步骤如下：

（1）ΔV_2^a 曲线上任一点作切线 AB；

（2）切线与井轴交点为 B 点；

（3）A 点的井轴投影点为 C；

（4）以点 C 为圆心，BC 为半径作圆；

（5）该圆与井轴下方的交点 D，D 即为矿顶位置。

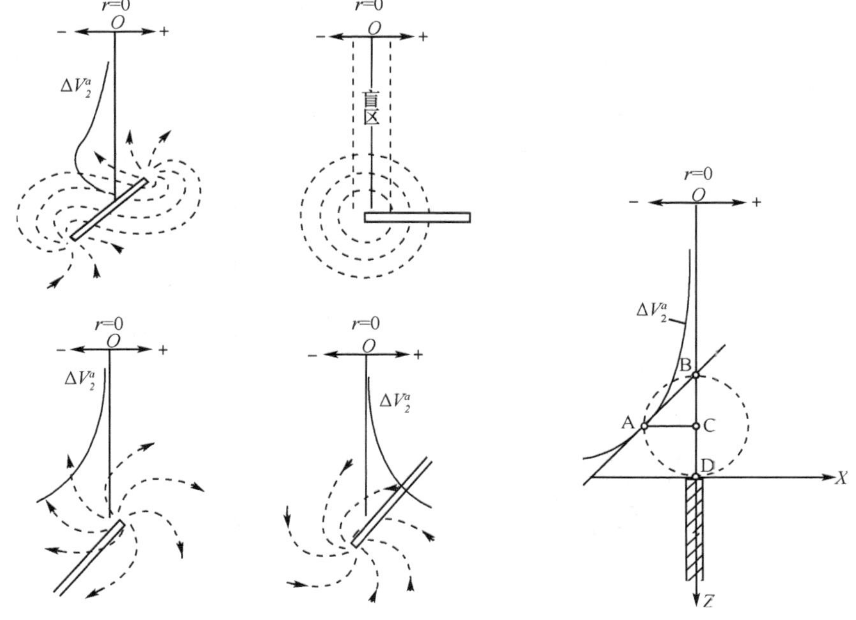

图 10-26　地-井方式 $r=0$ 的几种情形的 ΔV_2^a 曲线

图 10-27　任意切线法

3. 任意点比值法

在 ΔV_2^a 曲线上任取两点，它们的 Z 坐标分别是 Z_1 和 Z_2，则

$$Z_1 = G\frac{1}{(\Delta V_2^a)_1}, Z_2 = G\frac{1}{(\Delta V_2^a)_2} \tag{10-72}$$

这两点间 Z 坐标之差为 $\Delta Z = Z_2 - Z_1 = G\dfrac{(\Delta V_2^a)_1 - (\Delta V_2^a)_2}{(\Delta V_2^a)_1 \cdot (\Delta V_2^a)_2}$ (10-73)

比值为

$$\frac{\Delta Z}{Z_1} = \frac{(\Delta V_2^a)_1 - (\Delta V_2^a)_2}{(\Delta V_2^a)_2} \tag{10-74}$$

最后得到

$$Z_1 = \frac{(\Delta V_2^a)_2}{(\Delta V_2^a)_1 - (\Delta V_2^a)_2} \cdot \Delta Z \tag{10-75}$$

这就是任意点比值法确定矿顶位置的计算公式，其中 ΔZ 为 ΔV_2^a 曲线上任意两点在井轴(Z 轴)上投影点的距离；$(\Delta V_2^a)_1$ 和$(\Delta V_2^a)_2$ 为该两点的 ΔV_2^a 值；Z_1 是其中第一点的 Z 坐标，即该点至矿顶(坐标原点)的距离。应该指出，在实际应用中上述解释方法要注意其局限性，因为探测井底盲矿的有利条件之一是盲矿距井底距离不太大，而这一条件却破坏了薄板的前提，故在这种情况下应用上述解释方法会带来一定的误差。

4. 共弦圆法

已知顺层极化无限延伸直立厚板 $r = 0$ 的表达式为

$$\Delta V_2^a = 2G\left[\arctan\frac{b}{Z}\right] = G\phi \tag{10-76}$$

式中，ϕ 为厚板顶面对观测点的张角。由(10-76)式可知，井底顺层极化无限延伸直立厚板的 ΔV_2^a 等值线是以厚板顶端 ab 为共弦圆(图 10-28)。由于圆心角 Φ_c 是圆周角 Φ'_c 的两倍，所以 C 点的 ΔV_2^a 值是 C' 点 ΔV_2^a 值的两倍：$(\Delta V_2^a)_c = 2(\Delta V_2^a)_{c'}$

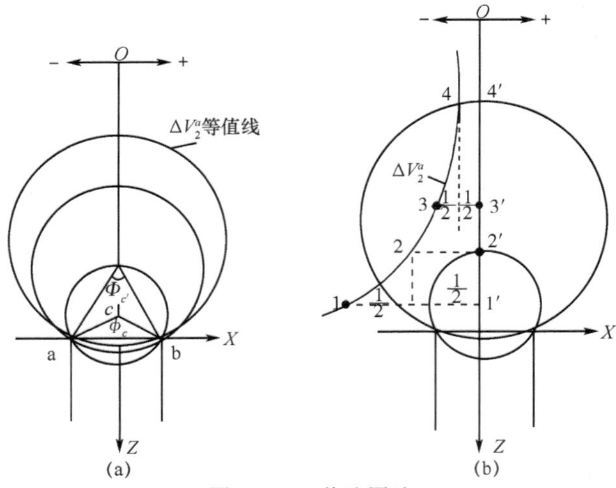

图 10-28 共弦圆法

共弦圆法具体步骤如下：

(1) 在实测 ΔV_2^a 曲线上任意点 1，取 1 点的(ΔV_2^a)$_1$/2 得 2 点；

(2) 1 和 2 点在井轴上投影点分别为 1′和 2′；

(3) 以 1 为圆心，$\overline{1'2'}$ 为半径作圆，此圆即是(ΔV_2^a)$_2$ 的等值圆；

(4) 在实测 ΔV_2^a 曲线上取点 3，取 3 点的(ΔV_2^a)$_3$/2 得 4 点；

(5) 3 和 4 点在井轴上投影点分别为 3′和 4′；

(6) 以 3′为圆心，$\overline{3'4'}$ 为半径作圆，此圆即是(ΔV_2^a)$_4$ 的等值圆；

(7) 两个等值圆的交点 a 和 b 便是矿顶的顶面位置。

为了较精确地确定矿顶位置，可按上述方法多作几个等值圆，取其公共交点为矿顶位置。

第三节　井中-地表工作方式

井-地方式分为井-地方式剖面测量和井-地方式激电测深。

(1) 井-地方式剖面测量(图 10-29)。将 A 极置于井内某一选定深度，B 在无穷远处的地面，测量电极 MN 布在地面，沿测线进行探测。剖面测量(国外称沉降电极或埋藏电极法)包括横剖面和纵剖面测量，向量测量。

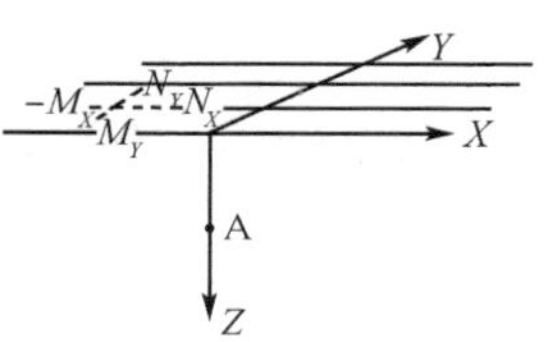

图 10-29　井-地方式剖面测量

(2) 井-地方式激电测深。井-地方式激电测深是将供电电极 A 放于井中，B 在无穷远处的地面，逐点改变电极 A 的深度，测量电极 M、N 固定于井口某一距离进行观测。该方法主要用于预报井底盲矿。

一、井-地方式的工作方法技术

(一) A、B 电极位置确定

1. A 极用刷子电极做成(图 10-30)。

对于浸染状的体极化体，取在矿层底板或其中下部为充电位置。

对于致密块状的面极化体，A 极置于顶面上方，以便在地面获得较大的二次场读数。

对于钻孔未穿过矿层的井旁盲矿，可将充电 A 极选在地-井方式盲矿异常最大处或偏下一点的深度上。

2. 无穷远 B 极

无穷远 B 极至测区的距离必须足够大，并使无穷远 B 极至井的连线垂直于测线(指垂直矿体走向的横剖面测量)。

如图 10-31 所示，设地下为均匀各向同性介质，电阻率 ρ_1、极化率 η_1，A 极深

度 Z_0，MN 中点到 B 极距离为 r_B；MN 中点到 $y=0$ 线的距离为 y。

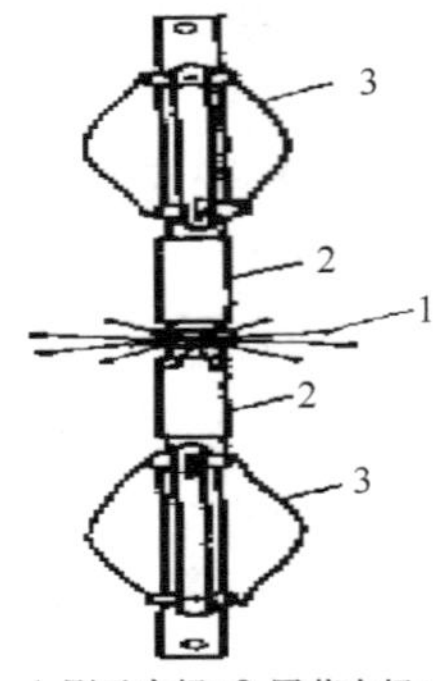

图 10-30　刷子电极

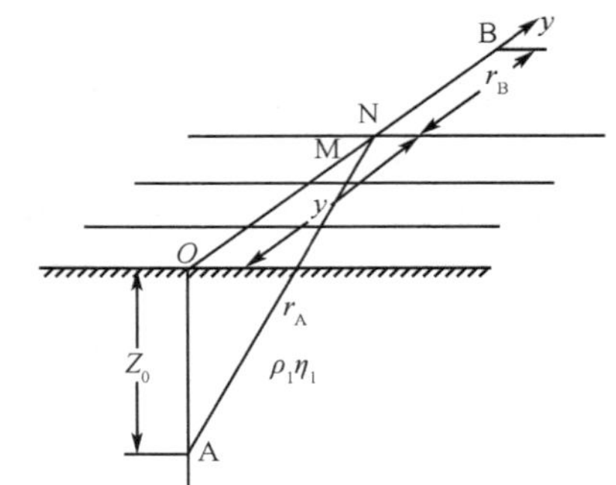

图 10-31　r_B 位置示意图

A 极和 B 极在观测点产生的极化场电位差的比值为

$$\delta = \left|\frac{\Delta V_B^y}{\Delta V_A^y}\right| = \frac{(y^2 + Z_0^2)^{\frac{3}{2}}}{y \times r_B^2} \tag{10-77}$$

经整理得到确定 r_B 的关系式，即

$$\frac{r_B}{Z_0} = \sqrt{\frac{\left[1 + \left(\frac{y}{Z_0}\right)^2\right]^{\frac{3}{2}}}{\delta \cdot \frac{y}{Z_0}}} \tag{10-78}$$

利用以上公式，取 $\delta=0.05$ 或 0.1，并代入 Z_0 和 y 便可以确定 r_B。

（二）井-地方式的测量方法和参数的选择与计算

井-地方式的测量方法有剖面测量、向量测量和井-地方式激电测深。

井-地方式常用参数有：一次场电位差异常 ΔV_1，二次场电位差异常 ΔV_2^a，视极化率 η_S，向量视极化率 η_S^B，向量参数 ν_S 。

1. 剖面测量

横剖面测量：在地面布置平行测线，测线方向与矿体走向垂直。

常用线距 40m，点距 10～20m，MN 极距与点距相同，测线长度要保证异常完整。有意义的地段适当加密。横剖面测量效率较高，其缺点是只利用了电场沿测线的分量，没充分利用整个极化场矢量 $\boldsymbol{E}$ 和二次场矢量 $\boldsymbol{E}_2$，因而不够完整。常采用二次场电位差异常 ΔV_2^a。

纵剖面测量：有时为了控制矿体的走向范围，也在沿矿体走向作 1～2 条剖面测量。

2. 向量测量

1）向量测量参数

保持 A、B 供电电流一定的情况下，在测线的每个测点上用“+”字测量装置同时测量沿测线方向(x)和垂直测线方向(y)的极化场和二次场。获得每一点的极化场矢量 $\boldsymbol{E}$ 和二次场矢量 $\boldsymbol{E}_2$。

井-地方式作用场是 A 极的点场源，极化场和二次场的分布直接取决于 A 极相对于矿体的位置。极化场方向与二次场方向不同。令其夹角为 α，从地面极化场矢量 $\boldsymbol{E}$ 和二次场矢量 $\boldsymbol{E}_2$ 分布这一特点出发，在向量测量中采用了两个参数：①向量视极化率 η_S^B：二次场矢量 $\boldsymbol{E}_2$ 在极化场矢量水平方向上的投影与极化场矢量 $\boldsymbol{E}$ 之比；② 向量参数 ν_S：二次场矢量 $\boldsymbol{E}_2$ 在极化场矢量垂直方向上的投影与极化场矢量 $\boldsymbol{E}$ 之比，即

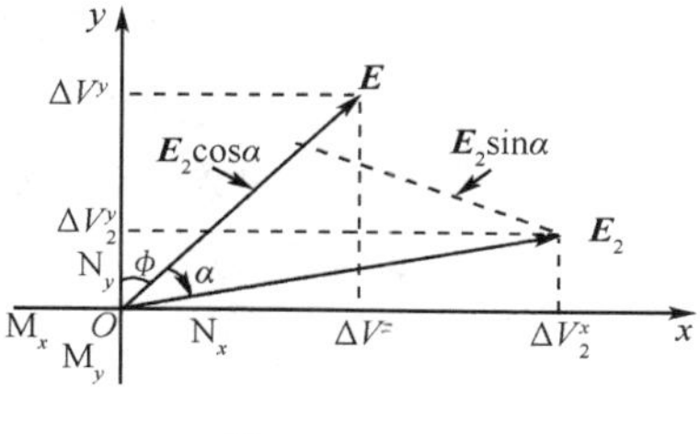

图 10-32

$$\eta_S^B = \frac{\boldsymbol{E}_2 \cos\alpha}{\boldsymbol{E}} \times 100\%$$

$$\nu_S = \frac{\boldsymbol{E}_2 \sin\alpha}{\boldsymbol{E}} \times 100\% \tag{10-79}$$

2) η_S^B 和 ν_S 的计算

令 X 与测线重合，Y 与测线垂直，极化场矢量 $\boldsymbol{E}$ 与 Y 轴夹角为 ϕ。由于

$$\cos(\alpha+\phi) = \cos\alpha \cdot \cos\phi - \sin\alpha \cdot \sin\phi\ ,\ \sin(\alpha+\phi) = \sin\alpha \cdot \cos\phi + \cos\alpha \cdot \sin\phi$$

则

$$\cos\alpha = \frac{\cos(\alpha+\phi) + \sin\alpha \cdot \sin\phi}{\cos\phi}$$

$$\sin\alpha = \frac{\sin(\alpha+\phi) - \cos\alpha \cdot \sin\phi}{\cos\phi}$$

经整理可得

$$\cos\alpha = \frac{\cos(\alpha+\phi) + \sin(\alpha+\phi) \cdot \tan\phi}{\cos\phi + \sin\phi \cdot \tan\phi}$$

$$\sin\alpha = \frac{\sin(\alpha+\phi) - \cos(\alpha+\phi) \cdot \arctan\phi}{\cos\phi + \sin\phi \cdot \tan\phi}$$

再得出向量视极化率 η_s^B 表达式为

$$\eta_S^B = \frac{\boldsymbol{E}_2 \cos\alpha}{\boldsymbol{E}} = \frac{\boldsymbol{E}_2}{\boldsymbol{E}} \frac{\cos(\alpha+\phi) + \sin(\alpha+\phi) \cdot \tan\phi}{\cos\phi + \sin\phi \cdot \tan\phi} = \frac{\boldsymbol{E}_2}{\boldsymbol{E}} \frac{\dfrac{\Delta V_2^y}{\boldsymbol{E}_2} + \dfrac{\Delta V_2^x}{\boldsymbol{E}_2} \cdot \dfrac{\Delta V^x}{\Delta V^y}}{\dfrac{\Delta V^y}{\boldsymbol{E}} + \dfrac{\Delta V^x}{\boldsymbol{E}} \cdot \dfrac{\Delta V^x}{\Delta V^y}}$$

$$\eta_s^B = \frac{\Delta V^y \cdot \Delta V_2^y + \Delta V^x \cdot \Delta V_2^x}{(\Delta V^x)^2 + (\Delta V^y)^2} \times 100\% \tag{10-80}$$

同理可得

$$\nu_s = \frac{\Delta V^y \cdot \Delta V_2^x - \Delta V^x \cdot \Delta V_2^y}{(\Delta V^x)^2 + (\Delta V^y)^2} \times 100\% \tag{10-81}$$

ΔV^x 和 ΔV_2^x 为测点上沿 x 轴向观测到的极化场和二次场电位差；ΔV^y 和 ΔV_2^y 则为同一测点上沿 y 轴向观测到的极化场和二次场电位差。

在实际工作中将各测点实测的 ΔV^x 、ΔV^y 、ΔV_2^x 、ΔV_2^y 代入上式则可算出各点的向量视极化率 η_S^B 和向量参数 ν_S 。其计算应注意下述几点：

(1) 观测时供电电流相对变化大于5%～10%时，应先将所测的电位差都换算为同一标准电流时的数值，再按上式计算 η_S^B 、ν_S 。

(2) η_S^B 、ν_S 可能为“+”、“0”、“−”值。需掌握根据极化场矢量 $\boldsymbol{E}$ 和二次场矢量 $\boldsymbol{E}_2$ 来判断正负符号的方法。不同 α 角有如表10-3的关系。

表 10-3　α 角与函数响应关系

象限	α	$\cos\alpha$	η_S^B	$\sin\alpha$	ν_S
Ⅰ	$0<\alpha<\frac{\pi}{2}$	+	+	+	+
Ⅱ	$\frac{\pi}{2}<\alpha<\pi$	−	−	+	+
Ⅲ	$\pi<\alpha<\frac{3}{2}\pi$	−	−	−	−
Ⅳ	$\frac{3}{2}\pi<\alpha<2\pi$	+	+	−	−

(3) 因观测时极化场电位差与二次场电位差数值相差大，ΔV_2 可能为零点几到几十毫伏，而 ΔV 可达几百到上千毫伏，数值处理应按一定的方法计算，如：有效数字取三或四位，以10的幂形式表示，表示出有效数字位数。加减时保留小数点后的位数与位数最少的数据一致；乘除运算，各因子保留位数以有效数字最少的数据为准。

3. 井-地方式向量测量的优缺点

井-地方式向量测量的优点：

(1) 通过向量测量，既可得到反映介质极化率变化的 η_S^B 和 ν_S 曲线，又可得到反映极化场和二次场地面分布的 $\boldsymbol{E}$ 和 $\boldsymbol{E}_2$ 矢量图；

(2) 向量测量能取得较完整的激发极化场资料，从而为地质推断解释提供较完备的依据；

(3) 除A极的地面投影点外(在该点上极化矢量等于零)，在一般情况下测点上的极化场矢量不等于零。所以使用参数 η_S^B 就不会像横剖面测量时使用 η_S 参数那样在每条测线上都出现脱节点。

井-地方式向量测量的缺点：

(1) 向量测量的野外工作量比剖面测量大1倍；

(2) 向量测量的数据整理和计算较复杂，因而其室内工作量较大；

(3) 在某些情况下，矿体的 η_S^B 和 ν_S 曲线的形态比较复杂，会给推断解释造成困难。例如，在通过A极的地面投影点的主剖面上，由于该点的极化场矢量为零，所以 η_S^B 和 ν_S 曲线也会出现脱节现象。

4. 井-地方式激电测深

井-地方式激电测深包括两种观测方法：①在地面主剖面上某一测点 X 固定装置 MN，在孔中移动 A 极改变供电深度（B 在∞处）逐次观测。选择 MN 时：要求干扰小，低阻覆盖、钻孔深时，可加大 MN 距离，如取 MN＝60～80m；在相反的情况下则缩小 MN 距离。供电点 A 极的距离通常取 30～50m，异常处按情况加密供电点。最终获得视极化率 η_S 与供电深度 Z_0 关系曲线（$\eta_S \sim Z_0$）。②在孔中不同深度上固定供电极 A 极（B 在∞处）于地面沿主剖面（通常为勘探剖面）逐点移动测量电极 MN 测定一完整剖面。MN 极距，点距同横剖面，A 极点数与位置依据地质情况而定，通常在井口、底部布置两个充电点，发现异常适当加密充电点。

二、井-地方式的正常场

（一）均匀各向同性介质地-井方式的正常场（直井）

在井-地方式剖面中，A 极在井下，B 极位于无限远，测点在地面上（$Z=0$），如图 10-33 所示，此时

$$V = \frac{I\rho_1}{2\pi}\frac{1}{1-\eta_1}\frac{1}{\sqrt{X^2+y^2+Z_0^2}} \tag{10-82}$$

$$E^x = \frac{I\rho_1}{2\pi}\frac{1}{1-\eta_1}\frac{x}{(X^2+y^2+Z_0^2)^{\frac{3}{2}}} \tag{10-83}$$

$$E^y = \frac{I\rho_1}{2\pi}\frac{1}{1-\eta_1}\frac{y}{(X^2+y^2+Z_0^2)^{\frac{3}{2}}} \tag{10-84}$$

另外，在极化率为 η_1 的均匀各向介质中，二次场是极化场的 η_1 倍。

基于（10-82），（10-83），（10-84）式可绘制 E^x，E^y 以及极化场电位等值线图，如图10-34所示，由图说明如下几点：

（1）在每条测线的 $x=0$ 点上 E^x 均为零，所以都会出现 η_S 的脱节。由此可见，

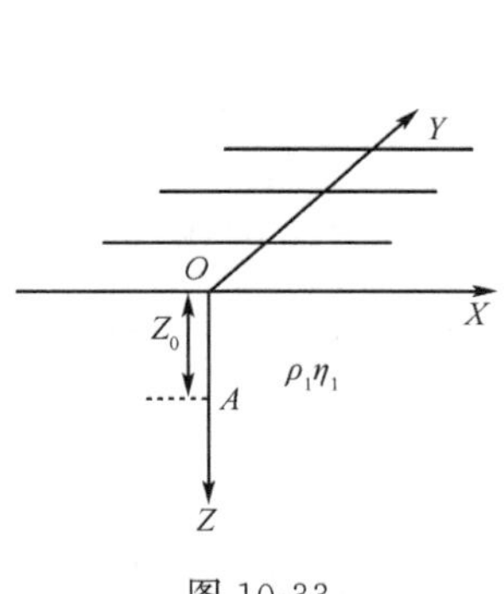

图 10-33

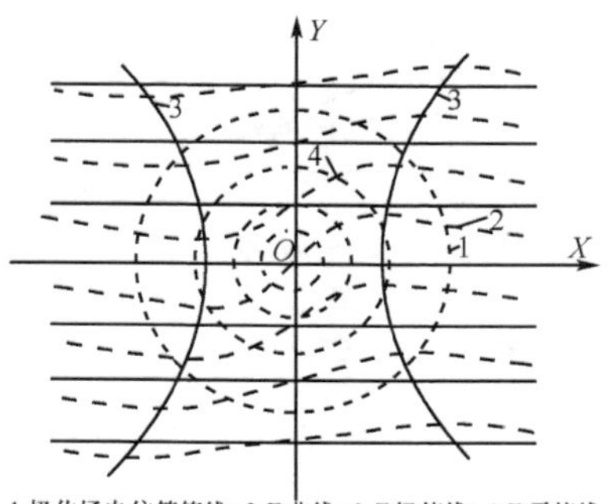

图 10-34　地-井方式的正常场（直井）

在井-地方式剖面测量中应选择二次场电位差异常 ΔV_2^a 作为主要参数，而不宜选择视极化率 η_S 作为主要参数。

(2) 在井-地方式剖面测量中经常采用梯度装置。如果测线方向与 X 轴方向相同，由(10-83) 式可知，E^x 极值点的坐标为

$$x = \pm 0.707\sqrt{y^2 + Z_0^2} \tag{10-85}$$

(二)均匀各向同性介质地-井方式的正常场(直井、主剖面)

在主剖面上，$y = 0$ 时，在以上公式中，$\boldsymbol{E}^y = 0$，$\boldsymbol{E}^x$ 如下

$$E^x = \frac{I\rho_1}{2\pi}\frac{1}{1-\eta_1}\frac{x}{(X^2+Z_0^2)^{\frac{3}{2}}} \tag{10-86}$$

$$E_2^x = \frac{I\rho_1}{2\pi}\frac{\eta_1}{1-\eta_1}\frac{x}{(X^2+Z_0^2)^{\frac{3}{2}}} \tag{10-87}$$

由公式绘制 E^x-x 关系图，图中曲线标码为 Z_0，由图 10-35 可知：

(1) 随 Z_0 增大，E^x 减小，同时，Z_0 改变就该变了极化方向；

(2) 该图仅绘制了 $x > 0$ 的曲线。当 $x = 0$ 时，$E^x = 0$；出现 η_S 脱节点；当 $x <$ 0 时，$E^x < 0$。

当进行井-地方式测深时，MN 在地面距井口 x_0，Z_0 变化，此时由公式绘制 E^x-Z_0 关系图，图中曲线标码为 x_0，由图 10-36 可知：

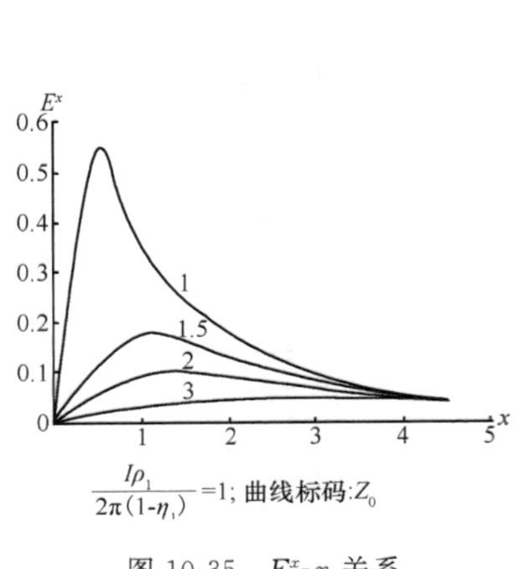

图 10-35　E^x-x 关系

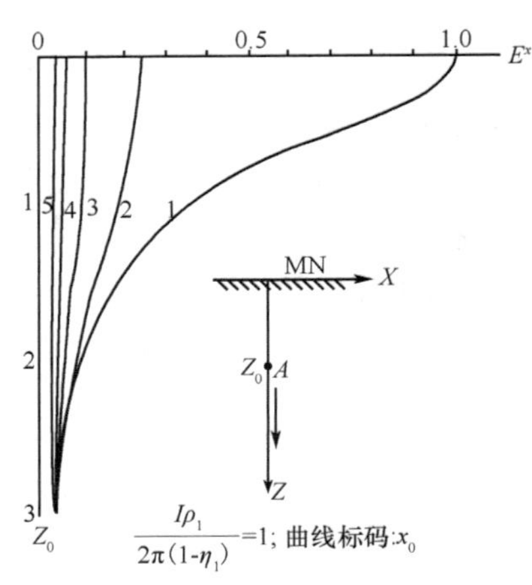

图 10-36　E^x-Z_0 关系

(1) $x>0$ 时，E^x-Z_0 曲线全为正值；$x<0$ 时；E^x-Z_0 曲线全为负值；$x=0$ 时，则曲线全为零值。该图仅绘 $x\geqslant 0$ 时的情形。

(2) 在 x 为某一定值时，$|E^x|$ 值将随 Z_0 的增大而减小；$|x|$ 值越小，这种减小的速度就越快。

(3) 在均匀各向同性介质中,井-地方式激电测深 η_S-Z_0 曲线在 $|x|>0$ 时是一条数值等于 η_1 的直线。

(4) 由于井轴与地面相垂直,所以 $|x|>0$ 时 η_S-Z_0 曲线上不会出现脱节点。

(三)均匀各向同性介质地-井方式的正常场(斜井)

如图 10-37 所示,当为斜井时,有

$$\begin{aligned} x_0 &= h_0 \sin\delta\cos\theta \\ y_0 &= h_0 \sin\delta\sin\theta \\ z_0 &= h_0 \cos\delta \end{aligned} \tag{10-88}$$

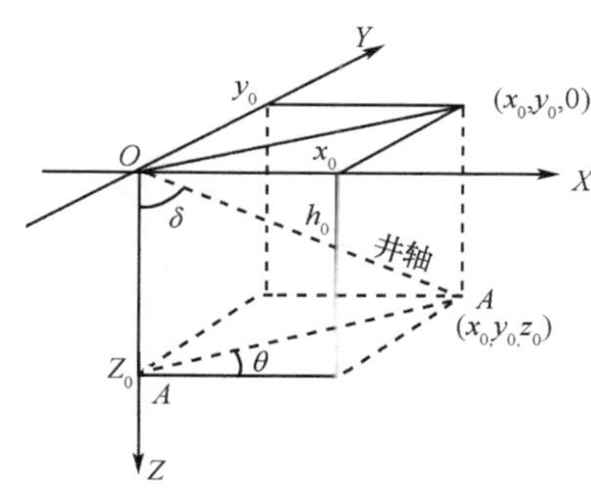

图 10-37

式中,δ 是井斜角;θ 为井斜方位角,供电电极 A 的坐标为(x_0,y_0,z_0)。此时,极化场和二次场的表达式为

$$V = \frac{I\rho_1}{2\pi}\frac{1}{1-\eta_1}\frac{1}{\sqrt{(x-x_0)^2+(y-y_0)^2+Z_0^2}} \tag{10-89}$$

$$E^x = \frac{I\rho_1}{2\pi}\frac{1}{1-\eta_1}\frac{x}{[(x-x_0)^2+(y-y_0)^2+Z_0^2]^{\frac{3}{2}}} \tag{10-90}$$

$$E^y = \frac{I\rho_1}{2\pi}\frac{1}{1-\eta_1}\frac{y}{[(x-x_0)^2+(y-y_0)^2+Z_0^2]^{\frac{3}{2}}} \tag{10-91}$$

以上公式说明:

(1) 在井-地方式剖面测量或向量测量中,当井轴倾斜时,极化场电位等值线仍然是一组同心圆,但圆心已不再是(0,0)点,而是(x_0,y_0)点。

(2) 整个极化场(二次场)分布与直井相比,形态和特征也不变,只是由于 A 极垂深有所减小而使电场的强度有所增大。因此,当井轴倾斜时,井-地方式剖面测量或向量测量的正常场影响并不很大。

(3) $E^x=0$ 的曲线也不再是 $x=0$ 线,而是 $x=x_0$ $(x_0=h_0\sin\delta\cos\theta)$ 线,如当 $\delta=30°$时,大约在 $h_0=2x_0$ 处出现。为了避免 η_S-Z_0 曲线脱节,应将测点布置在反井斜一侧或布置在远离井斜方向的位置上。

三、井-地方式的激发极化场特征与解释

(一)井-地方式的体积极化球体特征与解释

设地下半空间为电阻率为 ρ 的均匀非极化介质。在此介质中有一个半径为 a 的体积极化球体,球体的电阻率与围岩相同。球心埋深为 H。

由于点源 A 距球体较远,所以可视球体为均匀极化,极化方向是点源 A 至球

心的连线方向，如图 10-38。

球体在地面任意测点上沿 X 方向和沿 Y 方向的二次场异常可用下式表示，即

$$E_2^{ax}=K\frac{(Y^2-H^2-2X^2)\cos\phi-3XY\sin\phi}{(X^2+Y^2+H^2)^{5/2}}$$

$$E_2^{ay}=K\frac{(Y^2-H^2-2X^2)\sin\phi-3XY\cos\phi}{(X^2+Y^2+H^2)^{5/2}} \tag{10-92}$$

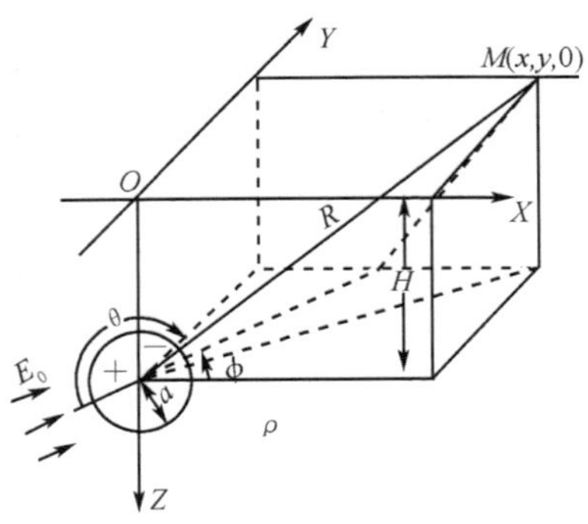

图 10-38　球体均匀极化

对于井-地方式二次场有以下几点：

(1) 对于 $0°<\phi<90°$ 的任意方向均匀极化球体来说，其井-地方式二次场都可以看成 $\phi=0°$ 和 $\phi=90°$ 这两种均匀极化球体的二次场之和，有如下关系。

$$(E_2^a)_\phi=\cos\phi(E_2^a)_{\phi=0}+\sin\phi(E_2^a)_{\phi=90} \tag{10-93}$$

(2) 当 $\phi=0°$时(图 10-39)，E_2^{ax} 曲线是对称于 Y 轴的偶函数，曲线在球体正上方出现明显的正异常，且其极大值位置正对球心地面投影点，而在正异常的两侧，则出现不大的负异常。

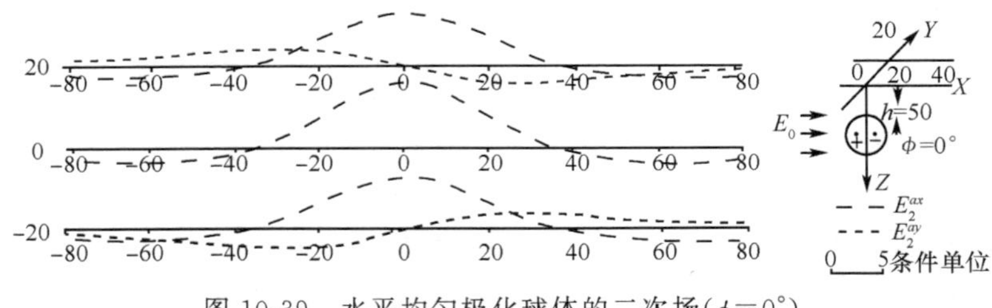

图 10-39　水平均匀极化球体的二次场($\phi=0°$)

(3) 当 $\phi=90°$时(图 10-40)，E_2^{ax} 曲线是对称于 $X=0$ 点的奇函数，曲线在 Y 轴两侧异号并出现极值。

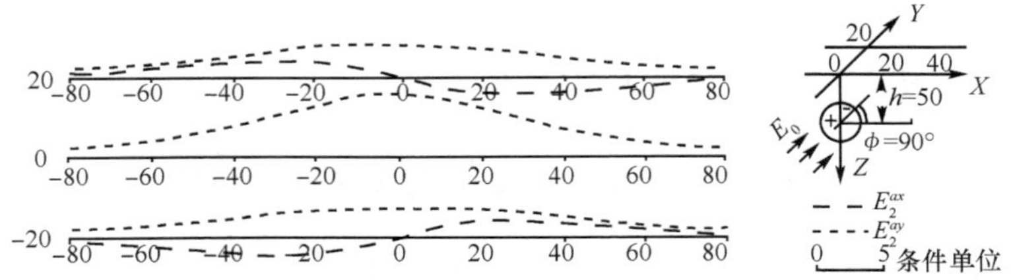

图 10-40　均匀极化球体的二次场($\phi=90°$)

(4) 对于 $0°\leqslant\phi\leqslant 90°$的情况(图 10-41)，仅在主剖面上 E_2^{ax} 曲线是对称的。而在所有旁侧剖面是不对称的。旁侧剖面上 E_2^{ax} 曲线极大值点位置偏移 Y 轴，偏移距离 X_m 与

y 值和 ϕ 角之间有如下关系：$X_m = -\frac{1}{3} y\tan\phi$，例如，$\phi=45°$，$y=40\text{m}$，$X_m=-13.3\text{m}$。

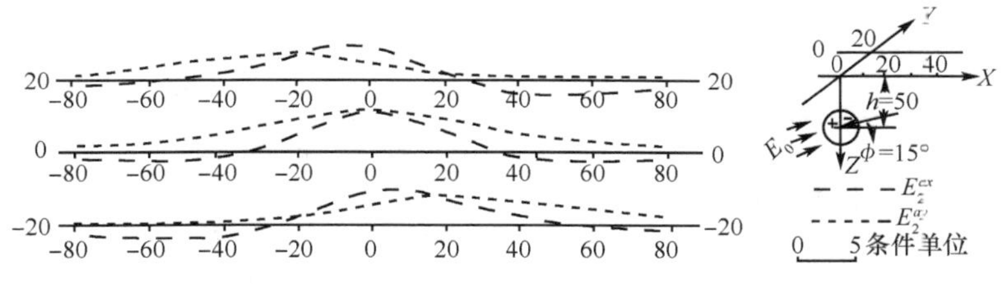

图 10-41　均匀极化球体的二次场（$\phi=15°$）

（5）根据 E_2^{ax} 曲线的特征点可以确定球心埋深。对于 $0°\leqslant\phi\leqslant90°$ 的情况，可利用主剖面上 E_2^{ax} 曲线的零值点坐标求得球心埋深为

$$h = 0.71\sqrt{x_{01}\cdot x_{02}} \tag{10-94}$$

对于 $\phi=90°$ 的情况，则可利用主剖面上 E_2^{ax} 曲线的极大值点坐标 X_m 求得球心埋深为

$$h = \sqrt{2}X_m \tag{10-95}$$

（二）井-地方式的体积化板状体特征与解释

1. 体积化薄板

如图 10-42 所示，薄板被均匀极化，其电阻率与围岩相等。围岩为半无限大均匀非极化介质。薄板的极化方向与层面之间的夹角为 γ。在图所示的直角坐标系中，薄板状矿体的井 - 地方式的 E_2^{ax} 表达式为

$$E_2^{ax} = K\left\{\cos\gamma\left[\frac{X-L}{(X-L)^2+H_1^2}-\frac{X+L}{(X+L)^2+H_2^2}\right]\right. \\ \left.+\sin\gamma\left[\frac{H_1}{(X-L)^2+H_1^2}-\frac{H_2}{(X+L)^2+H_2^2}\right]\right\} \tag{10-96}$$

式中，K 为与作用场场强、围岩及矿体电阻率和矿体的激发极化特性等因素有关的系数。

对以上公式讨论如下：

（1）当 A 极深度与直立（$L=0$）薄板中心埋深相同时，薄板为水平均匀极化（$\gamma=90°$），此时式（10-96）变为

$$E_2^{ax} = K\left[\frac{H_1}{X^2+H_1^2}-\frac{H_2}{X^2+H_2^2}\right] \tag{10-97}$$

见图 10-43 中 A_1 点，E_2^{ax} 曲线对称，在薄板正上方出现正异常（正异常极大值与薄板顶端地面投影相重合），两侧出现不大的负异常。

（2）当 A 极深度与薄板上端埋深相同时，见图 10-43 中 A_2 点，或与薄板下端

埋深相同时，见图 10-43 中 A_3 点，薄板为斜交极化，所得 E_2^{ax} 曲线是非对称曲线。

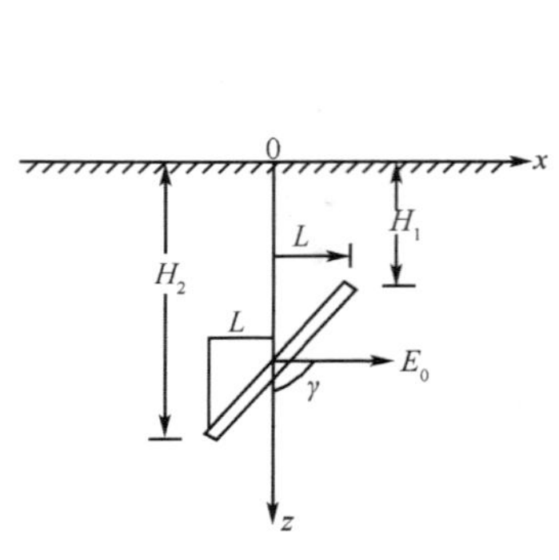

图 10-42　体积化薄板

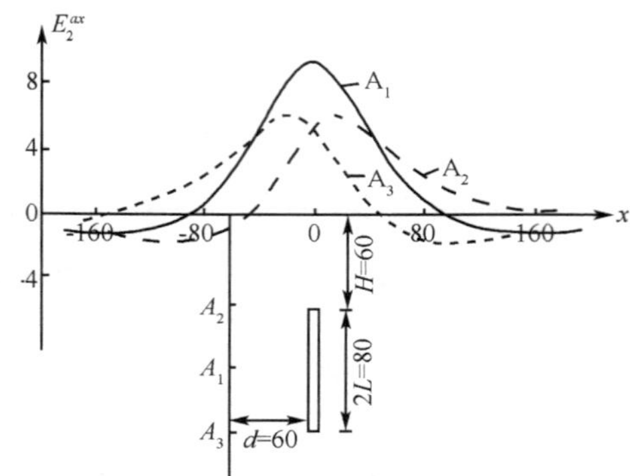

图 10-43　直立薄板 E_2^{ax} 曲线

(3) 为了便于判断矿体的产状，A 极（充电点）的位置应选在与井旁矿中心埋深相应的深度上。

(4) 如图 10-44 所示，当矿体倾斜时，E_2^{ax} 曲线不对称，曲线在顺矿层倾斜一侧变化缓慢，负异常小，曲线在反矿层倾斜一侧变化陡，负异常大，曲线陡分支的拐点位置与矿头相对应。

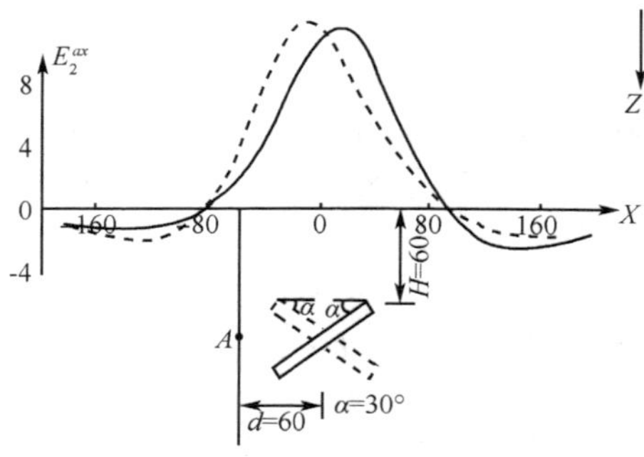

图 10-44　倾斜薄板 E_2^{ax} 曲线

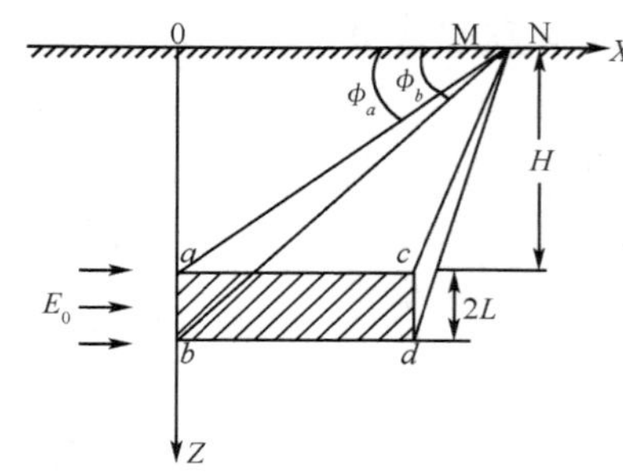

图 10-45　体积化厚板

(5) 对于水平均匀极化延伸很大的直立薄板，其顶端埋深为

$$H = L \tag{10-98}$$

式中，L 是 E_2^{ax} 极大值的半幅值宽度。

2. 体积化厚板

设有一水平均匀极化二度厚板，其厚度 $2b$，向下延深 $2L$（图 10-45），顶端埋深 H，在满足电磁类比法前提条件下，井 - 地方式的 E_2^{ax} 表达式为

$$E_2^{ax} = K\left\{\left[\arctan\frac{H+2L}{X} - \arctan\frac{H}{X}\right] - \left[\arctan\frac{H+2L}{X-2b} - \arctan\frac{H}{X-2b}\right]\right\} \tag{10-99}$$

式中，K 为与作用场场强、围岩及矿体电阻率和矿体激发极化特性等因素有关的系数。上式可改写为

$$E_2^{ax} = K[(\phi_b - \phi_a) - (\phi_d - \phi_c)] \tag{10-100}$$

式中，

$$\phi_b = \arctan\frac{H+2L}{X};\phi_a = \arctan\frac{H}{X};\phi_d = \arctan\frac{H+2L}{X-2b};\phi_c = \arctan\frac{H}{X-2b}。$$

这说明水平均匀极化二度厚板状体的 E_2^{ax} 分量与板状体两侧面对观测点的张角之差成正比。

设 $h=50$，在不同 $2b$ 和 $2L$ 条件下，水平均匀极化二度厚板状体的 E_2^{ax} 分量的理论计算结果如图 10-46 所示，由图可见：

（1）当 $2b$ 有限时（如 $2b=40$；$2b=80$），E_2^{ax} 曲线将对称于厚板状体的中部，在其上方出现正异常（极大值位置与板状体中心相对应），两侧出现不大的负异常。

（2）在延伸 $2L$ 一定的情况下，厚板 E_2^{ax} 曲线极值随 $2b$ 的增大而变大。$2b$ 增大到一定程度后，随 $2b$ 继续增大，E_2^{ax} 的正极值将逐渐减小，而负值则逐渐增大。$2b$ 趋于无限大时，E_2^{ax} 曲线变成对称于原点的奇函数，其零值点位置就是水平二度厚板近端在地表的投影点。

（3）对于延伸很大的水平二度厚板，顶面埋深为：$h=\sqrt{L^2+X_m^2}-L$。式中 L 是水平厚板向下延伸的半长度，X_m 为 E_2^{ax} 曲线极大值点的 x 坐标，即曲线零值点至极值点坐标间距。

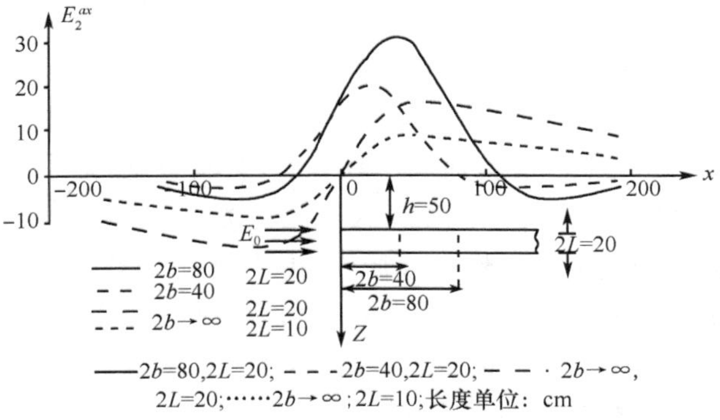

图 10-46　二度厚板状体的 E_2^{ax}

（三）井-地方式预报井旁盲矿

1. 判断矿体走向

图 10-47 是 A 极位于直立薄板旁侧（距铜板 3cm）的井-地方式模拟实验结果，由图可以看出：

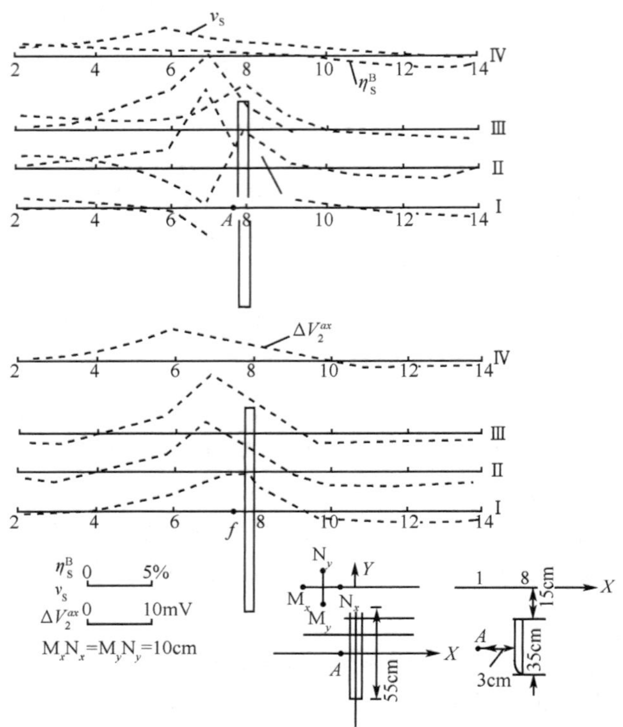

图 10-47　直立薄板旁侧的井-地方式模拟实验

(1) 由于 A 极地面投影点上极化场为零，所以 η_S^B 和 ν_S 出现脱节点，致使很难利用这两个剖面进行解释；

(2) 由剖面测量得到的 ΔV_2^a 曲线反映简单、明显，它避免了脱节点；

(3) ΔV_2^a 曲线的极值位置并不在铜板的正上方，而是向 A 极所在一侧有所偏移；距主剖面越远，这种偏移也越大。[原因：由于 A 点源作用场距铜板很近，铜板极化后其等效偶极子在板面两侧面的分布不均匀，距主剖面越远极化越弱，其等效偶极子与 x 轴(侧线)的夹角 Φ 也越大]，例如，在讨论球体问题时，旁侧剖面上 E_2^{ax} 曲线极大值点位置偏移 Y 轴，偏移距离 X_m 与 y 值和 Φ 角之间有如下关系

$$X_m = -\frac{1}{3} y \tan\Phi \tag{10-101}$$

(4) 当 A 极距铜板较远时(图 10-48)，由于铜板的非均匀极化减弱，ΔV_2^a 曲线极值点的偏移现象不明显，ΔV_2^a 曲线极值的连线即是铜板走向方向。

(5) 当 A 极距矿体较远时，如果板状矿体倾斜，E_2^{ax} 曲线不对称，曲线在顺矿层倾斜一侧变化缓，负异常小，曲线在反矿层倾斜一侧变化陡，负异常大，曲线陡分支的拐点位置与矿头相对应。ΔV_2^a 曲线陡分支的拐点的连线即是铜板走向方向。

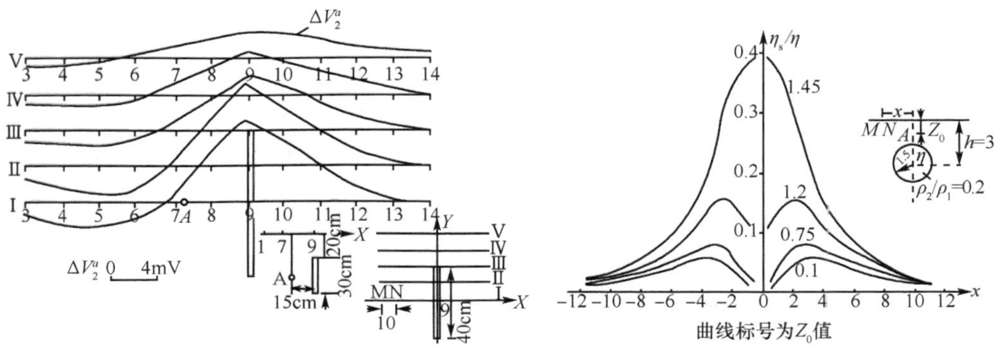

图 10-48 直立薄板旁侧的井-地方式模拟实验

图 10-49 球体井-地方式不同 Z_0 值的 η_S-x 理论曲线

2. 预报井底盲矿

图 10-49 是当钻孔在球体正上方的低阻、极化球体井-地方式不同 Z_0 值的 η_S-x 理论曲线。由图可以看出：

(1) 随 Z_0 增大(供电电极接近矿体的顶面埋深)，由于不均匀极化强度增大，η_S 异常明显增大。

(2) 随 Z_0 增大，η_S 极大值的位置移向球心。

(3) 当球体的围岩是均匀极化介质时，极大值坐标近似地等于供电电极 A 至球心的距离。实际 A 极的深度已知，所以 η_S 极大值坐标可确定井底的埋深。

3. 井底与井旁盲矿的异常区别

区分井底盲矿还是井旁盲矿，是一个重要问题。如图 10-50 所示，井底盲矿和井旁盲矿被极化的方向不一样，因此地面测量得到的 η_S 异常及曲线形态显然不一样。

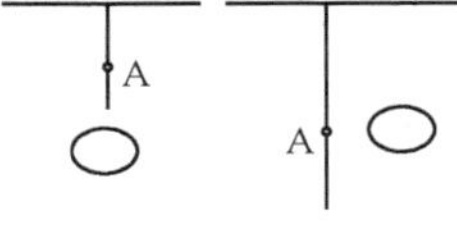

图 10-50 井底盲矿和井旁盲矿

第四节 井中-井中工作方式

井中-井中工作方式，简称井-井方式，就是将供电装置和测量装置都放入井中，它主要分以下两类。

(1) 单井井-井方式，这是将供电装置和测量装置都放入同一钻孔中，属于该类的方法有激发极化测井，单井井中间梯度等。

(2) 双井井-井方式，这是将供电装置放入一钻孔中，测量装置都放入另一钻孔中，它需要同时具有两个钻孔才能开展工作。本节中主要讲述该类方式。

一、井-井方式的工作方法技术

如图 10-51 所示，井-井方式大致分为如下排列装置：

①固定单极供电、移动双极测量[图 10-51(a)]；②固定双极供电、移动双极测量[图 10-51(b)]；③中间梯度排列[图 10-51(c)]；④双极供电、双极测量等深同步移动[图 10－51(d)]。

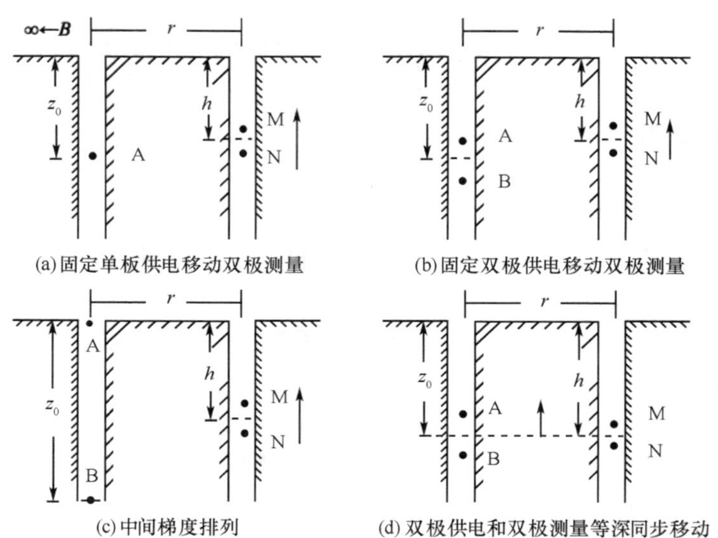

图 10-51　井-井方式排列装置

二、井-井方式的正常场

(一)固定供电单极-移动单极(或双极)测量排列

设地下充满电阻率为 ρ_1、极化率为 η_1 的均匀各向同性介质。设 A 极深度大，可忽略地球-空气分界面对 A 极周围电场的影响，坐标设计如图(图 10-52)，此时有

$$V=\frac{I\rho_1}{4\pi}\frac{1}{1-\eta_1}\frac{1}{(X^2+Z_0^2)^{\frac{1}{2}}} \tag{10-102}$$

$$E=\frac{I\rho_1}{4\pi}\frac{1}{1-\eta_1}\frac{z}{(X^2+Z_0^2)^{\frac{3}{2}}} \tag{10-103}$$

$$E_2=\frac{I\rho_1}{4\pi}\frac{\eta_1}{1-\eta_1}\frac{z}{(X^2+Z_0^2)^{\frac{3}{2}}} \tag{10-104}$$

根据这些公式，绘制图 10-52，由图可知：

(1) E 零值出现在垂直于井轴线且过 A 极的线上，在该线上会使 η_S 出现脱节。因此，以井-井方式探测井间盲矿时，宜采用电位装置进行测量。如果因存在外界电干扰等原因而不得不采用梯度装置进行测量时，最好采用 ΔV_2^a 为主要参数。

(2) V 极大值出现在垂直于井轴线且过 A 极的线上。

(3) E 正负极值点的 Z 轴坐标为：$Z=\pm 0.707x$，x 是测量孔至供电孔的距离。

(4) 如果 A 极深度不够大，地球-空气分界面对 A 极周围电场的影响不能忽略，则正常场公式为

$$
\begin{aligned}
V &= \frac{I\rho_1}{4\pi}\frac{1}{1-\eta_1}\left[\frac{1}{(X^2+(z_0-z)^2)^{\frac{1}{2}}}+\frac{1}{(X^2+(z_0+z)^2)^{\frac{1}{2}}}\right]\\
E &= \frac{I\rho_1}{4\pi}\frac{1}{1-\eta_1}\left[\frac{z_0+z}{(X^2+(z_0+z)^2)^{\frac{3}{2}}}-\frac{z_0-z}{(X^2+(z_0+z)^2)^{\frac{3}{2}}}\right]\\
E_2 &= \frac{I\rho_1}{4\pi}\frac{\eta_1}{1-\eta_1}\left[\frac{z_0+z}{(X^2+(z_0+z)^2)^{\frac{3}{2}}}-\frac{z_0-z}{(X^2+(z_0+z)^2)^{\frac{3}{2}}}\right]
\end{aligned}
\tag{10-105}
$$

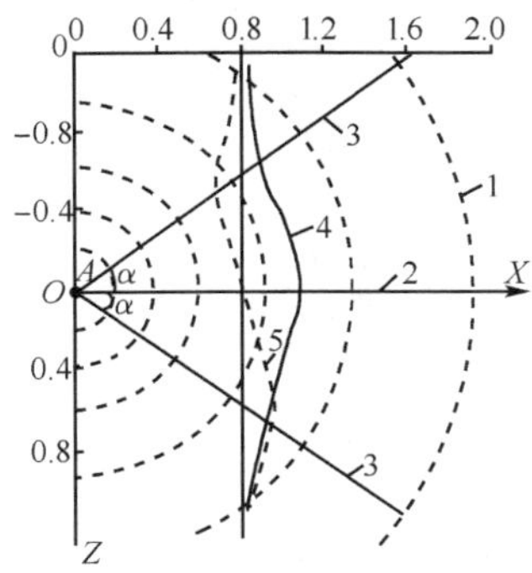

图 10-52　固定供电单极-移动单极（或双极）测量排列的正常场

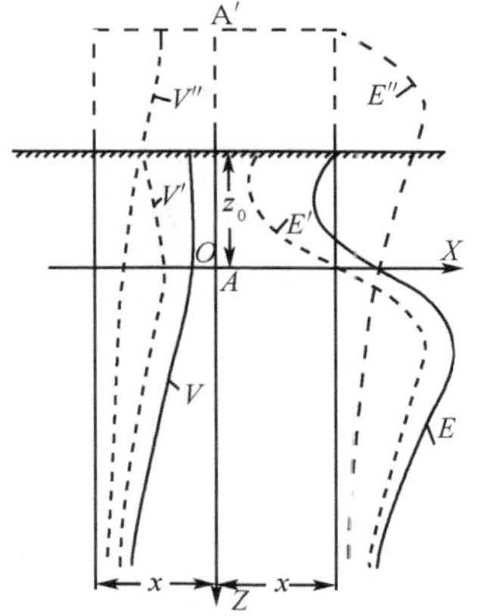

图 10-53　考虑地球-空气分界面影响时的正常场

此时，可看成：$V=V'+V''$，$E=E'+E''$。V'，E' 实源 A 在测点产生的极化场电位和该电场的 Z 轴（井轴）分量；V''，E'' 是虚源 A 在测点产生的极化场电位和该电场的 Z 轴（井轴）分量（图 10-53）。

（二）斜井的正常场

如图 10-54 所示，设测量孔倾斜，井轴顶角为 δ，并规定测量孔向供电孔倾斜时 δ 为正，反之 δ 为负。取 x 轴与 H 轴的交点为 $h=0$ 点，该点以上 h 为负，以下 h 为正。考虑到地球-空气分界面的影响，测量孔井轴上任一测点的极化场电位及 E^h 为

$$V = \frac{I\rho_1}{4\pi}\frac{1}{1-\eta_1}\left\{\frac{1}{\sqrt{(x_0 - h\sin\delta)^2 + (h\cos\delta)^2}} + \frac{1}{\sqrt{(x_0 - h\sin\delta)^2 + (2z_0 + h\cos\delta)^2}}\right\} \tag{10-106}$$

$$E^h = \frac{I\rho_1}{4\pi}\frac{1}{1-\eta_1}\left\{\frac{h - x_0\sin\delta}{[(x_0 - h\sin\delta)^2 + (h\cos\delta)^2]^{3/2}} + \frac{h - x_0\sin\delta + 2z_0\cos\delta}{[(x_0 - h\sin\delta)^2 + (2z_0 + h\cos\delta)^2]^{3/2}}\right\} \tag{10-107}$$

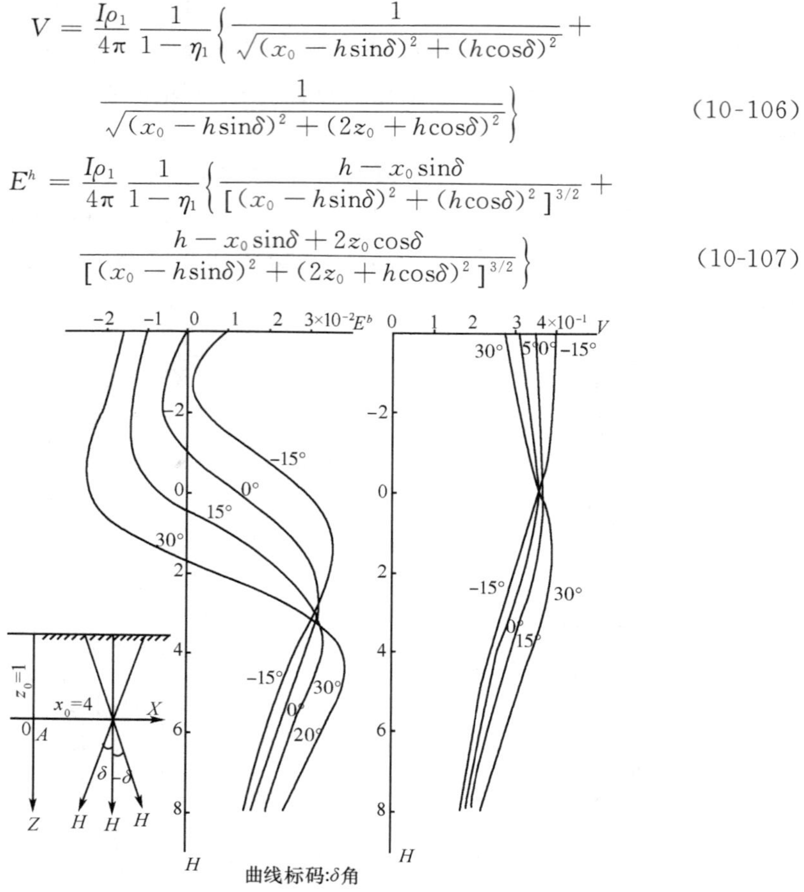

图 10-54 斜井的正常场

如果 A 极深度大,可忽略地球-空气分界面对 A 极周围电场的影响(图10-55),此时有

$$V = \frac{I\rho_1}{4\pi}\frac{1}{1-\eta_1}\left\{\frac{1}{\sqrt{(x_0 - h\sin\delta)^2 + (h\cos\delta)^2}}\right\} \tag{10-108}$$

$$E^h = \frac{I\rho_1}{4\pi}\frac{1}{1-\eta_1}\left\{\frac{h - x_0\sin\delta}{[(x_0 - h\sin\delta)^2 + (h\cos\delta)^2]^{3/2}}\right\} \tag{10-109}$$

如果不考地球-空气分界面的影响,E^h 零值点至 $h=0$ 点的距离取决于 x_0 和 δ 角的大小,它由下式决定:$h_0 = x_0\sin\delta$。

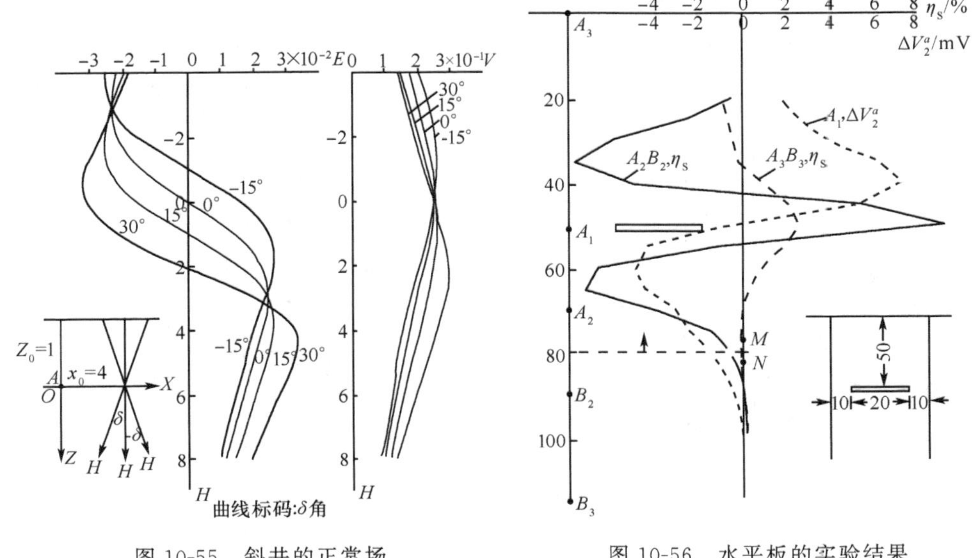

图 10-55　斜井的正常场　　　　图 10-56　水平板的实验结果

三、井-井方式激电异常解释

图 10-56 是模型实验结果，图中是三种排列方式的井-井激电曲线：

(1) 单极固定电源排列：A_1 定点供电，MN 移动测量，由于 A_1 离矿体较近，极化场强度大，所以产生上正下负的 ΔV_2^a 大异常，零值点的位置对应着矿体右端埋深。

(2) 中间梯度排列：A_3B_3 供电，MN 移动测量，产生 η_S，由于 A_3B_3 离矿体较远，极化场强度小，所以 η_S 曲线幅值不大，η_S 极大值的位置对应矿体右端埋深。

(3) 双极同步排列：供电电极(A_2B_2)与测量电极(MN)同步移动测量，由于当 A_2B_2 中点对矿体左端时，极化场强度最大，所以 η_S 曲线幅值大，η_S 极大值的位置对应矿体右端埋深。

三条曲线比较可以看出，双极同步排列异常最明显，其正异常的幅值大约是井中中间梯度的两倍。

当矿层倾斜时，见图 10-57。这时三种排列方式的井-井激电曲线发生明显的变化。由图可以看出：

(1) 单极固定电源排列：A_1 定点供电，MN 移动测量，ΔV_2^a 曲线上部正异常增大，而下部负异常减小，零值点的位置对应着矿体右端埋深，但比矿体埋深稍浅些。

(2) 中间梯度排列 η_S 曲线明显不对称，下部负异常大于上部负异常，η_S 极大值位置基本上对应矿体两端的中部，曲线拐点的位置对应着矿体右端埋深。曲线不对称的原因是，矿体极化后二次场负电源是向着测量井这一侧。

(3) 双极同步排列 η_S 曲线也不对称，下部负异常大于上部负异常，零值点的位

置基本上对应着矿体右端埋深。

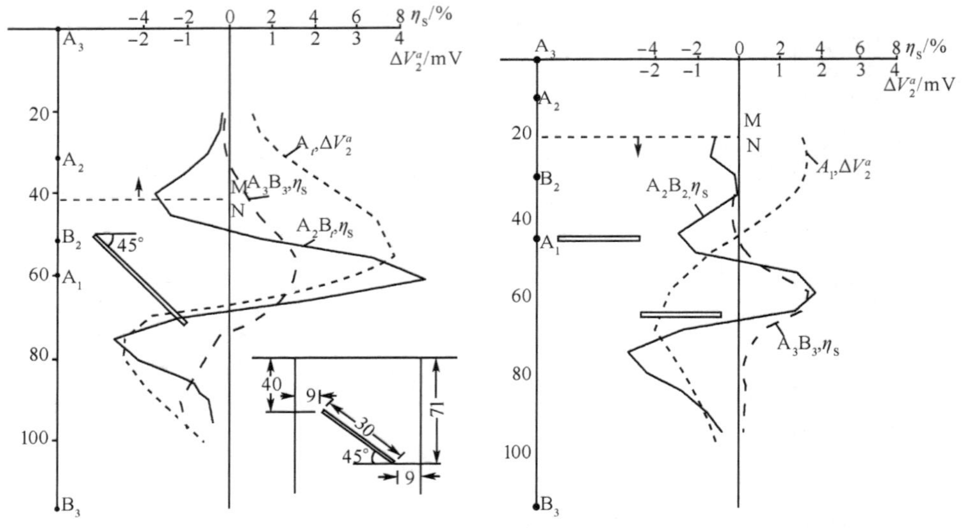

图 10-57　倾斜板的实验结果　　　　图 10-58　两层矿时模型实验结果

当有两层矿时，模型实验结果如图 10-58 所示，由图可见：

(1) 单极固定电源排列：A_1 定点供电（A_1 在上层板左端井中对应的位置），MN 移动测量，此时 ΔV_2^a 曲线仅反映上层板，下层板二次场几乎被上层板的二次场完全掩盖。

原因是：当采用单极供电时，随距离的增大，作用场电流密度会很快减小，这种减小的速度大约与 r（观察点至 A 极的距离）的平方成反比。因此，距 A 极较远的下层板的极化程度很弱，它所产生的二次场几乎被上层板的二次场完全掩盖。这也说明，单极固定电源排的探测范围是不大的。

(2) 中间梯度排列对下层板反映明显，而对上层板基本上无反映。

(3) 在双极同步曲线上，下层板的异常大而上层板的异常小，下层板的异常与上层板的正异常叠加，结果使正对上层板处生成了负异常。

(4) 由(2)、(3)可以看出：中间梯度、双极同步排列的探测范围比单极固定电源排列要大，更有利于发现近测量井的矿体。

(5) 在这种情况下，如果将供电井与测量井互换再进行观测，仔细研究异常的变化，显然不难判断盲矿在井间的大致位置。

需要说明：井-井方式在查明深部矿体，特别是在深部追索矿体，确定矿体的相关性等方面虽然具有突出的优越性，但这种工作方式无论在理论研究或实际应用上还很不充分。为了适应普查勘探的迅速发展，急需加强井-井方式的理论研究和实际应用。

第五节　井中电对比法

在一个钻孔某深度上充电，而在另一个钻孔中观测充电电场，就是所谓井中电对比法。从装置的布置来看，井中电对比法与井中激发极化法双孔井-井方式相同，而从它所研究的物理场来看，它又与充电法相同。因此，把这种方法也可称为井间充电法。

井中电对比法主要用来解决相邻两孔所见矿层的相关性，同时也可用来研究井间的地质构造或探测井间盲矿体。

一、井中电对比法的正常场

研究正常场的分布对井中电对比法有着重要的意义，因为井中电对比法的正常场是点源场，这是一个非均匀场，如果没有掌握这种电场在地下分布的规律，要正确进行井间的电对比是不可能的。

关于地下点电源电场的分布规律，在讨论井-井方式单极固定电源排列的正常场时已做过初步的分析。在此基础上现再作深一步的讨论。

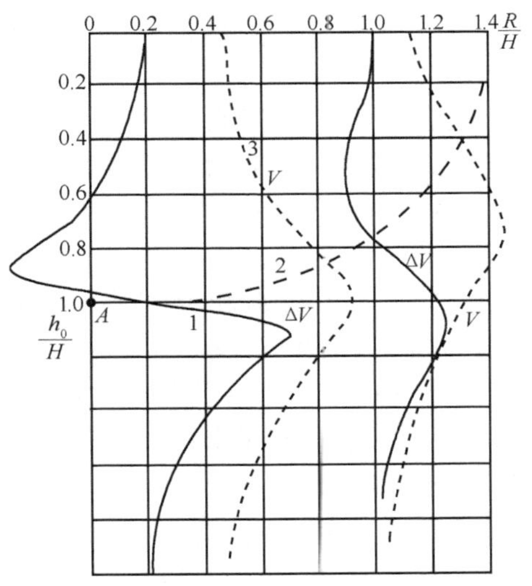

1.电位梯度曲线；2.电位梯度零值；3.电位曲线

图 10-59　电对比法正常场曲线

设地下充满电阻率为 ρ 的均匀介质，地面水平，钻孔铅垂，忽略井的影响。若充电孔至观测孔的距离为 R，充电点（A 极）的深度是 H，测点深度是 h。则由电像法可得井中电对比法正常场的电位及电位梯度公式

$$V=\frac{I\rho}{4\pi}\left[\frac{1}{(R^2+(H-h)^2)^{\frac{1}{2}}}+\frac{1}{(R^2+(H+h)^2)^{\frac{1}{2}}}\right]\tag{10-110}$$

$$\Delta V=\frac{I\rho}{4\pi}\left[\frac{H+h}{(R^2+(H+h)^2)^{\frac{3}{2}}}+\frac{H+h}{(R^2+(H-h)^2)^{\frac{3}{2}}}\right]\cdot \mathrm{MN}\tag{10-111}$$

式中，I 为充电点的电流强度，V 和 ΔV 分别为测点上测得的充电电场电位和电位差（或电位梯度）。

由以上两式所得到的电对比法正常场曲线如图10-59所示，曲线一般具有如下的特征：

(1) 电位梯度曲线是上负下正，中间有一个零值点；

(2) 电位曲线为正值且有一个极大值；

(3) 由于受到空气-地球分界面的影响，使电位梯度曲线负支的幅值减小，正支的幅值相对增大，零值点上移；电位曲线不对称，极值点(即电位梯度零值点)也上移。

二、井间矿层的电对比理论

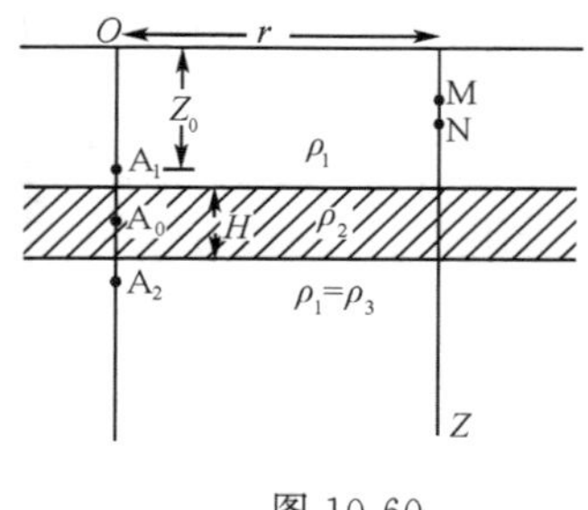

图 10-60

如图 10-60 所示，假设地下半空间均匀各向同性 ρ_1 介质中存在一水平无限延伸的电阻率为 ρ_2 的矿层，该层被距离为 r 的相邻两钻孔穿透。为了确定该层井间的电性连续性，可分别在 A_1、A_0、A_2 处供电，在另外一口井进行测量。

在实际测量中测量的是沿井轴方向的电位梯度值。当则测量装置间距比井间距离 r 小得多时，它实质上就是一次场场强沿井轴方向的投影。如果规定测量装置的 M 在上，N 在下，则一次场指向向下时其电位梯度为正值，反之为负值，一次场指向垂直井轴时电位梯度为零。

A_0 处供电时，在 MN 中点产生的电位，即

$$V=V_{实源}+V_{虚源} \tag{10-112}$$

式中，$V_{实源}$、$V_{虚源}$ 分别为 A_0 处实源和无穷多个虚源(图 10-61)在 MN 中点产生的电位。同样，分别在 A_1，A_3 处供电时，在 MN 中点产生的电位也是：$V=V_{实源}+V_{虚源}$。

需要说明的是：实源和无穷多个虚源在 MN 中点产生电位，但是起决定性的是实源(充电点源)和用来代替最近充电点源界面的虚源，其他虚源则随反射和透射次数的增加而强度递减。

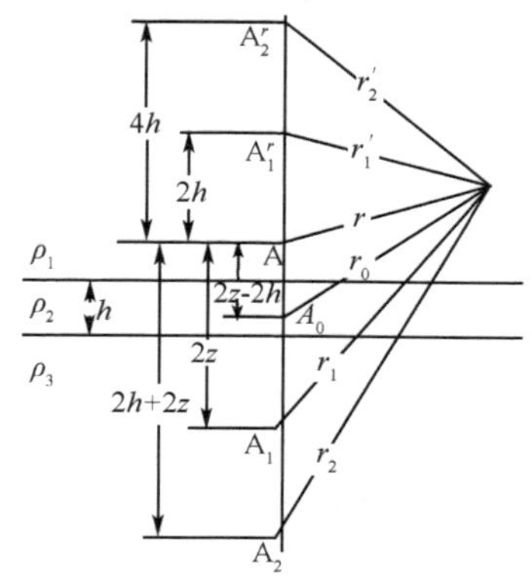

图 10-61 实源和无穷多个虚源

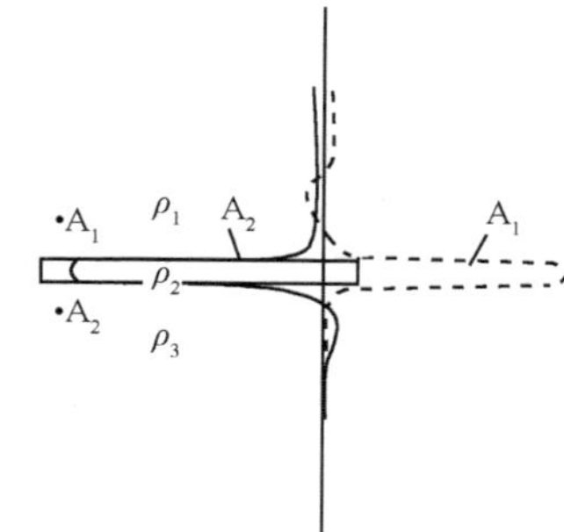

图 10-62 井间相关水平无限延伸薄层上电对比理论曲线

图 10-62 是井间相关水平无限延伸($\rho_2/\rho_1=100$)薄层上电对比理论曲线，当

A_1 充电时，电位梯度曲线正对薄层是正值；当 A_2 充电时，电位梯度曲线正对薄层是负值；即正对薄层上曲线呈倒像异号，这是因为：

（1）当 A_1 充电时，在高阻层中起主要作用的是透过顶界面电流 $(1-K12)I$，它的流向自上而下，所以电位梯度曲线正对薄层是正值；

（2）当 A_2 充电时，在高阻层中起主要作用的也是透过顶界面电流 $(1-K12)I$，但它的流向自下而上，所以电位梯度曲线正对薄层是负值。

由此可见，充电点相对层面位置的改变，电对比曲线符号的转换，这正是矿层相连的重要标志（图 10-62）。

图 10-63 给出了苏联某煤田高阻薄煤层上的对比实例。由图可知，ZK121 和 ZK122 井间 K12 煤层在井间是电相关的，即两孔所见的煤层是相连的。

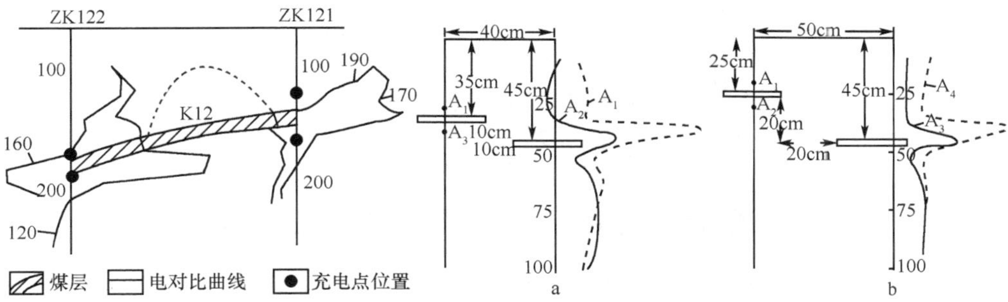

图 10-63　苏联某煤田高阻薄煤层上的对比实例

图 10-64　高阻不相连薄板的实验

图 10-64 是高阻不相连薄板的实验。由图可知，A_1 充电时的电位梯度曲线与 A_2 充电时的电位梯度曲线正对薄层都是正值，符号相同。

第六节　井中激发极化的应用

一、划分矿层、矿化带、蚀变破碎带

图 10-65 为识别蚀变破碎带的实例（郭刚等，1996）。蚀变破碎带型贵金属及多金属矿床其矿石及控矿蚀变破碎带多以高极化的金属硫化物形式存在或与之伴生。这种物理特征为应用激电方法直接或间接地探寻金属矿体和解决勘探中的一些地质问题提供了前提。

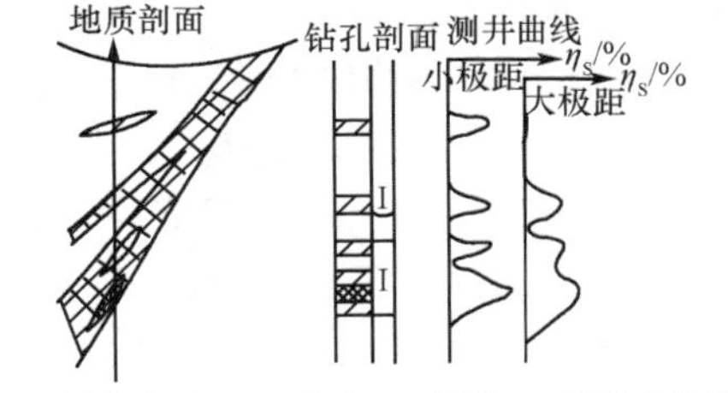

图 10-65　识别蚀变破碎带的实例

图 10-66 为识别矿层的实例（宋振玲等，1992）。矿层（或金化物矿化井段）具有

低阻（或中低阻）、高极化特征，而无任何矿化现象的围岩具有高阻低极化特征。

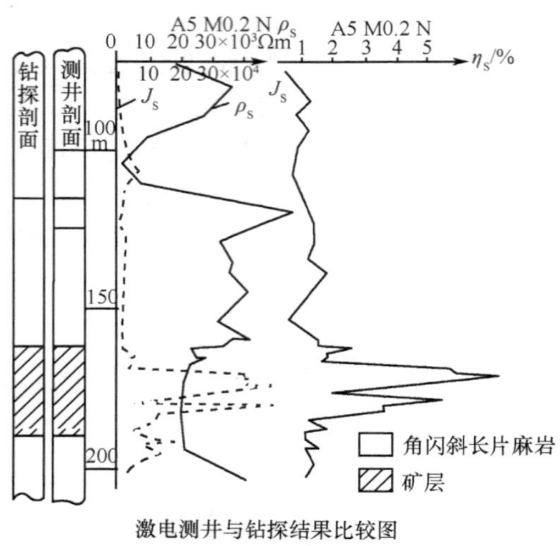

激电测井与钻探结果比较图

图 10-66 识别矿层的实例

二、预报井旁盲矿，并判断矿体所在方位

实例 1：（图 10-67）（陈有太等，1990）

（1）地-井方式方位测量供电极 A 在井口（$r=0$）所测 η_S 曲线为 S 形背景场，$\eta_{Smax}=24\%$。

（2）供电极 A_1、A_3、A_4 所在方位观测的 η_S 曲线除因近地表影响，浅部曲线有所畸变外，形态特征与 $r=0$ 反映背景场的曲线类同，未反映出有孔旁极化体存在。

（3）A_2 供电极所在方位观测的 η_S 曲线出现两段大大超过激发极化测井，特别是 $r=0$ 的 η_S 曲线高极化率正异常。与其他方位 η_S 曲线形成明显对照。

综上所述，推断方位 A_2 异常峰值（对应深度分别为 55m 和 90m）相应的孔深处存在有高极化率金属硫化物盲矿，且离孔壁较近。位于该孔之南 27m 另一孔施工结果相应深度见矿而得到证实。

实例 2：图 10-68 为西霞 ZK001 孔激电测井及方位测量极化率曲线（高长荣，2007）。图 10-68 表明：

（1）激电测井以 3%为异常下限有两处极化率异常，从上到下为Ⅰ、Ⅱ号异常。激电测井其余曲线段极化值在 3%以下，上部视电阻率为高阻，阻值为 250～350 Ω·m。下部视电阻率为中高阻，阻值为 100～250Ω·m。

（2）Ⅰ号异常深度 68.2～76m，宽 7.8m，极大值 50.1%在 73m 处，视电阻率平均值 45Ω·m，为低阻。各方位在该段均有正值极化率异常显示，二次位异常则是东方位和西方位较其他方位高。说明该段极化体向东、西方向的延伸情况好于其他方向。

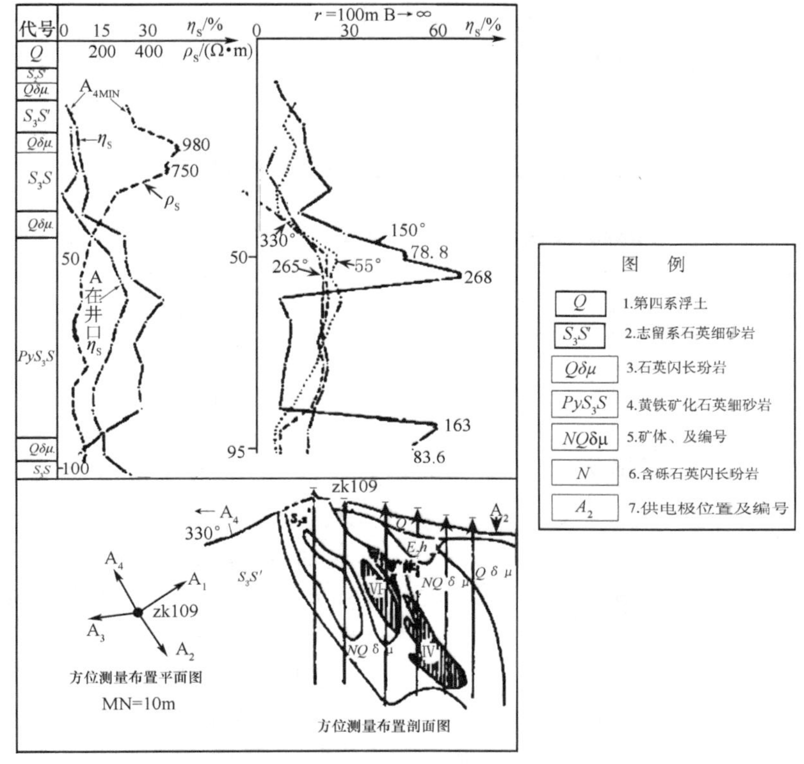

图 10-67　预报盲矿、并判断矿体所在方位

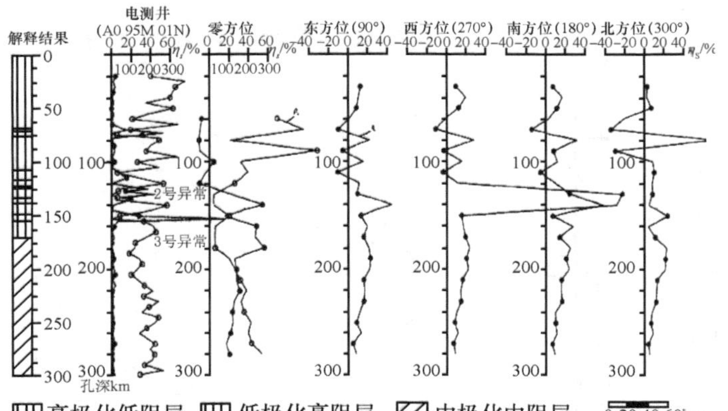

图 10-68　西霞 ZK001 孔激电测井及方位测量极化率曲线

(3) Ⅱ号异常由三段组成，第 1 段在 107.2～117.8m、宽 10.6m，极大值 15.5%在 115m 处，视电阻率平均值 85Ω · m，为低阻。第 2 段在 121.8～138.2m，宽 16.4m，极大值 41.7%在 130m 处，视电阻率平均值 26.6Ω · m，为低阻。第 3 段在 146.8～154.6m，

宽7.6m，极大值114.7%在153m处，视电阻率平均值67Ω·m，为低阻。

（4）方位测量中，西方位120～150m异常最大，推断钻孔内所见的极化体向西方位有一定延伸，向其他三个方向延伸不大。

三、预报井底盲矿、确定见矿深度

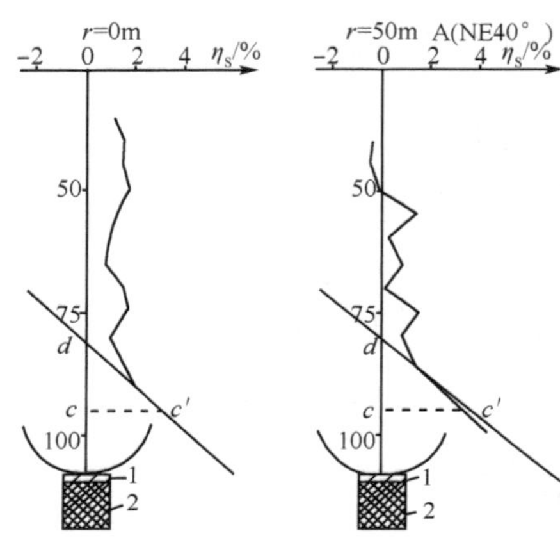

图 10-69 预报井底盲矿实例

图10-69是预报井底盲矿的例子（蔡柏林等，1992）。该孔是内蒙古某铜矿VI矿段东瑞1勘探线上，井深199.37m，从110～153.17m见到硫化矿层。由于钻孔坍塌，井中激电只测到100m。

从50～100m井段没见到矿层，在激电测井曲线上也没有任何异常显示。图显示地-井方式 $r=0$m 和A极在北东40°，$r=50$m 的 η_S 曲线。两曲线于40～80m井段没有异常显示，但从40～80m井段呈现明显的正张口异常。

用任意切线法对两曲线进行估算，矿顶深度分别为108m和109m，两者平均为108.5m，实际硫化矿顶板深度为110m（经查看岩心），两者深度仅差1.5m，证明了这种方法的预报效果。

图10-70是ZK1041井地-井方位测量结果充电率 M_S（陈泽民等，1987），该孔位于矿区西南缘的火山角砾岩与石英钠长斑岩的接触带上，全孔未见矿。

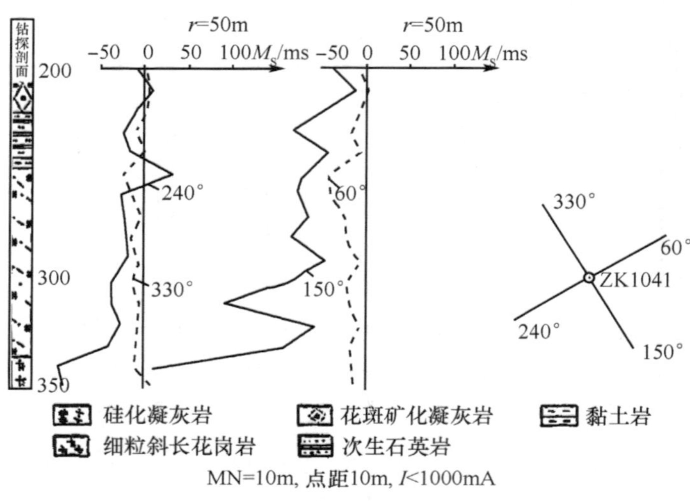

图 10-70 ZK1041井地-井方位测量结果

由图可见 N330°和 N60°两个方位都未发现激电异常，说明这两个方位在探测范围内没有高极化体或矿化富集带存在。而在 SE150°和 SW240°两个方位孔深 300m 以下发现了异常，并随深度增大，异常负值亦增大。S150°方位，异常呈负张口，最大达 240，W240°方位虽有负张口异常，但其强度较 S150°方位异常强度低。据此，推断该孔在 300m 深部的南东方向有一高极化体存在。再结合地质平面图和相邻勘探线勘探剖面分析，该极化体可能是 ZK1061 所控制矿层（165.05～172.39m）沿南西方向的延伸或独立存在的高极化体。

四、追索矿体走向

图 10-71 是内蒙古某铁矿上的应用实例（蔡柏林等，1992）。图 10-71（a）在孔深 45m 的矿层上充电，在地面进行测网为 40×20m 井-地剖面测量。由图可见，ΔV 曲线零值点的连线指示了矿体走向在地表的投影位置。图 10-71（b）在孔深 79m 的矿层上充电，在地面进行井-地剖面测量，同样，ΔV 曲线零值点的连线指示了矿体走向在地表的投影位置。钻孔所见矿体往东约在Ⅳ和Ⅲ线尖灭。

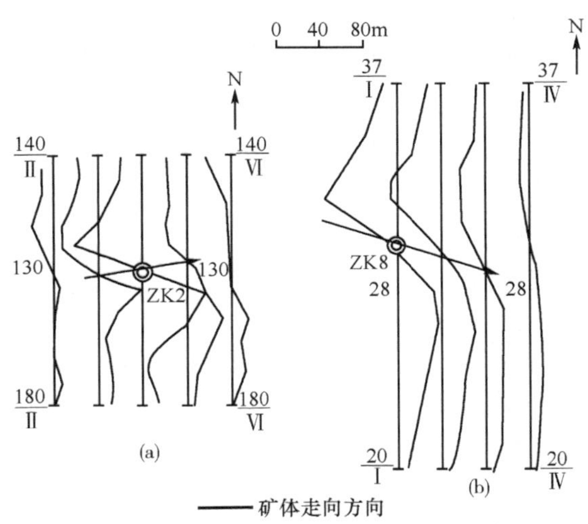

图 10-71　内蒙古某铁矿上的应用实例

第七节　井中大功率充电法

井中大功率深部充电法是人工直流电法的一种。它利用钻孔充电点设置在矿体上（或围岩中），在地表、钻孔中测量电场的分布，通过对电场特征的分析和研究解决相应的地质问题。如果在钻孔中设置多个充电点，则称为井中多源大功率充电法。该方法可以有效地解决更多的地质问题。大功率深部充电法可用于勘探靶区的优选、成矿有利地段的圈定、钻孔漏勘矿体的发现和评价和已知矿体的追索等。

一、大功率充电测量系统

大功率充电测量系统包括接收机、时间域激电发送机、整流电源、模拟器和假负载等。以重庆地质仪器厂生产的DJF-10大功率激电测量系统为例，说明如下。

1. 主要用途及特点

该系统是集地球物理学、电子技术、计算机技术、信息处理技术于一体，面向水文地质、矿产地质、工程地质、能源地质、环境地质等应用领域的新技术产品。该系统主要用途及特点如下：

(1) 用于大面积的地质普查和详查工作及深部矿产勘探，效率高，方便灵活，广泛用于普查地下水资源、矿产资源，如金属矿产、非金属矿产资源勘探和工程勘探；

(2) 发送机与整流电源为分体式；

(3) 微机控制，大屏幕液晶显示，触摸式面板；

(4) 设有RS-232串行接口实时存贮供电电流；

(5) 高电压，大电流，具有过压、过流保护功能；

(6) 采用特种小型变压器，效率高，重量轻。

2. 发射机(含整流源)主要技术指标

(1) 输入电压：220V，50Hz交流电；

(2) 输出电压：50、100、200、300、400、500、1000；

(3) 输出波形方波占空比1∶1；

(4) 时间：1～60s任选；

(5) 最大供电电流：7/10A；

(6) 最大输出功率：5/10kW；

(7) 工作温度：－10～＋50℃；

(8) 发射机重量：12kg；

(9) 发射机体积：476mm×309mm×247mm；

(10) 整流电源重量：5、72、10、90kg。

3. DJS-8接收机主要技术指标

(1) 测量电压最大值：±3V；

(2) 测量电压分辨率：0.01mV；

(3) 测量电压精度：±1%，±1个字；

(4) 仪器启动一次同时测量Vp和四个Ms值，其宽度比为1∶2∶4∶8；

(5) 供电周期：4s、8s、16s三种；

(6) 极化率测量：Ms≤3%时，为0.2±1个字；Ms≥3%时，为0.1±1个字；

(7) 重复测量次数：1～10任选；

(8) 仪器延迟时间：100～1000ms，可任意设置；

(9) 对 50Hz 工频干扰优于压制 80dB；

(10) 输入阻抗：>30MΩ；

(11) 数据存储容量：128KB；

(12) 整机工作温度：－10～＋50℃；

(13) 湿度：95％；

(14) 体积：240×95×240mm。

二、测 量 装 置

井中充电法实际上就是井中激发极化法中的井-地方式单极固定电源排列，只是后者是以研究二次场为主，而井中大功率充电法则是研究一次场。井中大功率充电法测量装置可以采用电位装置，也可以采用梯度装置。

1. 电位装置

井中大功率充电法的探测对象是已被钻孔穿过的良导性矿体，通常以测井刷子电极作为 A 极放入井中，使刷子与矿体密切接触进行充电；B、N 置于无限远；M 极在地面移动测量(图 10-72)，此时有

$$V = \frac{V_M}{I}$$

式中，V 为电流为单位值时的电位，单位毫伏/安；I 为供电电流强度；V_M 为 M 点的电位。

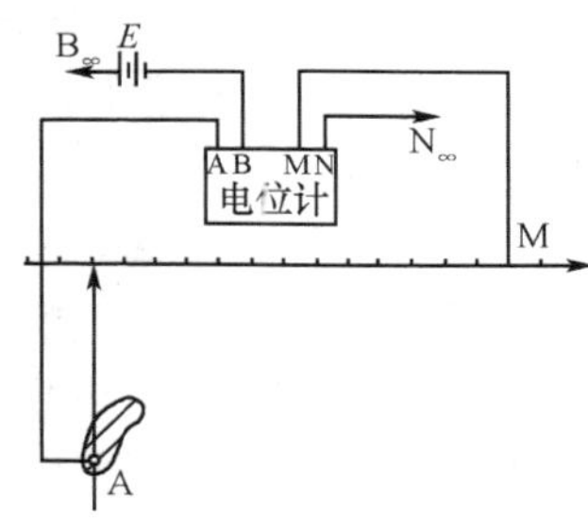

图 10-72　电位装置

2. 梯度装置

A 极放入井中，使刷子与矿体密切接触进行充电；B 置于无限远；M，N 极在地面移动测量(图 10-73)，此时有

$$\Delta V = \frac{\partial V}{\partial X} = \frac{\Delta V_{MN}}{I \cdot \overline{MN}} \tag{10-113}$$

式中，ΔV 为电位梯度，单位 mV/(A · m)；I 为供电电流强度；V_{MN} 为 MN 间观测到的电位差；$\overline{MN}$ 为 MN 之间的距离。

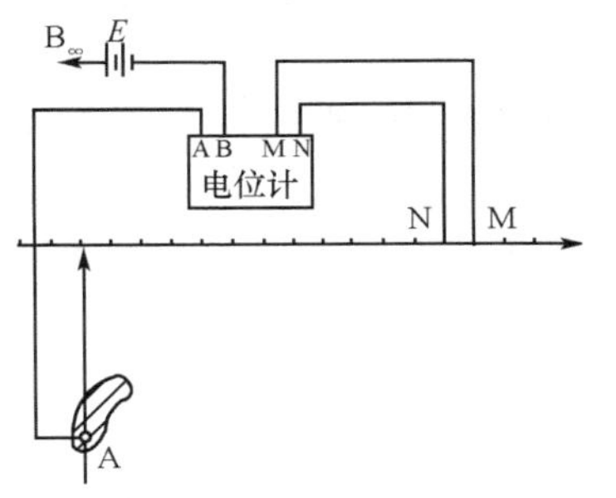

图 10-73　梯度装置

3. 地面测线布置

井中大功率充电法的地面测线布置有两种类型。一种是以井口为中心的放射状剖面，另一种是平行剖面。

1) 放射状剖面

由于井下的充电电场往往是以 A 极为中心向外发散的，故采用放射状剖面对研究充电电场是有利的。但是这种剖面与勘探剖面不一致，分布也不

均匀，并且布置测线也比较麻烦，故实际中较常用的还是平行剖面。

2）平行剖面

采用平行剖面测量时，其工作技术及要求与井中激电井-地方式相同。这里应着重指出，除了在垂直矿体走向方向上布置若干条平行剖面外，还应在沿矿体走向方向上布置一条或几条纵剖面。纵剖面应足够长，以便能较准确地控制矿体的走向端头。

4. 几点说明

1）供电电流 I

一般供电电流 I 要稳定，但在实际测量过程中，供电电流 I 和 MN 极距当采用梯度装置时，都可能发生改变。所以在整理观测数据时应对观测结果进行归一化。

2）充电问题

在矿体上充电：当在钻孔穿过的良导矿体进行充电时，整个良导矿体就相当于一个大电极，如果矿体的电阻率远小于围岩电阻率，则该矿体可近似地把它看成是理想导体。

理想导体充电后，在导体内部并不产生电压降，理想导体的表面实际上就是一个等位面，电流垂直于导体表面流出后，便形成了充电电场。

当不考虑地面对电场分布的影响时，则离导体越近，等位面的形状与导体表面的形状越相似；在距导体较远的地方，等位面的形状便逐渐趋于球形。因此，理想充电电场的空间分布将主要取决于导体的形状、大小、产状及埋深，而与充电点的位置无关。

间接充电：如果钻孔未穿过的良导矿体进行时，此时通过围岩充电，或称间接充电。间接充电对于找盲矿体具有意义。

三、充电点源场

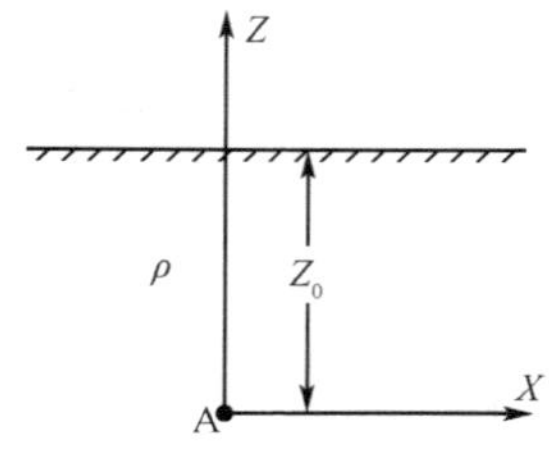

图 10-74　充电点源场

点源场是井中充电法中的正常场。为了正确地分辨异常，就应掌握点源场分布的特点和规律。当井下的充电矿体为良导性球体或等轴状矿体时，其充电电场也可近似地看作是点源场。

设地下充满电阻率为 ρ 的均匀介质，点源 A 距地表的距离为 Z_0（图 10-74），则在通过 A 极地面投影点的测线上，点源所产生的电位及电位差为

$$V = \frac{I\rho}{2\pi} \frac{1}{\sqrt{X^2 + Z_0^2}} \tag{10-114}$$

$$\Delta V = \frac{I\rho}{2\pi} \frac{X}{(X^2 + Z_0^2)^{3/2}} \cdot \overline{MN} \tag{10-115}$$

图 10-75 是中心剖面上电位曲线和梯度曲线的理论计算结果。图 10-76 是地表等电位线的理论计算结果。分析以上公式和图：

（1）点源场的电位曲线是对称于 Z 轴的偶函数。当 $X=0$ 时，电位出现极大值，电位曲线随 X 绝对值的增大而降低；当 $X=\pm\frac{1}{\sqrt{2}}Z_0$ 时，曲线出现拐点。

（2）电位梯度曲线是对称于点源地面投影点的奇函数。当 $X=0$ 时，曲线出现零值；当 $X=\pm\frac{1}{\sqrt{2}}Z_0$ 时，梯度曲线出现极值点。

（3）点源的地表电位等值线是以点源地表投影点为中心的一组同心圆。根据等位面的性质，将封闭的等电位面用其电位相等的导电面来代替，外电场将不会发生变化。由此可知，地下点电源的电场与均匀充电良导球体的电场具有相似性。实际上点源场同导电球体的充电电场是有差别的。理论研究表明，仅当 $d/H\leqslant0.5$ 时（d 为球体半径，H 为球心埋深），它们之间互相代替才不会产生大的误差。

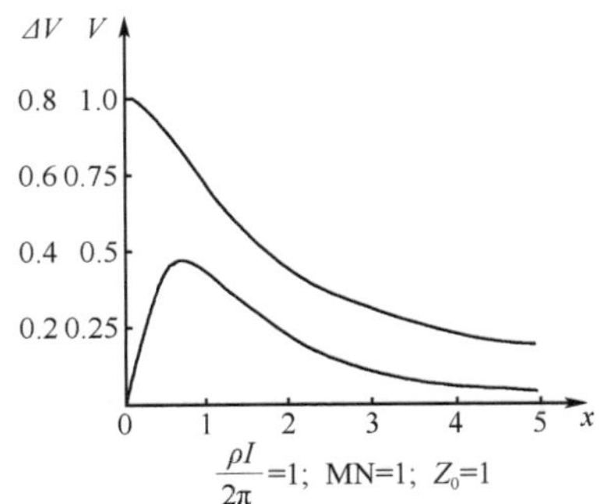

图 10-75　中心剖面上电位曲线和梯度曲线

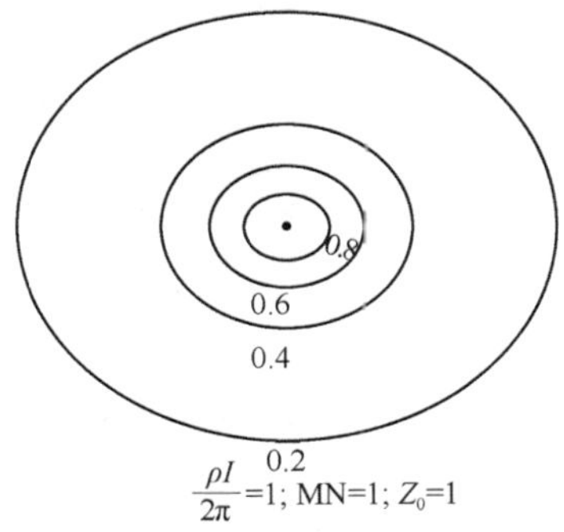

图 10-76　地表等电位线

在实际中，可以用上述点源的电位曲线、梯度曲线及电位等值线的特征来判断所观测的电场是不是充电点的点源场。此外，还可以用下式来进行判别。如果是充电点的点源场，它应满足下式，即

$$\frac{V_0}{V_i}=\frac{\sqrt{X_i^2+H^2}}{X} \tag{10-116}$$

式中，V_0 为点源地面投影点的电位，亦即中心剖面上电位曲线的极大值；V_i 为距点源地面投影点为 X_i 距离处的电位值；H 为充电点的深度。

四、充电球体的电场

1. 充电球体电场分布

通常可以把点源电场近似地看为地下半空间中存在充电球体的电场。当然

这样做是很方便的，但是在求球体半径 a 时，点源公式就无能为力了。点源场是充电法的正常场，而充电球体的电场则含有丰富的异常成分，二者是不能轻易代替的。

由图 10-77 中电位曲线和电位梯度曲线可见：

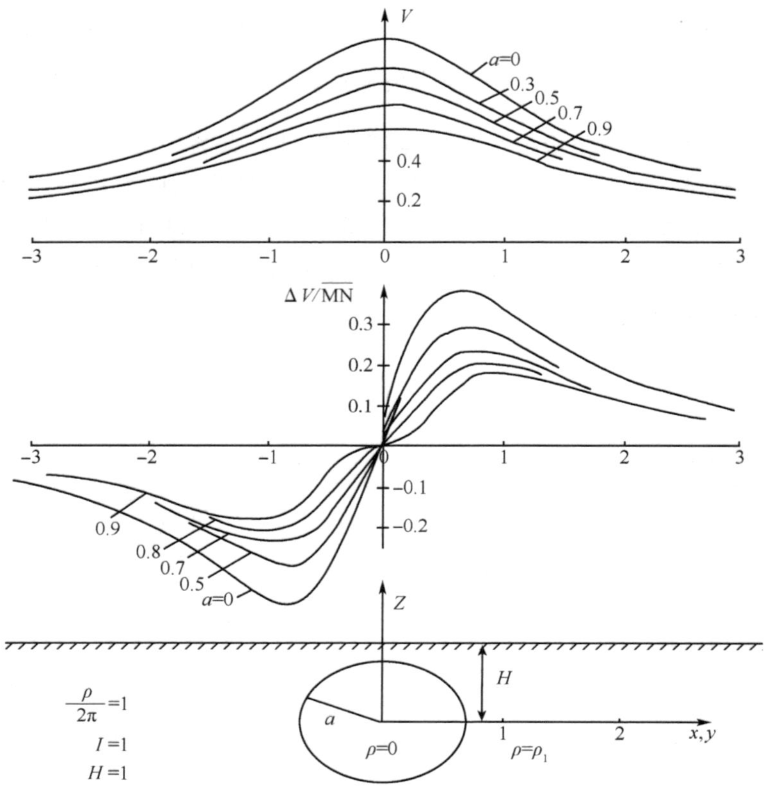

图 10-77　充电球体的理论计算结果

(1) 电位曲线和电位梯度曲线的绝对值随着矿体半径 a 的增大而减小。

(2) 从梯度曲线极值坐标来看，当 a/H 从 0 变化到 0.9 时，极值坐标从 0.707 变化到 1.02，特别是半径 a 较大时位移更明显。因此，可以利用梯度曲线极值坐标的位移来研究求矿体半径的方法。

(3) 当 $a=0$ 时，就是点源的电位曲线和电位梯度曲线。

2. 计算充电球体半径

如果能够求出球体的半径，便可估计矿体的大小。如图 10-78 所示，设 R_0 为球体(矿体)的接地电阻，V_0 为球体上测到的电位，Z_0 是球体的埋深，a 是球的半径，则它们之间的关系为

$$V_0 = \frac{\rho I}{4\pi}\left(\frac{1}{a} + \frac{1}{2Z_0 - a}\right) \quad (10\text{-}117)$$

因为 $Z_0 \gg a$，上式可近似为

$$V_0 = \frac{\rho I}{4\pi}\left(\frac{1}{a} + \frac{1}{2Z_0}\right) \quad (10\text{-}118)$$

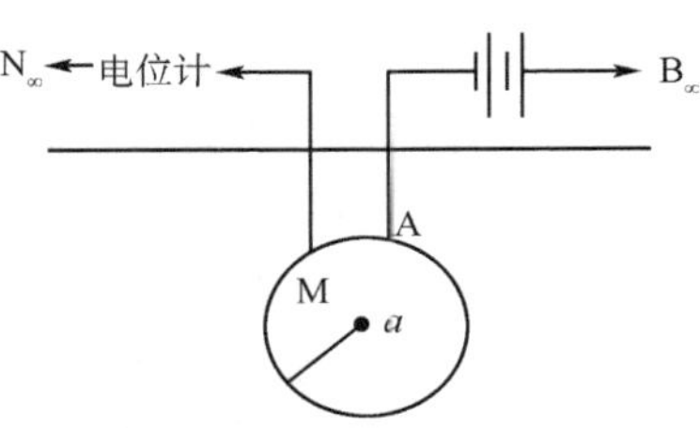

图 10-78　充电球体布置

矿体的接地电阻 $R_0 = \dfrac{V_0}{I}$，因此利用上式可以得到

$$a = \frac{1}{4\pi \dfrac{V_0}{I\rho} - \dfrac{1}{2Z_0}} \text{（根据 } V_0\text{、}I\text{、}Z_0\text{、}\rho \text{ 等参数可以计算 } a\text{）} \quad (10\text{-}119)$$

五、椭球体及薄板状体的充电场

实际中常遇到走向延伸很大的脉状体、薄板状体或扁豆体，这些导电形体的充电电场都与水平无限延伸椭圆柱体的充电电场相近。

图 10-79 是假设水平椭圆球体的半轴 a 接近无穷大，$b=1$，$c=0$ 的计算结果。由于 $c=0$，故实际上相当于水平延伸的薄板状体。图中绘出了椭球体为不同倾角时，在横剖面上计算得到的电位梯度曲线。

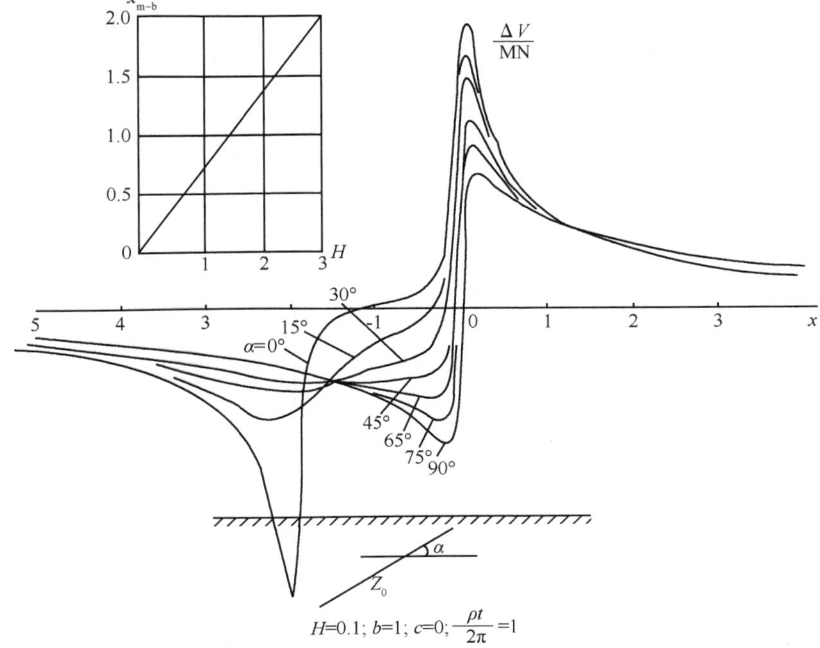

图 10-79　水平椭圆球体（a 接近无穷大，$b=1$，$c=0$）的计算结果

由图 10-79 可以看出：

1）当倾角 $\alpha=0°$时

（1）电位梯度曲线是相对其零值点的镜像对称曲线；

（2）该零值点的位置与椭球体中心地面投影点相重合；

（3）在充电导体两端，电流密度最大，故导体两端点附近，梯度曲线出现极值；

（4）随矿体埋深增大，极值往外的距离 X_m 将越来越大（图 10-79）。

2）当倾角 $\alpha=90°$时

（1）电位梯度曲线也是相对其零值点的镜像对称曲线；

（2）它与 $\alpha=0°$曲线的主要区别在于，在零值点附近没有宽度大约相当于导体宽度的低梯度值区；

（3）梯度曲线的零值点位于充电体的顶端正上方。

3）当倾角 $0°<\alpha<90°$时

（1）电位梯度曲线的突出特点是曲线的不对称性；

（2）沿充电体倾向一侧曲线的变化较缓，而另一侧则变化较陡；

（3）当充电体的倾角不大时，曲线较近似于 $\alpha=0°$的情况；当充电体的倾角较大时，曲线则较近似于 $\alpha=90°$的情况。据此，可以根据电位梯度曲线的形态来判断充电体产状的陡缓。

（4）随着 α 角从 0°变到 90°，电位梯度曲线的零值点将由充电体中心上方移至顶端正上方，由此可以估计出充电体的中心位置。

图 10-81 为不同埋深（分别为 5、10、20cm）倾斜（$\alpha=60°$）薄板状体的充电场电位梯度曲线，由图可知：

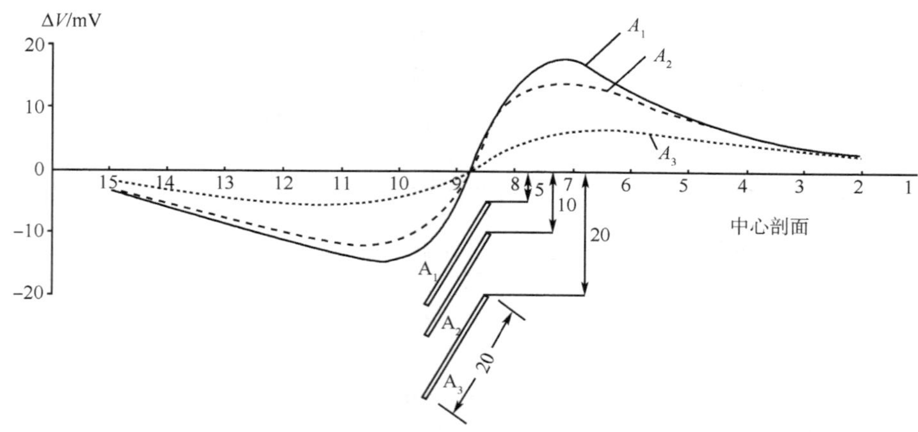

图 10-80 不同埋深（5cm、10cm、20cm）倾斜（$\alpha=60°$）薄板状体的充电场电位梯度曲线

（1）电位梯度曲线的零值点位置接近充电体至顶端正上方；

（2）随充电体埋深增大，曲线正负极值的幅度减小；

(3) 随充电体埋深增大,曲线的不对称逐渐消失。

六、井中大功率充电法资料的地形校正

在野外实际情况下,地形往往是起伏不平的,而地形的影响又是不可忽视的,它直接影响到异常的解释推断工作。因此,为了充分发挥近矿围岩充电法在普查找矿中的作用,有必要研究起伏地形条件下的电场分布规律,并研究对其进行地形校正的方法。地形校正往往采用比值法,校正结果表明效果良好(杨华、李金铭等,1999,戴光明、罗延钟,1997)。比值法的原理如下(杨华、李金铭等,1999)

$$U_g=\frac{U}{U'/U_0} \tag{10-120}$$

式中,U_g 为校正后的电位值;U' 为点源电场纯地形电位值;U_0 为水平地表情况下的点源电场电位值;U 为起伏地形条件下的电位值。

对电位改正后,利用改正后的电位曲线可以求到电位梯度曲线,图 10-81(戴光明和罗延钟,1997)为板状矿体山地形的实测和地形改正曲线。

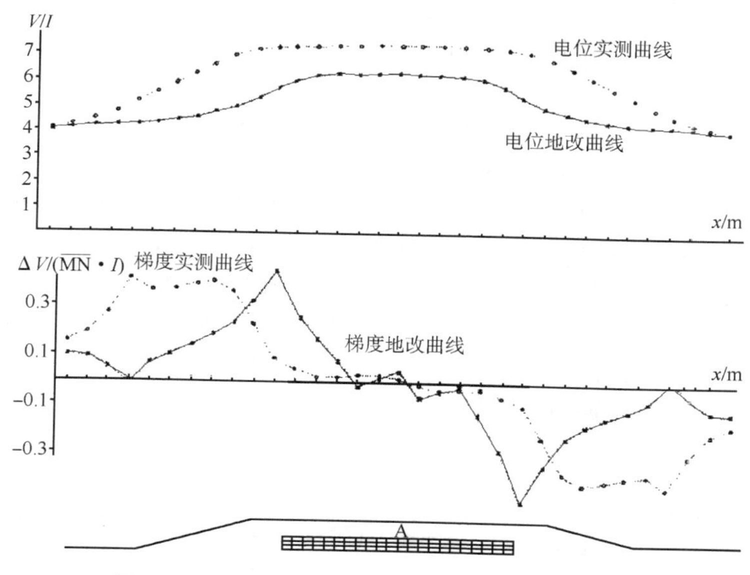

图 10-81 板状矿体山地形的实测和地形改正曲线

七、井中大功率充电法的应用

实例 1:图 10-82 是内蒙某多金属矿普查区 DHJ-28 号异常验证过程中井中充电法的应用实例。该异常是一个地面激电和化探的综合异常。经钻探初步验证,确定该异常是由良导性的金属硫化矿体引起的。起初,只在 ZK18 孔的浅部(52m 以上井段)见到较富的矿层,以后在 ZK19 孔除在 40m 附近见到矿层外。还在

280～320m井段又见到一个矿层。

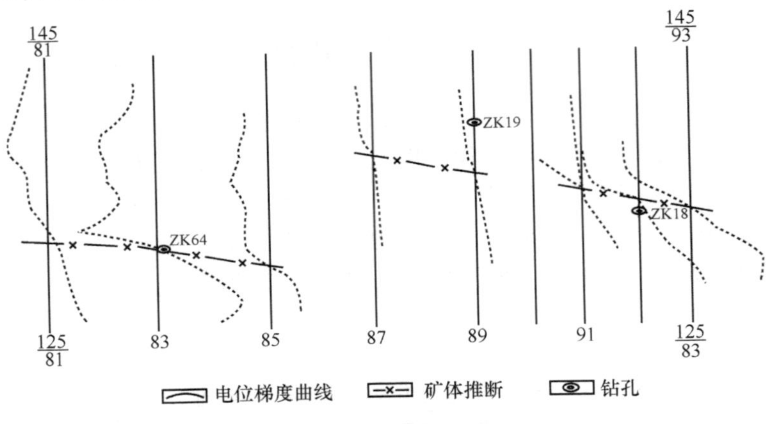

图 10-82　确定矿体走向及连通性

为了搞清两孔所见矿层的关系并确定矿体的走向和范围，分别在 ZK18 孔浅部矿层和 ZK19 孔深部矿层上充电，进行了井中充电法。由图可见：

(1) 当在两孔不同位置充电时，所得梯度曲线零值点连线的方向基本相同，特别是在 91 线，两孔充电结果梯度曲线都在同一点过零。这就说明，ZK18 和 ZK19 所见矿层是属于同一矿体。该矿体的走向方向为北东—南西方向。

(2) 以后，在 ZK64 孔浅部又见到了较好的含矿斜长橄榄岩。为了搞清 ZK64 孔所见矿层与前述矿层的关系，在 ZK64 也作了井中充电法。在这个钻孔所见含矿层上充电得到的电位梯度零值点连线虽然在走向上与 ZK18、ZK19 孔充电所得结果相同，但它们之间却有 150 余米的位移。因此两矿层相连通或属同一矿层的可能性很小，它们如果同属一层，则在 85 线到 87 线之间很可能有断层通过。

(3) 原来地面激电根据 η_s 等值线确定极化体的基本走向是北西-南东向，经过井中充电法后，对原地面激电圈定的走向作了修正。

实例 2：图 10-83 为西霞 ZK001 孔充电梯度测量归一化一次、二次电位差剖面

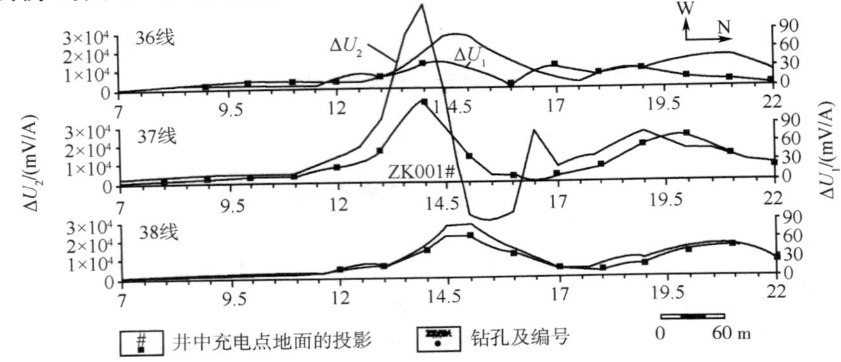

图 10-83　西霞 ZK001 孔充电梯度测量归一化一次、二次电位差剖面

(高长荣,2007)。极化率曲线在37线的钻孔附近有大正、大负异常,两侧的36、38线曲线平缓,说明极化体在钻孔附近最好,向西延伸到36线14.5点,向东不过38线,宽约50m,等值线图中也反映出这一特点。

实例3:图10-84是镜儿泉ZKX-1孔井中充电ΔV_2^a剖面图(张征,2005),镜儿泉铜镍矿区的硫化铜镍矿具有明显的低阻高极化的特征,矿化体在地表上无出露,其中早年(1989年)施工的ZK001孔,孔深420m见26m厚的铜镍矿,如今施工的ZKX-1孔位于ZK001孔以南50m,以西100m,孔深455m见6m厚的铜镍矿。

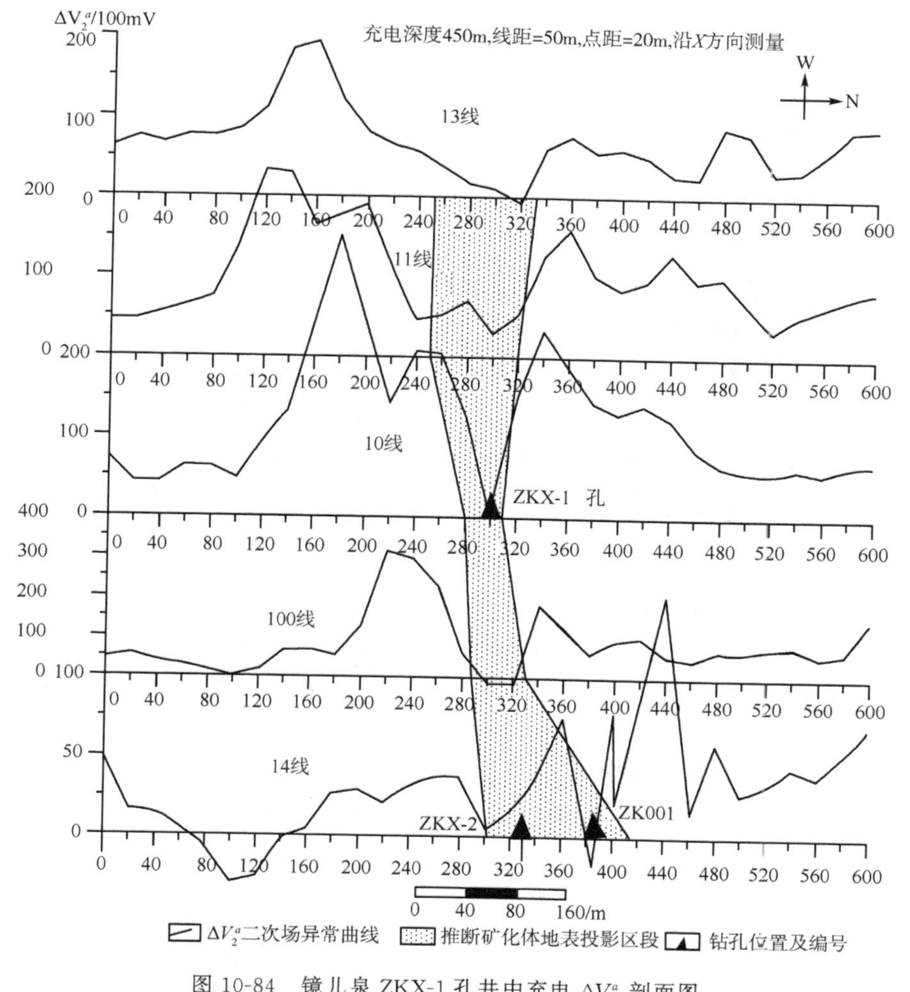

图10-84 镜儿泉ZKX-1孔井中充电ΔV_2^a剖面图

为了追索矿体,进行了井-地方式充电测量,充电深度455m,测量了以主勘探线为主的五条线,单剖面长600m,测线方向0°,点距为20m,线距为50m。MN为

40m,沿 X 方向测量。通过对井中充电的 ΔV_2^a 曲线分析,可能得到如下结论:

ΔV_2^a 曲线呈"双山峰夹一山谷"的形态,两"山峰"为矿体与两侧围岩接触带,"山谷"为矿体的平面投影段,连接每一剖面的投影段可得到矿化体的平面展布。从图可看出,平面投影为东西宽中部窄,走向为近东西向的板状体。最宽处为130m,最窄处为20m,长200m。

实例4(李治时,1983):井-井工作因ZK7203孔井壁易坍塌,无法放置测量电极,故仅在ZK7203孔内矿层充电(410m处),在ZK4209孔中进行观测,其结果如图10-85所示。

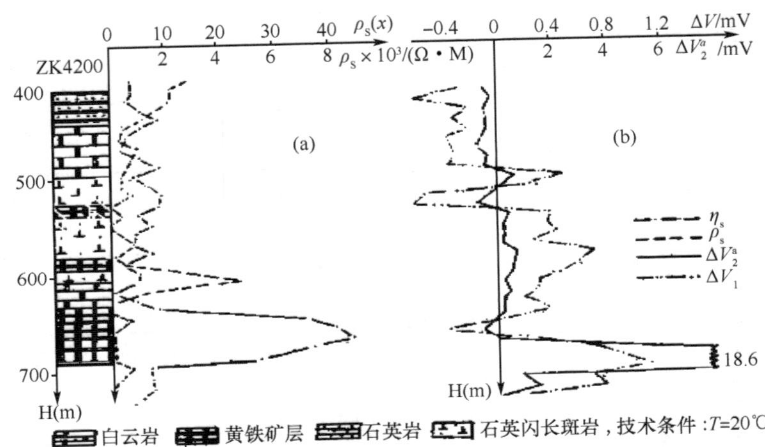

(a)ZK4209孔激电测井曲线;(b)于ZK7200孔充电(400m),在ZK4209孔中测量的激电测井曲线

图10-85　ZK4209孔激电测井曲线

图10-85(a)为ZK4209孔激电测井曲线,在638～688m硫铁矿层对应处出现一清晰的激电异常。但当于ZK7203孔矿层内供电时,在ZK4209孔中无论所测得的是一次电位或是二次电位异常,在638～688m矿层部位都出现了明显极大值。这就反映出两孔所控矿层可能属同一极化体。

通过井-地、井-井工作结果,认为ZK7203孔、ZK4209孔所控矿层是连续的,且大体呈东西延伸。但因测区范围较小,未能圈出完整延伸边界,拟在东西方向以后施工钻孔时再进行测量。

实例5(李黔西,2003):观测方法以S11号孔为例,见图10-86。充电点A极置于含水层段中心124m处,无穷远极距充电点为2.6km处,沿测线每2m采集一组数据。观测完充电点的有效范围后,再将孔内的充电点A极置于第二含水层段227m处,按上述方法观测并绘制剖面平面图,见图10-86。在剖面图中确定电位异常带和异常范围,以及电位梯度曲线零值的位置。S14、S17两孔亦然,并在控制长度中做一至两条测线重复观测,以便对比。

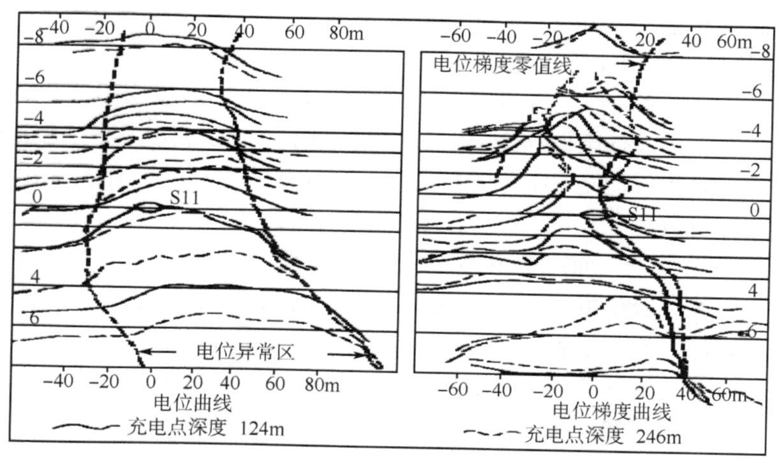

图 10-86 S11 水源钻孔充电法平面图

据三个钻孔充电法曲线特征对比，圈出测区内的异常带，并推断为溶洞裂隙富水带，对比分析可以看出，在垂向上不同深度的两含水层段中所反映的异常和异常带在平面中同属于一个位置和范围，故推断测区内三个水源孔所揭露的含水层均在一个统一的岩溶含水体中，其中并存多个含水层段的平面展布和延伸方向。通过水文钻孔抽水试验，证实推断是正确的。

实例 6（张兆京，1996）：从新疆哈密黄山矿区工作成果（图 10-87）可以看出：

(1) 当充电点分别位于 ZK1226—C_1（矿体内充电）和 C_2（矿体附近充电）时，其

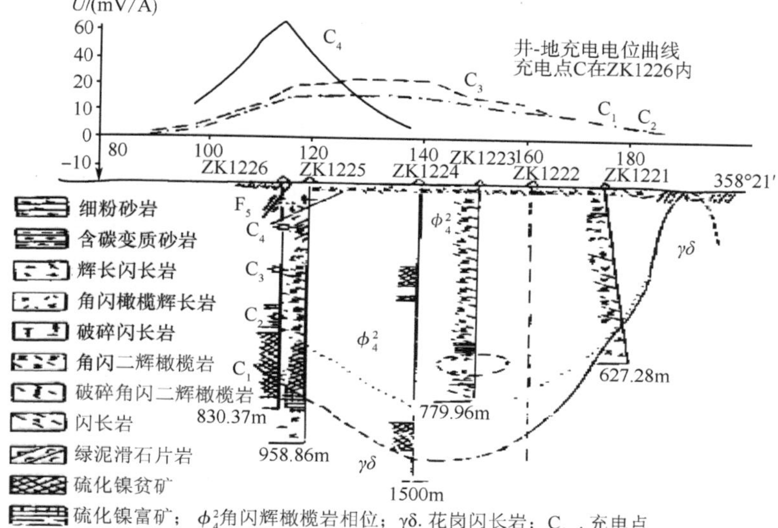

图 10-87 新疆哈密黄山铜镍矿区 122 线地下物探综合剖面

地面电位曲线形态及幅值完全一致。这意味着该深部矿体的规模较大，导电性良好，与围岩的导电性相比可视为理想导体。

(2) 从电位剖面曲线上可看到极大值向北偏移 150m，说明该充电点(C_1，C_2)北部上方应有一较大低阻体存在，该低阻体改变了(C_1，C_2)充电点电流线的正常分布。而这一低阻体可能是 ZK1224 在 300m 处所见的 Cu-Ni 矿体及低阻矿化带向南有较大延伸所致。

(3) C_3 充电的电位曲线幅值高于 C_1，C_2，说明该充电点基本上摆脱了该孔深部矿体对其电流线吸引的影响。电位极大值向北位移，主要是由所见浅部一矿体及低阻矿化带综合影响所致。

(4) C_4 充电点位于该孔浅部围岩中，电位极大值对应于充电点正上方。这是典型点电源正常场曲线。该电位曲线形态与各类矿体及矿化低阻体无关。

第十一章　井中瞬变电磁法

瞬变电磁法（transient electromagnetic methods，TEM），又叫时间域电磁法（time -domain eleclromagnetic methods，TDEM）。介质在一次电流脉冲场激励下会产生涡流，在脉冲间断期间涡流不会立即消失，在其周围空间形成随时间衰减的二次磁场。二次磁场随时间衰减的规律主要取决于异常体的导电性、体积规模和埋深，以及发射电流的形态和频率。因此，我们可以通过接收线圈测量的二次场空间分布形态，了解异常体的空间分布。与其他测深方法相比，它具有探测深度大、信息丰富、工作效率高等优点。它是近年来国内外发展得较快、地质效果较好的一种电法勘探分支方法。它主要应用于金属矿勘查、构造填图、油气田、煤田、地下水、地热以及冻土带和海洋地质等方面的研究，在国内外已取得了令人瞩目的效果。

井中瞬变电磁法是固体矿产勘查推崇的井中物探方法，该方法在我国起步较晚，目前正在危机矿山找矿中逐步开展示范和应用。该方法优点在于可以较好地寻找电子导电的矿体。井中瞬变电磁法方法是井中激发极化法的姐妹方法，它与井中激发极化法配合可用来进行贫矿中找富矿，即贫中找富。

第一节　井中瞬变电磁法测量原理

一、瞬变电磁法仪器工作原理

过去勘探队伍和设备主要集中于地质队、科研院所等，仪器主要为国产仪器。当时的国产商品化的仪器主要产自西安、廊坊、长沙等地。现在一些非物探专业部门、独立法人的企业，还有个人购买了进口仪器和国产仪器。在我国，20 世纪 70 年代初期开始着手研究瞬变电磁仪器系统。

最早研制是地矿部物化探研究所：WDC21、WDC22，后又研制了 IG-GETEM220 瞬变电磁系统。

1988 年西安物化探研究所：研制成功大功率的 LC21 系统，后又研制 EMRS21、EMRS22 瞬变电磁仪。

1992 年长沙高新技术产业区智通新技术研究所与中南工业大学合作生产出 SD21 型、SD22 型仪器。

白云仪器厂：在此基础上研制了 MSD21，B YF5MSD1 瞬变电磁系统。

1996 年石油天然总公司与西安石油仪器厂开始研制用于深部探测的大功率高精度瞬变电磁仪器。

北京矿产地质研究所王庆乙教授研制了 TEMS23S 瞬变电磁仪器。

吉林大学林君教授研制了 ATEM22 瞬变电磁仪器。

重庆奔腾数控技术研究所研制了 WTEM 系统。

限于我国电子技术工艺水平原因,虽然一些厂家在生产用于深部勘探的大功率仪器和用于浅部探测的小功率仪器,但在生产工艺、元器件焊接技术和性能稳定上都与国外仪器有很大的差距,受市场化作用的影响,国产仪器受冲击较大。市场上大的项目还是依靠进口仪器来完成。

目前国内没有生产航空电磁法仪器的厂家。接收磁探头方面:GDP32 配有接收磁芯磁探头;V6、V8 系列仪器配有专用的空心接收结圈,不太方便。国内已经有专门生产此探头的单位,可以生产浅、中、深三种不同型号的磁探头。

进口的国外仪器主要有:

(1)加拿大 Geonics 公司生产的 PROTEM 系统(PROTEM237,47,57,67);

(2)Phoenix 公司生产的 V6、V8 系统;

(3)美国 ZON GE 公司生产的 GDP232 系统;

(4)澳大利亚 SIROTEM 仪器和原苏联的 MPPO 仪器。

国外仪器的最大特点是接收机全智能化,形成多功能的工作站。

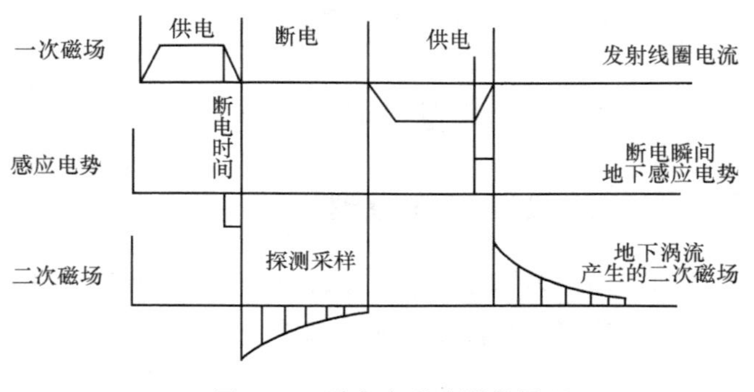

图 11-1 瞬变电磁法测量原理

高分辨率瞬变电磁技术是利用电磁感应的原理(图 11-1),利用发射装置发射超低频(VLF)电磁信号,在地下产生感应涡旋电流。感应电流产生二次场被电磁探测探头所接收,接收装置在断电后的时间上分为数个时间来接收二次场。二次场的大小与地下介质的电性有关。所接收信号为地面视电导率。

瞬变电磁法仪器由发射线圈、接收线圈、主机、数据采集器构成,操作简单。例如,使用 Geonics EM 61 地面电导率探测仪,采用 PR4000 野外计算机记录数据,采集电磁场的二次场数据。所测二次场数据为视电导率,毫西子(mS)为单位。所得数据由 GEOSOFT 绘图系统处理,通过数字滤波增强信号,绘出彩色等值线图数据,进行综合分析和解译。

二、井中瞬变电磁法工作方式

井中瞬变电磁法工作方式与井中激发极化法类似，有：

(1) 地面-井中工作方式(图 11-2)；

(2) 井中-地面工作方式(图 11-2)；

(3) 井中-井中工作方式(图 11-3)；

(4) 单井工作方式(图 11-3)。

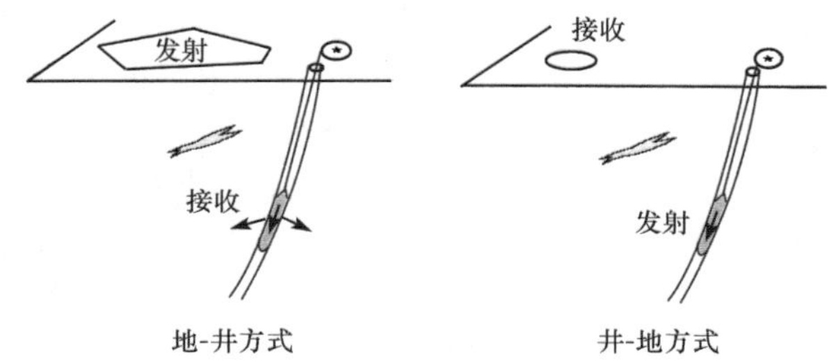

图 11-2　井中一地面瞬变电磁法工作方式

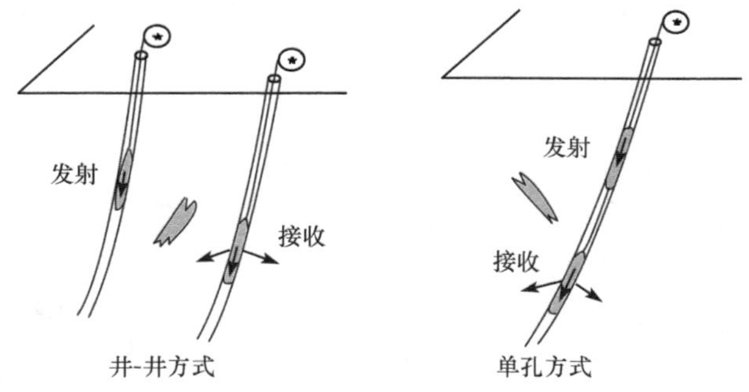

图 11-3　井中一井中瞬变电磁法工作方式

需要说明的是：

(1) 井中瞬变电磁法基本原理与地面瞬变电磁法一样，采用的仪器和测量数据的各种装置形式及时间窗口也相同。

如图 11-4 所示，井中瞬变电磁法就是在发射线圈供以交变电流一段时间后断电，在断电时接收线圈测量二次场的强度，并且测量二次场强度随时间的变化，通过二次场强度换算电阻率。①当发射线圈供以交变电流时，电流产生一次场；②一次场的磁通量在介质中(如金属目标矿体)变化产生感应电动势；③感应电动势产生涡流；④涡流产生二次场。

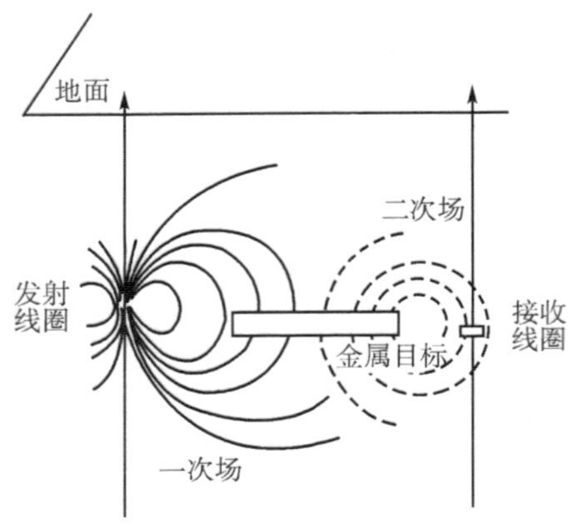

图 11-4　井中瞬变电磁法基本原理

(2) 由于井下施工环境的限制，不可能采用大线圈(边长大于 3m)装置形式，只能采用边长小于 3m 的多匝小线框，工作效率高。但是，用小边长重叠回线装置形式观测到的 U/I 值偏大，使计算出的视电阻率值偏小。因此，在井中发射接收的是线圈，包括单井工作方式的发射接收、地-井工作方式的接收、井-地工作方式的发射、井-井工作方式的发射接收，都是线圈。

(3) 在井中测量点距较密(一般为 2～10m)，降低体积效应的影响，提高了勘探分辨率，特别是横向分辨率。

(4) 在井中接收可以测量三个方向的二次场磁场强度，根据磁场强度可以换算为电阻率。

(5) 在实际中，井-地方式一般不采用，其原因是在井中发射线圈的条件受到限制，发射功率不大，当发射线圈位于井下较深时，地面难以接收到二次场；而对于井-井方式来说，井间间距也不宜过大，否则也存在该问题。

三、井中瞬变电磁法方位测量

井中瞬变电磁法可以像井中激发极化法的地-井方位测量一样进行方位测量，见图 11-5，可以在井的不同方位布置回线源。由于回线源的位置不同，一次场激发矿体的方向不同，所以矿体产生二次场不一样，可以用来判断矿体的方位。

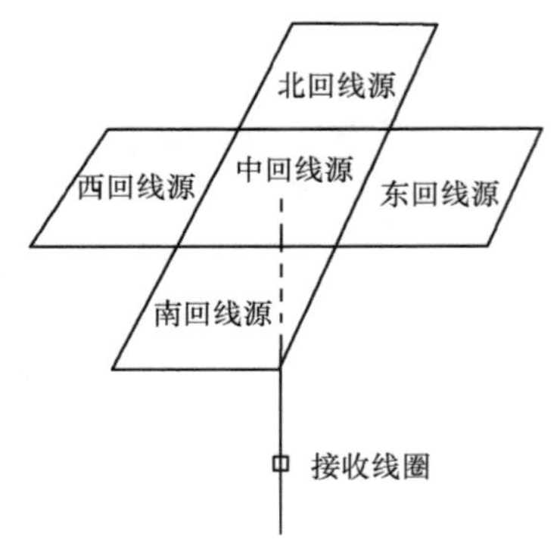

图 11-5　井中瞬变电磁法方位测量

四、烟 圈 效 应

由于电磁场在空气中传播的速度比在导电介质中传播的速度大得多，当一次电流断开时，一次磁场的剧烈变化首先传播到发射回线周围地表各点，因此，最初激发的感应电流局限于地表。

地表各处感应电流的分布也是不均匀的，在紧靠发射回线一次磁场最强的地表处感应电流最强。随着时间的推移，地下的感应电流便逐渐向下、向外扩散，其强度逐渐减弱，分布趋于均匀。研究结果表明，任一时刻的地下涡旋电流在地表产生的磁场可以等效为一个水平环状线电流的磁场。

在发射电流刚关断时，该环状线电流紧挨发射回线，与发射回线具有相同的形状。随着时间推移，该电流环向下、向外扩散，并逐渐变形为圆电流环。

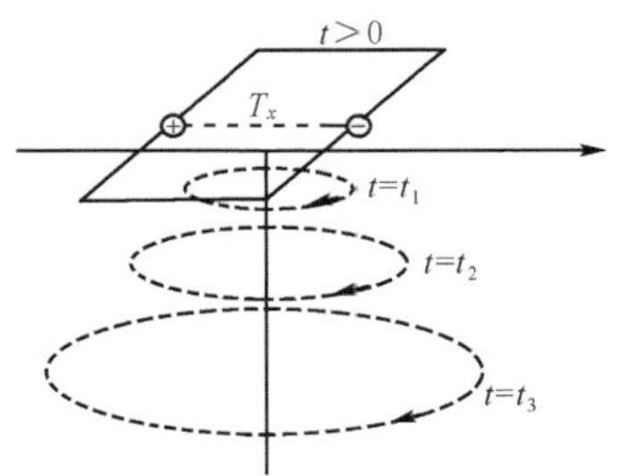

图 11-6　瞬变电磁场的烟圈效应（王新志等，2006）

等效电流环像从发射回线中“吹”出来的一系列“烟圈”，因此，人们将地下涡旋电流向下、向外扩散的过程形象地称为烟圈效应。见图 11-6，“烟圈”沿 47°倾斜锥面扩散。从烟圈效应的观点看，早期瞬变电磁场是由近地表的感应电流产生的，反映浅部电性分布；晚期瞬变电磁场随时间的变化规律，可以探测大地电性的垂向变化（王新志等，2006）。

第二节　井中瞬变电磁法的一次场

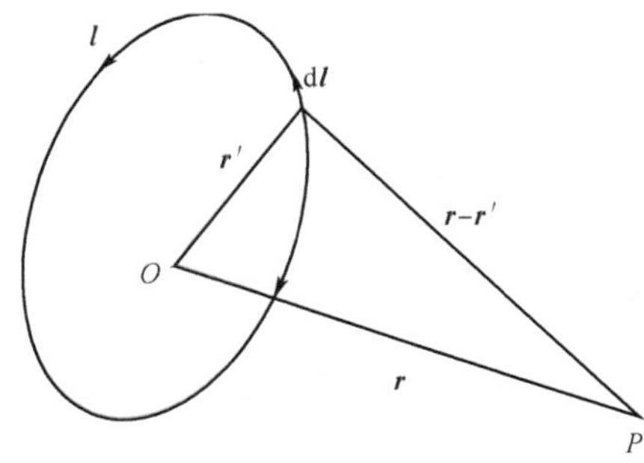

图 11-7　任意形状的电流环

长方形或正方形回线源以及圆形回线源的一次场（见附件（光盘））。圆形回线源的一次场可以近似地看成磁偶极子产生的一次场。下面，分析图 11-7 所示的任意形状的电流环在远离它的一点 P 产生的矢量磁位。选取坐标原点 O，使电流环上任意一点到它的距离 r' 均不超过环的线度。同时，$r \gg r'$，此时，电流环产生的磁位为

$$\boldsymbol{A}(r) = \frac{\mu_0 I}{4\pi}\oint_l \frac{\mathrm{d}\boldsymbol{l}'}{|\boldsymbol{r}-\boldsymbol{r}'|} \tag{11-1}$$

经推导并整理得到（牛中奇等，2001）

$$\boldsymbol{A}(r) = \frac{\mu_0 I}{4\pi r^3}\int_S \mathrm{d}\boldsymbol{S}\times\boldsymbol{r} = \frac{\mu_0}{4\pi r^3}\left(I\int_S \mathrm{d}\boldsymbol{S}\right)\times\boldsymbol{r} = \frac{\mu_0}{}\frac{\boldsymbol{m}\times\boldsymbol{r}}{4\pi r^3} \tag{11-2}$$

式中，$\boldsymbol{m} = \left(I\int_S \mathrm{d}\boldsymbol{S}\right)$为磁偶极矩；$S$ 为电流环面积。因为

$$\boldsymbol{B} = \nabla\times\boldsymbol{A} \tag{11-3}$$

又因为

$$\begin{aligned}\nabla\times\frac{\boldsymbol{m}\times\boldsymbol{r}}{r^3} &= \nabla\frac{1}{r^3}\times(\boldsymbol{m}\times\boldsymbol{r}) + \frac{1}{r^3}\nabla\times(\boldsymbol{m}\times\boldsymbol{r})\\ &= -\frac{3}{r^5}\boldsymbol{r}\times(\boldsymbol{m}\times\boldsymbol{r}) + \frac{1}{r^3}[\boldsymbol{m}\nabla\cdot r-(\boldsymbol{m}\cdot\nabla)\boldsymbol{r})]\\ &= -\frac{3}{r^5}[r^2\boldsymbol{m}-(\boldsymbol{m}\cdot\boldsymbol{r})\boldsymbol{r}] + \frac{1}{r^3}[3\boldsymbol{m}-\boldsymbol{m}]\end{aligned}$$

$$= \frac{1}{r^5}[3(\boldsymbol{m} \cdot \boldsymbol{r})\boldsymbol{r} - r^2\boldsymbol{m}] \tag{11-4}$$

所以

$$\boldsymbol{B} = \frac{\mu_0}{4\pi r^3}[3(\boldsymbol{m} \cdot \boldsymbol{r})\boldsymbol{r} - r^2\boldsymbol{m}] \tag{11-5}$$

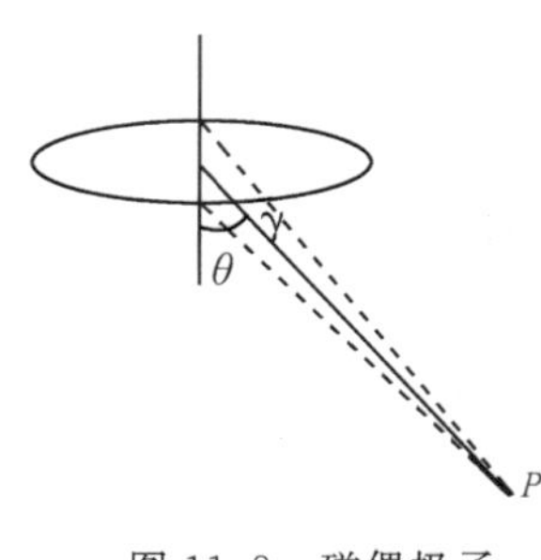

图 11-8　磁偶极子

如果磁偶极矩沿 z 方向，即 $\boldsymbol{m}=m_z^a$ 时，则电流环产生的磁位为

$$\boldsymbol{A}(r) = \frac{\mu_0 m \sin\theta}{4\pi r^2} a_\phi \tag{11-6}$$

式中，θ 为偶极子与 P 的夹角，如图 11-8。相应的磁感应强度为

$$\boldsymbol{B} = \frac{\mu_0 m}{4\pi r^3}[2\cos\theta a_r + \sin\theta a_\theta] \tag{11-7}$$

式中，a_r，a_θ 分别为 r，θ 方向的单位矢量。

第三节　井中瞬变电磁法的二次场

一、二次场的有关基本概念

介质在一次电流脉冲场激励下会产生涡流，在脉冲间断期间涡流不会立即消失，在其周围空间形成随时间衰减的二次磁场。二次磁场随时间衰减的规律主要取决于异常体的导电性、体积规模和埋深，以及发射电流的形态和频率等。

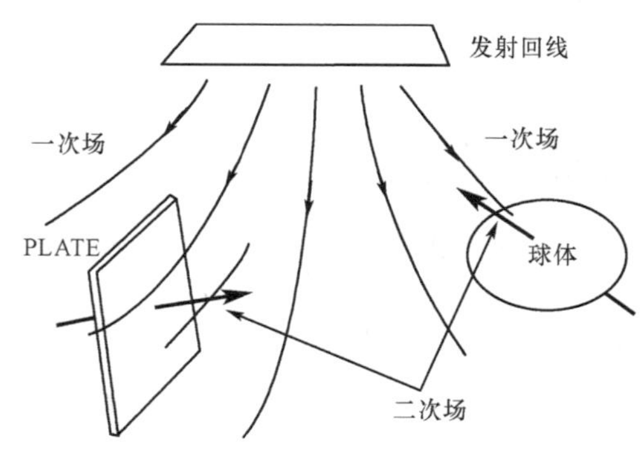

图 11-9　一次场和二次场(Eadie and Staltari，1987)

如图 11-9 所示，当发射线圈供以交变电流时，电流产生一次场；一次场的磁通量在介质中（如金属目标-矿体）变化产生感应电动势；感应电动势产生涡流；涡流产生二次场。

由图 11-9 可知：①对板状体来说，二次场取决于一次场的方向，一次场与二次场的方向不相同；②对球体来说，一次场与二次场的方向平行，但差 180°。

一次场的方向不一样会改变二次场，两种不同二次场产生的 Z 分量和 X 分量如图 11-10（朝上 Z 为正、朝右 X 为正）所示。

二次场异常的动态特征（或称为时间特性）反映了矿体中感应涡流随时间的衰

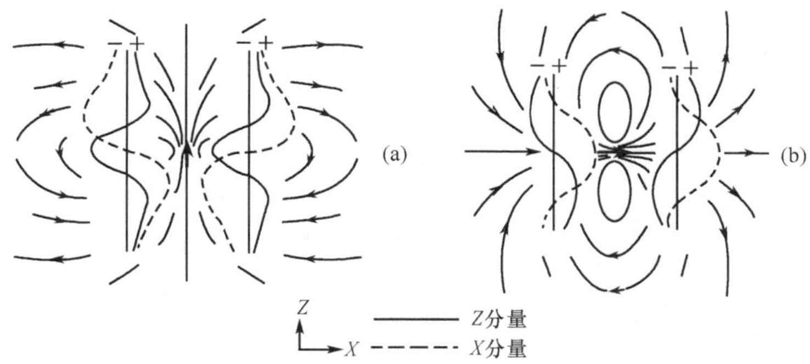

图 11-10 两种不同二次场产生的 Z 分量和 X 分量

变及在矿体内的扩散规律，通常分成早、中、晚期。

对时间谱曲线早、中、晚期的划分不能按具体的时间，从物理意义上讲：

(1) 早期：指一次场消失后的瞬间，此时的涡流分布于导体的边缘，相当于频率域中高频率极限分布情况；

(2) 中期：由于导体的欧姆损耗，边缘涡流立即开始衰减，边缘涡流所产生的局部磁场又激发起新的涡流，其结果是随时间使涡流向导体内移动，此时已进入中期阶段；

(3) 晚期：早、中期涡流的快速衰减也反映到外部磁场的衰减上，其规律并不是按指数的衰减规律。随后，涡流分布不再随时间变化，此时已进入晚期，此时，涡流及与之相关的磁场按指数规律衰减。

如图 11-11 所示：

(1) 在穿过矿体中部的 A 孔中(晚期)观测到始终为正的异常；

(2) 在穿过矿体边缘的 B 孔中，由于钻孔从位于早期涡流环的内侧(曲线 1)逐

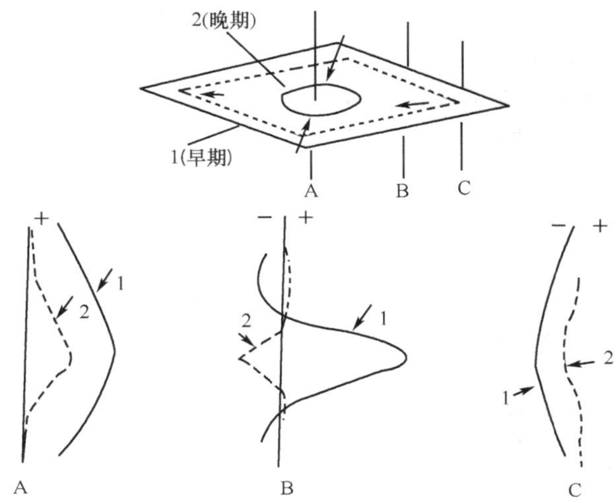

图 11-11 早、中、晚期(牛之琏，1987)

部转化为涡流环的外侧(曲线 2),因此观测异常由正变为负;

(3) 在矿体旁侧的 C 孔中,将得到幅度较小而始终为负的异常。

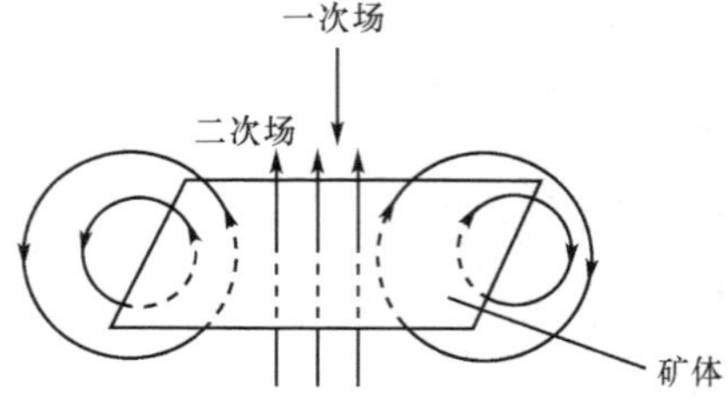

图 11-12 矿体产生的二次场

图 11-12 是矿体产生的二次场,当钻孔打在矿层中间时,测量得到的二次场井轴分量(向上为正,向下为负)为正;当钻孔打在矿层边缘时二次场井轴分量有正有负;当钻孔打在矿层之外时,二次场井轴分量始终为负值。

图 11-13(a)是地-井方式的测量原理;图 11-13(b)是发射、接收及采样延迟时间说明;图 11-13(c)为观测结果,当钻孔穿过矿体时,Z 分量是正异常;钻孔未穿过矿体时,Z 分量是负异常。

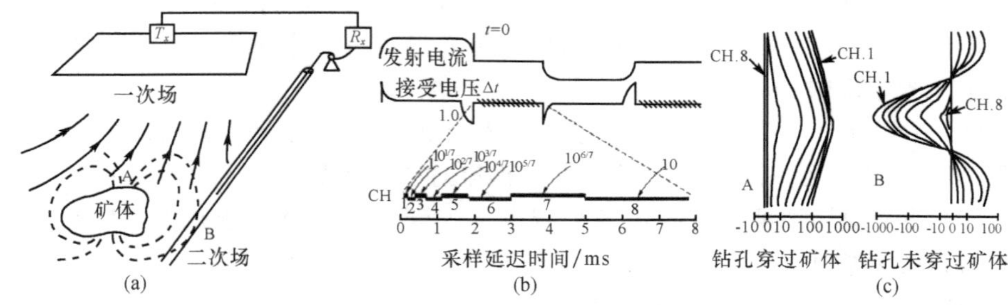

图 11-13 测量系统(Dyck and West, 1984)

二、井中瞬变电磁法测量的异常曲线特征

1. 异常的静态特征

异常的静态特征集中反映发射回线与目标物之间的耦合关系对异常形态及分布规律的影响。图 11-14 为矿体位于发射回线正下方的情况下,穿过矿体不同部位的 4 个钻孔所观测到的二次场井轴方向分量(向上为正,向下为负)曲线。

由图 11-14 可知:

(1) 钻孔 A 位于矿体中部,观测到始终为正的异常;

(2) 钻孔 B 位于矿体边缘,在矿体部位为负异常,在两侧为正异常;

(3) 钻孔 C、D 位于矿体外侧,观测二次场为负异常。

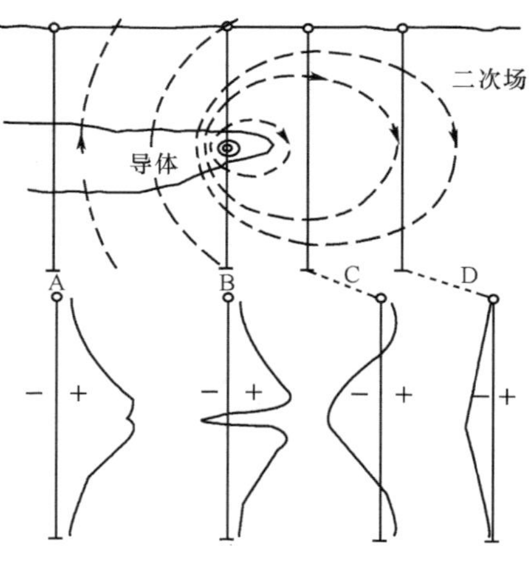

图 11-14 异常的静态特征

(Eadie and staltari,1987,牛之琏,1987)

2. 异常的动态特征

影响动态特性的主要因素是矿体的电性、形状及大小。如图 11-15 所示，在板状体上的异常将随板状体纵向电导值的改变而改变。S 值较大（S＝50 西门子）的矿体，早期异常值较小，但 1～8 道均观测到异常，说明衰减速度较慢；而在 S＝4 西门子的矿体上，尽管早期异常比前者大，但仅在 1～4 能观测到异常，说明随纵向电导的减小，异常随时间衰减速度较快。

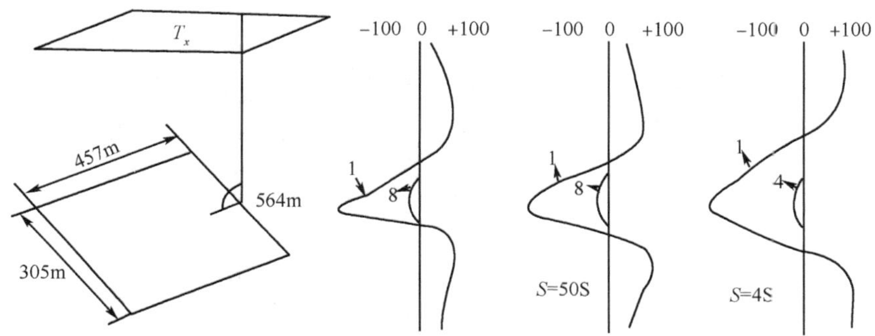

图 11-15　异常的动态特征（牛之琏，1987）

纵向电导变化对异常影响的另一点是对异常过零点宽度的改变，它反映纵向电导大小对导体中涡流扩散速度的影响。如图 11-15 所示，随 S 值的减小，异常曲线过零点之间的间距增大，说明涡流扩散速度随 S 值减小而增大，但是，S 值的改变并不影响到异常形态的改变。

3. 方位测量的异常曲线特征

如图 11-16 所示，钻孔位于矿体旁侧，由图可知（朝上 Z 为正、朝右 X 为正）：

（1）当发射回线在板状体上方时（发射 2），由于激发场离矿体近，产生的 Z 分量（实线）和 X 分量（虚线）大；

（2）当发射回线在板状体左或右上方时（发射 1、发射 3），由于激发场离矿体远，产生的 Z 分量和 X 分量小；

（3）发射 1、发射 3 激发场的方向相反，产生的 Z 分量和 X 分量大小相近，但符号相反。

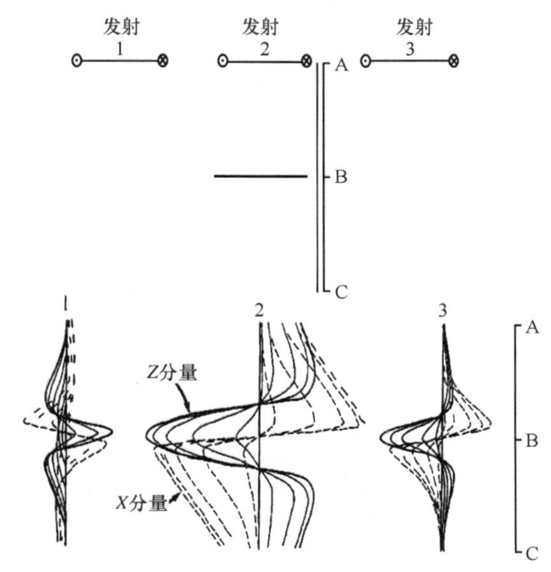

图 11-16　水平板状体二次场（Eadie and Staltari，1987）

如图 11-17 所示，当板状矿体倾斜为－60°时和矿体倾斜为 60°时的 X(虚线)和 Z 分量(实线)。

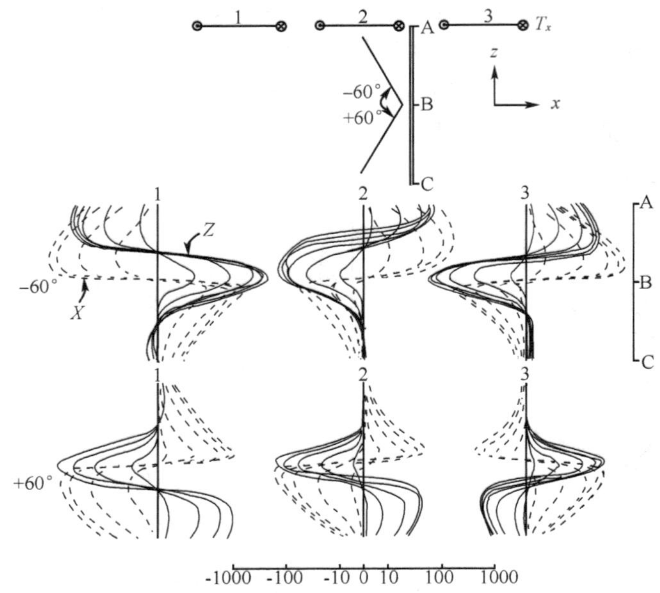

图 11-17　倾斜板状矿体二次场(Dyck and West,1984)

如图 11-18 所示，钻孔位于矿体(球体)旁侧，由图可知(朝上 Z 为正、朝右 X 为正)：

(1) 当发射回线在球体上方时(发射 2)，由于激发场离矿体近，产生的 Z 分量(实线)和 X 分量(虚线)大；

(2) 发射 1、发射 3 激发场的方向相反，产生的 Z 分量和 X 分量大小相近，但

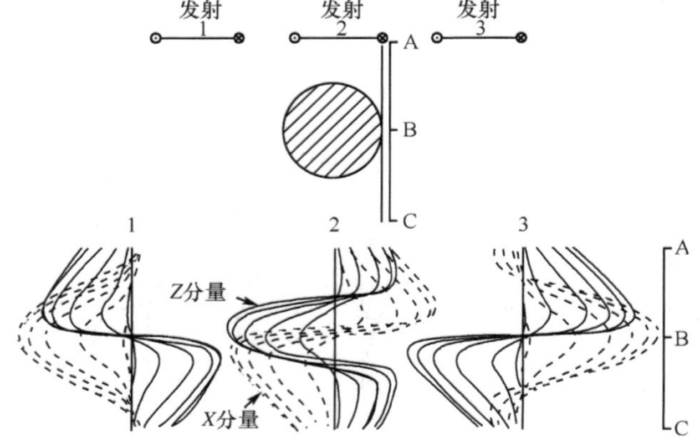

图 11-18　球体二次场(Eadie and Staltari,1987)

符号相反。

如图 11-19 所示，钻孔变化，从 −500 变化到 +500，由图可知：

(1) 从 −500′～−100′，钻孔穿过板状体，产生的 Z 分量是正异常；

(2) 从 −100′～0′，钻孔在板状体边缘，产生的 Z 分量有正也有负；

(3) 从 0′～+500′，钻孔处在板外（涡流外），产生的 Z 分量是负异常，并且钻孔离板越远，异常幅度越小。

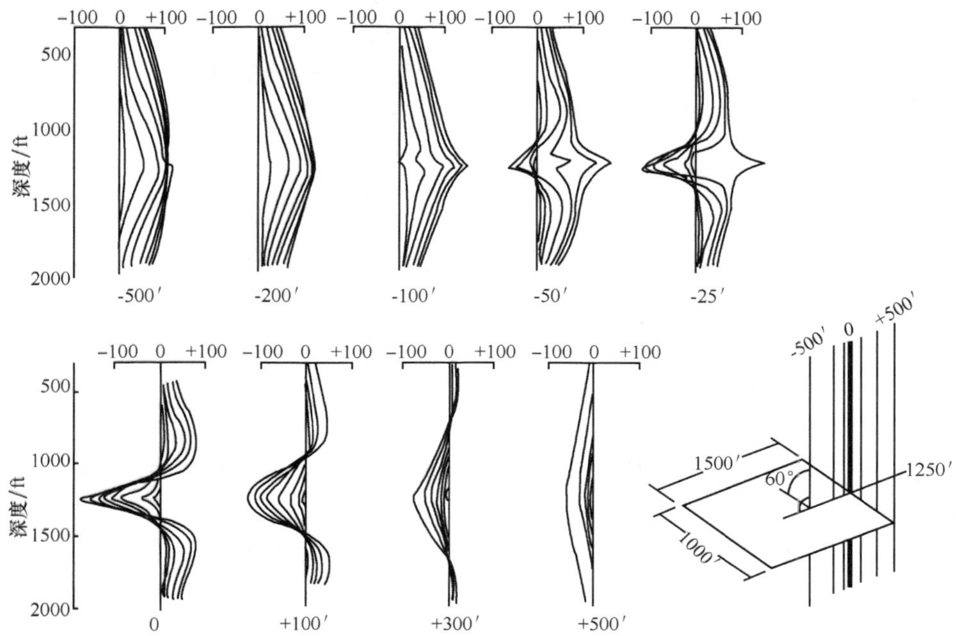

图 11-19　钻孔位置位于水平板状体不同位置的二次场（Eadie and Staltari，1987）

第四节　井中瞬变电磁法的探测深度

井中瞬变电磁法的可探测范围受多种因素的影响，例如仪器的功率、灵敏度、发送回线边长、人文干扰、地质噪声及来自外部的电磁噪声和天电干扰等，这些因素都将影响到信噪比的大小，从而不同程度上影响井中瞬变电磁法的可探测范围。此外，还直接与探测目标物的形状、大小及物性参数有关。

电磁偶极法能量衰减快，其勘探深度比回线法要小，一般为几十米至百米。因此，在寻找深部隐伏矿时，回线法更为常用。

对于回线法来说，瞬变电磁的探测深度与发送磁矩覆盖层电阻率及最小可分辨电压有关（薛国强等，2003）。

$$t = 2\pi \times 10^{-7} h^2 / \rho \tag{11-8}$$

在中心回线下，时间与表层电阻率间的关系为

$$t = \mu_0 \left[\frac{(M/\eta)^2}{400(\pi\rho_1)^3} \right]^{1/5} \tag{11-9}$$

式中，M 为发送磁矩；ρ_1 为电阻率；η 为最小可分辨电压，其大小与目标层几何参数和观测时间段有关。联立以上两式得

$$h = 0.55\left(\frac{M\rho_1}{\eta}\right)^{1/5} \tag{11-10}$$

以上公式为工作中常用来计算探测深度的公式。

假设发射回线为正方形，边长为 100m，供电电流 10A，最小可分辨电压为 0.5nV，$\rho=150\Omega \cdot m$，则利用上式计算得到的探测深度为

$$h = 0.55\left(\frac{100 \times 100 \times 10 \times 150}{0.5 \times 10^{-6}}\right)^{1/5} \approx 531(\mathrm{m}) \tag{11-11}$$

需要说明的是：

(1) 可以加大发射电流，增大探测深度，也可以增大发射线圈边长来增大探测深度。

(2) 增强仪器的最小分辨电压可增大探测深度。如果以上问题中最小可分辨电压为 0.25nV，则计算得到的探测深度为 1061m。

(3) 对于井-地方式来说，发射回线在地面，接收线圈在井中，只要一次场能激发到矿体，接收线圈就可以接收到矿体产生的二次场，就这点来说，探测深度就会增大。

(4) 对于井-井方式来说，由于发射线圈在井中，接近矿体，当一次场激发矿体，矿体产生较大的二次场，因此，对于井-井方式来说，井有多深，探测深度就有多大，探测深度的估计不受以上公式控制。但是，同时存在两口井的条件比较苛刻。如果存在两口井，两口井的间距不宜过大。其原因是在井中发射线圈的功率受到限制，井间透距不大，井间透距的大小还取决于井间介质的性质等因素，一般来说电导率越大，透距越小。

(5) 对于井-地方式来说，发射线圈在井中，接近矿体，当一次场激发矿体，矿体产生较大的二次场，但是，接收线圈在地面，探测深度取决于二次场的衰减程度和发射线圈的功率，但是，在井中发射线圈的功率受到限制，因此，该种方式的探测深度受到限制，所以，目前国内外很少采用该方式。

第五节　井中瞬变电磁法的解释实例

实例 1：图 11-20 说明 GERT-9266 井中脉冲电磁法三个理论模型计算结果与井中测量结果的比较。图 11-20(a)为平面图，在>10%硫化物矿体地面投影周围布置发射回线（东、南、西、北四个回线）；图 11-20(b)为发射线圈及矿体；图

11-20(c)为野外测量数据；图 11-20(d)为球体模型计算结果；图 11-20(e)为向上倾斜板模型计算结果；图 11-20(f)为向下倾斜板模型计算结果。图中 E 表示早期，L 为晚期。由图可知，野外测量结果与球体理论模型计算结果较一致，但野外测量结果更接近球体和板状体理论模型计算结果的综合反映。

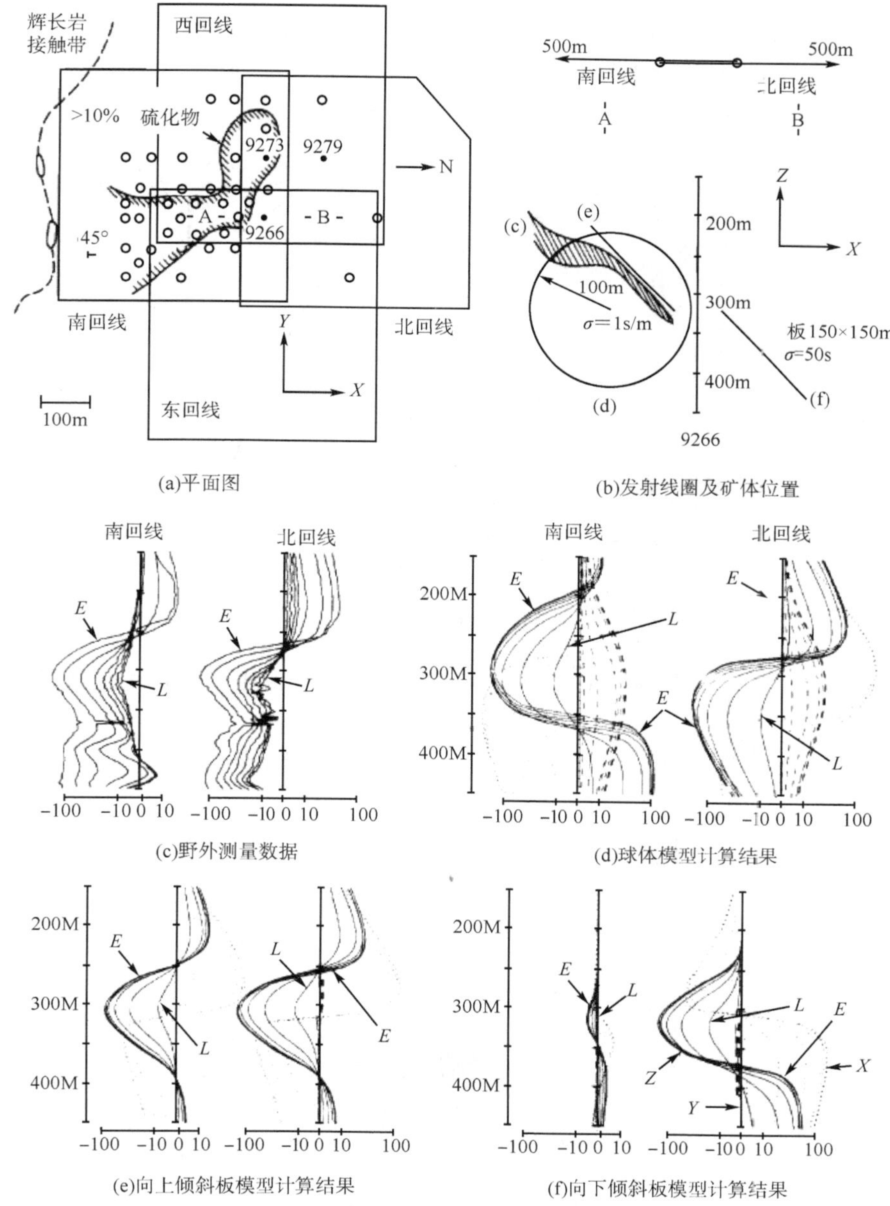

图 11-20　板状体和球体模型计算结果与 9266 井测量结果的比较(Dyck and West,1984)

实例 2:图 11-21 是加拿大拉布拉多猎狗镍矿井中测量实例。图中是较高导电性矿化橄长岩的镍矿。钻孔穿过该矿化橄长岩的镍矿,并进行井中瞬变电磁法测量。图 11-21(a)表示在穿过该矿化橄长岩的镍矿的 Z 分量为正异常,及晚期(一个周期)的 Z 分量;图 11-21(b)表示在穿过该矿化橄长岩的镍矿的 X 分量(晚期)为正异常,及晚期(一个周期)的 X 分量;图 11-21(c)表示在穿过该矿化橄长岩的镍矿的 Y 分量为正异常,及晚期(一个周期)的 Y 分量。X、Y 分量在矿体井段为负异常,Z 分量在矿体井段为正异常。

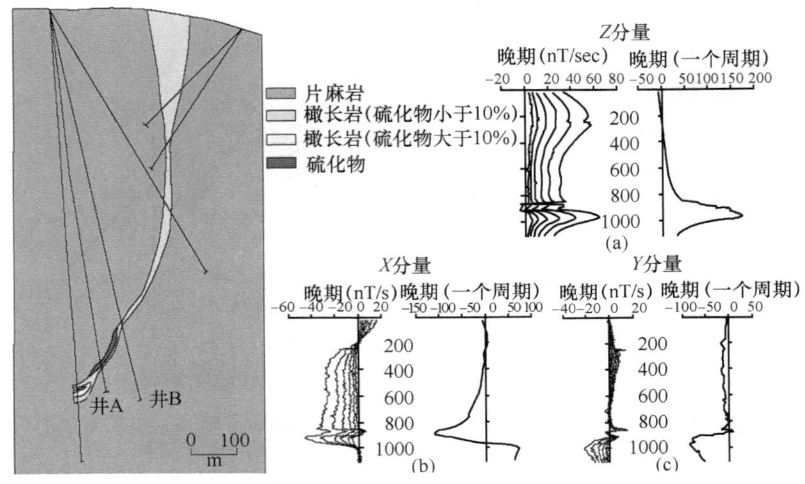

图 11-21　加拿大拉布拉多猎狗镍矿井中测量实例(Ravenhurst,2001)

实例 3:图 11-22 加拿大 Chisel 湖矿区井中瞬变电磁法 Z 分量测量结果。该矿

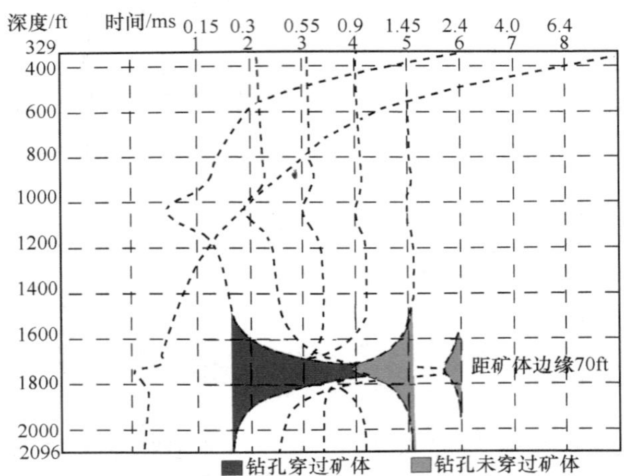

图11-22　加拿大 Chisel 湖矿区井中瞬变电磁法 Z 分量(Vowles at al. ,2000)

层位于热液交替带，富集绢云母和亚氯酸盐，其中含有 Zn、Fe、Pb、Cu、As、Au 和 Ag 等矿物。钻孔位于矿体旁侧的 Z 分量。

实例 4：图 11-23 为澳大利亚南部 Kanmantoo Trough 矿区某口井井中瞬变电磁法（转换为电导率）和磁化率测量结果。由图可知，在黄铁矿和磁黄铁矿层段电导率高，磁化率高。

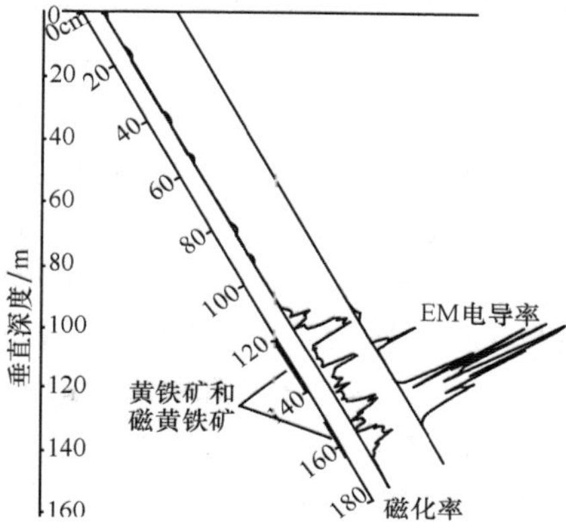

图 11-23　井中瞬变电磁法（转换为电导率）和磁化率测量结果（Lane，1987）

第十二章　井中电磁波法

以上所述的井中磁测、激发极化测井、地-井方式、井-地方式井中激发极化法、井中大功率充电法、井中瞬变电磁法等方法可以在只有一个钻孔的条件下进行，以下要介绍的井中电磁波、井中声透视法等，则需要在两个钻孔条件下进行。

钻孔电磁波法由于采用百千赫至数十兆赫的高频，使涉及介质的范围大大超过感应区而进入波区。在高频条件下，岩石介质中不仅有传导电流，还有位移电流。它们相互作用，使导电率和介电常数不同的介质出现吸收不同电磁波能量的现象。利用这一现象，可以了解介质性质。电磁波在传播过程中，遇到介质界面会发生散射，包括对规则界面的反射，这是了解探测对象的又一个方面。在单孔或在两个钻孔中进行测量，了解电磁波的能量，就可实现上述目的。

现在，电磁波探测金属矿体以及岩溶洞已越来越显示出特殊作用。在坑道中探测煤断层、陷落柱等方面也显示出明显的效果。进些年来，在油田勘探中用来探测储集层的含油、水性。

第一节　均匀无限介质中的电磁波

一、波 动 方 程

电磁波的空间传播，可用下述波动方程描述

$$\nabla^2 \boldsymbol{E} + k^2 \boldsymbol{E} = 0 \tag{12-1}$$

$$\nabla^2 \boldsymbol{H} + k^2 \boldsymbol{H} = 0$$

这是无源区的波动方程。它由电磁现象的基本方程式——麦克斯韦方程组导出的。

$$\nabla \times \boldsymbol{H} = i + \frac{\partial \boldsymbol{D}}{\partial t} = \sigma \boldsymbol{E} + \omega \frac{\partial \boldsymbol{E}}{\partial t} = -\mathrm{j}\omega\left(\varepsilon + \mathrm{j}\frac{\sigma}{\omega}\right)\boldsymbol{E} = -\mathrm{j}\omega\,\varepsilon\,\boldsymbol{E} \tag{12-2}$$

$$\nabla \times \boldsymbol{E} = -\frac{\partial \boldsymbol{B}}{\partial t} \tag{12-3}$$

$$\nabla \cdot \boldsymbol{B} = \nabla \cdot \boldsymbol{H} = 0 \tag{12-4}$$

$$\nabla \cdot \boldsymbol{D} = \nabla \cdot \boldsymbol{E} = 0 \tag{12-5}$$

这是无源区的方程组，并以谐变场 $\boldsymbol{E} = \boldsymbol{E}_0 \mathrm{e}^{-\mathrm{j}\omega t}$，$\boldsymbol{H} = \boldsymbol{H}_0 \mathrm{e}^{-\mathrm{j}\omega t}$ 描述。

二、均匀无限岩石介质中的波

电磁波通过天线向介质辐射，在整个介质空间中就会有电磁场形式。电流元

$Idl(I=I_0 e^{-j\omega t})$在均匀无限介质中产生的场，可由波动方程式解得。表达式在球坐标(图 12-1)为

$$E_r = \frac{Idle^{-j\omega t}}{2\pi\omega\varepsilon}\left(\frac{k}{r^2}+\frac{j}{r^3}\right)e^{jkr}\cos\theta \tag{12-6}$$

$$E_\theta = \frac{Idle^{-j\omega t}}{4\pi\omega\varepsilon}\left(\frac{-jk^2}{r}+\frac{k}{r^2}+\frac{j}{r^3}\right)e^{jkr}\sin\theta \tag{12-7}$$

$$H_\phi = \frac{Idle^{-j\omega t}}{4\pi}\left(\frac{-jk}{r}+\frac{1}{r^2}\right)e^{jkr}\sin\theta \tag{12-8}$$

式中，dl 为电流元的长度；I 为电流幅值，它在 dl 上处处相等；k 为传播常数。对以上公式讨论如下：

(1) k 为传播常数，等于 $\omega\sqrt{\mu\bar{\varepsilon}}$；$\bar{\varepsilon}$ 为复介电常数。

(2) 这是一种轴(Z)对称的场，在发射条件(Idl,ω)一定、介质性质一定的条件下，只与 r、θ 有关，它与 r 的关系较复杂。

(3) 在 r 很小区域，这个区域称为感应区，各式中的 $1/r$ 低次方项可忽略，此时，电场以 E_r 为主，H_ϕ 很小。

(4) 在 r 很大区域，这个区域称为波区、远区，各式中的 $1/r$ 高次方项可忽略，因此只有 E_θ、H_ϕ 两个量，$\boldsymbol{E}\times\boldsymbol{H}$ 在 r 方向上，即能量沿传播方向向外发散。

(5) 电磁波法所涉区域是远区。在远区

$$E_\theta/H_\phi = \left(\sqrt{\mu/\bar{\varepsilon}} = \sqrt{\mu/\left(\varepsilon + j\,\frac{\sigma}{\omega}\right)}\right) \tag{12-9}$$

以 η 表示，η 是一个以欧姆为单位的量，称为“本质阻抗”或“波阻抗”，可用以了解介质性质。

(6) 就三个场分量与 θ 的关系来说，$\theta=0°$处(Z 轴上)，E_r 最大，而 E_θ 及 H_ϕ 为零；$\theta=90°$处(偶极子轴中心的轴垂向方向)，E_θ 及 H_ϕ 最大，而 E_r 为零。

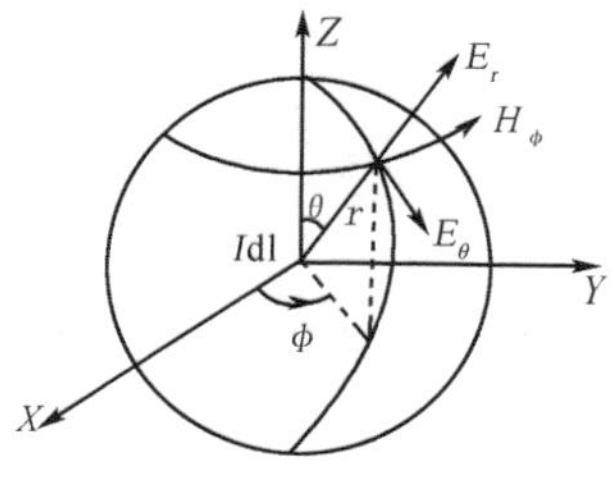

图 12-1　球坐标

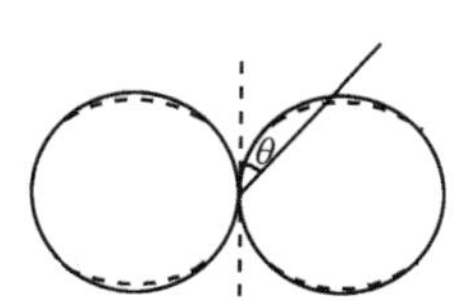

图 12-2　场量的方向性

这反映了场量的方向性，取各个方向上相同 r 的 E_θ(或 H_ϕ)值，可画成方向性图(图 12-2 实线部分)，它表示出偶极子发射的方向性。

(7) α、β值

如前所述，$k=\sqrt{\mu\tilde{\varepsilon}}=\sqrt{\mu(\varepsilon+\frac{j\sigma}{\omega})}=\alpha+j\beta$，由此解出$\alpha$、$\beta$值

$$\alpha=\sqrt{\frac{1}{2}\sqrt{1+\left(\frac{\sigma}{\omega\varepsilon}\right)^2}+1}\ ,\ \beta=\sqrt{\frac{1}{2}\sqrt{1+\left(\frac{\sigma}{\omega\varepsilon}\right)^2}-1} \tag{12-10}$$

这是两个与介质性质和工作频率有关的量。

相位系数α(图 12-3)：相位系数随频率f增大而增大，随电阻率ρ减小而增大(高频时，ρ影响小)，随介电常数ε增大而增大(低频时，ε影响小)；吸收系数β(图 12-4)：吸收系数随频率f增大而增大，在高频情况下，β随电导率的增大和ε减小而增大。

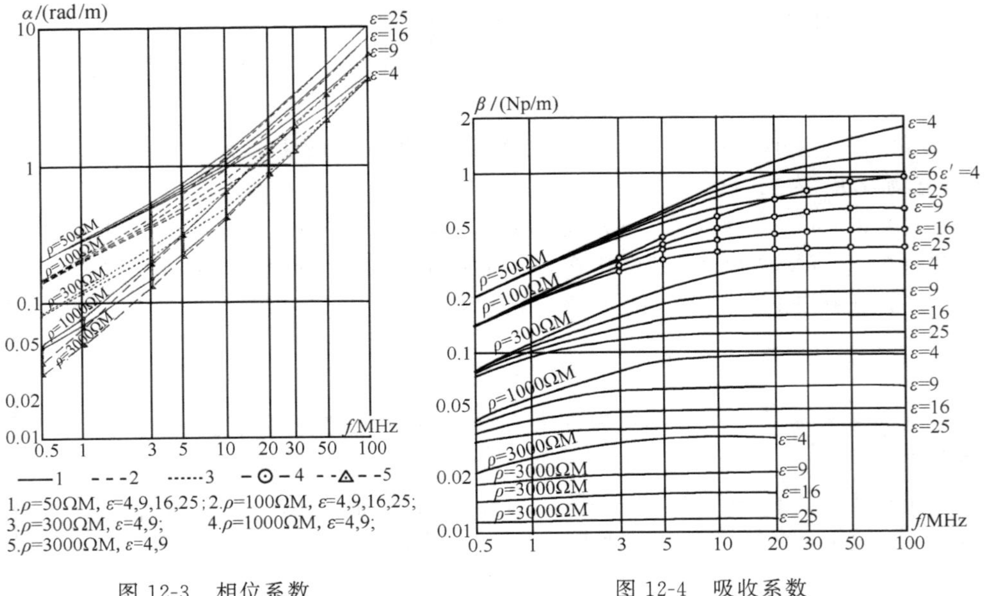

图 12-3　相位系数　　　　图 12-4　吸收系数

第二节　测量原理

钻孔电磁波法在一口井中发射，另一口井中进行测量(图 12-5)。

根据电流元偶极子在均匀无限介质中场的公式，在远区E_θ有(图 12-6)

$$E_\theta=E=\frac{-\mathrm{j}I\mathrm{d}l\omega\mu}{4\pi r}\mathrm{e}^{-\mathrm{j}(\omega t-kr)}\sin\theta=\frac{I\mathrm{d}l\omega\mu}{4\pi r}\cdot\frac{1}{r}\sin\theta\cdot\mathrm{e}^{-\mathrm{j}(\omega t+\pi/2)}\mathrm{e}^{\mathrm{j}(\alpha+\mathrm{j}\beta)r}$$

$$=E_0\frac{\mathrm{e}^{-\beta r}}{r}\sin\theta\cdot\mathrm{e}^{-\mathrm{j}(\omega t+\pi/2-\alpha)}=|E|\cdot\mathrm{e}^{-\mathrm{j}(\omega t+\pi/2-\alpha)} \tag{12-11}$$

其中

$$|E|=E_0\frac{\mathrm{e}^{-\beta r}}{r}\sin\theta \tag{12-12}$$

这是电流元极子的常用场强公式(单位为 V·m),式中 $E_0 = \frac{Idl\omega\mu}{4\pi r}$,单位 V。

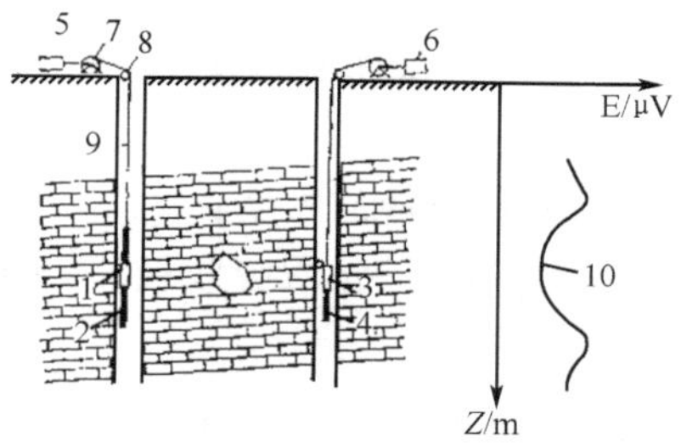

1.发射机; 2.发射机偶极天线; 3.接收机; 4.接收机鞭状天线; 5.发射机地面控制面板; 6.记录仪; 7.绞车; 8.井口滑轮; 9.电缆; 10.场强曲线

图 12-5　钻孔电磁波法示意图

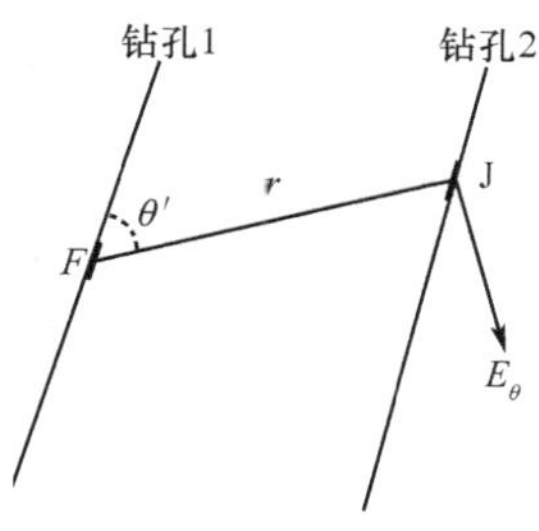

图 12-6　测量原理

第三节　工作方法技术

工作技术主要包括剖面参数测定、仪器工作条件的选择和测量方式的选择等。

一、剖面参数的测定

了解井下介质的吸收系数值及其变化的情况是钻孔电磁波工作的基础。一般可做两种测量工作。

1. 视电阻率法测量

视电阻率法测量用来了解剖面直流导电性的变化情况。取适当的电极距,可以直接利用测量结果估算 β 的大致数值。

2. 单孔剖面法测量

单孔剖面法测量用来了解剖面交流导电性的变化情况。采用较小的电极距(数米),利用直达波测量,为了抑制过大的直达波值,可以采用短天线,此时 r 分量场强 E_r 为

$$E_r = E'_0 \cdot \frac{e^{-\beta r}}{r^2}\cos\theta \tag{12-13}$$

或者测值

$$V_r = V'_0 \cdot \frac{e^{-\beta r}}{r^2}\cos^2\theta \tag{12-14}$$

即

$$\ln\frac{V'_0}{V_r} = 2\ln L + \beta L \text{（当 } \theta=0° \text{时,} L \text{ 为天线距）} \tag{12-15}$$

测值显示反映 β 值大小,并可用上式大致估算 β 数值。另外,β 数值估算还可以利用多个天线距的单孔测量结果进行计算。

二、工作频率的选择

根据工作地区的具体条件，通过试验来选择适当的工作频率，一般选取原则如下：

(1) 井距较小，使用较高的频率；井距较大，使用较低的频率；

(2) 介质(主要是围岩)吸收较大，使用较低的频率；介质吸收较小，使用较高的频率；

(3) 目的体截面小，使用较高的频率；截面大，使用较低的频率；

(4) 在吸收系数、矿体、井距等条件允许下，尽量选用较高的频率，以提高目的体的分辨率；

(5) 在使用较低的频率时，应注意到高吸收段的测值和低吸收段的测值尽可能不超过仪器的测量范围，提高资料的利用程度。

三、天线距的选择

进行单孔测量，对不同测量目的应分别选择天线距。为了解剖面电性所进行的单孔测量，一般应取小天线距(如小于一个波长)，相应的，天线长度也应缩短，以便抑制直达波值，使之不致太大，以免分辨不出电性的变化。为进行单孔干涉法测量，以了解钻孔周围的目的体，就需要选用较大的天线距，这样就能扩大探测范围，使反射波在数值上可以和直达波相比拟，以获得较为明显的干涉现象。同时，为了取得完整的干涉资料，需要选取数个天线距。其最大的天线距应根据所用频率的穿透距离、目的体到钻孔的大致距离和剖面的不均匀程度等因素来考虑。

四、测量方式选择

应该根据剖面的条件来选择测量方式。剖面大致可以分为两类剖面：高阻(导电性差，吸收较小)剖面和低阻(导电性好，吸收较大)剖面。

1. 高阻(导电性差，吸收较小)剖面

对于高阻(导电性差，吸收较小)剖面，可以进行双孔测量，也可以进行单孔测量。钻孔条件允许时，两种测量都应进行，以便资料的相互补充和印证。对于这种剖面要注意：

(1) 双孔常常是先进行同步测量，以便较快地发现异常；

(2) 然后再在异常中心深度进行定点测量，以了解异常形态特征；

(3) 最后再根据异常特征，在异常段上增加其他的测量方式(如斜同步)。

(4) 单孔应取干涉现象为起点，然后在异常段上增减天线距进行测量，直至取得中心异常呈周期变化的资料后，才结束测量。

(5) 为了获得完整的干涉现象(曲线起伏谷峰点的确定位置)，一般不应大于 $\lambda/5$。f 较低时，可比此稍密；f 较高时，可比此稍疏。如果有条件，在不进行点测读数的下放或提升过程中，进行连续曲线的记录。

2. 低阻(导电性好，吸收较大)剖面

对于低阻(导电性好，吸收较大)剖面，常常因为吸收大而测不到反射波。这时：

(1) 对于当吸收不很大或目的体离钻孔不甚远时，可以改变天线距，试验单孔测量。

(2) 有时，由于天线距合适，使反射波和直达波在幅度上差别不悬殊，尽管幅度都很小，却还能显示出干涉现象，这种情形，单孔测量应予重视。

(3) 双孔测量低阻(导电性好，吸收较大)剖面，对于发现高阻目的体还是有一定作用的。

(4) 定点测量的资料对解释更有利一些，可以在异常段上进行多种方式的定点测量，然后再根据需要辅以同步曲线。

(5) 对于钻孔没有发现目的层的剖面，还是应该先采用同步测量方式，以了解整个剖面有无异常，但必须注意，有时同步曲线不一定能反映出异常。

第四节　解释方法

常规解释方法是指在野外通过少量计算即能对异常进行解释的方法。这些方法的解释基础是几何光学，即认为电磁波是沿着发射天线到接收天线的连线方向(通常称为射线)呈直线传播。在本节中先假定所要探测的地质体处于均匀无限各向同性的介质中，钻孔歪斜不大，近于铅垂。

一、对　比　法

对比是指实测曲线和均匀无限介质的正常场曲线相对比。原则上说，偏离正常场曲线的实测曲线部分即为异常带。异常现象有以下三种(图 12-7)：

(1) 阴影异常：实测曲线的异常部分低于理论曲线[图 12-7(a)]；

(2) 透明异常：实测曲线的异常部分高于理论曲线[图 12-7(b)]；

(3) 干涉条纹：实测曲线相对于理论正常场曲线出现有规律的振荡现象，低吸收介质中比较明显[图 12-7(c)]。

由此可见，对比法的关键在于正确地确定正常场，将实测曲线与正常场进行比较，了解异常部分。

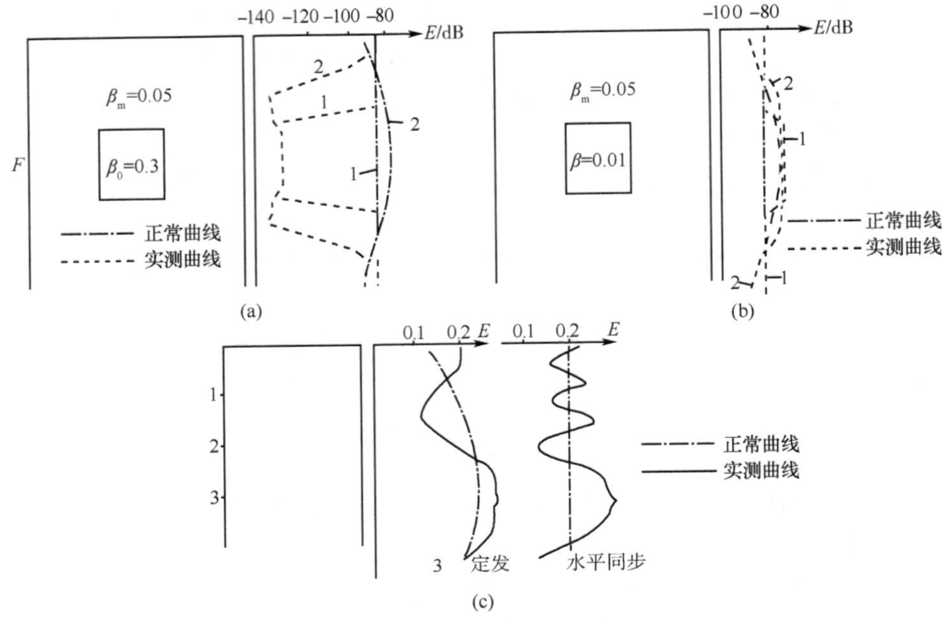

1.水平同步曲线和正常曲线的对比；2.定发曲线和正常曲线的对比

图 12-7　实测曲线和正常场曲线对比

二、交　会　法

交会法是根据现测异常，在确定了异常边界之后圈定地质体范围的主要手段，也是野外最常用的方法。它的优点是简捷，直观，可以在现场作出初步推断。

平面交会法应用的条件是：两个钻孔铅直平行或近似平行，即穿透面可看为平面。在对比法的基础上肯定了阴影异常的存在。至于如何确定异常边界，以下根据模型实验结果来讨论确定阴影异常边界的一些初步规律。

(1) 同步观测方式：阴影的边界可以半值点确定，值得指出的是，当屏蔽异常的中心出现亮点时，不应将一个异常划分为两个。

(2) 定点观测方式：异常边界随地质体到测线的距离 d 以及地质体切面的宽度而变化。一般的质体阴影异常的边界大致与曲线变化梯度最大的点相靠近。在实际工作中，由于曲线变化复杂而难于确定最大梯度点，尤其是矿体相对钻孔为倾斜时，现象将更为复杂。因此，定点观测结果不容易准确地定出异常边界，不同地区也可以总结出一些经验法则来划分边界。

在异常边界的位置和异常中心的位置确定之后，将边界点（或中心点）与对应的发射点相连接，此连线表示矿体的几何阴影范围（或中心）。根据多条曲线的几何阴影边界(或异常中心)交会的结果,可勾出地质体的大致轮廓(或中心点位置)。

图 12-8 介绍了交会法的作法。其中:

曲线 1 为水平同步观测结果。A、B 为异常边界点。

曲线 2 为发低斜同步观测结果。异常边界点为 C、D。

曲线 3 为发高斜同步曲线。边界点为 E、F′。

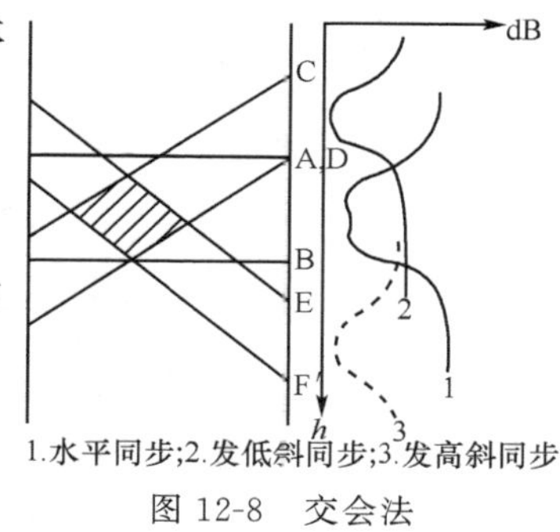

图 12-8　交会法

三、屏蔽系数和导波系数法

在对比法的基础上引申的屏蔽系数和导波系数法,提供了确定异常边界和针对探测地区确定有意义异常的一种手段。

(一)屏蔽系数和导波系数的定义

屏蔽系数 C_s,定义为理论正常场值 E_0 与实际观 E 值之比,即

$$C_s = E_0/E \tag{12-16}$$

导波系数 C_g 则定义为屏蔽系数的倒数,即

$$C_g = E/E_0 \tag{12-17}$$

显然,①地质体对电波的传播起屏蔽作用或其衰减现象大于围岩时,场强值将小于计算的正常场,因此屏蔽系数总大于 1。②地质体相对围岩为不同程度的透明体时,则导波系数大于 1。

(二)屏蔽系数和导波系数的应用

为了获得屏蔽系数或导波系数与地质体的关系,可以先在已知矿区或已知矿段通过试验总结出矿体的 C_s 或 C_g 真值。以此为标准,可以确定哪些异常是与已知矿体可以比拟的,哪些异常可以摒弃。此外,根据已知矿体的 C_s 或 C_g 值,也是划分具体地区异常边界的手段。例如,根据某已知矿体的实际结果,矿体的屏蔽系数大于 100,即 $C_s \geqslant 100$(或异常与背景相差 40dB);而当 $C_s > 10$(20dB)即进入有意义异常区。在类似矿区,这个经验值即可作为划分异常边界、判断有意义异常的标准。

C_s 或 C_g 真值在解释中可用两种方式表示。

(1) 射线表示法。①从射点向各个测点作连线;②在每条测线上将相应的 C_s 或 C_g 真值标上。则有意义异常区即明显可见。

此外,也可以用矢量来表示各条射线的 C_s 或 C_g 真值,即①以发、收连线各自收到的方向作为矢量的方向;②其长度则正比于 C_s 或 C_g 真值;③在矢量长度达到标准值处可定为异常边界,并可在此基础上作交会法(图 12-9)。

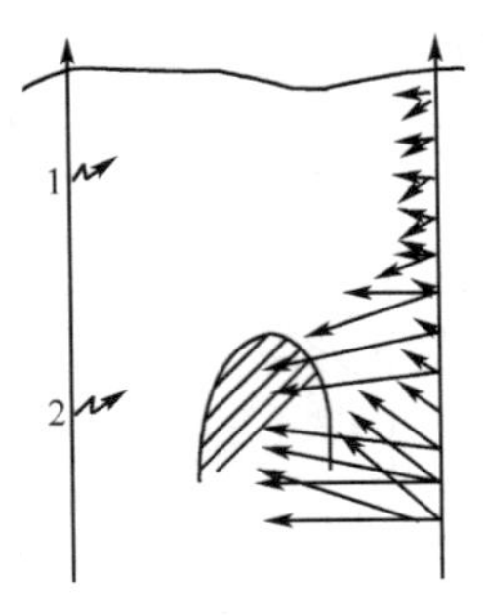

图 12-9　C_s 或 C_g 矢量图

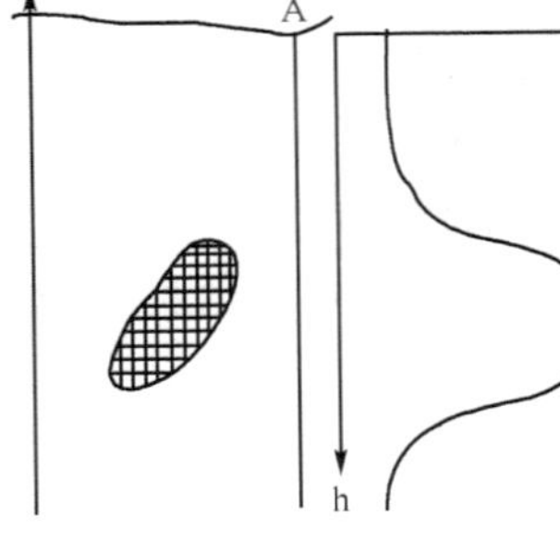

图 12-10　C_s 或 C_g 曲线

（2）曲线表示法。以孔深为纵坐标，相应各点的 C_s 或 C_g 真值为横坐标，由此作成的曲线也能清晰地表示出异常边界（图 12-10）。

四、视吸收系数法

在介质均匀的条件下，利用辐射区的场强公式求出介质的吸收系数 β。如果地电条件比较复杂，也先求出吸收系数。此时吸收系数将是射线在穿透过程中受不同介质影响的一个含有平均意义的吸收系数，称为视吸收系数，记为 β_s。

在辐射区，接收天线测得的场强幅值为

$$|E| = E_0 \frac{e^{-\beta_s \cdot r}}{r} \sin\theta \tag{12-18}$$

在一孔发射，在另两孔测量（图 12-11）便有

$$|E|_1 = E_0 \frac{e^{-\beta_s \cdot r_1}}{r} \sin\theta_1 \text{ , } |E|_2 = E_0 \frac{e^{-\beta_s \cdot r_2}}{r} \sin\theta_2$$

求解以上两式，便有

$$\beta_s = \frac{1}{r_2 - r_1} \ln\left(\frac{|E|_1}{|E|_2} \cdot \frac{r_1}{r_2} \cdot \frac{\sin\theta_2}{\sin\theta_1} \right) \tag{12-19}$$

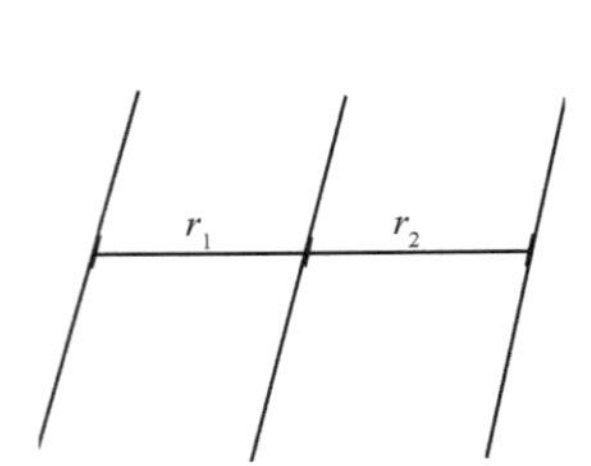

图 12-11　双孔计算吸收系数法

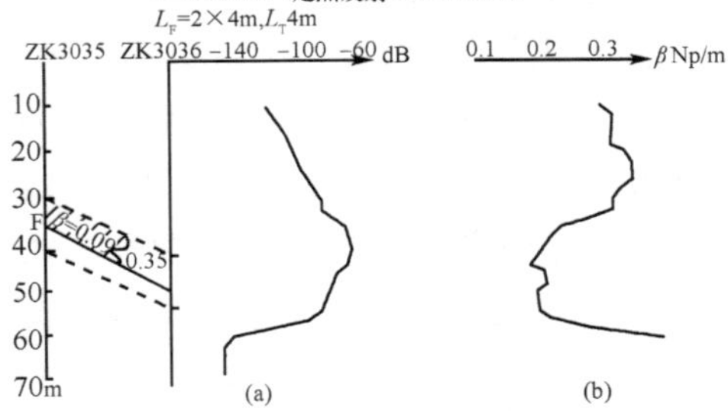

图 12-12　场强曲线(a)和吸收系数(b)

如图 12-12 所示，其中图(a)为场强曲线，图(b)为吸收系数。该地区为围岩高吸收、矿体呈透明体的地电模型，45～50m 处在低吸收带中有一局部高吸收区，解

释为矿体延伸不齐。

五、代数重现法

在处理方法上，代数重现着眼于介质不均匀的复杂地电模型，即首先就认为介质是不均匀的，只在很小的范围内可视为均匀。将传播空间分成一些小块，每块视为均匀。根据公式，令 $\overline{Y}=\beta_s R$，求得每条射线的方程为

$$\overline{Y}=\beta_s R=\ln\frac{E_0^* f(\theta)\cos\theta'}{ER} \tag{12-20}$$

按照电波直线传播的观点，$\beta_s R$ 应等于射线穿过的各小块的衰减作用的总和，即

$$\beta_s R=\sum\beta_i r_i$$

式中，β_i 为某小块的衰减系数；r_i 为射线穿过某小块的距离。如图 12-13，有

$$\beta_s R=\sum\beta_i r_i=D_1\beta_{11}+D_2\beta_{12}+D_3\beta_7+D_4\beta_8+D_5\beta_9+D_6\beta_4+D_7\beta_5=\overline{Y} \tag{12-21}$$

设第 i 条射线穿过第 j 个方块的距离记作 D_{ij}，第 j 块的衰减系数 β_j，则有

$$R_i=\sum_j D_{ij}$$

$$\overline{Y_i}=\sum_i D_{ij}\cdot\beta_j \tag{12-22}$$

式中，R_i 是可测量的；D_{ij} 也可求出，设方块数为 N，则求的未知数为 β_j，$j=1,2,\cdots,N$。设射线数为 M，可写出如下方程组

$$\begin{cases}D_{11}\beta_1+D_{12}\beta_2+\cdots+D_{1j}\beta_j+\cdots+D_{1N}\beta_N=\overline{Y_1}\\ D_{21}\beta_1+D_{22}\beta_2+\cdots+D_{2j}\beta_j+\cdots+D_{2N}\beta_N=\overline{Y_2}\\ \cdots\cdots\\ D_{i1}\beta_1+D_{i2}\beta_2+\cdots+D_{ij}\beta_j+\cdots+D_{iN}\beta_N=\overline{Y}_i\\ \cdots\cdots\\ D_{M1}\beta_1+D_{M2}\beta_2+\cdots+D_{Mj}\beta_j+\cdots+D_{MN}\beta_N=\overline{Y}_M\end{cases} \tag{12-23}$$

这个方程组的一般形式为

$$[D_{ij}]\cdot[\beta_j]=[\overline{Y}_i] \tag{12-24}$$

式中，$[D]$ 为系数矩阵，代表各条射线穿过各个小块的小距离；$[\beta]$ 为未知系数矩阵，代表待求的各小块的衰减系数；$[D]$ 为常数项，即在各观测方式下与测值 E_i 有关的常数。解出此方程组，求得各小块的衰减系数，即可绘制出视吸收系数剖面（图 12-14）。

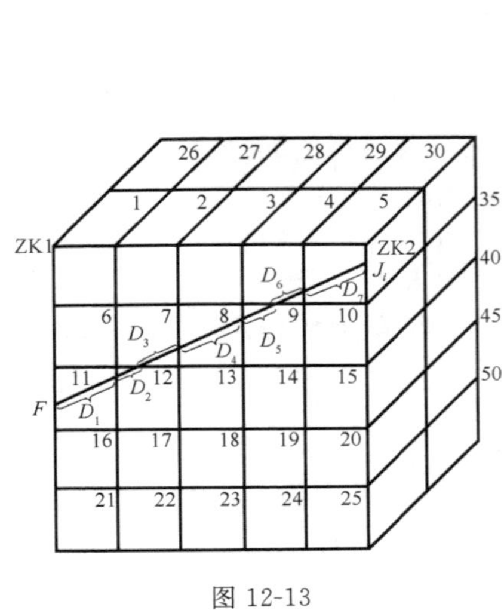

图 12-13

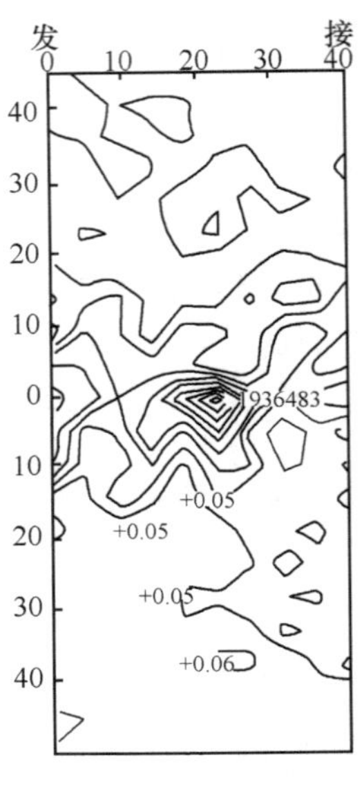

图 12-14　视吸收系数剖面

第五节　井中电磁波的应用

一、划分岩性及矿层

图 12-15(《钻孔电磁波法》编写组，1982)是某矿区 ZK2165 电磁波测井和电测井曲线对比图，在 214m 以上一段矿层部位，电位电极系测井结果异常反映已不十分明显，梯度电极系测井结果异常反映更不明显。而电磁波测井曲线在矿层截面陡然跃起，反映出铬铁矿及其围岩高频电性差异大于直流电性的差异，说明电磁波法比用一般直流电法探测这类铬铁矿更具有优越性。

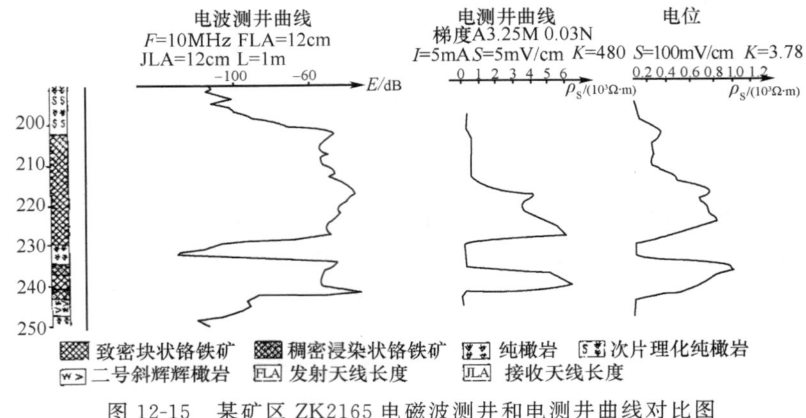

图 12-15　某矿区 ZK2165 电磁波测井和电测井曲线对比图

电磁波透视在探测铬铁矿方面取得好的应用效果(符宏如和姜家贵,1986)。图 12-16 是某一矿区吸收系数剖面图,表 12-1 是铬铁矿与岩石的吸收系数,图 12-17是某铬铁矿区吸收剖面,图 12-18 是某矿区铬铁矿区实测曲线。

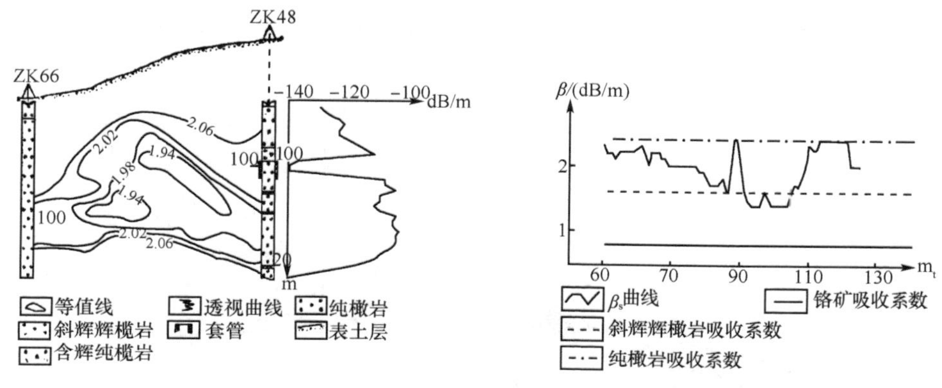

图 12-16　某一矿区吸收系数剖面图　　　图 12-17　某铬铁矿区吸收剖面

表 12-1　铬铁矿与岩石的吸收系数

岩(矿)石名称	频率/MHz	吸收系数/dB	视电阻率/(Ω·m)
铬铁矿	20	0.81	12500
	30	0.83	
纯橄岩	20	2.39	4200
	30	3.8	
斜辉辉橄岩	20	1.35～1.59	5300
	30	2.14～2.2	

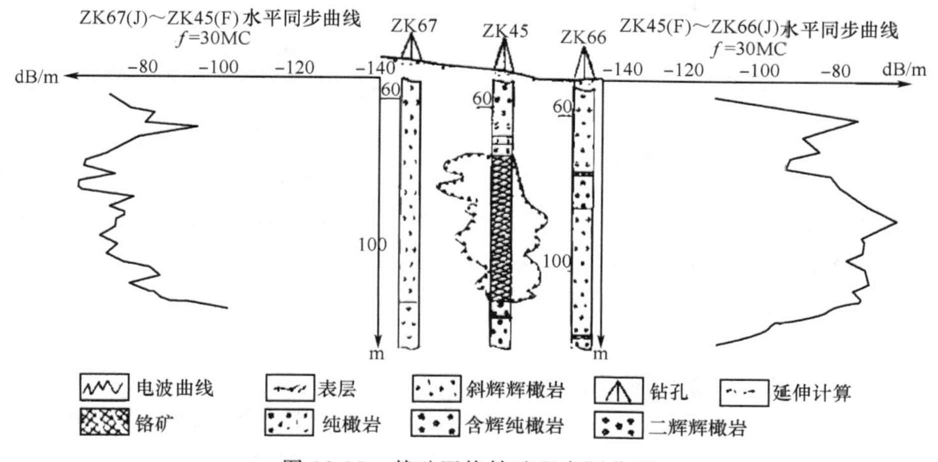

图 12-18　某矿区铬铁矿区实测曲线

二、探测溶洞和地下暗河

图 12-19(《钻孔电磁波法》编写组,1982)是在乌江某一个坝区,ZK51-ZK26 剖面的电磁波透视实测曲线,采用交会法得到的成果图。图中清晰地显示两个溶洞,这些溶洞已为已有地质资料证实。

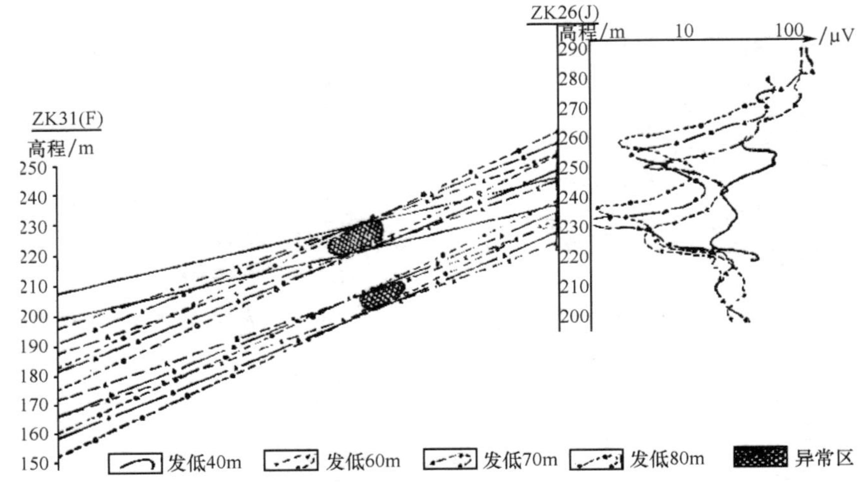

图 12-19　无线电波透视法圈定灰岩溶洞

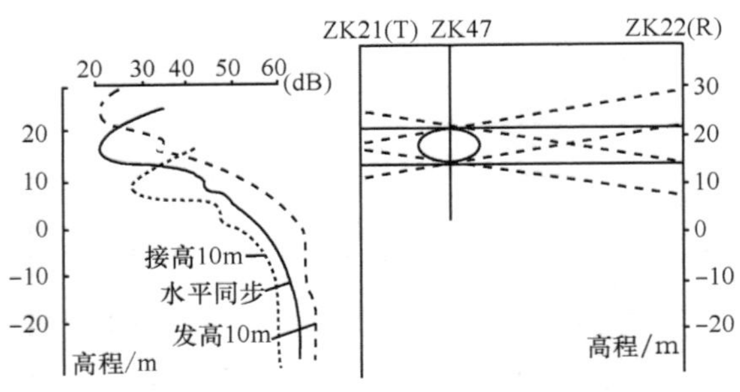

图 12-20　无线电波透视法圈定灰岩溶洞

图 12-20(朱希安等,2002)为某电站双孔透视的一个实例。透视区内全为中厚灰岩,岩性均匀。图中给出了水平同步及接收 10m、发射高 10m 的斜同步曲线。射线交会结果圈定了一个中心离 21 号孔 20m、高程 15～22m,洞高 7m 的溶洞。在透视剖面上,距 21 号孔 20m 处,布置了一个验证钻孔,钻探结果表明,在高程 16.25～23.18m 处见到了溶洞。所见溶洞包括溶洞顶底板的网状溶蚀,洞高 7.03m,高程与透视推断结果仅差 1m。

该工程的透视结果表明,30MHz 的频率可以分辨洞径为 1m 的溶洞。无线电波透视法对于岩溶集中发育、洞径大、全充水或泥的溶蚀带、溶隙、溶沟密集带、全充水或泥的小的空洞集中带,均有不同程度的反映。

图 12-21(朱希安等,2002)为四川某煤矿茅口灰岩中地下暗河的探测实例。观测在 ZK10(发射孔)和 ZK4(接收孔)之间进行,工作频率为 10MHz。完成了水平

同步、发射低 30m 的斜同步、接收低 10m 的斜同步及 ZK10＋590m 标高定点四种方式的测量。结果曲线均显示出溶洞的高吸收异常特征。交会结果表明，异常中心距 ZK4 为 9.2m，标高＋577m。在附近的其他剖面上探测也得到了该目标体。经 ZK14 孔验证，在＋573.64～578.35m，打到了四层充水溶洞。

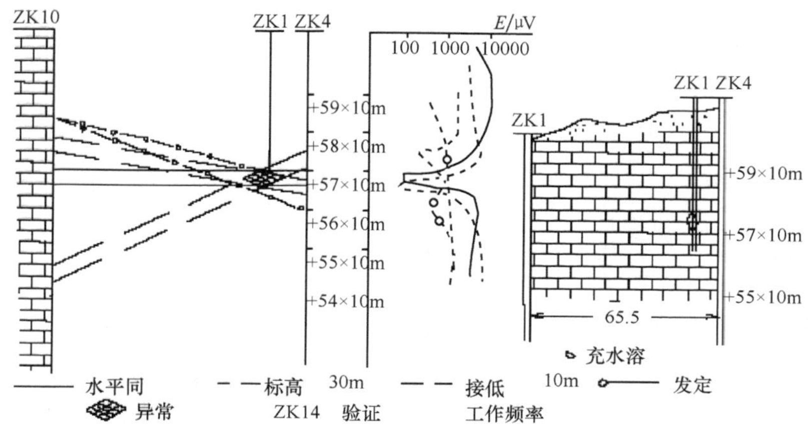

图 12-21 无线电波透视法确定地下暗河的一个实例

三、探测金属矿体

图 12-22（邢风桐和沈宝华，1979）某矿区电磁波透视实测曲线，ZK122 发射，ZK124 进行电磁波透视。ZK122～ZK124 360m 以下，有强烈屏蔽电磁波的地质体存在，场强值急剧下降至仪器底数。利用交会法确定的矿体产状为较厚的陡立状，推断在这两个钻孔之间有隐伏的主矿体（含铜磁铁矿）。

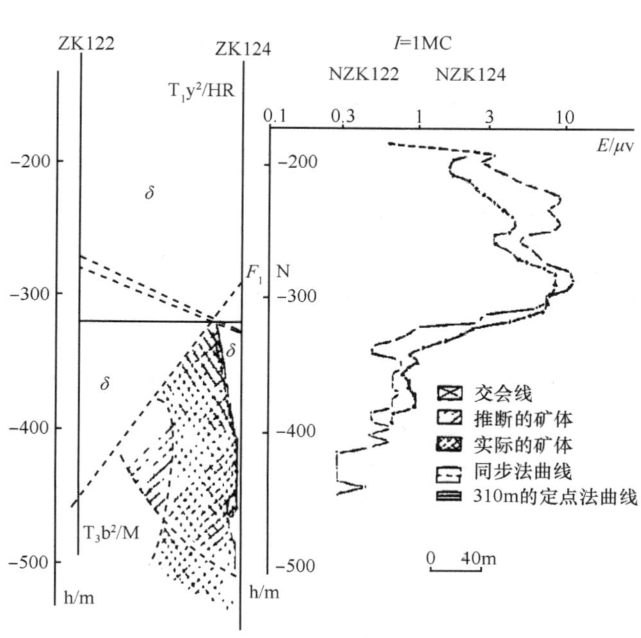

图 12-22 某矿区电磁波透视实测曲线

关门山铅锌矿体的物性参数如表 12-2 所示。由表可知，从电性

(电阻率)看矿体和岩石电阻率高,从电性上难以区分它们,而矿体和致密铅锌矿石具有高吸收特性(β值高),因此,用电磁波透视可以探测矿体和矿石。

表 12-2　物性参数表(康国军等,2002)

名　称	$\rho/(\Omega \cdot m)$	$\beta/(dB/m)$
白云岩	$5\times10^3\sim10^4$	0.12～0.06
辉绿岩	10^3	0.5～0.8
角砾岩	低于白云岩	1.0～0.06
致密铅锌矿石	$10\sim n\cdot10$	1.0～2.0
矿　体	100～500	2.0～0.8

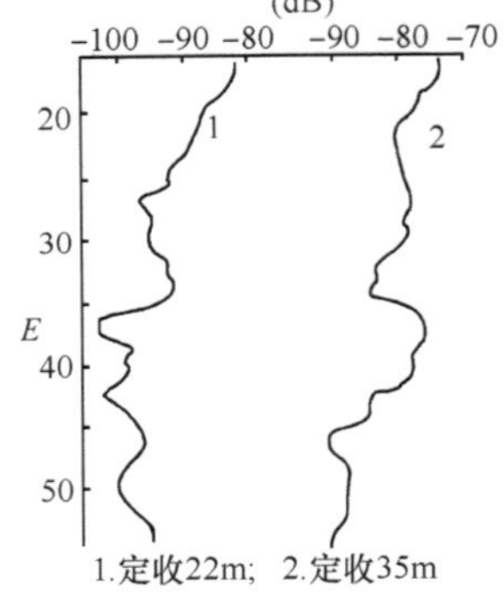

图 12-23　井间电磁波透视

基于物性,该地区进行了较多的井间电磁波透视,实例之一如图 12-23(康国军等,2002)所示。由图可知:①在定收 22m 曲线上看,主要异常的极值位于 37m 处;②35m 定收异常反映在 35m 和 46m 的定发曲线上;③大致圈出异常体的空间位置为:22m 的异常中心位于 22m 与 35m 井深的连线上;④35m 的异常中心位于 35m 分别与井深 35m 和 46m 的连线上。

四、电波透视法在煤矿中的应用

1. 基本原理

将各接收点实测场强 H 值与相应的理论计算场强 H_0 值(经条件试验取得计算场强值)进行对比,取得的数据称为衰减系数 η,即

$$\eta = H/H_0 \tag{12-25}$$

或

$$\lg\eta = \lg H - \lg H_0$$

取接收点点位为横坐标,取 H、H_0 和 η 的对数或算术值为纵坐标,将同一发射点对应接收点的实测场强 H 值、理论强场 H_0 值和衰减系数 η 值按比例绘制成图,就得到关于 H、H_0、η 值的 3 条曲线,称为综合曲线图。

在均匀各向同性介质中,实测场强等于理论场强,即

$$H = H_0, \eta = 1, \lg\eta = 0$$

但是,由于煤层的非均一性,一般 η 值接近 1(或 0)而不等于 1(或 0)。当遇到 η 值远离 1 或 0 时,即出现负分贝值,说明在透视距离内,遇到了地质异常体。据 η

值的变化。并参考实测强场 H 和理论场强 H_0 曲线，分析异常体的性质并对其进行解释。

2. 陷落柱在综合曲线上的异常特征

低阻陷落柱其衰减系数与实测场强曲线呈漏斗形，或因透视距离关系呈半漏斗形或“V”字形。接近陷落柱时，η 值开始减小；进入陷落柱中，η 值降低至最小。实践中发现，进入陷落柱时，往往 $\eta<0.1$，煤与陷落柱的交界面在 η 曲线上反映出一个明显的拐点。如图 12-24 所示。

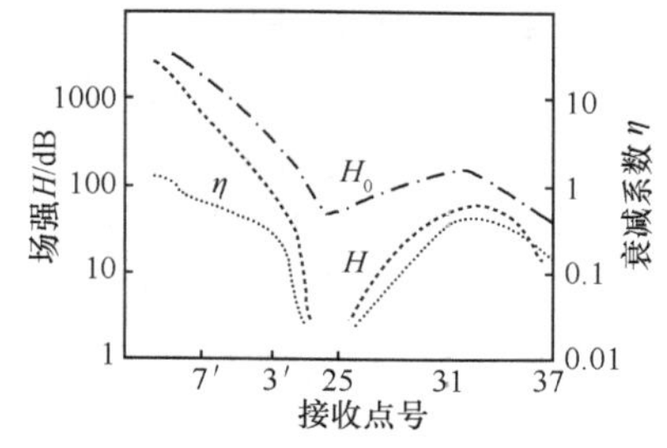

图 12-24　陷落柱综合曲线（张红果等，2002）

3. 断层的探测

断层破坏了煤层的正常结构，使煤层发生了错动和位移。在断层附近，煤层破碎，裂隙发育，电磁波遇到各种界面便产生折射、反射或散射等物理现象，造成能量损失。

断层在综合曲线上的反映一般是 η 小于 1 的低值异常。如果煤层在层理方向上电性变化不大，且正常场强确定比较准确，则 $\lg\eta$ 小于 -5 时即可能进入异常区。但是由于断层产状复杂，大小长短悬殊，落差随走向变化，发射点与断层之间的相互位置多变，所以断层反映在综合曲线上衰减不如陷落柱显著，但情况却比陷落柱复杂。

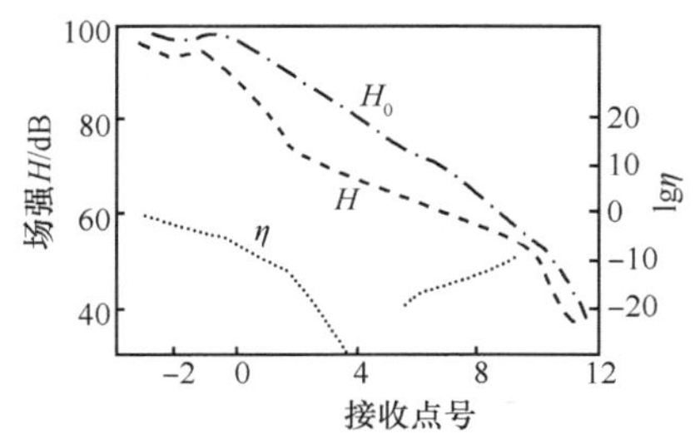

图 12-25　断层综合曲线（张红果等，2002）

当电磁波穿越这种断层时，衰减增大，曲线变陡，出现拐点或突变点。这个特点往往是反映进入断层的重要依据，如图12-25所示。

当断层落差变化不大时，电磁波穿越断层，曲线变陡；穿越断层后，场强又基本按正常煤层吸收系数衰减，$\lg\eta$ 曲线在正常煤层中接近于 0，过断层衰减一定数量后，又在某一值上下摆动。

五、探测油气储层

电磁波法研究油储问题，首先开始于电磁波测井。高频电磁波测井发展于 20 世纪 60 年代，苏联在当时已研制成功从几百千赫兹到几十兆赫兹的高频电磁波测井仪，可以测量电磁波的幅度、幅度比和相位差等场量。而美国开始较晚，但却发展较快，20 世纪 70 年代发展了高频感应测井和介电测井与普通感应测井相结合的组合测井，测量幅度比和相位差。接着推出了 EPT 和 DPT 电磁波传播测井，近几年来，致力于发展宽带电磁波测井的研究。

油田跨孔电磁波法开始于20世纪80年代，美国EM公司在理论上和设备上开展了全面的研究，研制了几种类型的跨孔测量仪器，并进行了野外试验，同时也进行了跨孔测量应用于套管井的理论研究和试验。近几年，美国洛伦兹百利克研究试验中心的专家学者，对油气田的探测开展了大量的理论和实验研究，取得了很好的成果。并针对砂页岩低阻储层，井间距很大的情况，研制了几到几十千赫兹的低频电磁波跨孔测量仪器。研究结果表明，这项技术可以用来描述井间介质中流体的性质、分布和动态变化情况。这些工作为电磁波的应用打开了美好的前景。

从表12-3（房德斌等，2005）所列物性数据可以看出，为了划分砂岩和泥岩，测井方法很多也很有效。但要确定砂岩储集层中的流体是水、油或气，还是油气水并存，特别是区别淡水和油气层，用一般常规测井方法效果不佳。中子和中子寿命测井因泥浆和泥饼影响较大，实际效果并不很好。基于测量介电常数的EPT电磁波传播测井，也因为探测太浅，应用受到限制。针对这种特殊需要，可以用较低频率的电磁波法，进行单孔或跨孔测量电磁波的振幅和相位，进而同时提取介质的电阻率和介电常数，利用这两个电磁参数在较大空间的变化规律，来解释工作空间内物质的结构和性质以及含油、气、水的情况。

表 12-3 流体及砂泥岩物性参数

介质	介电常数	电阻率/(Ω·m)	天然放射性	密度/(g/cm³)	声速/(m/s)
油	2～4	＞3000	低	0.85	＜600
水	80	30～3000	低	1.00	＜1000
气	1	＞10000	低	0.001	＜100
泥岩	30～45	10～30	高	2.5	2000～3000
砂岩(水)	20～30	50～3000	较低	2.65	4000～5000
砂岩(油)	10～15	200～1000	较低	2.65	4000～5000

油田电磁波法探测与其他矿产资源的电磁波法探测有很大的不同，主要有以下几个方面：

(1) 钻孔间距离大：油田勘探孔间距一般较大，常有几百米甚至达几千米，对于这样大的距离，以往在固体矿勘探中使用的仪器其电磁能量是很难穿透的。例如，在碳酸盐岩地区，介电常数取4个相对单位，电阻率取1000Ω·m，对于发射功率为10W和100W，接收机最小可测信号为0.1μV的状态下，不同工作频率时，计算结果如表12-4（房德斌等，2005）。

表 12-4　电磁波穿透距离

发射功率/W	工作频率/MHz			
	10	1	0.1	0.01
	穿透距离/m			
10	202	320	796	2174
100	632	980	2515	6869

从表中可以看出，要想加大穿透距离，可以增大仪器的发射功率，也可以降低工作频率。因为增大功率常常受到限制，所以，通常的措施是降低工作频率。在碳酸盐岩地区，在几千米的井间距离上进行工作，可以使用 100W 的发射功率，0.1MHz 或 0.01MHz 的频率，可以得到较满意的结果。

(2) 在油田成对的裸眼井较少，但是下有套管的钻孔却是多得很。因此，考察套管井中进行电磁波法测量的可能性就很重要了。

(3) 油气储集层深埋地下，一般埋深在地下几千米，温度可达 100～160℃，井下压力可达 100MPa 以上。要求探测设备具备良好的密封性和承受高温高压的性能。

(4) 由于需要介电常数和电阻率两个参数，以便分析钻孔外一定距离处(如几至十几米)的油水分布情况，这时低频跨孔电磁波法已不够用。因此，单孔电磁波法的投入更为迫切。

(5) 解释软件有特殊的要求。对于跨孔测量，因使用低频工作，有的基于波动方程的高频反演和高频成像软件，需要改造成以扩散方程出发的各类计算软件，因此需要重新设计和编制软件。

第十三章　其他井中物探方法

第一节　井中声透视法

声透视法是对地下传播的声波进行探测的一种地下物探方法。声透视法与声波测井法不同，声波测井研究井壁附近岩石的声传播特性，而声透视法研究的是两孔之间岩石的声传播特性。声透视法在一个钻孔中发射，在另一个钻孔内接受。它要求有足够大的声发射功率和较高灵敏度的声接收。

1984 年研制出我国第一台 DST21 型井中声波透视仪，之后开展了方法的基础理论、观测技术、数据处理和推断解释方法及找矿效果的研究。井中声波法在金属矿、油气勘探和开发中尚有独到的功能可以发挥，诸如定位、定形和定量勘查深部隐伏矿，并具有立体找矿、参与储量计算的潜力；在油气田开发阶段，用于油气藏圈定和描述、二次和三次采油动态监测和剩余油分布研究，其工作的领域与前景是广阔的。

一、声场的基本物理量

1. 声压

介质中有声波传播的区域称为声场。在声波传播过程中的某一瞬时，由于声波传播在介质中产生的瞬时压强(即压强超过没有声波传播时的静压强的部分，叫声压)。习惯上，声压是有效声压的简称。声压通常以 p 表示，单位为帕(Pa)。通常还用声压级表示一个声波的有效声压大小。声压级记为 L_p，即

$$L_p = 20\lg \frac{p}{p_0} \tag{13-1}$$

式中，p 为被表示的声波的声压有效值；p_0 为基准声压，在空气中 $p_0=20\mu\text{Pa}$，在水中 $p_0=0.1\text{Pa}$。声压级无量纲，习惯上以分贝(dB)为单位。

2. 声功率

声波沿其传播方向上单位时间内通过波阵面(与波传播方向垂直)的声能称为声功率或声能通量(单位：W)，以 J 表示，可写成

$$J = \frac{1}{T}\int_0^T p(t)SV_n\,\mathrm{d}t \tag{13-2}$$

式中，$p(t)$为瞬时声压；S 为声波所通过的波阵面面积；V_n 为波传播方向上质点瞬时速度；T 为声波周期整数倍的时间。

3. 声强

在声波传播的波阵面上，单位面积上的声功率大小称为声强，声强通常用 I 表示，即

$$I = \frac{J}{S} = \frac{1}{T}\int_0^T p(t)V_n \mathrm{d}t \tag{13-3}$$

声强的单位为 $\mathrm{W/m^2}$。也可以用声强级来表示一个声波的声强，声强级记为 L_i，即

$$L_i = 10\lg\frac{I}{I_0} \tag{13-4}$$

式中，L_i 单位为 dB；I 为被表示的声波的声强有效值；I_0 为基准声强值；在空气中 $I_0=10^{-12}\,\mathrm{W/m^2}$（和空气中的基准声压 $p_0=190\mu\mathrm{Pa}$ 相当）。

4. 声强与声压的关系

声强与声压的关系可表示为

$$I = \frac{p^2}{\rho V} = \frac{p^2}{Z} \tag{13-5}$$

式中，ρ 为密度；V 为声速；$Z=\rho V$ 为波阻抗，单位为千克/米^2·秒[$\mathrm{kg/(m^2\cdot s)}$]。

5. 声能密度

设介质的声速为 V，单位体积介质中的声能为 D，则在单位时间内通过波阵面单位面积上的能量等于 DV（图 13-1）。

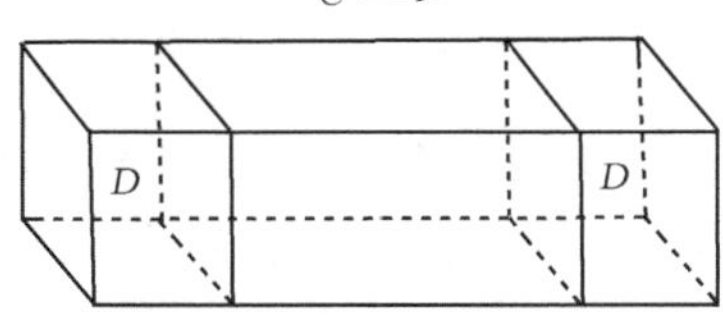

图 13-1　声波能量的传递

按声强的定义，单位面积上，单位时间内通过的声能即为声强 I，即

$$I = DV \tag{13-6}$$

或写成

$$D = \frac{I}{V} = \frac{p^2/\rho V}{V} = \frac{p^2}{\rho V^2} \tag{13-7}$$

式中，D 通常称为声能密度，即单位体积介质中具有的声能。

二、声压表示的声波方程

1. 运动方程

设质点的振动速度为 V，声压为 p，空气的密度为 ρ_0，则运动方程式可以写成以下形式，即

$$\rho_0\frac{\partial v}{\partial t} = -\frac{\partial p}{\partial x} \tag{13-8}$$

这是以微分形式表示的介质质点的运动过程，通常称为运动方程。它把质点的振动速度与声压联系起来了。知道了声压随距离的变化情况，就可以求出质点运动的速度随时间的变化情况。换句话说，只要知道了声压随距离的变化情况，就

可以求得质点振动的加速度,反之亦然。

2. 物态方程

设 P_0 为大气压强,γ 为定压比热与定容比热之比。对于空气,$\gamma=1.40$。则物态方程可以写成以下形式,即

$$\frac{\partial p}{\partial t}=\frac{\gamma P_0}{\rho_0}\frac{\partial \rho}{\partial t} \tag{13-9}$$

式中,$\frac{\gamma P_0}{\rho_0}$ 的量纲与声速平方的量纲相同,为此令 $V^2=\frac{\gamma P_0}{\rho_0}$。

3. 连续性方程

设 ρ_0 为平衡态时的空气密度,$\rho'=\rho-\rho_0$ 为密度的变化量,V 为振速,则连续性方程可以写成以下形式,即

$$\frac{\partial \rho'}{\partial t}=-\rho_0\frac{\partial v}{\partial x} \tag{13-10}$$

该式通常称为连续性方程。所谓连续性指的是空气质量既不会突然增加,也不会突然消失。当流进体元的空气多于流出的空气($\frac{\partial v}{\partial x}$ 为负)时,空气稠密起来,这一部分的空气密度就增大;反之,如果流进体元的空气少于流出体元的空气($\frac{\partial v}{\partial x}$ 为正)时,空气就稀疏起来,这时该部分的空气密度就将减小。连续性方程把空气密度与振速联系起来了。同样地,知道了其中的一个,就可以通过该式求出另一个。

4. 波动方程

从运动方程、连续方程和物态方程可以消去 p、v、ρ 三个变量中的任意两个,从而建立起某一参量随时间与空间变化的关系式,这就是波动方程的微分形式。而声压 p 是实际中最常用的声学参量,因此,求出以声压表示的波动方程是必要的。

将(13-10)式代入(13-9)式,有

$$\rho_0 V^2\frac{\partial v}{\partial x}=-\frac{\partial p}{\partial t} \tag{13-11}$$

然后再对 t 求偏微分,即

$$\rho_0 V^2\frac{\partial^2 v}{\partial x\partial t}=-\frac{\partial^2 p}{\partial t^2} \tag{13-12}$$

将(13-8)式对 x 求一次偏微分后代入式(13-12),最后可得

$$\frac{\partial^2 p}{\partial x^2}=\frac{1}{V^2}\frac{\partial^2 p}{\partial t^2} \tag{13-13}$$

(13-13)式就是在均匀理想介质中小振幅声波的波动方程。它在声学中具有十分重要的意义。

在以上的讨论中,我们始终假定声场在个向均匀的介质中,从而得出了一维的

声波方程。事实上，在许多情况下，x、y、z 三个方向的声场并不一定是均匀的。这时声压不仅随时间的变化而变化，而且还随着空间位置的不同而不同。这时就要用三维的波动方程表示。其推导方法与一维情况完全类似，只不过这时的空间变量除 x 外，还应包括 y、z。不难看出，在一维波动方程的(13-13)式中，与空间坐标有关的仅仅是方程的左边，因此可以直接推论。若以拉普拉斯算符，即

$$\nabla^2 = \frac{\partial^2}{\partial x^2} + \frac{\partial^2}{\partial y^2} + \frac{\partial^2}{\partial z^2} \tag{13-14}$$

取代 $\frac{\partial^2}{\partial x^2}$，就可以很容易地得到三维情况下的声波方程为

$$\nabla^2 p = \frac{1}{V^2}\frac{\partial^2 p}{\partial t^2} \tag{13-15}$$

这就是极其重要的声波方程的普遍形式。它对于解决具体的声学问题具有非常重要的指导意义。但是，无论是一维的声波方程还是三维的声波方程，都没有考虑声源初始情况和边界的实际状况，因此，它们描述的是介质中声现象的共同规律。对于具体的实际问题，必须结合具体问题的声源和边界状况求解。

对于声透视来说，其辐射源，例如电火花发生器，是一种利用电极间瞬间高压放电产生很大压力的气体，以冲击波形式通过井液传向周围岩石空间的一种声振源。它可看成脉动小球源(或点源的组合)。小球源的球表面上各点均作径向的同振幅同相位的振动。即，辐射的是波阵面球面的均匀球面波，其波动方程就是式(13-15)，对于求球坐标有

$$\nabla^2 = \frac{1}{r^2}\frac{\partial}{\partial r}\left(r^2\frac{\partial}{\partial r}\right) + \frac{1}{r\sin\theta}\frac{\partial}{\partial\theta}\left(\frac{\sin\theta}{r}\frac{\partial}{\partial\theta}\right) + \frac{1}{r^2\sin^2\theta}\frac{\partial^2}{\partial\phi^2} \tag{13-16}$$

由于辐射的波阵面是均匀球面波，只与 r 有关，因为

$$\frac{1}{r^2}\frac{\partial}{\partial r}\left(r^2\frac{\partial p}{\partial r}\right) = \frac{\partial^2 p}{\partial r^2} + \frac{2}{r}\frac{\partial p}{\partial r} = \frac{\partial^2 p}{V^2\partial t^2} \tag{13-17}$$

所以，波动方程为

$$\frac{\partial^2 p}{\partial r^2} + \frac{2}{r}\frac{\partial p}{\partial r} = \frac{1}{V^2}\frac{\partial^2 p}{\partial t^2} \tag{13-18}$$

式中，p 为声压；V 为波速；令 $Y=pr$，上式化为

$$\frac{\partial^2 Y}{\partial r^2} = \frac{1}{V^2}\frac{\partial^2 Y}{\partial t^2} \tag{13-19}$$

按声源时间因子的规定，设 $Y = Y(r)\mathrm{e}^{-\mathrm{j}\omega t}$，则上式变为

$$\frac{\partial^2 Y}{\partial r^2} = \frac{(-\mathrm{j}\omega)^2}{V^2}Y = -\frac{\omega^2}{V^2}Y = -k^2 Y \tag{13-20}$$

即

$$\frac{\partial^2 Y}{\partial r^2} + k^2 Y = 0 \tag{13-21}$$

该方程的通解为

$$Y = A\mathrm{e}^{-\mathrm{j}(\omega t - kr)} + B\mathrm{e}^{\mathrm{j}(\omega t - kr)} \tag{13-22}$$

所以

$$p = \frac{A}{r}\mathrm{e}^{-\mathrm{j}(\omega t - kr)} + \frac{B}{r}\mathrm{e}^{\mathrm{j}(\omega t - kr)} \tag{13-23}$$

上式中第一项是向外（$+r$ 向）发散的波，第二项则为向内（$-r$ 向）会聚的波。在均匀无限介质中，只有第一项无反向的波。这样，均匀无限介质中，脉动球源声场的一般形式为

$$p = \frac{A}{r}\mathrm{e}^{-\mathrm{j}(\omega t - kr)} \tag{13-24}$$

式中，ω 为圆频率；k 为波数。

三、岩石中声波的吸收

在实际的非理想介质中，声波在传播过程中要克服介质质点之间的内摩擦或黏滞作用，以及介质中有声波传播时的热传导等，都会使在介质中传波的声波发生衰减。

1. 黏滞系数

若介质有黏滞性时，将对声波的传播产生吸收，这是声波衰减的一个主要原因。声波传播时，对有黏滞性的介质，相邻体积元的运动速度不同，各体积元之间的相对运动，产生内摩擦或黏滞力，声波传播过程中要消耗声能来克服内摩擦力或黏滞力，使声波能量在传播中逐渐减小。

体积元之间有相对运动时，体积元的单位面积上的黏滞力（剪切应力）的大小和体积元质点运动速度的梯度成正比，即

$$F_\eta = \eta\frac{\partial V}{\partial X} \tag{13-25}$$

式中，V 为质点振动速度；η 为黏滞系数或动力黏度。

2. 相位系数和吸收系数

对于 k 为波数，有 $k = \frac{\omega}{v}$，k 为复数，类似于电磁波，设 $k = \alpha + \mathrm{j}\beta$，可解得

$$\alpha = \omega^2 H\sqrt{\delta/[2\overline{K_s}(1+\omega^2H^2)(\sqrt{1+\omega^2H^2}-1)]} \tag{13-26}$$

$$\beta = \omega\sqrt{\delta(\sqrt{1+\omega^2H^2}-1)/2\overline{K_s}(1+\omega^2H^2)} \tag{13-27}$$

式中，$H = \eta/\overline{K_s}$，$\overline{K_s}$ 为体弹性系数；α 为相位系数，它决定波程的相位，或者说决定波速；β 为吸收系数，它反映波幅的指数衰减的程度。

当 $\omega H \ll 1$ 时，α、β 可以简化为

$$\alpha = \omega\sqrt{\delta/\overline{K_s}} \tag{13-28}$$

$$\beta = \frac{\omega^2 H}{2}\sqrt{\delta/\overline{K_s}} = \frac{\omega^2\eta}{2v^8\delta} \tag{13-29}$$

不同岩石的吸收系数如表 13-1。由表可知：①火成岩、变质岩的吸收系数小；②磁铁矿、铜锌矿等的吸收系数小；③沉积岩中砂泥岩的吸收系数大，其他岩石的吸收系数小。

表 13-1　岩石的吸收系数

岩石名称	βr/(Np/m)	f/kHz
花岗岩	0.01	25～30
石英岩		
辉绿岩		
玄武岩		
砂岩	1.1～1.6	17～20
细砂岩	0.8～1.2	
黏土	1.38	14～18
泥岩	0.9～1.1	
灰岩	0.2～0.6	20～30
白云岩	0.4	
石膏	0.04	19～23
岩盐		
铬铁矿	0.05～0.08	3.3
蛇纹岩	0.02～0.08	
铜锌矿	0.04～0.06	
磁铁矿	0.05～0.1	1.65
辉绿玢岩	0.01～0.025	

图 13-2 为岩石吸收系数与频率的关系的计算和实测结果的比较。图中 β_p 为纵波的吸收系数，β_s 为横波的吸收系数，由图可以看出：

(1) 声吸收系数与频率的关系明显；

(2) 计算结果(白色符号)表明：①对于纵波，含油砂层的吸收系数比含水砂层的吸收系数大，而含气砂层的吸收系数最大；②对于横波，含水砂层的吸收系数最大，含油的次之，含气的最小；

(3) 实测结果(黑色符号)表明：含水砂层的吸收系数最大，含油的次之，含气的最小；

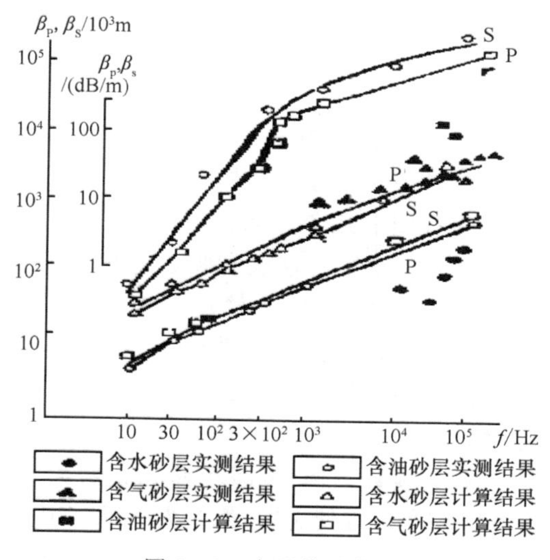

图 13-2　声吸收系数

(4) 声吸收系数计算结果与实测结果之间的差别大，但声吸收系数与频率的关系类似。

3. 品质因素 Q

由于岩石类介质有黏滞性，声波传播时将发生能量损耗。介质还有弹性，在声波传播过程中弹性动能也有部分转换成弹性位能。当一个周期性的正弦波通过岩石类介质时，设当一个周期内损耗的能量为 ΔE，储存的弹性能为 E，即

$$\frac{1}{Q}=\frac{1}{2\pi}\frac{\Delta E}{E} \tag{13-30}$$

式中，Q 为岩石（或介质）的品质因数。$1/Q$ 是岩石（或介质）对声波能量损耗的量度，Q 值越大，岩石对声波能量的损耗（吸收）越小，而且 $1/Q$ 与吸收系数是成正比的。

四、工作方法和技术

1. 观测方式

声透视与电磁波透视测量方式类似，有水平同步、高差（斜）同步、高差异步等，如图 13-3 所示，图中 F 为声波发射器，S 为声波接收器。

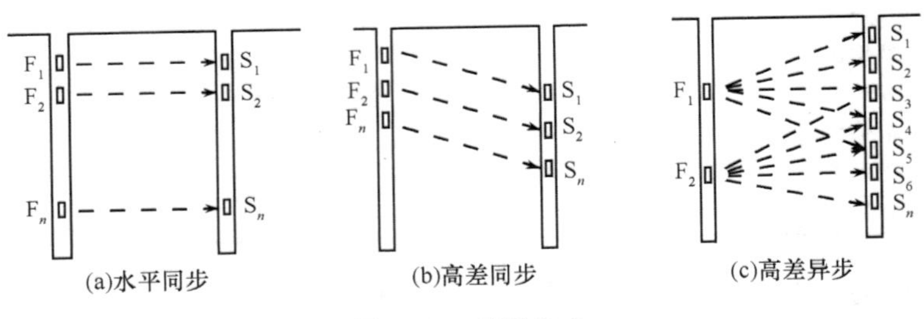

图 13-3　观测方式

2. 现场工作方法

声透视的现场工作方法主要决定于声透视资料解释的要求。就目前来说，较重要的有如下几个方面：

（1）测定径向速度和吸收系数。测定声透视剖面的正常径向速度和剖面上各种岩性的吸收系数，可对岩心进行测定来求得。但为了获得地下真实条件的值，径向速度可利用声速测井曲线来确定；吸收系数的确定，需选择工作地区适当范围的均匀地段，进行实地测量。可利用球源的辐射公式，以两个距离测值之比来求吸收系数。

（2）频率选择，以减小钻孔影响。选择频率，钻孔对透视测量的影响较大。模型实验表明，应使 $\lambda>5d$（λ 为泥浆中声波波长，d 为钻孔直径），才能减弱钻孔影响。因此，若按清水中声波速为 1483m/s，对应 100mm 直径的钻孔，声源频率应小于 3000Hz。

（3）选用不同的频率，以减小剖面中层状不均匀性（例如层理）对透射波射线方向的影响。透视剖面中存在层状不均匀的垂向速度时，透射波的射线在透过这

些层时;将因折射而使方向改变。利用直透射线作交会解释,显然会得出不正确的结果。

一般可以采用两种不同的频率,以改变波长 h/λ 值。观测声波的初至时间,加以比较来了解层的影响。当两种频率的声波初至时间相同时,就表示射线行径一致,不受层的影响。这时,可以选用两个频率中的任一个进行声透视工作。且可以放心地采用交会法来圈定异常位置。为了确定剖面的垂向速度的不均匀性,应配合声速测井工作。根据声透视的两个钻孔中声速测井曲线所划分的不均匀层的不均匀程度来估计所应采取的措施。

(4) 选择合适的探测区段。当剖面上 $\frac{dv}{dz} \neq 0$ 时,将影响射线的方向,使之变弯曲。根据声波测井曲线的形态,选择 $\frac{dv}{dz}$ 值不大的区段作为声波透视的探测区段。

(5) 进行声速测井。它不仅对于了解工作地区的纵向声速及其变化是有用的,而且也可提供声速的横向变化资料。对于声透资料做正确的解释,这是一项重要的工作。

五、声透视的应用

用射线交会图法、视吸收系数剖面(等值线)法、视速度剖面(等值线)法等方法来划分油层、水层、金属矿层、断层、测桩等。下面介绍一些实测例子。

实例 1:图 13-4(a)是某油田井间声波 CT 结果,是声速等值线图,利用该图推断的结果与地质结果对比见图 13-4(b),把波速介于 2240～2260m/s 的区域圈定为含油层,在两个油层中间存在 2260～2300m/s 的低速带,推断为含水层。

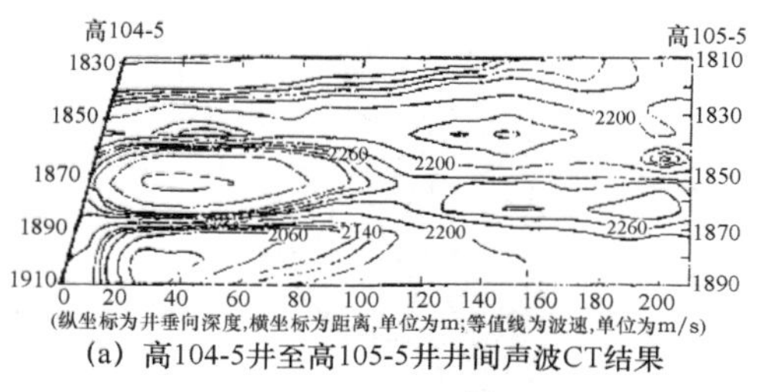

(a) 高104-5井至高105-5井井间声波CT结果

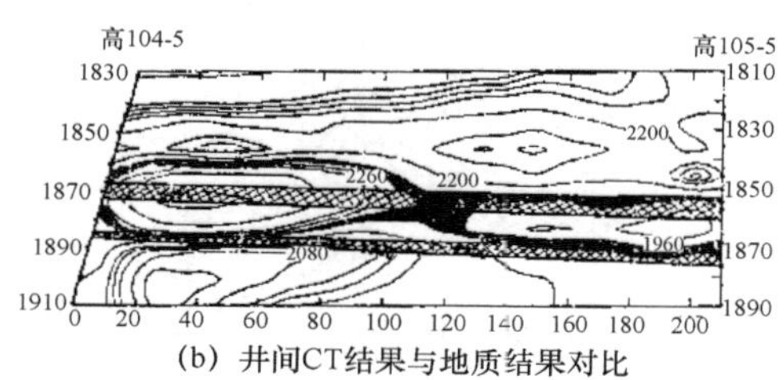

(b) 井间CT结果与地质结果对比

图 13-4　井间声透视(雷振英等,1995)

实例 2:准确检测测桩中离析区域在声测剖面的分布为施工补充处理确定钻孔位置十分必要,因此进行声波 CT 检测。声波 CT 检测剖面典型波列见图 13-5,从实测波列图分析,在上述部位的声测波形首波振幅衰减明显,初至波不清晰或延时明显增大。该桩其余剖面无异常,145.89～146.29m 混凝土离析(最低声速 3430m/s)。

实例 3:图 13-6 是长江支流清江高坝洲水利枢纽,工程地质调查发现左岸古溶塌体分布有一些溶洞。为进一步了解基岩性状，长江科学院岩基所对古溶塌体进行跨孔声波透射层析成像的CT剖面图，结论是由声速分布图做出。上部未发现声速低于2000m/s的岩体，低声速区可能是零星分布的一些小溶洞的存在造成的。

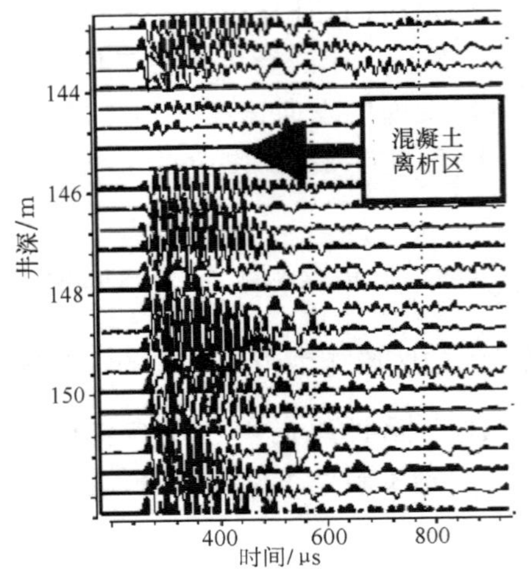

图 13-5　声波CT检测(陈益杰，2008)

图 13-6　声层析成像的声速等值分布图

实例4：图13-7为声透视用于金属矿的几个例子。图13-7(a)为铬矿一例。这是三种频率的同步测量结果。均在50m左右的深度上，看到声幅显著上升，它反映了矿体的最下界。矿体的上界由于上方围岩强烈风化和充水，使声幅降低而无法与矿体分开。图13-7(b)是含铜黄铁矿一例。用两种频率作同步测量，也清楚地看到了矿

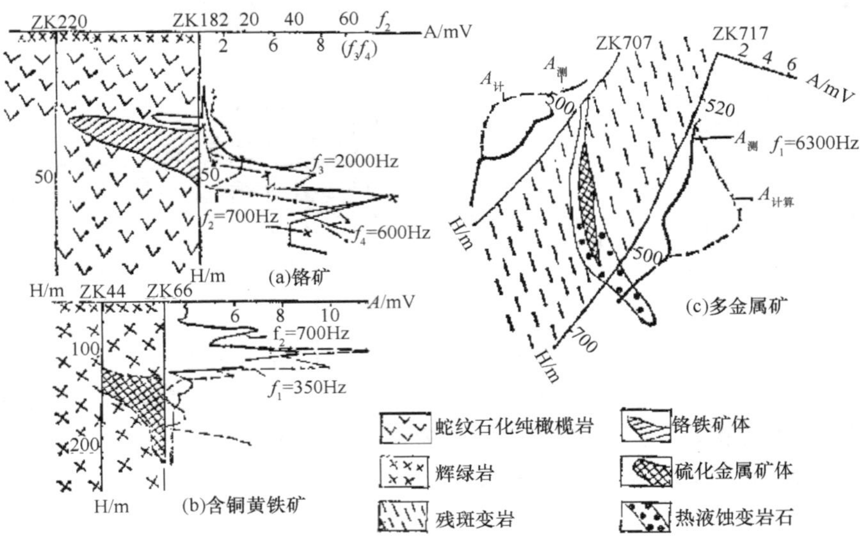

图 13-7　声透视用于金属矿的几个例子(蔡柏林等，1986)

体的上界部位。图 13-7(c)是一多金属矿的例子。这是分别在两孔中做定点步射和定点接收测量的结果。定点位置在两孔到蚀变带的大致中部深度部位上。图上都看到了相对于工区(A 计)的声幅降低部位。这是蚀变带中的矿体所在部位。

第二节　井中雷达

井中雷达是井中地球物理方法中应用较多的一种。井中雷达以其高分辨率和高效率在工程等领域得到了广泛应用。地质雷达分为地面地质雷达和钻孔地质雷达,地面雷达的使用经常由于地表导电性的存在,其穿透深度限制在几十米范围内,受探测深度限制,不适于进行深部探测。而孔中雷达不存在此问题,这是孔中雷达的一个主要优势。井中雷达可以通过钻孔直接进入地下深部,其勘探方法多样化,又具有地质雷达高分辨率的优势。在对深部问题要求高分辨率的情况下,它是一种有效的探测手段。

井中雷达的最大特点和优势就是高分辨率和高精度。测井技术的分辨率与精度都很高,但令人遗憾的是,探测的范围非常有限,探测的地质目标的尺度也很小。井中雷达不但测量精度高,而且探测范围大,所以它很好地解决了这两种尺度之间的空白。此外,作为连接这两种资料的最佳桥梁,井中雷达技术的发展也会进一步提升这些资料的整体利用价值,可以在钻孔的深度范围内探测钻孔两侧的构造,其作用相比测井技术要大许多。

井中雷达可以用以下不同模式:反射,跨孔,地面-孔中和直达波模式。雷达波受土壤和岩石的电导率影响,如果周围介质的电导率非常大,就很难进行雷达反射。在高电导率介质中,不能满足雷达方程,无法产生反射信号。但是在高电导率介质中,可以进行跨孔和地面-孔中探测,因为这两种方法不需要反射。在这种应用中,可以从直达波信号的振幅和到达时间来得到探测目标的状况,而不需要反射信号。钻孔雷达利用一个天线发射高频宽频带电磁波,另一个天线接收来自地下的反射波,电磁波在地下介质中传播时,其路径、电磁场强度与波形将随所通过介质的电性质及几何形态而变化。影响电磁波在地下传播的物理参数是电导率和介电常数。电导率决定电磁波的衰减,介电常数决定电磁波的传播速度(雷达速度)。电导率或它的倒数电阻率是最好的岩石物性参数之一,它通过常规的电阻率和电磁波技术进行测量。井中雷达的测量方法很多,有单孔反射测量、跨孔测量、盐示踪测量、隧道与钻孔间的反射测量、垂直雷达剖面测量和定向雷达测量。

一、井中雷达基本原理

井中雷达通过高频电磁波的传播,能测定地下目标的方位和距离,并能分析判断地下目标体的性质。地层是一种高损耗的非均一介质,电磁性能随距离增加呈指数衰减，介质物性的非均一性即界面的存在，影响着电磁波的反射，界面两侧物性差异是井中雷达探测的物理基础。测量方法是采用电磁脉冲的传播时间来确定反射物体的距离，它必须满足两个条件：①脉冲必须足够短，这样才能提供准确的测量结果；②传导体必须能维持恒速传播而无过大的脉冲衰减。

钻孔雷达与地面雷达的基本原理是一样的，它包括雷达发射机和接收机，并内置于不同的天线内。天线通过光纤与控制单元相连，光纤用来传输触发信号和采集的数据。笔记本用来存储和显示图像。钻孔雷达可以用以下不同模式：反射，跨孔，地面-孔中和直达波模式。雷达波受土壤和岩石的电导率影响，如果周围介质的电导率非常大，就很难进行雷达反射。在高电导率介质中，不能满足雷达方程，无法产生反射信号。但是在高电导率介质中，可以进行跨孔和地面-孔中探测，因为这两种方法不需要反射。在这种应用中，我们可以从直达波信号的振幅和到达时间来得到探测目标的状况，而不需要反射信号。钻孔雷达利用一个天线发射高频宽频带电磁波，另一个天线接收来自地下的反射波，电磁波在地下介质中传播时，其路径、电磁场强度与波形将随所通过介质的电性质及几何形态的变化而变化。影响电磁波在地下传播的物理参数是电导率和介电常数。电导率决定电磁波的衰减，介电常数决定电磁波的传播速度（雷达速度），电导率或它的倒数电阻率是最好的岩石物性参数之一，它通过常规的电阻率和电磁波技术进行测量。

井中地质雷达的传播介质是岩石，这是一种高损耗的介质，而且随着工作频率的增高，岩层对电磁波的吸收系数亦将增大。因此，必须考虑电磁波在岩层介质中的衰减损耗。地质雷达方程为

$$P_r = \frac{P_t G_t G_r \sigma \lambda^2}{64\pi^3 r^4} e^{-4\beta r} \tag{13-31}$$

式中，P_r 为接收机接收信号的功率；P_t 为发射机的发射功率；G_t 为发射天线增益；G_r 为接收天线增益；σ 为探测目的体截面积；λ 为波长；r 为雷达探测距离；β 为电磁波在岩层中的吸收系数。由式(13-31)可知：

（1）发射功率越大，探测距离越大；

（2）天线增益越大，探测距离越大；

（3）工作频率越高，波长越短，探测距离越小。

当雷达系统选定后，已知系统的增益，决定探测距离的主要因素就是电磁波在岩层中的吸收系数，吸收系数为

$$\beta = \omega \sqrt{\mu\varepsilon} \sqrt{\frac{1}{2}\left(\sqrt{1+\left(\frac{\sigma}{\omega\varepsilon}\right)^2}-1\right)} \tag{13-32}$$

式中，ε 为地层的介电常数；μ 为地层的磁导率；σ 为地层的电导率；ω 角频率。

由式(13-32)知，吸收系数与岩层介质的电性等参数有关，其中电阻率的影响最明显。

二、井中雷达工作方式

井中雷达的测量方法很多，有单孔反射测量、跨孔测量、盐示踪测量、隧道与钻孔间的反射测量、垂直雷达剖面测量和定向雷达测量。这些测量方法各不相同，下面分别说明这些测量方法的基本原理。

1. 单孔反射

单孔反射雷达工作原理如图 13-8 所示，发射天线和接收天线同在一个钻孔中并固定间距沿钻孔方向上下移动。以固定间距触发钻孔地质雷达介质中的反射波形成雷达剖面，通过地下异常体反射波的走时和振幅以及相位等信息来判别目标体或待测体的方位、岩性、几何形态等特征。它提供钻孔周围基岩不连续的图像，包括基岩面、不同岩性界面、裂隙及溶洞。从几何形态来分，地下异常体可以分为点状体和面状体两类。点状体如洞穴、巷道等，面状体如裂缝、层面、矿脉等。它们在雷达图像上表现出不同的特征。其中点状体反射呈现双曲线，面状体反射呈现 V 形。地下异常体的位置可以通过反射波的走时确定，岩性可以通过反射波的振幅来判断。雷达反射记录用全方位或定向接收天线，全方位天线可以快速确定断裂带的位置、顶点、倾角等，而定向天线可以确定面状反射体的走向或点状反射体的方位。因为定向天线比全方位天线效率低，不如全方位天线探测的深，因此可以同时用全方位天线和定向天线来探测。

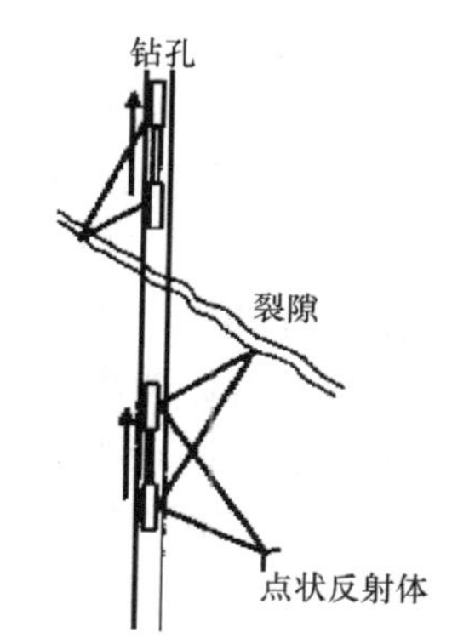

图 13-8　单孔反射雷达工作原理

2. 跨孔层析成像

它与地震层析成像原理类似(图 13-9)。它的基本原理是通过对边界处电磁波信号的测量，获取钻孔间介质物性参数的分布信息。在两相邻钻孔间分别布置反射天线和接收天线。发射天线是固定的，然后将接收天线沿着钻孔有规律的移动，每隔相应距离接收一次，可以得到一系列的射线，记为一次扫描。再移动发射天线，进行另一次扫描，直至射线覆盖整个研究区，并达到一定的密度，这样才能更好地反映研究区。每条射线记录了电磁波振幅和走时等有用信息，反映的是沿射线方向岩层的平均物性参数。当研究区内某点有许多射线通过时，就可以通过公式求出该点的物性参数。当利用射线走时信息作层析成像时，得到的是电磁波在研究区内的速度特征，称为速度层析；当利

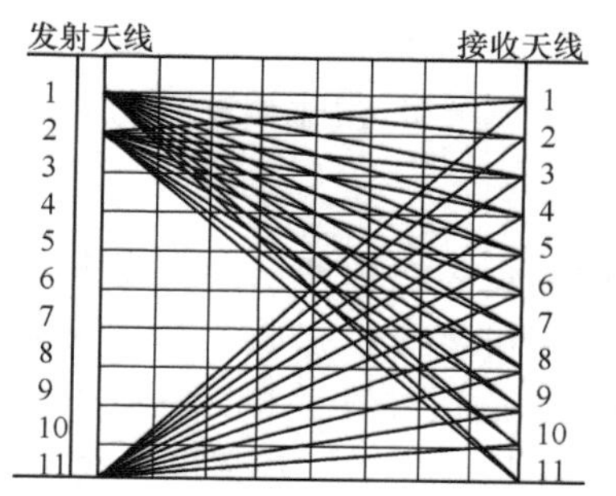

图 13-9　跨孔雷达层析成像原理图

用振幅信息作层析成像时，得到的是电磁波在研究区内的衰减层析。运用雷达跨孔层析成像技术可以研究地下深部岩层的裂隙发育程度和破碎程度，还可以研究深部地下水的径流情况。对层析成像方式，孔中雷达提供了两孔之间岩性的图像，这种方法的主要局限是岩层或黏土层、淤泥和导电流体的信号衰减。

3. 隧道与钻孔间的反射测量

将接收机置于隧道的钻孔中(图 13-10)，而发射机则沿着隧道逐个测点移动，测点之间相隔一定距离，用这种方法可获得隧道掘进前方的地质资料。可以有效地测出隧道前方与隧道相交的岩墙或剪切带，一般可探测到隧道掘进前方至少 50m 的危险地带。这种方法应用于勘探坑道或采矿巷道，可预测工作面前方的地层情况，便于事先采取措施。

4. 垂直雷达剖面测量

垂直雷达剖面测量可以用于绘制地层剖面图。测量时发射机置于地面，接收机下入钻孔，如图 13-11 所示。变换发射机在地面的位置即可测到不同的纵剖面地质资料。用垂直雷达剖面测量也可以探测到废弃的钻孔和坑道的位置。例如，从三个不同位置的钻孔进行垂直雷达剖面测量，可以从其中一个纵剖面上找出卡在钻孔中的钻杆柱的位置，并探测出断层带以及钻头在断层处受卡的部位。

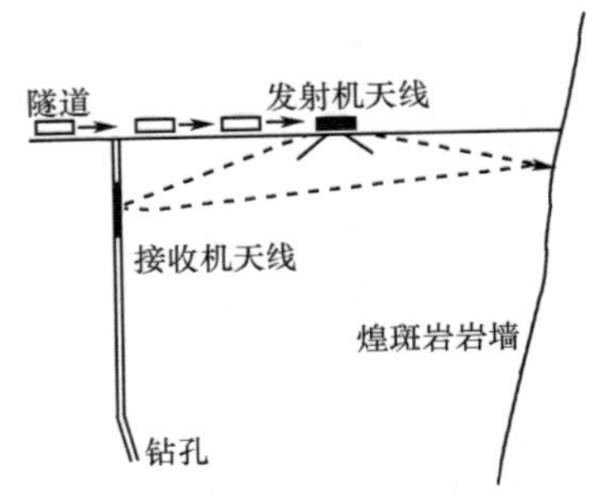

图 13-10　隧道与钻孔间的反射测量

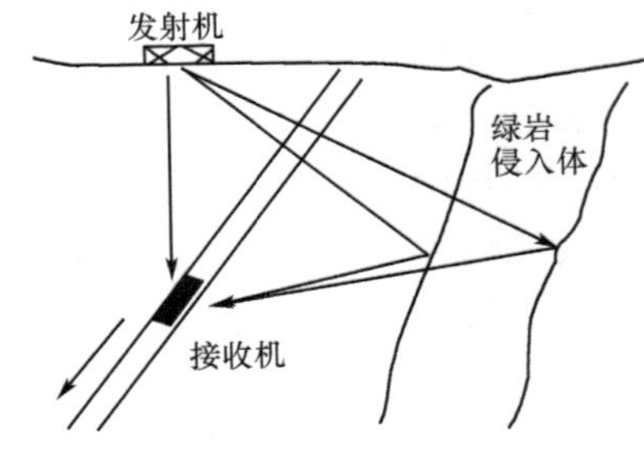

图 13-11　垂直雷达剖面测量

5. 定向雷达测量

定向雷达测量采用定向天线，可以从单个钻孔中测量裂缝面的倾角与走向或测出孔洞的位置。这种特制的定向天线本身不转动，但可全方位接收信号。定向雷达测量采用 60MHz 发射机，用特制的定向天线装置(包括磁罗盘和铅垂线探测器)代替接收机偶极天线。定向天线接收范围大，是偶极天线接收范围的 60%～70%；测量所需时间大约为偶极天线测量所需时间的 4 倍。

6. 盐示踪测量

盐示踪测量与跨孔测量配合用于进一步分析地层裂缝与流径。具体方法是：对岩层进行了跨孔测量后，将含盐示踪物注入一个或多个裂缝中，由于高导电性的盐使脉冲急剧衰减，所以再次进行跨孔测量时就显示出含盐溶液的扩散。按一定的时间间隔重复测量即可监测含盐示踪物在裂缝中扩散的路径。用这种方法可有效探测出花岗质岩石的裂缝区。

三、井中雷达的应用

1. 单孔反射分析原理

井中雷达单孔测量时，雷达剖面记录的是电磁波的反射回波信号，当遇到两种介质物性差异较大的界面（如裂缝面等）将产生较强的反射信号（图13-12，图 13-13，图 13-14）。若目的体中存在有许多杂乱无章的界面，雷达接收到这些界面的反射回波信号不仅强度较弱（波幅小），而且杂乱无序，且同相轴不连续（图 13-13，图 13-14）。这两点是准确解释目标体特征的理论基础。

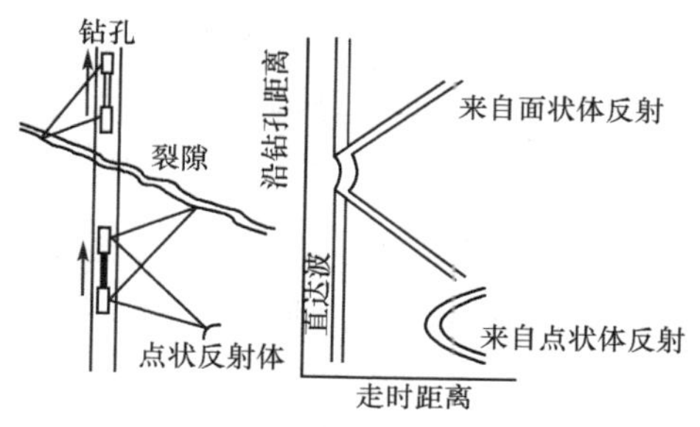

图 13-12　界面（如裂缝面等）的反射信号

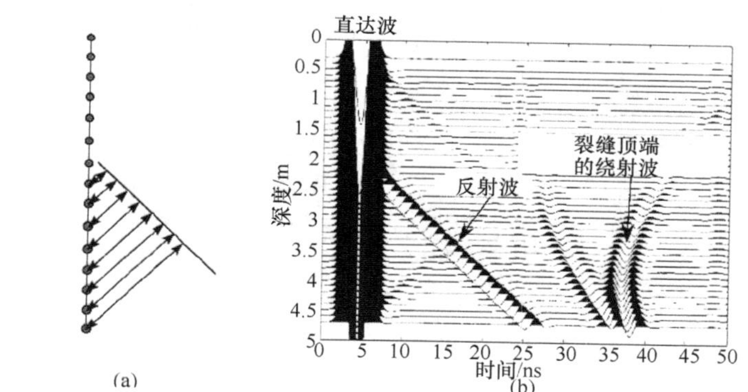

图 13-13　裂缝面的反射信号（Liu 等，2006）

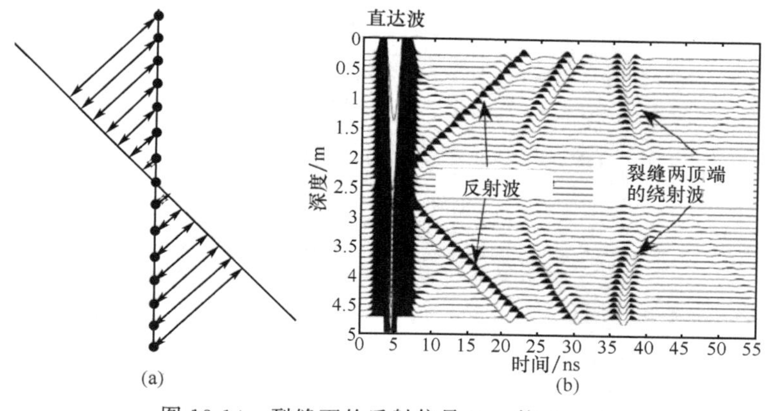

图 13-14　裂缝面的反射信号（Liu 等，2006）

2. 井中雷达层析成像原理

跨孔雷达层析成像数据处理过程如下：①原始数据滤波、去噪；②建立钻孔、射线以及振幅(走时)间的内在联系；③对射线进行计算机自动处理，求得射线走时和振幅，射线校正；④选定层析成像参数，求解各像元的衰减系数或慢度；⑤像元参数圆滑处理；⑥生成雷达层析图像。井中雷达层析成像及反演算法较多，如衰减成像、走时射线成像、全波形反演成像等。现介绍衰减成像的原理如下：

在均匀介质中，偶极子电磁波在远区的公式(场强幅度)可以表示为

$$A = A_0 \mathrm{e}^{-\int_0^r \beta_{(l)} \mathrm{d}l} \tag{13-33}$$

式中，$\beta_{(l)}$ 为衰减系数；l 为距离。如图 13-15 所示，发射天线的电磁波传播方向与井的夹角为 θ_e，接收天线接收的电磁波传播方向与井的夹角为 θ_r，此时场强公式如下

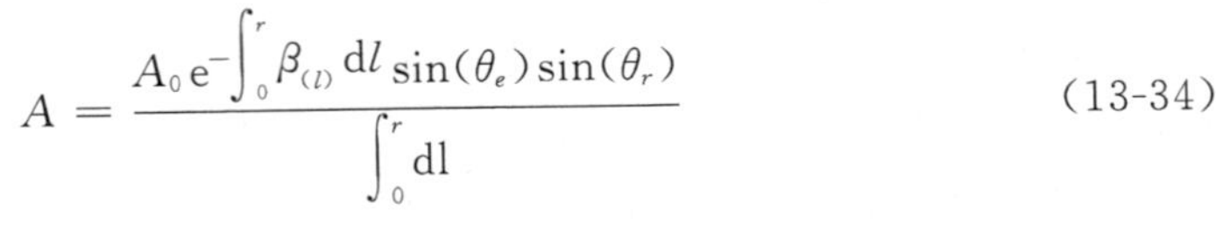

$$A = \frac{A_0 \mathrm{e}^{-\int_0^r \beta_{(l)} \mathrm{d}l} \sin(\theta_e)\sin(\theta_r)}{\int_0^r \mathrm{d}l} \tag{13-34}$$

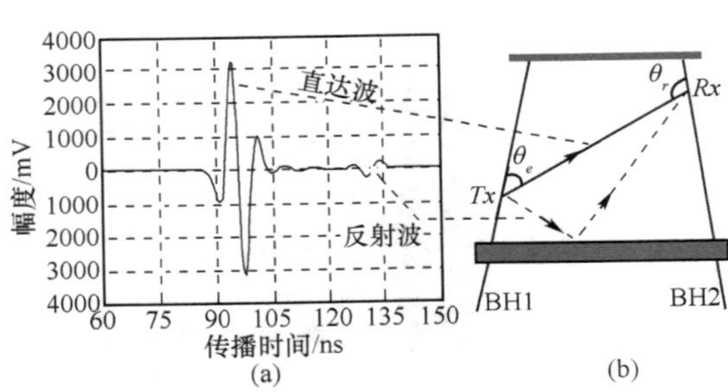

图 13-15　井中雷达层析成像原理

该式可以改写为

$$A = \frac{A_0 \mathrm{e}^{-\sum_{j=1}^{N_j} \beta_j l_{ij}} \sin(\theta_e)\sin(\theta_r)}{\sum_{j=1}^{N_j} l_{ij}} \tag{13-35}$$

式中，j 是单元的序号；N_j 是单元数。上式可改写为

$$\frac{A\sum_{j=1}^{N_j} l_{ij}}{\sin(\theta_e)\sin(\theta_r)} = A_0 \mathrm{e}^{-\sum_{j=1}^{N_j} \beta_j l_{ij}} \tag{13-36}$$

两边取对数，并整理便有

$$\sum_{j=1}^{N_j} \beta_j l_{ij} = \ln(A_0) - \ln\left(\frac{A_i r}{\sin(\theta_e)\sin(\theta_r)}\right) \tag{13-37}$$

写成矩阵形式

$$L\beta = A \tag{13-38}$$

式中，$A = \ln(A_0) - \ln\left(\frac{A_i r}{\sin(\theta_e)\sin(\theta_r)}\right)$。

3. 井中雷达的应用实例

1）实例1：裂缝探测

图13-16显示BH-1井实际裂缝探测情况，在陡壁上观察证实的3个裂缝：A-1，A-2，A-3。这3个裂缝在单孔反射剖面上明显可见，至于B-1是来自一个更远地质体的反射。

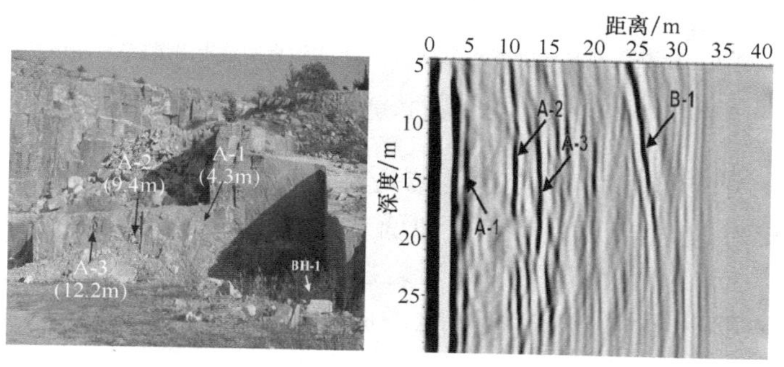

图13-16 井中雷达的应用实例(Yiatal,2005)

2）实例2：孔间雷达层析图像

利用瑞典RAMAC钻孔地质雷达对开滦矿务局范各庄煤矿露头区彭2孔和彭6孔奥陶系灰岩进行了跨孔雷达层析成像研究。两孔位于岩溶和陷落柱十分发育区，间距89.1m。彭2孔孔深400m，孔口标高31.745m，地下水位±0m，0～61.95m为第四系，61.95～400m为奥陶系灰岩，孔径168mm，0～79.39m有φ<168套管，其余为裸孔。彭6孔孔深400m，孔口标高32.013m，地下水位±0m，0～53.04m为第四系，53.04～400m为奥陶系灰岩，孔径219mm，0～53.54m有ϕ=219套管，其余为裸孔。

图13-17为彭2～彭6孔间雷达层析图像(雷达层析图像是将慢度层析图像转化为速度层析图像)。从图可以看出：

(1) 两种方式的雷达层析图像中，高衰减区与低速区分布范围不同，但整体规律基本一致；

(2) 在图13-17(a)、图13-17(b)正中，分别有一低速带A1和高衰减区A2；

(3) 在图13-17(a)、图13-17(b)下方，分别有一低速带B1和高衰减区B2贯通于两孔之间；

(4) 根据区域地质资料推测，孤立的A1、A2区是裂隙和小溶洞发育区，B1、B2带是裂隙发育带且贯通地下水运移的良好通道；

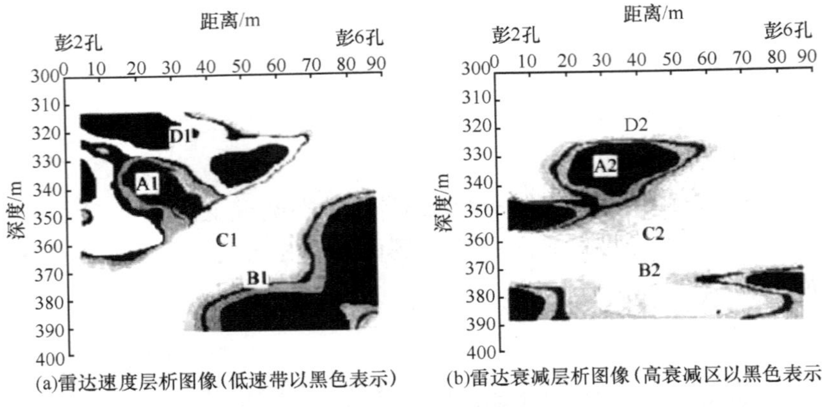

(a)雷达速度层析图像(低速带以黑色表示)　(b)雷达衰减层析图像(高衰减区以黑色表示)

图 13-17　彭 2～彭 6 孔间雷达层析图像(黄家会和宋雷,1999)

(5) 从工程地质角度看,上述地带是不良工程地质体(带);

(6) 图中 C1、C2 分别为高速带和低衰减区,表明该区岩层完整性良好;

(7) 图中 D1 为低速带,表明该区岩层比较破碎;而对应的 D2 为低衰减区,表明水中溶质较少,介质电阻率高,电磁波衰减弱。

第三节　井中重力测量

井中重力测量与地面重力勘探一样,是基于岩矿的密度差异。在油田勘探中根据钻孔中所测重力数据,可建立深度-密度函数,用它可解释地面重力异常及地震勘探资料。井中重力资料可用来评价地层,如计算地层孔隙度或流体密度。由于测得的是井周大范围岩石体积的整体密度,因此消除了钻孔影响,且对不均匀地层能给出更精确的平均密度或平均孔隙度值,所以井中重力测量也是一种密度测井方法。

一、基本原理

井中重力测量的原理与地面高精度重力测量相似,都是测量重力加速度的垂直分量的变化。然而,进行井中重力测量时,是被限制在地面以下的垂直方向。井中重力测量不同于其他测井所采用的连续测量方法,它通过在井中一系列测点上停放仪器进行测量、读数,获得不同深度上的重力值(图 13-18)。

仪器在井中测得的重力变化受下列因素影响:

(1) 自由空气效应,它使重力值随测井深度增大而增大;

(2) 中间层(布格层)效应,即横向密度均匀分布的水平层状介质引起的引力影响;

胡跃辉.2000.椭圆形电流的磁场分布.江西师范大学学报(自然科学版),24(1):83～86

黄宏才,贾文玉,谭海芳等.2000.利用碳氧比测井资料解释水淹层的方法探讨.测井技术,24(2):110～112

黄宏才,吴玉贤,谭海方等.2002.高矿化度地层水地区水淹层识别的几种实用方法.断块油气田,9(3):54～56

黄家会,宋雷.1999.地下深部灰岩岩石特性的单孔雷达反射研究.水文地质工程地质,6(1):578～581

黄家会,宋雷.1999.应用跨孔雷达层析成像技术研究深部岩层特性.中国矿业大学学报,28(6):523～527

黄隆基.1985.放射性测井原理.北京:石油工业出版社

黄隆基,首祥云.1995.自然伽马能谱测井原理及其应用,北京:石油工业出版社

黄隆基,首祥云,王瑞平.1995.自然伽马能谱测井原理及应用.北京:石油工业出版社

黄南晖,王惠濂.1979.单孔电磁波干涉法的理论和应用.物探与化探,(5):75～87

黄智辉,陈耀琴.1986.煤田地球物理测井.武汉:武汉地质学院出版社

黄智辉.1979.井中激电地-井方式方位测量资料解释问题的探讨.物探与化探,3(3):22～30

黄智辉.1986.地球物理测井资料在分析沉积环境中的应用.北京:地质出版社

贾文玉,田素月,孙耀庭等.2000.成像测井技术与应用.北京:石油工业出版社

江汉石油地质学校编写组.1977.矿场地球物理测井技术:声速、感应、放射性、微侧向测井.北京:石油工业出版社

江汉石油学院测井教研室.1981.矿场地球物理测井技术——测井资料解释(内部资料)

姜文达等.1995.油气田开发测井技术与应用.北京:石油工业出版社

蒋龙生,张海全,吉雪松等.1999.焉耆盆地凝析气层测井解释方法.河南石油,(4):12～16

静恩杰,李志聃.1995.瞬变电磁法基本原理.中国煤田地质,7(2):83～97

康国军,房德斌,赵淑芬.2002.多频电磁波测井物理模拟实验的方法技术.吉林大学学报(地球科学版),32(4):382～385

考克斯 J W.等.1992.实用倾角测井解释.北京:石油工业出版社

邝向军.2006,矩形载流线圈的空间磁场计算.四川理工学院学报,19(1):17～20

雷振英,黄跃,罗水余等.1995.DST-3型井间声波探测和井中声波采油系统在冀东油田的试验.物探与化探,19(2):81～88

李大心.1994.探地雷达方法与应用.北京:地质出版社

李虎占,冉学锋.1995.四地区重力测井的效果分析.石油地球物理勘探,30(4):546～550

李纪森.1999.煤层气测井技术与解释分析.测井技术,23(2):103～107

李兰亭,侯吉祥.2001.无线电波坑透探测在大同煤田的应用研究.煤田地质与勘探,29(5):52～55

李黔西,2003.充电法探测充水岩溶裂隙的应用效果,西部探矿工程,(3):9～10

李瑞,杨光惠,胡奇凯.2003.鄂尔多斯盆地碳酸盐岩储层测井产能预测研究.勘探地球物理进展,26(2):109～113

李治时.1983.井中激电在豫西某硫铁矿区地质效果.物探与化探,7(5):306～310

林达惘.声传播时声压与密度的变化规律.http://pei.wzu.edu.cn/course/resource/20073835421877.doc
刘家瑾,陆国纯.1991.煤田测井资料数字处理.北京:煤炭工业出版社
刘四,佟文琪.2004.电磁波测井的现状和发展趋势.地球物理学进展,19(2):235~237
刘天成.1980.磁化率测井在淮北磁铁矿普查勘探中的应用.物探与化探,4(2):35~41
刘天成.1981.井中磁场强度测量的资料整理.物探与化探,(4):43~49
刘晓红,刘俊,李振苓等.2003.砂岩储层产能预测技术研究.测井技术,27(4):325~328
刘志新,于景村,郭栋.2006.矿井瞬变电磁法在水文钻孔探测中的应用.物探与化探,30(1):59~62
吕国印.2007.瞬变电磁法的现状与发展趋势.物探化探计算技术,29(增刊):111~116
罗德建,高文利,郝忠友.2007.大透距电磁波CT法在电站坝基勘查中的应用.物探化探计算技术,29(增刊):157~161
罗继红.1991.倾斜井中三分量仪的定位,测井译丛,2(4):44~47
马正.1994.油气测井地质学.武汉,中国地质大学出版社
南生辉.1998.钻孔雷达定向测量技术与应用.煤田地质与勘探,11(1):56~58
牛一雄,潘和平,王文先等.2006.中国大陆科学钻探主孔(0-2000)地球物理测井.北京:中国地质大学出版社
牛一雄,潘和平,王文先等.2008.中国大陆科学钻探工程科钻一井变质岩测井技术.北京:科学出版社
牛之琏.1987.脉冲瞬变电磁法及其应用.长沙:中南工业大学出版社
牛之琏.2007.时间域电磁法原理.长沙:中南大学出版社
牛中奇等.2001.电磁场理论基础.北京:电子工业出版社
欧阳键.1994.石油测井解释与油层描述.北京:石油工业出版社
潘和平.2005.煤层气储层测井评价.天然气工业,25(3),48~51
潘和平,黄智辉.1991.岩性和煤质最优化变尺度法分析.物探与化探,(3):168~175
潘和平,黄智辉.1993.模糊模式识别煤成气层.地球科学,18(1):84~94
潘和平,黄智辉.1994.测井资料解释煤成气层方法研究.现代地质,8(1):119~125
潘和平,黄智辉.1998.煤层含气量测井解释方法探讨.煤田地质与勘探,26(2):58~60
潘和平,黄智辉.1998.煤层煤质参数测井解释模型.现代地质,12(3):447~451
潘和平,刘国强.1996.依据密度测井资料评估煤层的含气量.地球物理学进展,11(4):53~62
潘和平,刘国强.1997.应用BP神经网络预测煤质参数及含气量.地球科学——中国地质大学学报,22(2):210~214
潘和平,樊政军,孟繁莹.2000.新疆塔北低阻油气层测井评价技术.武汉:中国地质大学出版社
潘和平,樊政军,王家映等.2001.新疆塔北低阻油气储层导电模型——双水泥质骨架导电模型.中国科学,(2):104~110
潘和平,牛一雄,王文先等.2004.中国大陆科学钻探主孔井中磁测.地球科学,29(增刊):121~125
潘贤炽,杨伯华.1981.井中激发极化法与井中原生晕配合在弱(无)磁性铁矿上的效果.物探与化探,5(2):92~97

drill-hole electromagnetic surveys in mineral exploration. Geophysics,49(7):957～980

Eadie T, Staltari G. 1987. Introduction to downhole electromagnetic methods. Exploration Geophysics,18(3):247～254

Filippini R, Ottonello C, Pagnan S, et al. 2003. TDEM for Martian in situ resource prospecting missions. Annals of Geophysics, 46(3):513～523

Givens W W. 1987. A conductive rock matrix model(CRMM)for the analysis of low-contrast resistivity formation. Thelog Analyst, 28(2):138～151

Haeni F P, Halleux L, Johnson C D,et al. 2002. National Ground Water Association. Denver, Colorado: Fractured Rock

Hill A D. 1990. Production Logging: Theoretical and Interpretive Elements US,Society of pelroleum Engineers(SPE)

Hill H J, Milburn J D. 1956. Effect of clay and water salinity on electrochemical cehavior of reservoir rocks. Tans Am Inst Min,Meall, Pet. Eng. 207: 65～72

Juhasz I. 1979. The Central role of Qv and formation water Salinity in the evaluation of shaly formation. The Log Analyst, 20(4):3～13

Jung Ho Kiml, Seong Jun Cho. Myeong-Jong Yi. 2004. Borehole radar survey to explore limestone cavities for the const ruction of a highway bridge. Ex plorationGeophysics,35(1):80～87

Lane R J L. 1987. The downhole EM response of an intersected massive sulphide deposit. South Australia Exploration Geophysics,18(3):313～318

Li Y, Oldenburg D W. 2000. Joint inversion of surface and three-component borehole magnetic data. Geophysics, 65:540～552

Lima O A L, Sharma M M. 1990. A grain conductivity approach to shaly sahdstones. geophysics,55(10): 1347～1356

Liu L. 2006. Fracture characterization using borehole radar:numerical modeling. Water, Air, and Soil Pollution: Focus, 6:17～34

Ravenhurst W R. 2001. Step and impulse calculations from pulse-type electromagnetic data. ASEG 15th Geophysical Conference and Exhibition,Brisbane

Rhodes J R, Furuta T , Berry P F. 1969. A radioisotope X-ray fluorescence drill hole probe. Nuclear Techniques and Mineral Resources (Proceeding series), IAEA, Vienna, 353 ～ 362

Singh N P,Mogi T,2005. Electromagnetic response of a large circular loop scurce on a layered earth:a new computation method,Pure Appl. Geophys,162:181～200

Slim Boris, System,Downhole electromagnetics with the SlimBoris equipment: surface-to-borehole, cross-borehole, and single-borehole configurations. http://minurals. brgm. fr/texte/Documents/Boris_angl. pdf

Ssrra O. 1985. Sentary environments from wireline logs. US:schlumberger

Vowles A K. 2000. A case history of the discovery of the chisel North Zinc/Copper — Snow Lake, MB. SEG Expanded Abstracts 19,1059. http://www. cronegeophysics. com/chisel%20case% 20 history%20for%20 SEG. pdf

Waxman M H, Smits L J M . 1968. Electrical conductivity in oil-bearing shaly sands. Society of Petroleum Engineers Journal, 8:107～122

Waxman M H, Thomas E C. 1974. Electrical conductivity in shaly sands—I. The relation between hydrocarbon saturation and resistivity index; II. the temperature coefficient of electrical conductivity , JPT, 26(3):213～225

Yi M J, Kim J H, Chol S J, et al. 2005. Integrated application of borehole radar reflection, and resistivity tomography to delineate fractures at a granite quarry. Subsurface Sensing Technologies and Applications, 6(1):89～100

Zhang Z , Xiao J. 2001. Inversions of surface and borehole data from largeloop transient electromagnetic system over a 1-D earth. Geophysics, 66(4):1090～1096

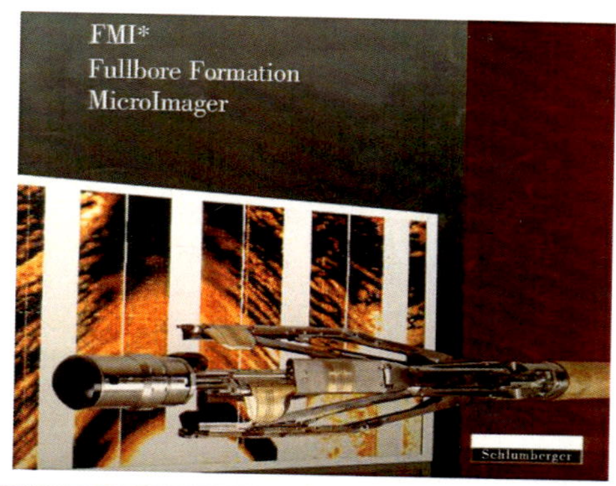

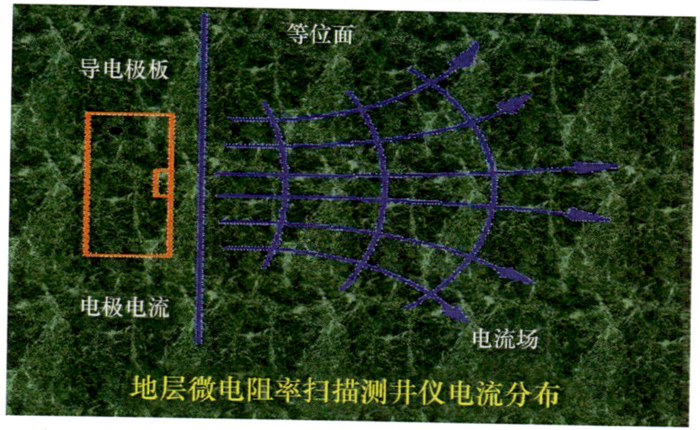

图 7-2　FMI 仪器结构

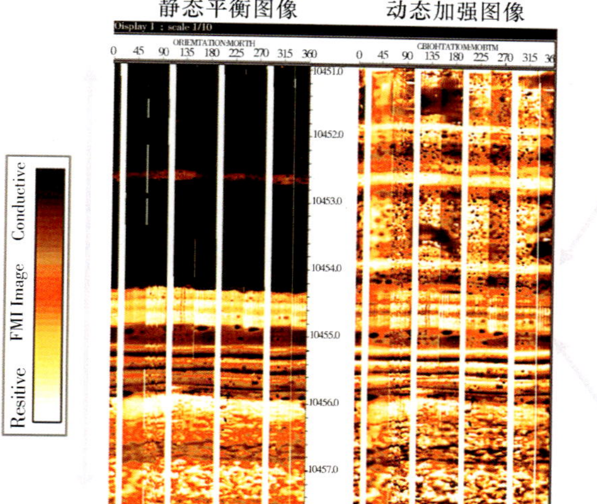

图 7-5　静态平衡图像和动态加强图像

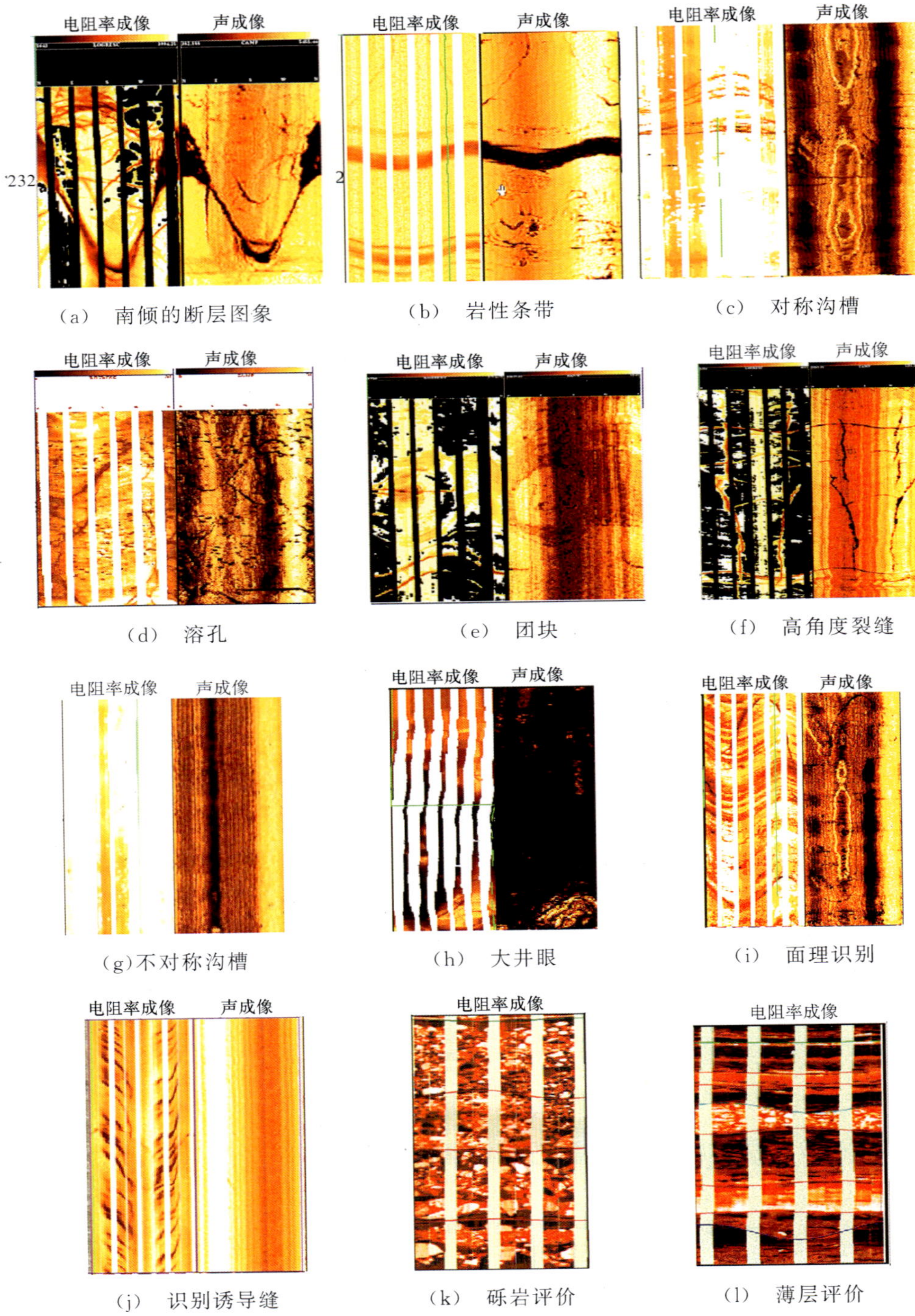

(a) 南倾的断层图象　(b) 岩性条带　(c) 对称沟槽

(d) 溶孔　(e) 团块　(f) 高角度裂缝

(g)不对称沟槽　(h) 大井眼　(i) 面理识别

(j) 识别诱导缝　(k) 砾岩评价　(l) 薄层评价

图 7-9 地质特征识别

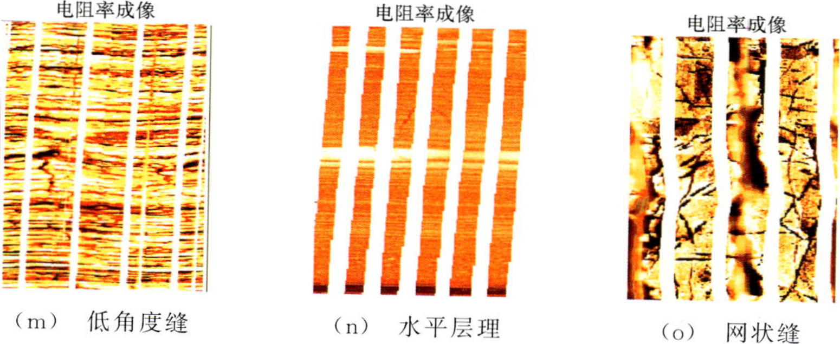

(m) 低角度缝　　(n) 水平层理　　(o) 网状缝

图 7-9 地质特征识别(续)

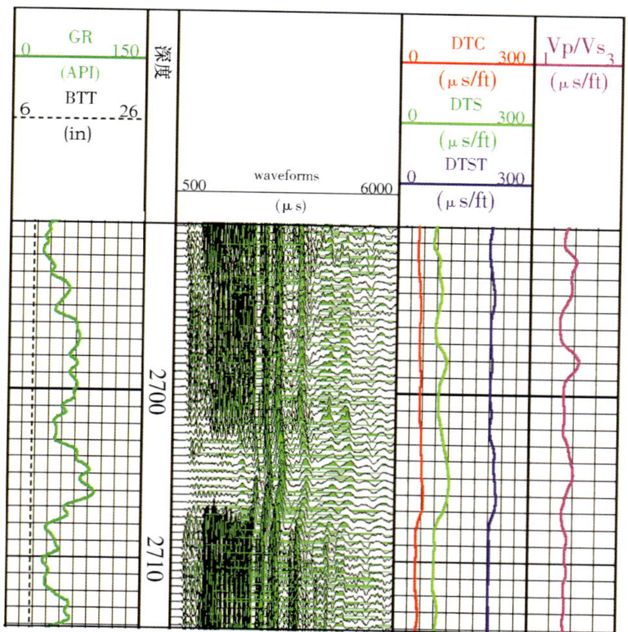

图 7-20 多极子阵列声波成像测井图

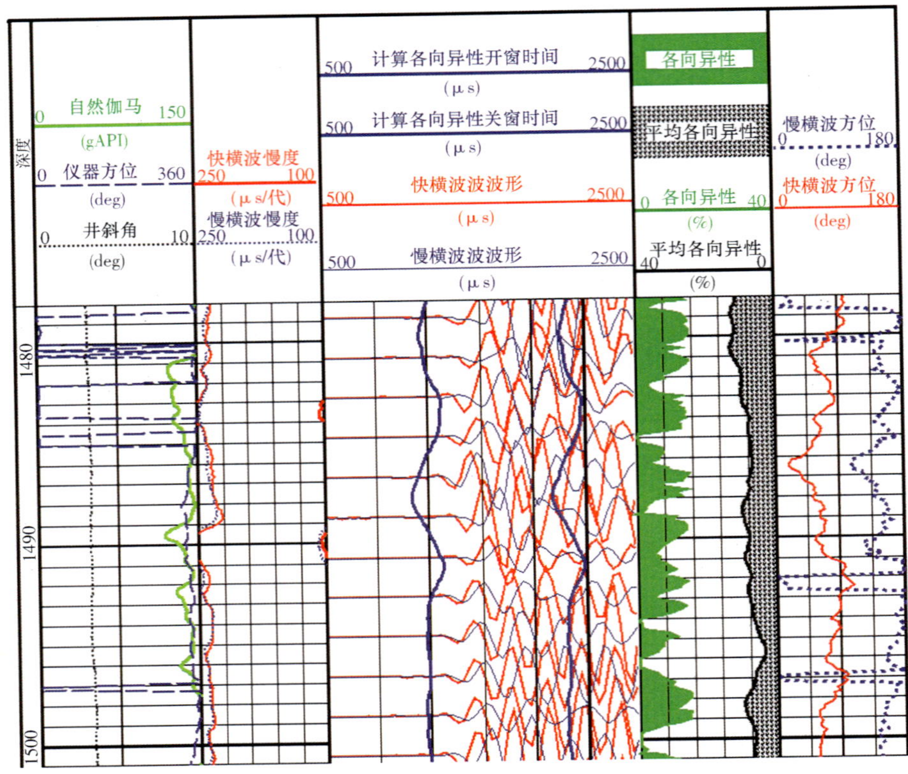

图 7-21　分析地层各向异性

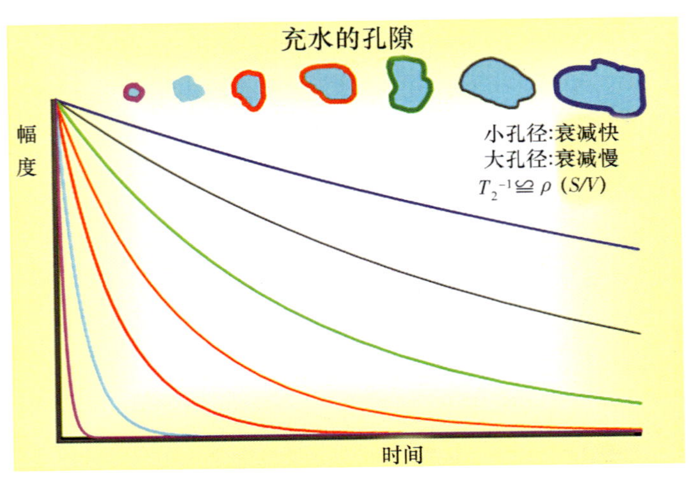

图 7-29　孔径大小与 T_2 弛豫时间关系

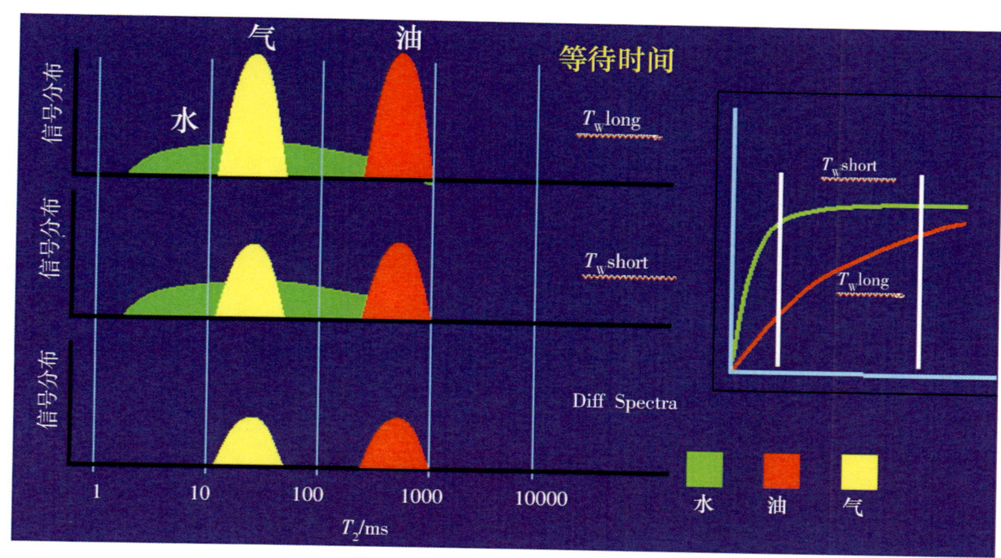

图 7-32　差谱分析

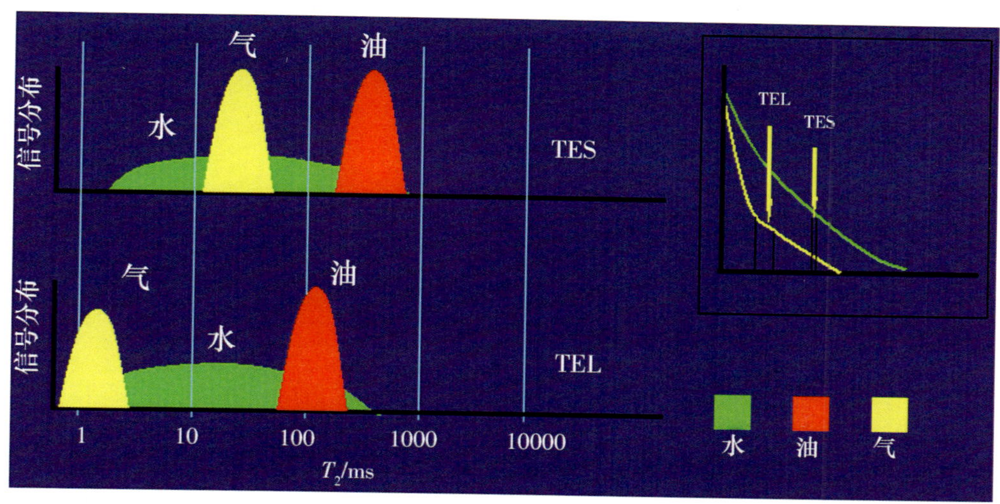

图 7-33　移谱分析——直接找油气

CR
30 150
CAL
8 14
(in)
T_2Bin Dist.
0 10
(P1–P8)
深度
RLLD(Ohmm)
0.1 1000
RLLS(Ohmm)
0.1 1000
RPRX(Ohmm)
0.1 1000
MPERM(mD)
0.1 1000
MPHI(PU)
45 −15
DEN(g/cm3)
1.9 2.9
AC(us/ft)
130 30
CNL(PU)
45 −15
MBVI
Moveable Water
HC
MPHICorr (pu)
60 0
TPOR
60 0
BVI(pu)
60 0
BVW(pu)
60 0
Sw(%)
100 0
1740
1750
1760

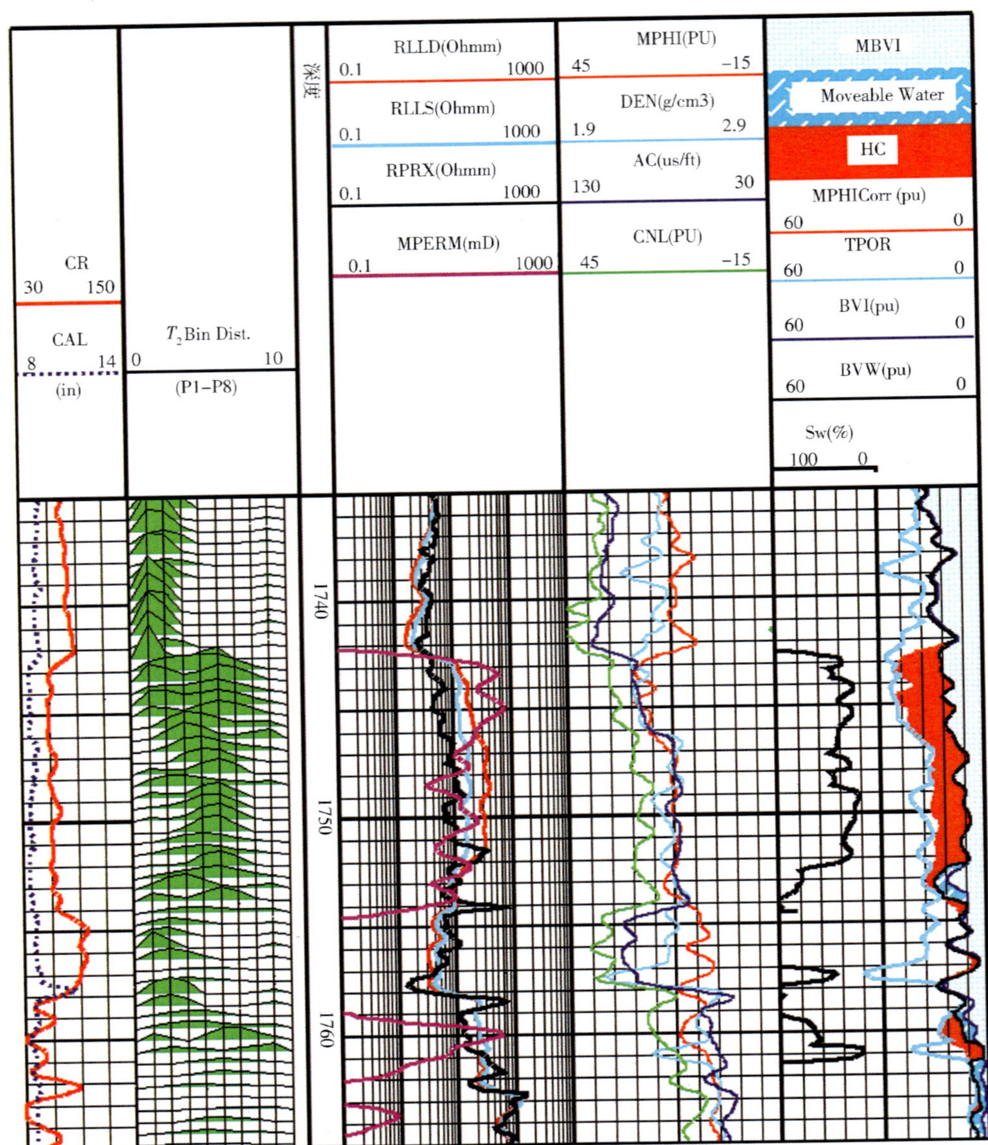

图 7-34 解释油气实例